21世纪高等教育建筑环境与能源应用工程系列教材

暖通空调现代控制技术

刘春蕾　张惠娟　郭　彬　牛建会
秦　景　崔金龙　陈　静　郭宝军　编著

机械工业出版社

本书在介绍自动控制及计算机控制技术的基础上，着重介绍自动控制技术在暖通空调中的应用。全书共11章，主要讲述暖通空调及能源应用领域中自动控制系统的基本概念、被控对象的数学模型、测量变送器及其特性、基本控制规律与调节器、执行器及其特性、简单控制系统的特性及设计、复杂自动控制系统的特性及设计、计算机控制系统及通信网络技术、工业锅炉的自动控制、供热系统的自动控制、空气调节系统的自动控制等基本理论、应用技术及其整定技术等内容。

本书系统性很强，且融入了现代新技术成果及实践经验，可作为高等院校建筑环境与能源应用工程、燃气工程和热能动力工程、新能源科学与工程等专业的本科生或研究生的教材，也可供从事供暖通风、燃气应用、制冷空调、锅炉热工、地热利用、热源利用及自动化等工作的专业技术人员参考。

本书配有ppt电子课件，免费提供给选用本书作为教材的授课教师。需要者请登录机械工业出版社教育服务网（www.cmpedu.com）注册后下载。

图书在版编目（CIP）数据

暖通空调现代控制技术 / 刘春蕾等编著 . —北京：机械工业出版社，2023.6
21世纪高等教育建筑环境与能源应用工程系列教材
ISBN 978-7-111-73204-4

Ⅰ.①暖… Ⅱ.①刘… Ⅲ.①采暖设备 – 自动控制 – 高等学校 – 教材 ②通风设备 – 自动控制 – 高等学校 – 教材 ③空气调节设备 – 自动控制 – 高等学校 – 教材 Ⅳ.① TU83

中国国家版本馆 CIP 数据核字（2023）第 090102 号

机械工业出版社（北京市百万庄大街 22 号　邮政编码 100037）
策划编辑：刘　涛　　　　　责任编辑：刘　涛　王　荣
责任校对：王明欣　李　杉　　责任印制：邓　博
北京盛通印刷股份有限公司印刷
2024 年 1 月第 1 版第 1 次印刷
184mm × 260mm · 27.5 印张 · 732 千字
标准书号：ISBN 978-7-111-73204-4
定价：89.00 元

电话服务　　　　　　　　　　网络服务
客服电话：010-88361066　　机　工　官　网：www.cmpbook.com
　　　　　010-88379833　　机　工　官　博：weibo.com/cmp1952
　　　　　010-68326294　　金　书　网：www.golden-book.com
封底无防伪标均为盗版　　　　机工教育服务网：www.cmpedu.com

前言
FOREWORD

　　"暖通空调现代控制技术"课程是暖通空调及能源应用领域本科生及研究生的一门专业技术课。

　　本书按照暖通空调及能源应用领域相关专业的教学计划,在总结多年教学、科研及生产实践经验的基础上编写而成。为适应高等教育的发展,达到拓宽专业口径、扩大学生知识面、调整学生知识结构的高等教育目标的要求,本书在编写中注意融入现代新技术成果和应用经验,力求扩大高科技信息量,取材上紧密结合我国暖通空调及能源应用领域的实际情况,较多地反映传感器技术、电子技术、控制技术及计算机技术在生产和科研方面的先进成果。内容上既有重点详细讲述,又力求少而精,避免重复。

　　本书由河北建筑工程学院刘春蕾教授、秦景教授、牛建会副教授,河北工业大学张惠娟教授,沧州交通学院郭彬副教授、陈静老师、崔金龙老师及郭宝军老师共同完成。研究生王毅和张梦茹参加了录入和绘图工作。本书在编写过程中得到了有关专家及同行的指导和帮助,在此表示衷心的感谢。

　　由于编者水平有限,不妥之处在所难免,敬请读者指正。

编著者

目录
CONTENTS

第1章

自动控制系统的基本概念

1.1 自动控制系统的组成

1.1.1 人工控制的模拟和发展

暖通空调与燃气生产过程的自动控制是在人工控制的基础上产生和发展起来的。图1-1所示是一个锅炉供水的水箱液位人工控制示意图。水箱内的液体流入量 q_i（或流出量 q_o）变化会引起液位的变化，严重时水箱内的水会抽空或者会溢出，因此为满足锅炉供水的需要，常以水箱液位为控制指标，以改变进口阀门开度为控制手段，保持水箱的液位恒定。

当水箱液位（L）上升时，应将进水阀门关小，减少进水量，液位上升越多，进口阀门开度越小；反之，当水箱液位下降时，则开大进水阀门，液位下降越多，阀门开度越大。为了使水箱液位上升和下降都有足够的余量，通常将玻璃管液位计刻度的某一点作为正常工作时的液位高度，通过控制进水阀门开度而使液位保持在这一高度，这样就不会出现因水箱的液位过高而溢流至外面，或使水箱内液体抽空而出现事故。归纳起来，操作人员所进行的工作有以下三个方面（图1-1b）。

1）检测：用眼睛观察玻璃管液位计中液位的高低，并通过神经系统传送给大脑。

2）运算（思考）、命令：大脑将眼睛看到的液位高度与要求的液位进行比较，得出偏差的大小和正负，然后根据操作经验，经思考、决策后发出命令。

3）执行：根据大脑发出的命令，通过手去调节阀门开度，以改变流入量 q_i，从而把液位保持在所需高度上。

人的眼、脑、手三个器官在人工控制中分别担负了检测、运算和执行三个作用，完成测量、求偏差、再控制以纠正偏差的全过程。由于人工控制受到生理上的限制，满足不了大型现代化生产的需要，为了提高控制精度同时减轻劳动强度，可以用液位测量变送器、调节器（有时也称为控制器）和执行器等自动化装置来代替上述人工操作，这样水箱内液位的高低控制便可由人工变为自动。

1.1.2 自动控制系统的流程图

水箱和液位测量变送器（LT）、液位调节器（LC）、执行器等自动化装置一起组成了液位自动控制系统，其控制流程如图1-2所示。

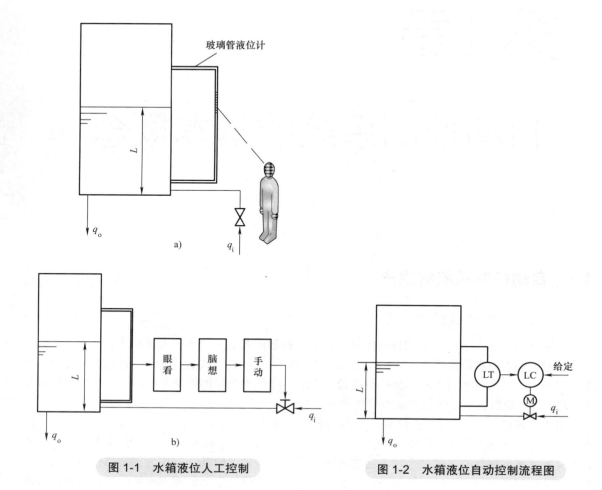

图 1-1 水箱液位人工控制

图 1-2 水箱液位自动控制流程图

在控制流程图中，根据《过程检测和控制流程图用图形符号和文字代号》（GB/T 2625—1981）的规定，一般用小圆圈表示某些自动化仪表，圆圈内写有两个（或三个）字母，第一个字母表示被控变量，后继字母表示仪表功能。常用被控变量和仪表功能的字母代号见表 1-1 和表 1-2。

表 1-1 被控变量的符号

字母	被控变量	字母	被控变量
A	分析	P	压力或真空
D	密度	T	温度
F	流量	V	黏度
L	物位	W	重量或力
M	水分或湿度		

表 1-2 仪表功能的符号

字母	功能	字母	功能	字母	功能
A	报警	K	操作器	S	开关或联锁
C	控制	O	节流孔	T	传送
E	检测元件	Q	积分累计	V	阀、风门
I	指标	R	传送记录或打印	Z	驱动、执行器

在控制流程图中，常用图形符号见表1-3。

表 1-3　控制流程图中常用图形符号

内容		符号	内容		符号
常用检测元件	热电偶		执行机构形式	带弹簧的薄膜执行机构	
	热电阻			不带弹簧的薄膜执行机构	
	嵌在管道中的检测元件	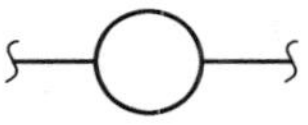		活塞执行机构	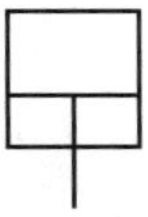
	取压接头（无孔板）	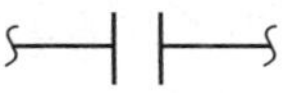		电动执行机构	
	孔板	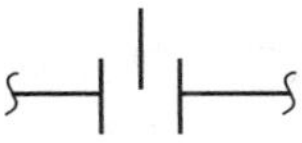		电磁执行机构	
仪表安装位置	就地安装		常用控制阀（也称调节阀）	球形阀、闸阀等直通阀	
	就地安装（嵌在管道中）	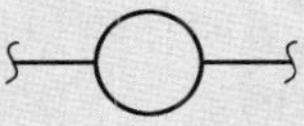		角形阀	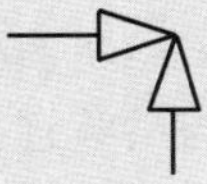
	盘面安装	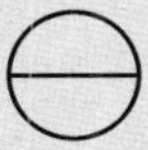		蝶阀、风门、百叶窗	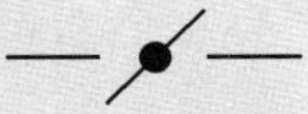
	盘后安装	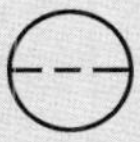		旋塞、球阀	
	就地盘面安装			三通阀	

　　在液位自动控制系统中，液位测量变送器在图1-2中以⒧Ⓣ表示，它代替人的眼睛，感受水箱液位 L 的变化，并将液位的变化变换成与之成比例的测量信号，此测量信号送入液位调节器中。液位调节器在图1-2中以⒧Ⓒ表示，它代替人的大脑，将变换后的液位测量信号和设定信号做比较，根据二者之间的偏差，发出一个相应的控制信号送到执行器。执行器（调节阀）在图中以 ⋈ 表示，它代替人的手去执行调节器所发出的命令，自动地调节进水阀门的开度，也就是改变水箱内水的流入量 q_i，从而使水箱液位保持在要求的设定值上。

　　显然，这套自动化装置具备人工控制中操作人员的眼、脑、手的部分功能，可完成自动控制水箱液位高低的任务。因此，自动控制是人工控制的模拟和发展，但自动控制系统都是按照人们预先的安排通过自动化装置来实现相应动作的，只能替代人的部分直接劳动。

1.1.3　自动控制系统的组成

　　通过图1-2所示的水箱液位自动控制系统可以看出，任何一个简单的自动控制系统均可概括成两大部分：一部分是自动化装置控制下的生产设备或生产过程，称为被控对象；另一部分是为实现自动控制所必需的自动化仪表设备，称为自动化装置，它包括测量变送器、调节器和执行器等。

1. 被控对象

　　在自动控制系统中，需要控制工艺参数的生产设备或生产过程叫作被控对象，简称对象。空调与燃气工程中，各种空调房间、换热器、空气处理设备、制冷设备、工业锅炉、供热管网、燃气管网及设备都是常见的被控对象，甚至一段输送介质的管道也可以作为一个被控对象。在复杂的生产设备中（如工业锅炉），常常需要控制温度、液位、压力等多个参数，在这种情况下，设备的某个相应部分就是一个控制系统的对象。所以，被控对象不一定就是生产设备的整个装置，一个设备也不一定就只有一个控制系统。

　　在被控对象中，需要控制一定数值的工艺参数叫作被控变量，用字母 y 表示。被控变量的测量值用字母 z 表示，按生产工艺的要求，希望被控变量保持的具体参数称为设定值，用字母 g 表示。被控变量的测量值与设定值之间的差值叫作偏差，用字母 e 表示，$e = g - z$。在生产过程中，凡能影响被控变量偏离设定值的种种因素称为干扰，用字母 f 表示。用来克服干扰对被控变量的影响，实现控制作用的参数叫作调节参数。

2. 自动化装置

　　（1）测量变送器　用以感受工艺参数的测量仪表叫作测量传感器。如果测量传感器输出的信号与后续连接仪表所能处理的信号类型不同，则要增加一个把测量信号变换为后面仪表所要求类型的装置，叫作变送器，变送器的输出值就是测量值 z。对于电动单元组合仪表 DDZ-Ⅱ型，其直流电流为 $0 \sim 10 \text{mA}$，而 DDZ-Ⅲ型，其直流电流为 $4 \sim 20 \text{mA}$。

　　（2）调节器　调节器把测量变送器送来的信号与工艺上需要保持的参数设定值（由设定装置给出）相比较，得出偏差 e。根据这个偏差的大小，再按一定的运算规律进行运算，然后输出相应的特定信号 p 给执行器。

　　（3）执行器　执行器有电动和气动两种类型。在建筑环境与能源应用工程中，常用的执行器主要是电动调节阀、气动薄膜调节阀、电动风阀、电磁阀、晶闸管电压调整器等。执行器接收调节器的输出信号改变调节阀门的开度，从而改变输送物料或能量的多少，实现对被控变量的控制。

　　简单的自动控制系统由被控对象、测量变送器、调节器及执行器四大部分组成。

1.2 自动控制系统的框图及分类

1.2.1 自动控制系统的框图

在研究自动控制系统时，为了更清楚地表示出系统各个组成部分之间的相互联系和影响，一般用框图来表示自动控制系统的组成，如图 1-3 所示。图 1-3 中的每个方框均表示自动控制系统的一个组成部分，称为一个环节。各个方框之间用带有箭头的线表示其相互关系，箭头的方向表示信号的流入或流出，线上的字母表示相互作用信号。一个简单的自动控制系统主要由上面所述的被控对象、测量变送器、调节器及执行器这四部分组成。比较机构实际上是调节器的一个部分，不是独立的部件，在图中把它单独画出，以⊗或○表示，可以更清楚地表示其比较作用。

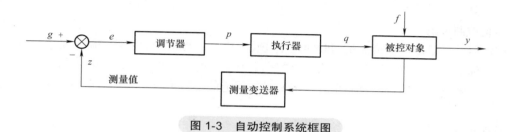

图 1-3 自动控制系统框图

1.2.2 负反馈和闭环系统

被控对象输出的被控变量 y 是测量变送器的输入，而变送器的输出信号 z 进入比较机构，与工艺上希望保持被控变量的数值即设定值信号 g 进行比较，得到偏差信号 $e=g-z$，再送往调节器。调节器根据偏差信号 e 的大小，按一定的规律运算后发出控制信号 p 并送至执行器，例如电动调节阀。调节阀接收调节器的输出信号 p，使调节阀的阀门开大或关小，从而改变操纵变量流量，此操纵变量的改变即为调节阀的输出 q，这将使被控对象的被控变量 y 发生变化，故它又是被控对象的输入。就这样信号沿着箭头的方向传送，最后又回到原来的起点，形成一个闭合的回路，如此循环往复，直到被控对象的被控变量值达到或接近设定值为止，所以这种自动控制系统是闭环系统。

在图 1-3 所示的闭环自动控制系统中，输出的被控变量经过测量变送器后又返回到系统的输入端与设定值进行比较，这种把系统（或环节）的输出信号直接或经过一些环节重新返回到输入端的做法称为反馈。如果反馈信号能够使原来的信号减弱，也就是反馈信号取负值，这种反馈称为负反馈。如图 1-3 所示，在反馈信号旁有一个负号 "–"，而在设定值 g 旁有一个正号 "+"（也可以省略），表示在比较时，以 g 作为正值，以 z 作为负值，送到调节器的偏差信号 $e=g-z$。如果反馈信号取正值，反馈信号使原来的信号加强，这种反馈称为正反馈。在这种情况下，图 1-3 中反馈信号旁则要用正号 "+"，此时偏差 $e=g+z$。在自动控制系统中都采用负反馈，若被控变量 y 在受到干扰影响时增大，通过变送器得到的反馈信号 z 也会相应增大，经过比较而使输入调节器的偏差信号 e 减小，此时调节器将发出信号使执行器的调节阀发生相反的变化，进而使被控变量恢复到设定值，这样就达到了控制的目的。如果采用正反馈的形式，那么控制作用不仅不能克服干扰的影响，反而会推波助澜，即当被控变量受到干扰增大时，反馈信号 z 也会增大，此时输入调节器的偏差信号 e 将会更大，执行器的动作方向是使被控变量进一步上升，而且只要有微小的偏差，控制作用就会使偏差越来越大，直到被控变量超出了安全范围而破坏生产，所以自动控制系统绝对不能单独采用正反馈，只有采用负反馈才能达到控制的目的。

综上所述，自动控制系统是具有被控变量负反馈的闭环系统，它可以随时了解被控对象情况，有针对性地根据被控变量的变化而改变控制作用的大小和方向，从而使系统的工作状况等于或接近于所希望的状况。

1.2.3　自动控制系统的分类

自动控制系统有多种分类方法，可以按被控变量来分类，如温度、空气湿度、流量、压力、液位等控制系统；也可以按调节器具有的控制规律来分类，如位式、比例、比例积分、比例微分、比例积分微分等控制系统。在分析自动控制系统特性时，常常按照工艺过程需要控制的参数值即设定值是否变化和如何变化来分类，将自动控制系统分为定值控制系统、程序控制系统和随动控制系统三大类。

1. 定值控制系统

所谓定值就是设定值恒定而不随时间发生变化。生产过程中，如果被控制的工艺参数保持在一个技术指标上不变，或者说要求工艺参数的设定值不变的自动控制系统就是定值控制系统。供热燃气及空气调节工程的自动控制系统，多属于这种定值控制系统。因此，我们主要讨论定值控制系统。

2. 程序控制系统

被控变量的设定值是变化的，是一个已知的时间函数，即生产技术指标需按一定的时间程序变化的自动控制系统称为程序控制系统。例如燃气工业加热炉的温度控制系统就是程序控制系统。

3. 随动控制系统

被控变量的设定值在不断地变化，它是某一未知量的函数，而这个变量的变化也是随机的，这样的自动控制系统称为随动控制系统。随动控制系统的作用就是使被控制的工艺参数准确、快速地跟随设定值的变化而变化。如燃气工业炉的燃气 - 空气比值控制系统中，空气流量按照燃气流量的变化保持固定的比值变化，维持合理的燃烧工况。

1.3　自动控制系统的过渡过程及品质指标

1.3.1　自动控制系统的静态和动态

在自动控制系统中，把被控变量不随时间变化的平衡状态称为系统的静态，而把被控变量随时间变化的不平衡状态称为系统的动态。

当一个自动控制系统的输入（设定和干扰）和输出均恒定不变时，整个系统就处于一种相对稳定的平衡状态，系统的各个组成环节如测量变送器、调节器、执行器都不改变其原先的状态，它们的输出信号也都处于相对静止状态，这种状态就是系统的静态。这种静态与习惯上所讲的静止是不同的，习惯上所说的静止是指静止不动（实际是相对静止），在自动化领域中的静态则是指各参数（或信号）的变化率为零，即变量保持在某一数值不变，而不是指物料或能量不流动。因为自动控制系统在静态时，生产还在进行，物料和能量仍然有进有出，只是平稳进行而已。

自动控制系统的目的就是希望将被控变量保持在一个恒定不变的设定值上，这只有当进入被控对象的物料量（或能量）和流出被控对象的物料量（或能量）相等时才有可能。例如前述的水箱液位控制系统，当流入和流出水箱的液体流量相等时，液位恒定，系统达到平衡状态，即系统处于静态。

假若一个系统原先处于相对平衡状态，由于受到干扰的作用而破坏了这种平衡时，被控变量就会随之发生变化，调节器、执行器等自动化装置则力图产生一定的控制作用以克服干扰的影响，从而使系统重新建立平衡状态。从干扰发生开始，经过自动化装置的控制作用，直到系统重新建立平衡，在这一段时间中，整个系统的各个环节参数都处于变动状态，所以这种状态称为动态。

自动控制系统的平衡（静态）是暂时的、相对的和有条件的，不平衡（动态）是普遍的、绝对的、无条件的。一个自动控制系统在正常工作时，总是处于一波未平、一波又起、波动不止、往复不息的动态过程中，因此，研究系统的动态尤为重要。

1.3.2　自动控制系统的过渡过程

自动控制系统在动态过程中，被控变量随时间变化的过程称为自动控制系统的过渡过程，也就是系统从一个平衡状态过渡到另一个平衡状态的过程。

自动控制系统的过渡过程是控制作用不断克服干扰作用影响的过程，是控制作用与干扰作用一对矛盾在系统内斗争的过程。当这一对矛盾得到统一时，过渡过程也就结束，系统又达到了新的平衡状态。

1. 阶跃干扰

在自动控制系统的过渡过程中，被控变量随时间变化的规律首先取决于干扰作用的形式。在生产中，出现的干扰是没有固定形式的，且多半属于随机性质。在分析和设计控制系统时，为了安全和方便，常选择一些定型的干扰形式，其中最常用的是阶跃干扰。所谓阶跃干扰就是在某一瞬间干扰突然阶跃式地加到系统上，并一直保持而不消失，如图 1-4 所示，自 t_0 时刻开始，阶跃干扰的幅值为 A。

由于阶跃干扰对系统的作用比较突然、比较危险，对被控变量的影响也最大，如果自动控制系统能够有效地克服阶跃干扰的影响，那么对于其他的干扰也就能很好地克服了。所以实际工作中，大多以阶跃干扰对被控变量的影响作为研究的内容。

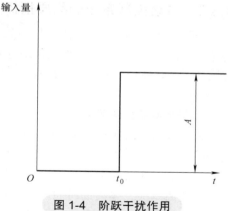

图 1-4　阶跃干扰作用

2. 过渡过程的基本形式

自动控制系统在阶跃干扰作用下的过渡过程有以下几种基本形式：

（1）非周期衰减过程　被控变量在设定值的某侧做缓慢变化，没有来回波动，最后稳定在某一数值上，这种过渡过程形式称为非周期衰减过程，如图 1-5a 所示。

（2）衰减振荡过程　被控变量上下波动，但幅度逐渐减小，最后稳定在某一数值上，这种过渡过程形式称为衰减振荡过程，如图 1-5b 所示。

（3）等幅振荡过程　被控变量在设定值附近来回波动，且波动幅度保持不变，这种过渡过程形式称为等幅振荡过程，如图 1-5c 所示。

（4）发散振荡过程　被控变量来回波动，且波动幅度逐渐变大，即偏离设定值越来越远，这种情况称为发散振荡过程，如图 1-5d 所示。

3. 基本过渡过程的分析

以上过渡过程的四种基本形式可以归纳为以下三类：

1）过渡过程（图 1-5a 和 b）都是衰减的，称为稳定过程。被控变量经过一段时间后，逐渐趋向原来的或新的平衡状态，这是我们所希望的。

对于非周期衰减过程（图 1-5a），由于这种过渡过程变化较慢，被控变量在控制过程中长时间地偏离设定值，而不能很快地恢复平衡状态，所以一般不采用。

对于衰减振荡过程（图 1-5b），由于能够较快地使系统稳定下来，所以在多数情况下，都希望自动控制系统在干扰作用下，能够得到这种过渡过程。

2）过渡过程（图 1-5d）是发散的，称为不稳定的过渡过程。其被控变量在控制过程中，不但不能达到平衡状态，而且逐渐远离设定值，它将导致被控变量超越工艺允许范围，严重时会引起事故，这是生产上所不允许的，应竭力避免。

3）过渡过程（图 1-5c）介于不稳定与稳定之间，一般也认为是不稳定过程。对于某些控制质量要求不高的场合，如果被控变量允许在工艺所许可的范围内变动（主要指在位式控制时），那么这种过渡过程的形式可以采用，也能达到满意的效果。

1.3.3　自动控制系统的品质指标

自动控制系统的过渡过程是衡量控制系统品质的依据。图 1-6 所示为自动控制系统过渡过程品质指标示意图，在评价控制系统质量时，一般采用最大偏差或超调量、衰减比、余差、回复时间、振荡周期或振荡频率等品质指标。

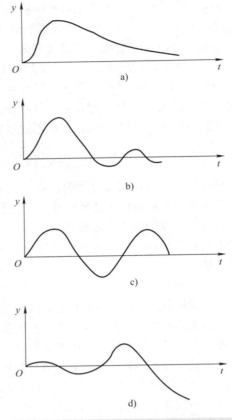

图 1-5　自动控制系统过渡过程的基本形式

1. 最大偏差或超调量

最大偏差是指在过渡过程中被控变量偏离设定值的最大数值。在衰减振荡过程中，最大偏差就是第一个波的峰值，在图 1-6 中以 A 表示。最大偏差表示系统瞬时偏离设定值的最大程度。若偏离越大，偏离的时间越长，则表明系统离开规定的工艺参数指标就越远，这对系统稳定正常地工作是不利的，因此最大偏差可以作为衡量系统质量的一个品质指标。一般来说，最大偏差还是小一些为好。有时

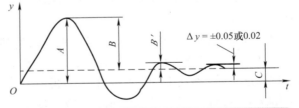

图 1-6　自动控制系统过渡过程品质指标示意图

干扰会不断出现，当第一个干扰还未消除时，第二个干扰可能又出现了，偏差有可能叠加在一起，这就更需要限制最大偏差的允许值。所以，在决定最大偏差允许值时，要根据工艺要求慎重选择。

有时也用超调量来表征被控变量偏离设定值的程度。在图 1-6 中超调量以 B 表示。超调量是过渡过程曲线的第一个峰值与新稳定值之差，即 $B=A-C$。如果系统的新稳定值与设定值相等，那么最大偏差 A 等于超调量 B。

2. 衰减比

衰减比是表示过渡过程振荡剧烈程度的一个指标，用它可以判断振荡是否衰减以及衰减的程

度，实质上就是判断系统能否建立新的平衡及建立平衡的快慢程度。

衰减比 n 是过渡过程曲线上第一个峰值与同方向相邻峰值之比，如图 1-6 所示，$n=B/B'$，习惯上以 $n:1$ 表示。一般 n 取 4～10 之间，因为衰减比在 4:1～10:1 之间时，过渡过程开始阶段的变化速度比较快，被控变量在受到干扰作用的影响后，能比较快地达到一个高峰值，然后马上下降，又较快地达到一个低峰值，而且第二个峰值远远低于第一个峰值，被控变量再振荡数次后就会很快稳定下来，并且最终的稳态值必然在高、低峰值之间，决不会出现太高或太低的现象，更不会远离设定值以至造成事故。

3. 余差

当过渡过程结束时，被控变量所达到的新的稳态值与设定值之间的偏差叫作余差，也称静差，或者说余差就是过渡过程结束时的残余偏差，在图 1-6 中以 C 表示，余差的数值可正可负。在生产中，设定值是主要的技术指标，对于控制要求较高的系统，被控变量越接近设定值越好，即余差越小越好，而有些系统的余差也可稍大些，所以，对余差大小的要求应根据具体情况而定。

4. 回复时间

从干扰作用发生的时刻起，直到系统重新建立新的平衡时止，过渡过程所经历的时间叫作回复时间，用 T_h 表示。严格地讲，对于具有一定衰减比的衰减振荡过渡过程来说，要完全达到新的平衡状态需要无限长的时间。实际上，由于仪表灵敏度的限制，当被控变量接近稳态值时，指示值就基本上不再改变了。因此，一般是在稳态值的上下规定一个小范围，当被控变量进入这一范围并不再越出时，就认为被控变量已经达到新的稳态值，或者说过渡过程已经结束。这个范围一般定为稳态值的 $\pm 5\%$（有的也定为 $\pm 2\%$）。按照这个规定，回复时间就是从干扰开始作用之时起，直至被控变量进入新稳态值的 $\pm 5\%$（或 $\pm 2\%$）的范围内且不再越出时为止所经历的时间。回复时间短，表示过渡过程进行得比较迅速，这时即使干扰频繁出现，系统也能适应，系统控制质量就高；反之回复时间太长，第一个干扰引起的过渡过程尚未结束，第二个干扰就已经出现，几个干扰的影响叠加起来，就可能使系统不符合生产工艺的要求。

综上所述，过渡过程的品质指标有最大偏差、超调量、衰减比、余差及回复时间等。其中最大偏差、超调量及衰减比表征系统的稳定性能，回复时间表征系统的快速性，这两方面都反映了系统的动态特性；而余差表征系统静态特性的好坏，反映系统的精度。

第2章

▶ 被控对象的数学模型

自动控制系统由被控对象（被控过程）、测量变送器、调节器和执行器组成。系统的控制质量与组成系统各个环节的特性都有关，特别是被控对象的特性对控制质量的影响很大，这是确定控制方案的重要依据。而各种对象又是千差万别的，因此在自动控制系统中，当采用一些自动化装置来构成自动控制系统时，必须深入了解对象的特性，研究它的内在规律，进而根据生产对控制质量的要求，选用合适的测量变送器、调节器及执行器，设计合理的控制系统。在控制系统投入运行时，也要根据对象特性选择合适的调节器参数，使系统正常地运行，所以研究被控对象的特性尤为重要。

2.1 被控对象的数学模型及其作用

被控对象的数学模型是指过程的输入变量与输出变量之间定量关系的描述，这种关系既可以用各种参数模型（如微分方程、差分方程、状态方程、传递函数等）表示，也可以用非参数模型（如曲线、表格等）表示。被控对象的输出变量也称为被控变量，而作用于被控对象的干扰作用和控制作用统称为输入变量，它们都是引起被控变量变化的因素。被控对象的输入变量至输出变量的信号联系称为通道，其中控制作用至输出变量的信号联系称为控制通道，干扰作用至输出变量的信号联系称为干扰通道，被控对象的输出为控制通道与干扰通道的输出之和，如图 2-1 所示。

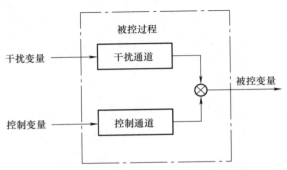

图 2-1 干扰输入、控制输入与输出之间的关系

分析被控对象的特性，就是研究被控对象在受到干扰作用或控制作用后，被控变量即被控对象的输出量是如何变化的，变化的快慢以及最终变化的数值等，因此所谓被控对象的特性，就是指被控对象各个输入量与输出量之间的函数关系。

被控对象的数学模型在过程控制中具有极其重要的作用，归纳起来主要有以下几点：

1）控制系统设计的基础。全面、深入地掌握被控过程的数学模型是控制系统设计的基础，如在确定控制方案时，被控变量及检测点的选择、控制（操作）变量的确定、控制规律的确定等都离不开被控过程的数学模型。

2）调节器参数确定的重要依据。过程控制系统一旦投入运行后，如何整定调节器的参数，必须以被控过程的数学模型为重要依据。尤其是当对生产过程进行最优控制时，如果没有充分掌握被控过程的数学模型，就无法实现最优化设计。

3）仿真或研究、开发新型控制策略的必要条件。在用计算机仿真或研究、开发新型控制策略时，其前提条件是必须明确被控过程的数学模型，如补偿控制、推理控制、最优控制、自适应控制等都是在已知被控过程数学模型的基础上进行的。

4）设计与操作生产工艺及设备时的指导。通过对生产工艺过程及相关设备数学模型的分析或仿真，可以事先确定或预测有关因素对整个被控过程特性的影响，从而为生产工艺及设备的设计与操作提供指导，以便提出正确的解决办法等。

5）工业过程故障检测与诊断系统的设计指导。利用数学模型可以及时发现工业过程中控制系统的故障及其原因，并提供正确的解决途径。

2.2　被控对象建模方法

建立被控过程数学模型的方法主要有三种：一是机理演绎法，二是试验辨识法，三是机理演绎与试验辨识相结合的混合法，下面分别加以说明。

2.2.1　机理演绎法

机理演绎法又称为解析法。它是根据被控对象的内部机理，运用已知的静态或动态平衡关系，如物料平衡关系、能量平衡关系、动量平衡关系、相 - 相平衡关系以及某些物性方程、设备特性方程、物理化学定律等，用数学解析的方法求取被控对象的数学模型。用机理演绎法获得的模型又称为解析模型。

所谓静态平衡关系是指在单位时间内进入被控对象的物料或能量应等于单位时间内从被控对象流出的物料或能量；所谓动态平衡关系是指单位时间内进入被控对象的物料或能量与单位时间内流出被控对象的物料或能量之差应等于被控对象内物料或能量储存量的变化率。

机理演绎法建模的最大优点是在过程控制系统尚未设计之前即可推导其数学模型，这对过程控制系统的方案论证与设计工作是比较有利的。但是，许多工业过程的内在机理十分复杂，加上人们对过程的变化机理又很难完全了解，单凭机理演绎法难以得到合适的数学模型。在这种情况下，可以借助试验辨识法求取被控对象的数学模型。

2.2.2　试验辨识法

试验辨识法又称为系统辨识与参数估计法。该方法的主要思路如下：先给被控过程人为地施加一个输入作用，然后记录过程的输出变化量，得到一系列试验数据或曲线，最后再根据输入 - 输出特性曲线或试验数据确定其模型的结构（包括模型形式、阶次与纯滞后时间等）与模型的参数。这种运用过程的输入 - 输出试验数据确定其模型结构与参数的方法，通常称为试验辨识法。该方法的主要特点是将被研究的过程视为"黑箱"而完全由外部的输入 - 输出特性构建数学模型。

这对于一些内部机理比较复杂的过程而言，该方法要比机理演绎法建模相对容易。试验辨识法建模的一般步骤如图 2-2 所示。

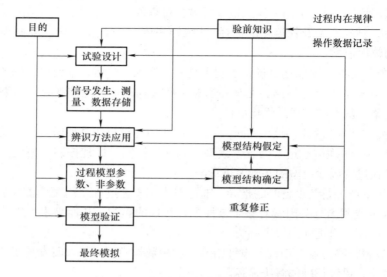

图 2-2　试验辨识法建模的一般步骤

图 2-2 中主要部分的含义说明如下：

（1）目的　指数学模型的应用目的及相应要求。应用目的不同，对模型的形式（如传递函数、差分方程等）与要求（例如精度）也不同。

（2）验前知识　指对过程内在机理的了解和对已有运行数据的分析所得出的结论（如过程的非线性程度、纯滞后时间和时间常数大小等）。这对模型结构的设定、辨识方法的选取以及试验设计等都会产生很大的影响。验前知识越丰富，辨识工作就越易进行，也就越易得出正确的结果。

（3）试验设计　其内容包括输入信号的幅值和频率谱、采样周期、测试长度的确定以及信号的产生和数据存储方法、计算工具的选用、离线或在线辨识测试信号的滤波等。

（4）辨识方法　分为经典辨识方法和现代辨识方法，前者包含阶跃响应法、频谱响应法、相关分析法等，后者有最小二乘参数估计法、梯度校正法、极大似然法等。

（5）过程模型　分为参数模型和非参数模型。若要求辨识的结果是图表或曲线，则为非参数模型；若要求为解析表达式，则为参数模型。

（6）模型验证　模型验证有两种方法：一是相同输入验证法，即在试验时将同一输入作用下的实际过程的输出与依据模型计算出的输出进行比较，以判断模型的有效性；二是不同输入验证法，即在试验时将不同输入作用下的实际过程的输出与依据模型计算出的输出进行比较，以判断模型的有效性。一般说来，后者比前者得出的结论更可靠。

（7）重复修正　若采用上述步骤所得模型仍不能满足精度要求，则需重新修正试验设计或模型结构，如此反复进行，直到满足要求为止。

2.2.3　混合法

混合法是将机理演绎法与试验辨识法相互交替使用的一种方法。通常采用两种方式：一种是对被控过程中已经比较了解且经过实践检验相对成熟的部分先采用机理演绎法推导其数学模型，而对那些不确定的部分再采用试验辨识法求取数学模型，该方法能够大大减少试验辨识法的难度和工作量，适用于多级被控过程；另一种是先通过机理分析确定模型的结构形式，再根据试验数据确定模型中的各个参数，这种方法实际上是机理演绎法与试验辨识法两者的结合。

2.3　被控对象数学模型的建立

2.3.1　解析法建立被控对象的数学模型

1. 解析法建模的一般步骤

解析法建模的一般步骤如下：

1）明确过程的输出变量、输入变量和其他中间变量。

2）依据过程的内在机理和有关定理、定律以及公式列写静态方程或动态方程。

3）消去中间变量，求取输入、输出变量的关系方程。

4）将其简化成控制要求的某种形式，如高阶微分（差分）方程或传递函数（脉冲传递函数）等。

2. 单容过程的解析法建模

下面通过几个典型示例说明单容过程解析法建模的步骤与方法。

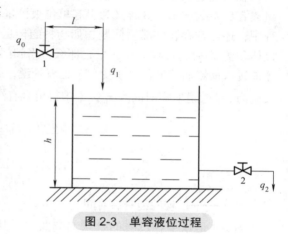

图 2-3　单容液位过程

【例 2-1】　某单容液位过程如图 2-3 所示。该控制过程中，储罐中的液位高度 h 为被控变量（即过程的输出），流入储罐的体积流量 q_1 为过程的输入变量，q_1 的大小可通过阀门 1 的开度来改变；流出储罐的体积流量 q_2 为中间变量（即为过程的干扰），它取决于用户需要，其大小可以通过阀门 2 的开度来改变。试确定 h 与 q_1 之间的数学关系。

【解】　根据动态物料平衡关系，即在单位时间内储罐的液体流入量与单位时间内储罐的液体流出量之差应等于储罐中液体储存量的变化率，则有

$$q_1 - q_2 = A\frac{dh}{dt} \qquad (2\text{-}1)$$

若用增量形式表示，则为

$$\Delta q_1 - \Delta q_2 = A\frac{d\Delta h}{dt} \qquad (2\text{-}2)$$

式中　Δq_1、Δq_2、Δh——偏离某平衡状态 q_{10}、q_{20}、h_0 的增量；

　　　　A——储罐的截面面积，设为常量。

静态时应有 $q_{10}=q_{20}$，则有 $dh/dt=0$。当 q_1 发生变化时，液位 h 则随之而变，使储罐出口处的静压发生变化，q_2 也相应变化。假定 Δq_2 与 Δh 近似成正比而与阀门 2 的液阻 R_2（近似为常量）成反比（以下同），则有

$$\Delta q_2 = \frac{\Delta h}{R_2} \qquad (2\text{-}3)$$

将式（2-3）代入式（2-2）中，经整理可得

$$R_2 A \frac{\mathrm{d}\Delta h}{\mathrm{d}t} + \Delta h = R_2 \Delta q_1 \qquad (2\text{-}4)$$

式（2-4）即为单容液位过程的微分方程增量表示形式。对式（2-4）进行拉普拉斯变换，并写成传递函数形式，则有

$$G(s) = \frac{H(s)}{Q_1(s)} = \frac{R_2}{R_2 As + 1} \qquad (2\text{-}5)$$

为了更一般起见，将式（2-5）写成

$$G(s) = \frac{H(s)}{Q_1(s)} = \frac{R_2}{R_2 Cs + 1} = \frac{K}{Ts + 1} \qquad (2\text{-}6)$$

式中　T——被控过程的时间常数，$T = R_2 C$；

　　　K——被控过程的放大系数，$K = R_2$；

　　　C——被控过程的容量系数，或称过程容量，这里 $C = A$（储罐的截面面积）。

在工业过程中，被控过程一般都有一定的储存物料和能量的能力，储存能力的大小通常用容量或容量系数表示，其含义为引起单位被控量变化时被控过程储存量变化的大小。在有些被控过程中，还经常存在纯滞后问题，如物料的传送带输送过程、管道输送过程等。在图 2-3 中，如果以体积流量 q_0 为过程的输入量，那么，当阀门 1 的开度产生变化后，q_0 需流经长度为 l 的管道后才能进入储罐而使液位发生变化。也就是说，q_0 需经一段延时才对被控量产生作用。假设 q_0 流经长度为 l 的管道所需时间为 τ_0，不难得出具有纯滞后的单容过程的微分方程和传递函数分别为

$$\begin{cases} T \dfrac{\mathrm{d}\Delta h}{\mathrm{d}t} + \Delta h = K \Delta q_0(t - \tau_0) \\[2mm] G(s) = \dfrac{H(s)}{Q_0(s)} = \dfrac{K}{Ts + 1} \mathrm{e}^{-\tau_0 s} \end{cases} \qquad (2\text{-}7)$$

式中　τ_0——过程的纯滞后时间。

图 2-4 是该单容过程的阶跃响应曲线。其中图 2-4a 为无时延过程，图 2-4b 为有时延过程。图 2-4a 与图 2-4b 相比，阶跃响应曲线形状相同，只是图 2-4b 的曲线滞后了 τ_0 一段时间。

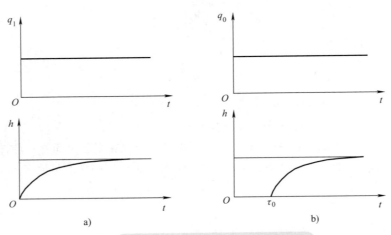

图 2-4　单容过程的阶跃响应曲线

a) 无时延过程　b) 有时延过程

【例2-2】 某单容热力过程如图2-5所示。加热装置采用电能加热，给容器输入热流量 q_i，容器的热容为 C，容器中液体的比定压热容为 c_p。流量为 q 的液体以 T_i 的入口温度流入，以 T_c 的出口温度流出（T_c 同时也是容器中液体的温度）。设容器所在的环境温度为 T_0。试求该过程的输出温度 T_c 与热流量 q_i、液体入口温度 T_i 以及环境温度 T_0 之间的数学关系。

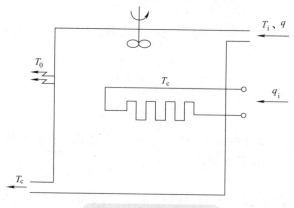

图2-5 单容热力过程

【解】 该过程的输入热流量有：①基于电加热的热流量 q_i；②流入容器的液体所携带的热流量 $q c_p T_i$。同时，流出容器的液体又将 $q c_p T_c$ 的热流量带出，容器还向四周环境散发热量。散发的热量一般与容器的散热表面积（设为 A）、保温材料的传热系数（设为 K_r）以及容器内外的温差成正比。

根据能量动态平衡关系，即单位时间内进入容器的热量与单位时间内流出容器的热量之差等于容器内热量储存的变化率，可得

$$q_i + q c_p T_i - q c_p T_c - K_r A (T_c - T_0) = C \frac{dT_c}{dt} \quad (2\text{-}8)$$

将式（2-8）写成增量形式，则有

$$\Delta q_i + q c_p \Delta T_i - q c_p \Delta T_c - K_r A (\Delta T_c - \Delta T_0) = C \frac{d \Delta T_c}{dt} \quad (2\text{-}9)$$

式（2-9）中，令 $q c_p = K_p$，K_p 称为液体的热量系数。令 $K_r A = \dfrac{1}{R}$，R 称为热阻，对式（2-9）整理可得

$$C \frac{d \Delta T_c}{dt} + K_p \Delta T_c = \Delta q_i + K_p \Delta T_i - \frac{\Delta T_c - \Delta T_0}{R} \quad (2\text{-}10)$$

对式（2-10）进行拉普拉斯变换，整理后可得

$$T_c(s) = \frac{\dfrac{R}{K_p R + 1}}{\dfrac{R}{K_p R + 1} Cs + 1} Q_i(s) + \frac{\dfrac{K_p R}{K_p R + 1}}{\dfrac{R}{K_p R + 1} Cs + 1} T_i(s) + \frac{\dfrac{1}{K_p R + 1}}{\dfrac{R}{K_p R + 1} Cs + 1} T_0(s) \quad (2\text{-}11)$$

式（2-10）或式（2-11）即为该过程的输入输出模型。

若该容器绝热，且流入容器的液体温度 T_i 为常数，依据式（2-11），不难得出容器内液体温度

T_c 与输入热流量 q_i 之间的关系, 其传递函数为

$$G(s) = \frac{T_c(s)}{Q_i(s)} = \frac{\dfrac{R}{K_p R + 1}}{\dfrac{R}{K_p R + 1} Cs + 1} \qquad (2\text{-}12)$$

若容器绝热, 且液体流量 q、输入热流量 q_i 也为常数, 则 T_c 与 T_i 之间的传递函数为

$$G(s) = \frac{T_c(s)}{T_i(s)} = \frac{\dfrac{K_p R}{K_p R + 1}}{\dfrac{R}{K_p R + 1} Cs + 1} \qquad (2\text{-}13)$$

【例 2-3】 在图 2-3 中, 如果将阀 2 换成定量泵, 使输出流量 q_2 在任何情况下都与液位 h 的大小无关, 如图 2-6 所示。试求 h 与 q_1 之间的关系。

【解】 根据动态物料平衡关系, 可得

$$q_1 - q_2 = C \frac{dh}{dt} \qquad (2\text{-}14)$$

由于此时的 q_2 为常量, 故 $\Delta q_2 = 0$。将式 (2-14) 写成增量方程, 即

$$C \frac{d\Delta h}{dt} = \Delta q_1 \qquad (2\text{-}15)$$

式 (2-15) 即为该过程的输入 - 输出关系, 若写成传递函数, 则为

$$G(s) = \frac{H(s)}{Q_1(s)} = \frac{1}{Ts} \qquad (2\text{-}16)$$

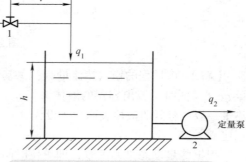

图 2-6   阀 2 改为定量泵的液位过程

式中 T——过程的积分时间常数, $T = C$ (储罐容量系数)。

图 2-7 所示为例 2-3 的阶跃响应曲线。由图 2-7 可见, 当输入发生正的阶跃变化时, 输出量将无限制地线性增长, 这与实际物理过程也是相吻合的。因为当输入流量 q_1 发生正的阶跃变化时, 液位 h 将随之增加, 而流出量却不变, 这就意味着储罐的液位 h 会一直上升直至液体溢出为止。而当 q_1 发生负的阶跃时, 情况刚好相反, 则液体将会被抽干。由此可见, 该过程为非自衡特性过程。

3. 多容过程的解析法建模

下面仅以有自衡特性的双容过程为例, 讨论多容过程的解析法建模。

【例 2-4】 图 2-8 所示为一分离式双容液位过程。图 2-8a 中, 设 q_1 为过程输入量, 第二个液位槽的液位 h_2 为过程输出量, 若不计第一个与第二个液位槽之间液体输送管道所形成的时间延迟, 试求 h_2 与 q_1 之间的数学关系。

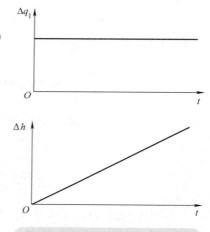

图 2-7   例 2-3 的阶跃响应曲线

【解】 根据动态平衡关系，可列出以下增量方程，即

$$C_1 \frac{\mathrm{d}\Delta h_1}{\mathrm{d}t} = \Delta q_1 - \Delta q_2 \tag{2-17}$$

$$\Delta q_2 = \frac{\Delta h_1}{R_2} \tag{2-18}$$

$$C_2 \frac{\mathrm{d}\Delta h_2}{\mathrm{d}t} = \Delta q_2 - \Delta q_3 \tag{2-19}$$

$$\Delta q_3 = \frac{\Delta h_2}{R_3} \tag{2-20}$$

式中 Δq_1、Δq_2、Δq_3——流过阀1、阀2、阀3的流量增量；

Δh_1、Δh_2——槽1、槽2的液位增量；

C_1、C_2——槽1、槽2的容量系数；

R_2、R_3——阀2、阀3的液阻。

对于式（2-17）~式（2-20）进行拉普拉斯变换，整理后的传递函数为

$$G(s) = \frac{Q_2(s)}{Q_1(s)} \frac{H_2(s)}{Q_2(s)} = \frac{1}{T_1 s+1} \frac{R_3}{T_2 s+1} \tag{2-21}$$

式中 T_1——槽1的时间常数，$T_1 = R_2 C_1$；

T_2——槽2的时间常数，$T_2 = R_3 C_2$。

式（2-21）即为双容液位过程的数学模型。

图2-8b为该过程的阶跃响应曲线。由图2-8b可见，与自衡单容过程的阶跃响应（如曲线1）相比，双容过程的阶跃响应（如曲线2）一开始变化较慢，其原因是槽与槽之间存在液体流通阻力，延缓了被控量的变化。显然，串联容器越多，则过程容量越大，时间延缓越长。

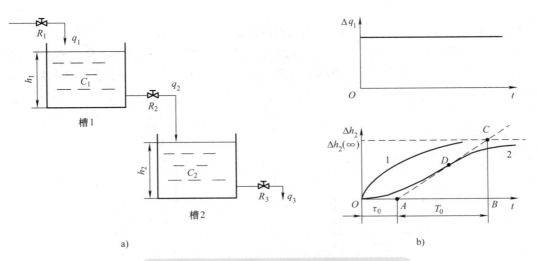

图2-8 分离式双容液位过程及其阶跃响应曲线

a）分离式双容液位过程 b）过程的阶跃响应曲线

双容过程也可近似为有时延的单容过程。其做法是通过响应曲线 Δh_2 的拐点作切线（如虚线所示），与时间轴交于 A 点，与 Δh_2 的稳态值 $\Delta h_2(\infty)$ 相交于 C 点，C 点在时间轴上的投影为 B 点。此时，传递函数可近似为

$$G(s) = \frac{H_2(s)}{Q_1(s)} \approx \frac{R_3}{T_0 s + 1} e^{-\tau_0 s} \qquad (2\text{-}22)$$

式中，$\tau_0 = \overline{OA}$，$T_0 = \overline{AB}$。

如果过程为 n 个容器依次分离相接，则不难推出其传递函数为

$$G(s) = \frac{K_0}{(T_1 s + 1)(T_2 s + 1)\cdots(T_n s + 1)} \qquad (2\text{-}23)$$

式中 K_0——过程的总放大系数；

$T_1, \cdots, T_n$——各个单容过程的时间常数。

若各个容器的容量系数相同，各阀门的液阻也相同，则有 $T_1 = T_2 = \cdots = T_n = T_0$，于是有

$$G(s) = \frac{K_0}{(T_0 s + 1)^n} \qquad (2\text{-}24)$$

n 个容量的过程也可近似为有时延的单容过程。其做法与双容过程类似。

此外，在图 2-8a 中，若设槽 1 与槽 2 之间管道长度形成的时间延迟为 τ_1，不难推出这种情况下的传递函数为

$$G(s) = \frac{R_3}{(T_1 s + 1)(T_2 s + 1)} e^{-\tau_1 s} \qquad (2\text{-}25)$$

若将槽 2 的阀门 3 改为定量泵，使得 q_3 与液位 h_2 的高低无关，则相应的传递函数为

$$G(s) = \frac{1}{(T_1 s + 1) T_c s} \qquad (2\text{-}26)$$

式中，T_1 仍如前述，$T_c = C_2$。式（2-26）即为无自衡双容过程的数学模型。

【例 2-5】 图 2-9 为一个并联式双容液位过程。与图 2-8 相比，q_2 的大小不仅与槽 1 的液位 h_1 有关，而且与槽 2 的液位 h_2 也有关。设图中各个变量及参数的意义与例 2-4 相同，试求 h_2 与 q_1 之间的数学关系。

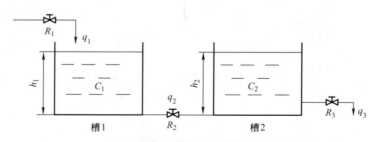

图 2-9 并联式双容液位过程

【解】 根据动态物料平衡关系，可得增量方程为

$$\begin{cases} \Delta q_1 - \Delta q_2 = C_1 \dfrac{\mathrm{d}\Delta h_1}{\mathrm{d}t} \\[2mm] \Delta q_2 - \Delta q_3 = C_2 \dfrac{\mathrm{d}\Delta h_2}{\mathrm{d}t} \\[2mm] \Delta q_2 = \dfrac{\Delta h_1 - \Delta h_2}{R_2} \\[2mm] \Delta q_3 = \dfrac{\Delta h_2}{R_3} \end{cases} \qquad (2\text{-}27)$$

消去中间变量 Δq_2、Δq_3、Δh_1，整理可得

$$T_1 T_2 \frac{\mathrm{d}^2 \Delta h_2}{\mathrm{d}t^2} + (T_1 + T_2 + T_{12})\frac{\mathrm{d}\Delta h_2}{\mathrm{d}t} + \Delta h_2 = K_0 \Delta q_1 \qquad (2\text{-}28)$$

相应的传递函数为

$$G(s) = \frac{H_2(s)}{Q_1(s)} = \frac{K_0}{T_1 T_2 s^2 + (T_1 + T_2 + T_{12})s + 1} \qquad (2\text{-}29)$$

式中 T_1——槽 1 的时间常数，$T_1 = R_2 C_1$；

$\quad\quad T_2$——槽 2 的时间常数，$T_2 = R_3 C_2$；

$\quad\quad T_{12}$——槽 1 与槽 2 关联时间常数，$T_{12} = R_3 C_1$；

$\quad\quad K_0$——过程的放大系数，$K_0 = R_3$。

图 2-10 所示为双容液位过程各变量关系图。图 2-10a 是例 2-4 的分离式双容液位过程变量关系图，图 2-10b 是本例的并联式双容液位过程变量关系图。由图 2-10 可见，对前者而言，前一过程影响后一过程，而后一过程不影响前一过程；对后者而言，前一过程影响后一过程，后一过程也影响前一过程，前后互相关联。

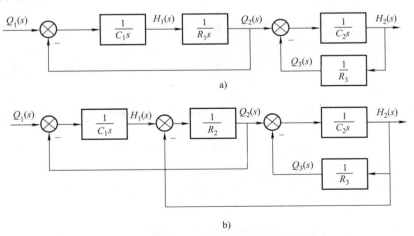

a)

b)

图 2-10　双容液位过程各变量关系图

a）分离式　b）并联式

本过程的阶跃响应依然为单调上升，类似于例 2-4 双容过程的阶跃响应曲线。其传递函数可等效为

$$G(s) = \frac{H_2(s)}{Q_1(s)} = \frac{K_0}{(T_A s+1)(T_B s+1)} \qquad (2\text{-}30)$$

式中，等效时间常数为

$$\left.\begin{aligned} T_A &= \frac{2T_1 T_2}{(T_1 + T_2 + T_{12}) - \sqrt{(T_1 - T_2)^2 + T_{12}(T_{12} + 2T_1 + 2T_2)}} \\ T_B &= \frac{2T_1 T_2}{(T_1 + T_2 + T_{12}) + \sqrt{(T_1 - T_2)^2 + T_{12}(T_{12} + 2T_1 + 2T_2)}} \end{aligned}\right\} \qquad (2\text{-}31)$$

本过程也可用有时延的单容过程近似，其近似方法与例 2-4 所述相同。

2.3.2　试验辨识法建立被控对象的数学模型

对于内在结构与机理变化不太复杂的被控过程，只要有足够的验前知识和对过程内在机理变化有充分的了解，即可通过机理分析，根据物料或能量平衡关系，应用数学推理方法建立数学模型。但是，实际上许多工业过程的内在结构与机理变化是比较复杂的，往往并不完全清楚，这就难以用数学推理方法建立过程的数学模型。在这种情况下，数学模型的取得就需要采用试验辨识法。

试验辨识法可分为经典辨识法与现代辨识法两大类。在经典辨识法中，最常用的是基于响应曲线的辨识法，即响应曲线法。在现代辨识法中，又以最小二乘辨识法最为常用。响应曲线法是指通过操作调节阀，使被控过程的控制输入产生一阶跃变化或方波变化，得到被控变量随时间变化的响应曲线或输出数据，再根据输入 - 输出数据，求取过程的输入 - 输出之间的数学关系。响应曲线法又分为阶跃响应曲线法和方波响应曲线法。

1. 阶跃响应曲线法

（1）试验注意事项　在用阶跃响应曲线法建立过程的数学模型时，为了能够得到可靠的测试结果，试验时应注意以下几点：

1）试验测试前，被控过程应处于相对稳定的工作状态，否则会使被控过程的其他变化与试验所得的阶跃响应混淆在一起，影响辨识结果。

2）在相同条件下应进行重复试验，以便能从几次测试结果中选取比较接近的两个响应曲线作为分析依据，减少随机干扰的影响。

3）分别做正、反方向的阶跃输入信号进行试验，并将两次试验结果进行比较，以衡量过程的非线性程度。

4）每完成一次试验后，应将被控过程恢复到原来的工况并稳定一段时间再进行第二次试验。

5）输入的阶跃幅度不能过大，以免对生产过程的正常进行产生不利的影响，但也不能过小，以防其他干扰影响的比例相对较大而影响试验结果。阶跃变化的幅值一般取正常输入信号最大幅值的 10% 左右。

（2）模型结构的确定　在完成阶跃响应试验后，应根据试验所得的响应曲线确定模型的结构。对于大多数过程来说，其数学模型常常可近似为一阶惯性、一阶惯性 + 纯滞后、二阶惯性、二阶惯性 + 纯滞后的结构，其传递函数为

$$G(s) = \frac{K_0}{T_0 s+1}, \quad G(s) = \frac{K_0}{T_0 s+1} \mathrm{e}^{-\tau s} \qquad (2\text{-}32a)$$

$$G(s) = \frac{K_0}{(T_1 s + 1)(T_2 s + 1)}, \quad G(s) = \frac{K_0}{(T_1 s + 1)(T_2 s + 1)} \mathrm{e}^{-\tau s} \qquad （2\text{-}32\mathrm{b}）$$

对于某些无自衡特性过程，其对应的传递函数为

$$G(s) = \frac{1}{T_0 s}, \quad G(s) = \frac{1}{T_0 s} \mathrm{e}^{-\tau s} \qquad （2\text{-}33）$$

$$G(s) = \frac{1}{T_1 s(T_2 s + 1)}, \quad G(s) = \frac{1}{T_1 s(T_2 s + 1)} \mathrm{e}^{-\tau s} \qquad （2\text{-}34）$$

此外，还可采用更高阶或其他较复杂的结构形式。但是，复杂的数学模型结构对应复杂的控制，同时也使模型的待估计参数增多，从而增加辨识的难度。因此，在保证辨识精度的前提下，数学模型结构应尽可能简单。

（3）模型参数的确定

1）确定一阶惯性环节的参数。若过程的阶跃响应曲线如图 2-11 所示，则 $t=0$ 时的曲线斜率最大，随后斜率逐渐减小，上升到稳态值 $y(\infty)$ 时斜率为零。该响应曲线可用无时延的一阶惯性环节近似。

对式（2-32a）所示的一阶惯性环节，需要确定的参数有 K_0 和 T_0，其确定方法通常有图解法和计算法。

设一阶惯性环节的输入、输出关系为

$$y(t) = K_0 x_0 (1 - \mathrm{e}^{-t/T_0}) \qquad （2\text{-}35）$$

式中　K_0——过程的放大系数；

　　　T_0——时间常数。

对象的放大系数 K_0 越大，就表示对象的输入量有一定的变化时，对输出量的影响越大。在工艺生产中，常常会发现有的阀门对生产影响很大，开度稍微变化就会引起对象输出量大幅度地变化；有的阀门则相反，开度的变化对生产影响很小。这说明在一个被控对象上，各种量的变化对被控变量的影响不同。换句话说，就是各种量与被控变量之间的放大系数有大有小。放大系数越大，被控变量对这个量的变化就越灵敏，但稳定性差；而放大系数小，被控对象控制不够灵敏，但稳定性好。

需要说明的是，由于试验一般是在被控过程在正常工作状态下进行的，即在原来输入的基础上叠加了 x_0 的阶跃变化量，所以式（2-35）所表示的输出表达式应是原输出值基础上的增量表达式。因此，用输出测量数据作阶跃响应曲线时，应减去原来的正常输出值。也就是说，图 2-11 所示阶跃响应曲线，是以原来的稳态工作点为坐标原点的增量变化曲线。以后不加特别说明，均是指这种情况。

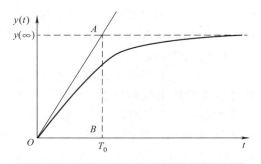

图 2-11　一阶无时延环节的阶跃响应曲线

对于式（2-35），考虑到

$$y(t)\big|_{t\to\infty} = y(\infty) = K_0 x_0 \qquad (2\text{-}36)$$

则有

$$K_0 = \frac{y(\infty)}{x_0} \qquad (2\text{-}37)$$

此外

$$\frac{\mathrm{d}y}{\mathrm{d}t}\bigg|_{t=0} = \frac{K_0 x_0}{T_0} \qquad (2\text{-}38)$$

以此为斜率在 $t=0$ 处作切线，切线方程为 $\dfrac{K_0 x_0}{T_0}t$ ，当 $t=T_0$ 时，则有

$$\frac{K_0 x_0}{T_0}t\bigg|_{t=T_0} = K_0 x_0 = y(\infty) \qquad (2\text{-}39)$$

由以上分析可知，依据阶跃响应曲线确定模型参数 K_0 与 T_0 的图解法为：先由阶跃响应曲线（图 2-11）定出 $y(\infty)$，根据式（2-36）先确定 K_0，再在阶跃响应曲线的起点 $t=0$ 处作切线，该切线与 $y(\infty)$ 交于一点，该点的横坐标即为时间常数 T_0。在图 2-12 中，4 条曲线分别表示对象的时间常数为 T_{s1}、T_{s2}、T_{s3}、T_{s4} 时，在相同的阶跃输入作用下被控变量的响应曲线。假定它们的稳态输出值均是相同的（图中为 100）。显然可以看出，$T_{s1}<T_{s2}<T_{s3}<T_{s4}$，时间常数大的（$T_{s4}$ 所表示的对象），对输入量的反应比较慢，一般也可以认为它的惯性要大一些。

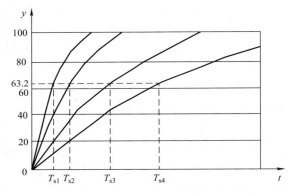

图 2-12   不同时间常数下的响应曲线

T_0 的确定还可用计算法。根据式（2-35）和式（2-36）可得

$$y(t) = y(\infty)(1-\mathrm{e}^{-t/T_0}) \qquad (2\text{-}40)$$

令 t 分别为 $T_0/2$、T_0、$2T_0$，则有 $y(T_0/2) = y(\infty) \times 39\%$、$y(T_0) = y(\infty) \times 63.2\%$ 以及 $y(2T_0) = y(\infty) \times 86.5\%$。据此，在阶跃响应曲线上求得 $y(\infty) \times 39\%$、$y(\infty) \times 63.2\%$ 以及 $y(\infty) \times 86.5\%$ 所对应的时间 t_1、t_2、t_3，则不难计算出 T_0。如果由 t_1、t_2、t_3 分别求取的 T_0 数值有差异，那么可用求平均值的方法对 T_0 加以修正。

2）确定一阶惯性 + 纯滞后环节的参数。如果过程的阶跃响应曲线在 $t=0$ 时斜率为零，随后斜率逐渐增大，到达某点（称为拐点）后斜率又逐渐减小，如图 2-13 所示，即曲线呈现 S 形状，则该过程可用一阶惯性 + 纯滞后环节近似。

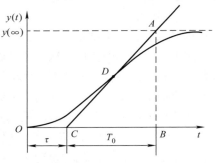

图 2-13   作图法确定一阶惯性 + 纯滞后环节

对式（2-32a）所示的一阶惯性＋纯滞后环节，需确定三个参数，即 K_0、T_0 和纯滞后时间 τ，K_0 的确定方法与前述相同，T_0 以及 τ 的图解法确定如图 2-13 所示，即在阶跃响应曲线斜率最大处（即拐点 D 处）作切线，该切线与时间轴交于 C 点，与 $y(0)$ 的稳态值 $y(\infty)$ 交于 A 点，A 点在时间轴上的投影为 B 点。则 CB 段即为 T_0 的大小，OC 段即为 τ 的大小。

然而，在阶跃响应曲线上寻找拐点 D 以及通过该点作切线，往往会产生较大的误差，为此，可采用理论计算法求取 T_0 和 τ，其步骤是：先将阶跃响应 $y(t)$ 转化为标幺值 $y_0(t)$，即

$$y_0(t) = \frac{y(t)}{y(\infty)} \tag{2-41}$$

则相应的阶跃响应表达式为

$$y_0(t) = \begin{cases} 0 & t < \tau \\ 1 - e^{-\frac{t-\tau}{T_0}} & t \geqslant \tau \end{cases} \tag{2-42}$$

根据式（2-41）可将图 2-13 转换为图 2-14。然后在图 2-14 中，选取两个不同的时间点 t_1 和 t_2（$\tau < t_1 < t_2$），分别对应 $y_0(t_1)$ 和 $y_0(t_2)$。依据式（2-42）有

$$\begin{cases} y_0(t_1) = 1 - e^{-\frac{t_1-\tau}{T_0}} \\ y_0(t_2) = 1 - e^{-\frac{t_2-\tau}{T_0}} \end{cases} \tag{2-43}$$

对式（2-43）两边取自然对数，有

$$\begin{cases} \ln[1 - y_0(t_1)] = -\dfrac{t_1 - \tau}{T_0} \\ \ln[1 - y_0(t_2)] = -\dfrac{t_2 - \tau}{T_0} \end{cases} \tag{2-44}$$

联立求解可得

$$\begin{cases} T_0 = \dfrac{t_2 - t_1}{\ln[1 - y_0(t_1)] - \ln[1 - y_0(t_2)]} \\ \tau = \dfrac{t_2 \ln[1 - y_0(t_1)] - t_1 \ln[1 - y_0(t_2)]}{\ln[1 - y_0(t_1)] - \ln[1 - y_0(t_2)]} \end{cases} \tag{2-45}$$

由式 (2-45) 即可求得 T_0 和 τ。为了使求得的 T_0 和 τ 更精确，可在图 2-14 的 $y_0(t)$ 曲线上多选几个点，例如选四个点，并将每两个点分为一组，分别按照上述方法求取各自的 T_0 和 τ 值。对所求得的 T_0 和 τ 再分别取平均值作为最后的 T_0 和 τ。如果不同组所求得的 T_0 或 τ 值相差较大，则说明用一阶惯性环节结构来近似不太合适，则可选用二阶惯性环节结构近似。

3）确定二阶惯性环节的参数。对式（2-32b）所示的二阶惯性环节需要确定的参数为 K_0、T_1 和 T_2。其相应的阶跃响应曲线如图 2-15 所示。

K_0 的确定与一阶惯性环节确定方法相同。T_1 和 T_2 的确定一般采用两点法。设二阶惯性环节的输入、输出关系为

$$y(t) = K_0 x_0 \left(1 - \frac{T_1}{T_1 - T_2} e^{-\frac{t}{T_1}} + \frac{T_2}{T_1 - T_2} e^{-\frac{t}{T_2}}\right) \tag{2-46}$$

式中　x_0——阶跃输入的幅值。

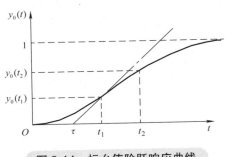

图 2-14　标幺值阶跃响应曲线　　　　图 2-15　二阶惯性环节的阶跃响应曲线

根据式（2-46）可以利用阶跃响应上两个点的坐标值（t_1，$y(t_1)$）和（t_2，$y(t_2)$）确定 T_1 和 T_2。假定取 $y(t)$ 分别为 $0.4y(\infty)$ 和 $0.8y(\infty)[y(\infty) = K_0 x_0]$，可从图 2-15 的阶跃响应曲线上定出相应的 t_1 和 t_2，由此可得联立方程

$$\begin{cases} \dfrac{T_1}{T_1 - T_2} e^{-\frac{t_1}{T_1}} - \dfrac{T_2}{T_1 - T_2} e^{-\frac{t_1}{T_2}} = 0.6 \\ \dfrac{T_1}{T_1 - T_2} e^{-\frac{t_2}{T_1}} - \dfrac{T_2}{T_1 - T_2} e^{-\frac{t_2}{T_2}} = 0.2 \end{cases} \quad (2\text{-}47)$$

式（2-47）的近似解为

$$\begin{cases} T_1 + T_2 \approx \dfrac{1}{2.16}(t_1 + t_2) \\ \dfrac{T_1 T_2}{(T_1 + T_2)^2} \approx \left(1.74 \dfrac{t_1}{t_2} - 0.55\right) \end{cases} \quad (2\text{-}48)$$

采用式（2-48）确定 T_1 和 T_2 时，应满足 $0.32<t_1/t_2<0.46$ 的条件。可以证明，当 $t_1/t_2=0.32$ 时，应为一阶惯性环节 $K_0/(T_0 s+1)$ [$T_0 = (t_1+t_2)/2.12$]；当 $t_1/t_2=0.46$ 时，应为二阶惯性环节 $K_0/(T_0 s+1)^2$ [$T_0 = (t_1+t_2)/(2 \times 2.18)$]；若 $t_1/t_2>0.46$，则为二阶惯性以上环节。

不失一般性，设 n 阶惯性环节的传递函数为 $G(s) \dfrac{K_0}{(T_0 s+1)^n}$，$T_0$ 的确定可按式（2-49）近似求出：

$$T_0 \approx \frac{t_1 + t_2}{2.16 n} \quad (2\text{-}49)$$

式中，n 根据比值 t_1/t_2 的大小由表 2-1 确定。

表 2-1　高阶过程的 n 与 t_1/t_2 的关系

n	1	2	3	4	5	6	7	8	10	12	14
t_1/t_2	0.32	0.46	0.53	0.58	0.62	0.65	0.67	0.85	0.71	0.735	0.75

4）确定二阶惯性＋纯滞后环节的参数。二阶惯性＋纯滞后环节的阶跃响应曲线如图 2-16 所示，其传递函数为

$$G(s) = \frac{K_0 e^{-\tau s}}{(T_1 s + 1)(T_2 s + 1)} \quad (2\text{-}50)$$

式（2-50）中需要确定的参数有四个，即 T_1、T_2、K_0 和 τ。为此，可在如图 2-16 所示的阶跃响应曲线上，通过拐点 F 作切线，得纯滞后时间 $\tau_0 = \overline{OA}$，容量滞后时间 $\tau_c = \overline{AB}$ 以及 $T_1 = \overline{BD}$，$T_2 = \overline{ED}$。

K_0 的求法同前述一样，即 $K_0 = \dfrac{y(\infty)}{x_0}$（$x_0$ 为输入阶跃变化幅值），而总的纯滞后时间 $\tau = \tau_0 + \tau_c$。

5）无自衡特性过程的参数确定方法。对于某些无自衡特性过程，其数学模型用式（2-33）描述，其阶跃响应如图 2-17 所示。无自衡过程的阶跃响应随时间 $t \to \infty$ 时将无限增大，其变化速度会逐渐趋于恒定。对于式（2-33），去掉纯滞后部分，其微分方程可表示为

$$T_0 \frac{\mathrm{d}y(t)}{\mathrm{d}t} = x(t) \quad (2\text{-}51)$$

即

$$\frac{\mathrm{d}y(t)}{\mathrm{d}t} = \frac{1}{T_0} x(t) \quad (2\text{-}52)$$

在输入为阶跃变化的 $x(t) = x_0 \cdot 1(t)$ 情况下，输出变化速度将是一个常数 x_0/T_0。因此，可在图 2-17 所示阶跃响应的变化速度最大处作切线，若测得该切线斜率为 $\tan\alpha$，则有

$$T_0 = \frac{x_0}{\tan\alpha} \approx \frac{x_0}{y_1 / \Delta t} \quad (2\text{-}53)$$

据此，式（2-33）的参数 T_0 即可近似求得。至于纯滞后时间 τ，可由图 2-17 上切线与时间轴的交点求得。

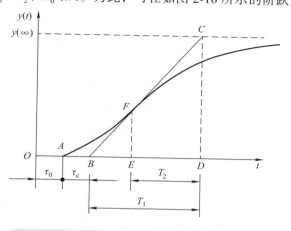

图 2-16 二阶惯性 + 纯滞后环节的阶跃响应曲线

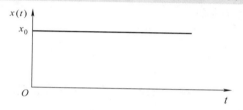

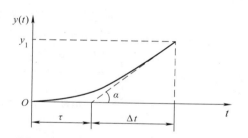

图 2-17 无自衡特性过程的阶跃响应

如果采用式（2-51）所示的数学模型，进行必要的变换，仍可仿照一阶惯性 + 纯滞后环节参数的确定方法进行。为此，对应式（2-51）的微分方程，可表示为

$$T_1 \frac{\mathrm{d}}{\mathrm{d}t}\left[T_2 \frac{\mathrm{d}y(t)}{\mathrm{d}t} + y(t) \right] = x(t-\tau) \quad (2\text{-}54)$$

若令 $\dfrac{\mathrm{d}y(t)}{\mathrm{d}t} = y'(t)$ 为新的变量，则有

$$T_1 T_2 \frac{\mathrm{d}y'(t)}{\mathrm{d}t} + T_1 y'(t) = x(t-\tau) \quad (2\text{-}55)$$

即

$$T_2 \frac{\mathrm{d}y'(t)}{\mathrm{d}t} + y'(t) = \frac{1}{T_1} x(t-\tau) \qquad (2\text{-}56)$$

若以 $y'(t)$ 为输出变量，$x(t)$ 为输入变量，则与式（2-56）对应的传递函数可表示为

$$\frac{Y'(s)}{X(s)} = \frac{1/T_1}{T_2 s + 1} \mathrm{e}^{-\tau s} \qquad (2\text{-}57)$$

这与一阶惯性＋纯滞后环节的传递函数类似，可以按照一阶惯性＋纯滞后环节的参数确定方法求取 T_1、T_2 和 τ。问题是如何得到 $y'(t)$。

为了由阶跃响应曲线 $y(t)$ 得到 $y'(t)$，可将 $y(t)$ 先分成 n 等份（一般取 n=10～20，n 越大，精度越高，计算量则越大），每份时间间隔为 Δt。然后，根据相应的时间 t_i 和 $y(t)$ 计算 $y'(t)$ 的近似值，即

$$y'(t_i) \approx \frac{\Delta y(t_i)}{\Delta t} = \frac{y(t_i) - y(t_i - 1)}{\Delta t} \qquad i = 1, 2, \cdots, n \qquad (2\text{-}58)$$

依据式（2-58）可得 $y'(t)$ 随时间变化的曲线，然后再按一阶惯性＋纯滞后环节的参数确定方法求取各个参数。

2. 方波响应曲线法

阶跃响应法是辨识过程特性最常用的方法。但是，阶跃响应曲线是在过程正常输入的基础上再叠加一个阶跃变化后获得的。当实际过程的输入不允许有较长时间或较大幅度的阶跃变化时，可采用方波响应曲线法。该方法是在正常输入的基础上，施加一个方波信号，并测取相应输出的变化曲线，据此估计过程参数。方波的幅度与宽度的选取，可根据生产实际而定。在生产实际允许的条件下，应尽量使方波宽度窄一些，幅度高些。

由于阶跃响应曲线法模型结构的确定和参数估计相对比较简单，因此，通常在试验获取方波响应曲线后，先将其转换为阶跃响应曲线，然后再按阶跃响应法确定有关参数，如图 2-18 所示。图 2-18 中，方波信号可以看成由两个极性相反、幅值相同、时间相差 t_0 的阶跃信号的叠加，即

$$u(t) = u_1(t) + u_2(t) = u_1(t) - u_1(t - t_0) \qquad (2\text{-}59)$$

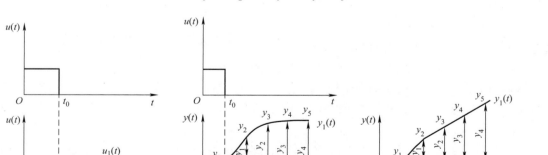

图 2-18　由方波响应确定阶跃响应

a）输入方波的分解　b）有自衡特性的方波响应及其转换　c）无自衡特性的方波响应及其转换

对于线性系统而言，其输出响应也应看成由两个时间相差 t_0、极性相反、形状完全相同的阶跃响应的叠加，即

$$y(t) = y_1(t) + y_2(t) = y_1(t) - y_1(t - t_0) \tag{2-60}$$

所需的阶跃响应为

$$y_1(t) = y(t) + y_1(t - t_0) \tag{2-61}$$

式（2-61）即是由方波响应曲线 $y(t)$ 逐段递推出阶跃响应曲线 $y(t)$ 的依据。如图 2-18 所示，在第一时段（t 为 $0 \sim t_0$），阶跃响应曲线与方波响应曲线重合；在第二时段（t 为 $0 \sim 2t_0$），$y_1(2t_0) = y(2t_0) + y_1(t_0)$；依次类推，即可由方波响应曲线求出完整的阶跃响应曲线。

2.4 空调房间温湿度对象的数学模型

空调房间温度的自动控制，即室温控制是空调控制系统的一个重要环节，它是用设置在室内的温度传感器检测室内温度信号，并将此信号传送给温度调节器进行运算和放大，发出指令信号以控制相应的执行机构，使送风温度或送风量（变风量系统）随偏差量的大小而发生变化，以满足空调房间温度控制的要求。

2.4.1 空调房间温度对象的数学模型

空调房间的温度对象如图 2-19 所示，为了研究的简便，在建立数学模型时，把室温对象按集中参数来处理，而不考虑对象的滞后。

根据能量守恒定律，单位时间内进入房间对象的能量减去单位时间内由房间对象流出的能量等于房间对象内能量储存量的变化率，则空调房间的数学方程式为

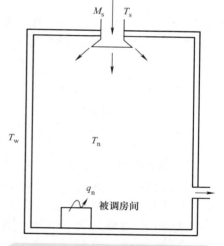

图 2-19 空调房间温度对象示意图

$$C_f \frac{\mathrm{d}T_n}{\mathrm{d}t} = (M_s c_k T_s + q_n) - \left(M_s c_k T_n + \frac{T_n - T_w}{r} \right) \tag{2-62}$$

式中　C_f——空调房间的容量系数（kJ/℃）；

　　　T_n——空调房间的空气温度，即回风温度（℃）；

　　　M_s——送风量（kg/h）；

　　　c_k——空气的比热容 [kJ/（kg·℃）]；

　　　T_s——送风温度（℃）；

　　　q_n——空调房间内散热量变化（kJ/h）；

　　　T_w——室外空气温度变化（℃）；

　　　r——空调房间围护结构的热阻（℃/W）。

假定 $T=R_f C_f$ 为空调房间的时间常数，$K = \dfrac{M_s c_k}{M_s c_k + \dfrac{1}{r}}$ 为空调房间的放大系数（℃/℃），

$T_f = \dfrac{q_f + T_w / r}{M_s c_k}$ 为空调房间内外干扰热量换算成送风温度的变化量（℃）。其中 $R_f = \dfrac{1}{M_s c_k + 1/r}$ 为空调房间的热阻（℃/W）。将式（2-62）两边各项乘以 R_f，整理为

$$T \frac{\mathrm{d}T_n}{\mathrm{d}t} + T_n = K(T_s + T_f) \tag{2-63}$$

式（2-63）就是空调房间温度微分方程式，式中 T_s 和 T_f 是空调房间的输入量，而 T_n 是空调房间的输出参数即被控变量。输入量是引起被控变量变化的因素，其中 T_s 起控制作用，而 T_f 则起干扰作用。式（2-63）就是空调房间输出参数变化与输入参数变化的微分方程式。

假定送风温度稳定，而干扰变化量 T_f 为一阶跃函数 A，即 $T_f = A$。则式（2-63）为一阶线性常系数非齐次微分方程式，方程式的解为

$$T_n = KA(1 - \mathrm{e}^{-t/T}) \tag{2-64}$$

由式（2-64）可以看出，T_n（即空调房间温度）是按指数规律变化的。

当 $t = \infty$ 时，由式（2-64）可得空调房间温度的稳定值为

$$T_n(\infty) = KA \tag{2-65}$$

因此，空调房间温度的放大系数为 K。

当 $t = T$ 时，空调房间温度为

$$T_n(T) = KA(1 - \mathrm{e}^{-T/T}) = 0.632KA \tag{2-66}$$

由此可见，当 $t = T$ 时，房间温度是新稳定值的 63.2%，也就是说空调房间温度受到阶跃干扰后，变化到新稳定值的 63.2% 时所经历的时间是空调房间的时间常数。空调房间在简化后，当考虑滞后时，可以看成带纯滞后的一阶惯性环节。实际上空调房间是一个多容对象，其动态特性是一个高阶微分方程，计算很复杂，因此多采用响应曲线法来进行特性分析。

2.4.2 房间温度对象的响应曲线

空调房间温度对象的特性常采用响应曲线来分析。

某恒温车间要求恒温（20±1）℃，由电加热器通过改变送风温度来控制室内温度。测定房间响应曲线时，先将空调装置运转在额定工况的附近，然后突然增加或减小电加热器功率，作为阶跃干扰输入，同时记录送风口、回风口及空调房间内温度变化，把记录数据绘成响应曲线，如图 2-20 所示。

从图 2-20 可以看出，当电加热器投入或切除后，空调房间的送风温度 T_s、室温 T_n 及回风温度 T_h 上升或下降都有一定的延迟（滞后）时间。回风温度的上升或下降较工作区温度 T_n 更滞后一些。此外，当电加热器投入工作的开始阶段时，室温的上升速度较快，随后就变得缓慢起来。这是因为刚开始时送风温差较大，送风气流与室内空气之间的热交换较快，随着室温的上升，送风温差也在逐渐减小，热交换速度减慢，最后达到热平衡，室温才稳定。

空调房间温度对象的滞后时间 τ、时间常数 T 和放大系数 K 等特性参数可从图 2-20 求得，各项数据见表 2-2 所示。

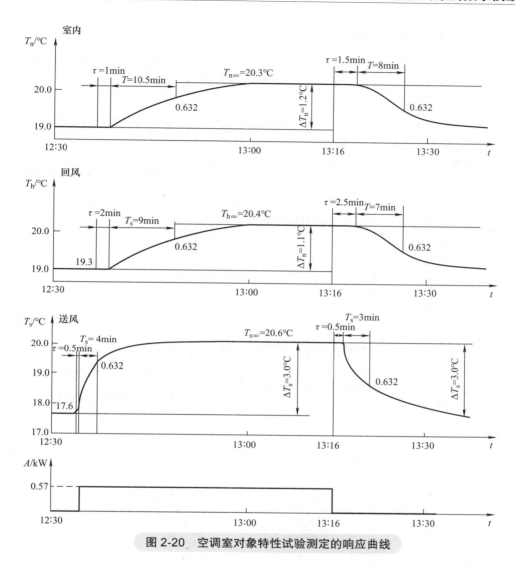

图 2-20 空调室对象特性试验测定的响应曲线

表 2-2 恒温室对象特性的试验测定数据

测温点	干扰量 A/kW	滞后时间 τ/min	时间常数 T/min	放大系数 K/（℃/kW）
送风口温度 T_s	$0 \to 0.57$ $0.57 \to 0$	0.5 0.5	4 3	$\dfrac{3}{0.57} = 5.26$
回风口温度 T_h	$0 \to 0.57$ $0.57 \to 0$	2 2.5	9 7	$\dfrac{1.1}{0.57} = 1.93$
室内温度 T_n	$0 \to 0.57$ $0.57 \to 0$	1 1.5	10.5 8	$\dfrac{1.2}{0.57} = 2.13$

2.4.3 空调房间空气湿度对象的数学模型

房间空气湿度控制是空调自动控制系统的又一个重要环节。它采用保持喷淋室后或喷淋表冷器后露点温度恒定的方法，或在室内设置测湿传感器直接调节加湿器来维持空气湿度恒定的方法，实现房间空气湿度的控制。

空调房间湿度对象如图 2-21 所示。在空调房间中，送风的湿度变化、回风带走的湿量、室内人员和设备的散湿量都直接影响房间的湿度。实际上室内湿度是一个分布参数，因此在建立数学方程式时，近似看作集中参数。

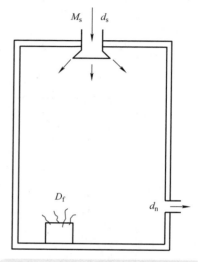

根据质量守恒定律，单位时间内进入对象的物质减去单位时间内流出的物质等于对象内物质储存量的变化率，则空调房间湿度平衡数学方程式为

$$m_n = M_s \frac{\mathrm{d}(d_n)}{\mathrm{d}t} = (M_s d_s + D_f - M_s d_n)N \qquad (2\text{-}67)$$

式中　m_n——房间内湿空气量（g）；

　　　M_s——送风量（kg/h）；

　　　d_n——房间空气含湿量或回风含湿量的变化（g/kg）；

　　　d_s——送风含湿量变化（g/kg）；

　　　D_f——房间设备和人体的散湿量变化（g/h）；

　　　N——送风换气次数（次/h）。

图 2-21　空调房间湿度对象示意图

式（2-67）可整理为

$$\frac{1}{N}\frac{\mathrm{d}(d_n)}{\mathrm{d}t} + d_n = d_s + \frac{D_f}{M_s} \qquad (2\text{-}68)$$

或

$$T\frac{\mathrm{d}(d_n)}{\mathrm{d}t} + d_n = d_s + d_f \qquad (2\text{-}69)$$

式中　T——房间湿度对象的时间常数（min），在数值上 $T=60/N$；

　　　d_f——房间湿干扰折合到送风含湿量的变化（g/kg），$d_f = D_f/M_s$。

式（2-69）称为空调房间湿度对象的微分方程式。

假定房间湿度干扰无变化时，送风湿度变化为一阶跃函数 A，即 $d_s = A$，微分方程式的解为

$$d_n = A(1 - \mathrm{e}^{-t/T}) \qquad (2\text{-}70)$$

当空气温度为 20℃左右，相对湿度 φ 为 60% 时，房间空气含湿量变化 d_n 与房间空气相对湿度变化有下列近似关系：

$$\varphi_n \approx 6d_n \qquad (2\text{-}71)$$

则式（2-71）可以写成

$$\varphi_n \approx 6A(1 - \mathrm{e}^{-t/T}) \qquad (2\text{-}72)$$

式中　φ_n——房间空气相对湿度的变化（%）。

由上述分析可以看出，空调房间空气相对湿度微分方程式也是一阶的，和空调房间温度对象

有相似的数学模型。

2.4.4 喷淋室露点温度的响应曲线

在空调房间内散湿量变化不大时，只要控制露点温度和室温，就能达到房间要求的相对湿度，因此，露点的控制是实现空调房间空气相对湿度控制的重要环节。研究和测定喷淋室露点温度控制对象的特性，目的在于分析实际对象的特性参数和自动控制系统能否达到预计的控制精度，也为调整系统时提供依据，另外还可以根据对象的特性参数，验证所采用自动控制系统的正确性。

在喷淋室露点温度对象特性测定时，关闭回水旁通阀并同时全开冷水旁通阀，此时喷水室内由喷淋回水突然改为喷冷水，空气处理过程也由绝热加湿转变为冷却干燥。喷淋室后温度测点所代表的露点温度将从稳定的初始值急速地下降。如果露点温度是用温度自动记录仪来测量的，那么记录仪就将露点温度达到新稳定值的变化过程记录下来，这就是露点温度从初始稳定值变化到最终稳定值所记录下来的露点温度下降响应曲线。

某空调工程夏季工况露点温度对象特性，用小量程温度自动记录仪记录的反应特性曲线如图2-22所示。

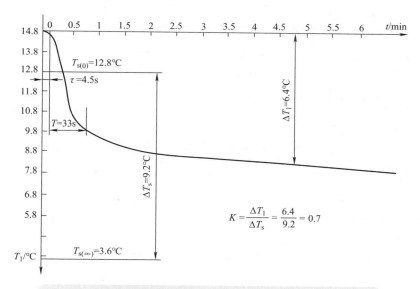

图2-22 实测喷淋室露点温度对象反应特性曲线（降温工况）

根据所测的喷淋室露点温度对象的下降响应曲线，可求出对象的特性参数滞后时间 τ、时间常数 T 和放大系数 K，测定分析的特性参数数据见表2-3。

表2-3 空调喷淋室露点温度对象特性参数数据表

一次混风温度 /℃	喷水温度 /℃			露点温度 /℃			对象特性参数		
	喷水初温 $T_{s(0)}$	喷水终温 $T_{s(\infty)}$	喷水温差 ΔT_s	露点初温 $T_{f(0)}$	露点终温 $T_{f(\infty)}$	露点温差 ΔT_f	滞后时间 τ/s	时间常数 T/s	放大系数 K
20.8	12.8	3.6	9.2	14.8	8.4	6.4	4.5	33	0.7

第3章

测量变送器及其特性

3.1 自动检测仪表的基本知识

3.1.1 自动检测仪表的基本组成

自动检测仪表一般由测量传感器、变送器和显示装置三部分组成，其中测量传感器与变送器合称为测量变送器。它们之间的关系如图 3-1 所示。

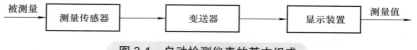

图 3-1 自动检测仪表的基本组成

1. 测量传感器

在暖通空调自动控制系统中，不管是现场控制器还是管理级控制，都已经采用了计算机技术，然而计算机只能接收数字信号，对现场的温度、湿度等非电量模拟信号是无能为力的。因此，需要一种装置，它能够把非电量变成电量，再把模拟信号变成数字信号，然后送入计算机进行处理，由计算机根据处理结果发出各种控制命令，对被控参数进行调节。这种把非电量变成电量的装置就是传感器。在现代暖通空调自动控制系统中，传感器和计算机是必不可少的组成部分。

测量传感器也叫测量元件或敏感元件，它是仪表与被测对象直接发生联系的部分，将决定整个仪表的测量质量。国家标准 GB/T 7665—2005《传感器通用术语》对传感器的定义是："能感受被测量并按照一定的规律转换成可用输出信号的器件或装置，通常由敏感元件和转换元件组成。"测量传感器的作用是感受被测量的变化，并将感受到的参数信号或能量形式转换成某种能被显示装置所接收的信号。测量传感器的输出信号与参数信号之间应有单值连续函数关系，最好是线性关系。

2. 变送器

为了将测量传感器的输出信号进行远距离传送、放大、线性化或变成统一标准信号，需要用变送器对测量传感器的输出信号做必要的加工处理。变送器的任务就是将各种不同的信号，统一转换成在物理量的形式和取值范围方面都符合国际标准的统一信号。在当前的模拟控制系统中，统一信号为 4～20mA 的直流电流信号，习惯上称为 II 类信号。1～5V 的直流电压信号也是 II 类信号，用于与计算机系统的接口。另外还有 I 类信号，其形式为 0～10mA 的直流电流信号和 0～10V

的直流电压信号。由于 I 类信号的抗干扰能力较差，因此目前已经很少使用。

变送器的另一个功能就是在将敏感元件的响应信号变换为标准信号的同时，校正敏感元件的非线性特性，使之尽可能地接近线性。

有了统一的信号形式和数值范围，就便于把各种传感器和其他仪表或控制装置组合在一起，构成计算机控制系统。这样，兼容性和互换性大为提高，仪表的配套也更加方便。

压力表中的传动机构、差压式流量计中的电动差压变送器、开方器等都是变送器。

模拟式变送器完全由模拟元器件构成，它将输入的各种被测参数转化成统一的标准信号，其性能也完全取决于所采用的硬件。从构成原理看，模拟式变送器由测量部分、放大器和反馈部分三部分组成，如图 3-2 所示。

测量部分即敏感元件和转换元件。对于直接可以把被测量转换成电压的敏感元件，不必再设转换元件，如热电偶。其他的不能直接转换成电压的敏感元件一般采用直流电桥或交流电桥的方式转换成电信号。直流电桥主要用于电阻式传感器，如热电阻温度传感器等，交流电桥主要通过测量电感和电容来测量位移、液位等。

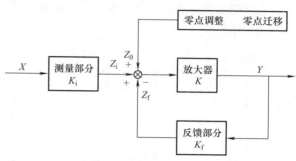

图 3-2 模拟式变送器的构成示意图

变送器的信号调整部分由放大器、反馈电路和调零与零点迁移电路组成。

被测参数 X 转换成放大器可以接收的信号 Z_i，经放大器放大以后，再经反馈电路把变送器的输出信号 Y 转换成反馈信号 Z_f 反馈回来，再把调零与零点迁移电路产生的信号 Z_0 一同加入放大器的输入端进行比较，其差值 ε 由放大器进行放大，并转换成统一标准信号 Y 输出。

由图 3-2 可以得出整个变送器的输入输出关系为

$$Y = \frac{K}{1 + KK_f}(K_i X + Z_0) \tag{3-1}$$

式中 K_i——测量部分的转换系数；

K——放大器的放大系数；

K_f——反馈部分的转换系数。

式（3-1）可以改写成如下形式：

$$Y = \frac{K_i K}{1 + KK_f} X + \frac{Z_0 K}{1 + KK_f} \tag{3-2}$$

式中，$\dfrac{K_i K}{1 + KK_f} X$ 对应于图 3-3 的特性直线部分；$\dfrac{Z_0 K}{1 + KK_f}$（调零项）影响特性直线的起点 Y_{min} 的数值。对于输出信号范围为 4～20mA 直流电流信号的变送器，Y_{min} 的数值由调零项和放大器内电子器件的工作电流共同决定。

当满足 $KK_f \gg 1$ 的条件时，由式（3-2）可得

$$Y = \frac{K_i}{K_f} X + \frac{Z_0}{K_f} \tag{3-3}$$

式（3-3）表明，在满足 $KK_f \gg 1$ 的条件时，变送器输出与输入的关系仅取决于测量部分和反馈部分的特性，而与放大器的特性几乎无关。如果测量部分的转换系数 K_i 和反馈部分的反馈系数 K_f 是常数，则变送器的输出与输入具有如图 3-3 所示的线性关系。它直观地体现了变送器输出与输入之间的静态关系，实际应用中较方便。

在小型电子式模拟变送器中，反馈部分往往仅由几个电阻和电位器构成，因此常把反馈部分和放大器合在一起作为一个负反馈放大部分看待；或者将反馈部分和放大器合做在一块芯片内，这样变送器即可看成由测量部分和负反馈放大器两部分组成。另外，调零和零点迁移环节也常常合并在放大器中。

零点调整和零点迁移是使变送器的输出信号下限值 Y_{min} 与测量范围的下限值 X_{min} 相对应，如图 3-3 所示。

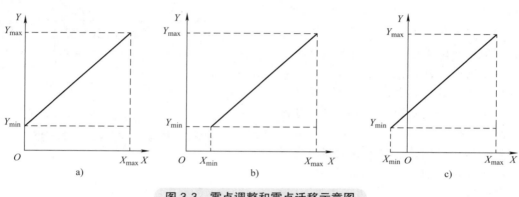

图 3-3　零点调整和零点迁移示意图
a）未迁移　b）正迁移　c）负迁移

当 $X_{min} = 0$ 时，称为零点调整；当 $X_{min} \neq 0$ 时，称为零点迁移。零点调整使变送器的测量起始点为零。零点迁移是把测量的起始点由零迁移到某一数值：测量的起始点由零变为某一正值，称为正迁移；测量的起始点由零变为某一负值，称为负迁移。零点调整和零点迁移的方法是改变放大器输入端上的调零信号 Z_0。

变送器（传感器）和接收仪表之间的连接有二线制、三线制、四线制几种接法。二线制变送器为电流信号输出的变送器，例如 $4 \sim 20\text{mA}$ 等；三线制为电压信号输出的变送器，例如通常多见的 $0 \sim 5\text{V}$ 和 $1 \sim 5\text{V}$；四线制通常是为了防止干扰，信号地和电源地隔离的电流（或电压）信号输出变送器。二线制、三线制和四线制变送器与测量仪表的接法如图 3-4 所示。

二线制变送器与三线制变送器主要区别在于变送器供电和过程信号上，二线制变送器工作电源和输出信号是同一根线（二芯线），三线制仪表的供电和信号是分开的。电流变送器通过负载电阻可以转换成电压，如变送器输出 $4 \sim 20\text{mA}$，如果带的负载是 250Ω，则电压是 $1 \sim 5\text{V}$，如果负载是 500Ω，则电压是 $2 \sim 10\text{V}$。

目前在暖通空调自动控制系统中也在开始使用一种新型的智能化传感器，这种传感器由以微处理器（CPU）为核心构成的硬件电路和由系统程序、功能模块构成的软件两大部分组成。智能式传感器的硬件构成主要包括传感器组件（敏感元件组件）、A/D 转换器、微处理器、存储器和通信电路等部分。智能式传感器通过系统程序对传感器硬件的各部分电路进行管理，并使传感器能完成最基本的功能，如放大、模拟信号和数字信号的转换、数据通信、自检等。这种传感器直接以与被测量大小相对应的数字信号与控制器相连，避免了模拟信号在传输过程中易受到干扰和失真的缺点，可以提高整个控制系统的可靠性。这种智能化传感器也叫作数字传感器，其组成如图 3-5 所示。

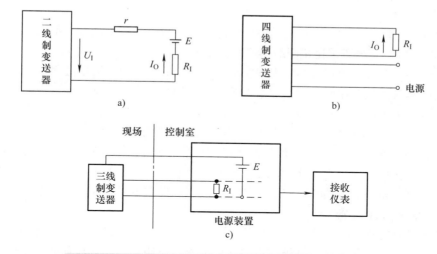

图 3-4　二线制、三线制和四线制变送器与测量仪表的接法

a）二线制变送器　b）四线制变送器　c）三线制变送器

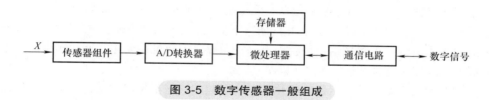

图 3-5　数字传感器一般组成

3. 显示装置

显示装置的作用是向观测者显示被测量的值。显示可以是瞬时量指示、累积指示或越限指示等，也可以是相应的记录或数字显示。对于一些简单仪表来说，上述三个部分不是都能明确划分的，而是构成一套检测仪表。

3.1.2　测量误差的基本知识

1. 真值与测量值

人们要进行测量的物理量，它具有客观存在的量值，这一量值就称之为真值，用 x_0 表示；人们通过检测仪表测量得到的结果称为测量值，也叫仪表示值，用 x 表示。

在实际测量工作中，总是存在着各种各样的影响因素，例如，对被测对象本质认识的局限性、测量方法不完善、测量设备不精确、测量过程中条件的变化、测量工作中的疏忽或错误以及其他偶然因素的影响等，都会使测量结果与被测量的真值之间存在着一定的差值，这个差值就是测量误差。基于上述原因，在测量中总是存在着误差，也就是说，测量误差的存在是不可避免的。所以，客观对象实际的真值 x_0 是无法测量得到的，但随着人们认识运动的推移和发展，在实践中不断改进检测仪表、测量方法以及数据处理方法，测量值 x 可以无限地逐渐逼近真值 x_0，然而却不能等于真值 x_0，因此，人们的目的就是采取各种手段来获得尽可能接近真值 x_0 的测量值 x。所以，对于所得到的测量结果是否符合被测量的真值，其可信程度如何，应该做出正确的估计，而且还要分析测量误差产生的原因及误差的性质，以便寻求消除或减小测量误差的方法，保证测量结果尽可能地接近于被测量的真值，满足测量精确度的要求。

2. 测量误差的分类

按照测量误差产生的原因及其性质的不同，测量误差可分为疏失误差、系统误差和偶然误差三大类。对不同性质的误差可采用不同的误差处理方法。

（1）疏失误差　疏失误差也称为粗大误差或疏忽误差。它是由于测量过程中操作错误等主观过失或检测仪表本身的误动作而造成的测量误差。这类误差的数值很难估计，一般都会明显地歪曲测量结果。含有疏失误差的测量值称为坏值。因此，在测量工作中必须认真细心，避免发生疏失误差。对存在疏失误差的测量值应当舍弃，以免导致错误的结论。

（2）系统误差　在相同的条件下多次测量同一被测量时，如果误差的大小和符号是恒定的，或者是条件改变时按照一定规律变化的误差，这种误差称为系统误差。例如，由于所用的检测仪表本身不完善，测量设备、线路安装布置及调整不得当和操作不当，或操作者生理及心理状况等原因而产生的误差都属于系统误差。

由于系统误差是有规律的，其产生的原因也往往是可知的，因此可以通过实验或分析的方法，预见和查明各种系统误差的来源，并极力设法予以消除，或使其影响减弱到可以允许的程度。而且，还可以设法确定或估计出未能消除的系统误差的大小和符号，对测量结果进行修正。

在测量工作中，如果系统误差很小，其测量结果就是相当准确的。测量的准确度是系统误差的反映。系统误差越小，表明测量结果与真实值越接近，即测量的准确度越高。

（3）偶然误差（又称随机误差）　在相同条件下多次测量同一被测量，并极力消除或修正一切明显的系统误差之后，每次测量结果仍会出现一些无规律的随机性变化，这种随机性变化误差的出现纯属偶然，故称为偶然误差，又称随机误差。

偶然误差是由很多复杂的因素微小变化的总和引起的。它不易被发觉，也不好分析，很难于修正，但它一般都遵循正态分布规律，因此，可通过数理统计的方法加以处理。

3. 测量误差的表示

（1）示值的绝对误差　仪表的指示值（测量值）x 与被测量的真实值 x_0 之间的代数差值称为示值的绝对误差 Δx，即

$$\Delta x = x - x_0 \tag{3-4}$$

被测量的真实值就是指被测量本身的真实数值，它只能是个理论值或定义值，实际上是不可知的。在误差理论中指出，对于等精度测量，即在同一条件下所进行的一系列重复测量，在排除了系统误差的前提下，当测量次数为无限多时，测量结果的算术平均值近似于真实值。通常都是以标准器所提供的标准值或以高一级的标准仪表测量值作为近似的真实值，称为实际值。因此，示值绝对误差的数值和符号（正或负），表明了仪表的示值偏离真实值（实际值）的程度和方向。

（2）示值的相对误差　示值的相对误差是示值绝对误差与所取的参考值（约定值）的比值，用百分数来表示。按所取参考值（约定值）的不同，示值的相对误差有三种表示方法。

1）实际相对误差。仪表示值绝对误差与被测量真实值（实际值）的比值，称为示值的实际相对误差，以百分数表示为

$$\delta_0 = \frac{\Delta x}{x_0} \times 100\% \tag{3-5}$$

2）标称相对误差。仪表示值绝对误差与仪表示值（测量值）的比值，称为示值的标称相对误

差，以百分数表示为

$$\delta_x = \frac{\Delta x}{x} \times 100\% \quad (3\text{-}6)$$

3）引用相对误差。仪表示值绝对误差与仪表的量程（刻度范围）的比值，称为示值的引用相对误差，以百分数表示为

$$\delta_m = \frac{\Delta x}{x_{max} - x_{min}} \times 100\% \quad (3\text{-}7)$$

式中 x_{max}，x_{min}——仪表刻度标尺的上限值和下限值。

上述两种误差表示方法中，相对误差比绝对误差更能说明测量值（示值）的精确性。

3.1.3 自动检测仪表的基本技术性能

自动检测仪表的质量好坏，可用它的技术性能来衡量，选择和使用检测仪表，也要用它的技术性能做依据，因此，需要了解仪表的基本技术性能。衡量仪表的技术性能指标有基本误差、准确度等级、仪表的变差、仪表的灵敏度和分辨力等。

1. 仪表的基本误差

仪表的基本误差是指在规定的技术条件下（所有影响量在规定值范围内），仪表全量程各示值中的最大引用相对误差，即

$$\delta_j = \frac{\Delta x_{max}}{x_{max} - x_{min}} \times 100\% \quad (3\text{-}8)$$

式中 Δx_{max}——仪表全量程诸示值中的最大绝对误差值。

由于 Δx_{max} 可能出现在仪表刻度范围内的任何一点上，被测量越是靠近刻度标尺的上限值，其实际相对误差和标称相对误差就越小，因此，仪表的量程不能选择太大。为保证实际测量的精确度及考虑到使用上的安全，一般检测仪表的经常工作点（测量示值）应在仪表量程的 2/3～3/4 处。对压力表应有较大的安全系数，可经常工作在仪表量程的 1/2～2/3 处。

2. 仪表的准确度等级

根据仪表设计和制造的质量，厂家对出厂的仪表规定了其基本误差不得超过某一允许值，这个规定的允许值称为仪表的允许误差，用 δ_y 表示。

仪表的允许误差大小表明了保证该仪表的示值所能达到的精确程度。因此，一般仪表的准确度等级就是按国家统一规定的允许误差大小来划分的，即用允许误差去掉百分号后的数字表示仪表的准确度等级。例如，准确度等级为 0.5 级的仪表，其允许误差为 ±0.5%，也就是说，该仪表各点示值的绝对误差均不得超过仪表量程（刻度范围）的 ±0.5%。

我国仪表工业目前采用的准确度等级序列为：0.005、0.01、0.02、（0.035）、0.04、0.05、0.1、0.2、（0.35）、0.5、1.0、1.5、2.5、4.0、5.0。其中工业用仪表的准确度等级一般为 0.5 级以下。通常用 △、⑩ 等符号表示在仪表的面板上。

3. 仪表的变差

在规定的条件下，用同一仪表对被测量进行正、反行程的测量，即采用单方向逐渐增大和逐渐减小被测量的方法，使仪表从不同的方向反映同一被测量的示值。对某一测量点所得到的正、反行程两次示值之差称为该测量点 x 的示值变差，即

$$\Delta x_b = x' - x'' \qquad (3\text{-}9)$$

式中　　Δx_b——测量点 x 的示值变差；

　　　　x'、x''——测量点 x 的仪表正、反行程示值。

　　在整个仪表量程范围内，各测点中最大示值变差称为该仪表的变差，如图 3-6 所示。一般它也以引用相对误差的形式来表示，即

$$\delta_b = \frac{\Delta x_{b\,max}}{x_{max} - x_{min}} \times 100\% \qquad (3\text{-}10)$$

式中　　$\Delta x_{b\,max}$——仪表量程范围内各测点中最大示值变差。

　　仪表产生变差的原因很多，例如仪表运动系统的摩擦、间隙；弹性元件的弹性滞后以及电磁元件的磁滞影响等都是仪表变差的来源。合格的仪表，其变差不得超过仪表的允许误差。

4. 仪表的灵敏度

　　仪表输出信号的变化量 Δl 和引起这个输出变化量的被测量变化量 Δx 的比值，称为仪表的灵敏度，即

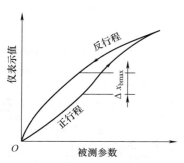

图 3-6　检测仪表的变差

$$S = \frac{\Delta l}{\Delta x} \qquad (3\text{-}11)$$

　　仪表输出信号的变化量 Δl，可以是指针直线位移或偏转角的模拟量变化，也可以是数字显示仪表的数字量变化。

　　仪表的灵敏度是表示仪表对下限测量值反应能力的指标，仪表的灵敏度越高，其示值的位数越多，能反应的被测量值也越小。但是，仪表的灵敏度应与仪表的允许误差相适应，如果不适当地提高仪表的灵敏度，反而可能导致其精确程度的下降。而且，把示值位数增多至小于仪表允许误差的精确程度也是毫无意义的。因此，通常规定仪表刻度标尺上的分格值不应小于仪表允许误差的绝对值。

5. 仪表的分辨力

　　仪表响应输入量微小变化的能力称为仪表的分辨力，常用分辨率或灵敏限来表示。分辨力是指能引起仪表指示器发生可见变化的被测量的最小变化量。

　　仪表的分辨力不足将会引起分辨误差，即在被测量变化到某一数值时，仪表示值仍不变化，这个不能引起输出变化的输入信号的最大幅度，称为仪表的不灵敏区（或死区）。

　　分辨率与灵敏度都与仪表的量程有关，并和仪表的准确度等级相适应。一般仪表的分辨力（也称灵敏限）应不大于仪表允许误差绝对值的二分之一。

3.1.4　自动检测仪表的分类

　　自动检测仪表的种类繁多，依据所测物理量的不同，可分为温度、湿度、压力（压差）、液位、流量、热量和燃烧产物成分分析等仪表；依据仪表的显示功能不同，可分为指示式、记录式、积算式、信号报警式和调节指示式仪表等；按仪表采用的信号能源不同，有气动式、电动式和电子式仪表等；按仪表的结构情况不同，可分为基地式和单元组合式仪表等；按仪表的安装地点不同，可分为就地式和远距离传送式仪表等。

3.2 温度测量变送器

3.2.1 温度测量常用的方法

温度是暖通空调自动控制系统中最为重要的被控参数，也是暖通空调运行中最基本、最为核心的衡量指标，所以对温度进行准确的检测和信号的传送尤为关键。温度反映了周围环境或物体冷热的程度，但它不能直接加以测量，只能借助于冷热不同物体之间的热交换以及物体的某些物理性质随冷热程度不同而变化的特性来加以间接测量。按测量的方式分为接触式和非接触式。

接触式温度传感器通过传感器与被测介质（水、空气等）直接接触进行测量，具有结构简单、可靠、测温精度高的特点。但因温度传感器与被测介质需要进行充分的热交换才能达到热平衡，平衡过程需要一定的时间，所以存在测温的延迟现象，同时受材料耐高温程度的限制，不能用于很高的温度测量。

非接触式温度传感器通过热辐射原理来测量温度，温度传感器不需与被测介质接触，它测温范围广，不受测温上限的限制，也不会破坏被测物体（环境）的温度场，反应速度一般较快。但受到物体（或被测环境）的发射率、测量距离、烟尘、水汽等外界因素的影响，所以测量误差较大。

按照测量方式分类的温度检测仪表（传感器）如图 3-7 所示。

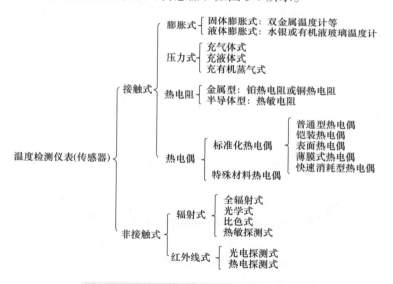

图 3-7 按照测量方式分类的温度检测仪表

在暖通空调自动控制工程中，常用的温度传感器有热电阻温度传感器和热电偶温度传感器。

3.2.2 热电偶温度传感器

热电偶温度传感器（也称热电偶温度计）是以热电效应为基础的测温仪表。它用热电偶作为传感器，把被测的温度信号转换成电动势信号，经连接导线再配以测量毫伏级电压信号的显示仪表来实现温度的测量，如图 3-8 所示。

热电偶温度计能测量较高的温度，便于远距离传送和多点测量，性能稳定、准确可靠、结构简单、维护方便、热容量和热惯性小，可用来测量点的温度或表面温度，所以在工业生产和科学研究中应用广泛。

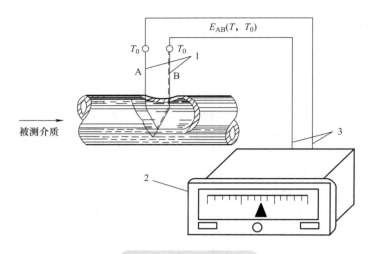

图 3-8　热电偶温度计

1—热电偶　2—显示仪表　3—连接导线

1. 热电偶测温的基本原理

（1）热电偶和热电效应　热电偶作为温度测量传感器所依据的原理是 1823 年塞贝克发现的热电效应。

当两种不同的导体或半导体 A 和 B 的两端相接成闭合回路，就组成热电偶，如图 3-9 所示。图中，如果 A 和 B 的两个接点温度不同（假定 $T > T_0$），则在该回路中就会产生电流，这表明了该回路中存在电动势，这个物理现象称为热电效应或塞贝克效应，相应的电动势称为热电动势。显然，回路中产生的热电动势大小仅与组成回路的两种导体或半导体 A、B 的材料性质及两个接点的温度 T、T_0 有关。热电动势用符号 $E_{AB}(T, T_0)$ 表示。

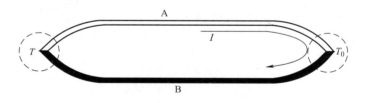

图 3-9　热电偶与热电效应示意图

（2）热电偶的工作原理　组成热电偶的两种不同的导体或半导体称为热电极；放置在被测温度为 T 的介质中的接点叫作测量端（或工作端、热端）；另一个接点通常置于某个恒定的温度 T_0（如 0℃），叫作参比端（或自由端、冷端）。

在热电偶回路中，产生的热电动势由温差电动势和接触电动势两部分组成。

1）温差电动势。温差电动势是同一导体两端因其温度不同而产生的一种热电动势。由物理学电子论的观点知道，当一根均质金属导体 A 上存在温度梯度时，处于高温端的电子能量比低温端的电子能量大，所以，从高温端向低温端扩散的电子数比从低温端向高温端扩散的电子数要多得多，结果高温端因失去电子而带正电，低温端因得到电子而带负电，在高、低温两端之间便形成一个从高温端指向低温端的静电场 E_s。这个静电场将阻止电子继续从高温端向低温端扩散，并加速电子向相反的方向转移而建立相对的动态平衡。此时，在导体两端产生的电位差称为温差电动势。用符号 $E_A(T, T_0)$ 表示导体 A 在其两端温度分别为 T 和 T_0 时的温差电动势，括号中

温度 T 和 T_0 的顺序决定了电动势的方向，若改变这一顺序，也要相应改变电动势的正负号，即 $E_A(T, T_0) = -E_A(T_0, T)$。

温差电动势的大小只与导体的种类及导体两端温度 T 和 T_0 有关，可以表示为

$$E_A(T, T_0) = \int_{T_0}^{T} \sigma_A \mathrm{d}T \tag{3-12}$$

式中 σ_A——温差系数，与金属导体的材料性质有关；

T、T_0——导体两端的热力学温度。

2）接触电动势。接触电动势是在两种不同的导体相接触处产生的一种热电动势。由物理学电子论的观点知道，任何金属内部由于电子与晶格内正电荷间的相互作用，使得电子在通常温度下只做不规则的热运动，而不会从金属中挣脱出来。要想从金属中取出电子就必须消耗一定的功，这个功称为金属的逸出功。当两种不同的金属导体 A、B 连接在一起时，其接触处将会发生自由电子扩散的现象，其原因之一是两种金属的逸出功不同。假如金属导体 A 的逸出功比 B 的逸出功小，电子就比较容易从金属 A 转移到金属 B；另一原因是两种金属导体的自由电子密度略有不同，假如金属导体 A 的自由电子密度比 B 的自由电子密度大，即 $N_A > N_B$，在单位时间内由金属 A 扩散到金属 B 的电子数就要比由金属 B 扩散到金属 A 的电子数多。在上述情况下，金属 A 将因失去电子而带正电，金属 B 则因得到电子而带负电。于是在金属导体 A、B 之间就产生了电位差，即在其接触处形成一处由 A 到 B 的静电场 E_s。这个静电场将阻止电子扩散的继续进行，并加速电子向相反的方向转移。当电子扩散的能力与静电场的阻力相平衡时，接触处的自由电子扩散就达到了动平衡状态。此时 A、B 之间所形成的电位差称为接触电动势，其数值不仅取决于两种不同金属导体的性质，还和接触处的温度有关。用符号 $E_{BA}(T)$ 表示金属导体 A 和 B 的接触点在温度为 T 时的接触电动势，其脚注 AB 的顺序代表电位差的方向，如果改变脚注顺序，电动势的正负符号也应改变，即 $E_{BA}(T) = -E_{AB}(T)$。

接触电动势的大小与两种导体的种类及接触处的温度有关，可以表示为

$$E_{AB}(T) = \frac{kT}{e} \ln \frac{N_A}{N_B} \tag{3-13}$$

式中 k——玻耳兹曼常数，$k = 1.380622 \times 10^{-23} \mathrm{J/K}$；

e——电子电荷，$e = 1.6022 \times 10^{-19} \mathrm{C}$；

N_A、N_B——金属 A、B 的自由电子密度；

T——节点处的绝对温度。

3）热电偶回路的热电动势。对于图 3-9 所示的 A、B 两种导体构成的闭合回路，总的热电动势为

$$\begin{aligned} E_{AB}(T, T_0) &= \left[E_{AB}(T) - E_{AB}(T_0)\right] + \left[E_A(T, T_0) - E_B(T, T_0)\right] \\ &= \frac{k(T - T_0)}{e} \ln \frac{N_A}{N_B} + \int_{T_0}^{T} (\sigma_A - \sigma_B) \mathrm{d}T \end{aligned} \tag{3-14}$$

因为在金属中自由电子数目很多，以致温度不能显著地改变自由电子的浓度，所以在一种金属内的温差电动势极小，可以忽略。因此，在一个热电偶回路中起决定作用的是两个接点处产生的与材料性质和该点所处温度有关的接触电动势。综上所述，当两种不同的均质导体 A 和 B 首尾

相接组成闭合回路时，如果 $N_A > N_B$，而且 $T > T_0$，则在这个回路内，将会产生两个接触电动势 $E_{AB}(T)$、$E_{AB}(T_0)$ 和两个温差电动势 $E_A(T, T_0)$、$E_B(T, T_0)$，如图 3-10 所示。热电偶回路的总电动势则为

$$E_{AB}(T, T_0) = E_{AB}(T) + E_B(T, T_0) - E_{AB}(T_0) - E_A(T, T_0) \quad (3-15)$$

因为温差电动势比接触电动势小，而又有 $T > T_0$，所以在总电动势中，以导体 A、B 在 T 端的接触电动势 $E_{AB}(T)$ 所占的比例最大，总电动势 $E_{AB}(T, T_0)$ 的方向将取决于 $E_{AB}(T)$ 的方向。在热电偶的回路中，因 $N_A > N_B$，所以导体 A 为正极，B 为负极。

热电动势的大小取决于热电偶两个热电极材料的性质和两端接点的温度。因此，当热电极的材料一定时，热电偶的总电动势 $E_{AB}(T, T_0)$ 就仅是两个接点温度 T 和 T_0 的函数差，可表示为

$$E_{AB}(T, T_0) = f_{AB}(T) - f_{AB}(T_0) \quad (3-16)$$

如果能保持热电偶的冷端温度 T_0 恒定，对一定的热电偶材料，则 $f(T_0)$ 亦为常数，可用 C 代替，其热电动势就只与热电偶测量端的温度 T 成单值函数关系，即

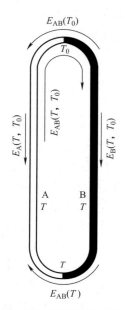

图 3-10   热电偶回路的电动势

$$E_{AB}(T, T_0) = f_{AB}(T) - C = \varphi_{AB}(T) \quad (3-17)$$

这一关系式可通过实验方法获得。在实际测温中，就是保持热电偶冷端温度为恒定的已知温度，再用显示仪表测出热电动势 $E_{AB}(T, T_0)$，而间接地求得热电偶测量端的温度，即为被测的温度 T。

通常，热电偶的热电动势与温度的关系，都是规定热电偶冷端温度为 0℃时，按热电偶的不同种类，分别列成表格形式，这些表格就称为热电偶的分度表。

热电偶具有构造简单，适用温度范围广，使用方便，承受热、机械冲击能力强以及响应速度快等特点，常用于高温、振动冲击大等恶劣环境下，但其信号输出灵敏度比较低，容易受到环境干扰信号和前置放大器温度漂移的影响，因此不适合测量微小的温度变化。

2. 热电偶的种类

理论上任意两种金属材料都可以组成热电偶，但实际情况并非如此，对它们还必须进行严格的选择。工业上用热电极材料应满足以下要求：温度每增加 1℃ 时所能产生的热电动势要大，而且热电动势与温度应尽可能呈线性关系；物理稳定性要高，即在测温范围内其热电性质不随时间而变化，以保证与其配套使用的温度计测量的准确性；化学稳定性要高，即在高温下不被氧化和腐蚀；材料组织要均匀，要有韧性，便于加工成丝；复现性（用同种成分材料制成的热电偶，其热电特性均相同的性质）好，这样便于成批生产，而且在应用上也可保证良好的互换性。但是，要全面满足以上要求是有困难的。

（1）铂铑$_{30}$-铂铑$_6$热电偶   这是一种贵重金属高温热电偶，以铂铑$_{30}$为正极，铂铑$_6$为负极，分度号为 B。由于两个热电极都是铂铑合金，因而提高了抗污染能力和机械强度，在高温下其热电特性较为稳定，宜在氧化性和中性气氛中使用，在真空中可短期使用。长期使用的最高温度可达 1600℃，短期使用温度可达 1800℃。这种热电偶的热电动势及热电势率较小，需配用灵敏度较高的显示仪表。由于在室温附近的热电动势和热电势率都很小，因此，冷端温度在 40℃ 以下使用

时，一般不必进行冷端温度的补偿。

铂铑$_{30}$-铂铑$_6$热电偶分度表见附录 A。

（2）铂铑$_{10}$-铂热电偶　铂铑$_{10}$-铂热电偶以铂铑$_{10}$丝为正极，纯铂丝为负极，分度号为 S。它的测量范围为 $-20 \sim 1300℃$，在良好的使用环境下，可短期测量 1600℃；适于在氧化性或中性介质中使用，耐高温，不易氧化；有较好的化学稳定性和较高的测量精度，可用于精密温度测量和作为基准热电偶。

铂铑$_{10}$-铂热电偶分度表见附录 B。

（3）镍铬-镍硅热电偶　这是一种能测量较高温度的廉价金属热电偶，以镍铬合金为正极，镍硅合金为负极，分度号为 K。它具有较高的抗氧化性；其复现性较好，热电动势大，热电动势与温度关系近似于线性关系；其成本较低，虽然测量精度不高，但能满足工业测温的要求，是工业上最常用的热电偶；其长期使用的最高温度为 1000℃，短期使用温度可达 1200℃。

镍铬-镍硅热电偶分度表见附录 C。

（4）铜-康铜热电偶　这是一种廉价金属热电偶，以铜为正极，康铜为负极，分度号为 T。因铜热电极极易氧化，一般在氧化性气氛中使用，使用温度不宜超过 300℃。这种热电偶的热电势率较大，热电特性良好，材料质地均匀，成本低，但复现性较差，在 $-100 \sim 0℃$ 温度范围内可作二等标准热电偶，准确度达 ±0.1℃。通常铜-康铜热电偶用于 $-200 \sim 200℃$ 范围内的温度测量。

铜-康铜热电偶分度表见附录 D。

3. 热电偶的结构形式

热电偶通常由热电极、绝缘材料、保护套管和接线盒等主要部分组成。常用的热电偶结构形式有普通型热电偶、铠装热电偶和薄膜热电偶等。

（1）普通型（装配型）热电偶　普通型热电偶的结构如图 3-11 所示。

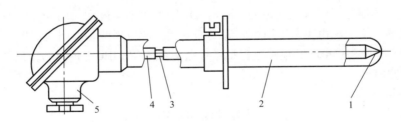

图 3-11　普通型（装配型）热电偶的结构
1—热电偶测量端　2—热电极　3—绝缘管　4—保护套管　5—接线盒

普通型热电偶主要用于测量管道和设备内介质的温度。根据测温范围和环境不同，选择的热电偶和保护套管也不同。其安装时连接形式有螺纹连接和法兰连接两种。

（2）铠装热电偶　铠装热电偶是由热电极、绝缘材料和金属管三者组合加工而成的坚实组合体。它具有动态响应快、测量端热容量小、强度高、挠性好等优点。

（3）薄膜热电偶　薄膜热电偶是由两种金属薄膜制成的一种特殊结构的热电偶，其结构如图 3-12 所示。它的测量端既小又薄，热容量很小，可用于小面积上的温度及瞬变的表面温度测量。

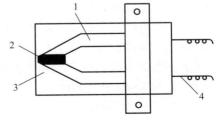

图 3-12　薄膜热电偶的结构
1—热电极　2—热接点　3—绝缘基板　4—引出线

4. 补偿导线

补偿导线是用廉价金属材料制成的连接导线。它在一定温度范围内（0～100℃）和所连接的热电偶具有相同的热电性能。利用它和测量热电偶相接，将冷端延伸出来，连同显示仪表一起放置在恒温或温度波动较小的仪表室或集中控制室，使热电偶的冷端免受热设备或管道中高温介质的影响，既节省了贵金属热电极材料，也保证了测量的准确。

常用热电偶补偿导线的特性见表 3-1。

表 3-1　热电偶的补偿导线特性

补偿导线型号	配用热电偶的分度号	补偿导线合金丝		绝缘层着色		100℃时允差 /℃		200℃时允差 /℃	
		正极	负极	正极	负极	普通级	精密级	普通级	精密级
SC	S	SPC（铜）	SNC（铜镍）	红	绿	±5.0	—	±5.0	—
KCA	K	KPC（铜）	KNC（铜镍）	红	蓝	±2.2	±1.1	±2.2	±1.1
NX	N	NPX（镍铬硅）	NNX（镍硅镁）	红	灰	±2.2	±1.1	±2.2	±1.1
EX	E	EPX（镍铬）	ENX（铜镍）	红	棕	±1.7	±1.0	±1.7	±1.0
JX	J	JPX（铁）	JNX（铜镍）	红	紫	±2.2	±1.1	±2.2	±1.1
TX	T	TPX（铜）	TNX（铜镍）	红	白	±1.0	±0.5	±1.0	±0.5

3.2.3　热电阻温度传感器

热电阻温度传感器是根据金属导体的电阻值（电阻率）随温度变化而变化的原理测温的，使用时将其置于被测介质中，由于其电阻值随温度而变化，便可用测量电阻的温度显示仪表反映出被测温度的数值。其中铂热电阻和铜热电阻是国际电工委员会（IEC）推荐的，也是暖通空调自动控制工程中常用的传感器。

1. 热电阻的测温原理

大多数的金属当温度升高 1℃时，其电阻值增加 0.4%～0.6%，而且电阻与温度的函数关系也比较简单。根据这一特性，用金属导体制成感温元件——热电阻，配以测量电阻的显示仪表，就构成了电阻温度计。

对于金属导体，在一定的温度范围内，其电阻与温度的关系可表示为

$$R_T = R_0 \left[1 + \alpha (T - T_0) \right] \tag{3-18}$$

式中　R_T——温度为 T 时的电阻值（Ω）；

　　　R_0——温度为 T_0 时的电阻值（Ω）；

　　　α——金属导体在温度 $T \sim T_0$ 之间的平均电阻温度系数（1/℃）。

绝大多数的金属材料，其电阻温度系数并不是常数，在不同的温度下有不同的数值，但在一定的温度范围内可取其平均值。

式（3-18）也可写成

$$\frac{\Delta R}{R_0} = \alpha \Delta T \tag{3-19}$$

或

$$\alpha = \frac{1}{R_0} \cdot \frac{\Delta R}{\Delta T} \qquad (3\text{-}20)$$

式中　$\Delta R / R_0$ ——温度变化 ΔT 时金属导体的电阻变化率。

作为测量电阻的温度显示仪表，就是按照这个规律进行刻度的，因此要得到线性刻度，就要求电阻温度系数 α 在 $T_0 \sim T$ 的范围内保持为常数。另外，如果要使仪表具有较高的灵敏度，热电阻材料就要具有较大的电阻温度系数。

金属材料的纯度对电阻温度系数影响很大，材料的纯度越高，其电阻温度系数越大；随着杂质含量的增加，其电阻温度系数就要减小，而且不稳定。如果分别测得金属材料在冰点（0℃）和水沸点（100℃）下的电阻值为 R_0 和 R_{100}，由式（3-20）可得

$$\alpha = \frac{1}{100}\left(\frac{R_{100}}{R_0} - 1\right) \qquad (3\text{-}21)$$

由此可见，R_{100}/R_0 的值越大，α 值也越大，即材料的纯度越高。所以，常用 R_{100}/R_0 来代表材料的纯度。

2. 热电阻材料与结构

作为热电阻的材料，一般应满足以下要求：

① 要有较大的电阻温度系数。

② 要有较大的电阻率（比电阻），因为电阻率越大，同样电阻值的热电阻体积越小，从而可减小其热容量和热惯性，提高对温度变化的反应速度。

③ 在测温范围内，应具有稳定的物理和化学性质。

④ 电阻与温度的关系最好近似线性，或为平滑的曲线。

⑤ 复现性好，易于加工，价格低廉。

一般纯金属的电阻温度系数较大，也易于复制。目前应用最广泛的热电阻材料是铂和铜，并已做成标准化的热电阻。

（1）铂电阻　铂电阻的特点是精度高、稳定性好、性能可靠。这是因为铂在氧化性介质中，甚至在高温下其物理、化学性质都非常稳定。所以 1990 年国际温标（ITS-90）中规定，在 3.8 ~ 1235K 温域内以铂电阻温度计作为标准仪器。

但是铂电阻在还原性气氛中，特别是在高温下很容易被还原性气体污染，使铂丝变脆，并改变其电阻与温度间的关系。因此在这种情况下，必须用保护套管把电阻体与有害的气体隔离开来。

在 0 ~ 850℃ 范围内，铂的电阻值与温度的关系可表示为

$$R_T = R_0(1 + AT + BT^2) \qquad (3\text{-}22)$$

式中　R_T ——铂在温度为 T 时的电阻值；

　　　R_0 ——铝在温度为 0℃ 时的电阻值；

　　　T ——被测温度（℃）；

　　　A ——常数，$A = 3.90802 \times 10^{-3}℃^{-1}$；

　　　B ——常数，$B = -5.802 \times 10^{-7}℃^{-2}$。

在 −200 ~ 0℃ 范围内，铂的电阻值与温度的关系可表示为

$$R_T = R_0[1 + AT + BT^2 + C(T - 100)T^3] \qquad (3\text{-}23)$$

式中　C——常数，$C=-4.27350 \times 10^{-12}℃^{-4}$。

由此可见，当 R_0 不同时，在同样温度下其 R_T 不同。通常见到的铂电阻的 R_0 有 10Ω、100Ω、500Ω、1000Ω 等多种，其中以分度号 Pt100（$R_0=100\Omega$）和 Pt1000（$R_0=1000\Omega$）为常用。Pt100 铂电阻的特性曲线如图 3-13 所示。

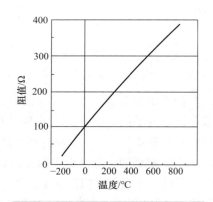

图 3-13　Pt100 铂电阻的特性曲线

当已知铂热电阻的电阻值，需要计算其温度值时，可表示为

$$t = \frac{AR_0 + \left[(AR_0)^2 - 4BR(R_0 - R)\right]^{1/2}}{2BR_0} \tag{3-24}$$

铂电阻体是用很细的铂丝绕在云母、石英或陶瓷支架上做成的，如图 3-14 所示。

按我国统一设计标准，工业用铂电阻的 R_0 值为 100.00Ω。其分度号为 Pt100。工业上热电阻 Pt100 的分度表见附录 E。

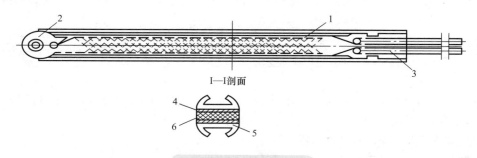

图 3-14　金属铂电阻体

1—铂丝　2—铆钉　3—银导线　4—绝缘件　5—夹持件　6—骨架

安装于水管道上的热电阻要有金属保护套，一般先在水管道上焊接一个有螺纹的套管，然后再把有保护套的热电阻用螺纹的方式与其连接，具体如图 3-15 所示。

在热电阻的现场接线时要注意，如果热电阻的探头和变送器没有做在一起，而且相距较远，它们之间的连接方式如果采用图 3-16 所示的接法，即二线制的接法，将会把接触电阻和引线电阻引入桥臂，从而对测温精度产生影响。

为消除这些影响，通常采用三线制和四线制接法。如果用电桥法测量电阻，三线制的工作原理可用图 3-17 说明。

图 3-17 中热电阻 R_t 的三根导线，粗细相同，长度相等，阻值都是 r_0。其中一根串联在电桥的电源上，对电桥的平衡与否毫无影响。另外两根分别串联在电桥的相邻两臂里，使相邻两臂的阻值都增加同样大的阻值 r。

当电桥平衡时，可列写出下列关系，即

$$(R_t + r)R_2 = (R_3 + r)R_1 \tag{3-25}$$

由此可得出

$$R_t = \frac{(R_3 + r)R_1 - rR_2}{R_2} = \frac{R_3 R_1}{R_2} + \frac{R_1 r}{R_2} - r \tag{3-26}$$

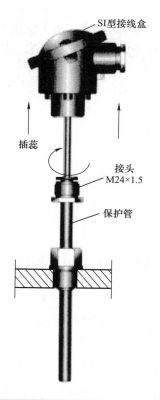

图 3-15　安装于水管道上热电阻外形图

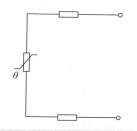

图 3-16　普通二线制接法

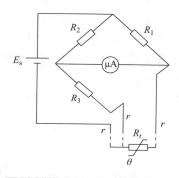

图 3-17　热电阻的三线制接法

设计电桥时若满足 $R_1=R_2$，则式（3-26）等号右边含有 r 的两项完全消去，就和 $r=0$ 的电桥平衡公式完全一样了。这种情况下就可以消除导线电阻 r 对热电阻的测量的影响。

如果采用电位差计来测量电阻，可以采用四线制接法，四线制顾名思义就是现场热电阻的两端各用两根导线连到测量仪表上，其接线方式如图 3-18 所示。

由测量仪表提供的恒流源电流 I 流过热电阻 R_t，使其产生电压降 U，再用电位差计测出 U，便可利用欧姆定律得知 $R_t=U/I$。此处供给热电阻 R_t 的电流和返回测量电压分别使用热电阻上的四根导线，尽管导线有电阻 r，但电流导线上由 r 形成的

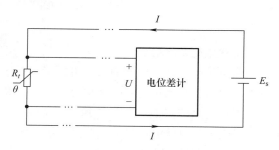

图 3-18　热电阻的四线制接法

压降 rI 不在测量范围内，电压导线上虽有电阻但无电流（因为电位差计测量时不取电流），故没有电压降，所以四根导线的电阻 r 对测量都没有影响。

以上讨论的都是铂电阻和变送器之间距离比较远的情况，如果热电阻探头和变送器比较近，或是装在一起的（目前的自动控制系统基本都是这样），就不会存在以上问题。

近年来，一种金属镍材质的电阻温度传感器开始得到应用，这种传感器将镍材质的薄膜蒸镀到陶瓷基片上，然后采用湿式化学蚀刻方法进行照相处理，并在薄膜的表面涂敷一层保护层。这种传感器具有尺寸小、成本低和高精度以及稳定性好的特点，特别是在小量程温度范围内，具有

优良线性的温度 - 电阻对应关系，非常适合暖通空调系统温度的测量与控制。

（2）铜电阻　工业上除了铂电阻应用很广外，铜电阻使用也较普遍。因为铜电阻的电阻与温度的关系几乎是线性的，电阻温度系数也比较大，而且材料容易提纯，价格便宜，所以在一些测量准确度要求不很高，且温度较低的场合多使用铜电阻。

铜电阻与温度的关系在 $-50 \sim 150℃$ 范围内是非线性的，可表示为

$$R_T = R_0(1 + AT + BT^2 + CT^3) \tag{3-27}$$

式中　R_T——铜热电阻为 T 时的电阻（Ω）；

R_0——铜热电阻为 0 时的电阻（Ω）；

T——被测温度（℃）；

A——常数，$A = 4.28899 \times 10^{-3}/℃$；

B——常数，$B = -2.133 \times 10^{-7}/℃^2$；

C——常数，$C = 1.233 \times 10^{-3}/℃^3$。

当然，在较小的温度范围（如 $0 \sim 100℃$）内，也可近似地把它们看作是线性的。

我国工业上使用的铜热电阻的分度号为 Cu100（$R_0 = 100\Omega$）和 Cu50（$R_0 = 50\Omega$），其分度表见附录 F 和附录 G。

铜电阻体是一个铜线绕组，它由直径约为 0.1mm 的绝缘漆包线双绕在圆柱形塑料支架上，如图 3-19 所示。

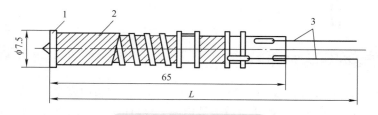

图 3-19　铜电阻体的结构

1—塑料骨架　2—铜电阻丝　3—铜引出线

3. 热电阻基本形式

为了使热电阻体免受腐蚀性介质的侵蚀和外来的机械损伤，延长其使用寿命，上述两种热电阻体外面均套有保护套管。保护套管的结构和要求与热电偶的保护套管相同，如图 3-20 所示。为了减小热电阻的热惯性，改善其动态特性，常在热电阻体与保护套管之间充以导热性能良好的填充料，或装以由紫铜、银制成的弹簧片，铜电阻还可以装镀银铜片。

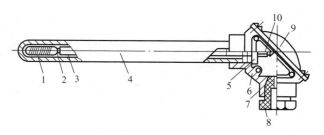

图 3-20　热电阻的基本形式

1—电阻体　2—引线　3—瓷套管　4—保护套管　5—接线座

6—接线盒　7—密封塞　8—压紧帽　9—上盖　10—接线柱

3.2.4 其他温度传感器

（1）热敏电阻温度传感器 半导体热敏电阻是一种半导体温度传感器，在暖通空调自动控制中使用已经非常广泛。热敏电阻温度传感器一般把由铁、镍、钛、镁、铜等金属氧化物陶瓷半导体材料经成形、烧结等工艺制成。工程上一般以电阻系数为负的 NTC 型热敏电阻较为常用。

（2）集成电路温度传感器 集成电路温度传感器实质上是一种半导体集成电路，它是把温度传感器与后续的放大器等用集成化技术制作在同一基片上而成，集传感与放大为一体的功能器件。这种传感器输出特性的线性关系好，测量精度也比较高。它的缺点是灵敏度较低。

（3）辐射式高温传感器 这类传感器是利用测量高温物体的热辐射而获取其温度值，常用的有光学高温计、光电比色高温计和红外高温计等，其温度采集主要是利用光学方法，通过光学准直系统采集和传送被测温区的辐射能，利用亮度比较、色度比较等方法确定被测物体的温度。这类测量仪器主要用于高温的测量中。

（4）光纤温度传感器 这类传感器的测量原理基本上与辐射式高温传感器相同，只是利用光纤取代光学聚光系统，入射辐射光滤波后进入光电转换器变成电信号输出。由于光纤不仅具有抗振动、抗电磁干扰、轻便廉价等特点，而且较易靠近被测温物体，因此精度也比一般的辐射式高温传感器高，目前在高温非接触测量和控制领域有较广泛的使用。

3.2.5 温度传感器的选用

当需要完成一项温度测量或控制任务时，首要任务是选择合适的温度传感器，然后根据所选用的传感器设计接口电路和确定测量方法。一般来讲，温度传感器的选择可按下列步骤进行。

1）用户要明确被测对象的温度范围：如果被测对象的温度较高，一般可选用热电偶或辐射式温度测量装置。在选用热电偶时，也要注意其型号与被测温度相对应。对于只能用非接触方式进行测量，而被测对象为运动的高温物体，宜选用辐射式高温传感器和光纤温度传感器。

对于常温区的温度测量，如果需将传感器转换后的电信号进行长距离传送，则可选用集成半导体温度传感器。如果待测温区范围较窄，精度要求不高，且希望传感器小巧、廉价，如在空调器、电冰箱及一般家电中使用，则可选用热敏电阻作为温度传感器。如果要求测温的精度较高，并可配备较精确的测量放大电路，则可选用热电阻（如铂热电阻）温度传感器。

对于低温区的温度测量，宜选用适用于低温测量的特殊热电偶和铂热电阻，经过校正的铂热电阻测量精度一般较高而且互换性好。

2）要考虑被控系统对温度测量速度的要求：如果要求对被测系统的温度能快速反应，则应选用时间常数小的温度传感器。

3）要考虑传感器的使用环境因素：对于被测对象或者所处环境具有较强腐蚀性的环境，则选用的传感器就要考虑能耐腐蚀，必要时要对传感器进行一定的耐腐蚀封装，同时考虑传感器引线的耐腐蚀、绝缘性能以及封装后对时间常数的影响等。在选用传感器时，还要考虑其抗振动、冲击以及其他机械损伤等因素。

3.2.6 温度变送器的基本结构

电动温度（温差）变送器是根据电平衡原理构成的，主要包括输入回路、自激振荡调制放大器、检波功率放大器和负反馈回路等部分，其结构组成如图 3-21 所示。

在热电阻温度变送器内部目前大都采用了微处理器电路，自动进行信号放大，A/D、D/A 转换以及标准化等工作，直接输出 4 ~ 20mA 直流电流，其内部结构如图 3-22 所示。

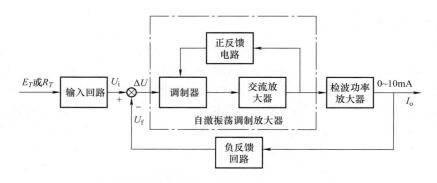

图 3-21　电动温度（温差）变送器的结构组成

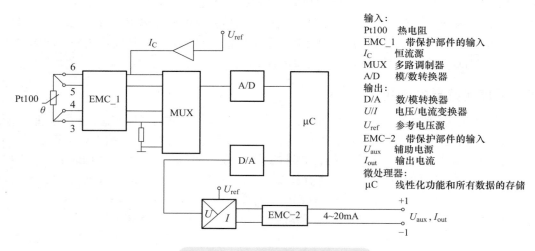

输入：
Pt100　热电阻
EMC_1　带保护部件的输入
I_C　　恒流源
MUX　多路调制器
A/D　模/数转换器
输出：
D/A　数/模转换器
U/I　电压/电流变换器
U_{ref}　参考电压源
EMC-2　带保护部件的输入
U_{aux}　辅助电源
I_{out}　输出电流
微处理器：
μC　线性化功能和所有数据的存储

图 3-22　温度变送器的内部结构

3.2.7　温度变送器的工作原理

作为感温传感器的热电偶或热电阻将被测温度转换成直流电动势 E_T 或电阻 R_T 信号后，送至输入回路并转换成量程范围统一的直流电压信号 U_i，该信号在放大器的输入端与反馈电压信号 U_f 进行比较，其差值电压信号 ΔU 经自激振荡调制放大器放大，再经检波功率放大器变换成统一的 0 ~ 10mA 直流电流信号输出。同时，输出电流中的交流基波分量经反馈回路转换成与输出电流 I_o 成正比的反馈电压 U_f，并将其送至自激振荡调制放大器的输入端与 U_i 进行电平衡补偿，构成负反馈的闭环系统。由于自激振荡调制放大器的放大倍数很大，只要其输入电压信号 $\Delta U (\Delta U = U_i - U_f)$ 有很小的变化，就足以使输出电流 I_o 的变化范围达到 0 ~ 10mA。当变送器处于稳定状态时，其输出量的变化就反映了输入参数值的变化，从而实现了非电量测量信号的直流电流转换。输出电流 I_o 与输入电压信号 U_i 之间的关系取决于负反馈回路，只要负反馈回路的输出量与输入量之间呈线性关系，就能保证整个变送器具有线性特性，从而减小了放大器中晶体管本身非线性因素的影响。

3.3　空气湿度测量传感器

在暖通空调自动控制系统中，空气的相对湿度是一个重要的被控参数。湿度控制是暖通空调工程中的核心控制环节。

空气的相对湿度由空气的两个状态参数决定，如：空气的干球温度和湿球温度；空气的干球温度和露点温度；空气的干球温度和水蒸气分压力；空气中水蒸气分压力和同温度下空气饱和水蒸气压力等。因此，湿度传感器应同时测量空气状态的两个参数。湿度传感器按感温元件的导电类型可分为两大类：即电阻式和电容式，电阻式的主要代表为干湿球信号发送器和氯化锂湿度传感器，电容式主要有高分子类和氧化铝湿敏电容两种。

空气湿度反映空气中水蒸气含量多少，对空气湿度的测量，也就是对空气中水蒸气含量的测量。

3.3.1　自动干湿球湿度传感器

自动干湿球湿度传感器是利用干湿球温度差效应来测量空气相对湿度的仪表。

1. 测湿基本原理

当液体挥发时，它需要吸收一部分热量，若没有外界热源供给，这些热量就从周围介质中吸取，于是周围介质的温度就会降低。液体挥发越快，则周围介质温度降低得越多。对水来说，挥发的速度与环境空气中的水蒸气量有关，水蒸气量越大，则水分挥发速度越慢；在饱和水蒸气情况下，水分就不再挥发。显然，当不饱和的空气流经一定量的水的表面时，水就要汽化。如图 3-23 所示，当水分从水面汽化时，就使水的温度降低，此时空气以对流方式把热量传到水中，当空气传到水中的热量恰好等于湿纱布水分蒸发时所需要的热量时，两者达到平衡状态，湿纱布上的水的温度就稳定在某一数值上，这个温度就称为湿球温度。

干湿球湿度计由两支相同的温度计组成，如图 3-23 所示。一支温度计的球部包有潮湿的纱布，纱布的下端浸入盛有水的玻璃小杯中，用来测量空气的湿球温度 T_d，因此称它为湿球温度计；另一支温度计呈干燥状态，测量空气的温度，也就是干球温度 T_g，因此称它为干球温度计，如图 3-23a 所示。带风扇的干湿球湿度计，即阿斯曼湿度计，如图 3-23b 所示。

当空气的相对湿度 $\varphi < 100\%$ 时，被测气体处于未饱和状态，即有饱和差，因而湿球温度计的球部所包围的潮湿纱布表面上有水分蒸发，其温度降低，当达到平衡状态时，湿球纱布上水分蒸发可认为是稳定的，因而水分蒸发所需要的热量也是一定的，这样湿球温度便停留在某一数值，它反映了湿纱布中水的温度，这可以看成是与水表面温度相等的饱和空气层的温度。若所测空气相对湿度较小，饱和差就大，湿球表面水分蒸发就快，而蒸发所需要热量也多，湿球水温下降得也多，即湿球温度低，因而干湿球温度差就大。反之，若所测空气的相对湿度较大，湿球温度数值就稍高，干湿球温度差就小。而当空气的相对湿度 φ 为 100% 时，水分不再蒸发，干球与湿球

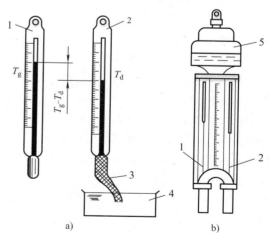

图 3-23　干湿球温度计

a）干球、湿球温度计　b）阿斯曼湿度计

1—干球温度计　2—湿球温度计

3—棉纱布吸水套　4—水杯　5—电风扇

的温度数值相同。因此，根据干球温度和湿球温度或两者温差就可以确定被测空气的相对湿度大小。

相对湿度是空气中水蒸气分压力 p_q 与同温度下饱和水蒸气分压力 p_b 之比值，表示为

$$\varphi = \frac{p_q}{p_b} \times 100\% \tag{3-28}$$

式中　p_q——饱和水蒸气压力（Pa）。

饱和水蒸气压力是温度 t 的单值函数 $p_b = f(t)$，可以根据 t 计算得到。

空气中水蒸气分压力的计算公式为

$$p_q = p_{b,s} - A(t - t_s)B \tag{3-29}$$

式中　$p_{b,s}$——相应于湿球温度为 t_s 时的空气中饱和水蒸气压力（Pa）；

　　　t_s——空气的湿球温度（℃）；

　　　B——大气压力（Pa）；

　　　A——与风速有关的系数（1/℃），其经验公式为

$$A = \left(593.1 + \frac{135.1}{\sqrt{v}} + \frac{48}{v}\right) \times 10^{-6} \tag{3-30}$$

式中　v——风速（s/m）。

可见，空气的相对湿度是干球温度、湿球温度、风速和大气压力的函数，在风速和大气压力一定的情况下，相对湿度是干球温度与湿球温度差的函数，测得干球温度与湿球温度，即可计算出相对湿度。

2. 干湿球湿度传感器

干、湿球电信号传感器是一种将湿度参数转换成电信号的仪表。它与干、湿球温度计的工作原理完全相同。主要差别是干球和湿球用两支微型套管式镍电阻所代替，还增加一个轴流风机，以便在镍电阻周围造成恒定风速为 2.5m/s 以上的气流。因为干、湿球温度计在测量相对湿度时受周围空气流动速度的影响，风速在 2.5m/s 以下时影响较大，当空气流速在 2.5m/s 以上时对测量的数值影响较小。同时由于在镍电阻周围增加了气流速度，使热、湿交换速度增大，因而也减小了仪表的时间常数。干、湿球电信号传感器的结构图如图 3-24 所示。

该传感器是由干、湿球各一支的微型套管式镍电阻温度计，微型轴流风机，并配以半透明塑料水杯和浸水脱脂纱布套管组成。在一支镍电阻上包上纱布并使纱布浸入水杯中作为湿球温度计，另一支镍电阻作为干球温度计，都垂直安装在传感器的中部，并正对侧面的空气吸入口。当电源接通后，轴流风机起动，空气从圆形空气吸入口进入信号发送器，通过镍电阻周围后被轴流风机排出去，当湿球镍电阻表面水分蒸发达到稳定状态时，干、湿球同时发送相对于干、湿球温度的信号，这些信号输入

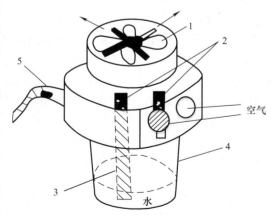

图 3-24　干、湿球电信号传感器的结构图

1—轴流风机　2—镍电阻　3—湿球纱布

4—盛水杯　5—接线端子

调节仪表中，即可反映出所测环境空气的相对湿度，从而完成远距离测控和调节相对湿度的任务。

　　干、湿球信号发送器的技术数据如下：

　　测量范围：温度 0~40℃；

　　相对湿度：20%~100%；

　　分度号：N_2（R_o=500Ω），N_3（R_o=250Ω）；

　　灵敏度：N_2 为 2.80Ω/℃，N_3 为 1.40Ω/℃；

　　镍电阻温度系数：A=5.6×10⁻³ Ω/℃；

　　通过镍电阻元件时风速：大于 2.5m/s；

　　水杯容量：250mL；

　　电源：220V，50Hz；

　　轴流风机功率：18W；

　　使用环境温度：0~50℃；湿度：≤95%。

3.3.2 氯化锂电阻式湿度传感器

　　氯化锂电阻式湿度传感器是利用氯化锂在空气中有较强的吸湿能力，吸湿后其电阻减小的特性来测量空气湿度的仪表。

　　1. 氯化锂电阻测湿原理

　　某些金属盐，如氯化锂（LiCl），在空气中具有强烈的吸湿特性，其吸湿量又与空气的相对湿度呈一定的函数关系，即空气中的相对湿度越大，氯化锂吸收的水分也越多。同时氯化锂的导电性能，即电阻率的大小又随其吸湿量的多少而变化，吸收水分越多，电阻率越小。因此，根据氯化锂的电阻率变化可确定空气相对湿度大小。氯化锂电阻式湿度传感器就是利用氯化锂吸湿后电阻率变化的特性制成的仪表。

　　2. 氯化锂电阻式湿度传感器

　　氯化锂电阻式湿度传感器如图 3-25 所示。

　　电阻式湿度传感器是用梳状的金属箔制在绝缘板上（或用两根平行的铂丝或铱丝绕在绝缘柱表面上），外面再涂上氯化锂溶液，形成氯化锂薄膜层。由于两组平行的梳状金属箔本身并不接触，仅靠氯化锂盐层导电而构成回路，将测湿传感器置于被测空气中，当相对湿度改变时，氯化锂中含水量也改变，随之湿度测量传感器的两梳状金属箔间的电阻也发生变化，将此随湿度变化的电阻值输入显示仪表或变送器，就能显示相应的相对湿度值。

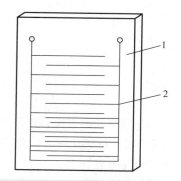

图 3-25　氯化锂电阻式湿度传感器

1—绝缘板　2—金属箔

　　为避免氯化锂电阻式湿度传感器的氯化锂溶液发生电解，电极两端应接交流电。每种测湿传感器的量程较窄，一般相对湿度在 5%~95% 测量范围内，需制成几种不同氯化锂浓度涂层的测湿传感器。因此，应根据具体测量要求选择合适的测湿传感器。一般将相对湿度 φ 从 5%~95% 分成四部分，即 5%~38%、15%~50%、35%~75%、55%~95%。最高安全工作温度为 55℃。使用时按需要选择测湿传感器，应遵守其使用要求，并需定期更换。

3.3.3　氯化锂露点湿度传感器

氯化锂露点湿度传感器是利用氯化锂溶液吸湿后电阻减小的基本特性来测量空气湿度的仪表。

1. 氯化锂露点测湿原理

氯化锂具有强烈的吸收水分的特性，将它配成饱和溶液后，它在每一温度时都有相对应的饱和蒸气压力。当它与空气相接触时，如果空气中的水蒸气分压力大于当时温度下氯化锂饱和溶液（以下简称氯化锂溶液）的饱和蒸气压力，则氯化锂饱和溶液便吸收空气中的水分；反之，如果空气中的水蒸气分压力低于氯化锂溶液的饱和蒸气压力，则氯化锂溶液就向空气中释放出其溶液中的水分。纯水和氯化锂溶液的饱和蒸气压力曲线如图 3-26 所示。

在图 3-26 中，曲线 1 是纯水的饱和蒸气压力曲线，线上任意一点表示该温度下的饱和水蒸气压力数值，而曲线下方的任一点，表示该温度下的水蒸气呈未饱和状态的分压力。曲线 2 是氯化锂饱和溶液的饱和蒸气压力曲线，线上的点也表示该温度下氯化锂溶液的饱和水蒸气压力的数值；而位于曲线 2 上方的点，表示所接触空气的水蒸气分压力高于该温度下氯化锂溶液的饱和蒸气压力，此时盐液将吸收空气中的水分；而位于曲线 2 下方的点，表示所接触空气的水蒸气压力低于该温度下氯化锂溶液的饱和蒸气压力，此时溶液将向空气中蒸发水分。氯化锂的饱和蒸气压力只相当于同一温度下水的饱和蒸气压力的 12% 左右，也就是说氯化锂在相对湿度为 12% 以下的空气中是固相，在 12% 以上的空气中会吸收空气中的水分潮解成溶液，只有当它的蒸气压力等于空气中的水蒸气分压力时，才处于平衡状态。从图中还可以看出氯化锂的饱和蒸气压力与温度有关，随温度的上升而增大。

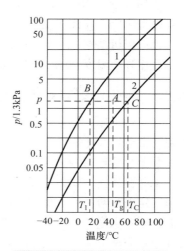

图 3-26　纯水和氯化锂溶液的
饱和蒸气压力曲线
1—纯水　2—氯化锂溶液

另外，氯化锂在液相时，它的电阻非常小，在固相时，它的电阻又非常大。氯化锂若在 12% 以下相对湿度的空气中，它由液相转变为固相时，电阻值急剧增加。

假定某种空气状态，它的水蒸气分压力为 p、温度为 T_g，它在图 3-26 中即为 A 点。由 A 点向左和 p 连线与纯水的饱和蒸气压曲线 1 交于 B 点，由 B 点向下引垂线交横坐标轴得某一温度值为 T_1，显然 T_1 即为空气的露点温度。再将 PA 延长与氯化锂溶液的饱和蒸气压力曲线相交于 C，由 C 点向下引垂线交于横坐标轴得值 T_C，这就是氯化锂溶液的平衡温度，此时它的饱和蒸气压力也等于 p。因此如果将氯化锂溶液放在上述空气中，设法把氯化锂溶液的温度上升到 T_C，使氯化锂溶液的饱和蒸气压力等于 A 点空气的水蒸气分压力，那么测出 T_C 的温度值，根据水和氯化锂溶液饱和蒸气压力曲线的关系也就得知空气的露点。

2. 氯化锂露点传感器

氯化锂露点传感器的结构如图 3-27 所示。

在金属管的外面包一层塑料薄膜，其外有玻璃丝带。在玻璃丝带外表面上绕有平行的两根加热金线（或银线），玻璃丝带上的加热金丝间涂以氯化锂溶液。两根金线间接以 25V 交流电源，因氯化锂溶液的导电性而构成电流通路。金属管内插入电阻温度传感器（如热电阻），用来测量氯化锂溶液的平衡温度。

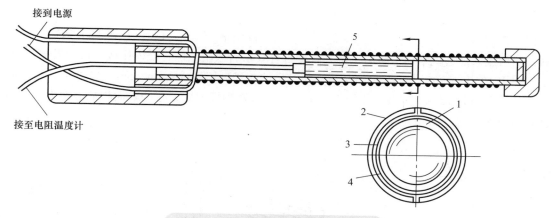

图 3-27　氯化锂露点传感器的结构图

1—金属管　2—金或银线　3—玻璃丝带　4—绝缘涂层　5—电阻温度传感器

用氯化锂露点式相对湿度计测量空气的湿度时，将氯化锂露点传感器和空气温度传感器放置在被测的空气中，若被测空气中的水蒸气分压力高于氯化锂溶液的饱和蒸气压力，则氯化锂溶液吸收被测空气中的水分而潮解，因此使氯化锂溶液的电阻减小，两根加热金线间的电阻减小，通过的电流增大，于是产生焦耳热，使氯化锂溶液温度上升，此作用一直持续到氯化锂溶液的饱和蒸气压力与被测空气中的水蒸气分压力相等，这时氯化锂溶液吸收空气中的水分和放出的水分相平衡，氯化锂溶液的电阻也就不再变化，加热金线所通过的电流也就稳定下来。反之，若被测空气中的水蒸气分压力低于氯化锂溶液的饱和蒸气压力，则氯化锂溶液放出其水分，这使其本身的电阻增大，因而使加热丝中的电流减小，于是产生的热量少，则氯化锂溶液的温度下降，这样氯化锂溶液的饱和蒸气压力也随之下降，当氯化锂溶液的蒸气压力与被测空气中的水蒸气的分压力相等时，氯化锂溶液的温度就稳定下来。这个达到蒸发压力平衡时的温度称为平衡温度，热电阻测得的温度就是平衡温度。平衡温度与露点温度呈一一对应关系，所以知道平衡温度值后，就相当于测量出露点温度。同时也测出被测空气的温度，将测量到的露点温度和被测空气温度的信号输入双电桥测量电路，用适当的指示记录仪表，可直接指示空气的相对湿度。

3.3.4　陶瓷湿度传感器

金属氧化物陶瓷湿度传感器是由金属氧化物多孔性陶瓷烧结而成。烧结体上有微细孔，可使湿敏层吸附或释放水分子，造成其电阻值的改变。利用多孔陶瓷构成的这种湿度传感器，具有工作范围宽、稳定性好、寿命长、耐环境能力强等特点。由于它们的电阻值与湿度的关系为非线性，而其电阻的对数值与湿度的关系为线性，因此在电路处理上应加入线性化处理单元。另外，由于这类传感器有一定的温度系数，在应用时还需进行温度补偿。

金属氧化物陶瓷湿度传感器是当今湿度传感器的发展方向，近几年世界上许多国家通过各种研究，发现了不少能作为电阻型湿敏多孔陶瓷的材料，如 LaO_3-TiO_3、SnO_2-Al_2O_3-TiO_2、La_2O_3-TiO_2-V_2O_5、TiO_2-Nb_2O_5、MnO_2-Mn_2O_3 等。

1. 陶瓷湿度传感器结构

陶瓷湿度传感器的结构如图 3-28 所示。在 $MgCr_2O_4$-TiO_2 陶瓷片的两面涂覆有多孔金电极，金电极与引出线烧结在一起。为减小测量误差，在陶瓷片的外围设置由镍铬丝制成的加热线圈，以便对器件加热清洗，排除恶劣气体对器件的污染。整个器件安装在陶瓷基片上。电极引线一般

采用铝 - 铱合金。

　　湿敏陶瓷片的生产采用一般的陶瓷生产工艺。首先把天然的 $MgCr_2O_4$ 和 TiO_2 按适当的比例配料，然后放入球磨机中加水研磨，待其粒度符合要求后取出干燥；经模压成形再放入烧结炉中，在空气中用 1250 ~ 1300℃ 的高温烧结 2h；烧结后的陶瓷再切割成 4mm × 5mm × 0.3mm 薄片即成。陶瓷片的气孔率为 25% ~ 30%，孔径小于 1μm，与致密陶瓷相比，它的表面积显著增大，因而具有良好的吸湿性。

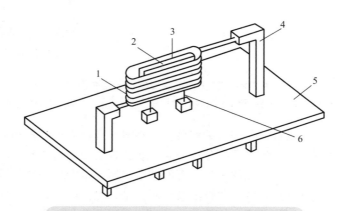

图 3-28　$MgCr_2O_4$-TiO_2 陶瓷湿度传感器结构

1—加热线圈　2—湿敏陶瓷片　3—金电极　4—固定端子　5—陶瓷基片　6—引出线

2. 陶瓷湿度传感器特性

　　陶瓷湿度传感器的相对湿度与电阻值之间的关系如图 3-29 所示。由图可知，传感器的电阻值既随所处环境的相对湿度的增加而减小，又随周围环境温度的变化而有所改变。

　　陶瓷湿度传感器在使用前应先加热，以消除由于油污及各种有机蒸气等的污染所引起的性能恶化。

3.3.5　电容式相对湿度传感器与变送器

　　采用一层非常薄的感湿聚合物电介质薄膜夹在两极之间构成一个平板电容器。非常薄的电极可以使水蒸气通过，由于聚合物的薄膜具有吸湿和放湿的性能，而水的电介常数又非常高，所以当水分子被聚合物吸收后，将使薄膜电容量发生变化。聚合物薄膜的吸湿和放湿程度随周围空气相对湿度的变化而变化，因而其电容量是空气相对湿度的函数，而且呈线性关系，利用这种原理制成的湿度传感器称为电容式湿度传感器。国际上大约在 20 世纪 80 年代初研制成功，并且用于空调的湿度控制环节中。它具有性能稳定、测量范围宽

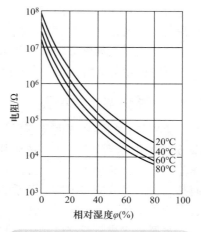

图 3-29　陶瓷湿度传感器的相对湿度与电阻值之间的关系

（5% ~ 95%RH）、响应快、线性及互换性能好、寿命长、不怕结露、几乎不需要维护保养和安装方便等优点，被公认为理想的湿度传感器，故其被广泛地应用于空气调节中。其缺点为与溶剂和腐蚀性介质接触，性能会受影响，引起测量误差加大甚至永久性损坏，价格较贵。

　　电容式相对湿度传感器的输出线性情况与所使用的电源频率有关，如在 1.5MHz 时有较好的

线性输出，而当电源频率较低时，尽管灵敏度提高，但其输出线性度差。另外，在含有有机溶剂的环境中不宜使用，且一般不能耐80℃以上的高温。

将电容式湿度传感器与相应的电子线路设计为一体就组成了电容式湿度变送器。它输出标准的电压信号（DC 0 ~ 10V）、电流信号（DC 4 ~ 20mA）或频率信号，与各类型的控制仪表可以组成湿度检测控制系统，目前江森、霍尼韦尔、西门子等公司的产品繁多，可供选用。

3.4 压力和压差测量变送器

在暖通空调自动控制系统中经常要对压力或者压差进行控制，因此经常要用到压力或压差传感器。压力传感器和压差传感器的原理都是一样的，当把压力传感器的高压端或低压端与大气相连时就是压力传感器，当把高、低压端分别与被测介质的不同部位相连接时就是压差传感器。压力传感器的测量原理都是把被测介质引入密封容器内，流体对容器周围施加压力，使弹性元件产生变形（位移、角位移、挠度等），然后通过变换器把这种变形变换成机械量或电量输出。在压力传感器中，这种变换器可以是电位器、金属应变片、磁敏元件、电容元件、电感元件、压电元件和压阻元件等。

压力是指垂直作用在物体单位面积上的力。在工程测量中，压力表显示的数值是通入仪表的绝对压力和大气压力的差值，称为表压力。表压力为正值时称为压力；表压力为负值时称为负压或真空。

压力的标准单位是 N/m^2，称为帕［斯卡］，用 Pa 表示。

压力表或压差计的种类很多，目前常用的多为弹性式压力计或压差计。由于压力或压差传输管路的长度有限，敷设也不方便，通常多采用压力或压差变送器将压力或压差信号转换成相对应的电信号，并传送至控制室的仪表盘进行集中显示，实现自动化测量。

3.4.1 电阻式远传压力变送器

弹簧管压力表是就地指示仪表，而生产和科研工作往往要求把被测参数信号转换成远传的信号，送到几十米甚至几百米外的控制室，进行远距离自动检测和控制，这就需要压力信号变送器。生产中常用电阻式压力变送器。电阻式压力变送器又称为电阻式远传压力变送器。

电阻式远传压力变送器是在弹簧管压力表中装了一个滑线电阻，其原理线路如图 3-30 所示。当被测压力变化时，压力表中指针轴的转动带动滑线电阻的可动触点移动，改变滑线电阻两边的电阻比，这样就把压力的变化转换为电阻的变化，而电阻的变化可用不平衡电桥配动圈仪表来测量，测量的压力数值可从显示仪表上直接读出。

3.4.2 霍尔式压力变送器

霍尔式压力变送器是以霍尔效应为基础的，它将由压力引起的位移转换成电动势，配以显示仪表就能测量压力。

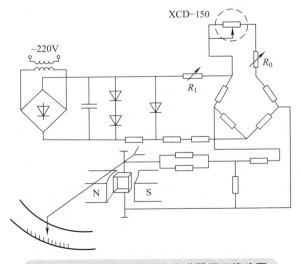

图 3-30　电阻式远传压力变送器原理线路图

1. 霍尔效应

将一块通有电流的半导体片放在磁场中，当电流沿着垂直于磁场的方向通过时，在垂直磁场方向和电流方向的半导体片的两个侧面之间，将产生电位差。这种现象是霍尔在 1879 年发现的，故称为霍尔效应。这个电位差称为霍尔电动势，该半导体片称作霍尔片。

霍尔片是由一半导体（如锗）材料所制成的薄片，如图 3-31 所示。若在霍尔片的 Z 轴方向加一磁感应强度为 B 的恒定磁场，在 Y 轴方向接入直流稳压电源，则电子在霍尔片中运动（电子逆 Y 轴方向）时，由于受电磁力的作用，使电子的运动轨道发生偏移，造成霍尔片的一个端面上有电子积累（可由右手定则判定），而另一个端面上正电荷过剩，于是在霍尔片的 X 轴方向上出现电位差，即霍尔电动势。

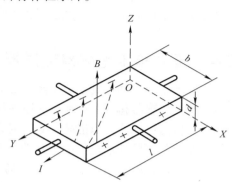

图 3-31　霍尔效应

霍尔电动势 U_H 的大小与半导体材料、所通过的电流（一般称为控制电流）I、磁感应强度 B，以及霍尔片的几何尺寸等因素有关，可表示为

$$U_H = K_H \frac{IB}{d} f\left(\frac{l}{b}\right) = R_H B I \tag{3-31}$$

式中　K_H——霍尔系数；

　　　d——霍尔片的厚度；

　　　b——霍尔片的电流通入端宽度；

　　　l——霍尔片的电动势导出端长度；

$f\left(\dfrac{l}{b}\right)$——霍尔片的形状系数；

　　　R_H——霍尔常数 [mV/(mA·T)]，$R_H = \dfrac{K_H}{d} f\left(\dfrac{l}{b}\right)$。

由式（3-31）可知，霍尔电动势 U_H 与磁感应强度 B 及电流 I 成正比。提高 B 和 I 值可增大霍尔电动势 U_H，但都有一定限度，一般 $I=3\sim20\text{mA}$，B 为几特［斯拉］，所得的霍尔电动势 U_H 为几十毫伏数量级。

2. 霍尔式压力变送器

将霍尔片固定在弹簧管的自由端，并置于具有线性变化的不均匀磁场中，使通过霍尔片的电流 I 保持不变。当弹簧管自由端产生位移，霍尔片处于磁场中的不同位置时，由于磁感应强度 B 不同，即可得到与弹簧管自由端位移成正比的霍尔电动势。因此，利用磁钢、弹簧管、霍尔片以及直流稳压电源就组成霍尔式压力变送器，其结构如图 3-32 所示。

从功能上来说，霍尔式压力变送器包括压力 - 位移转换部分、位移 - 电动势转换部分和稳压电源三部分。

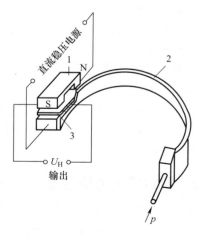

图 3-32　霍尔式压力变送器

1—磁钢　2—弹簧管　3—霍尔片

3.4.3　应变片压力变送器

应变片压力变送器是通过应变片将被测压力转换成电阻值的变化并远传至桥式电路获得相应的电动势输出信号的测压仪表。

1. 应变片测量原理

导体（或半导体）在发生机械变形时，其电阻值随之发生变化的现象称为"应变效应"。如果某段导体的长度为 L，截面积为 F，该导体的电阻率为 ρ，那么它的电阻值 R 可表示为

$$R = \rho \frac{L}{F} \tag{3-32}$$

现在，考虑到电阻体变形时 L 与 F 之间的关系，则有

$$\frac{\mathrm{d}R}{R} = \frac{\mathrm{d}L}{L} - \left(2\mu\frac{\mathrm{d}L}{L}\right) + \frac{\mathrm{d}\rho}{\rho} = \frac{\mathrm{d}L}{L} + 2\mu\frac{\mathrm{d}L}{L} + \frac{\mathrm{d}\rho}{\rho}$$
$$= (1 - 2\mu)\frac{\mathrm{d}L}{L} + \frac{\mathrm{d}\rho}{\rho} = (1 + 2\mu)\varepsilon + \frac{\mathrm{d}\rho}{\rho} \tag{3-33}$$

式中　ε——应变量，$\varepsilon = \dfrac{\mathrm{d}L}{L}$。

式（3-33）表明，应变片电阻变化率是几何效应 $(1+2\mu)\varepsilon$ 项和压电电阻效应 $\dfrac{\mathrm{d}\rho}{\rho}$ 项综合的结果。对于金属材料，压电电阻效应极小，即 $\dfrac{\mathrm{d}\rho}{\rho} \ll 1$，因此，$\dfrac{\mathrm{d}R}{R} \approx (1+2\mu)\varepsilon$；对于半导体材料，$\dfrac{\mathrm{d}\rho}{\rho}$ 项的数值远比 $(1+2\mu)\varepsilon$ 项为大，因此，可以认为 $\dfrac{\mathrm{d}R}{R} \approx \dfrac{\mathrm{d}\rho}{\rho}$。

在半导体（例如单晶硅）的晶体结构上加以压力，会暂时改变晶体结构的对称性，因而改变了半导体的导电机构，表现为它的电阻率 ρ 的变化，这一物理现象称为压电电阻效应。

由半导体材料的压电电阻效应可知，$\dfrac{\mathrm{d}\rho}{\rho}$ 与应变量 ε 有如下关系：

$$\frac{\mathrm{d}\rho}{\rho} = \pi E \varepsilon \tag{3-34}$$

式中　π——半导体材料的压电电阻系数；

E——半导体材料的弹性模量。

综上所述，可得应变片电阻变化率的表达式为

$$\frac{\mathrm{d}R}{R} \approx (1 + 2\mu)\varepsilon \qquad （金属导体） \tag{3-35}$$

$$\frac{\mathrm{d}R}{R} \approx \pi E \varepsilon \qquad （半导体） \tag{3-36}$$

由式（3-35）和式（3-36）可知，在已知 μ 或 π、E 条件下，应变片电阻值的变化率与应变片应变量 ε 成比例关系。

衡量应变片的灵敏度，通常以灵敏度系数 $K = \dfrac{\mathrm{d}R/R}{\varepsilon}$ 表示，则由式（3-35）和式（3-36）可得

$$K \approx 1 + 2\mu \qquad (金属导体) \tag{3-37}$$

$$K \approx \pi E \qquad (半导体) \tag{3-38}$$

常用应变片的灵敏度系数值：金属导体应变片为 2 左右，半导体应变片为 100 ~ 200。因此半导体应变片比金属导体应变片的灵敏度系数值大几十倍。

2. 应变片压力变送器

图 3-33 为应变片压力变送器示意图，它主要由压力传感筒和测量桥路两部分组成。压力传感筒的应变筒的上端与外壳固定在一起，它的下端与不锈钢密封膜片紧密接触，两片应变片用特殊黏合剂（缩醛胶、聚乙烯醇缩甲乙醛等）贴紧在应变筒的外壁。R_1 沿应变筒的轴向贴放，作为测量片；R_2 沿径向贴放，作为温度补偿片。

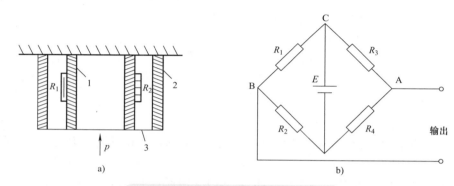

图 3-33   应变片式压力变送器示意图

1—应变筒   2—外壳   3—密封膜片

应变片 R_1 和 R_2 阻值的变化，使 R_1 和 R_2 与另外两个固定电阻 R_3 和 R_4 组成的桥式电路失去平衡，从而获得不平衡电压 ΔU 作为压力变送器的输出信号。在桥路供电电压 E 最大为 10V（直流）时，压力变送器可以得到最大为 5mA 的直流输出信号。

应变片压力变送器输出的电动势信号，可配用动圈式显式仪表或其他记录仪表显示被测压力。这种压力变送器具有较好的动态特性，适用于快速变化的压力测量。

3.4.4   压阻式压力变送器

压阻式压力变送器一般由压阻式压力传感器及信号变换电路组成。压阻式压力传感器是利用半导体材料的压阻效应工作的。所谓压阻效应，就是当对半导体材料施加应力时，除了产生变形外，材料的电阻也发生变化。显然，压阻式传感器与电阻应变式传感器十分类似，但它具有电阻应变式传感器所不及的特性：一是压阻式传感器的应变电阻主要是通过硅扩散工艺制成，因此应变电阻与基体是同一块材料（通常是半导体硅），即取消了应变电阻的黏结，从而使得滞后、蠕变和老化现象大为减少，并使导热性能大为改善；二是压阻式传感器是利用半导体硅作为芯片，利用集成电路工艺制成，因此可以在制备传感器芯片时，同时设计制造一些温度补偿、信号处理及放大等电路，还可以与微处理器结合，制成智能式压力传感器。

以压阻式差压变送器为例，压阻式压力传感器的敏感元件是一个固态压阻敏感芯片，在芯片和两个波纹膜片之间充有硅油，被测差压作用到两端波纹膜片上，通过硅油把差压传递到敏感芯片上。敏感芯片通过导线与专用放大电路相连接，它利用半导体硅材料的压阻效应，实现差压与电信号的转换。由于敏感芯片上的惠斯通电桥输出的信号与差压有着良好的线性关系，所以可以实现对被测差压的准确测量。压阻式差压变送器用于各种气体、液体的压差测量，适用于石油、化工、水文等的管道路提差压、水位差的测量。

3.4.5 电感式压力变送器

与电阻式压力变送器类似，电感式压力变送器主要由电感式压力传感器和转换电路组成，其中电感式压力传感器是由电感式位移传感器与弹性敏感元件（如膜盒、膜片、弹簧管或波纹管等）相结合而形成的，其工作原理如图 3-34 所示。

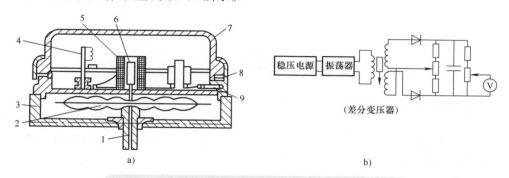

图 3-34　电感式压力传感器及其电路工作原理示意图

a）结构　b）工作原理

1—接头　2—膜盒　3—底座　4—线路板　5—差分变压器线圈　6—衔铁　7—罩壳　8—插座　9—通孔

在无压力作用时，膜盒 2 处于初始状态，固连于膜盒中心的衔铁 6 位于差分变压器线圈 5 的中部，输出电压为零。当被测压力经过接头接入膜盒后，推动衔铁移动，从而使差分变压器输出正比于被测压力的电压信号，该电压信号经转换电路作用后输出为标准信号。

3.4.6 电容式压力变送器

电容式压力变送器通过弹性元件感受压力并产生变形，然后利用电容式位移传感器测量其位移量，从而获得与压差成正比的测量。图 3-35 所示为电容式压差传感器结构示意图。

电容式压力变送器被测介质的两种压力通入高、低两个压力室，作用在 δ 元件（即敏感元件）的两侧隔离膜片上，通过隔离片和元件内的填充液传送到测量膜片两侧。电容式压力变送器是由测量膜片与两侧绝缘片上的电极各组成一个电容器。当两侧压力不一致时，致使测量膜片产生位移，其位移量与压力差成正比，故两侧电容量就不等，通过振荡和解调环节，转换成与压力成正比的信号。电容式压力变送器和电容式绝对压力变送器的工作原理与差压变送器相同，所不同的是低压室压力是大气压或真空。电容式压力变送器的 A/D 转换器将解调器的电流转换成数字信号，其值被微处理器用来判定输入压力值，微处理器控制变送器的工作。

3.4.7 电动差压变送器

电动力平衡式差压变送器（简称电动差压变送器）在自动控制系统中作为测量部分，将液体、气体或蒸汽的差压、流量、液位等工艺参数转换成 0～10mA 的直流电流，作为指示记录仪、运算器和调节

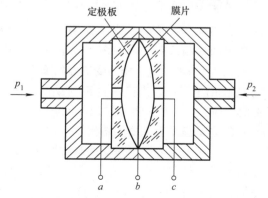

图 3-35　电容式压差传感器结构示意图

器的输入信号，以实现生产过程的连续检测和自动控制。

1.电动差压变送器的组成

电动差压变送器由测量部分、杠杆系统、位移检测放大器及电磁反馈装置 4 部分组成。图 3-36 为其构成图。测量部分将被测差压转换成相应的输入力 F_i，该力与电磁反馈力 F_f 一起作用于杠杆系统，使杠杆产生微小的偏移，再经位移检测放大器转换成为直流 0 ~ 10mA 电流输出。

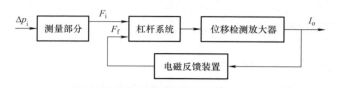

图 3-36　电动压差变送器的构成图

2.电动差压变送器的工作原理

差压变送器是基于力矩平衡原理工作的，其实质是以电磁反馈力产生的力矩去平衡输入力产生的力矩。由于采用深度负反馈，因而测量精度较高，反应速度也较快，而且保证了被测差压和输出电流之间呈线性关系。

差压变送器的工作原理如图 3-37 所示。

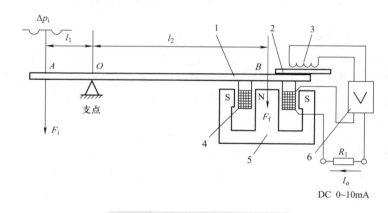

图 3-37　差压变送器的工作原理

1—杠杆　2—铝检测片　3—检测线圈　4—反馈动圈　5—永久磁钢　6—电子放大器

被测差压 $\Delta p_i(\Delta p_i = p_1 - p_2)$ 由压差弹性元件转换成作用于杠杆左端的输入力 F_i，F_i 以 O 为支点产生力矩 $M_i = F_i l_1$。在 M_i 作用下，杠杆按逆时针方向偏转，这就使固定在杠杆右端的铝检测片和平面检测线圈之间的距离发生变化。其变化量再通过位移检测电子放大器转换并放大为 0 ~ 10mA 的直流电流 I_o，作为变送器的输出信号。同时，该电流又流过反馈动圈，产生一个电磁反馈力 F_f 作用于杠杆，当输入力 F_f 与反馈力 F_i 对杠杆系统所产生的力矩达到平衡时，杠杆停止偏转。此时，位移检测放大器的输出电流就反映了所测压差的大小。

3.电动压差变送器的结构

（1）测量部分　压差变送器测量部分由高、低压测量室，压差测量元件（膜片或膜盒），连接压差测量元件和杠杆的簧片、轴封膜片以及杠杆（轴封膜片以下部分）等组成。测量部分的作用是把被测压差转换成作用于杠杆下端的输入力 F_i。

当高、低压室引入的被测压力差 Δp_i 作用于膜片两侧时，就有作用力 F_i 产生，并通过连接簧片传递给杠杆，杠杆在该力作用下以轴封膜片作为支点而偏转。在这里，轴封膜片一方面作为杠杆的支点，另一方面又起密封作用，把高压室与外界隔离。

（2）杠杆系统　电动压差变送器的杠杆系统包括主杠杆、副杠杆、量程调整装置、零点调整装置、零点迁移装置、静压调整装置及过载保护装置等部分。

杠杆系统是压差变送器的机械传动和力矩平衡部分。它把输入力 F_i 作用于主杠杆并产生的力矩与电磁反馈力 F_f 作用于副杠杆所产生的力矩进行比较，然后转换成铝检测片位移。

（3）电磁反馈装置　电磁反馈装置的作用是把变送器的输出电流转换成电磁反馈力。它由反馈动圈和永磁系统组成。反馈动圈固定在副杠杆上，可在磁钢的气隙中移动。

（4）高频位移检测放大器　高频位移检测放大器实质上是一种位移 - 电流转换器。它将铝检测片的微小位移转换成 0～10mA 的直流电流输出。高频位移检测放大器由位移检测器、高频振荡器、输出桥路、功率放大器及电源等部分组成。

位移检测器的作用是实现位移 - 电感量的转换，它由铝检测片和平面检测线圈组成。铝片安装在副杠杆上，检测线圈固定在仪表机座上。

平面检测线圈是高频振荡器的一部分，它由印制电路板制成。当变送器没有输入压差信号时，铝片检测线圈的起始相对距离可由调整检测线圈位置的螺钉调节。当被测压差变化时，铝片与检测线圈之间的距离有微小的变化。当 F_i 增加时，铝片靠近线圈，其间距离减小；反之，当 F_i 减少时，铝片远离线圈，其间距离增大。

3.5　流量测量变送器

在暖通空调自动控制系统中，为了有效地进行生产操作和控制，经常需要测量生产过程中各种介质（液体、气体和蒸汽等）的流量，以便为生产操作和控制提供依据。同时，为了进行经济核算，经常需要知道在一段时间内流过的介质总量。所以，流量测量是控制生产过程达到优质、高产和安全生产以及进行经济核算所必需的一个重要参数。

流量是指单位时间内流过管道或设备某一截面的流体数量的多少，即瞬时流量。而在某一段时间内流过管道或设备的流体流量的总和，即瞬时流量在某一段时间内的累计值，称为总量。

流量和总量，可以用质量表示，也可以用体积表示。单位时间内流过的流体以质量表示的称为质量流量，常用符号 m_1 表示；以体积表示的称为体积流量，常用符号 q_1 表示。

测量流量的方法很多，其测量原理和所应用仪表结构形式各不相同。按测量方法可以为速度式流量仪表、容积式流量仪表和质量式流量仪表。

速度式流量仪表是一种以测量流体在管道内的速度作为测量依据来计算流量的仪表，例如差压式流量计、转子流量计、电磁流量计、涡轮流量计、靶式流量计、动压式流量计和涡街流量计等。

容积式流量仪表是一种以单位时间内所排出流体的固定容积的数目作为测量依据来计算流量的仪表，例如椭圆齿轮流量计、活塞式流量计、腰轮流量计、刮板式流量计和煤气表等。

质量式流量仪表是一种以测量流过的质量为依据的流量计，例如惯性力式质量流量计、补偿式质量流量计等。这是一种发展中的流量测量仪表，它具有流量测量的精确度不受流体的温度、压力、黏度等变化影响的优点。

3.5.1　差压式流量变送器

差压式（也称节流式）流量变送器是基于流体流动的节流原理，利用流体流经节流装置时产生的压力差而实现流量测量的。它是目前工业生产中测量流量最成熟、最常用的仪表之一。

差压式流量变送器由节流装置、引压管和差压变送器组成，如图 3-38 所示。其中图 3-38a 为信号变换过程框图，图 3-38b 为仪表组成示意图。

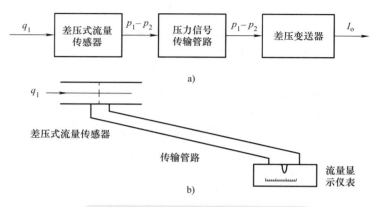

图 3-38　差压式流量变送器组成示意图

1. 节流装置的流量测量原理

（1）节流装置　所谓节流装置就是设置在管道中能使流体产生局部收缩的节流元件和取压装置的总称。当管道中的流体流经节流元件时，便在其前后两侧产生压力差，且压力差与流体流量之间存在某一稳定的关系，由此可进行流量的测量。

（2）节流原理　流体在有节流装置的管道中流动时，在节流装置前后的管壁处，流体的静压力产生差异的现象称为节流现象。

具有一定能量的流体，才可能在管道中形成流动状态。流动流体的能量有两种形式，即静压能和动能。因流体有压力而具有静压能，又因流体有流动速度而具有动能。这两种形式的能量在一定的条件下可以互相转化。但是，根据能量守恒定律，在没有外加能量的情况下，流体所具有的静压能和动能再加上克服流动阻力的能量损失，其总和是不变的。图 3-39 表示在孔板前后流体的速度与压力的分布情况。

流体在管道截面 I 前以一定的流速 v_1 流动，此时静压力为 p_1'。在接近节流装置时，由于遇到节流装置的阻挡，靠近管壁处的流体受到节流装置的阻挡作用最大，因而使一部分动能转换为静压能，出现了节流装置入口端面靠近管壁处的流体静压力升高，并且比管道中心处的压力要大，即在节流装置入口端面处产生一径向压差。这一径向压差使流体产生径向附加速度，从而使靠近管壁处的流体质点的流向就与管道中心轴线相倾斜，形成了流束的收缩运动。由于惯性作用，流束的最小截面并不在孔板的孔处，而是经过孔板后仍继续收缩，到截面 II 处达到最小，这时流速最大，达到 v_2，随后流束又逐渐扩大，至截面 III 后完全复原，流速便降低到原来的数值，即 $v_3 = v_1$。

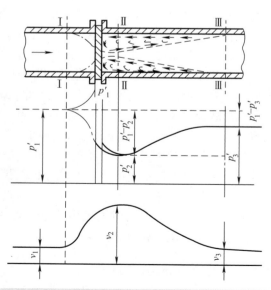

图 3-39　流体流经节流孔板时压力和流速分布图

　　节流装置造成流体流束的局部收缩，使流体的流速发生了变化，即动能发生了变化。与此同时，表征流体静压能的静压力也发生变化。在截面 I ，流体具有静压力 p_1' ，到达截面 II 时，流速增加到最大值，静压力则降低到最小值 p_2' ，而后又随着流束的恢复而逐渐恢复。由于在孔板端面处流束截面突然缩小与扩大，使流体形成局部涡流，消耗一部分能量，同时流体流经孔板时，要克服摩擦力，所以流体的静压力不能恢复到原来的数值 p_1' ，而产生了压力损失 $\delta p = p_1' - p_2'$ 。

　　节流装置前流体压力较高，称为正压，常以"+"标志；节流装置后流体压力较低，称为负压（注意不要与真空混淆），常以"−"标志，节流装置前后压差的大小与流量有关。管道中流动的流体流量越大，在节流装置前后产生的压差也越大，因此只要测出孔板前后两侧压差的大小，即可表示流量大小，这就是节流装置测量流量的基本原理。

　　（3）流量基本方程式　流量基本方程式是定量地表示节流件的孔径、节流装置的压差和流量之间函数关系的方程式。

　　流量基本方程式是以流体力学中伯努利方程和连续性方程为依据而推导得来的，则流量方程式为

$$q_1 = \alpha \varepsilon F_0 \sqrt{\frac{2}{\rho}(p_1 - p_2)} \qquad (3\text{-}39)$$

$$m_1 = \alpha \varepsilon F_0 \sqrt{2\rho(p_1 - p_2)} \qquad (3\text{-}40)$$

式中　q_1——体积流量；

　　　m_1——质量流量；

　　　α——流量系数，它与节流装置的结构形式、取压方式、孔口截面积与管道截面积之比 m、雷诺数 Re、孔口边缘锐度、管壁粗糙度等因素有关；

　　　ε——膨胀校正系数，它与孔板前后压力的相对变化量、介质的等熵指数、孔口截面积与管道截面积之比 m 等因素有关，应用时可查阅有关手册，但对不可压缩的液体来说，常取 $\varepsilon = 1$；

　　　F_0——节流装置孔板的开孔截面积；

　p_1、p_2——节流装置前、后实际测得的压力；

　　　ρ——节流装置前的流体密度。

　2. 标准节流装置

　　标准节流装置的结构形式、尺寸要求、取压方式、使用条件等均有统一规定，因此，若使用标准节流装置，必须符合其规定的技术条件和要求，以保证流量的测量精度。

　　（1）标准节流装置的结构　标准节流装置的结构已做统一规定，标准孔板的结构如图 3-40a 所示，标准喷嘴的结构如图 3-40b 所示。标准节流装置统一采用角接取压法，它有以下两种结构形式，即环室取压（图 3-40a、b 中上半部分）和单钻孔取压（图 3-40a、b 中下半部分）。

　　角接取压法就是在节流件上、下游的压力要在节流件与管壁的尖角处取出，具体采用单独钻孔取压或环室取压结构形式。

　　单独钻孔取压是在节流孔板前后夹紧环上取出压力差，取压孔的轴线与孔板前、后端面的距离分别为管道直径的一半。环室取压是在节流件两侧安装前后环室，并由法兰将环室、节流件和垫片紧固在一起。为了取得管道周围均匀的压力，在紧靠节流件端面开有连续环隙与管道相通。

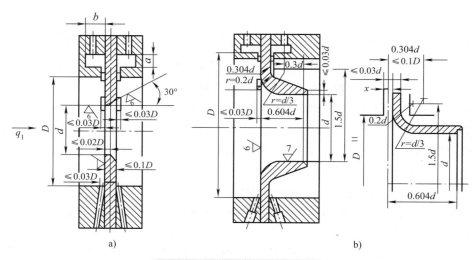

图 3-40　标准节流装置的结构

（2）标准节流装置的特点及选用　标准孔板是一块具有与管道轴线同心的圆形开孔、直角入口边缘非常尖锐的金属薄板，多用不锈钢材料制成，如图 3-40a 所示。流体流经孔板时，流通截面的突然变化，使孔板前后的流体流速也发生突然变化，产生很多涡流，阻碍流体向前流动，消耗了较多的流体能量，所以孔板的压力损失较大。

标准喷嘴像一块带短喇叭的圆孔板，它由两个圆弧曲面构成了入口的收缩部分和圆筒形光滑的喉部，如图 3-40b 所示。它的流入面是逐渐收缩的，因而形成的涡流较少，而其流出端截面仍是突然变大，形成的涡流也很多，但与孔板相比，压力损失较小。

标准文丘里管的结构相当于在喷嘴后又加了一个扩散的圆管段，使收缩的流束逐渐扩散，形成的涡流更少，因而流体流经它的压力损失较喷嘴还小。

在测量某些易使节流装置腐蚀、沾污、磨损、变形的介质流量时，采用喷嘴较采用孔板为好。在流量值和压差值都相等的条件下，使用喷嘴有较高的测量精度，而且所需要直管段长度也较短。在加工制造和安装方面，以孔板为最简单，喷嘴次之，文丘里管较为复杂，造价高低也与此相应。因此，在一般场合下，多采用标准孔板。

3.5.2　电远传转子流量变送器

电远传转子流量变送器可以将反映流量大小的转子高度 h 转换为电信号，适合于远传及进行流量显示或记录。

1. 电远传转子流量变送器的组成

电远传转子流量变送器的组成如图 3-41 所示。

电远传转子流量变送器是用转子和差动变压器进行流量信号变送的。

差动变压器由铁心、线圈（绕组）以及骨架组成。线圈骨架分成长度相等的两段，一次绕组均匀地密绕在两段骨架的内层，并使两个绕组同相串联；二次绕组也分别均匀地密绕在两段骨架的外层，

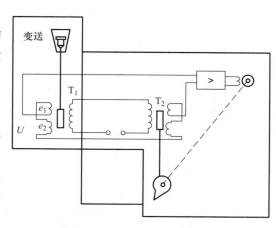

图 3-41　电远传转子流量变送器

并将两个绕组反相串联。

当铁心处在差动变压器两段绕组的中间位置时，一次励磁绕组激励的磁感应线穿过上、下两个二次绕组的数目相同，因而两个匝数相等的二次绕组中产生的感应电动势 e_1、e_2 相等。因两个二次绕组反相串联，所以 e_1、e_2 相互抵消，从而输出端间的总电动势为零，即

$$U = e_1 - e_2 = 0 \qquad (3\text{-}41)$$

当铁心向上移动时，铁心改变了两段绕组中一、二次的耦合情况，使磁感应线通过上段二次绕组的数目增多，通过下段二次绕组的磁感应线数目减少，因而上段二次绕组产生的感应电动势比下段二次绕组产生的感应电动势大，即 $e_1 > e_2$，于是二次绕组两端输出的总电动势 $U = e_1 - e_2 > 0$。当铁心向下移动时，与上移正相反，即输出的总电动势 $U = e_1 - e_2 < 0$。无论哪种情况，都把这个输出的总电动势称为不平衡电动势，它的大小和相位由铁心相对于绕组中心移动的距离和方向来决定。

测量变送器是把转子流量计的转子与差动变压器的铁心连接起来（见图 3-41），使转子随流量变化的运动带动铁心一起上下升降，那么，就可以将流量的大小转换成输出感应电压的大小。

2. 电远传转子流量变送器的工作原理

当被测介质流量变化时，引起转子停浮的高度发生变化，转子通过连杆带动流量变送器的差动变压器 T_1 中的铁心上下移动。当流量增加时，铁心向上移动，发送变压器 T_1 的二次绕组输出一不平衡电动势，进入电子放大器。放大后的信号一方面通过可逆电机带动显示机构动作，另一方面通过凸轮带动接收差动变压器 T_2 中的铁心也向上移动，使 T_2 的二次绕组也产生一个不平衡电动势。由于 T_1、T_2 的二次绕组是反向串联的，因此由 T_2 产生的不平衡电动势将抵消 T_1 产生的不平衡电动势，一直到进入放大器的电压为零时，T_2 中铁心才停留在相应位置上，这样 T_2 中的铁心位置就和发送变压器 T_1 的铁心位置一样都随流量大小而变化，显示机构的指示值就是被测流量的数值。

3.5.3 涡轮流量变送器

涡轮流量变送器是一种速度式流量仪表。它利用流体冲击涡轮的叶片使其发生旋转，而涡轮旋转的速度随流量大小而变化，因而就由涡轮的转速测得流量值。

1. 涡轮流量变送器的组成

涡轮流量变送器由涡轮、磁电转换器和前置放大器等部分组成，如图 3-42 所示。

图 3-42 涡轮流量变速器的组成

当流体流经安装在管道里的涡轮，即流经涡轮叶片与管道之间的间隙时，由于流体的冲击作用，将使涡轮发生旋转。实验表明，在测量范围内，涡轮旋转的转速与流体的容积流量呈近似线性关系，也就是涡轮的转速与流量成正比。涡轮的旋转通过磁电转换器变换成电脉冲。而这信号的脉冲数与涡轮的转速也成正比。此脉冲信号经前置放大器放大后送往显示仪表进行流量显示。所以，当测得信号脉冲数 f 后，除以仪表系数 ξ（次 /L），便可求得该段时间内的流体总量。测得的流体总量在流量指示积算仪上显示出来。

2. 涡轮流量变送器的结构

涡轮流量变送器的结构如图 3-43 所示。

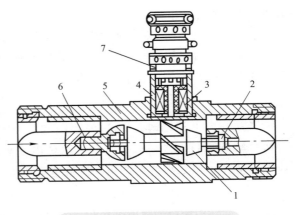

涡轮流量变送器的外壳用非磁性材料（通常大口径用碳钢，小口径用硬铝合金）制成，用它来固定和保护内部零件并与管道连接。涡轮用磁导率较高的不锈钢制成，其上有数个螺旋形叶片，涡轮中心有石墨轴承，涡轮就放置在摩擦力很小的轴承中。导流器由导向环及导向座组成，它使流体在进入涡轮前先导直，以免流体因产生自旋而改变流体与涡轮叶片的作用角度，引起测量误差。

图 3-43　涡轮流量变送器结构
1—涡轮　2—支承　3—永久磁钢　4—磁电转换器
5—壳体　6—导流器　7—前置放大器

涡轮流量变送器的磁电转换器由线圈和磁钢组成，磁钢通过导磁的涡轮叶片形成磁回路。在测量流量时，随着涡轮的转动，磁钢与叶片的间隙不断变化，磁阻的变化又引起磁通变化，在线圈上感应出信号电压，其频率与涡轮转速成正比，也就与流量成正比。因此，用流量指示积算仪测出其频率即可换算成流体流量。

涡轮流量变送器的前置放大器则把较弱的脉冲信号电压放大后，再送入流量指示积算仪。

3. 涡轮流量变送器的仪表系数

由涡轮流量变送器的结构可以看出，当流体沿管道的轴线方向流动而冲击涡轮叶片时，便有与流量 q、密度 ρ 和流速 v 的乘积成比例的力作用于叶片上，推动涡轮旋转。

当涡轮在平衡状态下转动，且涡轮的阻力矩很小时，有关系式

$$q_1 = \frac{\omega r F}{K \tan \theta} = \frac{2\pi r F}{K \tan \theta} f = \frac{1}{\xi} f \qquad (3\text{-}42)$$

式中　q_1——容积流量；

　　　ω——涡轮的角速度；

　　　r——涡轮的平均半径；

　　　F——涡轮处的流通面积；

　　　K——比例常数；

　　　θ——涡轮叶片与轴线的夹角；

　　　f——涡轮变送器输出的脉冲数；

　　　ξ——仪表系数或流量系数。

理论上，仪表系数 ξ 与仪表的结构有关，但实际上它受很多因素的影响。

涡轮流量变送器的仪表系数 ξ 已由仪表制造厂给出，是其允许流量测量范围内的平均值。

仪表系数 ξ 是涡轮流量变送器的重要参数，由于变送器通过磁电转换装置将涡轮角速度 ω 转换成相应的脉冲数，因而 ξ 是单位流体的体积流量通过变送器时所输出的脉冲数，也称为涡轮流量变送器的流量系数。

使用涡轮流量变送器测量流体的流量时，只要测得变送器所输出的脉冲数，就可根据流量系数 ξ 求得流经的流体流量。

3.5.4 椭圆齿轮流量变送器

椭圆齿轮流量变送器是一种容积式流量计，它用一个精密的固定容积对被测流体进行连续计量，从而测得流体的流量。

1. 椭圆齿轮流量变送器的工作原理

椭圆齿轮流量变送器的测量部分是由两个相互啮合的椭圆形齿轮、轴和壳体（与椭圆形齿轮构成计量室）构成。

当被测流体流经椭圆齿轮流量变送器时，它将带动椭圆齿轮旋转，而椭圆齿轮每旋转一周就有一定数量的流体流过仪表。因此，用传动及累积机构记录椭圆齿轮的转数，就可知道被测流体流过的总量。椭圆齿轮流量变送器的结构原理如图 3-44 所示。

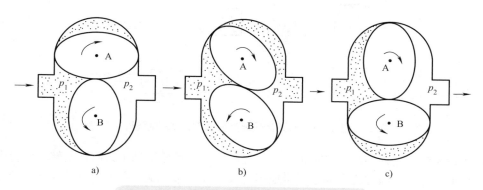

图 3-44 椭圆齿轮流量变送器的结构原理图

当流体流过椭圆齿轮流量变送器时，因克服仪表的阻力将会引起压力损失，从而产生压力差 $\Delta p = p_1 - p_2$（p_1 为入口的压力，p_2 为出口的压力）。在此压差作用下，图 3-44a 中，椭圆齿轮 A 受到一个合力矩的作用，使其绕轴做顺时针转动；而椭圆齿轮 B 受到的合力矩为零。但是，由于两个椭圆齿轮是紧密啮合的，所以齿轮 A 将带动齿轮 B 绕轴做逆时针转动，并将 A 与壳体间半月形容积内的介质排至出口。显然，这时 A 为主动轮，B 为从动轮。在图 3-44b 所示的中间位置，根据力的分析可知，此时椭圆齿轮 A、B 均为主动轮。当继续转至图 3-44c 所示位置时，p_1、p_2 作用在 A 轮上的合力矩为零，作用在 B 轮上的合力矩增至最大，使其继续向逆时针方向转动，从而开始将壳体与 B 轮间半月形容积内的介质排至出口。显然，这时 B 为主动轮，A 为从动轮，这与图 3-44a 所示的情况刚好相反。如此往复循环，A 轮和 B 轮互相交替地由一个带动另一个转动，将被测介质以半月形容积为单位一次一次地由进口排至出口。显然，图 3-44a ~ c 所示的情形，仅仅表示椭圆齿轮转动了 1/4 周的情况，而其所排出的被测介质流量为一个半月形容积的量。所以椭圆齿轮每转一周所排出的被测介质流量为半月形容积的 4 倍，故通过椭圆齿轮流量变送器的体积流量为

$$q_1 = 4nV_0 \tag{3-43}$$

式中 n——椭圆齿轮的旋转速度；

V_0——半月形部分的容积。

由式（3-43）可知，在椭圆齿轮流量变送器的半月形容积 V_0 已知的条件下，只要测出椭圆齿轮的旋转速度 n，便可知道被测介质的流量。

2. 椭圆齿轮流量变送器的显示原理

椭圆齿轮流量变送器对流量信号（即椭圆齿轮的转速 n）的显示方法有就地显示和远传显示两种。

就地显示的椭圆齿轮流量变送器是将流量信号经一系列齿轮的减速及调整转速比机构之后，直接带动仪表指针和机械计数器，以实现流量和总量的显示，其原理如图 3-45 所示。

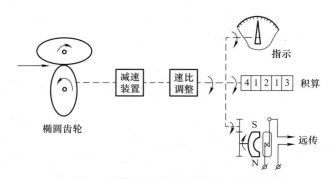

图 3-45 椭圆齿轮流量变送器的工作原理

椭圆齿轮流量变送器的远传显示主要是通过减速后的齿轮带动永久磁铁旋转，使得干簧继电器的触点与永久磁铁相同的旋转频率同步地闭合或断开，从而发出一个个电脉冲远传给另一显示仪表，在远离安装现场的控制室仪表屏上的电磁计数器或电子计数器，进行流量的显示、积算等。

3.5.5 其他常见流量变送器

1. 电磁式流量传感器

电磁式流量传感器根据法拉第电磁感应原理制成。工作原理如图 3-46 所示，直径为 D 的管道与均匀磁场的方向垂直，管道由不导磁材料制成，内表面衬挂绝缘衬里。当导电的液体在管道中流动时，导电液体切割磁力线，从而在与磁场及流动方向垂直的方向上产生感应电动势，且满足

$$E = BDv \qquad (3-44)$$

式中　E——感应电动势；

　　　B——磁感应强度；

　　　D——管道内径；

　　　v——流体的平均流速。

该感应电动势与液体的流速成正比，由此可以测量管道内流体的体积流量为

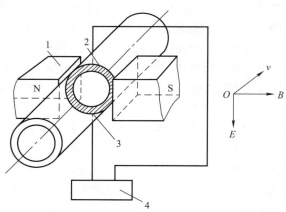

图 3-46 电磁式流量传感器的工作原理

1—磁极　2—导管　3—电极　4—仪表

$$q_v = \frac{\pi D^2}{4} v = \frac{\pi DE}{4B} \qquad (3-45)$$

电磁式流量传感器结构简单，测量管道内没有移动部件，也没有阻滞介质流动的部件，不易发生堵塞，可以测量各种腐蚀性介质。电磁式流量传感器的缺点是，由于只能测量导电液体，因此对于气体、蒸汽以及含有大量气泡的液体或者电导率很低的液体均不能测量。

2. 超声波流量传感器

超声波流量传感器的原理如图 3-47 所示，在测量管道中安装两个超声波发射换能器 F_1、F_2 以及两个接收换能器 J_1、J_2。当管道内的流体静止不动时，两束超声波的传播速度相等，而当流体流动时，两束超声波的传播速度出现差异。

假设静止时声波速度为 C，流体的流速为 v，则 F_1 到 J_1 的超声波传播速度为

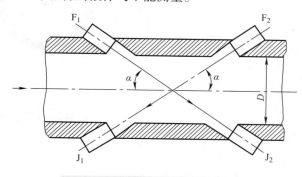

图 3-47　超声波流量传感器原理

$$C_1 = C + v\cos\alpha \tag{3-46}$$

F_2 到 J_2 的超声波传播速度为

$$C_2 = C - v\cos\alpha \tag{3-47}$$

由此可得流速为

$$v = \frac{C_1 - C_2}{2\cos\alpha} \tag{3-48}$$

显然，当夹角固定不变时，流速与这两束超声波的速度差有关，而与静止时的声速无关。因此通过测量速度差，就可以求出流量值。

超声波流量传感器可以实现流量的非接触测量，对测量通道无插入零部件，没有附加阻力，不受介质黏度、导电性及腐蚀性的影响，且输出特性为线性，易于实现数字化。

3. 振动式流量传感器

振动式流量传感器主要指卡门涡街流量传感器。由流体力学可知，当流体以一定速度前进时，如果在前进的路上垂直放置非线性物体（如圆柱体、三角形棱柱等），则在物体后面会产生漩涡，形成卡门涡街，如图 3-48 所示。

卡门涡街是交替排列的非对称形，涡的旋转方向是由列决定的，如果上侧一列涡的旋转方向是顺时针，则下侧就是逆时针方向。而且卡门涡街的列间距 l 与行间距 h 满足

$$l / h = 0.28l \tag{3-49}$$

如果该物体是圆柱体，则卡门涡街的发生频率为

$$f = S_t \frac{v}{d} \tag{3-50}$$

式中　d——圆柱体直径；

　　　v——流速；

　　　S_t——施特鲁哈尔（Strouhal）数，它与雷诺数 Re 有关，而且在 $Re = 3 \times 10^2 \sim 2 \times 10^5$ 范围内，S_t 几乎不变，约等于 0.21。由此可以通过检测涡街的频率来测量流量。

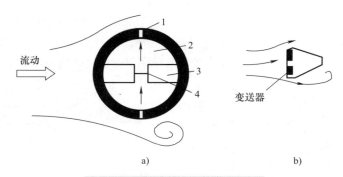

图 3-48   涡流发声体及测量原理

a）圆柱形发声体   b）三棱柱形发声体

1—导压孔   2—空腔   3—隔板   4—铂电阻丝

3.6   液位测量变送器

在暖通空调自动控制系统中，经常需要测量各种容器或设备中两种介质分界面的位置，如锅炉锅筒中气体和液体间的界面位置、贮水池中液体的深度、给水箱中液体的多少等，这些就是液位检测。

检测液位即测量气体和液体间的界面位置，一般以设备或容器的底面或参考点来确定液面与零点参考点间的高度，即液位。

检测液位的目的是计量物质的数量以及监视或控制连续生产的过程，以保证生产能安全、经济和顺利地进行，因此液位的检测是非常重要的。

液位是属于机械位移一类的变量，因此把液面位置量经过必要的转换，测量长度和距离的各种方法原则上都可以使用。液位检测的单位是 m、cm 等。

常用的各种液位检测方法及仪表如图 3-49 所示。

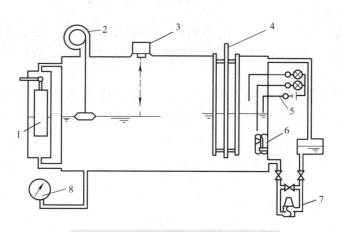

图 3-49   液位检测方法及仪表示意图

1—浮筒液位计   2—浮标液位计   3—超声波式液位计   4—电容式液位计   5—电接点式液位计

6—应变式液位计   7—压差式液位计   8—压力表式液位计

3.6.1　压力表式液位变送器

压力表式液位变送器是利用容器中具有一定高度的液体对其底部或侧面某点产生一定的压力，测出这点的压力，或测量该点与参考点间的压差，就可间接地确定液位高度。液位的检测是把液体高度转化为压力或压差的测量，而使液位测量大为简便、可靠。例如用电阻式远传压力表或电动差压变送器等均可组成液位自动检测系统。

图 3-50a 是用压力表式液位变送器检测容器中液位的检测系统，其读数为

$$L = \frac{p - \rho g l}{\rho g} = \frac{p + Z_0}{\rho g} \qquad (3\text{-}51)$$

式中　L ——被测介质液面至底部的距离；

p ——测得压力读数；

ρ ——被测介质密度；

l ——压力表液位变送器至容器底部的距离（压力表液位变送器高于容器底部时取负值，低于容器底部时取正值）；

Z_0 ——零点迁移量，$Z_0 = -\rho g l$。

由此可知，液位 L 与压力 p 呈线性关系，如图 3-50b 所示。所以，根据测得的压力 p 值，就可以确定液位 L。

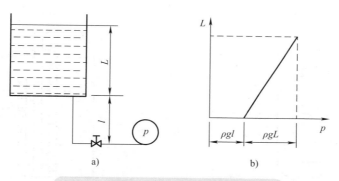

图 3-50　压力表式液位变送器测量原理

3.6.2　电容式液位变送器

电容式液位变送器是将液位的变化转换为电容量的变化来进行检测液位的仪表。

1. 电容液位测量原理

图 3-51 所示为电容液位传感器。两同轴金属圆筒作为内、外电极构成圆筒形电容器。若两圆筒间介质的介电常数为 ε，则此电容器的电容量为

$$C = \frac{2\pi \varepsilon H}{\ln FD} d \qquad (3\text{-}52)$$

式中　H ——两极板相互遮盖部分的长度；

d ——电容器内圆筒的直径；

D ——电容器外圆筒的直径；

ε ——中间介质的介电常数，$\varepsilon = \varepsilon_0 \varepsilon_p$，其中，$\varepsilon_0$ 为真空（和干燥空气的值近似）介电常数，$\varepsilon_0 = 8.84 \times 10^{-12}$F/m，$\varepsilon_p$ 为介质的相对介电常数，例如水的 $\varepsilon_p = 80$，石油的 $\varepsilon_p = 2 \sim 3$，聚四氟乙烯塑料的 $\varepsilon_p = 1.8 \sim 2.2$。

由式（3-52）可知，只要 ε、H、D、d 中任何一个参数发生变化，就会引起电容 C 的变化。如果电极的一部分被介电常数为 ε 的非导电性液体所浸没时（图 3-52），则必然会有电容量的增量 C_L 产生。

$$C_L = C - C_0 = \frac{2\pi\ (\varepsilon - \varepsilon_0)}{\ln \dfrac{D}{d}} = KL \qquad （3-53）$$

式中 K——仪表系数，$K = \dfrac{2\pi(\varepsilon - \varepsilon_0)}{\ln \dfrac{D}{d}}$。

从式（3-53）可以看出，电容量的变化与液位高度 L 成正比，因此测出电容量的变化，便可知道液位的高度。从该式还可以看出，被测介质的介电常数与空气的介电常数差别越大，仪表的灵敏度越高；D 和 d 的比值越近于 1，仪表的灵敏度也越高。

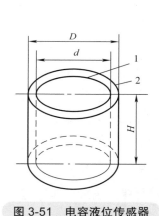

图 3-51　电容液位传感器

1—外电极　2—内电极

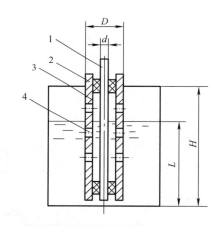

图 3-52　非导电介质的液位测量

1—外电极　2—内电极　3—绝缘套　4—流通小孔

2. 电容式液位变送器组成

电容式液位变送器主要包括电容测量元件、多芯屏蔽电缆、测量前置电路和显示仪表电路四部分，其组成原理如图 3-53 所示。

测量非导电性液体的电容测量元件采用套筒形结构，内电极采用金属棒制成，在其外部套上一个与它绝缘的同轴金属外筒做外电极，外电极上开有许多小孔，以便介质能顺利通过，内、外电极间用绝缘物固定并绝缘。如果盛液容器是金属筒，它直接做外电极。

电容测量元件检测液位所产生的电容变化量数值很小，直接测量有困难，因此需要测量前置电路、直流放大器进行电子线路放大和转换才能进行显示与远传。

测量前置电路包括测容二极管电桥、功率放大器和双向限幅器等，装设在电极上部的接线盒中。测量前置电路通过多芯屏蔽电缆与显示仪表相连接。由显示仪表来的高频方波经过整形、功率放大和限幅后推动测容二极管电桥工作，电桥输出直流电流信号又经电缆送入显示仪表的直流放大器。

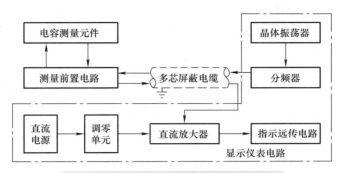

图 3-53　电容式液位变送器组成原理图

显示仪表电路由指示远传电路、晶体振荡器、分频器、调零单元、直流放大器和直流电源组成。

晶体振荡器用于产生高频方波，经分频器将它分成各种频率来进行仪表的满度粗调。调零单元通过选择适当的内设电容，使其环形二极管电桥输出一电流给直流放大器，抵消由于起始电容 C_0 的存在使测量前置电路不平衡所产生的电流，使它输出指示为零，从而达到调零的目的。直流放大器将测量前置电路送来的直流信号与调零单元比较后的输出信号放大为 $0 \sim 10\text{mA}$ 的标准信号，供指示或远传。

电容式液位变送器适用于各种非导电（或导电）液体的液位远距离连续测量和指示。

3.7　热量自动检测仪表

热传递现象（通称传热）是一种普遍的自然现象，它广泛地发生在各种生产和生活的热力过程中。从建筑物到空调房间，从锅炉和燃气燃烧器到换热设备，从太阳能到地热综合利用，乃至人体本身，都有热的传递。

凡是有温差存在的地方，就有热传递的现象发生，这些热量的转移是由温度高的地方转移到温度低的地方。由于温差是普遍存在的，因此，热量的转移也是普遍存在的。

如果用 q_r 代表每单位面积上每小时所传递的热量（能量），则有

$$q_r = \frac{Q_r}{F} \tag{3-54}$$

式中　q_r——单位面积上热传递的强弱，称为热流密度（W/m^2）；

F——换热面积（m^2）；

Q_r——传递的热量（能量）（W）。

传递现象是很复杂的，它包括了传导、对流和辐射三种方式，而在同一传热过程中，又往往同时存在几种传热方式，有时甚至还有质的传递，再加上材料性质的不同以及各种条件的变化，因此，广义的热流应该是上述几种方式及其全部组合情况下的热流。

长久以来，人们在涉及有关热信息的检测处理和控制时，都是通过温度这个参数来间接进行的。随着科学技术的发展和节能计量工作的需要，大家越来越感到仅仅把温度信号作为唯一的热信息是非常不够的，因此，热流的检测理论和技术越来越受到重视，已成为热工测量的重要参数之一。

热流的大小多采用实测的方法。测量热流的仪表就叫热流计，由于各种方式热流的性质有所不同，因此热流计也有多种类型。测量传导热流的热阻式热流计、测量辐射热流的非接触式辐射热流计及测量流体输送热量的输送式蒸汽或热水热流计，又称热量计。

使用蒸汽或热水热量计测量流体输送的热流值，可以验视锅炉的运行工况，以便使锅炉的燃烧及时得到调整，保证锅炉有较高的燃烧效率，以直接取得节能效果。根据蒸汽或热水热量计测量热网供热系统输送给用户的热量，依靠热量计可以建立起节能的"供-需"定量关系及按实际使用热量的多少来收费的经济核算制度和科学管理方法。用热水热量计对各种换热器、余热利用设备、太阳能热水器等所产生的热水和地热水等的热量进行检测，可为研究与提高有关热设备的热效率和开发利用新能源提供可靠的科学依据。

3.7.1　热阻式热流计

热阻式热流计是测量固体传导热流或表面热量损失的仪表，它还可以与热电偶（或热电阻）温度计配合使用，测量各种材料或保温材料的导热系数、导温系数和传热系数等。

热阻式热流计由热阻式热流传感器和热流显示仪两部分组成。热阻式热流传感器将热流信号变换成电动势信号输出，供指示仪表显示衡量数值。

1. 热阻式热流传感器的工作原理

当热流通过半板或平壁时，由于平板具有热阻，在其厚度方向的温度梯度为衰减过程，故平板的两面具有温差。利用温差与热流量之间的对应关系进行热流量的测量，这就是热流传感器的基本工作原理。

如果需要测定建筑物平壁的热流量 q_r，可以在该平壁表面装上一个平板状的热流传感器，亦即相当于在被测壁面上增添一个局部的辅助层，如图 3-54 所示。

根据传热学定律，在稳定热状态下，通过被测平壁的热流量为

$$q'_r = \frac{T_1 - T_2}{\dfrac{\delta_1}{\lambda_1}} = \frac{\Delta T'}{\dfrac{\delta_1}{\lambda_1}} \qquad (3\text{-}55)$$

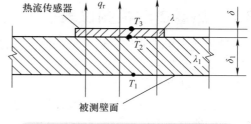

图 3-54　热流传感器工作原理示意图

式中　q'_r——通过被测平壁的热流量（kW/m²）；

T_1、T_2——未装热流传感器时被测平壁的两面温度（℃）；

δ_1——被测平壁的厚度（m）；

λ_1——被测平壁的导热系数 [W/（m·℃）]。

在加装热流传感器后，由于增加了辅助层，因此通过被测壁的热流量有了变化，其热流量为

$$q''_r = \frac{T_1 - T_3}{\dfrac{\delta_1}{\lambda_1} + \dfrac{\delta}{\lambda}} = \frac{\Delta T''}{\dfrac{\delta_1}{\lambda_1} + \dfrac{\delta}{\lambda}} \qquad (3\text{-}56)$$

式中　q''_r——通过被测平壁加装热流传感器的热流量（kW/m²）；

$\Delta T''$——被测平壁加装热流传感器后，其两面的温差（℃），$\Delta T'' = T_1 - T_3$；

δ——热流传感器的厚度（m）；

λ——热流传感器的导热系数 [kW/(m · ℃)]。

从上述各式可知，如果当热流传感器辅助层的热阻 $\dfrac{\delta}{\lambda}$ 与被测壁的热阻 $\dfrac{\delta_1}{\lambda}$ 相比很小，亦即

$\dfrac{\delta}{\gamma} << \dfrac{\delta_1}{\lambda_1}$ 时，$\dfrac{\delta}{\lambda}$ 可忽略不计，则 $T_2 - T_3 \approx T_1 - T_3 \approx T_1 - T_2$，因此，$q_r \approx q_r'' \approx q_r'$。由此可知，当热流传感器满足上述条件时，可以认为被测壁面在贴上热流传感器后，传热工况不受影响。这时，通过热流传感器的热流量亦为被测壁的热流量。

在稳定热状态下，通过热流传感器的热流量为

$$q_r = \frac{T_2 - T_3}{\dfrac{\delta}{\lambda}} = \frac{\lambda}{\delta} \Delta T \qquad (3\text{-}57)$$

式中　q_r——通过热流传感器的热流量（kW/m^2）；

ΔT——被测壁加装热流传感器后，热流传感器两面的温差（℃），$\Delta T = T_2 - T_3$。

如果用热电偶测量上述温差 ΔT，并且所用热电偶在被测温度变化范围内其热电动势与温度呈线性关系时，则输出热电动势与温差成正比，即

$$E = C' \Delta T \qquad (3\text{-}58)$$

或

$$\Delta T = \frac{E}{C'} \qquad (3\text{-}59)$$

式中　E——热电偶的热电动势（mV）；

C'——热电偶系数。

将式（3-59）代入式（3-57），得

$$q_r = \frac{\lambda E}{\delta C'} = CE \qquad (3\text{-}60)$$

式中　C——热流传感器系数 [W/(m^2 · mV)]，$C = \dfrac{\lambda}{\delta C'}$。$C$ 的物理意义是：当热流传感器有单位热电动势输出时通过它的热流量。C 的量纲为 kW/(m^2 · mV) 或 W/(m^2 · mV)。当 λ 和 C' 值不受温度影响为定值时，C 为常数；当温度变化幅度较大时，λ 和 C' 不是定值，而是温度值的函数，C 也就不是常数，而将是温度值的函数。

由式（3-60）可以看出，通过传感器的热流量与它所输出的电动势成正比例，因此，测得热电动势就可知热流量，这就是热阻式热流传感器的测量工作原理。

严格地说，热流传感器系数 C 对于给定的热流传感器不是一个常数，而是工作温度的函数，但对于常温范围内工作的热流传感器，标定的 C 值，实际上可视为常量，对测量不会造成很大误差。

2. 热阻式热流传感器的构造

常用的热阻式热流传感器有平板式传感器和可挠式传感器。平板式热流传感器的结构如图 3-55 所示。

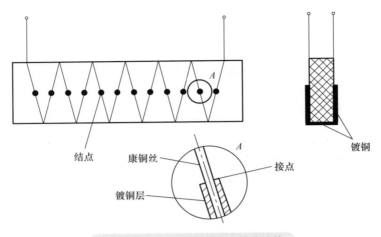

图 3-55　平板式热流传感器的结构

平板式热流传感器是由若干块热电堆片镶嵌于一块有边框的基板中制成，其板尺寸一般为 130mm × 130mm，材料是厚 1mm 的环氧树脂玻璃纤维板，中间挖空（挖空尺寸是 100mm × 100mm。挖下的材料剪成小条，尺寸为 10mm × 100mm，作为制作热电堆的基板。基板上用 ϕ0.2mm 裸康铜丝均匀绕 100 ~ 120 圈，经电镀制成热电堆板，并用环氧树脂封于边框中，然后将各热电堆的引出线相互串接，二端头焊于接线片上，最后在表面贴上涤纶薄膜作为保护层，即为平板式热流传感器，如图 3-56a 所示。

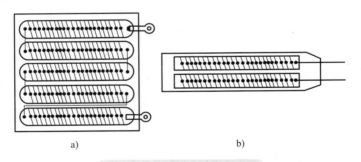

a)　　　　　　　　　　　　　　　　　　b)

图 3-56　热流传感器的种类

a）平板式热流传感器　b）可挠式热流传感器

可挠式热流传感器为了弯曲而做成长方形，如图 3-56b 所示，它采用甲基乙烯基硅橡胶为原料，用过氧乙烯作固化剂，根据传感器所需要的颜色选择着色剂和填充剂，经配制混合制成约 2mm 厚的生胶片，由于硅橡胶的生胶片很软，无法直接在上面绕康铜丝，所以用赛璐珞片卷在一块 1mm 厚的层压板条上做成临时基板，再在上面绕线，经电镀后做成热电堆片。将硅橡胶的生胶片裁成所需大小，中间挖出槽，在挖出的长条中，仔细地将热电堆片装填入，把热电堆串联接好，并用聚四氟乙烯绝缘导线作为热流传感器的引出线。在组装好的热电堆元件的上下两面上覆盖硅橡胶生胶薄片，放在压制模中，经 250℃温度的橡胶压制机上压制成形，又在 150℃温度下经 8h 的老化处理，就制成可挠式热流传感器。

热电堆金属丝的粗细、电镀层的厚薄、杂质含率及镀铜层黏结情况等有所不同，都将影响热流传感器系数 C 值，因此对每个热流传感器必须分别标定，得到每片传感器的系数。在使用热流传感器进行测量时，也必须按照每个传感器的标定曲线或系数进行计算。

为了使热流传感器互换，每个传感器都应有一致的性能。在传感器两端并上电阻，进行温度补偿，使热流传感器系数一致化，这样便制成能互换的、传感器系数一致化的、使用方便的热流传感器了。

3. 数字式热流显示仪

热流显示仪主要是解决一个直流弱信号的放大和显示问题，尤其是在测量较小的热流量时，传感器输出信号可能低于1mV，需要经过放大才能显示，这就需要低漂移、高精度的仪表放大器。热流的测量往往是在现场进行的，使用体积较大的仪表，或者在现场布置很多导线都是不便的，因此，这类仪表大多数是便携式的。

数字式热流显示仪的原理框图如图3-57所示。热流显示仪由前置放大器、A/D转换器、热量液晶显示器件及热电偶、测温用的自动冷接点信号补偿器等构成。

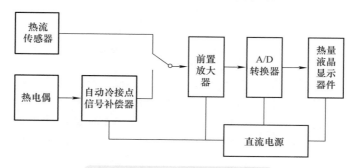

图 3-57　数字式热流显示仪框图

数字式热流显示仪的前置放大器可将很小的热流和热电偶温度电动势信号放大，其灵敏度高、零点漂移较小。

数字式显示仪的 A/D 转换器采用了一块大规模集成电路，由计数器、译码器、锁存器、显示驱动器和基准电源等部分组成。

数字显示采用液晶显示器件，显示的最大读数为1999，超出量程时可有越限指示。

数字式热流显示仪附有测温部分。它采用铜 - 康铜或镍铬 - 镍硅热电偶测温，热电偶接点装在热流传感器内部，在测量热流的同时也测出温度的数值。由于传感器很薄，测出的温度与表面温度很接近，因此就可以认为是表面温度。镍铬 - 镍硅热电偶的线性度很好，使用这种热电偶可以得到较好的测温精度。

为了补偿热电偶冷接点的温度，采用了不平衡电桥作为自动冷接点信号补偿器，把热电偶的热电动势和补偿器的信号串联后送入前置放大器及数字显示部分，选择适当的放大倍数，就可以直接显示出温度数值。

数字式热流显示仪采用9V积层电池供电，工作电流很小，一般连续使用较长的时间，可以进行远距离测量和多路选测。

热流传感器的热电动势，还可采用电位差计以及数字式电压表等仪表进行测量或记录被测壁面热流量的变化与波动过程的曲线，为实验和科研数据分析提供可靠的依据。

4. 热阻式热流计的应用

利用热阻式热流计可以方便地测量现场平壁、管道、换热设备和燃烧器具的热损失及保温材料的导热系数等。

现场测量热流时，将热流传感器贴于被测物的表面，或埋入物质内部，如图3-58所示，使传感器与被测物有良好的热接触，然后用热流显示仪表读得热流值。

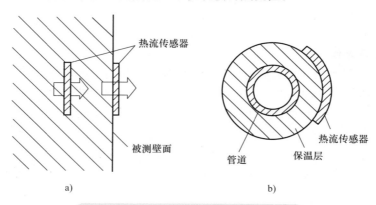

图 3-58 热阻式热流传感器安装示意图

a）测平壁面放热 b）测管道散热

用热流计测量热流是一种局部的测量方法，因此，在测量管道或设备某一截面或平面的热损失时，应同时测量表面上的若干点数值，求得热流平均值。在测量整个管道的总热损失时，应根据管道的自然走向，科学地确定适当数量和截面，然后取各截面的统计平均值。考虑到管线上保温材料本身性能的不均匀性和不同材料保温结构上的差异，测量截面必须取得足够多，以消除这些因素对平均热流的影响。

3.7.2 热水热量计

1. 热水热量计的测量原理

热水热量计是用来检测热水输送热量的仪表。

热水热量就是载热质 - 水通过锅炉或热网的某个热力点（热交换站）所输送的热能数量，或者是热用户所消耗热能的数量。

根据热力学第一定律，对一个稳定的微元过程有

$$\mathrm{d}p_r = m_s \mathrm{d}h - V\mathrm{d}P \tag{3-61}$$

在实际过程中可视为定压过程，则有

$$\mathrm{d}P = 0$$

所以

$$\mathrm{d}p_r = m_s \mathrm{d}h \tag{3-62}$$

对一个有限过程，热水吸收的热量可表示为

$$\int \mathrm{d}q_r = \int m_s \mathrm{d}h \tag{3-63}$$

如果热水通过锅炉或热力点的进出口的质量相等，则有

$$\int \mathrm{d}q_r = \int m_s \mathrm{d}h = m_s \int \mathrm{d}h \tag{3-64}$$

$$q_r = m_s(h_1 - h_2) \tag{3-65}$$

或

$$Q_r = \int_{t_1}^{t_2} m_s (h_1 - h_2) \mathrm{d}t \qquad (3\text{-}66)$$

式中　　m_s——热水的质量流量；

　　h_1、h_2——热水通过锅炉或热网热力点进、出口时的焓值；

　　　q_r——热水锅炉或热网之热力点单位时间内所输送热能的数量；

　　　Q_r——在一段时间内热水的累积热量；

　　t_1、t_2——某一段时间的起始及终止时刻。

　　从上述公式的推导过程可以看出，要测量出 q_r，必须检测热水的质量流量 m_s 和热水在热交换前后焓值的变化（h_1-h_2）。所以式（3-65）是热流运算的基本公式。

　　热水的质量流量可利用流量计测得容积流量，用温度计测得供水温度，并按该温度的热水密度对流量值进行修正计算，可得质量流量。

　　水的热焓值是无法直接用测量方法获得的，而且，热水的焓值在不同的温度下是不同的，为了要求取（h_1-h_2），就要分别求取进水热焓 h_1 和出水热焓 h_2。在锅炉或换热器的进水和出水两个不同温度范围内，热水焓值和温度之间的函数关系为 $h=f(T)$，所以，通过测量温度可直接转换成热水的焓值。在热水锅炉或热力点输送热水的管道上，安装流量计和电阻温度计，分别测热水流量和进口、出口热水温度，经运算得热水质量流量及焓值，也就得知热水热量了。

　　2. 热水热量计运算电路原理

　　热水热量计即热水热量指示积算仪的运算电路就是根据流量和热量的数学模型设计的，其电路原理框图如图 3-59 所示。

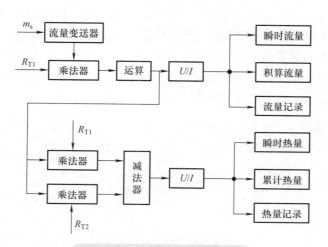

图 3-59　热水热量计原理框图

　　从图 3-59 中可以看出，电路由两大部分组成，第一部分主要完成质量流量及其温度校正运算。流量输入信号是从流量变送器输出的电流信号 DC 0～10mA，输出流量信号为一个不受温度变化影响的比较准确的质量流量，它以 DC 0～10mA 输出作为瞬时流量的指示，并进行积算流量显示，还有供记录用的电信号。第二部分完成热量运算，也以 DC 0～10mA 输出作为瞬时热量的指示，并进行积算热量显示，还有供记录用的输出信号。

3. 热水热量计的应用

使用热水热量计的自动检测系统如图 3-60 所示。

热水热量的自动检测系统由流量检测、温度检测及热量指示积算仪三部分组成。

（1）流量检测部分 流量检测部分采用涡轮、涡街或超声波等流量传感器，通过运算，变换成线性的信号，送入热水热量计运算电路。

（2）温度检测部分 温度检测部分使用铂电阻温度传感器，测得热水锅炉或热力点进、出口的热水温度信号，输入热水热量计进行运算。

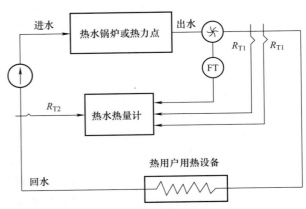

图 3-60 热水热量计应用示意图

（3）热量指示积算仪 热量指示积算仪根据已线性化的热水流量信号和温度信号经运算电路，然后指示瞬时热量、累积热量并输出 DC 0～10mA 电流信号供记录或调节用。

该检测系统可用来检测热水锅炉或热力点向外输出的热量或热用户消耗的热能。

3.7.3 饱和蒸汽热量计

蒸汽分为过热蒸汽和饱和蒸汽两种，因此，蒸汽热量计也相应地分为过热蒸汽热量计和饱和蒸汽热量计两种。在建筑环境与设备工程中，常使用饱和蒸汽热量计。

饱和蒸汽的计量，如果只采用流量计量，那是不科学的。因为使用饱和蒸汽的目的是要利用它所运载的那部分热量，而并非蒸汽本身。如果蒸汽流量相等，而压力或温度不等，则携带热量不同，同时热量还与饱和蒸汽的干度有关，所以应直接计量热量。

1. 饱和蒸汽热量计测量原理

饱和蒸汽热量计显示的数值是瞬时热量和积算热量。

根据热力学第一定律，热量计算公式为

$$q_r = m_q(h_q - h_s) \tag{3-67}$$

式中 q_r——检测饱和蒸汽的热量；

m_q——饱和蒸汽的质量流量；

h_q, h_s——进换热器的饱和蒸汽及出口冷凝热水的焓值。

当使用孔板流量计时，瞬时热量为

$$q_r = \alpha\sqrt{\Delta p \rho_q}(h_q - h_s) \tag{3-68}$$

由于载热介质蒸汽的焓较大，而热水的焓较小，两者差别极大，故可忽略水的热焓，这样，式（3-68）可简写成

$$q_r = \alpha\sqrt{\Delta p \rho_q}\, h_q \tag{3-69}$$

式中 α——孔板流量计算的流量系数；

Δp——孔板流量计的压差（MPa）；

ρ_q——实际状态下的饱和蒸汽的密度（kg/m³）。

通常饱和蒸汽汽水分离效果欠佳，往往带有水分，即为湿饱和蒸汽。湿饱和蒸汽所带水分的多少，用干度 x 来表示。x 的大小直接关系到流量和热熔值的大小。由于湿饱和蒸汽是一种汽水混合的两相流体，或者饱和蒸汽经过节流件时压力骤然变低，有可能发生相变，在使用标准孔板测其流量会带来测量误差。因此，在实际使用中，在流量公式中加一个修正环节。整个修正环节主要由干度 x 所决定，这样，热量 q_r 的运算关系为

$$q_r = (1.56 - 0.56x)\alpha\sqrt{\Delta p \rho_q} h_q \tag{3-70}$$

因此，测得饱和蒸汽的流量、干度及温度或压力，就可以求得饱和蒸汽的热量。

2. 饱和蒸汽热量计的电路原理

饱和蒸汽热量计的仪表电路原理框图如图 3-61 所示。

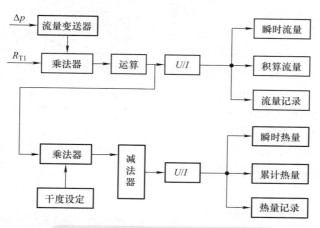

图 3-61 饱和蒸汽热量计电路原理框图

饱和蒸汽热量计的仪表电路由两部分组成。第一部分主要是完成质量流量的干度校正运算，蒸汽流量输入信号是从标准孔板产生的差压信号，经流量变送器，再经乘法器输出信号，指示瞬时流量和累积流量。第二部分进行瞬时热量、累积热量的运算和指示。

3. 饱和蒸汽热量计的应用

使用饱和蒸汽热量计可测量锅炉供出热量或用热设备所消耗的热量，以便监视锅炉或热设备的运行情况，作为能源计能的依据。饱和蒸汽热量计在蒸汽锅炉上的应用如图 3-62 所示。

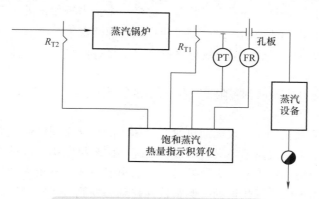

图 3-62 饱和蒸汽热量计应用示意图

一般当锅炉运行正常时，在汽水分离设备较好的情况下，饱和蒸汽的干度在 0.95 ~ 1.00 之间。由于尚无直接在线测量干度的仪表，所以饱和蒸汽热量计的干度只能靠手动设定，也就是说，用户必须事先测出饱和蒸汽的干度，然后将干度分档旋钮放在对应位置，这样，饱和蒸汽热量计所指示的瞬时热量和累积热量就是经过干度修正后的测量值。

3.8   燃烧产物成分自动检测仪表

在建筑环境与设备工程中，为了确保燃烧设备的安全经济运行，提高能源利用率，准确地掌握燃烧状况和燃烧设备的性能，必须用成分分析仪对燃烧过程的燃烧产物成分及其含量进行分析。常用的燃烧产物成分自动检测仪表有氧化锆氧量计、红外线气体分析器等。

当锅炉处于最佳燃烧状态时，应具有一定的过剩空气系数 a，而 a 值与烟气中二氧化碳及氧的含量有一定关系。图 3-63 所示为烟煤燃烧产物中二氧化碳（CO_2）及氧（O_2）含量与过剩空气系数 a 的关系曲线。由于烟气中的氧含量与过剩空气系数 a 之间有单值函数关系，而且这种关系受燃料品种的影响较小，所以根据烟气中的氧含量来确定过剩空气系数 a 时误差较小。另外，氧化锆氧量计反应快，所以多采用氧化锆氧量计来分析测定烟气成分。

燃烧产物烟气的一氧化碳和二氧化碳可用红外线气体分析仪进行检测。

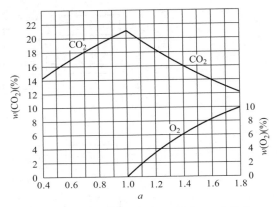

图 3-63   烟煤燃烧产物中二氧化碳及氧的
含量与 a 的关系曲线

3.8.1   氧化锆氧量计

氧化锆氧量计是利用氧化锆固体电介质作为检测元件来检测混合气体中的含氧量。它具有结构简单、反应速度快、安装维护工作量小等优点，并可作为锅炉燃烧自动控制系统的检测信号。

1. 氧化锆的测氧原理

氧化锆是一种固体电解质，在氧化锆（ZrO_2）的分子中，锆是正四价，氧是负两价。一个锆原子与两个氧原子结合，形成氧化锆的分子。如果在氧化锆中加入少量的氧化钙（15%），由于钙是正二价，一个钙原子只能和一个氧原子结合，这样一来，当氧化钙进入氧化锆的晶格时，就产生了氧离子的空位，如图 3-64 所示。这个空位叫作氧离子空穴。

当温度在 800℃ 以上时，空穴型的氧化锆就变成了良好的氧离子导体，所以氧化锆是固体电介质。

若在氧化锆固体电介质的两侧各附上一层多孔的金属铂电极，就构成了如图 3-65 所示的氧浓差电池。

当含有氧的气体从氧化锆元件表面通过时，气体中的氧从金属铂的表面上夺得两个电子形成氧离子，来填补氧化锆中的氧离子空穴，形成一个完整的晶格结构。这种结构是不稳定的，由于扩散作用，这个氧离子还会跑出来，去填补另一个氧离子空穴。空出来的位置又由新的氧离子所填补。这样一来，氧离子就从氧化锆的一侧很快地移到另一侧。当它最后离开氧化锆回到气体中时，将两个电子留在铂电极上，氧离子又还原成氧原子。氧离子移动的结果，使靠近含氧气体侧的极板上丢掉电子而带正电，另一侧极板得到电子而带负电。

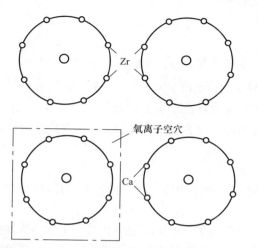

图 3-64　掺杂有氧化钙的氧化锆材料产生氧离子空穴的示意图

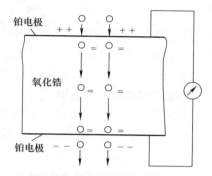

图 3-65　氧浓差电池的形成

　　如果在氧化锆的两侧同时流过含氧量不同的气体，由于含氧量大的一侧，氧分子的自由能大，氧分子移向另一侧的就多，极板上带走的电子就多；而含氧量小的一侧，氧分子的自由能小，氧分子移向另一侧的就少，极板上带走的电子就少。这样，两侧的极板上就形成了电位差，这个电位差称为氧浓差电动势。氧浓差电动势的大小与氧化锆两侧氧含量之差有关。

　　氧浓差电动势与含氧量（即氧分压）的关系，可根据能斯特公式确定，即

$$E = \frac{RT}{nF} \ln \frac{p_2}{p_1} \tag{3-71}$$

式中　　R——气体常数，$R=8.315\text{J}/(\text{mol}\cdot\text{K})$；

　　　　E——氧浓差电动势（mV）；

　　　　F——法拉第常数，$F=96500\text{C/mol}$；

　　　　T——绝对温度（K）；

　　　　n——反应时一个氧分子输送的电子数，$n=4$；

　　　　p_1——被分析气体中氧的分压；

　　　　p_2——参考气体中氧的分压。

　　由于气体中氧的 R、F 和 n 都为常数，当温度恒定时，氧浓差电动势和氧化锆两侧氧的分压比呈对数关系，如果一侧氧的浓度已知，测出氧浓差电动势的大小，就可以知道另一侧被测气体中氧的含量。

　　如果被分析气体和参比气体的总压都为 p，则式（3-71）可写为

$$E = \frac{RT}{nF} \ln \frac{p_2/p}{p_1/p} \tag{3-72}$$

　　在混合气体中，某气体组分的分压与总压之比和其体积浓度成正比，即

$$\frac{p_1}{p} = \frac{V_1}{V} = \psi_1 \; ; \quad \frac{p_2}{p} = \frac{V_2}{V} = \psi_2 \tag{3-73}$$

代入式（3-72）可得

$$E = \frac{RT}{nF} \ln \frac{\psi_2}{\psi_1} \qquad (3-74)$$

式中　ψ_1——被分析气体中含氧量；

　　　ψ_2——参比气体（如空气）中含氧量，对于空气，$\psi_2 = 20.9\%$。

式（3-74）中，参数 R、F 和 n 为常数，只要保持温度 T 为定值，E 就只随被分析气体中含氧量（即浓度）ψ_1 而变化。因此，可以用检测浓差电动势 E 的方法来反映被分析气体中含氧量。

由于氧浓差电动势与氧分压比之间的关系不是线性关系而是对数关系，这使显示仪表的分度不均匀，给显示仪表的刻度造成一定的困难。

2. 氧化锆氧量计的结构

氧化锆氧量计是用稳定的 ZrO_2 制成的，它有两种结构形式，一种是两端开口的，如图 3-66a 所示，另一种是一端封闭的，如图 3-66b 所示。

这两种氧化锆氧量计的外径均为 10mm，长度为 80～90mm，在其内外壁上都牢固地烧结一层多孔性的铂电极，电极的引线材料也是金属铂，内电极的引线通过氧化锆氧量计上直径为 0.8mm 的小孔引出。

3. 直插定温式测氧系统

直插定温式测氧系统由带定温加热炉的氧化锆氧量计、控温装置和显示仪表组成，如图 3-67 所示。在氧化锆氧量计外部加装一个定温加热炉，直接插入旁路烟道，使氧化锆氧量计在 800℃ 下工作。由于定温加热炉内外的温差，使炉内外的烟气在氧化锆氧量计的外部形成自然热对流；参比气体（空气）利用烟道的负压不断地在氧化锆氧量计内通过。氧化锆氧量计内装设的热电偶用以检测氧化锆氧量计的工作温度，并通过控温装置控制定温加热炉。直插定温式测氧系统的特点是反应速度快，系统也较简单。

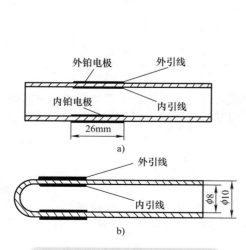

图 3-66　氧化锆氧量计的结构图

a）两端开口　b）一端开口一端封闭

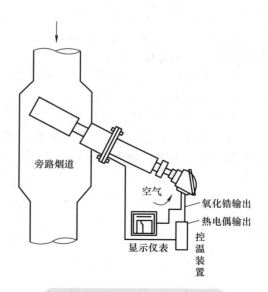

图 3-67　直插定温式测氧系统

3.8.2 红外线气体分析器

红外线气体分析器是利用混合气体中某些气体具有选择性地吸收红外辐射能这一特性,来连续自动分析燃烧产物烟气中 CO 或 CO_2 等组分的含量。

1. 红外线的基本知识

红外线是一种电磁波,其波长范围为 $0.75 \sim 1000\mu m$。一切物质都具有一定的红外辐射,其辐射的大小与物质的温度有关。例如把镍铬丝通电加热到730℃时,其辐射光的波长主要集中在 $3 \sim 10\mu m$ 范围内,这正是红外线分析器通常采用的光源材料。红外线最显著的特点是热辐射能大,可以利用各种类型的接收器如热敏电阻、热电堆等接收红外线。光通过介质时或多或少地被介质吸收,物质不同,吸收程度也不一样。由于各种物质的分子本身都有一个特定的振动和转动频率,只有在红外线光谱的频率与它所通过介质分子本身的特定频率相一致时,这种分子才能吸收红外光谱辐射能。如双原子气体 H_2、O_2、N_2 及单原子气体 He、Ne、Ar 等,并不吸收波长在 $1 \sim 25\mu m$ 范围内的红外辐射能,而 CO_2、CH_4、CO、C_2H_4、水蒸气以及各种饱和和不饱和的烃类都可以吸收辐射红外线。

如果人们用近红外线($\lambda = 1 \sim 25\mu m$)照射分子,则辐射能不足以引起电子能级的跃迁,而只能引起振动和转动能级的跃迁,这样就得到红外吸收光谱。从吸收光谱中可以观察到不同的分子混合物中,每种物质分子只能吸收某一波长范围的红外辐射能,即每种物质分子或化合物有一个特定的吸收频率(或特定波长)。

几种常见气体在红外线光谱范围内的吸收光谱如图 3-68 所示。从吸收光谱中可以看到,每一分子或化合物都有固定的吸收峰位置,如表 3-2 中表示了某些物质的特征吸收波长。

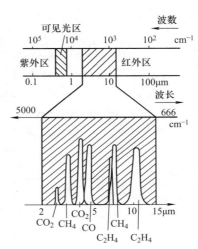

图 3-68 常见气体在红外光谱范围内的吸收光谱

表 3-2 某些物质的特征吸收波长

成分名称	分子式	吸收峰的波长 /μm
一氧化碳	CO	2.37 和 4.65
二氧化碳	CO_2	2.7 和 4.62
甲烷	CH_4	3.3 和 7.65
水蒸气	H_2O	2.0

当红外线通过物质层时,每种物质吸收与其本身特征频率相应的一定波长的红外辐射能,因此,透过物质层的光能量就要减弱,实验证明,这种能量的减小与物质层的厚度及光的强度成正比。光强度的减弱服从朗伯-比尔定律,可写为

$$I = I_1 e^{-K_\lambda Cl} \tag{3-75}$$

式中 l ——气样的厚度;

C ——气样中能吸收红外线的介质密度;

K_λ ——当波长为 λ 时某物质的吸收系数,对每种物质都有固定值;

I_i——入射光强度；

I——通过厚度为l吸收层后的辐射光强度。

式（3-75）表示不同浓度的物质吸收光能量的规律，它说明了光线通过透光介质后，强度的减弱状况是与介质的特性和浓度呈指数关系进行衰减的，也就是红外线通过介质时，辐射能的变化与待测介质浓度C有关。红外线分析器就是利用这一关系对被测介质进行定量分析的。

2. 红外线气体分析器的工作原理

红外线气体分析器的工作原理是基于某些气体对不同波长的红外线辐射能具有选择性吸收的特性。当红外线通过混合气体时，气体中的被测组分吸收红外线的辐射能，使整个混合气体因受热而引起温度和压力增加，这种温度和压力的变化与被测组分的浓度有关，而把这种变化转化成其他形式的能量变化，就可以确定被测组分的浓度。

红外线气体分析器的工作原理如图3-69所示。

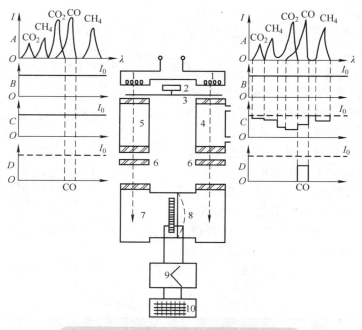

图3-69　红外线气体分析器的工作原理图

1—光源　2—同步电动机　3—切光片　4—工作气室　5—参比气室
6—滤光片　7—检测气室　8—薄膜　9—放大器　10—记录仪表

红外线气体分析器采用两股平行光束，让它们分别通过两条光路，一束作为参比光束，另一束作为检测光束。红外线分析器所用的两个辐射器（即光源），其几何形状和物理参数完全相同，均由镍铬合金丝和反射罩组成，由光源稳流器供电加热到一定温度（$600 \sim 1000℃$）时，辐射出波长为$3 \sim 10\mu m$的常用红外辐射线。两个辐射器所发出的辐射线分别由两个反射抛物面反射出两束平行光束，经同步电动机带动切光片转动来调制成一定频率（例如$6.25Hz$）的断续红外辐射线，构成两个低频脉动的平行辐射光源。这两束断续变化的红外线分别经过参比气室、工作气室及滤光片后，进入检测器中的两个接收气室中。工作气室中连续通过待测气体，而参比气室中充以不吸收红外线的氮气。检测器的接收器是薄膜电容接收器，又称电容微音器或称光电式接收器。它的外壳由金属制成，窗口是由能透过红外线的材料所制成，气室中充入与待测组分相同的气体。

动片是厚 $5 \sim 10\mu m$ 的铝箔，定片是一个圆形固定电极，两片距离为 $0.05 \sim 0.08mm$，组成一个电容器，电容量为 $50 \sim 100pF$。在工作时，两极片上加有稳定的直流电压，为了消除静压差，在两室间有一个小节流孔，以使两边的气体静压平衡。

当浓度为 C 的被测气体进入工作气室后，通过工作气室的红外线辐射能被待测气体有选择性地吸收了一部分，使其能量减弱，而通过参比气室的红外辐射能量不变，结果到达检测器两个接收气室的辐射能强弱不同，使两个接收气室之间产生温度的差异，但两个气室的容积是固定的，压力也就不同，铝箔膜片失去平衡产生偏移，引起电容量的变化。由于辐射光能是按一定频率变化的，膜片也以同样频率振动，因此电容器的输出也是按频率 $6.25Hz$ 变化的微电压信号。输出信号的大小与被测组分的浓度成正比关系，被测组分浓度越大，所产生的压差越大，电容器输出的脉动信号也越大，此信号经过前置放大器和主放大器放大后，由显示仪表直接指示或记录。

当工作气室中没有待测气体通过（如零点气体 N_2）时，到达检测器两个接收气室的红外辐射能相等，此时薄膜电容接收器的输出为零，仪表指示也为零。

仪器中的干扰滤波室内充以干扰组分气体，用来吸收干扰组分所对应波长的红外线，以消除在混合气体中含有干扰组分时所产生的干扰信号。

3. 红外线气体分析器的组成

红外线气体分析器主要由传感器、显示仪表、电气箱及预处理器组成。

红外线气体分析器的传感器采用单光源双光束结构。它主要由光源、气室、检测器及前置放大器组成。光源即红外灯，它产生红外光线，其辐射光谱的波长在 $3 \sim 10\mu m$ 范围内。气室有三类，在参比气室内充以纯氮，在检测气室中充以干扰组分气体，而在工作气室中通过待测气体。检测器是仪器的关键部分，它输出与被测气体的浓度成比例的信号，经前置放大器后，输入显示仪表。

红外线气体分析器采用电子电位差计进行显示和记录。

电气箱中放置了光源用电、微音器及放大器的工作稳压电源。

为了保证进入分析器的气体干燥、清洁、无腐蚀而在气路系统中装设了预处理器。红外线气体分析器使用方便，反应迅速，对非待测组分的抗干扰能力强，测量范围可从几个至 $100ppm$（$1ppm=10^{-6}$）。这种仪器除可在工业上对 CO 或 CO_2 做连续检测外，并可将检测信号送入自动控制系统中，对被测组分进行自动控制。

3.9 测量变送器的特性

测量变送器由传感器和变送器组成，它是自动控制系统的一个重要组成部分，用它来检测生产过程的各种热工参数，并转换成标准信号送至调节器。调节器将根据它所传送来的信号经比较和计算而动作。因此，测量变送器的特性直接影响到自动控制系统的控制质量。

3.9.1 传感器的特性

在建筑环境与设备工程中，使用的传感器有多种多样，如温度、湿度、压力、流量和液位等类型。现以温度控制系统中常用的热电阻为例，分析传感器的动态特性。

1. 传感器的微分方程式

在室温平衡状态下，热电阻的温度 T_r 和室温 T_y 相同。当室温 T_y 有阶跃变化时，热电阻与室内空气之间将进行热交换，室内空气将热量传给热电阻，热电阻接受热量并改变自身的温度值，经一段时间，达到新的平衡状态，热电阻的温度和室温又相同。在热电阻与周围介质的热传递过程中，热电阻在单位时间内所增加的热量等于周围介质在单位时间内传入的热电阻热量，据此可以写出热电阻的微分方程式。

在用微分方程式描述测量传感器特性时，往往着眼于一些量的变化，而不注重这些量的初始值，因此假定 T_y 和 T_r 分别代表室温和热电阻温度偏离初始状态的变化值，则热电阻热量平衡方程式为

$$C_r dT_r = \alpha F(T_y - T_r)dt \qquad (3-76)$$

式中 C_r——热电阻的热容量（kJ/℃）；

　　　　T_r——热电阻温度（℃）；

　　　　T_y——室温（℃）；

　　　　α——空气对热电阻的传热系数 [W/(m · ℃)]；

　　　　F——热电阻的表面积（m²）。

由式（3-76）可得

$$T_s \frac{dT_r}{dt} + T_r = K_r T_y \qquad (3-77)$$

式中 T_s——热电阻的时间常数，$T_s = R_r C_r$，其中 $R_r = \dfrac{1}{\alpha F}$ 为热电阻的热阻力系数；

　　　　K_r——热电阻的放大系数，$K_r = 1$。

式（3-77）的解或过渡过程方程式为

$$T_r = K_r T_y (1 - e^{-t/T_s}) \qquad (3-78)$$

式（3-77）和式（3-78）是无套管热电阻温度的微分方程式及其解。这类传感器特性可用一阶微分方程式描述，故称为一阶惯性元件。

在建筑环境与设备工程中，常用的铠装热电偶、湿敏电阻、压力弹性元件、液位、流量等传感器都属于一阶惯性传感器，其时间常数和被控对象的时间常数相比，一般都小得多。

2. 传感器的响应曲线

热电阻放置在房间中当室温 T_y 做阶跃变化时，无套管热电阻的温度 T_r 响应曲线可由传感器的过渡过程方程式求得，也可以用实验方法测得，图 3-70 中的曲线①是一条指数函数曲线。

由图 3-70 可以看出，在 $t = 0$ 时刻之前，室温和热电阻的温度是一致的，处于稳定状态。在 $t = 0$ 时，室温做阶跃变化，热电阻和室内空气之间发生热传递，此时热电阻与室温之间的温差最大，所以热电阻以最大速度升温。随着热电阻温度的升高，传热温差逐渐减小，升温速度就逐渐慢下来。从理论上讲，当时间无限大时，热电阻的温度才会重新稳定下来，热电阻的温度与室温相等。

具有保护套管的热电阻，在与被测室温进行热交换时，增加了一个传热环节，即加了保护套管的容量，所以这种热电阻是双容元件。有套管热电阻的响应曲线如图 3-70 中的曲线②所示。

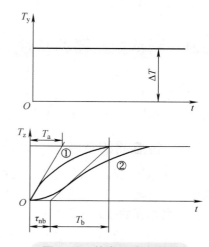

图 3-70　热电阻响应曲线
①—无套管热电阻　②—有套管热电阻

和对象特性一样，常常在用实验方法得到的响应曲线上求取传感器的特性参数。

在图 3-70 中的曲线①上，通过 $t=0$ 点处作切线，该切线与新稳定值的交点所对应的时间称传感器的时间常数，用 T_a 表示。对于有套管热电阻，在图 3-70 中曲线②上，通过拐点处作切线，此切线与时间轴交点所截时间段为测量元件容量滞后，用 τ_{nb} 表示，时间常数用 T_b 表示。

从图 3-70 中曲线①和②可以看出，无套管热电阻的反应速度要比有套管热电阻快得多，相应地，无套管热电阻的时间常数要小得多。因此，无套管热电阻比有套管热电阻能较迅速和准确地反映所测的实际温度，也就是说无套管热电阻的热惯性比有套管热电阻小。

3.9.2 电动变送器的特性

采用电动单元组合仪表的变送器时，它将被控变量 T_r 转换成统一的直流为 $0 \sim 10\text{mA}$（或 $4 \sim 20\text{mA}$）信号，所以变送器特性可表示为

$$I_z = K_b T_r \tag{3-79}$$

式中　I_z——经变送器将 T_r 成比例变换后的相应信号（mA）；

　　　T_r——测量传感器反映的被测参数值（℃）；

　　　K_b——变送器的放大系数。

3.9.3 测量变送器的特性

如果传感器为一阶惯性传感器，而变送器为比例环节时，将式（3-79）代入式（3-77）得

$$T_s \frac{\mathrm{d}I_z}{\mathrm{d}t} + I_z = K_r K_b T_y \tag{3-80}$$

如果测量传感器时间常数与被控对象时间常数的数值相比很小可略去时，即 $T_s \approx 0$，则有

$$I_z = K_r K_b T_y = K_s T_y \tag{3-81}$$

式中　K_s——测量变送器的放大系数，$K_s = K_r K_b$。

因此，测量变送器的特性可以看成是一个比例环节。

第4章

基本控制规律与调节器

在自动控制系统中，被控对象受到种种干扰作用后，被控变量将偏离工艺所要求的设定值，即产生偏差；调节器接收偏差信号，按一定的控制规律输出相应的控制信号，去操纵执行器产生相应的动作，以消除干扰对被控变量的影响，从而使被控变量回到设定值上来。因此，调节器的特性即控制规律对自动控制系统的质量有着很大的影响，研究其特性是非常重要的。

所谓调节器的特性即控制规律，就是当调节器接受了偏差信号（即输入信号）以后，它的输出信号（即控制信号）的变化规律。

调节器的输入是比较机构送来的偏差信号 e，它是设定值信号 g 与测量变送器送来的测量值信号 z 之差。在分析自动化系统时，偏差采用 $e = g - z$，在单独分析调节仪表时，习惯上采用测量值减去设定值作为偏差，调节器的输出就是调节器送往执行器（常用气动调节阀）的信号 p。

调节器是按人们规定好的规律动作的，各种调节器的工作原理和结构形式虽各不相同，但是其控制规律却仅有几种类型。目前，在暖通空调自动控制系统中，常用的最基本的控制规律有双位控制、比例控制、积分控制、微分控制及其组合。

4.1 双位控制规律

4.1.1 理想双位控制规律

双位控制规律是当测量值大于设定值时，调节器的输出量为最小（或最大），而当测量值小于设定值时，调节器的输出量为最大（或最小），即调节器只有两个输出值。

双位控制规律可以用数学式来表示，即

$$p = \begin{cases} p_{\max} & e > 0(\text{或} e < 0) \\ p_{\min} & e < 0(\text{或} e > 0) \end{cases} \tag{4-1}$$

双位控制只有两个输出值，相应执行器的调节机构也只有开和关两个极限位置，而且从一位置变换到另一位置在时间上是很快的，如图 4-1 所示。

图 4-2 是采用双位控制的水箱液位控制系统。它利用电极式液位计来控制水箱的液位，箱内装有一根电极作为测量液位的装置，电极的一端与继电器的线圈相接，另一端调整在液位设定值的位置，导电的流体水经装有电磁阀的管道进入水箱，由下部出水管流出，水箱外壳接地。当液

位低于设定值L_0时，流体未接触电极，继电器 K 断路. 此时电磁阀全开，流体流入水箱使液位上升，当液位上升至稍大于设定值时，流体与电极接触，于是继电器接通，从而使电磁阀全关，流体不再进入水箱。但箱内流体仍在继续往外排出，故液位将要下降，当液位下降至稍小于设定值时，流体与电极脱离，继电器 K 吸合，于是电磁阀 V 又开启，如此反复循环，液位被维持在设定值上下很小一个范围内波动。由于执行器的动作非常频繁，这样会使系统中的运动部件（例如继电器、电磁阀等）因动作频繁而损坏。

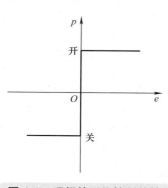

图 4-1 理想的双位控制特性

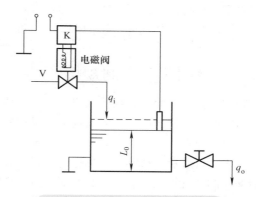

图 4-2 水箱液位双位控制示例

双位控制规律是最简单的控制形式，它的作用是不连续的，调节机构只有开和关两个位置，对象中的物料量或能量总是处于不平衡状态，也就是说，被控变量始终不能真正稳定在设定值上，而是在设定值附近上下波动，因此，实际的双位调节器都有一个中间区。

4.1.2 实际的双位控制规律

实际的双位控制规律如图 4-3 所示。当被控变量在中间区内时，调节器输出状态不变化，调节机构不动作。当偏差上升至高于设定值的某一数值后，调节器输出状态才变化，调节机构才开；当偏差下降至低于设定值的某一数值后，调节器输出状态又变化，调节机构才关，这样，调节机构开关的频繁程度便大为降低，减少了器件的损坏。

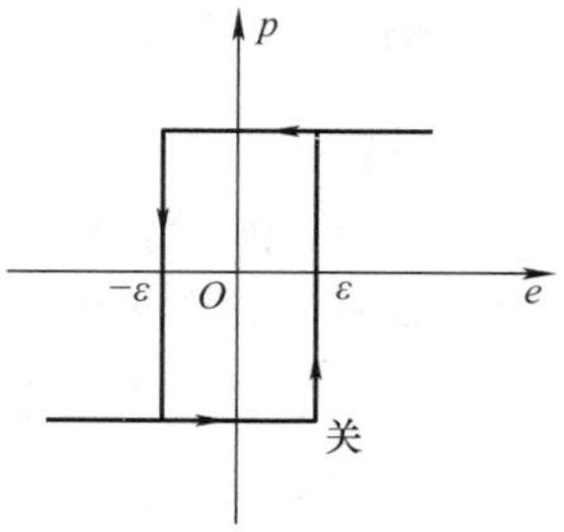

实际双位调节器中间区称为呆滞区。所谓呆滞区是指不致引起调节器输出状态改变的被控变量对设定值的偏差区间。换句话说，如果被控变量对设定值的偏差不超出呆滞区，调节器的输出状态将保持不变。

图 4-3 实际双位控制特性

实际的双位控制过程如图 4-4 所示。当被控变量液位 L 低于下限值 L_F 时，电磁阀是开的，流体流入水箱，由于流入量大于流出量，故液位上升。当液位升至上限值 L_E 时，电磁阀关闭，流体停止流入，由于此时流体仍然在流出，故液位下降。直到液位下降至下限值 L_F 时，电磁阀又开启，液位又开始上升。图 4-4a 的曲线表示调节机构阀位与时间的关系，图 4-4b 的曲线是被控变量（液位）在呆滞区内随时

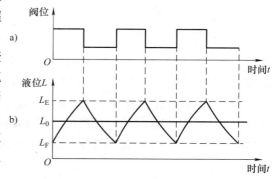

图 4-4 具有中间区的双位控制过程

间变化的曲线，是一个等幅振荡过程。

　　双位控制过程中不采用对连续控制作用下的衰减振荡过程所提的那些品质指标，一般采用振幅与周期作为品质指标。在图 4-4b 中，振幅为 $L_E - L_F$。

　　如果工艺生产允许被控变量在一个较宽的范围内波动，调节器呆滞区就可以放宽些，这样振荡周期较长，使可动部件动作的次数减少，于是减少了磨损，也就减少了维修工作量，因而，只要被控变量波动的上、下限在允许范围内，周期长些也可。

　　除了双位控制外，还有三位（即具有两个中间区）或更多位的控制，包括双位在内，这一类统称为位式控制，它们的作用原理基本一样。

4.2　比例（P）控制规律

　　在双位控制系统中，被控变量不可避免地会产生持续的等幅振荡过程，这是由于双位调节器只有特定的两个输出值，相应的调节阀也只有两个极限位置，势必在一个极限位置时被控变量大于设定值，而在另一个位置时又小于设定值，不可能正好和对象的负荷要求相适应，这就使被控变量处于不可避免地持续的等幅振荡过程，这无法满足要求被控变量比较稳定的系统的需求。如果能够使阀的开度与被控变量的偏差成比例的话，就有可能获得与对象负荷相适应的控制参数，从而使被控变量趋于稳定，达到平衡状态，这种阀门开度的改变量与被控变量偏差值成比例的规律，就是比例控制规律。

4.2.1　比例控制规律及其特点

　　如果调节器的输出信号变化量与输入的偏差信号之间成比例关系，称为比例控制规律，一般用字母 P 表示。

　　比例控制规律的数学表示式为

$$\Delta p = K_p e \tag{4-2}$$

式中　Δp——调节器的输出变化量；

　　　　e——调节器的输入偏差信号；

　　　　K_p——比例调节器的放大倍数。

　　比例控制规律的传递函数式为

$$W(s) = K_p \tag{4-3}$$

　　比例调节器的放大倍数 K_p 是可调的，它决定了比例作用的强弱，所以，比例调节器实际上可以看成是一个放大倍数可调的放大器，其特性如图 4-5 所示。当放大倍数 $K_p > 1$ 时，比例作用为放大，而当放大倍数 $K_p < 1$ 时，比例作用为缩小。对应于一定的放大倍数 K_p，比例调节器的输入偏差大，输出变化量也大；输入偏差小，相应的输出变化也小。

　　图 4-6 是液位比例控制系统，被控变量是水箱的液位。O 为杠杆的支点，杠杆的一端固定着浮球，另一端和调节阀的阀杆连接。浮球能随着液位的升高而升高，随液位的下降而一起下降。浮球通过有支点的杠杆带动阀芯，浮球升高阀门关小，输入流量减少；浮球下降阀门开大，流量增加。

　　如果原来液位稳定在图 4-6 中实线位置 L，进入水箱的流量和排出水箱的流量相等。当水箱的出水阀门突然开大一点，排出量就增加而使浮球下降。浮球下降将通过杠杆把进水阀门开大，使进水量增加。当进水量又等于排水量时，液位也就不再变化而重新稳定下来，达到新的稳定态；相反排水量突然减少，液位上升，进水阀门由于浮球的作用也关小，使进水量减少，直至进水量和出水量相等，液位达到新的稳定状态。

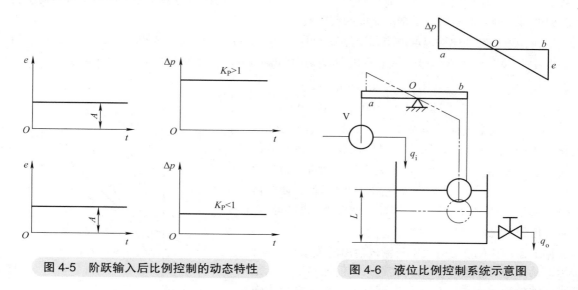

图 4-5　阶跃输入后比例控制的动态特性　　　图 4-6　液位比例控制系统示意图

　　从上述分析可以看出，浮球随液位变化与进水阀门开度的变化是同时的，这说明比例作用是及时的。另外，液位一旦变化，虽经比例控制系统能达到稳定，但回不到原来的设定值。从图 4-6 看到，进水阀本身不能自己开大，而受浮球的控制。浮球要下降，只有在液位下降时才有可能。因此，在这种情况下，液位要比原来低一高度为代价，才能换得阀门开大，使液位重新获得平衡，如图中双点画线位置。也就是说，液位新的平衡位置相对于原来设定位置有一差值（即水箱实线与双点画线液位之差），此差值称为余差，所以比例控制又称有差控制。

　　比例控制的优点是反应快，有偏差信号输入时，输出立刻和它成比例地变化，偏差越大，输出的控制作用越强。

4.2.2　比例度

　　在工业上所使用的调节器，习惯上采用比例度 δ（也称比例带，在仪表上用 P 表示），而不用放大倍数 K_P 来衡量比例控制作用的强弱。

　　比例度指调节器输入的变化与相应输出变化的百分数，可表示为

$$\delta = \left(\frac{e}{z_{max} - z_{min}} \Big/ \frac{\Delta p}{p_{max} - p_{min}} \right) \times 100\% \tag{4-4}$$

或

$$\delta = \frac{e}{\Delta p} \cdot \frac{p_{max} - p_{min}}{z_{max} - z_{min}} \times 100\% \tag{4-5}$$

式中　　　e——输入变化量；

　　　　　Δp——输出变化量；

$z_{max} - z_{min}$——测量值的刻度范围;

$p_{max} - p_{min}$——调节器输出的工作范围。

由式（4-4）或式（4-5）可以看出，比例度就是使调节器的输出变化满刻度时（也就是调节阀从全关到全开或相反），相应的仪表指针变化占仪表测量范围的百分数，或者说使调节器输出变化满刻度时，输入偏差对应于指示刻度的百分数。

例如，一只电动比例温度调节器，测量范围是 50 ~ 100℃，电动调节器输出是 0 ~ 10mA，当指示指针从 70℃移到 80℃时，调节器相应的输出电流从 3mA 变化到 8mA，其比例度为

$$\delta = \left(\frac{80-70}{100-50} \Big/ \frac{8-3}{10-0} \right) \times 100\% = 40\%$$

当温度变化全量程的 40% 时，调节器的输出从 0mA 变化到 10mA，在这个范围内，温度的变化 e 和调节器的输出变化 Δp 是成比例的。但当温度变化超过全量程的 40% 时，（在上例中，若温度变化超过 20℃时），调节器的输出就不能再跟着变化了，因此，调节器的输出最多只能变化到 100%。

调节器的比例度 δ 的大小与输入输出的关系如图 4-7 所示，从图中可以看出，比例度越大，使输出变化全范围时所需的输入偏差变化区间也就越大，而比例放大作用就越弱，反之亦然。

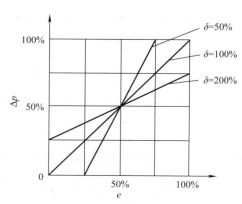

图 4-7　比例度与输入和输出的关系

由于 $\Delta p = K_p e$，所以式（4-5）可写为

$$\delta = \frac{1}{K_p} \cdot \frac{p_{max} - p_{min}}{z_{max} - z_{min}} \times 100\% \tag{4-6}$$

式（4-6）说明，比例度 δ 与放大倍数 K_p 成反比，是互为倒数的关系，调节器的比例度 δ 越小，它的放大倍数越大，它将偏差（调节器的输入）放大的能力也越大，反之亦然。因此，比例度 δ 和放大倍数 K_p 一样，都是表示比例调节器的控制作用强弱的参数。

4.2.3　比例度对过渡过程的影响

当干扰出现时，调节器的比例度 δ 不同，则过渡过程的变化情况亦不同，比例度对过渡过程的影响如图 4-8 所示。

由图 4-8 可见，比例度越大，即 K_p 越小，过渡过程曲线越平稳，但静差很大。比例度越小，则过渡过程曲线越振荡。比例度过小时，就可能出现发散振荡。当比例度 δ 太大时，即放大倍数 K_p 太小，在干扰产生后，调节器的输出变化很小，调节阀开度改变很小，被控变量的变化很缓慢，比例控制作用太小（图 4-8f）。当比例度偏大时，即 K_p 偏小，在同样的偏差下，调节器输出也较大，调节阀开度改变亦较大，被控变量变化也比较灵敏，开始有些振荡，静差不大（图 4-8d、e）。当比例度偏小，调节阀开度改变过大时，被控变量将出现激烈的振荡（图 4-8c）。当比例度继续减小某一数值时，系统出现等幅振荡，这时的比例度称为临界比例度 δ_K（图 4-8b）。

当比例度小于 δ_K 时，比例控制作用太强，在干扰产生后，被控变量将出现发散振荡（图 4-8a），

这是很危险的。工艺生产通常要求比较平稳而静差又不太大的控制过程（图4-8d），因此，选择合适的比例带 δ，比例控制作用适当，被控变量的最大偏差和静差都不太大，过渡过程稳定且快（一般只有两个波），控制时间短。

比例控制作用虽然及时，控制作用强，但是有余差存在，被控变量不能完全恢复到设定值，调节精度不高。因此，比例控制只能用于干扰较小，滞后较小，而时间常数又不太小的对象。一般情况下比例度的大致范围为：压力对象30% ~ 70%，流量对象40% ~ 100%，液位对象20% ~ 80%，温度对象20% ~ 60%。有时也有例外情况。

4.3　比例积分（PI）控制规律

在实际生产中，对于工艺条件要求较高、不允许存在余差的情况下，比例调节器将不能满足要求。为了克服静差就必须引入积分控制作用，构成比例积分（PI）控制规律。

4.3.1　积分控制规律及其特点

如果调节器的输出变化量 Δp 与输入偏差 e 的积分成比例关系，称为积分控制规律，一般用字母 I 表示。

积分控制规律的数学表示式为

$$\Delta p = K_I \int e \mathrm{d}t \qquad (4\text{-}7)$$

或

$$\frac{\mathrm{d}\Delta p}{\mathrm{d}t} = K_I e \qquad (4\text{-}8)$$

式中　K_I——积分比例系数，也称为积分速度。

积分控制规律的传递函数式为

$$W(s) = \frac{1}{T_I s} \qquad (4\text{-}9)$$

由式（4-9）可以看出，积分控制作用输出信号的大小不仅取决于输入偏差信号的大小，而且还取决于偏差所存在时间的长短。

在偏差信号为阶跃信号时，其输出变化曲线如图4-9所示。从图中可以看出，当积分调节器的输入是阶跃偏差时，输出是一直线，其斜率为 K_I，只要偏差存在，积分调节器的输出将随着时间延长而不断增大（或缩小）。由式（4-8）可以看出，积分调节器输出的变化速度与偏差成正比。因此，积分控制规律的特点是只要偏差存在，

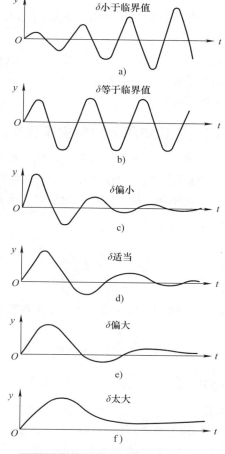

图4-8　比例度对过渡过程的影响

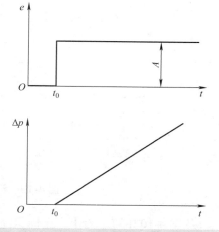

图4-9　阶跃输入时积分控制的动态特性

调节器输出就会变化，调节机构就要动作，系统不可能稳定，直至偏差消除（即 e=0），输出信号才不再继续变化，调节机构才停止动作，系统才可能稳定下来。积分控制作用在最后达到稳定时，偏差必等于零，这是它的一个显著特点，也是它的一个主要优点。

积分控制的积分比例系数 K_I 的大小表示积分作用的强弱，K_I 越大，表示积分作用越强；反之亦然。

积分控制规律能够消除余差，但它的输出变化不能较快地跟随偏差的变化而变化，因而出现迟缓的控制，总是落后于偏差的变化，作用缓慢，波动较大，不易稳定，所以积分控制规律一般不单独使用。

4.3.2 比例积分控制规律及其特点

因为单纯的积分控制作用使过程缓慢，并带来一定程度的振荡，所以积分控制很少单独使用，一般都和比例控制组合在一起，构成比例积分控制规律，用字母 PI 表示。

比例积分控制规律的数学表达式为

$$\Delta p = \frac{1}{\delta}e + K_I \int e \mathrm{d}t \tag{4-10}$$

$$\Delta p = \frac{1}{\delta}(e + \frac{1}{T_I} \int e \mathrm{d}t) \tag{4-11}$$

比例积分控制规律的传递函数式为

$$W(s) = \frac{1}{\delta}\left(1 + \frac{1}{T_I s}\right) \tag{4-12}$$

式中 T_I——积分时间，$T_I = \delta / K_I$。

这里表示 PI 控制作用的参数有两个：比例度 δ 和积分时间 T_I。

比例度不仅影响比例部分，也影响积分部分，使总的输出既具有控制及时、克服偏差有利的特点，又具有能克服余差的性能。当输入偏差呈阶跃变化时，比例积分控制的动态特性如图 4-10 所示。

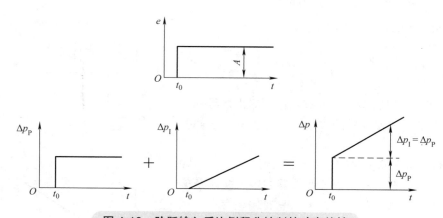

图 4-10　阶跃输入后比例积分控制的动态特性

从图 4-10 中可以看出，比例积分控制的输出是比例和积分两部分之和。Δp 的变化一开始是一个阶跃变化，这是比例作用的结果，然后随时间逐渐上升，这是积分作用的结果。因此，在比例积分控制中，比例作用是及时、快速的，而积分作用是缓慢、渐近的，因而具有控制及时、克服偏差又克服余差的性能。

如果取积分部分的输出等于比例部分的输出，即 $\Delta p_P = \Delta p_I$，则

$$\frac{e}{\delta} = \frac{1}{\delta T_I} \int e \mathrm{d}t$$

因为阶跃输入 e 为常数，所以

$$\frac{e}{\delta} = \frac{1}{\delta T_I} et$$

即

$$T_I = t$$

也就是说，输入一个阶跃偏差信号 e 以后，当调节器的积分作用部分的输出值等于比例作用部分时，所需要的时间就是比例积分调节器的积分时间。因此，可用这种方法来测量比例积分调节器的积分时间。

4.3.3 积分时间对过渡过程的影响

在比例积分调节器中，比例度和积分时间都是可以调整的。

积分时间对过渡过程的影响具有两重性。积分时间 T_I 越小，表示积分速度 K_I 越大，积分特性曲线的斜率越大，即积分作用越强，一方面克服余差的能力增加，这是有利的一面，但另一方面会使过程振荡加剧，稳定性降低。积分时间越短，振荡倾向越强烈，甚至会成为不稳定的发散振荡，这是不利的一面。反之，积分时间 T_I 越大，表示积分作用越弱。若积分时间为无穷大，积分作用很微弱，则表示没有积分作用，就成为纯比例调节器。

在同样的比例度下，积分时间 T_I 对过渡过程的影响如图 4-11 所示。

从图 4-11 可以看出，积分时间过大或过小均不合适。积分时间过大，积分作用太弱，静差消除很慢（图 4-11c）。当 $T_I \to \infty$ 时，成为纯比例调节器，静差将得不到消除（图 4-11d）；积分时间太小，过渡过程振荡太剧烈（图 4-11a）；只有 T_I 适当时，过渡过程能较快地衰减，而且没有静差（图 4-11b）。

因为积分作用会加强振荡，这种振荡对于滞后大的对象更为明显，所以，调节器的积分时间应按控制对象的特性来选择，对于管道压力、流量等滞后不大的对象，T_I 可选小些；温度对象的滞后较大，T_I 可选大些。

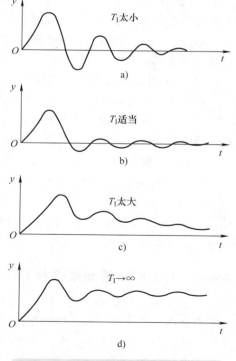

图 4-11 积分时间对过渡过程的影响

4.4 比例微分（PD）控制规律

微分控制作用主要用来克服被控变量的容量滞后。在生产实际中，有经验的人员总是既根据偏差的大小来改变阀门的开度大小（比例作用），同时又根据偏差变化速度大小来进行控制。当看到偏差变化速度很大，就估计到即将出现很大偏差，因而过量地打开（或关闭）调节阀，以克服这个预计的偏差。这种根据偏差变化速度提前采取的行动有"超前"作用，因而能比较有效地改善容量滞后比较大的控制对象的控制质量。

4.4.1 微分控制规律及其特点

如果调节器输出的变化与偏差变化速度成正比例关系，称作微分控制规律，一般用字母 D 表示。

微分控制规律的数学表达式为

$$\Delta p = K_D \frac{de}{dt} \tag{4-13}$$

式中　Δp——调节器输出的变化；

　　　K_D——微分比例系数；

　　　$\dfrac{de}{dt}$——偏差信号变化的速度。

微分控制规律的传递函数式为

$$W(s) = T_D s \tag{4-14}$$

由式（4-13）可知，偏差变化的速度越大，则调节器的输出变化也越大，即微分作用的输出大小与偏差变化的速度成正比。对于一个固定不变的偏差，不管这个偏差有多大，微分作用的输出总是零，这是微分作用的特点。

如果调节器的输入是一阶跃信号，如图 4-12a 所示，按式（4-13），微分调节器的输出如图 4-12b 所示。在输入变化的瞬间，输出趋于无穷大，在此以后，由于输入量不再变化，输出立即降到零。在实际工作中，要实现图 4-12b 所示的控制作用是很难的或不可能的，也没有什么实用价值，这种控制称为理想微分控制作用。图 4-12c 是一种近似的微分作用，在阶跃输入发生时刻，输出 Δp 突然上升到一个较大的有限数值，然后沿指数规律衰减直到零。

4.4.2 比例微分控制规律及其特点

不管是理想的微分作用，还是近似的微分作用，在偏差存在但不变化时，微分作用都没有输出，它对恒定不变的偏差是没有克服能力的，因此，微分调节器不能作为一个单独的调节器使用。实际上，微分控制作用总是与比例作用或比例积分控制作用同时使用，构成比例

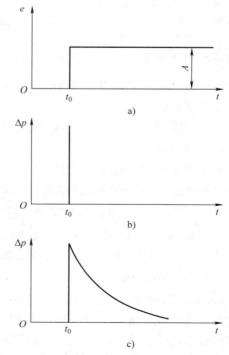

图 4-12　阶跃输入时微分控制的动态特性

微分控制规律或比例积分微分控制规律。

比例微分控制规律用字母 PD 表示，其数学表达式为

$$\Delta p = K_{\text{p}}e + K_{\text{D}}\frac{\text{d}e}{\text{d}t} \tag{4-15}$$

或

$$\Delta p = \frac{1}{\delta}\left(e + T_{\text{D}}\frac{\text{d}e}{\text{d}t}\right) \tag{4-16}$$

式中　T_{D}——微分时间，$T_{\text{D}} = \delta K_{\text{D}}$。

比例微分控制规律的传递函数式为

$$W(s) = \frac{1}{\delta}\left(1 + T_{\text{D}}s\right) \tag{4-17}$$

从式（4-17）可以看出，比例积分控制规律是在比例作用基础上再加上微分作用而成，其输出 Δp 也为 Δp_{P} 和 Δp_{D} 两部分之和。改变比例度 δ 和微分时的 T_{D} 可分别改变比例作用和微分作用的强弱。

实际的比例微分调节器的比例度 δ 固定为 100%。当输入量是一幅值为 A 的阶跃信号时，其输出变化如图 4-13 所示。

Δp 等于比例输出 Δp_{P} 与近似微分输出 Δp_{D} 之和，可表示为

$$\Delta p = \Delta p_{\text{P}} + \Delta p_{\text{D}} = A + A(K_{\text{D}} - 1)\,\text{e}^{-\frac{K_{\text{D}}t}{T_{\text{D}}}} \tag{4-18}$$

式中　Δp——实际微分调节器的输出变化；

　　　A——阶跃输入的信号；

　　　K_{D}——微分放大倍数；

　　　T_{D}——微分时间；

　　　e——常数，e ≈ 2.72。

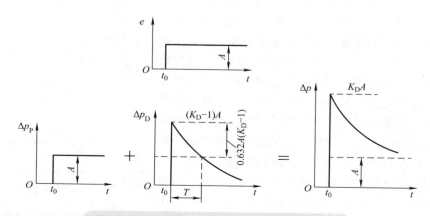

图 4-13　阶跃输入时比例微分控制的动态特性

在式（4-18）中，微分控制作用部分为

$$\Delta p_{\mathrm{D}} = A(K_{\mathrm{D}}-1)\mathrm{e}^{-\frac{K_{\mathrm{D}}t}{T_{\mathrm{D}}}} \tag{4-19}$$

当 $t=0$ 时，微分作用的最大输出为 $A(K_{\mathrm{D}}-1)$。假定 $t=T_{\mathrm{D}}/K_{\mathrm{D}}$ 代入式（4-19），则有

$$\Delta p_{\mathrm{D}} = A(K_{\mathrm{D}}-1)\mathrm{e}^{-1} = 0.368A(K_{\mathrm{D}}-1) \tag{4-20}$$

式（4-20）说明微分调节器受到阶跃输入的作用后，其微分部分输出一开始跳跃一下，其最大输出为 $A(K_{\mathrm{D}}-1)$，然后慢慢下降，经过时间 $t=T_{\mathrm{D}}/K_{\mathrm{D}}$ 后，微分部分的输出下降到微分作用最大输出的 36.8%，这段时间称之为时间常数，用 T 来表示，则微分时间 T_{D} 为时间常数 T 和微分放大倍数的乘积，即 $T_{\mathrm{D}}=K_{\mathrm{D}}T$。

从图 4-13 可以看出，当 $t=T$ 时，整个比例微分调节器的输出为

$$\Delta p = A + 0.368A(K_{\mathrm{D}}-1) \tag{4-21}$$

调节器的微分时间 T_{D} 可以表征微分作用的强弱。当 T_{D} 大时，微分输出部分衰减得慢，说明微分作用强。反之 T_{D} 小，表示微分作用弱。对于一个比例微分调节器，通过改变 T_{D} 的大小可以改变微分作用的强弱。

4.4.3 微分时间对过渡过程的影响

在一定的比例度下，微分时间 T_{D} 的改变对过渡过程的影响如图 4-14 所示。在比例微分控制中，由于微分控制的输出是与被控变量的变化速度成正比，而且总是力图阻止被控变量的任何变化。当被控变量增大时，微分作用就改变调节阀开度去阻止它增大。反之，当被控变量减小时，微分作用就改变调节阀开度阻止它减小。因此微分作用具有抑制振荡的效果，所以在控制系统中，适当地增加微分作用，既可以提高系统的稳定性，又可以减小被控变量的波动幅度，并降低余差，如图 4-14b 中 T_{D} 适当时的曲线。如果微分作用加得过大，控制作用过强，则调节器的输出剧烈变化，不仅不能提高系统的稳定性，反而会引起被控变量大幅度的振荡，如图 4-14a 的曲线。工业上常用调节器的微分时间可在数秒至几分的范围内调整。

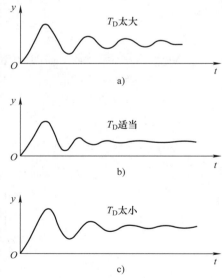

由于微分作用是根据偏差的变化速度来控制的，在扰动作用的瞬间，尽管开始偏差小，但如果它的变化速度较快，则微分调节器就有较大的输出，它的作用较之比例作用还要及时，还要大。对于滞后较大、负荷变化较快的对象，当较大的干扰施加以后，因对象的惯性，偏差在开始一段时间内都是比较小的，如果仅采用比例控制作用，则偏差小，控制作用也小，这样一来，控制作用就不能及时地加大来克服干扰作用的影响。如果加入微分作用，就可在偏差尽管不大但偏差开始剧烈变化的时刻，立即产生一个较大的控制作用，及时抑制偏差的继续增长。所以，

图 4-14 微分时间对过渡过程的影响

微分作用具有一种抓住"苗头"预先控制的作用，这是一种"超前"的作用，因此称为"超前控制"。

一般说来，由于微分控制的"超前"控制作用，它能够改善系统的控制质量。对于一些滞后较大的对象，例如温度对象特别适用。

4.5 比例积分微分（PID）控制规律

比例微分控制过程是存在余差的，为了消除余差，在生产上常引入积分作用，从而有效地提高控制对象的控制质量。

4.5.1 比例积分微分控制规律及其特点

比例（Proportional, P）、积分（Integral, I）、微分（Derivative, D）三种作用的控制，称为比例积分微分控制规律，简称为三作用控制规律，用 PID 表示。

比例积分微分控制规律的数学表达式为

$$\Delta p = \frac{1}{\delta}\left(e + \frac{1}{T_\text{I}}\int e\mathrm{d}t + T_\text{D}\frac{\mathrm{d}e}{\mathrm{d}t}\right) \tag{4-22}$$

比例微分积分控制规律的传递函数式为

$$W(s) = \frac{1}{\delta}\left(1 + \frac{1}{T_\text{I}s} + T_\text{D}s\right) \tag{4-23}$$

由式（4-22）可见，PID 控制作用就是比例、积分、微分三种控制作用的综合。当有一个阶跃干扰输入时，PID 控制的输出动态特性如图 4-15 所示。

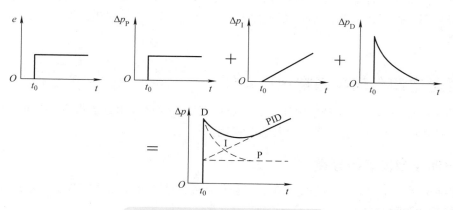

图 4-15　PID 控制的输出动态特性

由图 4-15 可见，三作用调节器在阶跃输入后，开始时，微分作用的输出变化最大，使总输出大幅度地变化，产生一个强烈的"超前"控制作用，这种控制作用可看成是"预调"。然后微分作用逐渐消失，而积分输出不断增加，这种控制作用可看成是"细调"，一直到静差完全消失，积分作用才有可能停止。而在 PID 的输出中，比例作用是自始至终与偏差相对应的，它一直存在，是一种最基本的控制作用。

4.5.2　比例积分微分控制规律的性能

　　在比例积分微分调节器中，有三个可以调整的参数：比例度 δ、积分时间 T_I 和微分时间 T_D。适当选取这三个参数的数值，可以获得良好的控制质量。对于一台实际的比例积分微分调节器，如果把微分时间调到零，就成为一台比例积分调节器；如果把积分时间放到最大，就成为一台比例微分调节器；如果把微分时间调到零，同时把积分时间放到最大，就成为一台纯比例调节器。各种控制作用过渡过程的比较如图 4-16 所示。

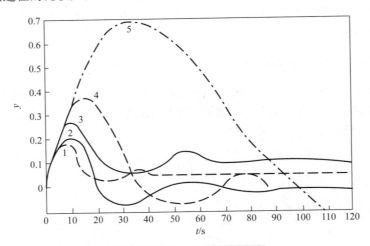

图 4-16　各种控制规律比较

1—比例微分作用　2—比例积分微分作用　3—比例作用　4—比例积分作用　5—积分作用

　　三作用调节器综合了各类调节器的优点，具有较好的控制性能。但这并不意味着任何条件下采用这种调节器都是最合适的。一般来说，在对象滞后较大，负荷变化较快，不允许有余差的情况下，可以采用三作用调节器，如果采用比较简单的调节器已能满足生产要求，那就不必采用三作用调节器。

4.6　暖通空调自动控制常用控制器

　　控制器是暖通空调自动控制中确保热工参数达到要求的检测和控制器件。根据工程需要，一般可使用模拟控制器或数字控制器对过程进行控制。

4.6.1　自动控制仪表的分类

　　自动控制仪表可以从不同的角度分类，下面仅从使用能源种类和结构形式来分类。

1. 按使用能源种类分类

　　（1）电动仪表　电动仪表是以电作为能源及传送信号的仪表，传送距离远，便于与计算机配合，在生产自动化中被广泛应用。电动仪表又分为电气（又称电动机械）式电动仪表和电子式电动仪表两大类。前者不使用电子元器件，依靠传感器从被测介质中取得能量，从而推动电触点或电位器动作。它的结构简单、价格便宜。后一种由电子元器件组成，由于采用放大器等电子器件，不但可提高测量精度，还可以利用反馈电路，对输入信号进行各种控制规律的运算，从而实现多种控制规律，提高控制品质。随着计算机技术的发展，一些电脑型自控仪表应运而生，它可以很好地与计算机网络结合进行高精度、智能化控制，从而进一步提高控制系统的控制品质。

（2）自力式自动控制仪表 这种仪表不需要辅加能源，只是传感器从被控介质中取得能量，就足以推动执行器动作。常见的有浮力调节阀等。它们将传感器、调节器及执行器等组合在一起。其结构简单，不产生火花，使用安全、维修方便，适用于控制精度要求不高的场合。

2. 按结构形式分类

（1）基地式仪表 这种仪表以指示、记录仪表为主体，附加调节装置而组成，即把变送、控制、显示等部分装在一个壳内形成整体。利用一台仪表就能完成一个简单控制系统的测量、记录及控制等全部功能。

（2）单元式组合仪表 这种仪表根据自动检测与控制的要求，将整套仪表划分为能独立实现一定功能的若干单元，单元之间以统一的标准信号联系。由这若干单元经过不同的组合，就可构成多种多样、复杂程度不一的自动检测与控制系统。

（3）组装电子式调节仪表 这种仪表是在单元组合仪表的基础上发展起来的成套仪表装置，它的基本组件是具有不同功能的功能模件。所谓功能模件是指各种典型线路构成的标准电路板，每种电路板具有一种或数种功能，并有同一规格尺寸、输入输出端子、电源和信号制。这种仪表又称功能模件式仪表或插入式仪表。

4.6.2 模拟控制器

模拟控制器有电动和气动之分，电动模拟控制器使用电作为能源，分为电气式和电子式两大类，前者不使用电子元器件，仅利用传感器从被控介质中取得能量，然后推动微动开关之类的电触点动作来控制执行器；后者是利用电子元器件，按模拟电子技术构成的控制器，故而得名。

模拟控制器在暖通空调自动控制系统中，可用于控制温度、湿度和压力压差等参数，使得暖通空调自动控制系统运行过程中，各项参数能够控制在一定的正常范围，保证系统良好运行。

1. 自力式温度控制器

在暖通空调自动控制中，自力式温度控制器常用于采暖散热器上，它集传感器、调节器与调节阀为一体进行控制，也称恒温控制阀。它安装在每台散热器的进水管上，可以进行室温设定控制，图4-17为其原理图。传感器2为一弹性元件体，其内充有少量液体。当室温上升时，部分液体蒸发变成蒸气，它产生向下的形变力，通过传动机构，克服弹簧3的弹力使阀芯向下运动，关小阀门，减少流入散热器的水量。当室温降低时，其作用相反，部分蒸气凝结为液体，传感器向下的压力降低，弹簧力使阀芯向上运动，使阀门开大，增加流经散热器的水量，恢复室温。如此，当室内因某种原因（如阳光照射，室内热源——炊事、照明、电器及居民等散热）而使室温升高时，恒温控制阀及时减少流经散热器的水量，不仅增加室内舒适感，又可节能。

调节旋钮1旋动时，通过机械装置改变弹簧3的预紧力，进而改变调节器的温度给定值，给定值在调节器外壳上有指示。

恒温控制阀按其工作原理属于自力式比例控制器，即

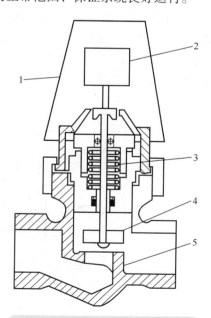

图4-17 采暖散热器恒温控制阀

1—调节旋钮（给定值） 2—传感器
3—弹簧 4—阀芯 5—阀座

根据室温与给定值之差，比例地、平衡地打开或关闭阀门。阀门从全开到全关位置时，室温变化范围称为恒温控制阀比例范围。通常比例范围为 0.5~2.0℃。

实际工程使用表明，如果采暖安装了散热器恒温控制阀，则可节能 20%~30%。

2. 电气式模拟控制器

（1）电气式温度控制器　图 4-18 为压力感温式温度控制器结构，它主要由波纹管、感温毛细管、杠杆、调节螺钉以及与旋钮相连的凸轮等组成。在感温包内和波纹管内均充有感温介质（如氟利昂），将感温包放在空调器的回风口。当室内温度变化时，感温包内感温介质的压力也随之变化，通过连接的毛细管使波纹管内压力也发生变化，其力作用于调节弹簧上，使与温控器相连的电磁开关接通或断开，而弹簧的弹力是由控制板上的旋钮控制的。这种控制器可以用于房间

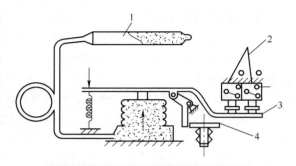

图 4-18　压力感温式温度控制器结构

1—感温包　2—微动开关　3—杠杆　4—偏心轮

温度的控制，当室内温度升高时，感温包内的感温介质发生膨胀，波纹管伸长，通过机械杆传动机构将开关触点接通，压缩机起动运转而制冷。当室温下降至调定温度时，感温介质收缩，波纹管收缩并与弹簧一起动作，将开关置于断开位置，使电源切断，空调器停机。

（2）电气式压力控制器　如图 4-19 所示，波纹管 5 承受被控介质的压力，其上产生的力作用在杠杆 4 的右端，杠杆左端承受给定弹簧 1 的反力。当被控压力小于给定压力时，杠杆 4 绕支点 6 顺时针偏转，使微动开关 3 中的常开触点闭合；当被控压力大于给定压力时，杠杆 4 绕支点 6 逆时针偏转，微动开关 3 中的常开触点断开。制冷压缩机高、低压压力保护使用这种结构形式的压力控制器。

图 4-20 是风机盘管温控器，其传感器是由弹性材料制成的感温膜盒，其内充有气、液混合物质。它置于被测介质中感受温度变化，并从介质中取得能量，使膜盒内物质压力发生变化，膜盒产生形变。当温度上升时，膜盒产生的形变力克服微动开关的反力，可使微动开关接点动作。其控制规律为双位控制。通过"给定刻度盘"调整膜盒的预紧力来调整给定温度值。

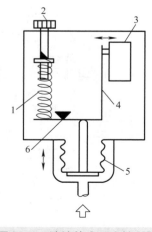

图 4-19　波纹管式压力控制器

1—给定弹簧　2—给定按钮　3—微动开关

4—杠杆　5—波纹管　6—支点

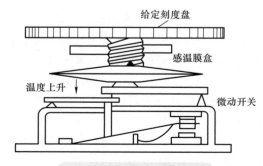

图 4-20　风机盘管温控器

3. 电子式模拟控制器

电子式模拟控制器是由电子元器件、电子放大器等组成的。电子式模拟控制器不但测量精度高，还因采用了电子反馈放大器，可以对输入信号进行多种运算，因而可实现多种控制规律，提高控制系统的控制品质。

电子式模拟控制器按接入的输入参数的数量可分单参数式控制器和多参数式控制器。单参数式控制器只需通过传感器（或变送器）给控制器输入一个信号；多参数式控制器则需要通过多个传感器（或变送器）给控制器输入多个信号，如补偿式控制器、串级控制器等。按照控制器输出信号的形式可分为断续输出的电子式控制器和连续输出的电子式控制器两类。

（1）断续输出的电子式控制器　断续输出的电子式模拟控制器有两位式电子模拟控制器、三位式电子模拟控制器、位式输出的补偿式控制器。

1）两位式电子模拟控制器。两位式电子模拟控制器一般由测量电路、给定电路、放大电路和开关电路等部分组成。两位式电子模拟控制器原理框图如图 4-21 所示。

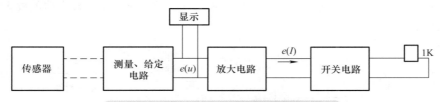

图 4-21　两位式电子模拟控制器原理框图

2）三位式电子模拟控制器。三位式电子模拟控制器也是由测量电路、给定电路、放大电路和开关电路等部分组成，如图 4-22 所示。三位式电子模拟控制器输出有三种状态（1，0，−1），如图 4-23 所示，三种状态分别对应 1K 继电器工作、2K 继电器不工作，1K、2K 继电器都不工作，1K 继电器不工作、2K 继电器工作。每组继电器都有 2ε 范围宽的呆滞区，$2\varepsilon_0$ 范围为三位控制器的不灵敏区或中间区。

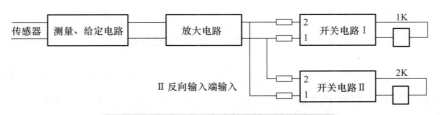

图 4-22　三位式电子模拟控制器原理框图

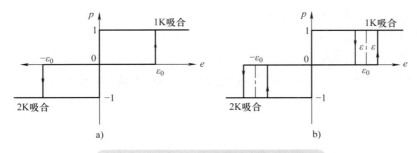

图 4-23　三位式电子模拟控制器特性图

a）理想特性　b）实际特性

3）位式输出的补偿式控制器。空调系统中应用的补偿调节，实际上就是一种前馈调节，它是按照干扰作用的大小进行调节的。当干扰出现后，控制器就按照扰动量来进行调节，以补偿干扰对被控参数的影响。

一般使用的断续输出的三位 PI 补偿式控制器，其夏季、冬季两种工况的补偿情况是不一样的。在夏季工况，室温给定值能自动地随着室外温度的上升按一定比例关系而上升。这样，既可以节省能量，又可以消除由于室内外温差大所产生的冷热冲击，从而提高舒适感。在冬季工况，当室外温度较低时，为了补偿建筑物冷辐射对人体的影响，室温给定值将自动随着室外温度的降低而适当提高。由于这种控制器的给定值能随室外温度而改变，故称为室外温度补偿式控制器。位式输出的补偿式控制器原理如图 4-24 所示。它主要由变送单元、补偿单元、PI 运算单元、输出单元和给定单元等五部分组成，属于三位 PI 补偿式控制器。室外温度传感器经输入电桥将电阻信号变为电压信号，再经放大器变换为标准电压信号 DC 0～10V。此信号除参加补偿运算外，既可供显示、记录仪使用，也可供其他需要室外温度信号的仪表使用。补偿单元接收室外温度变送器 2 的 DC 0～10V 信号与补偿起始点给定信号的差值信号，改变补偿单元放大器的放大倍数，以获得所希望的补偿度。

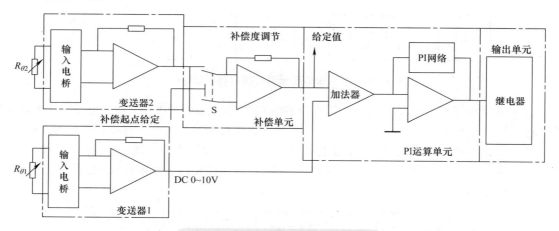

图 4-24　位式输出的补偿式控制器

冬、夏季补偿特性如图 4-25 所示。由图可见，在夏季，当室外温度每高于夏季补偿起点 θ_{2A}（20～25℃可调）时，室温给定值 θ_1 将随室外温度 θ_2 的上升而增高，直到补偿极限 θ_{1max}，即

$$\theta_1 = \theta_{1G} + K_s \Delta \theta_2 \tag{4-24}$$

式中　θ_{1G}——室温初始给定值（基准值）（℃）；

K_s——夏季补偿度（%）；

$\Delta \theta_2$——室外温度变化值（℃），$\Delta \theta_2 = \theta_2 - \theta_{2A}$。

在冬季，当室外温度低于冬季补偿起点 θ_{2C} 时，其补偿作用和夏季相反，室温给定值将随室外温度的降低而增高，即

$$\theta_1 = \theta_{1G} + K_w \Delta \theta_2 \tag{4-25}$$

式中　$\Delta \theta_2$——室外温度变化值（℃），$\Delta \theta_2 = \theta_2 - \theta_{2C}$；

K_w——冬季补偿度（%）。

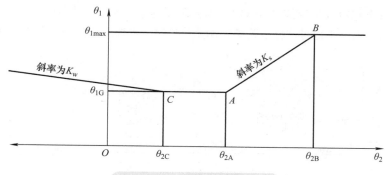

图 4-25　室外温度补偿特性

在过渡季节，即当室外温度在 $\theta_{2C} \sim \theta_{2A}$ 之间时，补偿单元输出为零，室温给定值保持不变。

冬、夏季的补偿度在控制器上可调，冬夏补偿的切换由补偿单元的输入特性转换开关 S 来完成。主控信号 $R_{\theta 1}$ 经变送单元转换为 DC 0 ~ 10V 信号，进入 PI 运算单元加法器的一端；给定信号与补偿信号叠加后进入加法器的另一端。加法器的输出为控制器的输入的偏差信号，此信号经 PI 运算单元运算后，再经功率放大器放大，最后驱动继电器。继电器的吸合、释放时间与偏差值的大小及 PI 参数有关。

（2）连续输出的电子式控制器　连续输出的电子式控制器有比例（P）、比例积分（PI）、比例积分微分（PID）等控制规律，输出信号为 DC 0 ~ 10mA、DC 4 ~ 20mA、DC 0 ~ 10V 等。

1）连续输出的电子式控制器的组成。连续输出的电子式控制器一般由测量变送电路、放大电路、PID 调节电路、反馈电路等部分组成。其框图如图 4-26 所示，测量变送电路将传感器来的热工参数转变为电量，与给定值进行比较发出偏差信号，偏差信号加在 PID 运算放大器的输入端，PID 运算放大器实现 PID 控制规律的运算。

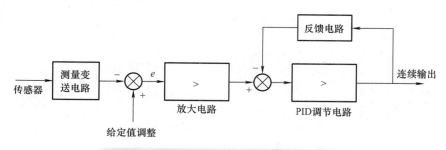

图 4-26　连续输出的电子式控制器组成框图

2）连续输出的补偿式控制器。连续输出的补偿式控制器的结构与图 4-24 所示位式输出的补偿式控制器相似，但其区别在于输出是连续信号。

3）连续输出的串级控制器。连续输出的串级控制器如图 4-27 所示，它是由主变送器、主调节器、副变送器、副调节器、最小信号选择与输出电路组成的。主调节器的输出作为副调节器的给定值信号，而副调节器的输出则控制执行器。作为空调专用仪表，有的控制器还有高、低值限值和最小信号选择功能。

其中主调节器为比例控制规律，其 DC 0 ~ 10V 输出进入高、低值限值电路，与给定的低限值比较决定送风温度的最小值；与高限值比较限制送风温度的最高值。高、低值限值电路的输出作为副调节器的给定信号，副调节器是比例积分控制规律。副调节器的输出进行最小信号选择电路，当在最小信号选择电路输入端有信号输入时，本控制器的输出为副调节器的输出与最小信号输入的信号两者中最小值。当最小信号选择电路输入端无信号时，本控制器的输出即为副调节器的输出。

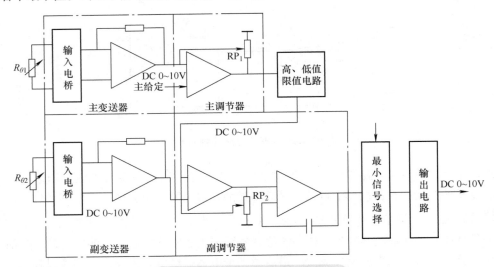

图 4-27   连续输出的串级控制器

4）焓值控制器。焓值控制器是空调节能专用仪表，是多参数输入仪表。图 4-28 为焓值控制器原理示意图，它有 4 个输入信号：室内温度与湿度、室外温度与湿度。利用温度、湿度计算出焓值，进行室内外焓值的比较，进行比例运算后与选择信号进行比较，然后输出 DC 0～10V 焓值比较信号。

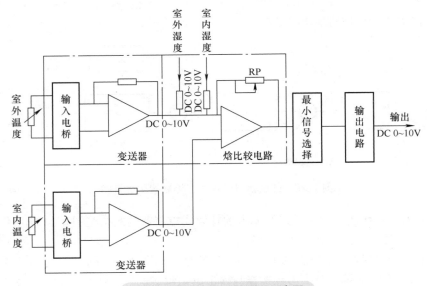

图 4-28   焓值控制器原理示意图

4.6.3   数字控制器

由于数字技术的发展以及对数据显示和数据管理的需要，在仪表内已加入了由单片机构成的智能化单元，控制器在程序操作下工作，故这种仪表称为软件控制器。软件控制器不仅能完成控制功能，还能在仪表盘上进行数字显示，通过标准接口、网络连接器与中央站计算机通信，实现系统集中监控，从而更好地满足楼宇智能控制的要求。

1. 直接数字控制器（DDC）

DDC 系统是用一台计算机取代模拟控制器，对生产过程中多种被控参数进行巡回检测，并按预先选用的控制规律（PID、前馈等），通过输出通道，直接作用在执行器上，以实现对生产过程的闭环控制。它作为一个独立的数字控制器，安装在被控生产过程设备的附近，能够完成对不同规模的生产过程的现场控制。

直接数字控制器是一种多回路的数字控制器，它以微处理器为核心，加上过程输入、输出通道组成。

直接数字控制器通过多路采样器按顺序对多路被控参数进行采样，然后经过模/数（A/D）转换后输入微处理器，微处理器按预先选用的控制算法，分别对每一路检测参数进行比较、分析和计算，最后将处理结果经过数/模（D/A）转换器等输出按顺序送到相应被控执行器，实现对各种生产过程的被控参数自动控制，使之处于给定值附近波动。

1）DDC 系统具有如下的特点：

① 计算机运算速度快，能分时处理多个生产过程（被控参数），代替几十台模拟控制器，实现多个单回路的 PID 控制。

② 计算机运算能力强，可以实现各种比较复杂的控制规律，如串级、前馈、选择性、解耦控制及大滞后补偿控制等。

2）DDC 系统由被控对象（生产过程）、检测变送器、执行器和工业计算机组成，图 4-29 是 DDC 系统的组成框图。

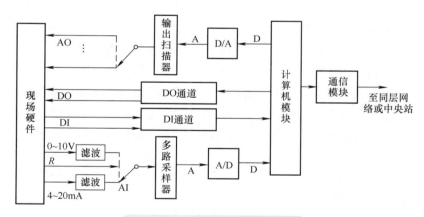

图 4-29 DDC 系统的组成框图

其控制过程如下：

① 输入通道 A/D：把传感器或变送器送来的反映被控参数的模拟量（电阻、电流、电压信号），转换为数字信号送往计算机。为了避免现场输入线路电磁干扰和变送器交流噪声，用滤波网络对各输入信号分别滤波（图 4-29）。

② 多路采样器：在时序控制器作用下，以一定的速度按顺序把输入信号送入放大器，然后选择送到 A/D 转换器，变成数字信号送入计算机。

③ 输出通道 D/A：把经过计算机计算输出的数字信号转换成能控制执行器动作的模拟量输出（AO）信号或数字量输出（DO）信号。

④ 显示报警：是直接数字控制器系统很容易实现的一个重要功能，它能对生产过程的工况进行监控，以供操作人员监视。

2. 计算机控制系统的基本控制算法

（1）PID 控制算法　按照偏差信号的比例（P）、积分（I）和微分（D）进行控制的 PID 算法，以其形式简单、参数易于整定、便于操作而成为目前控制工程领域应用最为广泛、经验丰富、技术成熟的基本控制算法。特别是在工业过程控制中，由于控制对象的精确数学模型难以建立，系统的参数经常发生变化，运用控制理论分析综合要耗费很大代价，却不能得到预期的效果，所以人们往往采用 PID 调节器，根据经验进行在线整定，以便得到满意的控制效果。随着计算机特别是微机技术的发展，PID 控制算法已能用微机简单实现。由于软件系统的灵活性，PID 算法可以得到修正而更加完善。

在模拟控制系统中，PID 控制算法的表达式为

$$u(t) = K_P \left[e(t) + \frac{1}{T_I} \int_0^t e(t) \mathrm{d}t + T_D \frac{\mathrm{d}e(t)}{\mathrm{d}t} \right] \qquad (4\text{-}26)$$

式中　$u(t)$——调节器的输出信号；

　　　$e(t)$——调节器的输入偏差信号，$e(t) = r(t) - z(t)$；

　　　K_P——调节器的比例增益；

　　　T_I——调节器的积分时间常数；

　　　T_D——调节器的微分时间常数；

$r(t)$、$z(t)$——调节器的给定值、测量值。

比例作用实际上是一种线性放大（或缩小）作用。偏差一旦产生，调节器随即产生控制作用，以减小偏差，但不能完全消除稳态误差。比例作用的强弱取决于 K_P，但 K_P 过大，会引起系统的不稳定。积分环节主要用于消除静差，只要系统存在误差，积分控制作用就不断地积累，从而实现无差控制。积分作用的强弱取决于 T_I，T_I 越大，积分作用越弱，反之则越强。微分控制能对误差进行微分，敏感出误差的变化趋势，适当增大微分作用可加快系统的响应，减小超调量和调节时间。微分作用的强弱由 T_D 决定，T_D 越大，微分作用越强，反之则越弱。模拟 PID 控制系统原理图如图 4-30 所示。

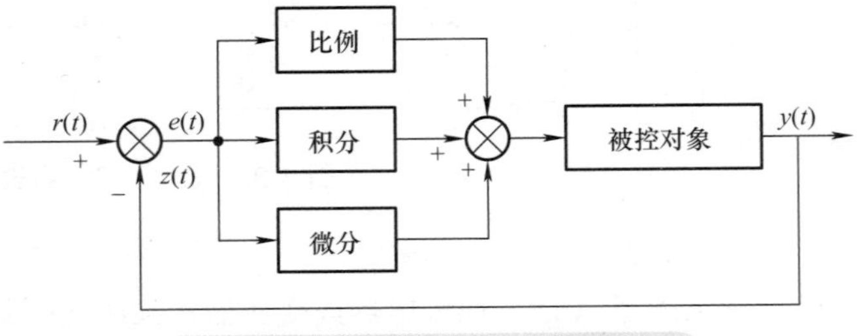

由于计算机是采样控制，它只能根据采样时刻点的偏差值来计算控制量，因此在计算机控制系统中，必须对式（4-26）进行离散化处理。现以采样时刻点 kT（$k = 0，1，2，\cdots，n$）代替连续时间 t，以和式代替积分，以增量代替微分，则可做如下近似变换：

图 4-30　模拟 PID 控制系统原理图

$$\begin{cases} t = kT, k = 0,1,2,\cdots,n \\ \int_0^t e(t)\mathrm{d}t \approx T\sum_{k=0}^n e(kT) = T\sum_{k=0}^n e(k) \\ \frac{\mathrm{d}e(t)}{\mathrm{d}t} \approx \frac{e(kT) - e[(k-1)T]}{\Delta t} = \frac{e(k) - e(k-1)}{T} \end{cases} \qquad (4\text{-}27)$$

将式（4-27）代入式（4-26），则可得离散的 PID 表达式为

$$u(k) = K_P \left[e(k) + \frac{T}{T_I} \sum_{k=0}^{n} e(k) + T_D \frac{e(k) - e(k-1)}{T} \right] \qquad (4-28)$$

式中　T——采样周期，必须使 T 足够小，满足香农采样定理的要求，方能保证系统有一定的精度；

　　　k——采样序号，$k = 0, 1, 2, \cdots, n$；

　　$e(k)$——第 k 次采样时刻输入的偏差值，$e(k) = r(k) - y(k)$；

$e(k-1)$——第 $k-1$ 次采样时刻输入的偏差值，$e(k-1) = r(k-1) - y(k-1)$；

　　$u(k)$——第 k 次采样时刻的计算机输出值。

因为式（4-28）的输出值 $u(k)$ 与调节阀门的开度位置一一对应，所以将该式通常称为位置型 PID 控制算式。位置型 PID 控制系统原理图如图 4-31 所示。

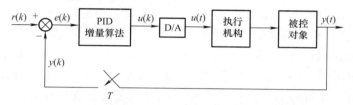

图 4-31　位置型 PID 控制系统原理图

位置型 PID 控制算法在计算 $u(k)$ 时，不但需要 $e(k)$ 和 $e(k-1)$，而且还需对历次的 $e(k)$ 进行累加。这样，计算机工作量大，并且为保存 $e(k)$ 需要占用许多的内存单元；同时，计算机输出的 $u(k)$ 对应的是执行器的实际位置，若计算机突发故障，导致 $u(k)$ 的大幅度变化，会相应地引起执行器位置的大幅度变化，易造成严重的生产事故，这种情况是生产工艺不允许的。因此，产生了增量型 PID 控制算法 $\Delta u(k)$。

基于递推原理，由式（4-28）可得

$$u(k-1) = K_P \left[e(k-1) + \frac{T}{T_I} \sum_{k=0}^{n-1} e(k) + T_D \frac{e(k-1) - e(k-2)}{T} \right] \qquad (4-29)$$

用式（4-28）减去式（4-29），可得

$$\begin{aligned} \Delta u(k) &= K_P [e(k) - e(k-1)] + K_I e(k) + K_D [e(k) - 2e(k-1) + e(k-2)] \\ &= Ae(k) + Be(k-1) + Ce(k-2) \end{aligned} \qquad (4-30)$$

式中　K_I——积分系数，$K_I = K_P T / T_I$；

　　　K_D——微分系数，$K_D = K_P T_D / T$；

A、B、C——控制参数，$A = K_P + K_I + K_D$，$B = -(K_P + 2K_D)$，$C = K_D$。

式（4-30）称为增量型 PID 控制算式，增量型 PID 控制系统原理如图 4-32 所示。

就整个系统而言，位置型与增量型 PID 控制算法并无本质区别。在控制系统中，若执行机构需要的是控制量的全量输出，则控制量 $u(k)$ 对应阀门的开度表征了阀位的大小，此时需采用位置型 PID 控制算法；若执行机构需要的是控制量的增量输出，则 $\Delta u(k)$ 对应阀门开度的增加或减少表征了阀位大小的变化，此时应采用增量型 PID 控制算法。

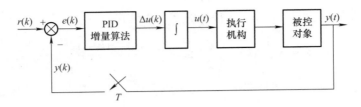

图 4-32 增量型 PID 控制系统原理图

在位置型控制算法中，由于全量输出，所以每次输出均与原来位置量有关。为此，不仅需要对 $e(k)$ 进行累加，而且微机的任何故障都会引起 $u(k)$ 大幅度变化，对生产不利。

增量型 PID 控制算法与位置型 PID 控制算法相比，具有以下优点：

1）增量型 PID 控制算法的输出 $\Delta u(k)$ 仅取决于最近 3 次的 $e(k)$、$e(k-1)$ 和 $e(k-2)$ 的采样值，计算较为简便，所需的内存容量不大。

2）由于微机输出增量，所以误动作影响较小，必要时可用逻辑判断的方法去掉。

3）在手动 / 自动无扰动切换中，增量型 PID 控制算法要优于位置型 PID 控制算法。增量型 PID 控制算法的输出 $\Delta u(k)$ 对应阀位大小的变化量，而与阀门原来的位置无关，易于实现手动 / 自动的无扰动切换。而在位置型 PID 控制算法中，要做到手动 / 自动的无扰动切换，必须预先使得计算机的输出值 $\Delta u(k) = u(k-1)$，再进行手动 / 自动的切换才是无扰动的，这给程序的设计和实际应用带来困难。

4）不产生积分失控，所以能容易获得较好的调节效果，一旦计算机发生故障，则停止输出 $\Delta u(k)$，阀位大小保持发生故障前的状态，对生产过程无影响。

但是，增量型 PID 控制算法亦有缺点，如积分截断效应大、有静态误差等。图 4-33 给出了增量型 PID 控制算法的程序流程图。

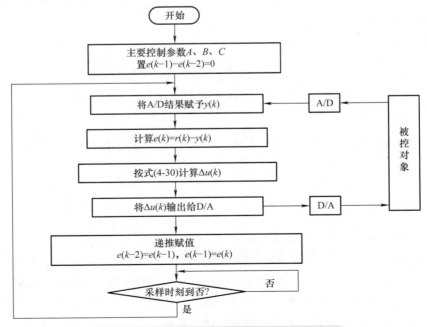

图 4-33 增量型 PID 控制算法的程序流程图

（2）改进型 PID 控制算法　在计算机控制系统中，如果单纯用数字 PID 调节器去模仿模拟调节器，不会获得更好的效果。因此必须发挥计算机运算速度快、逻辑判断功能强、编程灵活等优势，诸如一些在模拟 PID 调节器中无法解决的问题，借助计算机使用数字 PID 控制算法，就可得到解决。在此对 PID 控制算法的改进给出简单介绍。

1）积分项的改进有如下方法：

① 分离的 PID 控制算法。在 PID 控制中，积分的作用是为了消除残差，提高控制性能指标。但在过程的启动、结束或大幅度增减设定值时，此时系统有较大的偏差，会造成 PID 运算的积分积累，使得系统输出的控制量超过执行机构产生最大动作所对应的极限控制量，最终导致系统较大的超调、长时间波动，甚至引起系统的振荡。

因此，采用积分分离的措施，当偏差较大时，取消积分作用；当偏差较小时，才将积分作用投入。

② 变速积分的 PID 控制算法。一般的 PID 控制中，积分系数 K_I 是常数，所以，在整个控制过程中，积分增量保持不变。而系统对积分项的要求则是，偏差大时，积分作用减弱；偏差小时，积分作用增强。否则，会因为积分系数 K_I 的数值取大了，导致系统产生超调，甚至积分饱和；反之，积分系数 K_I 的数值取小了，造成系统消除残差过程的延长。

变速积分的 PID 较好地解决此问题，它的基本思想是设法改变积分项的累加速度（即积分系数 K_I 的大小），使其与偏差的大小对应。偏差越大，积分越慢；反之，偏差越小，积分越快。

2）微分项的改进方法如下：

① 微分先行的 PID 控制算法。为了避免给定值的改变，给系统带来的影响（如超调量过大、系统振荡等）。可采用微分先行的 PID 控制技术。它只对被控变量 $y(t)$ 进行微分，而不对偏差微分，即对给定值无微分作用，消除了给定值频繁升降给系统造成的冲击。

② 不完全微分 PID 控制算法。普通的 PID 控制算式，对具有高频扰动的生产过程，微分作用响应过于灵敏，容易引起控制过程振荡，降低调节品质。尤其是计算机对每个控制回路的输出时间是短暂的，而驱动执行器动作又需要一定时间，如果输出较大，在短暂时间内执行器达不到应有的相应开度，会使输出失真。为了克服这一缺点，同时又要微分作用有效，可以在 PID 控制输出串入一阶惯性环节，这就组成了不完全微分 PID 调节器。

PID 算法是 DDC 的基本算法，除上述介绍的这些算法外，还有一些改进型 PID 控制算法，如抗积分饱和 PID、带死区 PID 等。PID 算法对于实现智能建筑暖通空调系统这类固有的非线性、时变性系统的有效控制，具有积极的意义。

3. 可编程序控制器

（1）概述　PLC（Programmable Logic Controller）是可编程序逻辑控制器的简称，于 20 世纪 60 年代末在美国首先出现，目的是取代继电器，执行逻辑、计时、计数等顺序控制功能，建立柔性程序控制系统。

20 世纪 70 年代初，美国汽车制造工业为了适应生产工艺不断更新的需要，首先采用了 PLC 代替硬接线的逻辑控制电路，实现了生产的自动控制。由于 PLC 的灵活性和可扩展性，因此也被其他行业采用。随着微电子技术和计算机技术的发展，20 世纪 70 年代中期出现了微处理器，20 世纪 70 年代后期微处理器被应用到 PLC 中，使 PLC 更多地具有计算机的功能，而且做到小型化和超小型化，这种采用了微计算机技术的 PLC 就正式改名为 PC（Programmable Controller），即可编程序控制器。随着 PC 的不断发展与完善，1976 年美国电气制造商协会（NEMA）正式命名，

Programmable Controller 简称为 PC。但由于 PC 与个人计算机（Personal Computer）的缩写重复，为了加以区别，现在仍多用 PLC 来代表可编程序控制器。

1982 年国际电工委员会（IEC）在颁布可编程序控制器（PLC）标准草案中所做定义是："可编程序控制器是一种专为在工业环境下应用而设计的数字运算操作的电子系统。它采用一种可编程序的存储器，在其内部存储执行逻辑计算、顺序控制、定时、计数和算术运算等操作指令，通过数字式或模拟式的输入输出来控制各种类型的机械设备或生产过程。"可编程序控制器及其有关设备的设计原则是它应易于与工业控制系统联成一个整体和具有扩充功能。

由于 PLC 体积小、功能强、速度快、可靠性高，又具有较大的灵活性和可扩展性，因此很快被应用到机械制造、冶金、化工、交通、电子、纺织、石油等工业领域。

目前，PLC 技术在我国已被很多行业采用，很多工厂在生产线上都先后引入了 PLC，取得了很好的效益。可见，今后 PLC 技术在我国应用会越来越广泛。

（2）可编程序控制器的构成　PLC 采用典型的计算机结构，由中央处理单元、存储器、输入输出接口电路和其他一些电路组成。图 4-34 为其示意图，图 4-35 为其逻辑结构示意图。

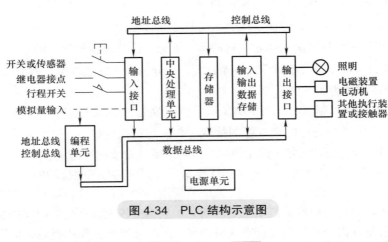

图 4-34　PLC 结构示意图

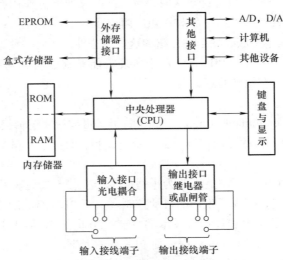

图 4-35　PLC 逻辑结构示意图

1）中央处理器（CPU）。CPU 是 PLC 的核心部件，它控制所有其他部件的操作。CPU 一般由控制器、运算器和寄存器组成。这些电路一般都在一个集成电路的芯片上。CPU 通过地址总线、数据总线和控制总线与存储单元、输入输出（I/O）接口电路连接。

2）存储器。存储器是具有记忆功能的半导体电路，用来存放系统程序、用户程序、逻辑变量和其他一些信息。所谓系统程序，是指控制和完成 PLC 各种功能的程序。这些程序是由 PLC 的制造厂家用微计算机的指令系统编写的，并固化到只读存储器（ROM）中。所谓用户程序，是指使用者根据工程现场的生产过程和工艺要求编写的控制程序。用户程序由使用者通过编程器输入到 PLC 的随机存储器（RAM），允许修改，由用户启动运行。

3）输入接口电路。输入接口电路是 PLC 与控制现场接口界面的通道。输入信号可以是按钮、选择开关、行程开关、限位开关以及其他一些传感器输出的开关量或模拟量（要通过 A/D 转换进入机内）。这些信号通过"输入接口电路"送到 PLC。输入接口电路一般由光电耦合电路和微计算机的输入接口电路组成。

4）输出接口电路。PLC 通过输出接口电路向现场的执行部件输出相应的控制信号。现场的执行部件包括电磁阀、继电器、接触器、指示灯、电热器、电气变换器、电动机等。输出接口电路一般由微计算机输出接口电路和功率放大电路组成。

5）键盘与显示器。

① 键盘：键盘是供操作人员进行各种操作的，一般包括：工作方式的选择开关、命令键、指令键和数字键等。

② 显示器：能将 PLC 某些状态显示出来，通知操作人员，例如程控的故障、RAM 后援电池失效、用户程序语法错误等；还能显示编程信息、操作执行结果以及输入信号和输出信号的状态等。

6）外存储器接口电路。外存储器接口电路是 PLC 与 EPROM（可擦可编程只读存储器）、盒式录音机等外存设备的接口电路。

7）其他接口电路。有些 PLC 还配置了其他一些接口，如 A/D 转换、D/A 转换、远程通信接口、与计算机相连的接口以及与 CRT（阴极射线显像管）、打印机的接口等，使 PLC 适应更复杂的控制要求。

8）PLC 的输入与输出信号。PLC 对输入信号进行处理，产生输出信号，对系统进行控制，以达到自动控制目的。

PLC 的输入输出信号的分类：以信号的种类分，有数字信号和模拟信号；以电气的性能分，有交流信号和直流信号。不同的 PLC 有各种各样的输入输出信号模式。

9）传感器与 PLC 的接口。传感器作为过程控制中的信息提取装置，它把信号输给 PLC 后，通过运算、处理、记忆等再输出给执行装置，控制工作过程达到预定的要求，完成自动控制的使命。传感器是当今自动控制的一大关键，是重点也是难点。传感器检测出过程中的参数，大多信号电平较低，不容易抗噪声干扰，与周围噪声信号也不容易隔离，所以与 PLC 接口就要认真处理。

（3）现场控制单元的软件结构　现场单元的软件多数采用模块化结构设计，并且一般不用操作系统（很少用磁盘操作系统）。软件一般分为执行码部分和数据部分。执行代码部分固化在 EPROM 中，数据部分保留在 RAM 中，系统复位或开机时，数据初始值从网络上装入。

现场控制单元的执行代码包含周期执行部分和随机执行部分。周期执行部分完成数据采集与转换、越限检查、控制运算、网络数据通信及系统状态检测等的处理。周期执行部分一般由时钟定时激活、系统故障信号处理（如电源掉电等）、事件顺序信号处理、实时网络数据的收发等用硬件中断激活，可得到随机处理。

典型的现场控制单元的软件结构如图 4-36 所示。现场控制单元的软件一般都采用通用形式，即适用于不同的被控对象，代码部分与对象无关，不同的应用对象只影响存在 RAM 中的数据。控制回路的执行代码亦与具体的控制对象无关，执行过程只取决于存在 RAM 中的回路信息。RAM 中的数据在系统运行过程中不断地刷新，其内容反映了现场控制单元所控制的对象的运行状况。实时数据库是整个现场控制单元软件系统的中心环节，数据是共享的。各通道采集来的数据以及网络上传给现场控制单元的数据均存在实时数据库中，中间结果也存在实时数据库中。

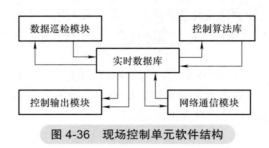

图 4-36 现场控制单元软件结构

第5章

执行器及其特性

执行器是构成自动控制系统不可缺少的重要部分。它在自动控制系统中接收来自调节器的控制信号，转换成角位移或直线位移输出，并通过调节机构改变流入（或流出）被控对象的物质量（或能量），达到控制温度、压力、流量、液位、空气湿度等工艺参数的目的。因而人们形象地称之为实现生产过程自动化的"手脚"。

执行器由执行机构和调节机构两部分所组成。执行机构是执行器的推动部分，它按照调节器所给信号的大小，产生推力或位移；调节机构是执行器的调节部分，最常见的是调节阀，它接受执行机构的操纵，改变阀芯与阀座间的流通面积，控制工艺介质的流量（或能量）。

按照采用动力能源形式的不同，执行器可分三大类：电动执行器、气动执行器与液动执行器。目前在生产过程的自动控制系统中，用得最为普遍的是电动执行器与气动执行器两种。电动执行器的输入信号有连续信号和断续信号两种，连续信号有 DC 0 ~ 10mA 和 DC 4 ~ 20mA 两种范围，断续信号指开关信号。气动执行器的输入信号为 20 ~ 100kPa。电动调节器通过电-气转换器或电-气阀门定位器可与气动执行器连接，从而达到电动仪表与气动调节阀连用的目的，构成电气复合控制系统。

5.1 电动执行器及其特性

在暖通空调自动控制系统中，控制器的输出有两种，即开关量输出和模拟量输出。所谓开关量输出（控制）就是控制设备"开"或"关"状态的时间来达到控制目的。而模拟量控制则是输出连续的模拟信号，如 4 ~ 20mA 的直流电流信号，控制调节机构连续动作来达到控制目的。如电磁阀就是由开关量输出来控制，电动调节阀则是由模拟输出来控制。

5.1.1 开关量输出的执行器

1. 光电隔离

由于输出设备通常需大电压（或电流）来控制，而现场控制器输出的开关量大都为 TTL（或 CMOS）电平，这种电平一般不能直接用来驱动外部设备（简称外设）开启或关闭。另一方面，许多外设，如大功率直流电动机、接触器等在开关过程中会产生很强的电磁干扰信号，若不加隔离，可能会使现场控制器造成误动作或损坏。因此，这是开关量输出控制中必须认真考虑并设法解决的问题。首先介绍开关量接口问题。

在开关量控制中，最常用的器件是光电隔离器。光电隔离器的种类繁多，常用的有发光二极管 / 光电晶体管、发光二极管 / 光敏复合晶体管、发光二极管 / 光敏电阻以及发光二极管 / 光触发晶闸管等，其原理电路如图 5-1 所示。

在图 5-1 中，光电隔离器由 GaAs 红外发光二极管和光电晶体管组成。当发光二极管有正向电流通过时，即产生人眼看不见的红外光，其光谱范围为 700 ~ 1000nm。光电晶体管接收光以后便导通。而当该电流撤去时，发光二极管熄灭，晶体管截止。利用这种特

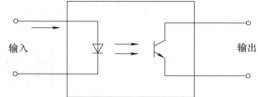

图 5-1　光电隔离器原理图

性即可达到开关控制的目的。由于该器件是通过电 - 光 - 电的转换来实现对输出设备控制的，彼此之间没有电气连接，因而起到隔离作用。隔离电压范围与光电隔离器的结构形式有关。双列直插式塑料封装形式的隔离电压一般为 2500V 左右，陶瓷封装形式的隔离电压一般为 5000 ~ 10000V。不同型号的光电隔离器，其输入电流也不同，一般为 10mA 左右。其输出电流的大小将决定控制外设的能力，一般负载电流比较小的外设可直接带动，负载电流要求比较大时，可在输出端加接驱动器。

在一般计算机控制系统中，由于大都采用 TTL 电平，不能直接驱动发光二极管，所以通常加一个驱动器，如 7406 和 7407 系列芯片。

值得注意的是，输入、输出端两个电源必须单独供电，如图 5-2a 所示。否则，如果使用同一电源（或共地的两个电源），外部干扰信号可能通过电源串到系统中来，如图 5-2b 所示，这样就失去了隔离的意义。

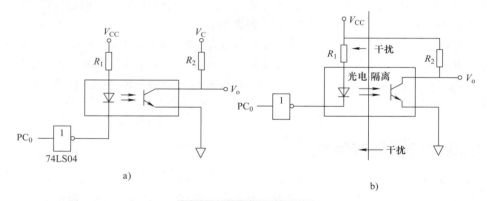

图 5-2　光电隔离的供电

a）隔离供电　b）未隔离供电

在图 5-2 中，当数字量 PC_0 输出为高电平时，经反相驱动器后变为低电平，此时发光二极管有电流通过并发光，使光电晶体管导通，从而在集电极上产生输出电压 V_o，此电压便可用来控制外设。

2. 继电器输出技术

继电器是电气控制中最常用的控制器件之一，一般由线圈和触点（动合或动断）构成。当线圈通电时，由于磁场的作用，使开关触点闭合（或断开）；当线圈不通电时，则开关触点断开（或闭合）。一般线圈可以用直流低电压控制（常用的有直流 9V、5V、24V 等），而触点输出部分可以直接与市电（交流 220V）相连接，有时继电器也可以与低压电器配合使用。虽然继电器本身带有

一定的隔离作用，但在与微型机接口时通常还是采用光电隔离器进行隔离，常用的接口电路如图5-3所示。

图5-3中，当开关量 PC_0 输出为高电平时，经反向驱动器7404变为低电平，使发光二极管发光，从而使光电晶体管导通，同时使晶体管 VT 导通，因而使继电器 K 的线圈通电，继电器触点 K1-1 闭合，使交流220V电源接通。反之，当 PC_0 输出低电压时，使 K1-1 断开。R_1 为限流电阻，二极管 VD 的作用是保护晶体管 VT。当继电器 K 吸合时，二极管 VD 截止，不

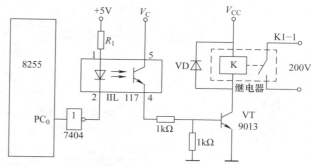

图5-3 继电器输出电路

影响电路工作。继电器释放时，由于继电器线圈存在电感，这时晶体管 VT 已经截止，所以会在线圈的两端产生较高的感应电压。此电压的极性为上负下正，正端接在晶体管的集电极上。当感应电压与 V_{CC} 之和大于晶体管 VT 的集电结反向电压时，晶体管 VT 有可能损坏。加入二极管 VD 后，继电器线圈产生的感应电流由二极管 VD 流过，因此，不会产生很高的感应电压，因而使晶体管 VT 得到保护。

3. 固态继电器输出技术

在继电器控制中，由于采用电磁吸合方式，在开关瞬间，触点容易产生火花，从而引起干扰。对于交流高压等场合，触点还容易氧化，因而影响系统的可靠性。所以随着微型计算机控制技术的发展，人们又研究出一种新型的输出控制器件——固态继电器。

固态继电器（Solid State Relay，SSR）是用晶体管或晶闸管代替常规继电器的触点开关，而在前级把光电隔离器融为一体。因此，固态继电器实际上是一种带光电隔离器的无触点开关。根据结构形式，固态继电器有直流型固态继电器和交流型固态继电器之分。

由于固态继电器输入控制电流小，输出无触点，所以与电磁式继电器相比，具有体积小、重量轻、无机械噪声、无抖动和回跳、开关速度快、工作可靠等优点。因此，在计算机控制系统中得到了广泛的应用，大有取代电磁继电器之势。

（1）直流型SSR 直流型SSR的原理电路如图5-4所示。

由图5-4可以看出，其输入端是一个光电隔离器，因此可用 OC（集电极开路）门或晶体管直接驱动。它的输出端经整形放大后带动大功率晶体管输出，输出电压可达到30~180V（5V开始工作）。

直流型SSR主要用于带动直流负载的场合，如直流电动机控制、直流步进电动机控制和电磁阀等。

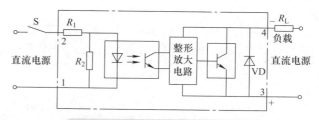

图5-4 直流型 SSR 的原理电路

（2）交流型SSR 交流型SSR又可分为过零型和移相型两类。它采用双向晶闸管作为开关器件，用于交流大功率驱动场合，如交流电动机控制、交流电磁阀控制等，其原理电路如图5-5所示。

对于非过零型SSR，在输入信号时，不管负载电流相位如何，负载端立即导通；而过零型必须在负载电源电压接近零且输入控制信号有效时，输出端负载电源才导通。而当输入的控制信号撤销后，不论哪一种类型，它们都是流过双向晶闸管负载电流为零时才关断。其输出波形如图5-6所示。

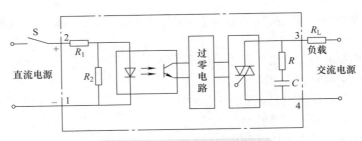

图 5-5　交流型 SSR 原理电路

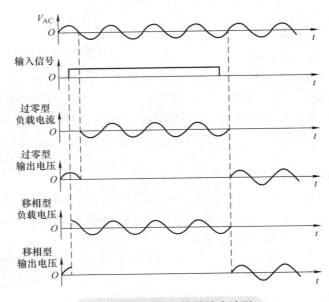

图 5-6　双向晶闸管其输出波形

一个交流型 SSR 控制单相交流控制电动机的实例如图 5-7 所示。图中，改变交流电动机通电绕组，即可控制电动机的旋转方向。例如用它控制流量调节阀的开和关，从而实现控制管道中流体流量的目的。

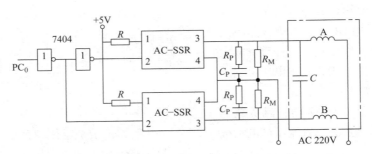

图 5-7　交流型 SSR 控制单相交流控制电动机的实例

选用交流型固态继电器时，主要注意它的额定电压和额定工作电流。

4. 大功率场效应晶体管开关

在开关量输出控制中，除了前文讲的固态继电器以外，还可以用大功率场效应晶体管开关作为开关量输出控制器件。由于场效应晶体管输入阻抗高，关断漏电流小，响应速度快，而且与同功率继电器相比，体积较小，价格便宜，所以在开关量输出控制中也常作为开关器件使用。

场效应晶体管的种类非常多，如 IRF 系列，漏极电流可从几毫安到几十安，耐压值可从几十伏到几百伏，因此可以适合多种场合。

大功率场效应晶体管的等效符号如图 5-8 所示。其中，G 为控制栅极，D 为漏极，S 为源极。对于 NPN 型场效应晶体管来讲，当 G 为高电平时，栅极与漏极导通，允许电流通过，否则场效应晶体管关断。

值得说明的是，由于大功率场效应晶体管本身没有隔离作用，故使用时为了防止高压对计算机系统的干扰和破坏，通常在它与微机之间加一级光电隔离器。

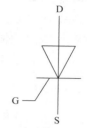

图 5-8　大功率场效应晶体管的等效符号

5. 晶闸管

晶闸管（Silicon Controlled Rectifier）简称 SCR，是一种大功率电器元件，俗称可控硅。它具有体积小、效率高、寿命长等优点。在控制系统中，可作为大功率驱动器件，以实现用小功率控制大功率。在交直流电动机调速系统、调功系统以及随动系统中得到了广泛的应用。

晶闸管有单向晶闸管和双向晶闸管两种。

（1）单向晶闸管　单向晶闸管的表示符号如图 5-9a 所示。它有 3 个引脚，其中 A 为阳极，K 为阴极，G 为控制极。它由 4 层半导体材料组成，可等效于 P1N1P2 和 N1P2N2 两个晶体管，如图 5-9b 所示。

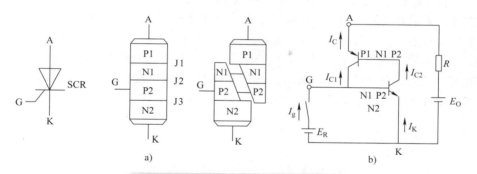

图 5-9　单向晶闸管的符号及等效电路

a）单向晶闸管符号　b）等效电路

从图 5-9a 中看出，它的符号基本上与前文讲过的大功率场效应晶体管相似，但它们的工作原理却不尽相同。当阳极电位高于阴极电位且控制极电流增大到一定值（触发电流）时，晶闸管从截止转为导通。一旦导通后，I_g 即使为零，晶闸管仍保持导通状态，直到阳极电位小于或等于阴极电位时为止。即阳极电流小于维持电流时，晶闸管才由导通变为截止。其输出特性曲线如图 5-10 所示。

单向晶闸管的单向导通功能，多用于

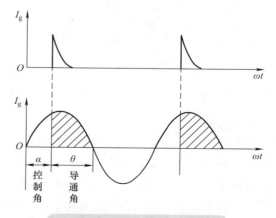

图 5-10　晶闸管输出特性曲线

直流大电流场合，在交流系统中常用于大功率整流回路。

（2）双向晶闸管　双向晶闸管也叫三端双向晶闸管，简称 TRIAC。双向晶闸管相当于两个单向晶闸管反向连接，如图 5-11 所示。这种晶闸管具有双向导通功能，其通断状态由控制极 G 决定。在控制极 G 上加正脉冲（或负脉冲）可使其正向（或反向）导通。这种装置的优点是控制电路简单，没有反向耐压问题，因此特别适合作交流无触点开关使用。

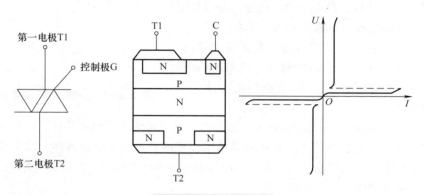

图 5-11　双向晶闸管

与大功率场效应晶体管一样，晶闸管在与计算机接口时也需加接光电隔离器，触发脉冲电压应大于 4V，脉冲宽度应大于 20μs。在计算机控制系统中，常用 I/O 接口的某一位产生触发脉冲。为了提高效率，要求触发脉冲与交流同步，通常采用检测交流电过零点来实现。图 5-12 所示为某电炉温度控制系统晶闸管控制部分电路原理图。

这里，为了提高热效率，要求在交流电的每个半周期都需输出一个触发脉冲。为此，把交流电经全波整流后通过晶体管变成过零脉冲，加到 PC 的中断控制端作为同步基准脉冲。在中断服务程序中发触发脉冲，通过光电隔离器 MOC3021 控制双向晶闸管，以便对电炉丝加热。

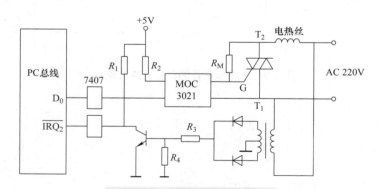

图 5-12　某电炉温度控制系统

6. 交流接触器

交流接触器是一种远距离接通或切断带有负载的交流主回路（大电流）或大容量控制电路的自动化切换低压电器，主要用于电动机（如送风、回风、排风电动机等），也可用于其他电力负载，如电热器、照明设备等负载。其外形与结构如图 5-13 所示。

交流接触器不仅能接通和切断电路，还具有低电压设防保护、控制容量大、工作可靠、寿命长等优点，适用于频繁操作和远距离控制。

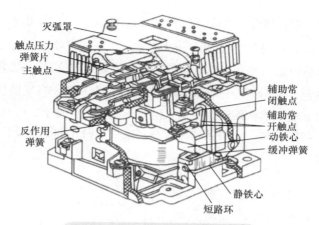

图 5-13　交流接触器外形与结构

图 5-14 是用直流继电器间接控制交流接触器的情况。通常状态下，控制信号为低电平，晶体管 VT 截止，直流继电器 KA1 励磁线圈无电流，其活动触点 KA1-1 在常开端。此时交流接触器 KD1 的励磁线圈亦无电流，其活动触点 KD1 在常开端，则 A2、B2、C2 处无电源输出。当控制信号切换为高电平时，VT 导通，直流继电器 KA1 的励磁线圈上电，接通交流接触器 KD1 励磁线圈的电源 A1、B1、C1 处的 380V 三相交流电源经 A2、B2、C2 端子输出供给用电设备。

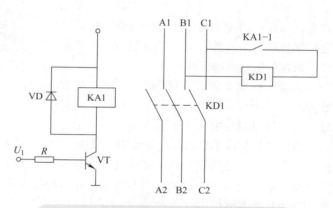

图 5-14　用直流继电器间接控制交流接触器

5.1.2　模拟量输出的电动执行器组成及工作原理

模拟量输出的电动执行器（下称电动执行器）接收来自调节器的电流信号，并将其转换成相应的角位移或直行程位移，去操纵阀门、挡板等调节机构，以实现自动控制。电动执行器还可以通过电动操作器实现控制系统的自动操作和手动操作的相互切换。它有角行程（DKJ 型）和直行程（DKZ 型）两种，两者电气原理相同，只是减速器的机械部分不一样。因此，仅以 DDZ-Ⅱ型的角行程电动执行器为例进行介绍。

电动执行器由伺服放大器和电动执行机构两大部分组成，如图 5-15 所示，适用于操纵风门、挡板等。

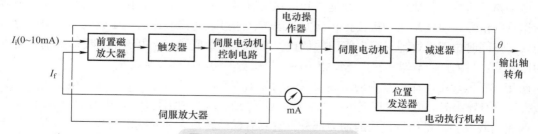

图 5-15　电动执行器组成框图

在自动控制系统中，来自调节器的信号 I_i（DC 0～10mA）送入伺服放大器的输入端，并与位置反馈信号 I_f（DC 0～10mA）相比较，其差值（正或负）经伺服放大器放大后去控制伺服电动机正转或反转，经减速器后使输出轴产生位移。输出轴的位置又经位置发送器转换成 DC 0～10mA 信号，作为位置指示和反馈信号 I_f，返回到伺服放大器的输入端。当反馈信号等于输入信号时，电动机停止转动。此时，输出轴就稳定在与输入信号成比例的位置上。电动机也可以通过电动操作器进行手动操作。手动操作时，可用电动操作器直接控制两相伺服电动机的转动，使输出轴处于所需的位置。

1. 伺服放大器

伺服放大器主要由前置磁放大器、触发器和晶闸管交流开关（伺服电动机控制电路）等构成，如图 5-16 所示。它的作用是综合输入信号和反馈信号，然后将它们的差值信号加以放大，以控制两相伺服电动机的转动。根据综合后偏差信号的极性，放大器应输出相应的信号，以控制电动机的正转或反转。

为满足组成复杂的控制系统的要求，伺服放大器有三个输入信号通道和一个位置反馈信号通道，可以同时输入三个输入信号和一个位置反馈信号。在简单自动控制系统中，只用其中的一个输入通道和位置反馈通道。

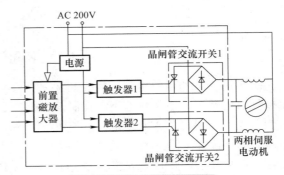

图 5-16　伺服放大器框图

前置磁放大器使用磁放大器作为前置放大级，主要考虑它的几个输入通道是互相隔离的。它综合多个输入信号时，彼此间只有磁的联系，而没有直接的电的联系。因此，它可以方便地起到加减器和放大器的作用。

触发器是由单结晶体管组成的振荡器。它的作用是把前置磁放大器的直流输出电压变成脉冲输出，使控制电路中的晶闸管导通，以接通伺服电动机的电源。为了使伺服电动机能实现正、反转，设置了两组触发器。当前置磁放大器的直流输出电压为某种极性时，触发器 1 工作，与之相应的伺服电动机控制电路中的晶闸管导通，相应的晶闸管交流开关 1 接通电动机的电源，使电动机按某一方向旋转；反之，当前置磁放大器的直流输出电压改变极性时，使触发器 2 工作，于是，与该组触发器相应的晶闸管导通，电动机转向也随之改变，即朝相反的方向旋转，从而控制伺服电动机的转动。

晶闸管交流开关用来接通伺服电动机的交流电源，它由一个晶闸管和四个二极管组成，用了两组完全相同的开关电路，分别控制电动机的正、反转。

2. 电动执行机构

电动执行机构由伺服电动机、减速器和位置发送器三部分组成。它接收晶闸管交流开关或电动操作器的信号，使伺服电动机按正、反方向运转，通过减速器减速后，变成较大的输出力矩去推动阀门。同时位置发送器又根据阀门的位置，发出相应数值的直流电流信号反馈到前置磁放大器的输入端，与来自调节器的输出电流相平衡，使执行器构成闭环控制系统。

两相伺服电动机的作用是将伺服放大器中的晶闸管交流开关的电信号转变为机械转矩，当伺服放大器没有输出时，电动机也能可靠地制动，以消除输出轴的惯性及反作用力的影响。

两相伺服电动机是执行机构的动力部分，它具有起动转矩大和起动电流较小的特点。两相伺服电动机内部装有制动机构，用于克服执行器输出轴的惯性和负载反力矩。伺服电动机的转速较高，一般为 600 ~ 900r/min，而输出轴全程（90°）时间一般为 25s，即输出轴的转速为 0.6r/min，因此电动机至输出轴之间装有两组减速器。

减速器把伺服电动机的高速、小转矩输出功率，转变为低速、大转矩的输出功率。当手动操作时，可把手动部件向外拉，并将伺服电动机压盖上的旋钮转向"手动"位置，这样摇动手柄，减速器的输出轴随之转动。

位置发送器的作用是将电动执行器输出轴的转角（0° ~ 90°）线性地转换成 0 ~ 10mA 的直流电流信号，用以指示阀位，作为位置反馈信号，反馈到执行器的输入端。位置发送器由铁磁谐振稳压、差动变压器及桥式整流电路等组成。

5.1.3 电动执行器的特性

电动执行器根据输入信号的代数和来控制两相伺服电动机的转动以实现自动控制。当电动执行器的伺服放大器输入端无输入信号（即 $I_i = 0$）时，伺服放大器没有输出，因而伺服电动机不会转动，输出轴稳定在预先选好的零位上，这时位置发送器的位置反馈信号为零（即 $I_f = 0$）；若输入端有信号，且 I_i 增加时，将产生正偏差信号 $\Delta I > 0$（$\Delta I = I_i - I_f$），经过伺服放大器的前置磁放大器对信号进行综合，其结果必然通过某一个触发器，使相应的一个主回路的开关闭合，接通电源，驱动伺服电动机正转，经机械减速后，输出轴转角 θ 或位移 l 增大，挡板或阀门随之开大。同时由位置发送器把输出转角 θ（0° ~ 90°）线性地转换成负反馈电流 I_f（0 ~ 10mA）并反馈到输入端用以平衡输入信号，直至 $I_f \approx I_i$，重新使偏差信号 $\Delta I \approx 0$ 时，两相伺服电动机就停止转动，输出轴停留在某一新的位置。反之，当输入信号减少时，产生负偏差信号 $\Delta I < 0$，这时使另一个主回路的开关闭合，两相伺服电动机反转，输出轴转角 θ 或位移 l 减小，挡板或阀门随之关小，同时反馈信号也减小，直至 $\Delta I \approx 0$ 时，伺服电动机停止转动，输出轴停留在另一新的位置，这时挡板或阀门处于另一个新的开度。

电动执行器的位置发送器把输出轴的转角或位移转换成反馈电流信号 I_f，其关系式为

$$I_f = K_f \theta \quad 或 \quad I_f = K_f l \tag{5-1}$$

当电动执行器处于平衡状态时，偏差电流信号为零，即

$$I_f = I_i \tag{5-2}$$

综合式（5-1）和式（5-2）可得

$$\theta = \frac{I_f}{K_f} = \frac{I_i}{K_f} = K I_i \tag{5-3}$$

或

$$l = K I_i \tag{5-4}$$

式中 K——输出轴 θ 或 l 与反馈信号的转换系数，$K = 1 / K_f$。

式（5-3）和式（5-4）说明，电动执行器输出转角 θ 或 l 与调节器来的输入信号成正比例关系。

5.2 气动执行器及其特性

气动执行器又称气动调节阀，是指以压缩空气为动力的一种执行器，它接收气动调节器送来的气压信号，改变操纵量（如液体、气体、蒸汽等）的大小，使生产过程按预定的要求自动进行，实现生产过程的自动控制。

气动执行器由执行机构和调节机构两部分组成。执行机构是执行器的推动装置，它按控制信号压力的大小产生相应的推力，推动调节机构动作。调节机构是执行器的调节部分，它直接与被调介质接触，调节流体的流量。

气动执行器具有结构简单、动作可靠、性能稳定、价格低廉、维修方便、防火防爆等特点，它能与气动调节仪表配用，而且通过电 - 气转换器还能和电动调节仪表配用，因而，它广泛地应用于建筑环境与设备工程的自动控制系统中。

5.2.1 气动执行机构的组成及工作原理

气动执行机构主要分为薄膜式和活塞式两种。活塞式有很大的输出推力，适用于高静压、高压差的场合。薄膜式主要用作一般调节阀（包括蝶阀）的推动装置。无弹簧薄膜执行机构常用于双位式控制，气动薄膜调节阀最为常用。

气动薄膜执行机构主要由薄膜、推杆和弹簧等组成。它通常接收 20～100kPa 的标准压力信号，并转换成推力。按其动作方式分为正作用式和反作用式两种，当信号压力增加，推杆向下移动的叫正作用式；当信号压力增加，推杆向上移动的叫反作用式。正、反作用式执行机构的构造基本相同。正作用式气动薄膜执行机构如图 5-17 所示。

来自调节器的信号压力（通常为 20～100kPa）通入薄膜气室时，在薄膜上产生一个推力，使推杆移动并压缩弹簧，直至弹簧的反作用力与推力相平衡时，推杆稳定在一个新的位置。信号压力越大，推杆的位移量也越大。推杆的位移即为执行机构的直线输出位移，也称行程。推杆从零走到全行程，阀门就从全开（或全关）到全关（或全开）。

与气动执行机构配用的调节阀有气开和气关两种：有信号压力时，阀开启的叫气开式；而有信号压力时，阀关闭的叫气关式。气开和气关是由气动执行机构的正、反作用与调节阀的正、反安装来决定的。

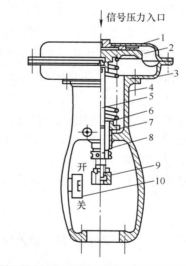

信号压力入口

图 5-17 正作用式气动薄膜执行机构

1—上膜盖　2—波纹薄膜　3—下膜盖　4—支架
5—推杆　6—压缩弹簧　7—弹簧座　8—调节件
9—螺母　10—行程标尺

5.2.2 气动执行机构的特性

气动薄膜执行机构接收的气动调节器输来的气压信号 p_i 发生变化时，膜头气室内压力也随之变化，使阀杆和阀芯的上下移动，对流体产生调节作用，如图 5-18 所示。

气动薄膜执行机构的特性，即输入的气压信号 p_i 与输出的阀杆位移 l 之间的关系。

气动薄膜机构的膜头是一个封闭的气室，节流气室流出的气量为零，因此

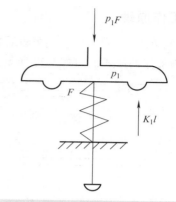

$$q_i = C\frac{\mathrm{d}p_1}{\mathrm{d}t} \qquad (5-5)$$

式中 C——膜头的容量数；

$\qquad q_i$——气体输入流量；

$\qquad p_1$——膜头内的气压信号。

$\qquad q_i$ 与压力的近似关系为

$$q_i = \frac{p_i - p_1}{R} \qquad (5-6)$$

图 5-18 正作用式气动薄膜执行机构的动作原理图

式中 p_i——调节器来的气压信号；

$\qquad R$——调节器到执行机构间导管阻力系数。

将式（5-6）代入式（5-5）中，并化简得

$$T_z\frac{\mathrm{d}p_1}{\mathrm{d}t} + p_1 = p_i \qquad (5-7)$$

式中 T_z——执行机构的时间常数，$T_z = RC$。

式（5-7）是膜头的压力与输入气动执行机构的气压信号之间的微分方程式。

从膜片的运动看，p_1 变化形成对膜片的推力 p_1F（F 是膜片有效面积，并假设不变），如果忽略阀杆密封填料处的摩擦力和运动部件的惯性力，此推力引起弹簧位移，有

$$p_1F = K_1l \qquad (5-8)$$

式中 K_1——弹簧的弹性模量；

$\qquad l$——弹簧的位移，即阀杆的位移。

将式（5-8）代入式（5-7）整理后，得

$$T_z\frac{\mathrm{d}l}{\mathrm{d}t} + l = \frac{F}{K_1}p_i \qquad (5-9)$$

式（5-9）是气动执行机构阀杆位移与输入气压信号变化的微分方程式。

在实际应用中，一般都将气动执行机构作为一阶惯性环节来处理，其时间常数较小，即当被控对象时间常数较大时，可把气动执行机构作为放大环节来处理，这时则有

$$l = Kp_i \qquad (5-10)$$

式中 K——气动执行机构放大系数，$K = F/K_1$。

因此，气动薄膜执行机构的输出阀杆位移与输入气压信号成正比例关系。

5.3 直通调节阀及其特性

直通调节阀是一种调节机构，它和电动执行机构组成电动调节阀，和气动执行机构组成气动调节阀。

电动或气动调节阀安装在工艺管道上直接与被调介质相接触，因此，它的性能好坏将直接影响控制的质量。它在执行机构的操作下，实现对介质的控制，完成自动控制的任务。

5.3.1　工作原理

从流体力学观点看，调节阀可以看作是一个局部阻力可以变化的节流元件。我们可把调节阀模拟成孔板节流的形式，如图 5-19 所示。

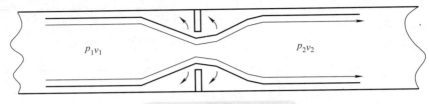

$p_1 v_1$　　　　$p_2 v_2$

图 5-19　调节阀节流模拟

由伯努利方程，调节阀前后的能量守恒公式为

$$h_1 + \frac{p_1}{\rho g} + \frac{v_1^2}{2g} = h_2 + \frac{p_2}{\rho g} + \frac{v_2^2}{2g} + h_F \tag{5-11}$$

式中　h_1、h_2——阀前、后的压头（m）；

ρ——介质密度（kg/m³）；

p_1、p_2——阀前、后的绝对压力（Pa）；

h_F——阻力损失（m）；

v_1、v_2——阀前、后的介质流速（m/s）。

调节阀的阻力损失为

$$h_F = \xi \frac{v^2}{2g} \tag{5-12}$$

式中　ξ——阀的阻力系数。

假设为水平管道，且阀前后截面积相同，则有 $h_1 = h_2$、$v_1 = v_2 = v$，将其代入式（5-11）及式（5-12）可得

$$h_F = \frac{p_1 - p_2}{\rho g} = \xi \frac{v^2}{2g} \tag{5-13}$$

因为 $Q = vA$，A 为与阀相连的管道的面积，则得

$$Q = \frac{A}{\sqrt{\xi}} \sqrt{\frac{2(p_1 - p_2)}{\rho}} \tag{5-14}$$

由式（5-14）可以看出，当调节阀口径一定，$p_1 - p_2$ 不变时，流量 Q 仅受调节阀阻力系数变化的影响。阻力系数主要与流通面积（即阀的开度）有关，也与流体的性质和流动状态有关。调节阀按照控制信号的方向和大小，通过改变阀芯行程来改变阀的阻力系数，达到调节流量的目的。阀开得越大，ξ 将越小，则通过的流量将越大。

在式（5-14）中，如果令

$$C = \frac{A}{\sqrt{\xi}} \sqrt{2} \tag{5-15}$$

则

$$Q = C\sqrt{\frac{p_1 - p_2}{\rho}}$$ （5-16）

C 就是本章要说明的调节阀的流通能力。

5.3.2 调节阀最大允许工作压差

调节阀在使用过程中，由于其两端的压力是不一样的，因此阀杆必然存在不平衡力（图 5-20）。这一不平衡力不但与调节阀的形式（如单座、双座阀）有关，还与阀杆与阀芯直径、导向设置方式以及调节阀是"流开"还是"流关"的状态有关。所谓"流开"是指调节阀的开启方向和水流方向一致，而所谓"流关"是指调节阀的关闭方向和水流方向一致。在暖通空调系统中，绝大多数自动控制调节阀都是单导向流开型。

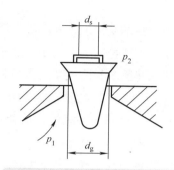

图 5-20 阀杆受到的不平衡力

设阀芯直径为 D_g（单位为 cm），阀杆直径为以 d_s（单位为 cm），阀前、后压强分别为 p_1 及 p_2（单位为 Pa），阀前后压差是 $\Delta p = p_1 - p_2$，则单导向流开型单座阀的阀杆受到的不平衡力为

$$F_{t1} = p_1 \frac{\pi}{4} d_g^2 - p_2 \frac{\pi}{4}(d_g^2 - d_s^2)$$
$$= \frac{\pi}{4}(d_g^2 \Delta p + d_s^2 p_2)$$ （5-17）

从式（5-17）可知，不平衡力的大小与调节阀前后压差以及阀杆形状有关系。为了使调节阀在使用时能正常地开启或关闭，要求调节阀执行机构必须提供与阀杆所受不平衡力方向相反、大小相等的输出力。通常调节阀制造厂家根据调节阀的使用功能和正常工作时的压差情况为其配套提供相应的执行器。

一旦调节阀与执行器相配套，输出力就已经确定，调节阀工作时两端的压差最大值也就已经确定，这个最大压差值叫作调节阀最大允许工作压差（Δp_{max}）。在调节阀选用时，用限制调节阀在一定的压差下工作的方法来避免不平衡力超出允许范围。换句话说，在选用调节阀时，必须限制其工作压差在允许压差 Δp_{max} 范围之内，以保证执行机构的输出力足以克服不平衡力，实现输入信号与阀芯位移的正确定位关系。

需要注意的是，在选择调节阀时，通常厂家样本中所列的允许使用压差 Δp_v 是指其出口压力 p_2 为零时的值，即 $\Delta p_v = p_1$，而在实际工程中，除蒸汽用阀可以如此考虑外（关阀门时可以认为其凝结水压力接近零），普通冷、热水阀出口压力 p_2 均不为零。单座阀实际工作时允许的最大压差可以可按式（5-18）计算，即

$$\Delta p_{max} = \Delta p_v - \left(\frac{d_s}{d_g}\right)^2 p_2$$ （5-18）

如果执行机构的作用力小于阀杆不平衡力，则无法使阀在使用时正常地开启或关闭。如果阀不能保证按要求全开或全关，则自动控制系统的正常工作将会受到影响。

5.3.3 调节阀的可调比

调节阀的可调比又称"调节范围"，它是指调节阀所能控制的最大流量和最小流量之比，用 R 来表示，即

$$R = \frac{Q_{max}}{Q_{min}} \tag{5-19}$$

值得注意的是：Q_{min} 并不等于零，也不是阀门全开时的泄漏量，而是其所能控制的最小流量（泄漏量是无法控制的）。R 值与阀门的制造精度有关，它由阀芯与阀座的间隙 δ 来确定。但为了适应阀芯的热膨胀和防止被固体所卡死，δ 常取 0.05mm。一般来说，用于空调系统的阀门 Q_{min} 为 Q_{max} 的 2%～4%，即 R 值在 25～50 之间，常取的值是 30（R 值越高，对制造的精度要求越高）。因此，其所能控制的最小流量应是全开流量的 1/30。但调节阀全部关死时的泄漏量则要比 Q_{min} 小得多，一般为 Q_{min} 的 0.01%～0.1%。

当调节阀工作在理想状态，即阀门两端的压降恒定不变时，它的可调比称为理想可调比，用 R 表示，是调节阀所能控制的最大流通能力 C_{max} 与最小流通能力 C_{min} 之比，即

$$R_t = \frac{Q_{max}}{Q_{min}} = \frac{C_{max}}{C_{min}} \tag{5-20}$$

R 和 R_t 反映了调节阀调节能力的大小，使用时希望 Q_{min}、C_{min} 小，而 R 大，并且数值稳定。

5.3.4 调节阀的流通能力

调节阀的口径是根据工艺要求的流通能力来确定的。调节阀的流通能力直接反映调节阀的容量，是设计、选用调节阀的主要参数。在工程设计中，为了合理选取调节阀的尺寸，就应该正确计算流通能力，否则将会使调节阀的尺寸选得过大或者过小。若选得过大，将使阀门工作在小开度位置，造成调节质量不好和经济效果差；若选得过小，即使处于全开位置也不能适应最大负荷的需要，使调节系统失调。因此必须掌握调节阀流通能力的计算方法。

调节阀流通能力的定义为：当调节阀全开、阀两端压差为 10^5Pa、流体密度 $\rho = 1$g/cm^3 时，每小时流经调节阀的流量数，单位为 m^3/h。

例如有一台 C 值为 25 的直通调节阀，当阀两端压差为 10^5Pa 时，每小时能流过的水量是 25m^3。

由调节阀的工作原理可知

$$Q = \frac{A}{\sqrt{\xi}} \sqrt{\frac{2(p_1 - p_2)}{\rho}} = \frac{A}{\sqrt{\xi}} \sqrt{\frac{2\Delta p_1}{\rho}} \tag{5-21}$$

式中　　Q——流体流量（m^3/h）；

　　　　A——阀芯的过流面积（cm^2）；

　　　　p_1——阀前压力（10^5Pa，10^5Pa = 10N/cm^2）；

　　　　p_2——阀后压力（10^5Pa）；

　　　　Δp_1——阀两端压差（10^5Pa）；

　　　　ρ——流体密度（g/cm^3）。

把采用的单位代入式（5-21）后可得到

$$Q = \frac{A}{\sqrt{\xi}}\sqrt{\frac{2\times10}{10^{-5}}\frac{\Delta p_1}{\rho}} = \frac{3600}{10^6}\sqrt{\frac{20}{10^{-5}}}\frac{A}{\sqrt{\xi}}\sqrt{\frac{\Delta p_1}{\rho}} = 5.09\frac{A}{\sqrt{\xi}}\sqrt{\frac{\Delta p_1}{\rho}} = C\sqrt{\frac{\Delta p_1}{\rho}} \qquad (5-22)$$

式中 $C = 5.09\dfrac{A}{\sqrt{\xi}}$。

由于式（5-21）中 Δp_1、p_1、p_2 的单位是 10^5Pa，式（5-22）中这三者的单位为 Pa，用式（5-22）反推计算可得式（5-21）关于 C 的计算式为

$$Q = \frac{C}{316}\sqrt{\frac{\Delta p_1}{\rho}}，即 C = \frac{316Q}{\sqrt{\dfrac{\Delta p_1}{\rho}}} \qquad (5-23)$$

式（5-23）是 Δp 以 Pa 为单位，ρ 以 g/m³ 为单位计算 C 值的基本公式。

由于蒸汽密度在阀的前后是不一样的，因此不能直接用式（5-22）计算蒸汽阀而必须考虑密度的变化。

根据实际工作情况，可采用阀后密度法。

当 $p_1 > 0.5p_2$ 时，有

$$C = \frac{10W}{\sqrt{\rho_1(p_1 - p_2)}} \qquad (5-24)$$

当 $p_1 \leqslant 0.5p_2$ 时，有

$$C = \frac{14.14W}{\sqrt{\rho_2 p_1}} \qquad (5-25)$$

式中　W——调节阀的蒸汽流量（kg/h）；

　p_1、p_2——调节阀进口及回水绝对压力（Pa）；

　ρ_1——在 p_2 压力及如温度（p_1 压力下的饱和蒸汽温度）时的蒸汽密度（kg/m³）；

　ρ_2——超临界流动状态（$p_1 < 0.5p_2$）时，阀出口截面上的蒸汽密度，通常可取 $0.5p_2$ 压力及 t_1 温度时的蒸汽密度（kg/m³）。

5.3.5　直通调节阀的主要类型

直通调节阀的主要由上阀盖、下阀盖、阀体、阀芯、阀座、填料及压板等零件组成。根据不同的要求，直通调节阀有多种结构形式。

1. 直通单座阀

直通单座阀的阀体内只有一个阀芯和阀座，如图 5-21a 所示。这种阀结构简单，价格便宜，关闭时泄漏量小。但由于阀座前后存在压力差，对阀芯产生的不平衡力较大，所以直通单座阀仅适用于低压差的场合。

2. 直通双座阀

直通双座阀的阀体内有两套阀芯和阀座，如图 5-21b 所示。流体作用在上、下阀芯上的推力的方向相反，大致可以抵消，所以阀芯所受的不平衡力很小，可使用在阀前、后压差较大的场合。双座阀的流通阻力比同口径的单座阀大。由于两个阀芯不易保证同时关紧，所以关闭时的泄漏量较大。

3. 角形阀

角形阀的阀体为角形如图 5-21c 所示。其他方面的结构与单座阀相似。这种阀流路简单，阻

力小，阀体内不易积存污物，所以特别适合高黏度、含悬浮颗粒的流体控制。

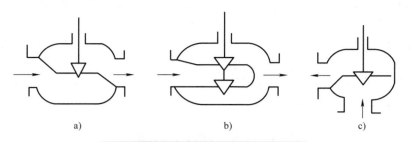

图 5-21　直通调节阀阀体的主要类型

a）直通单座阀　b）直通双座阀　c）角形阀

5.3.6　直通调节阀的流量特性

直通调节阀的流量特性是指介质流过调节阀的相对流量与调节阀的相对开度之间的关系，即

$$\frac{q}{q_{max}} = f\left(\frac{l}{l_{max}}\right) \tag{5-26}$$

式中　q/q_{max}——相对流量，即调节阀在某一开度的流量与最大流量之比；

l/l_{max}——相对开度，即调节阀某一开度的行程与全开时行程之比。

一般来说，改变调节阀的阀芯与阀座之间的节流面积，便可控制流量。但实际上由于各种因素的影响，在节流面积变化的同时，还会引起阀前后压差的变化，从而使流量也发生变化。为了便于分析，先假定阀前后压差固定，然后再引申到实际情况。因此，流量特性有理想流量特性和工作流量特性之分。

1. 理想流量特性

直通调节阀在阀前后压差固定情况下的流量特性为理想流量特性。

阀门的理想流量特性由阀芯的形状所决定，如图 5-22 所示。典型的理想流量特性有直线流量特性、等百分比（或称对数）流量特性、抛物线流量特性和快开特性，如图 5-23 所示。

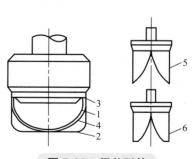

图 5-22　阀芯形状

1—直线流量特性阀芯（柱塞）　2—等百分比流量特性阀芯（柱塞）
3—快开特性阀芯（柱塞）　4—抛物线流量特性阀芯（柱塞）
5—等百分比流量特性阀芯（开口形）
6—直线流量特性阀芯（开口形）

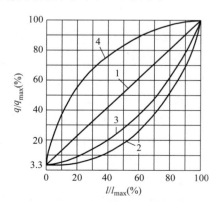

图 5-23　直通调节阀理想流量特性

1—直线流量特性　2—等百分比流量特性
3—抛物线流量特性　4—快开特性

（1）直线流量特性　直线流量特性是指调节阀的相对流量与相对开度成直线关系，即单位行程变化所引起的流量变化是常数，用数学式表示为

$$\frac{d\left(\dfrac{q}{q_{max}}\right)}{d\left(\dfrac{l}{l_{max}}\right)} = K \tag{5-27}$$

式中　K——调节阀的放大系数，将式（5-27）积分可得

$$\frac{q}{q_{max}} = K\frac{l}{l_{max}} + C \tag{5-28}$$

式中　C——积分常数。把边界条件（当 $l=0$ 时，$q=q_{min}$；当 $l=l_{max}$ 时，$q=q_{max}$）代入式（5-28）得

$$C = \frac{q}{q_{max}} = \frac{1}{R}, \quad K = 1 - C = 1 - \frac{1}{R}$$

式中　R——调节阀所能控制的最大流量 q_{max} 与最小流量 q_{min} 的比值，这称为调节阀的可调比或可调范围。

值得指出的是，q_{min} 并不等于调节阀全关时的泄漏量，一般它是 q_{max} 的 2%~4%，而阀泄漏量仅为最大流量的 0.01%~0.1%。直通单座阀、直通双座阀、角形阀和阀体分离阀的调节阀理想可调比 R 为 30。

将 C 和 K 代入式（5-28）可得

$$\frac{q}{q_{max}} = \frac{1}{R}\left[1 + (R-1)\frac{l}{l_{max}}\right] \tag{5-29}$$

式（5-29）表明 q/q_{max} 与 l/l_{max} 之间呈直线关系，如图 5-23 中所示曲线 1。

由图 5-23 曲线 1 可以看出直线流量特性调节阀的单位行程变化所引起相对流量变化是相等的。如以全行程的 10%、50%、80% 三点来看，当行程都变化 10% 时，相对流量的变化均为 10%，总是相等的；而所引起的相对流量变化的相对值分别为

$$\frac{20-10}{10} \times 100\% = 100\%$$

$$\frac{60-50}{50} \times 100\% = 20\%$$

$$\frac{90-80}{80} \times 100\% = 12.5\%$$

可见，直线流量特性调节阀在行程变化相同的条件下所引起的相对流量变化也相同，但相对流量变化的相对值不同，即流量小时，相对流量变化的相对值大，而流量大时，相对流量变化的相对值小。也就是说，阀在小开度时控制作用太强，不易控制，易使系统产生振荡；而在大开度时，控制作用太弱，不够灵敏，控制难以及时。

（2）等百分比（对数）流量特性　等百分比流量特性指单位相对行程变化所引起的相对流量变化与此点的相对流量成正比，即调节阀的放大系数随相对流量的增加而增大，用数学式表示为

$$\frac{d(q/q_{max})}{d(l/l_{max})} = K(q/q_{max}) \tag{5-30}$$

当 $K=1$ 时，$\mathrm{d}(q/q_{max})/\mathrm{d}(l/l_{max})$ 变化的百分数与 q/q_{max} 即该点相对流量变化百分数相等，故称为等百分比流量特性。

将式（5-30）积分得

$$\ln\frac{q}{q_{max}} = K\frac{l}{l_{max}} + C \qquad (5\text{-}31)$$

将前述边界条件代入，可得 $C = \ln\dfrac{q}{q_{max}} = \ln\dfrac{1}{R} = -\ln R$，$K = \ln R$，经整理得

$$\frac{q}{q_{max}} = R^{\left(\frac{l}{l_{max}} - 1\right)} \qquad (5\text{-}32)$$

相对开度与相对流量呈对数关系，故又称之为对数流量特性，如图 5-23 曲线 2 所示。等百分比流量特性的调节阀在行程的 10%、50%、80% 时，行程变化 10% 所引起流量变化分别为 1.91%、7.3% 和 20.4%。它在行程小时，流量变化小；在行程大时，流量变化大。流量相对值变化分别为

$$\frac{6.85 - 4.67}{4.67} \times 100\% = 40\%$$

$$\frac{25.6 - 18.3}{18.3} \times 100\% = 40\%$$

$$\frac{71.2 - 50.8}{50.8} \times 100\% = 40\%$$

由此可见，行程变化相同所引起的相对流量变化率总是相等，因此，对数特性又称为等百分比特性。另外，此种阀的放大系数随行程的增大而递增，即在开度小时，相对流量变化小，工作缓和平稳，易于控制；而开度大时，相对流量变化大，工作灵敏度高，这样有利于控制系统的工作稳定。

（3）抛物线流量特性　抛物线流量特性的调节阀的相对流量与相对开度的二次方呈比例关系，即

$$\frac{\mathrm{d}(q/q_{max})}{\mathrm{d}(l/l_{max})} = C(q/q_{max})^{1/2} \qquad (5\text{-}33)$$

对式（5-33）积分代入边界条件后得

$$\frac{q}{q_{max}} = \frac{1}{R}\left[1 + (\sqrt{R} - 1)\frac{l}{l_{max}}\right]^2 \qquad (5\text{-}34)$$

在直角坐标系上，抛物线流量特性是一条抛物线，它介于直线及等百分比曲线之间，如图 5-23 曲线 3 所示。

（4）快开特性　调节阀在开度较小时就有较大流量，随开度的增大，流量很快就达到最大，故称为快开特性，如图 5-23 曲线 4 所示。快开特性的阀芯形式是平板形的，适用于迅速启闭的切断阀或双位控制系统。

2. 工作流量特性

在实际使用时，调节阀安装在具有阻力的管道系统上，调节阀前后的压差值不能保持恒定，因此，虽然在同一相对开度下，通过调节阀的流量将与理想特性时所对应的流量不同。所谓调节阀的工作流量特性是指调节阀在阀前后压差随负荷变化的工作条件下，它的相对流量与相对开度之间的关系。

（1）串联管道时调节阀的工作流量特性　直通调节阀与管道和设备串联的系统及其压差变化情况如图5-24所示。

调节阀安装在串联管道系统中，串联管道系统的阻力与通过管道的介质流量呈平方关系。当系统总压差为一定时，调节阀一旦动作，随着流量的增大，串联设备和管道的阻力亦增大，这就使调节阀上压差减小，结果引起流量特性的改变，理想流量特性就变为工作流量特性。

假设在无其他串联设备阻力的条件下，阀全开时的流量为q_{max}，在有串联设备阻力的条件下，阀全开的流量为q_{100}，两者关系可表示为

$$q_{100} = q_{max} \sqrt{S} \qquad (5\text{-}35)$$

式中　S——阀门能力，即阀全开时，阀上的压差与系统总压差之比值，可计算为

$$S = \frac{p_2 - p_3}{p_1 - p_3} = \frac{\Delta p_1}{\Delta p} \qquad (5\text{-}36)$$

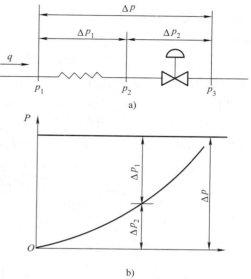

图5-24　管道串联时直通调节阀压差变化情况

式中　Δp_1——调节阀全开时阀上的压力降；

　　　Δp——包括调节阀在内的全部管路系统总的压力降。

显然，随着串联阻力的增大，S值减小，则q_{100}会减小，这时阀的实际流量特性偏离理想流量特性也就越严重。以q_{100}为参比值，不同S值下的工作流量特性如图5-25所示。

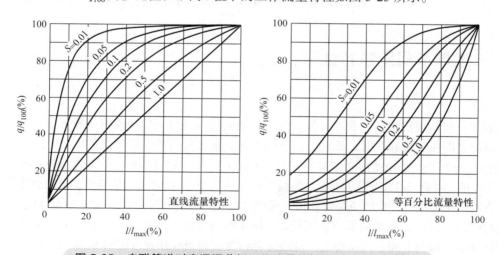

图5-25　串联管道时直通调节阀工作流量特性（以q_{100}为参比值）

由图5-25可以看出，当$S=1$时，理想流量特性与工作流量特性一致；随着S值减小，q_{100}逐渐减小，所以实际可调比R（$R = q_{max} / q_{min}$）是调节阀所能控制的最大与最小畸变，也会逐渐减小。随着S值减小，特性曲线发生畸变，直线特性阀趋于快开特性，而等百分比特性阀趋于直线特性阀，这就使得调节阀在小开度时控制不稳定，大开度时控制迟缓，会严重影响控制系统的调

节质量。因此，在实际使用时，对 S 值要加以限制，一般希望不低于 $0.3 \sim 0.5$。

（2）并联管道时调节阀的工作流量特性   调节阀一般都装有旁路，以便于手动操作和维护，当负荷提高或调节阀选小时，可以打开一些旁路阀，此时调节阀的理想流量特性就改变为工作流量特性。

若以 X 代表管道并联时调节阀全开流量与总管道最大流量 q_{max} 之比，可以得到在压差为一定而 X 值不同时的工作流量特性，如图 5-26 所示。当 $X=1$ 即旁路阀关闭时，工作流量特性同理想流量特性一致，随着 X 的减小，系统的可调比大大下降。同时，在生产实际中总有串联管道阻力的影响，调节阀上压差还会随流量的增加而降低，使可调比更为下降。一般认为，旁路流量最多只能是总流量的百分之十几，即 X 值不能低于 0.8。

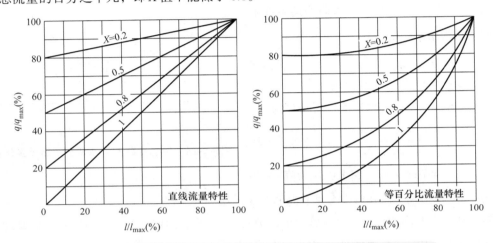

图 5-26   并联管道时直通调节阀的工作流量特性（以 q_{max} 为参比值）

5.4   三通调节阀流量特性

5.4.1   理想流量特性

三通调节阀的理想特性及数学式符合前述直通调节阀理想流量特性的一般规律。直线流量特性的三通调节阀在任何开度时，流过上、下两阀芯流量之和不变，即总流量不变，因而是一条平行于横轴的直线，如图 5-27 曲线 1 所示，图中 1′ 和 1″ 是分支流量特性。而等百分比特性调节阀总流量是变化的，如图 5-27 曲线 2 所示。曲线 2 在开度为 50% 处的总流量最小，向两边逐渐增大至最大。当可调比相同时，直线流量特性的三通调节阀比等百分比流量特性的三通调节阀总流量大，也比抛物线流量特性的三通调节阀总流量大。图中曲线 3 抛物线流量特性的三通调节阀比等百分比流量特性的三通调节阀总流量要大。直线流量特性三通阀在相对开度为 50% 时，通过上、下阀芯的流量相等。

5.4.2   工作流量特性

三通调节阀当每一支路存在阻力降（如管道、阀门、设备）时，其工作流量特性与直通调节阀串联管道时一样。一般希望三通调节阀在工作过程中流过三通阀的总流量不变，因此三通调节阀仅起调节流量分配的作用。在实际使用中，三通阀上的压降比管路系统总压降要小，所以总流量基本上取决于管路系统的阻力，而三通阀开度对流量的变化影响很小，因而在一般情况下，可以认为三通阀的总流量基本不变。

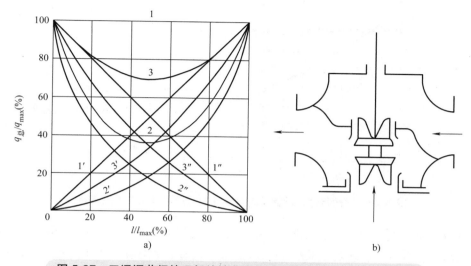

图 5-27 三通调节阀的理想特性曲线（R-30）（阀芯开口方向相反）
a）理想特性曲线 b）三通调节阀示意图
1—直线流量特性 2—等百分比流量特性 3—抛物线流量特性

当三通调节阀每一支路 S 值都等于 1，也就是每一支路的系统压降小到可以忽略时，可采用直线流量特性的调节阀，如图 5-28 所示；当每一支路的 S 值都等于 0.5 左右，也就是每一支路管道阻力降与阀上压降基本相同时，可采用抛物线流量特性的三通调节阀，如图 5-29 所示。

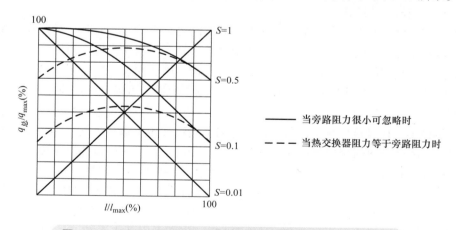

图 5-28 理想特性为直线流量特性的三通调节阀工作流量特性

5.4.3 调节阀类型的选择

1. 调节阀结构形式的选择

调节阀有直通单座阀、直通双座阀、角形阀、蝶阀、三通调节阀和高压调节阀等基本形式，各有其特点，在选用时要考虑被测介质的工艺条件、流体特性及生产流程。阀座形式的选择主要由阀前后压差来决定。直通单座阀和直通双座阀应用广泛。当阀前后压差较小，要求泄漏量也较

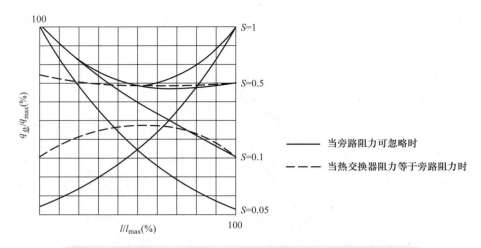

图 5-29   理想特性为抛物线流量特性的三通调节阀工作流量特性

小时，应选直通单座阀，例如，空调机组、风机盘管及换热器的控制，阀两端的工作压差通常不是太高，最高压差也不会超过系统压差 Δp，因此采用直通单座阀通常是可以满足要求的。当阀前后压差较大，并允许有较大泄漏量时，应选直通双座阀，例如，在冷源水系统中，总供、回水管之间的旁通阀，尽管其正常使用时的压差为系统控制压差 Δp，但是在系统初启动时，由于尚不知道用户是否已运行及用户的电动二通阀是否已打开，因此，旁通阀的最大可能压差应该是水泵净扬程（在一次泵系统中为冷冻水泵的扬程，在二次泵系统中为次级泵的扬程），因此，压差调节阀通常采用直通双座阀。当在大口径、大流量、低压差的场合工作时，应选蝶阀，但此时泄漏量较大。在比值控制或旁路控制时，应选三通调节阀；当介质为高压时，应选高压调节阀。

2. 调节阀开闭形式的选择

电动调节阀有电开与电关两种形式。电开式调节阀是在有信号压力时，阀打开；而电关式调节阀是在有信号压力时，阀关闭。调节阀开闭形式的选择主要从生产安全角度考虑。一般在能源中断时，应使调节阀切断进入被控制设备的原料或热能，停止向设备外输出流体。调节阀的开闭形式是由执行机构的正、反作用和阀芯的正、反安装所决定的，可组合成 4 种方式。

3. 阀门工作范围的选择

（1）介质种类   在建筑环境与设备工程中，调节阀通常用于水和蒸气，这些介质本身对阀件无特殊的要求，因而一般通用材料制作的阀件都是可用的。对于其他流体，则要认真考虑阀件材料，如杂质较多的液体，应采用耐磨材料；腐蚀性流体，应采用耐腐蚀材料等。

（2）工作压力和温度   工作压力和温度也和阀的材质有关，使用时实际工作压力和温度应不超过厂家生产样本中额定的工作压力和温度值。通常在暖通空调系统中常用到的有 PN16、PN25 两种阀门，耐压值分别为 1.6MPa 和 2.5MPa，前者多用于水系统，后者多用于高压蒸汽系统。

对于蒸气阀，应注意一点的是：因为阀的工作压力和工作温度与某种蒸气的饱和压力和饱和温度不一定是对应的，因此应在温度与压力的适用范围中取较小者来作为其应用的限制条件。例如，假定一个阀列出的工作压力为 1.6MPa，工作温度为 180℃。由于 1.6MPa 的饱和蒸汽温度为 204℃，因此，当此阀用于蒸汽管道系统时，它只适用于饱和温度 180℃（相当于蒸汽饱和压力约为 1.0MPa）的蒸汽系统之中，而不能用于 1.6MPa 的蒸汽系统之中。

5.4.4 调节阀流量特性的选择

在选择调节阀流量特性的时候，主要依据以下两个原则：

1. 从控制系统的品质出发，选择阀的工作流量特性

对于理想的控制回路，希望它的总放大系数在控制系统的整个操作范围内保持不变。但在实际生产过程中，控制对象的特性往往是非线性的，它的放大系数要随其外部条件而变化。因此，适当选择调节阀特性，以调节阀的放大系数变化来补偿控制对象放大系数的变化，可将系统的总放大系数整定不变，从而保证控制质量在整个操作范围内保持一定。若控制对象为线性时，调节阀可以采用直线工作流量特性。但许多控制对象，其放大系数随负荷加大而减小，假如选用放大系数随负荷增大而减大的调节阀，正好补偿。具有等百分比流量特性的阀具有这种性能，因此它得到广泛应用。

例如，对于蒸汽加热器，由于蒸汽总是具有相同的温度，而冷凝的潜热随着压力的变化，只是在很小的范围内变化，所以加热器的相对热量与相对流量成正比，即静特性为直线，一般采用直线流量特性的调节阀。

对于热水加热器，因为随着热水流量的减少，供、回水温差将增大。其结果虽然是热水流量减少很多，而热交换量的减少却不很显著。图 5-30 表示一个典型的热水加热器的静特性。热水加热器的放大系数不是常数，它是随着热水流量 W 的增加而递减的，一般应采用等百分比流量特性（工作流量特性）的调节阀。

2. 从配管情况出发，根据调节阀的希望工作流量特性选择阀的流量特性

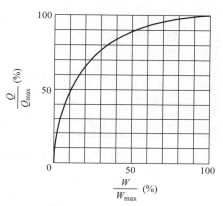

图 5-30 热水加热器的静特性

由于流量调节阀的管道系统各不相同，S 值的大小直接引起阀的工作流量特性偏离其理想流量特性而发生畸变。因此，当根据已定的希望工作流量特性来选取调节阀的结构特性时，就必须考虑配管情况。S 值越大时，调节阀的工作流量特性畸变越小；反之 S 值小，调节阀的工作流量特性畸变大，但是，S 值大说明调节阀的压力损失大，这样不经济，不节能，因此必须综合考虑。一般情况可参考表 5-1 进行。

表 5-1 调节阀流量特性选择表

配管状态	$S = 0.6 \sim 1$		$S = 0.6 \sim 0.3$		$S < 0.3$
理想特性	直线	等百分比	直线	等百分比	不宜调节
实际特性	直线	等百分比	直线或接近快开	等百分比或接近直线	不宜调节

5.4.5 调节阀口径的选择

1）只用双位控制即可满足要求的场所（如大部分建筑中的风机盘管所配的两通阀以及对湿度要求不高的加湿器用阀等），无论采用电动式或电磁式，其基本要求都是尽量减少调节阀的流通阻力而不是考虑其调节能力。因此，此时调节阀的口径可与所设计的设备接管管径相同。

电磁式阀门在开启时，总是处于带电状态，长时间带电容易影响其寿命，特别是用于蒸汽系统时，因其温度较高且散热不好，更为如此。同时，它在开关时会出现一些噪声。因此，应尽可能采用电动式阀门。

2）调节用的阀门，直接按接管径选择阀口径是不合理的。因为阀的调节品质与接管流速或管径是没有关系的，它只与其水阻力及流量有关。换句话说，一旦设备确定后，理论上来说，适合于该设备控制的阀门只有一种理想的口径而不会出现多种选择。因此，选择阀门口径的依据只能是其流通能力 C。在按公式计算出要求的流通能力 C 后，根据所选厂商的资料进行阀门口径的选择。实际工程中，生产厂商生产的调节阀的口径是分级的。因此，阀门的实际流通能力 C_s 通常也不是一个连续变化的值（目前大部分生产厂商对 C_s 的分级都是按大约 1.6 倍递增的），然而，根据公式计算出的 C 值是连续的。选择的办法是：应使 C_s 尽可能接近且大于计算出的 C 值。调节阀流通能力与其尺寸的关系见表 5-2。

表 5-2　调节阀流通能力与其尺寸的关系

公称直径 D_g/mm		3/4						20				25
阀门直径 d_g/mm		2	4	5	6	7	8	10	5	15	20	25
流通能力 C/(m³/h)	单座阀	0.08	0.5	0.20	0.32	0.50	0.80	1.2	2.0	3.2	5.0	8
	双座阀											10
公称直径 D_g/mm		32	40	50	65	80	100	55	150	200	250	300
阀门直径 d_g/mm		32	40	50	65	80	100	55	150	200	250	303
流通能力 C/(m³/h)	单座阀	5	20	32	56	80	50	200	280	450		
	双座阀	16	25	40	63	100	160	250	400	630	1000	1600

【例 5-1】　流过某一油管的最大体积流量为 40m³/h，流体密度为 0.05g/cm³，阀前后压差 $\Delta p = 0.2$MPa，试选择调节阀的尺寸。

【解】　根据式（5-22）可得调节阀的流通能力 C 为

$$C = \frac{316Q}{\sqrt{\dfrac{p_1 - p_2}{\rho}}} = \frac{316 \times 40}{\sqrt{\dfrac{0.2 \times 10^6}{0.05}}} \text{m}^3/\text{h} = 20\text{m}^3/\text{h}$$

从表 5-2 可查得，$C = 20$m³/h，$d_g = 40$mm，$D_g = 40$mm。若对泄漏量有严格要求，可选直通单座阀；若对泄漏量无要求，可选直流双座阀，此时 $C = 25$m³/h，留有一定的余地。

5.5　调节风门及其特性

调节风门即风阀，也是常用的调节机构，它和电动执行机构组成电动调节风门，和气动执行机构组成气动调节风门，用来自动控制空气调节系统和锅炉风道的风量。

5.5.1　调节风门的种类

在空调工程中，常用的调节风门有单叶风门和多叶风门。

单叶风门可分为蝶式风门和菱形风门，如图 5-31 所示。图 5-31a 为蝶式风门，用于圆形截面的风道中，它的结构比较简单，特别适用于低压差大流量、介质为气体的场合，如应用于燃烧系统的风量调节。图 5-31b 为菱形风门，应用在变风量系统中作为末端装置，具有工作可靠、调节方便和噪声小等优点，但结构上较复杂。

多叶风门又分为平行叶片风门、对开叶片风门、菱形风门和复式风门等，如图 5-32 所示。平行叶片风门是靠改变叶片的转角来调节风量的，各叶片的动作方向相同；对开叶片风门也是靠改变叶片的转角来调节风量的，但其相邻两叶片按相反方向动作；复式风门用来控制加热风与旁通风的比例，阀的加热部分与旁通部分叶片的动作方向相反；菱形风门是一种较新型的风门，它利用改变菱形叶片的张角来改变风量（工作中菱形叶片的轴线始终处在水平位置上）。

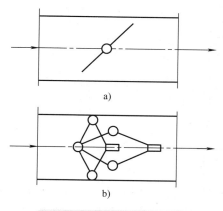

图 5-31　单叶风门示意图

a）蝶式风门　b）菱形风门

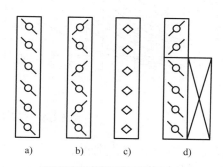

图 5-32　多叶风门示意图

a）平行叶片风门　b）对开叶片风门　c）菱形风门　d）复式风门

5.5.2　调节风门的流量特性

调节风门的流量特性是指空气流过调节风门的相对流量与风门转角的关系。

（1）固有特性　调节风门的固有特性为在等压降和无外部阻力部件（过滤器、盘管等）条件下，调节风门叶片开度和通过调节风门风量之间的关系。对开叶片风门的特性类似等百分比流量特性，平行叶片风门的特性近似直线流量特性。两者之间在风量上有很大的差别。

（2）调节风门的工作特性　调节风门的工作特性又称为安装特性，像调节阀一样，风门的工作流量特性与压降比 S 值有关。图 5-33 示出了平行叶片风门的工作流量特性。图 5-34 示出了对开叶片风门的工作流量特性。平行叶片风门和对开叶片风门的特性都是随着 S 值的减少而畸变更加严重。调节风门装在风道系统中，我们希望获得线性的工作特性。为此，对于平行叶片风门，全开时的阻力损失约占系统总压降的 50%，即风门压降比 $S = 0.5$，见图 5-33 中曲线 K；而对于对开叶片风门，全开时的阻力损失仅占系统部总压降的 10% 左右，即风门的压降比 $S = 0.1$，见图 5-34 中曲线 F。从减少噪声和能量损失的观点看，对开叶片风门比平行叶片风门要好。

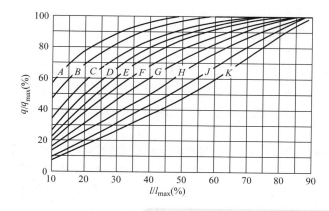

曲线序号	S值
A	0.005~0.01
B	0.01~0.015
C	0.015~0.025
D	0.025~0.035
E	0.035~0.055
F	0.055~0.09
G	0.09~0.15
H	0.15~0.20
J	0.20~0.30
K	0.30~0.50

图 5-33　平行叶片风门流量特性

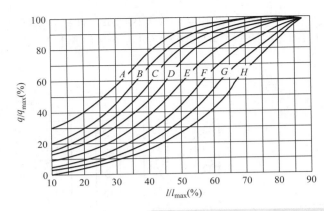

曲线序号	S值
A	0.0025~0.005
B	0.005~0.0075
C	0.0075~0.015
D	0.015~0.025
E	0.025~0.055
F	0.055~0.135
G	0.135~0.255
H	0.255~0.375

图5-34 对开叶片风门流量特性

复式风门装在风道内空气加热器旁，用来控制通过加热器和旁通风门的风量，以达到调节加热量的目的。加热器的尺寸和它的迎面风速以及加热器的阻力损失，根据加热器的有关资料，在空调系统设计时已确定。迎风面调节风门打开时，它的迎面风速与通过加热借的风速一样。当旁通风门全开，让全部空气流过旁通风门时，它的阻力损失应近似等于加热器和迎风面调节风门的阻力损失之和，由此考虑旁通调节风门尺寸。

5.5.3 调节风门的性能

（1）漏风量 调节风门的漏风量是指风阀在承受静压的条件下，风门全关状态的泄漏量。风门的漏风量与风阀的结构及备压有关。漏风量随着叶片数量增加和叶片长度增加而明显增大，其中叶片数量比叶片长度的影响更大。静压大则漏风量大。风门的漏风量可以根据所选用风门的宽度、高度及风门关闭后承受的静压，在生产厂家提供的风阀性能曲线上查出。对开阀比平行阀的漏风量小。因此，从减少漏风量来看，应选用对开叶片风门。

（2）额定温度 调节风门的最大运行温度也称额定温度，是指风门能完成正常功能的最高环境温度。最高温度影响到轴承和密封材料的耐温性。目前国内调节风门的耐温等级有 -40 ~ 95℃与 -55 ~ 205℃两种。

（3）额定压力 调节风门的额定压力是指叶片关闭时，作用在风门前后的最大允许静压差。系统运行时，风阀关闭状态下前后的最大静压差应不大于其额定值。最大允许静压差与风门的宽度成反比。过高的压差会引起叶片弯曲而产生过大的漏风量，同时还会在风门上产生一个过高的运行力矩，严重时会损坏风门。最大允许静压差可从生产厂家样本上的性能曲线图中，根据所选用的风门尺寸查出。

（4）额定风速 调节风门的额定风速是指风门处于全开状态时，气流进入风门时的最大速度，也称为最大流入速度。额定风速与风门叶片及连杆的刚性、轴承及风门整体机械设计有关。风门总体性能提高，其最大风速也增大。额定风速可从生产厂家样本上的性能曲线图中，根据所选用风门的尺寸查出。

（5）力矩要求 风门正常开关运行的力矩需求直接影响到执行器的选择。最小力矩要考虑两个条件：一个是关闭力矩，其要使风门叶片完全关闭，以达到尽可能小的漏风量；另一个条件是动态力矩，其要克服高速气流在风门叶片上的作用力，最大动态力矩出现在中部附近叶片旋转到2/3角度的位置。风门所需力矩与风门机械设计、传动机构、风阀面积大小有关，它涉及电动风门执行器的选择。

5.5.4 调节风门执行器

调节风门执行器又称为直联式电动风门执行器，是一种专门用于风门驱动的电动执行机构。按控制方式，调节风门执行器分为开关式与连续调节式两种，其旋转角度为90°或95°，电源为AC 220V、AC 24V及DC 24V，控制信号为DC 2～10V。

5.6 电-气转换器和电-气阀门定位器

在实际自动控制系统中，电与气两种信号常常混合使用，这样可以取长补短，组成电-气复合控制系统，因而各种电-气转换器及气-电转换器把电信号DC 0～10mA或DC 4～20mA与气信号20～100kPa进行相互转换。电-气转换器把电动变送器送来的电信号变为气压信号，送到气动调节器；也可把电动调节器输出的电信号变为气压信号去驱动气动调节阀。常用电-气阀门定位器具有电-气转换和气动阀门定位器两种作用。

5.6.1 气动仪表的基本元件及组件

1. 气阻

阻碍气体流动的机构或元件称为气阻。气动仪表中的恒节流孔、针阀等均为气阻。和电动仪表中的电阻相似，气阻在气动装置中起着降压和限流（调节气流量）的作用。

气阻按其结构特点可分为恒气阻和可变气阻。所谓恒气阻是指局部阻力的形状不变，如毛细管式恒气阻、隙缝式气阻。所谓可变气阻是指局部阻力形状可变，如圆锥-圆锥形可调气阻等。

2. 阻容环节

在气动仪表中凡能储存或放出气体的气室称为气容。气容的作用与电容在电路中的充放电作用相类似。

气容在气动仪表中按其压力和容量的变化情况可分为固定气容和弹性气容两种。固定气容是指气室中的压力可变而容积不变，这在气动仪表中使用较多。

在层流型节流元件后串联一个气体容室，就组成阻容环节。阻容环节有节流盲室和节流通室两种。节流盲室为由一个节流元件（可变气阻）和一个气容串联而成，当$p_1 > p_2$时对节流盲室充气；当$p_1 < p_2$时对节流盲室放气，在充放气过程中，气室中气体密度会发生变化。节流通室是由一个通室（气体容室）和两个节流元件（可变气阻）连接而成。

3. 喷嘴-挡板机构

喷嘴-挡板机构是由恒节流孔、气室和由挡板-喷嘴组合的变节流孔组成，如图5-35所示。

喷嘴-挡板机构的作用是把挡板的微小位移的（指挡板相对于喷嘴的位移）转换成相对应的气压信号，作为它的输出。它是一个放大倍数很高的放大环节。

0.14MPa的气源压力p_0经恒节流孔进入背压室，再由喷嘴与挡板间的间隙排至大气。由于喷嘴内径D（一般

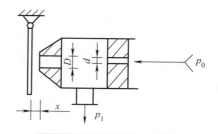

图5-35 喷嘴-挡板机构

$D = 0.8～1.2mm$）大于恒节流孔孔径d（一般$d = 0.15～0.3mm$），所以，如果喷嘴直接通大气，则气室中这股小气流较易地被排出，于是背压室中气压p_1接近于大气压。

当挡板靠近喷嘴时，由喷嘴排出的气流受到挡板的第二次阻力，挡板越靠近喷嘴，即间隙x

越小，阻力越大，气流越不易排出，背压室中的压力 p_1 越高。相反，挡板离开喷嘴，阻力就下降，气流容易排出，背压室中压力就降低。因此，挡板的位置（即 x 的大小）决定了背压室中的压力 p_1 的高低；挡板的位置不同，就有相应的气压信号输出。这样，挡板的微小位移 x 就被转换为气压信号。

当挡板盖死喷嘴时（ $x=0$ ），喷嘴-挡板机构的背压 p_1 达到最大值，但实际达不到气源压力（0.14MPa），因为挡板与喷嘴之间总还有点漏气。当挡板从盖死位置逐渐离开时，背压 p_1 开始时下降得比较缓慢，中间下降很快，最后趋于平缓。挡板位移 $x > D/4$ 后，再增加位移 x 也不影响流通面积，这时背压室有一个剩余压力。

气动喷嘴-挡板放大器的优点是尺寸小、结构简单、紧凑、工作可靠、坚固耐用、成本低廉，缺点为对气源净化要求较高。

由于恒节流孔流通面积很小，因此喷嘴-挡板机构输出压力 p_1 的空气量很小，不能直接驱动执行器和远距离传送，只有经过气动功率放大器使气体的流量放大后才能输出驱动执行器及远距离传送。

4. 气动功率放大器

广泛采用的功率放大器如图 5-36 所示。放大器由 A、B、C、D 四个气室及膜片 1、2，弹簧 3、4，阀杆 5，进气球阀 6，排气锥阀 7 等组成。

0.14MPa 的压力气源，一路进入 A 室，经进气球阀 6 通至 B 室，B 室的压力 p 即为输出压力，B室中的空气经排气阀通往 C 室，再排大气；另一路进入 D 室。当挡板远离喷嘴时，空气从喷嘴排出。

当挡板靠近喷嘴，D 室内压力增加时，膜片 1、2 及夹在其间的排气锥阀座一起向下移动，关小排气锥阀 7，使 B 室中的压力 p 增加。如果挡板继续靠近喷嘴，D 室压力 p 相应继续增加，膜片 1、2 及夹在其间的排气锥阀座一起向下关闭排气锥阀 7，

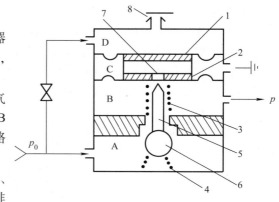

图 5-36 气动功率放大器

1、2—膜片 3、4—弹簧 5—阀杆 6—进气球阀
7—排气锥阀 8—喷嘴-挡板机构

并通过阀杆开大进气球阀 6，使输出压力 p 相应增加。当输入压力信号减小（挡板远离喷嘴）时，膜片在圆柱弹簧 3 的作用下向上移动，排气锥阀 7 开大，在锥形弹簧 4 的作用下，进气球阀被关小，于是输出压力 p 减小，输出压力 p 与挡板的位移成正比。

气源 A 室与输出气压的 B 室之间用球相连，它的气体流通截面积比恒节流孔和喷嘴-挡板的流通截面积大得多，所以，放大器输出的空气流量大大增加，这样就实现了功率和压力的放大。

5.6.2 电-气转换器

电-气转换器的结构原理如图 5-37 所示，它是按力矩平衡原理进行工作的。当直流 0~10mA 电流信号通入置于恒定磁场里的测量线圈时，所产生的磁通与磁钢在空气隙中的磁通相互作用而产生一个向下的电磁力（即测量力），由于线圈固定在杠杆上，使杠杆绕支承点 O 偏转，于是装在杠杆一端的挡板靠近喷嘴，使其背压升高，经过气动功率放大器后，一方面输出，一方面反馈到波纹管，建立起与测量力矩平衡的反馈力矩，反之亦然。于是输出气压信号的大小就与输入测量线圈电流呈一一对应的关系。

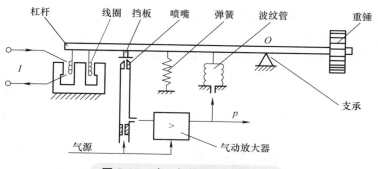

图 5-37 电 - 气转换器的原理图

5.6.3 电 - 气阀门定位器

电 - 气阀门定位器可将电动调节器输出的 DC 0 ~ 10mA 或 DC 4 ~ 20mA 信号转换成气压信号去操作气动执行机构。

配气动薄膜执行机构的电 - 气阀门定位器的动作原理如图 5-38 所示。

电 - 气阀门定位器是按力矩平衡原理工作的。当输入信号电流通入力矩线圈时，线圈与永久磁钢作用后对杠杆产生一个力矩，于是挡板靠近喷嘴，经放大器放大后，送入薄膜气室，使杠杆向下移动，并带动反馈杆绕其支点 O_2 向下转动，连在同一轴上的反馈凸轮也做顺时针方向转动，通过滚轮使小杠杆绕其支点 O_3 偏转，拉伸反馈弹簧。当反馈弹簧对小杠杆的拉力与气压作用在杠杆上的力是相等的，两者力矩平衡，阀门定位器达到平衡状态，此时，

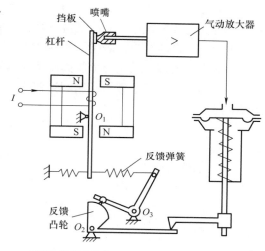

图 5-38 电 - 气阀门定位器的原理图

一定的输入信号电流就对应于气动薄膜调节阀一定的阀门位置。

5.7 暖通空调自动控制常用执行器

调节器的输出信号作为执行器的输入信号，执行器的输出与输入的关系是该执行器的特性，正确选取执行器的特性有利于改善自动控制的调节精度。执行器主要有膨胀阀、电磁阀、水量调节阀、风量调节阀、防火阀、排烟阀、变频器和晶闸管调功器等。下面分别介绍几种常用的执行器。

5.7.1 膨胀阀

在制冷系统中，膨胀阀主要起着膨胀节流的作用，它将液体制冷剂从冷凝压力减小到蒸发压力，并根据需要调节进入蒸发器的制冷剂流量。制冷系统的节流膨胀机构主要有热力膨胀阀、热电膨胀阀、电子膨胀阀和毛细管等。其中，毛细管在节流过程中有不可调性，故在大型制冷系统中不再采用毛细管，而采用膨胀阀来控制。常用的有热力膨胀阀和电子膨胀阀两种。

1. 热力膨胀阀

热力膨胀阀以蒸发器出口的过热度为信号，根据信号偏差来自动调节制冷系统的制冷剂流量，

因此，它是以传感器、调节器和执行器三位组合成一体的自力式自动控制器。热力膨胀阀有内平衡和外平衡两种形式。内平衡热力膨胀阀膜片下面的制冷剂压力是从阀体内部通道传递来的膨胀阀孔的出口压力；而外平衡式热力膨胀阀膜片下面的制冷剂平衡压力是通过外接管，从蒸发器出口处引来的压力。由于两者的平衡压力不同，它们的使用场合也有区别。内平衡式热力膨胀阀工作原理如图 5-39 所示，压力 p 是感温包感受到的蒸发器出口温度相对应的饱和压力，它作用在波纹膜片上，使波纹膜片产生一个向下的推力，而在波纹膜片下面受到蒸发压力 p_0 和调节弹簧力 W 的作用。

当空调区域温度处在某一工况下，膨胀阀处于某一开度时，p、p_0 和 W 处于平衡状态，即 $p = p_0 + W$。如果空调区域温度升高，蒸发器出口处过热度增大，则感应温度上升，相应的感应压力 p 也增大，这时 $p > p_0 + W$，波纹膜片向下移动，推动传动杆使膨胀阀的阀孔开度增大，制冷剂流量增加，制冷量随之增大，蒸发器出口过热度相应地降下来。相反，如果蒸发器出口处过热度降低，则感应温度下降，相应地感应压力 p 也减小，这时，$p < p_0 + W$，波纹膜片上移，传动杆也上移，膨胀阀的阀孔开度减小，制冷剂流量减小，使制冷量也减小，蒸发器出口过热度相应地升高。膨胀阀进行上述自动调节，适应了外界热负荷地变化，满足了室内所要求的温度。图 5-40 所示为内平衡式热力膨胀阀的结构。膨胀阀安装在蒸发器的进口管子上，它的感温包安装在蒸发器的出口管上，感温包通过毛细管与膨胀阀顶盖相连接，以传递蒸发器出口过热温度信号。有的在进口处还设有过滤网。

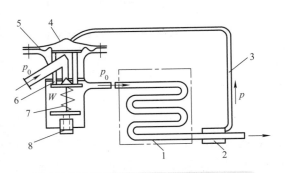

图 5-39　内平衡式热力膨胀阀工作原理

1—蒸发器　2—感温包　3—毛细管　4—膨胀阀
5—波纹膜片　6—推杆　7—调节弹簧　8—调节螺钉

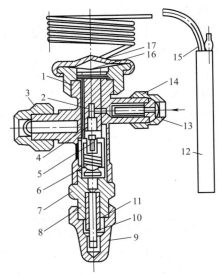

图 5-40　内平衡式热力膨胀阀的结构

1—阀体　2—传动杆　3—螺母　4—阀座　5—阀针
6—调节弹簧　7—调节杆座　8—填料　9—帽盖
10—调节杆　11—填料压盖　12—感温包　13—过滤网
14—螺母　15—毛细管　16—感应薄膜　17—气箱盖

热力膨胀阀的容量应与制冷系统相匹配，图 5-41 为热力膨胀阀和制冷系统制冷量特性曲线。制冷系统的制冷量曲线与膨胀阀的制冷量曲线交点，就是运行时的制冷量。从图 5-41 中看出，膨胀阀在一定的开启度下，它的制冷量 Q_0 随着蒸发温度 θ_0 的下降而增加，而制冷系统的制冷量随蒸发温度的下降而减少，两者要相互匹配，其制冷量就应相等，所以应对某一制冷系统所使用的热力膨胀阀进行选配。

2. 电子膨胀阀

热力膨胀阀用于蒸发器供液控制时存在很多问题，如控制质量不高，调节系统无法实施计算机控制，只能实施静态匹配；工作温度范围窄，感温包迟延大，在低温调节场合，振荡问题比较突出。因此 20 世纪 70 年代开始出现电子膨胀阀，至 90 年代末，技术已走向成熟。目前国内外流行的电子膨胀阀形式较多，按驱动形式不同，有热动式、电动式和电磁式，早期还有双金属片驱动，近年逐渐被替代。

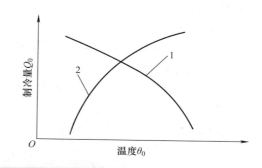

图 5-41 热力膨胀阀和制冷系统制冷量特性曲线
1—热力膨胀阀制冷量曲线 2—制冷系统制冷量曲线

电子膨胀阀是以微型计算机实现制冷系统制冷剂变流量控制，使制冷系统处于最佳运行状态而开发的新型制冷系统控制器件。微型计算机根据采集的温度信号进行比例和积分运算，控制信号控制施于膨胀阀上的电流或电压，以控制阀的开度，直接改变蒸发器中制冷剂的流量，从而改变其状态。压缩机的转数与膨胀阀的开度相适应，使压缩机输送量与通过阀的供液量相适应，而使蒸发器能力得以最大限度发挥，实现高效制冷系统的最佳控制，使过去难以实施的制冷系统有可能得以实现。因而，在变频空调、模糊控制空调和多路空调等系统中，电子膨胀阀作为不同工况控制系统制冷剂流量的控制器件，均得到日益广泛的应用。

图 5-42 是一种电动式电子膨胀阀，它采用电动机直接驱动轴，以改变阀的开度。该阀接收由微型计算机传来的运转信号进行动作，根据运转信号，驱动转子回转，以螺旋将其回转运动转换为轴的直线运动，以轴端头针阀调整节流孔的开度。

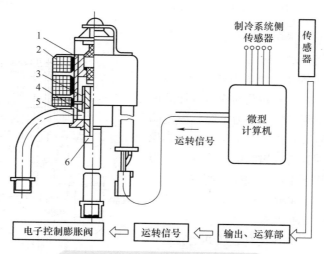

图 5-42 电动式电子膨胀阀的组成
1—电动机转子 2—电动机定子 3—螺旋 4—轴 5—针阀 6—节流孔

5.7.2 电磁阀

电磁阀是用来实现对管道内流体的截止控制的，它是受电气控制的截止阀，通常用作两位调节器的执行器，或者作为安全保护元件。它具有两位特性，即打开或关闭阀门。

电磁阀有常开型与常闭型。常开型指电磁阀线圈通电时，阀门关闭；线圈断电时，阀门打开。常闭型指电磁阀线圈通电时，阀门打开；线圈断电时，阀门关闭。如果按结构来分，有直接作用型（也称直动式）和间接作用型（也称导压式电磁阀）。下面分别介绍其结构、使用和安装。

直动式电磁阀通电后靠电磁力将阀打开，阀前后液体压差 Δp 越大，阀的口径越大，阀打开所需的电磁力越大，电磁线圈的尺寸也越大，所以，直动式电磁阀通径一般在 13mm 以下。直动式电磁阀如图 5-43 所示。当电磁线圈 1 通电，就会产生电磁吸力，吸引柱塞式阀芯（即活动铁心）2 上移，打开阀芯，使液体通过。当线圈断电时，柱塞式阀芯在自重和弹簧 3 作用下，关闭阀门。

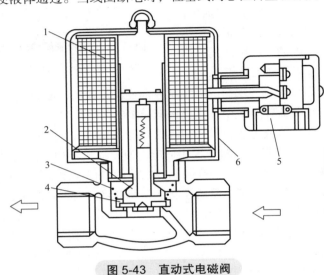

图 5-43 直动式电磁阀

1—电磁线圈 2—柱塞式阀芯 3—弹簧 4—圆盘 5—接线盘 6—外壳

导压式电磁阀是由导阀和主阀组成，它的特点是通过导阀的导压作用，使主阀发生开闭动作，结构如图 5-44 所示。当线圈 1 通电吸引柱塞式阀芯 2 上升，导向阀被打开。由于导阀孔的面积设计的比平衡孔 9 的面积大，主阀室 5 中压力下降，但主阀 6 下端压力仍与进口侧压力相等，主阀 6 在压差作用下向上移动，主阀 6 开启。当断电时，柱塞式阀芯与导向阀在自重作用下下降，关闭主阀室，进口侧介质从平衡孔 9 进入，主阀内压力上升至约等于进口侧压力时，阀门呈关闭状态。

弹簧负荷的电磁阀可以在竖直管或其他管道位置上安装，重力负荷的电磁阀必须在水平管垂直安装。电磁阀必须按规定的电压使用。

另外，还有一种三通电磁阀，可用于活塞式压缩机气缸卸载能量调节的油路系统，其结构如图 5-45 所示。图中 a 接口接来自液压泵的高油压；b 接口接能量调节液压缸的油管；c 接口接曲轴回油管。断电时，铁心与滑阀落下，则 a 与 b 接通，液

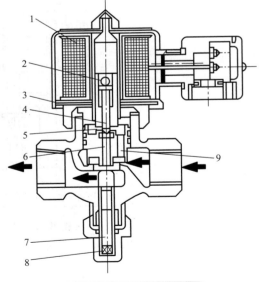

图 5-44 导压式电磁阀

1—线圈 2—柱塞式阀芯 3—罩子 4—导阀
5—主阀室 6—主阀 7—手动开闭棒
8—盖 9—平衡孔

压泵的高压油送往能量调节液压缸，使相应的气缸加载。电磁线圈通电时，铁心与滑阀被吸起，接口 b 与 c 相通，气缸中的压力油回流至曲轴箱。

电磁阀使用选型时，应仔细阅读厂家选型样本所提供的技术资料。它们包括：适用介质的种类、阀的工作温度范围、工作压力、最大开阀压力差、最小开阀压力差、电磁线圈的电源电压及允许波动值、线圈消耗功率及阀的容量特性表。根据以上资料选择满足要求的阀型和阀尺寸。使用安装时，电磁头轴线应处于垂直方向，必须按阀体上所标示的流动方向连接进出口管，因为一般电磁阀流向不可逆。若流向接反，则流体压力差会将阀顶开。除非样本上注明是可逆电磁阀。

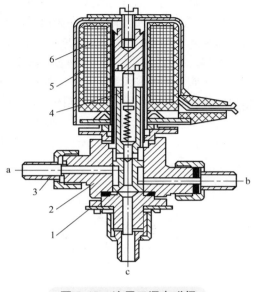

图 5-45　油用三通电磁阀
1—连接片　2—阀体　3—接管　4—铁心
5—罩壳　6—电磁线圈

5.7.3　电动调节阀

电动调节阀接收电动、电子式调节器或 DDC 输出的调节信号，切断或调节输送管道内流动介质的流量，以达到自动调节被控参数的目的。电动调节阀（含二通、三通）在空调自动控制中使用比较普遍，它的基本结构一般由电动执行机构和调节机构两大部分组成，可以集成为一体，也可以分装成电动执行机构（简称为执行器）或调节机构（简称为调节阀）。图 5-46 为电动调节阀结构图。

1. 电动执行机构

电动执行机构的种类很多，一般可分为直行程、角行程和多转式三种。这三种电动执行器都是由电动机带动减速装置，在控制信号的作用下产生直线运动或旋转运动。

电动执行机构一般可接收来自调节器的两种信号：一种是模拟量输出（AO）信号，如 DC 2 ~ 10V、DC 4 ~ 20mA 或 DC 0 ~ 10V 等不同信号；另一种是断续的开关信号，即数字量输出（DO）信号，如继电器的常开触点所提供的信号。调节器属于断续 PI 控制规律，一个 DO 信号按 PI 规律开大阀门，另一个 DO 信号按 PI 规律关小阀门，当无 DO 信号时，阀门停在原位置。有的执行机构带有阀位信号，可通过通信集中显示。还应说明，在建筑设备自动化系统（BAS）中应用的电动执行机构，大多采用两相交流电容式异步电动机，供电电压为 AC 24V。

图 5-46　电动调节阀结构图
1—电动执行机构　2—调节机构

各类执行机构尽管在结构上不完全相同，但基本结构都包括放大器、可逆电机、减速装置、推力机构、机械限位组件、弹性联轴器和位置反馈等部件。

2. 调节机构

电动调节阀因结构、安装方式及阀芯形式不同，可分为多种类型。以阀芯形式分类，有平板形、柱塞形、窗口形和套筒形等。不同的阀芯结构，其调节阀的流量特性也各不一样。

在空调的自动控制系统中，调节介质为热水、冷水和蒸汽，因使用情况单一，常被采用的调节阀有直通双座阀、直通单座阀和三通调节阀。直通双座阀如图 5-47 所示。流体从左侧进入，通过上、下阀座再汇合在一起由右侧流出。由于阀体内有两个阀芯和两个阀座，所以叫作直通双座阀。

对于双座阀，流体作用在上、下阀芯的推力，其方向相反而大小接近相等，所以阀芯所受的不平衡力很小，因而允许使用在阀前后压差较大的场合。双座阀的流通能力比同口径的单座阀大。由于受加工精度的限制，双座的上、下两个阀芯不易保证同时关闭，所以关闭时的泄漏量较大，尤其用在高温或低温场合，因阀芯和阀座两种材料的热膨胀系数不同，更易引起较严重的泄漏。

双座阀有正装和反装两种：当阀芯向下移动时，阀芯与阀座间流通面积减少者称为正装；反之，称为反装。对于双座阀，只要把图 5-47 中的阀芯倒过来装，就可以方便地将正装改为反装。

直通单座阀如图 5-48 所示，阀体内只有一个阀芯和一个阀座。单座阀的特点是单阀芯结构，容易达到密封，泄漏量小；流体对阀芯推力是单向作用，不平衡力大，所以单座阀仅适用阀前后低压差的场合。

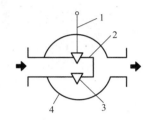

图 5-47　直通双座阀（正装式）

1—阀杆　2—阀座　3—阀芯　4—阀体

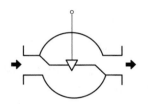

图 5-48　直通单座阀

三通调节阀有 3 个出入口与管道相连，有合流阀和分流阀两种形式。图 5-49 为三通调节阀阀体与阀芯的结构示意图。图 5-49a 为合流阀，两种流体 A 和 B 流入混合为 A+B 流体流出，当阀门关小一个入口的同时，就开大另一个入口。图 5-49b 为分流阀，它有一个入口、两个出口，即流体由一路进来然后分为两路流出。

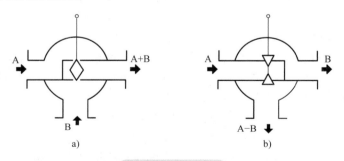

图 5-49　三通阀

a）合流阀　b）分流阀

电动调节阀是建筑环境与设备自动控制系统中应用最多的一种执行器，它与电磁阀之间的最大差别在于电动调节阀可以进行连续调节，执行器的位移与输入信号呈线性关系，这也是它的主要优点。但是，为了使电动调节阀的运动能够准确地跟踪调节器的输出变化，在执行器内部需要有一个伺服系统，伺服系统实际上也是一个反馈控制系统，使调节阀的输出与输入信号呈线性关系。

5.7.4　电动调节风门

电动调节风门是空调系统中必不可少的设备，可以手动操作，也可实行自动调节。自动控制时，风门则成了调节系统的重要环节。风门也是由电动机执行机构和风阀组成的。关于风门的相关介绍，读者可参考 5.5.1 节。

5.7.5 阀门定位器

这里仅介绍电动阀门定位器。电动阀门定位器接收调节器传输过来的 DC 0～10V 连续控制信号，对以 AC 24V 供电的执行机构的位置进行控制，使阀门位置与控制信号呈线性关系，从而起到控制阀门定位的作用。电动阀门定位器装在执行器壳内，电动阀门定位器可以在调节器输出的 0～100% 范围内，任意选择执行器的起始点；在调节器输出的 20%～100% 范围内，任意选择全行程的间隔。电动阀门定位器具有正、反作用的给定，当阀门开度随输入电压增加而加大时称为正作用，反之则称为反作用。因此，电动阀门定位器与连续输出的调节器配套可实现分程控制。

电动阀门定位器的工作原理示意图如图 5-50 所示，它由前置放大器（Ⅰ和Ⅱ）、触发电路、双向晶闸管电路和位置反馈器等部分组成。图中 RP_1 是起始点调整电位器，RP_2 是全行程间隔调整电位器，RP_3 是阀门位置反馈电位器。

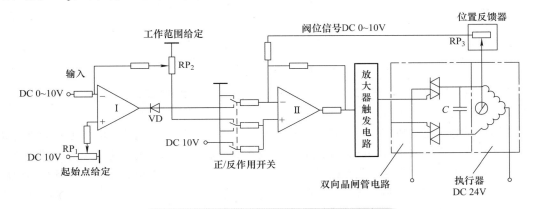

图 5-50　电动阀门定位器的工作原理示意图

为了使阀门位置与输入信号一一对应，在放大器Ⅱ反相输入端引入阀位负反馈信号，DC 0～10V 是由位置反馈器送过来的信号，在阀门转动的同时，通过减速器带动反馈电位器 RP_3，转换为 DC 0～10V。依靠反馈信号，准确地转换阀门的行程。图中，二极管 VD 的主要作用是保证在输入信号小于起始点给定值时，放大器Ⅰ的正向输出不能通过，保证下级电路不动作。

正/反作用开关置于"反"作用时，DC 10V 与前级的输出同时加到放大器Ⅱ的正向输入端，从而保证输入为 10V 时，阀开度为零，输入为 0 时，阀开度为 100%，且输入与阀开度呈线性关系。

5.7.6 变频器

变频调速器（简称变频器）是暖通空调自动化系统常用的执行器之一，不管是水泵、风机还是锅炉炉排，凡是需要变速运转的设备都要用到变频调速器，随着建筑设备节能的需要，电动设备要求变速运转越来越多，变频调速器已经成了暖通空调自动化系统必不可少的设备之一。图 5-51 为常用交流变频调速器外形。

图 5-51　交流变频调速器

目前，交流调速传动已经从最初的只能用于风机和泵类的调速传动过渡到需要精度高和响应快的高性能指标的调速控制。随着电力电子器件的制造技术、基于电力电子电路的电力变换技术、交流电动机的矢量变换控制技术、脉冲宽度调制（PWM）技术以及以微型计算机和大规模集成电路为基础的全数字化控制技术等的迅速发展，交流调速电气传动的应用将会越来越广泛并且性能越来越可靠。

1. 变频器的基本构成和基本功能

（1）变频器的基本构成　根据交流异步电动机的工作原理可知，p 对磁极的异步电动机在三相交流电的一个周期内旋转 $1/p$ 转，其旋转磁场转速的同步速度 n 与极对数 p、电流频率 f 的关系可表示为

$$n = 60f/p \tag{5-37}$$

由于异步电动机要产生转矩，同步速度 n 与转子速度 n' 不相等，速度差（$n-n'$）与同步速度 n 的比值称为转差率，用 s 表示，即

$$s = \frac{n-n'}{n} \tag{5-38}$$

所以转子速度 n' 可表示为

$$n' = 60f/[p(1-s)] \tag{5-39}$$

由式（5-39）可知，改变电动机的供电频率 f 就可以改变电动机的转子转速 n'。可以采用逆变器来改变电动机的供电频率。

变频调速是利用电动机的同步转速随频率变化的特性，通过改变电动机的供电频率进行调速的方法，其调速方法大致可分为间接变换方式和直接变换方式两类。按输变电压的不同，变频器有两类，一类是中高压变频器，它是高压电源直接输入变频器，从变频器输出的变频高压电源直接输入高压电动机，称为"高 - 高"变频调速；另一类是低压变频器，它是在低压变频器输入侧接入降压变压器，将 3～10kV 的高压降至 380V 给变频器供电，再将变频器输出的低压变频电接至升压变压器，将电压升高至电动机所需的电压，称为"高 - 低 - 高"变频调速。对于水泵、风机类，常采用"高 - 低 - 高"变频调速方式。

为了使用更有效、更安全和节能效果更好，常常在变频器的选择过程中，要选用必要的配套设备。不同性质的机械拖动，变频器需要配置不同的配套设备。对于水泵、风机常常选用软起动器和变压器等配套设备。对于功率较大（如 22kW）的水泵风机，采用软起动器，可替代传统的降压起动方式进行起动。

变频器已有几十年的发展历史，曾经出现过多种类型的变频器。但是，目前成为市场主流的变频器，其基本结构如图 5-52 所示。

（2）变频器内部电路的基本功能　变频器的种类很多，其内部结构也有些不同，但大多数变频器都具有图 5-53 所示的硬件结构，它们的区别主要是控制电路和检测电路以及控制算法不同而已。

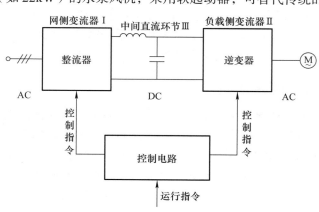

图 5-52　变频器的基本结构

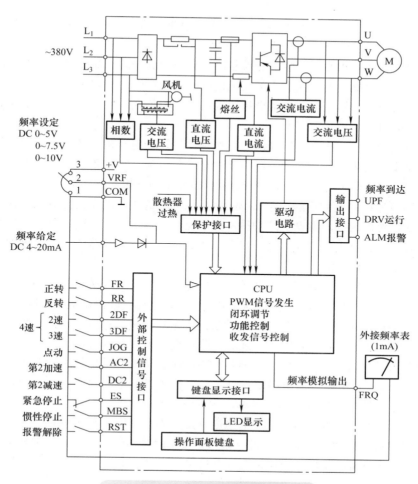

图 5-53　通用变频器的硬件结构框图

　　一般三相变频器的整流电路由三相全波整流桥组成。它的主要作用是对工频的外部电源进行整流，并给逆变电路和控制电路提供所需要的直流电源。整流电路按其控制方式可以是直流电压源，也可以是直流电流源。

　　直流中间电路的作用是对整流电路的输出进行平滑滤波，以保证逆变电路和控制电路能够获得质量较高的直流电源。当整流电路是电压源时，直流中间电路的主要元器件是大容量的电解电容；而当整流电路是电流源时，平滑电路则主要由大容量电感组成。此外，由于电动机制动的需要，在直流中间电路中，有时还包括制动电阻以及其他辅助电路。

　　逆变电路是变频器最主要的组成部分之一，它的主要作用是在控制电路的控制下，将平滑电路输出的直流电源转换为频率和电压都任意可调的交流电源。逆变电路的输出就是变频器的输出，用来实现对异步电动机的调速控制。

　　变频器的控制电路包括主控制电路、信号检测电路、门极（基极）驱动电路、外部接口电路以及保护电路等几个部分，也是变频器的核心部分。控制电路的优劣决定了变频器性能的优劣。控制电路的主要作用是将检测电路得到的各种信号送至运算电路，使运算电路能够根据驱动要求为变频器主电路提供必要的门极（基极）驱动信号，并对变频器以及异步电动机提供必要的保护。此外，控制电路还通过 A/D 和 D/A 等外部接口电路接收／发送多种形式的外部信号和给出系统内部工作状态，以便变频器能够和外设配合进行各种高性能的控制。

2. 通用变频器的标准规格

与可编程序控制器（PLC）一样，变频器也没有一个统一的产品型号，世界上各个变频器生产厂家都自定型号。因此，要选用适合于交流电动机的变频器，就要了解变频器的产品型号及其含义。实际上，每个变频器生产厂家都会提供变频器型号说明、主要特点、技术性能和标准规格等内容，让用户选用。

（1）变频器的容量　大多数变频器的容量均以所适用的电动机的功率、变频器的输出视在功率和变频器的输出电流来表征。其中，最重要的是额定电流，它是指变频器连续运行时，允许输出的电流。额定容量是指额定输出电流与额定输出电压下的三相视在功率。

至于变频器所适用的电动机的功率（kW），是以标准的 4 极电动机为对象，在变频器的额定输出电流限度内，可以拖动的电动机的功率。如果是 6 极以上的异步电动机，同样的功率下，由于功率因数的降低，其额定电流比 4 极异步电动机大。所以，变频器的容量应该相应扩大，以使变频器的电流不超出其允许值。

由此可见，选择变频器容量时，变频器的额定输出电流是一个关键量。因此，采用 4 极以上电动机或者多电动机并联时，必须以总电流不超过变频器的额定输出电流为原则。

（2）变频器输出电压　可以根据所用电动机的额定输出电压进行选择或适当调整。我国常用交流电动机的额定电压为 220V 和 380V，还有一些场合采用高压交流电动机。

（3）变频器输出频率　变频器的最高输出频率根据机种不同有很大的差别，一般有 50Hz、60Hz、120Hz、240Hz 及更高的输出频率。以在额定速度以下范围内进行调速运转为目的，大容量通用变频器几乎都具有 50Hz 或 60Hz 的输出频率。

（4）变频器保护结构　变频器内部产生的热量大，考虑到散热的经济性，除小容量变频器外，几乎都是开启式结构，采用风扇进行强制冷却。变频器设置场所在室外或周围环境恶劣时，最好装在独立盘上，采用具有冷却用热交换装置的全封闭式。对于小容量变频器，在粉尘多、油雾多、棉绒多的环境中，也要采用全封闭式结构。

（5）瞬时过载能力　基于主回路半导体开关器件的过载能力，考虑到成本问题，通用变频器的电流瞬时过载能力常常设计为：150% 额定电流 1min 或 120% 额定电流 1min。与标准异步电动机（过载能力通常为 200% 左右）相比较，变频器的过载能力较小。因此，在变频器传动的情况下，异步电动机的过载能力常常得不到充分的发挥。此外，如果考虑到通用电动机散热能力的变化，在不同转速下，电动机的转矩过载能力还要有所变化。

3. 变频器容量的选用

变频器容量的选用由很多因素决定，例如电动机容量、电动机额定电流、电动机加速时间等，其中，最主要的是电动机额定电流。

（1）驱动一台电动机　对于连续运转的变频器必须同时满足下列 3 项计算公式：

满足负载输出　　　　　　　$P_{CM} \geqslant kP_M/(\eta \cos\varphi)$　　　　　　　　　　　　（5-40）

满足电动机容量　　　　　　$P_{CM} \geqslant 10^{-3}\sqrt{3}kU_E I_E$　　　　　　　　　　　　（5-41）

满足电动机电流　　　　　　$I_{CM} \geqslant kI_E$　　　　　　　　　　　　　　　　　（5-42）

式中　P_{CM}——变频器容量（kV·A）；

　　　P_M——负载要求的电动机轴输出功率（kW）；

　　　U_E——电动机额定电压（V）；

I_E——电动机额定电流（A）；

η——电动机效率（通常约为 0.85）；

$\cos\varphi$——电动机功率因数（通常约为 0.75）；

k——电流波形补偿系数。

由于变频器的输出波形并不是完全的正弦波，而含有高次谐波的成分，因此其电流应有所增加。对 PWM 控制方式的变频器，k 为 1.05～1.1。

（2）驱动多台电动机 当变频器同时驱动多台电动机时，一定要保证变频器的额定输出电流大于所有电动机额定电流的总和。对于连续运转的变频器，当过载能力为 150% 1min 时，必须同时满足下列 2 项计算公式：

满足驱动时容量

$$jP_{CM} \geqslant \frac{kP_M}{\eta\cos\varphi}\left[N_T + N_s(k_s - 1)\right] = P_{C1}\left[1 + (k_s - 1)N_s / N_T\right] \quad (5\text{-}43)$$

满足电动机电流

$$jP_{CM} \geqslant N_T I_E\left[1 + (k_s - 1)N_s / N_T\right] \quad (5\text{-}44)$$

式中 P_{CM}——变频器容量（kV·A）；

P_M——负载要求的电动机轴输出功率（kW）；

k——电流波形补偿系数，对 PWM 控制方式的变频器，k 为 1.05～1.1；

η——电动机效率（通常约为 0.85）；

$\cos\varphi$——电动机功率因数（通常约为 0.75）；

N_T——电动机并联的台数；

N_s——电动机同时起动的台数；

P_{C1}——连续容量（kV·A）；

k_s——起动系数，该值等于电动机起动电流／电动机额定电流；

I_E——电动机额定电流（A）；

j——系数，当电动机加速时间在 1min 以内时，j =1.5；当电动机加速时间在 1min 以上时，j =1。

4. 变频器类型的选用

根据控制功能，将通用变频器分为 3 种类型：普通功能型 U/f 控制变频器、具有转矩控制功能的高功能型 U/f 控制变频器和矢量控制高性能型变频器。

变频器类型的选用要根据负载的要求来进行。

对于风机和泵类，由于负载转矩正比于转速的二次方，低速下负载转矩较小，通常可以选择普通功能型 U/f 控制变频器。

5.7.7 晶闸管调功器

在采用电加热的空调温度自动调节系统中，晶闸管交流开关目前应用较为广泛，这种开关具有无触点、动作迅速、寿命长和几乎不用维护等优点。

采用晶闸管交流开关的交流调功器的基本工作原理是在晶闸管交流开关电路中采用由晶闸管

组成的"零电压开关"，使开关电路在电压为零的瞬间闭合，利用晶闸管的掣住特性，不管负载功率因数的大小，只能在电流接近于零时才关断，这样的电磁干扰将是最小的。在调节电压或功率时，利用晶闸管的开关特性，在设定的周期范围内，根据调节信号的大小，改变电路接通数个周波后再断开数个周波，即改变晶闸管在设定周期内导通与断开的时间比，从而达到调节负载两端交流平均电压（亦即负载功率）的目的。调功器的输出波形有连续输出和间隔输出两种形式，连续输出波形如图 5-54 所示。

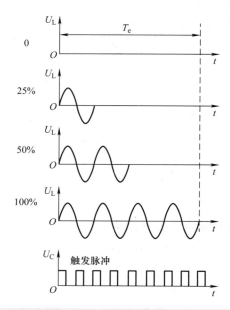

图 5-54   调功器过零触发的连续输出电压波形示意图

第6章

简单控制系统的特性及设计

自动控制系统的分析和研究有着悠久的历史，其分析方法一般有时域分析法、复域分析法和频域分析法，时域分析法中常用的有微分方程分析方法。微分方程分析方法首先需列出组成控制系统各个环节特性微分方程式，通过消除中间变量，得到系统的微分方程式，最后求解，便可得到被控变量在干扰作用下随时间变化的规律，即过渡过程，把过渡过程中被控变量随时间的变化规律绘成曲线，便是过渡过程曲线，可以通过过渡过程曲线直观地观察到系统在干扰作用下的控制质量，如稳定程度、衰减比、最大偏差、余差、回复时间及振荡周期等，并判断出其控制质量是否满足工艺生产要求的结论，以便找出改进系统性能的有效方法。

6.1 自动控制系统微分方程式的建立及特性分析

常见的水箱液位控制系统如图 6-1 所示。当水箱水位发生变化时，系统自动调节水箱水位达到设定水位。

假定流入水箱的流量 q_f 发生变化，液位变送器 LT 测得变化后的液位 L，将其转化为电信号 L_z 送往调节器 LC，调节器将测量信号 L_z 与设定信号比较后得到偏差信号 e，然后按一定的规律运算后经电 - 气转换器输出信号 p 到执行器（如气动薄膜调节阀），以改变调节阀的阀门开启度，改变流量 q_v，从而改变输入流量 q_i（$q_i = q_f + q_v$），使液位回到设定值。系统的框图如图 6-2 所示。

为了研究系统在干扰作用下被控变量的变化规律，首先需要建立系统各组成环节的数学模型，继而推导出系统输入参数与输出参数之间的数学关系式。

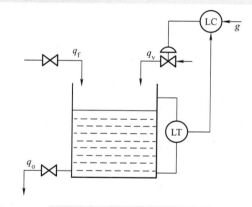

图 6-1 液位控制系统示意图

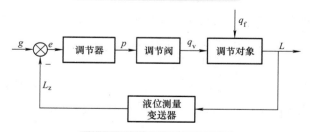

图 6-2 液位控制系统框图

6.1.1 自动控制系统微分方程式

1. 被控对象的微分方程式

水箱液位 L 与输入流量 q_i 之间的微分方程式为

$$T_1 \frac{\mathrm{d}L}{\mathrm{d}t} + L = K_1 q_i \tag{6-1}$$

式中　T_1——水箱对象的时间常数（s）；

　　　K_1——放大系数。

由于 $q_i = q_v + q_f$，代入式（6-1）得

$$T_1 \frac{\mathrm{d}L}{\mathrm{d}t} + L = K_1 (q_v + q_f) \tag{6-2}$$

2. 测量变送器的方程式

假定液位测量变送器的输出信号 L_z 与液位 L 成正比，比例系数为 K_2，则其方程式为

$$L_z = K_2 L \tag{6-3}$$

3. 调节器的方程式

假定采用比例调节器，其输出信号 p 与输入偏差 e 成比例，比例系数为 K_3，调节器的方程式为

$$p = K_3 e \tag{6-4}$$

由于偏差 e 等于设定值减去测量值，假定设定值不变，其变化量为零，因此有

$$e = -L_z \tag{6-5}$$

将式（6-5）代入式（6-4）得

$$p = -K_3 L_z \tag{6-6}$$

4. 执行器的方程式

液位控制系统的执行器采用气动薄膜调节阀。当调节器经电 - 气转换器输出的气压信号 p 变化时，使阀杆和阀芯上下移动，对输送的流体产生调节作用。

（1）气动执行机构的方程式　气动执行机构的阀杆位移 l 与输入信号 p 的微分方程式为

$$T_4 \frac{\mathrm{d}l}{\mathrm{d}t} + l = \frac{F}{\alpha} p \tag{6-7}$$

式中　T_4——气动执行机构的时间常数；

　　　α——弹簧的弹性模量；

　　　F——膜片的面积。

（2）调节阀的方程式　阀门的开度 l 与调节量 q_v 的关系与阀门的流量特性有关。假定调节阀流量特性是直线特性，即 q_v 与阀门开度 l 成正比，即

$$q_v = \beta l \tag{6-8}$$

式中　β——调节阀的放大系数。

（3）执行器的方程式　将式（6-8）代入式（6-7），得执行器即气动调节阀的微分方程式为

$$T_4\frac{\mathrm{d}q_\mathrm{v}}{\mathrm{d}t}+q_\mathrm{v}=\frac{\beta}{\alpha}Fp \tag{6-9}$$

或

$$T_4\frac{\mathrm{d}q_\mathrm{v}}{\mathrm{d}t}+q_\mathrm{v}=K_4p \tag{6-10}$$

式中　K_4——气动调节阀的放大系数，$K_4=\beta/\alpha$。

在实际应用中，一般气动调节阀或电动调节阀的时间常数与被控对象的时间常数相比较小，因而，可以把气动或电动调节阀近似作为放大环节来处理，可简化控制系统的分析。

上述式（6-2）、式（6-3）、式（6-6）和式（6-10）分别是被控对象、测量变送器、调节器和执行器的特性式，将这 4 个方程式联立，消去中间变量 L_z、p、q_v 等，就可以得到系统的微分方程式。

由式（6-2）解得

$$q_\mathrm{v}=\frac{T_1}{K_1}\frac{\mathrm{d}L}{\mathrm{d}t}+\frac{L}{K_1}-q_\mathrm{f} \tag{6-11}$$

对式（6-11）求导得

$$\frac{\mathrm{d}q_\mathrm{v}}{\mathrm{d}t}=\frac{T_1}{K_1}\frac{\mathrm{d}^2L}{\mathrm{d}t^2}+\frac{1}{K_1}\frac{\mathrm{d}L}{\mathrm{d}t}-\frac{\mathrm{d}q_\mathrm{f}}{\mathrm{d}t}$$

由于 q_f 假定为阶跃干扰，$\dfrac{\mathrm{d}q_\mathrm{f}}{\mathrm{d}t}=0$，代入上式有

$$\frac{\mathrm{d}q_\mathrm{v}}{\mathrm{d}t}=\frac{T_1}{K_1}\frac{\mathrm{d}^2L}{\mathrm{d}t^2}+\frac{1}{K_1}\frac{\mathrm{d}L}{\mathrm{d}t} \tag{6-12}$$

将式（6-3）、式（6-6）、式（6-11）和式（6-12）代入式（6-10），整理得

$$T_4T_1\frac{\mathrm{d}^2L}{\mathrm{d}t^2}+(T_4+T_1)\frac{\mathrm{d}L}{\mathrm{d}t}+(1+K_1K_2K_3K_4)L=K_1q_\mathrm{f} \tag{6-13}$$

式（6-13）就是描述液位控制系统的输出变量 L 与干扰变量 q_f 之间关系的微分方程式。

6.1.2　自动控制系统微分方程式的解

系统微分方程建立后，对方程进行求解并绘制过渡过程曲线。

当系统参数确定后，式（6-13）是一个常系数线性二阶微分方程式。假定输入变量 q_f 是阶跃信号，其幅值为 A，则式（6-13）的解 L 由两部分组成，即

$$L=L_\mathrm{tr}+L_\mathrm{ss} \tag{6-14}$$

式中　L_ss——L 的稳态分量，即稳态值；

　　　L_tr——L 的瞬态分量。

1. 求稳态分量 L_{ss}

L_{ss} 是 L 的稳态分量，它是上述非齐次微分方程式的一个特解（稳态解），由于系统稳定以后，$\dfrac{\mathrm{d}^2 L}{\mathrm{d}t^2} = \dfrac{\mathrm{d}L}{\mathrm{d}t} = 0$，代入式（6-13），便有

$$(1 + K_1 K_2 K_3 K_4) L_{ss} = K_1 A$$

或

$$L_{ss} = \frac{K_1}{1 + K_1 K_2 K_3 K_4} A = K'A \qquad (6\text{-}15)$$

式中　K'——系统的静态放大系数，$K' = \dfrac{K_1}{1 + K_1 K_2 K_3 K_4}$。

2. 求瞬态分量 L_{tr}

L_{tr} 是 L 对应的齐次微分方程式的通解，式（6-13）对应的齐次微分方程式

$$T_4 T_1 \frac{\mathrm{d}^2 L}{\mathrm{d}t^2} + (T_4 + T_1)\frac{\mathrm{d}L}{\mathrm{d}t} + (1 + K_1 K_2 K_3 K_4) L = 0 \qquad (6\text{-}16)$$

其特征方程式为

$$T_4 T_1 s^2 + (T_4 + T_1)s + (1 + K_1 K_2 K_3 K_4) = 0 \qquad (6\text{-}17)$$

特征根为

$$s_{1,2} = \frac{-(T_4 + T_1) \pm \sqrt{(T_4 + T_1)^2 - 4T_1 T_4 (1 + K_1 K_2 K_3 K_4)}}{2T_1 T_4}$$

式（6-16）的解为

$$L_{tr} = C_1 \mathrm{e}^{s_1 t} + C_2 \mathrm{e}^{s_2 t} \qquad (6\text{-}18)$$

式中　C_1、C_2——取决于初始条件的两个常数。

3. 求微分方程式的解 L

将式（6-15）与式（6-18）代入式（6-14），则有

$$L = C_1 \mathrm{e}^{s_1 t} + C_2 \mathrm{e}^{s_2 t} + K'A \qquad (6\text{-}19)$$

根据初始条件，可确定积分常数 C_1 和 C_2 的值为

$$C_1 = \frac{s_2}{s_1 - s_2} K'A$$

$$C_2 = -\frac{s_2}{s_1 - s_2} K'A$$

将 C_1 和 C_2 代入式（6-19），整理得

$$L = \frac{1}{s_1 - s_2}(s_2 e^{s_1 t} - s_1 e^{s_2 t})K'A + K'A \qquad (6-20)$$

由式（6-20）可以看出，当输入幅值 A 以及初始条件决定以后，系统输出参数 L 的变化规律只取决于 s_1、s_2 及 K' 值。

6.1.3 自动控制系统特性分析

1. 自动控制系统的余差

稳态解 L_{ss} 就是过渡过程结束以后的数值，在定值控制系统中，它就是余差。由式（6-15）可知，$L_{ss} = K'A$，由此可以看出，上述液位控制系统在采用纯比例调节器时，必然存在余差。在 A 一定的情况下，余差的大小取决于 K' 的值，由于

$$K' = \frac{K_1}{1 + K_1 K_2 K_3 K_4} \qquad (6-21)$$

所以在系统的其他参数都已确定的情况下，调整调节器的放大系数 K_3 可以改变余差的大小。K_3 越大，K' 越小，则余差也越小。

2. 自动控制系统过渡过程

瞬态解 L_{tr} 是过渡过程中的瞬态分量，它的变化规律就决定了过渡过程的形式。由式（6-20）可知

$$L_{tr} = \frac{1}{s_1 - s_2}(s_2 e^{s_1 t} - s_1 e^{s_2 t})K'A \qquad (6-22)$$

由式（6-22）可以看出，L_{tr} 主要取决于 s_1 与 s_2 的数值。由特征根式可知，当根号内 $(T_4 + T_1)^2 - 4T_1 T_4(1 + K_1 K_2 K_3 K_4) \geq 0$ 时，特征根 s_1、s_2 均为负实根，代入式（6-22）后，可知，当 $t = 0$ 时，有

$$L_{tr} = \frac{1}{s_1 - s_2}(s_2 - s_1)K'A = -K'A \qquad (6-23)$$

当 t 逐渐增大时，由于 s_1、s_2 为负实数，故 L_{tr} 为两个指数衰减函数的代数和，当 $t \to \infty$ 时，$L_{tr} \to 0$，绘制 L_{tr} 与 t 的关系曲线，如图 6-3a 所示。

当根号内 $(T_4 + T_1)^2 - 4T_1 T_4(1 + K_1 K_2 K_3 K_4) < 0$ 时，特征根 s_1、s_2 为一对具有负实部的共轭复根，写成如下形式：$s_1, s_2 = -\alpha \pm j\beta$，代入式（6-22），则有

$$L_{tr} = \frac{1}{s_1 - s_2}(s_2 e^{j\beta t} - s_1 e^{-j\beta t})e^{-\alpha t}K'A \qquad (6-24)$$

由式（6-24）可以看出，当 $t = 0$ 时，$L_{tr} = -K'A$；当 t 增加时，由欧拉公式可以得出 L_{tr} 是振荡的，并且由于 $e^{-\alpha t}$ 项随着 t 增加而衰减，因此 L_{tr} 呈现为衰减振荡规律；当 $t \to \infty$ 时，由于 $e^{-\alpha t} \to 0$，故振荡幅值趋于零。绘出此种情况下的 L_{tr} 与 t 的关系曲线，大致形状如图 6-3b 所示。

由于 $L = L_{tr} + L_{ss}$，所以将 L_{ss} 叠加到图 6-3 所示的 L_{tr} 曲线上，便可得到 $L-t$ 曲线，如图 6-4b 所示。

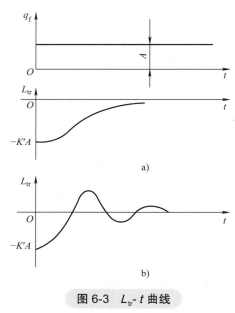

图 6-3 L_{tr} - t 曲线

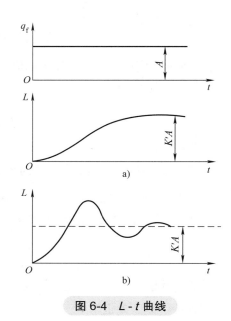

图 6-4 L - t 曲线

3. 调节器放大系数对过渡过程的影响

自动控制系统过渡过程的类型，主要决定于闭环特征方程根的形式，可能是实根，也可能是虚根。在系统中其他参数都已确定的情况下，当调节器的放大系数 K_3 较小时，根号内的数值大于零，特征根为负实根，因此过渡过程是单调变化的曲线，且余差较大，如图 6-4a 所示。

当调节器的放大系数 K_3 足够大以后，根号内的数值就小于零，即 $(T_1 + T_4)^2 < 4T_1T_4(1 + K_1K_2K_3K_4)$，特征根 s_1、s_2 为一对具有负实部的共轭复根，因此过渡过程是阻尼衰减振荡曲线，且余差较小，如图 6-4b 所示。由此可见，增加调节器的放大系数能减小余差，但会降低系统的稳定性。

4. 调节系统时间常数对过渡过程的影响

在系统具有衰减振荡过渡过程的情况下，由式（6-24）可以看出，$e^{-\alpha t}$ 一项决定了衰减速度，α 值越大，衰减越快。又由式（6-24）可知

$$\alpha = \frac{T_1 + T_4}{2T_1T_4} = \frac{1}{2T_4} + \frac{1}{2T_1} \tag{6-25}$$

由式（6-25）可知，当调节阀的时间常数 T_4 或对象的时间常数 T_1 增加时，均使 α 值减小。因此，当时间常数增加时，过渡过程衰减变慢，过渡时间增加。

以上用微分方程分析方法分析了水箱液位控制系统，并讨论了调节器放大系数和系统的时间常数对控制质量的影响，这种方法比较直观、高效，因此，在时域分析法中是比较常用的、基本的一种分析方法。

6.2 简单控制系统设计概述

简单控制系统只对一个被控参数进行控制，通常由测量传感器及变送器、调节器、执行器和被控对象构成单回路闭环控制系统，因此也称为单回路控制系统。简单控制系统的典型结构框图如图 6-5 所示。

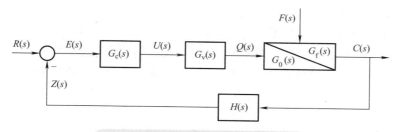

图 6-5　简单控制系统的典型结构图

这类系统虽然结构简单，但却是最基本的过程控制系统。即使再复杂、高水平的过程控制系统中，这类系统仍占大多数（占工业控制系统的 70% 以上）。况且，复杂过程控制系统也是在简单控制系统的基础上构成的，即便是一些高级过程控制系统，也往往是将这类系统作为最低层的控制系统。因此，学习和掌握简单控制系统的分析与设计方法既具有广泛的实用价值，又是学习和掌握其他各类复杂控制系统的基础。

由于实际的生产过程是多种多样的（如电力、机械、石油、化工、轻工、冶金、水利等），不同的生产过程又具有不同的工艺参数（如液位、温度、压力、流量、湿度、成分等），这就导致过程控制系统的设计方案也会多种多样，但是，也存在一些共性问题，如：系统设计的任务、内容、设计步骤以及需要注意的问题等，鉴于此，先讨论共性问题，再讨论控制方案的设计和调节器参数的整定原则。

6.2.1　简单控制系统设计任务及开发步骤

简单过程控制系统主要由被控过程、过程检测和控制仪表组成。被控过程是由生产工艺要求决定的，一经确定就不能随意改变。因此，过程控制系统设计的主要任务就在于如何确定合理的控制方案、选择正确的参数检测方法与检测仪表以及过程控制仪表的选型和调节器的参数整定等。其中，控制方案的确定、仪表的选型和调节器的参数整定是过程控制系统设计的重要内容。

过程控制系统的设计在第 1 章中已结合实例进行了简单分析，这里就其开发的主要步骤叙述如下：

1. 熟悉控制系统的技术要求或性能指标

控制系统的技术要求或性能指标通常是由用户或被控过程的设计制造单位提出的。控制系统设计者对此必须全面了解和掌握，这是控制方案设计的主要依据之一。技术要求或性能指标必须切合实际，否则就很难制定出切实可行的控制方案。

2. 建立控制系统的数学模型

控制系统的数学模型是控制系统理论分析和设计的基础。只有用符合实际的数学模型来描述系统（尤其是被控过程），系统的理论分析和设计才能深入进行。因此，建立数学模型的工作就显得十分重要，必须给予足够重视。从某种意义上讲，系统控制方案确定的合理与否在很大程度上取决于系统数学模型的精度。模型的精度越高、越符合被控过程的实际，方案设计就越合理；反之亦然。

3. 确定控制方案

系统的控制方案包括系统的构成、控制方式和控制规律的确定，这是控制系统设计的关键。控制方案的确定不仅要依据被控过程的特性、技术指标和控制任务的要求，还要考虑方案的简单性、经济性及技术实施的可行性等，并进行反复研究与比较，才能制定出比较合理的控制方案。

4. 根据系统的动态和静态特性进行分析与综合

在确定了系统控制方案的基础上，根据要求的技术指标和系统的动、静态特性进行分析与综合，以确定各组成环节的有关参数。系统理论分析与综合的方法很多，如经典控制理论中的频率特性法和根轨迹法、现代控制理论中的优化设计法等，而计算机仿真或实验研究则为系统的理论分析与综合提供了更加方便快捷的手段，应尽可能采用。

5. 系统仿真与实验研究

系统仿真与实验研究是检验系统理论分析与综合正确与否的重要步骤。许多在理论设计中难以考虑或考虑不周的问题，可以通过仿真与实验研究加以解决，以便最终确定系统的控制方案和各环节的有关参数。MATLAB 是进行系统仿真的有效工具之一，应尽可能地熟练应用。

6. 工程设计

工程设计是在合理设计控制方案、各环节的有关参数已经确定的基础上进行的。它涉及的主要内容包括测量方式与测量点的确定、仪器仪表的选型与定购、控制室及仪表盘的设计、仪表供电与供气系统的设计、信号联锁与安全保护系统的设计、电缆的敷设以及保证系统正常运行的有关软件的设计等，在此基础上，绘制出具体的施工图。

7. 工程安装

工程安装是依据施工图对控制系统的具体实施。系统安装前后，均要对每个检测和控制仪表进行调校和对整个控制回路进行联调，以确保系统能够正常运行。

8. 控制系统的参数整定

控制系统的参数整定是在控制方案设计合理、仪器仪表工作正常、系统安装正确无误的前提下，使系统运行在最佳状态的重要步骤，也是系统设计的重要内容之一，简单控制系统开发设计的全过程如图 6-6 所示。

6.2.2 简单控制系统设计中需要注意的问题

1. 认真熟悉过程特性

对于控制系统的设计者而言，深入了解被控过程的工艺特点及其要求非常重要，因为这是控制方案确定的基本依据之一。不同的被控过程在控制方式和控制品质方面存在差异，即使是同一类型的被控过程，由于其规模、容量、干扰来源及性质等不同，控制要求也会存在差异。系统设计者要根据这些差异，确定不同的控制方案。因此，不熟悉被控过程特点的系统设计者很难设计出一个合理的控制方案。

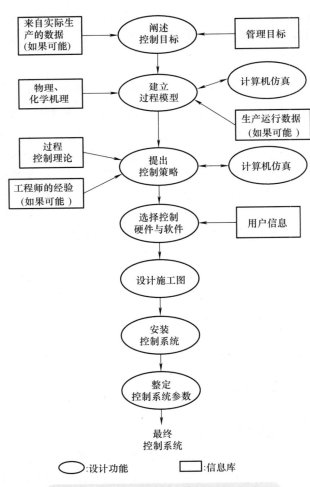

图 6-6　简单控制系统开发设计的全过程

2. 明确各生产环节之间的约束关系

生产过程是由各个生产环节和工艺设备构成的，各个生产环节和工艺设备之间通常都存在相互制约、相互影响的关系。在进行系统设计和布局时应全面考虑这些约束关系，弄清局部自动化在全局自动化中的作用和地位，以便从生产过程的全局出发考虑局部系统的控制方案和布局，合理设计每一个控制系统。

3. 重视对测量信号的预处理

在控制系统设计中，测量信号的正确获取和预处理也是十分重要的，尤其是当测量信号用作反馈量时，测量信号的正确与否直接影响系统的控制质量。这是因为在对过程参数的测量中，不可避免地会引入一些随机干扰，这些干扰可能是由于测量元件的结构或参数的随机变化而引起的，也可能是由于测量环境中的电磁干扰所致。但不管原因如何，所有这些干扰都会使测量结果偏离真实值。如果将偏离真实值而又未经处理的测量信号直接反馈并参与控制，可能会使控制器产生错误的控制动作。正因为如此，对测量信号一般都需要进行"滤波"，即滤除其中的干扰。与此同时，某些测量信号还可能受到其他信号的影响，如气体流量信号会同时受到压力和温度变化的影响，因此必须对其进行压力和温度的校正或补偿。还有，当某些测量信号与被测参数之间呈现非线性特性时，还要进行线性化处理等，所有这些预处理工作，系统设计者均不能有丝毫的疏忽和大意，必须认真对待。不过需要说明的是，当有些标准化测量仪表或仪器已经具备了信号补偿和线性化处理的功能时，它们的输出信号可以直接使用，而无须再做上述处理，但必须搞清楚它们的使用范围和使用条件。

4. 注意系统的安全保护

评价过程控制系统的好坏，首先必须保证系统安全可靠地运行。尤其是某些过程控制系统的运行环境比较恶劣（如石油化工生产过程中存在的高温、高压、易燃、易爆、强腐蚀等），稍不注意就可能发生重大的生产事故。对于这种情况，系统的安全就显得更加重要。为了保证系统安全可靠地运行，除了要加强日常防范外，在系统设计时要认真设计安全保护措施，如选用具有防腐、防爆、耐高温、耐高压的仪器、仪表装置以及采用合理的布线与接地方式等，必要时还要设计多层次、多级别的安全保护系统。

综上所述，控制系统的设计是一件细致而又复杂的工作，尤其是从工程角度考虑，需要注意的问题更是多方面的。对具体的过程控制系统设计者而言，只有通过认真调查研究，熟悉各个生产工艺过程，具体问题具体分析，才能获得预期的效果。

6.3　简单控制系统控制方案确定

对于简单控制系统，控制方案的确定主要包括系统被控参数的选择、测量信息的获取及变送、控制参数的选择、控制规律的选取、调节阀（执行器）的选择和调节器正、反作用的确定等内容。

在工程实际中，控制方案的确定是一件涉及多方面因素的复杂工作。它既要考虑到生产工艺过程控制的实际需要，又要满足技术指标的要求，同时还要顾及客观环境以及经济条件的约束。一个优秀的控制方案，一方面要依赖于有关理论分析和计算，另一方面还要借鉴许多实际工程经验。因此，本书只讨论控制方案确定的一般性原则。

6.3.1　被控参数的选择

被控参数的选取对于提高产品质量、安全生产以及生产过程的经济运行等都具有决定性的意义。如果被控参数选取不当，无论是采用何种控制方法，还是采用何种先进的检测仪表，都难以达到预期的控制效果。但是，影响一个正常生产过程的因素又很多，不同生产过程的影响因素也千差万别，很难为每一种生产过程定出具体的原则，这里只讨论被控参数选取的一般性原则，以供设计者参考。

在自动控制系统中，被控参数是被控对象的输入信号，被控变量是输出信号。一旦被控变量和被控参数选定后，调节通道的对象特性就唯一确定了。选择什么参数作为被控变量和被控参数，是构成控制方案首先要解决的问题，如果选择不当，不管配备多么精良的自动化仪表，也得不到预期的效果。

1）对于具体的生产过程，应尽可能选取对产品质量和产量、安全生产、经济运行以及环境保护等具有决定性作用的、可直接进行测量的工艺参数（通常称为直接参数，下同）作为被控参数，这就需要设计者根据生产工艺要求，深入分析具体工艺过程才能确定。

2）当难以用直接参数作为被控参数时，应选取与直接参数有单值函数关系的所谓间接参数作为被控参数。如精馏塔的精馏过程要求产品达到规定的浓度，因此精馏产品的浓度就是直接反映产品质量的直接参数。但是，由于对产品浓度的测量，无论是在实时性还是在精确性方面都存在一定的困难，因而通常采用塔顶馏出物（或塔底残液）的温度这一间接参数代替浓度作为被控参数。

3）当采用间接参数时，该参数对产品质量应具有足够高的控制灵敏度，否则难以保证对产品质量的控制效果。

4）被控参数的选取还应考虑工艺上的合理性（如能否方便地进行测量等）和所用测量仪表的性能、价格、售后服务等因素。

需要特别说明的是，对于一个已经运行的生产过程，被控参数往往是由工艺要求事先确定的，控制系统的设计者并不能随意改变。若确实需要改变，则需要和工艺工程师共同协商后确定。影响一个生产过程正常操作的因素很多，但并非所有影响因素都要进行控制。应该选择那些与生产工艺关系密切的参数作为被控变量。它们应是对产品质量、产量和安全具有决定性的作用，而人工操作又难以满足要求或者劳动强度很大。因此，要熟悉工艺过程，从对自动控制的要求出发，合理选择被控变量。

以工艺控制指标（温度、压力、流量、液位、空气相对湿度等）作为被控变量，它们应是能够最好地反映工艺所需状态变化的参数。由于工艺服务目标明确，因此通常可按工艺操作的要求直接选定。大多数单回路控制系统均采用这种方式，例如换热器温度控制、热网的流量控制及房间温度控制等；以产品质量指标作为被控变量，这是最直接也是最有效的控制参数。例如工业锅炉的蒸汽压力、空调处理装置的露点温度等都是反映热工过程的质量指标，通常选择它们作为被控变量；作为被控变量必须是能够获得检测信号并有足够大的灵敏度，且滞后要小，否则无法得到高精度的控制质量；选择被控变量时，必须考虑工艺流程的合理性和国内仪表生产的现状。

6.3.2　控制参数的选择

熟悉过程特性对系统控制质量的影响是合理选择控制参数的前提和依据，而过程特性又分为扰动通道特性和控制通道特性，下面先分析它们对系统控制质量的影响，然后再讨论控制参数的确定。

1.过程特性对控制质量的影响

（1）干扰通道特性对控制质量的影响　对于图6-5所示简单过程控制系统，可求得系统输出与干扰之间的传递函数（亦称干扰通道特性）为

$$\frac{C(s)}{F(s)} = \frac{G_f(s)}{1 + G_c(s)G_v(s)G_0(s)H(s)} \qquad (6\text{-}26)$$

假设 $G_f(s)$ 为一单容过程，其传递函数为

$$G_f(s) = \frac{K_f}{T_f s + 1}$$

由式（6-26）可得

$$\frac{C(s)}{F(s)} = \frac{1}{1 + G_c(s)G_v(s)G_0(s)H(s)} \frac{K_f}{T_f s + 1} \qquad (6\text{-}27)$$

若考虑 $G_f(s)$ 具有纯时延时间 τ_f，则

$$\frac{C(s)}{F(s)} = \frac{G_f(s)}{1 + G_c(s)G_v(s)G_0(s)H(s)} e^{-\tau_f s} \qquad (6\text{-}28)$$

根据式（6-28），干扰通道特性对控制质量的影响分析如下：

1）干扰通道 K_f 的影响。由式（6-27）可知，当 K_f 越大，由干扰引起的输出也越大，被控参数偏离给定值就越多。从控制角度看，这是人们不希望的。因而在系统设计时，应尽可能选择静态增益 K_f 小的干扰通道，以减小干扰对被控参数的影响。当 K_f 无法改变时，减小干扰引起偏差的办法之一则是增强控制作用，以抵消干扰的影响；或者采用干扰补偿，将干扰引起的被控参数的变化及时消除。

2）干扰通道 T_f 的影响。由式（6-27）可以看出，$G_f(s)$ 为惯性环节，对干扰 $F(s)$ 具有"滤波"作用，T_f 越大，"滤波"效果越明显。由此可知，干扰通道的时间常数越大，干扰对被控参数的动态影响就越小，因而越有利于系统控制质量的提高。

3）干扰通道 τ_f 的影响。由式（6-28）可以看出，与式（6-26）或式（6-27）相比，τ_f 的存在仅仅使干扰引起的输出推迟了一段时间 τ_f，这相当于干扰隔了 τ_f 一段时间后才进入系统，而干扰在什么时候进入系统本来就是随机的，因此，τ_f 的存在并不影响系统的控制质量。

4）干扰进入系统位置的影响。如图 6-5 所示，假定 $F(s)$ 不是在 $G_0(s)$ 之后，而是在 $G_0(s)$ 之前进入系统，则干扰通道的特性变为

$$\frac{C(s)}{F(s)} = \frac{G_f(s)G_0(s)}{1 + G_c(s)G_v(s)G_0(s)H(s)} \qquad (6\text{-}29)$$

依然假设 $G_f(s) = \dfrac{K_f}{T_f s + 1}$，并设 $G_0(s) = \dfrac{K_0}{T_0 s + 1}$，则有

$$\frac{C(s)}{F(s)} = \frac{1}{1 + G_c(s)G_v(s)G_0(s)H(s)} \frac{K_f}{T_f s + 1} \frac{K_0}{T_0 s + 1} \qquad (6\text{-}30)$$

将式（6-30）与式（6-27）比较，多了一个滤波项，这表明干扰多经过一次滤波才对被控参数产生动态影响。从动态过程看，这对提高系统的抗干扰性能是有利的。因此，干扰进入系统的位置越远离被控参数，对系统的动态控制质量越有利。但从静态状态看，式（6-30）与式（6-27）相比，多乘了一个 K_0，而当 $K_0 > 1$ 时，则会使干扰引起被控参数偏离给定值的偏差相对增大，这对系统的控制品质又是不利的，因此需要权衡它们的利弊。

（2）控制通道特性对控制质量的影响　控制通道特性对控制质量的影响与干扰通道有着本质的不同。由控制理论可知，控制作用使被控参数与给定值相一致，而干扰作用则使被控参数与给定值相偏离。由于在控制理论课程中对控制通道作用的理论阐述已相当详尽，这里不再重复。下面仅针对控制通道特性对控制质量的影响着重从物理意义上进行定性的分析。

1）控制通道 K_0 的影响。在调节器增益 K_0 一定的条件下，当控制通道静态增益 K_0 越大时，控制作用越强，克服干扰的能力也越强，系统的稳态误差就越小；与此同时，当 K_0 越大，被控参数对控制作用的反应就越灵敏，响应越迅速。但是，在调节器静态增益 K_0 一定的条件下，当 K_0 越大时，系统的开环增益也越大，这对系统的闭环稳定性是不利的。因此，在系统设计时，应综合考虑系统的稳定性、快速性和稳态误差三方面的要求，尽可能选择 K_0 比较大的控制通道，然后通过改变调节器 [对应图 6-5 中 $G_c(s)$ 部分] 的增益 K_c，使系统的开环增益 $K_0 K_c$ 保持规定的数值。这样，当 K_0 越大时，K_c 取值就越小，对调节器的性能要求就越低。

2）控制通道 T_0 的影响。由于调节器的调节作用是通过控制通道去影响被控参数的，如果控制通道的时间常数 T_0 太大，则调节器对被控参数变化的调节作用就不够及时，系统的过渡过程时间就会延长，最终导致控制质量下降；但 T_0 太小，则调节过程又过于灵敏，容易引起振荡，同样难以保证控制质量。因此，在系统设计时，应使控制通道的时间常数 T_0 既不能太大也不能太小。当 T_0 过大而又无法减小时，可以考虑在控制通道中增加微分环节。

3）控制通道 τ_0 的影响。控制通道纯滞后时间 τ_0 产生的原因，一是由信号传输滞后所致，如在气动单元组合控制仪表中，气压信号在管路中的传输事实上存在时间滞后；二是由信号的测量变送滞后所致，如对温度或成分进行测量时，由于分布参数或非线性等因素，导致测量信号的起始部分变化比较缓慢，可近似为纯滞后；三是执行器的动作滞后所致。但不管是何种原因引起的控制通道的纯滞后，它对系统控制质量的影响都是非常不利的。如果是测量方面的滞后，会使调节器不能及时察觉被控参数的变化，导致调节不及时；如果是执行器的动作滞后，会使控制作用不能及时产生应有的效应。总之，控制通道的纯滞后，都会使系统的动态偏差增大，超调量增加，最终导致控制质量下降。从系统的频率特性分析可知，控制通道纯滞后的存在，会增加开环频率特性的相位滞后，导致系统的稳定性降低。因此，无论如何，均应设法减小控制通道的纯滞后，以利于提高系统的控制质量。

在过程控制中，通常用 τ_0 / T_0 的大小作为反映过程控制难易程度的一种指标。一般认为，当 $\tau_0 / T_0 \leqslant 0.3$ 时，系统比较容易控制；而当 $\tau_0 / T_0 > 0.5$ 时，则系统较难控制，需要采取特殊措施，如当 τ_0 难以减小时，可设法增加 T_0 以减小 τ_0 / T_0 的比值，否则很难收到良好的控制效果。

4）控制通道时间常数匹配的影响。在实际生产过程中，广义被控过程（即包括测量元件与变送器和执行器的被控过程）可近似看成由几个一阶惯性环节串联而成。现以三阶为例，则有

$$G_0(s) = \frac{K_0}{(T_{01}s+1)(T_{02}s+1)(T_{03}s+1)} \tag{6-31}$$

根据控制理论可计算出相应的临界稳定增益 K_K 为

$$K_K = 2 + \frac{T_{01}}{T_{02}} + \frac{T_{02}}{T_{03}} + \frac{T_{03}}{T_{02}} + \frac{T_{02}}{T_{01}} + \frac{T_{03}}{T_{01}} + \frac{T_{01}}{T_{03}} \tag{6-32}$$

由式（6-32）可知，K_K 的大小完全取决于 T_{01}、T_{02}、T_{03} 三个时间常数的相对比值，如当 $T_{01} = aT_{02}$、$T_{02} = bT_{03}$，$a = b = 2$ 时，则 $K_K = 11.25$；当 $a = b = 5$ 时，则 $K_K = 37.44$；当 $a = b = 10$ 时，则 $K_K = 122.21$。由此可见，时间常数相差越大，临界稳定的增益 K_K 则越大，这对系统的稳定性是有利的。换句话说，在保持稳定性相同的情况下，时间常数错开得越多，系统开环增益就允许增大得越多，因而对系统的控制质量就越有利。

在实际生产过程中，当存在多个时间常数时，最大的时间常数往往对应生产过程的核心设备，未必能随意改变。但是，减小广义被控过程的其他时间常数却是可能的。例如，可以选用快速测量仪表以减小测量变送环节的时间常数，通过合理选择或采取一定措施以减小执行器的时间常数等。所以，将时间常数尽量错开也是选择广义被控过程控制参数的重要原则之一。

2. 控制参数的确定

当被控对象的被控变量确定后，下一步是如何选择控制参数的问题。在自动控制系统中，扰动是影响系统正常平稳运行的破坏因素，影响被控变量偏离设定值；而控制参数是克服扰动影响、使系统重新平稳运行的积极因素，具有校正作用，使被控变量回复到设定值或稳定在新值上。因此必须分析扰动因素，深入了解被控对象特性，合理选择控制参数，方可组成一个可控性良好的控制系统。

选择控制参数时，应以克服主要扰动最有效为原则，即应使调节通道对象的放大系数适当大些，时间常数适当小但不要过小，纯滞后越小越好；扰动通道对象的放大系数应尽可能小，时间常数应尽可能大；扰动作用点应尽量靠近调节阀或远离测量传感器。增大扰动通道的容量滞后，可减少对被控变量的影响。

控制参数的选择不能单纯从自动控制角度出发，还必须考虑生产工艺的合理性。

综上所述，可以将简单控制系统控制参数选择的一般性原则归纳如下：

1）选择结果应使控制通道的静态增益 K_0 尽可能大，时间常数 T_0 选择适当。具体数值则需根据具体的生产过程、系统的技术指标和调节器参数的整定范围，运用控制理论的知识进行具体分析计算后才能最终确定。

2）控制通道的纯滞后时间 τ_0 应尽可能小，τ_0 与 T_0 的比值一般应小于0.3。当比值大于0.3时，则需采取特殊措施，否则难以满足控制要求。

3）干扰通道的静态增益 K_f 应尽可能小；时间常数 T_f 应尽可能大，其个数尽可能多；扰动进入系统的位置应尽可能远离被控参数而靠近调节阀（执行器）。上述选择对抑制干扰对被控参数的影响均有利。

4）当广义被控过程（包括被控过程、调节阀和测量变送环节）由几个一阶惯性环节串联而成时，应尽量设法使几个时间常数中的最大与最小的比值尽可能大，以便尽可能提高系统的可控性。

5）在确定控制参数时，还应考虑工艺操作的合理性、可行性与经济性等因素。

6.3.3　被控参数的测量与变送

测量传感器及变送器在自动控制系统中是一个信息获取、变换和传送的重要环节。要求它能准确、及时地反映被控变量的状况，是操作人员判断生产工况和系统进行控制作用的依据。在考虑测量变送器的特性问题时，最常碰到的是信号在测量、变换和传递过程中的滞后对控制质量的影响，它会推迟和削弱调节器的动作，引起超调量增大和稳定时间的延长以及其他质量指标的降低，造成失调、误调甚至发生事故，因此必须引起重视。测量变送过程中的滞后包括测量滞后、纯滞后和信号传递滞后，这些滞后都与测量传感器本身的特性、其安装位置的选择以及信号传递方法有关。

　　测量滞后是指由测量传感器本身特性——时间常数所引起的动态误差。例如测温传感器插入温度介质中，由于保护管和传感器存在热阻和热容而具有一定的时间常数，因而造成测量滞后，引起被控变量的测量值与实际值之间产生动态误差，如图 6-7a 所示。若被控变量 y 做阶跃变化，测量值 z 将缓慢靠拢，在初始段两者相差很大；若 y 递增变化，则 z 一直落后，总有偏差存在，如图 6-7b 所示；若 y 做周期波动，则 z 将衰减缩小并产生相位滞后，如图 6-7c 所示。如果把测量滞后很大的检测传感器用于控制系统，可能引起信号失真，还会给人以假象，使调节器不能发挥正确的作用，影响自动控制系统的质量。所以选择适合的测量传感器，以减小动态误差。

　　纯滞后往往是由于测量传感器的安装地点不当而引起的，为克服纯滞后的影响，引入微分作用是甚微的，因为在纯滞后时间内被控变量变化的速度为零。因此，需要合理选择测量传感器安装的地点，尽量减少纯滞后环节考虑；而因受工艺条件限制，纯滞后不可避免时，也应力求缩减。就控制系统来说，纯滞后影响越小越好。

　　测量信号在传递过程中的滞后，主要是指气动仪表的气压信号在气路中传递滞后，电信号传递的滞后可忽略不计。

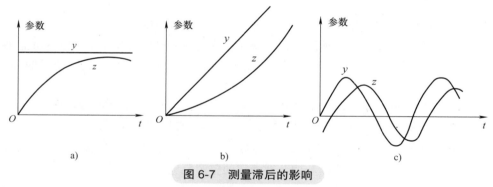

图 6-7　测量滞后的影响

a）被控变量阶跃变化时测量值的变化　b）被控变量等速递增时测量值的变化　c）被控变量周期波动时测量值的变化

　　一般工厂大多数采用电动控制系统，但也有一部分采用电 - 气混合系统，即测量变送器和调节器采用电动仪表，执行器采用气动调节阀，在调节器与执行器之间设置电 - 气转换器。为了减小气压信号的传递滞后，应尽量缩短气压信号管线的长度，将电 - 气转换器靠近执行器安装或采用电 - 气阀门定位器。

　　在控制系统中，被控参数的测量及信号变送问题非常重要，尤其是当测量信号被用作反馈信号时，如果该信号不能准确而又及时地反映被控参数的变化，调节器就很难发挥其应有的调节作用，从而也就难以达到预期的控制效果。

　　如第 2 章所述，测量变送环节的作用是将被控参数转换为统一的标准信号反馈给调节器。该环节的特性可近似表示为

$$\frac{Y(s)}{X(s)} = \frac{K_{\mathrm{m}}}{T_{\mathrm{m}}s+1}\mathrm{e}^{-\tau_{\mathrm{m}}s} \tag{6-33}$$

式中　　　$Y(s)$——测量及变送环节的输出；

　　　　　$X(s)$——测量及变送环节的输入；

K_{m}、T_{m}、τ_{m}——测量及变送环节的静态增益、时间常数和纯时延时间。

由式（6-33）可知，测量及变送环节是一个带有纯滞后的惯性环节，因而当 τ_m、T_m 不为零时，它的输出不能及时地反映被测信号的变化，二者之间必然存在动态偏差。τ_m 和 T_m 越大，这种动态偏差就越大，因而对系统控制质量的影响就越不利。而且这种动态偏差并不会因为检测仪表准确度等级的提高而减小或消除。只要 τ_m 和 T_m 存在，这种动态偏差就始终存在。

为了更清楚地说明这一点，测量变送环节在阶跃信号作用和速度信号作用时的响应曲线如图 6-8 所示。

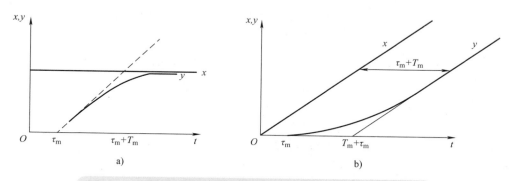

图 6-8　测量变送环节在阶跃信号和速度信号作用下的响应曲线

a）阶跃信号作用时的响应曲线　b）速度信号作用时的响应曲线（$K_m=1$）

由图 6-8 可见，当被测信号 $x(t)$ 做阶跃变化时，测量变送信号 $y(t)$ 并不能及时反映这种变化，而是要经过很长时间之后才能逐渐跟上这种变化，在过渡过程中，二者之间的动态差异是很显然的；当被测信号 $x(t)$ 做等速变化时，测量变送信号 $y(t)$ 即使经过很长时间仍然与被测信号之间存在很大偏差。因此，只要 τ_m 和 T_m 存在，动态偏差就必然会存在。

根据以上简单分析可知，为了减小测量信号与被控参数之间的动态偏差，应尽可能选择快速测量仪表，以减小测量变送环节的 τ_m 和 T_m。与此同时，还应注意解决以下几个问题：

1）应尽可能做到对测量仪表的正确安装，这是因为安装不当会引起不必要的测量误差，降低仪表的测量精度。

2）对测量信号应进行滤波和线性化处理，这在设计概述中已叙及，此处不再重复。

3）对纯滞后环节要尽可能进行补偿，其补偿措施如图 6-9 所示。

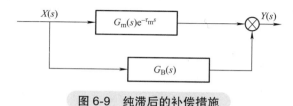

图 6-9　纯滞后的补偿措施

图中，设 $G_m(s)$ 为无纯滞后环节的传递函数，采用补偿措施后，根据信号等效的原则，则有

$$X(s)G_m(s) = X(s)G_m(s)e^{-\tau_m s} + X(s)G_B(s)$$

由此可导出补偿环节的特性为

$$G_B(s) = G_m(s)(1 - e^{-\tau_m s})$$

（6-34）

在 $G_m(s)$ 和 τ_m 已知的情况下，按式（6-34）构造补偿环节，理论上可以对纯滞后环节实现完全补偿。

4）对时间常数 T_m 的影响要尽可能消除。如前所述，测量变送环节时间常数 T_m 的存在，会使测量变送信号产生较大的动态偏差。为了克服其影响，在系统设计时，一方面应尽量选用快速测量仪表，使其时间常数 T_m 为控制通道最大时间常数的 1/10 以下；另一方面，则是在测量变送环节的输出端串联微分环节，如图 6-10 所示。

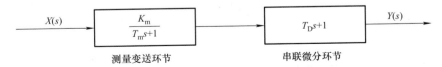

图 6-10　测量变送环节输出端串联微分环节

由图 6-10 可见，这时的输出与输入关系变为

$$\frac{Y(s)}{X(s)} = \frac{K_m(T_D s + 1)}{T_m s + 1} \tag{6-35}$$

如果选择 $T_m = T_D$，则在理论上可以完全消除 T_m 的影响。

在工程上，常将微分环节置于调节器之后。一方面，这对于克服 T_m 的影响，与串联在测量变送环节之后是等效的；另一方面，还可以加快系统对给定值变化时的动态响应。

需要说明的是，由于在纯滞后时间里参数的变化率为零，所以微分环节对纯滞后作用是无效的。

6.3.4　控制规律对控制质量的影响

在工程实际中，应用最为广泛的控制规律为比例、积分和微分（PID）控制规律。即使是科学技术飞速发展、许多新的控制方法不断涌现的今天，PID 控制规律仍作为最基本的控制方式显示出强大的生命力。

PID 控制规律之所以能作为一种基本控制方式获得广泛应用，是由于它具有原理简单、使用方便、鲁棒性强、适应性广等众多优点。因此在过程控制中，一提到控制规律，人们总是首先想到 PID 控制规律。下面讨论 PID 控制规律对系统调节质量的影响及其选择。

1. 比例控制规律的影响

在比例控制（简称 P 控制）中，调节器的输出信号 u 与输入偏差信号 e 成比例关系，即

$$u = K_c e \tag{6-36}$$

式中　u——调节器的输出；

　　　e——调节器的输入；

　　　K_c——比例增益。

如第 3 章所述，在电动单元组合仪表中，习惯用比例增益的倒数表示调节器输入与输出之间的比例关系，即

$$u = \frac{1}{\delta} e \tag{6-37}$$

式中　δ——比例度，$\delta = \frac{1}{K_c} \times 100\%$。

它的物理意义解释如下：如果将调节器的输出 u 直接代表调节阀开度的变化量，将偏差 e 代表系统被调量的变化量（假设调节器的设定值不变），那么由式（6-37）可以看出，δ 表示调节阀开度改变100%（即从全关到全开）时所需的系统被调量的允许变化范围（通常称为比例度）。也就是说，只有当被调量处在这个范围之内时，调节阀的开度变化才与偏差 e 成比例；若超出这个范围，则调节阀处于全关或全开状态，调节器将失去其调节作用。实际上，调节器的比例度 δ 常常用它相对于被调量测量仪表量程的百分比表示。例如，假设温度测量仪表的量程为 $100\,℃$，$\delta = 50\%$ 就意味着当被调量改变 $50\,℃$ 时，就使调节阀由全关到全开（或由全开到全关）。

P控制是一种最简单的控制方式。根据控制理论的有关知识可知，当被控对象为惯性特性时，单纯比例控制有如下结论：

1）比例控制是一种有差控制，即当调节器采用比例控制规律时，不可避免地会使系统存在稳态误差。之所以如此，是因为只有当偏差信号 e 不为零时，调节器才会有输出；如果 e 为零，调节器输出也为零，此时将失去调节作用。或者说，比例调节器是利用偏差实现控制的，它只能使系统输出近似跟踪给定值。

2）比例控制系统的稳态误差随比例度的增大而增大，若要减小误差，就需要减小比例度，亦即需要增大调节器的放大倍数 K_c。这样做往往会使系统的稳定性下降，其控制效果如图6-11所示。

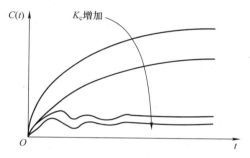

图6-11　比例控制系统 K_c 增加时的控制效果

3）对于惯性过程，即无积分环节的过程，当给定值不变时，采用比例控制，只能使被控参数对给定值实现有差跟踪；当给定值随时间变化时，其跟踪误差将会随时间的增大而增大。因此，比例控制不适用于给定值随时间变化的系统。

4）增大比例控制的增益 K_c 不仅可以减小系统的稳态误差，而且还可以加快系统的响应速度。现以图6-12所示系统进行分析。

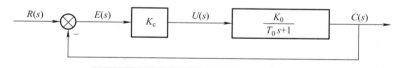

图6-12　比例控制作用于一阶惯性环节

系统的广义过程为一阶惯性环节，则系统的闭环传递函数为

$$\frac{C(s)}{R(s)} = \frac{\dfrac{K_0 K_c}{1 + K_0 K_c}}{\dfrac{T_0}{1 + K_0 K_c} s + 1} = \frac{K}{Ts + 1}$$

式中　$K = \dfrac{K_0 K_c}{1 + K_0 K_c}$；$T = \dfrac{T_0}{1 + K_0 K_c}$。

很显然，T 与 T_0 相比，缩小为 $1/(1 + K_0 K_c)$，K_c 越大，减小得越多，说明过程的惯性越小，因而响应速度加快。但 K_c 的增大会使系统的稳定性下降，这一点与前述相同。

2. 积分控制规律的影响

在积分控制（简称 I 控制）中，调节器的输出信号 u 与输入偏差信号 e 的积分成正比，即

$$u = S_1 \int_0^t e \mathrm{d}t \qquad (6\text{-}38)$$

式中　S_1——积分速度。

由式（5-13）可见，只要偏差 e 存在，调节器的输出会不断地随时间的增大而增大，只有当 e 为零时，调节器才会停止积分，此时调节器的输出就会维持在一个数值上不变。这就说明，当被控系统在负载扰动下的控制过程结束后，系统的静差虽然已不存在，但调节阀却会停留在新的开度上不变，这与 P 控制时，当 e 为零时调节器输出为零是不同的。

当采用积分控制时，系统的开环增益与积分速度 S_1 成正比。增大积分速度会增强积分效果，使系统的动态开环增益增大，从而导致系统的稳定性降低。从过程控制的角度分析，当增大 S_1，相当于增大了同一时刻的调节器输出控制增量，使调节阀的动作幅度增大，这势必会使系统振荡加剧。从控制理论的角度分析，当系统引入积分后，系统的相频特性滞后了 90°，因而使系统的动态品质变差。因此，无论从哪一个角度分析，积分控制都是牺牲了动态品质而使稳态性能得到改善的。

综上所述，积分控制可得如下结论：

1）采用积分控制可以提高系统的无差度，也即提高系统的稳态控制精度。

2）与比例控制相比，积分控制的过渡过程变化相对缓慢，系统的稳定性变差，这是积分控制的不足之处。

针对以上不足，在工程实际应用中，一般较少单独采用积分控制规律。通常将积分控制和比例控制二者结合起来，组成所谓的 PI 调节器，PI 调节器的输入 - 输出关系为

$$u = K_c e + \frac{K_c}{T_I} \int_0^t e \mathrm{d}t = \frac{1}{\delta} \left(e + \frac{1}{T_I} \int_0^t e \mathrm{d}t \right) \qquad (6\text{-}39)$$

式中　δ——比例度，$\delta = \dfrac{1}{K_c}$；

　　　T_I——积分时间。

PI 调节器的传递函数为

$$G_c(s) = \frac{U(s)}{E(s)} = \frac{1}{\delta} \left(1 + \frac{1}{T_I s} \right) \qquad (6\text{-}40)$$

PI 调节器在阶跃输入下的输出响应曲线如图 6-13 所示。由图可见，输出响应由两部分组成。在起始阶段，比例作用迅速反映输入的变化；随后积分作用使输出逐渐增加，达到最终消除稳态误差的目的。因此，PI 控制是将比例

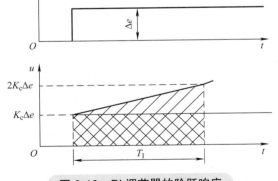

图 6-13　PI 调节器的阶跃响应

控制的快速反应与积分控制的消除稳态误差作用相结合，从而达到比较好的控制效果。但是，由于 PI 控制使系统增加了相位滞后，与单纯比例控制相比，PI 控制的稳定性相对变差。此外，积分控制还有另外一个缺点，即只要偏差不为零，调节器就会不停地积分使输出不断增加（或减小），从而导致调节器输出进入深度饱和，调节器失去调节作用。

因此，采用积分规律的调节器一定要防止积分饱和。有关抗积分饱和调节器的内容，请参阅有关文献，这里不再叙述。

3. 微分控制规律的影响

比例控制和积分控制都是根据系统被控变量的偏差产生以后才进行控制的，均不具备预测偏差的变化趋势的功能，而微分控制（简称 D 控制）恰好具有这一功能。微分调节器的输入 - 输出关系为

$$u = S_D \frac{\mathrm{d}e}{\mathrm{d}t} \tag{6-41}$$

由式（6-41）可见，微分调节器的输出与系统被控变量偏差的变化率成正比。由于变化率（包括大小和方向）能反映系统被控变量的变化趋势，因此，微分控制不是在被控变量出现偏差之后才动作，而是根据变化趋势提前动作。这对于防止系统被控变量出现较大动态偏差是有利的。

但是，微分时间的选择对系统质量的影响具有两面性。当微分时间较小时，增加微分时间可以减小偏差，缩短响应时间，减小振荡程度，从而能改善系统的质量；但当微分时间较大时，一方面有可能将测量噪声放大，另一方面也可能使系统响应产生振荡。因此，应该选择合适的微分时间。最后还要说明的是，单纯的微分调节器是不能工作的，这是因为任何实际的调节器都有一定的不灵敏区（或称死区）。在不灵敏区内，当系统的输出产生变化时，调节器并不动作，从而导致被控变量的偏差有可能出现相当大的数值而得不到校正。因此，在实际使用中，往往将它与比例控制或比例积分控制结合成 PD 或 PID 控制规律。下面分别讨论它们对系统输出的影响。

4. PD控制规律的影响

PD 调节器的控制规律为

$$u = K_c e + K_c T_D \frac{\mathrm{d}e}{\mathrm{d}t} \tag{6-42}$$

或写成

$$u = \frac{1}{\delta}\left(e + T_D \frac{\mathrm{d}e}{\mathrm{d}t}\right) \tag{6-43}$$

式中 δ ——比例度，$\delta = \frac{1}{K_c}$；

T_D ——微分时间。

按照式（6-43），PD 调节器的传递函数为

$$G_c(s) = \frac{1}{\delta}(1 + T_D s) \tag{6-44}$$

考虑到微分环节容易引进高频噪声，所以需要加一些滤波环节，因此，工业上实际采用的 PD 调节器的传递函数为

$$G_c(s) = \frac{1}{\delta} \frac{T_D s + 1}{\frac{T_D}{K_D} s^2 + 1} \tag{6-45}$$

式中 K_D ——微分增益，一般取 $5 \sim 10$。

由此可知，式（6-45）中分母项的时间常数是分子项时间常数的 $\frac{1}{10} \sim \frac{1}{5}$。因此，在理论分析

PD 调节器的性能时，为简单起见，通常忽略分母项时间常数的影响，仍按式（6-44）进行。

运用控制理论的知识分析 PD 控制规律，可以得出以下结论：

1）PD 控制属有差调节。这是因为在稳态情况下，de/dt 为零，微分部分不起作用，PD 控制变成了 P 控制。

2）PD 控制能够提高系统的稳定性，抑制过渡过程的动态偏差（或超调）。由于微分作用能够抑制系统被控变量偏差的变化，而使过渡过程的变化速度趋于平缓。

3）PD 控制有利于减小系统静差（稳态误差）、提高系统的响应速度。由于微分作用的适度增强，引入了一定的超前相位，提高了系统的稳定裕量，若欲保持原过渡过程的衰减率不变，则可以适当减小比例度，即适当增加系统的开环增益，这不仅使系统的稳态误差减小，而且也可以使系统的频带变宽，从而提高系统的响应速度。

4）PD 控制的不足之处。首先，PD 控制一般只适用于时间常数较大或多容过程，不适用于流量、压力等一些变化剧烈的过程；其次，当微分作用太强即 T_D 较大时，会导致系统中调节阀的频繁开启，容易造成系统振荡。因此，PD 控制通常以比例控制为主，微分控制为辅。此外需说明的是，微分控制对于纯滞后过程是无效的。

5. PID控制规律的影响

PID 调节器的控制规律为

$$u = K_c e + S_I \int_0^t e \, dt + S_D \frac{de}{dt} \tag{6-46}$$

或写成

$$u = \frac{1}{\delta} \left(e + \frac{1}{T_I} \int_0^t e \, dt + T_D \frac{de}{dt} \right) \tag{6-47}$$

其相应的传递函数为

$$G_c(s) = \frac{1}{\delta} \left(1 + \frac{1}{T_I s} + T_D s \right) \tag{6-48}$$

式中，δ、T_I、T_D 的意义分别与 PI、PD 调节器的相同。

由式（6-48）可知，PID 控制规律是比例、积分、微分控制规律的线性组合，综合了比例控制的快速反应功能、积分控制的消除误差功能以及微分控制的预测功能等优点，弥补了三者的不足，是一种比较理想的复合控制规律。从控制理论的观点分析可知，与 PD 控制规律相比，PID 控制规律提高了系统的无差度；与 PI 控制规律相比，PID 控制规律多了一个零点，为动态性能的改善提供了可能。因此，PID 控制规律兼顾了静态和动态两方面的控制要求，因而能取得较为满意的控制效果。

被控过程在阶跃干扰输入下，系统采用不同控制作用时的典型响应如图 6-14 所示，$y(t)$ 表示相对于初始稳态的偏离情况。如图所示，若不加控制（即开环情况），过程将缓慢地到达一个新的稳态值；当采用比例控制后，则加快了过程的响应，并减小了稳态误差；当加入积分控制作用后，则消除了稳态误差，但却容

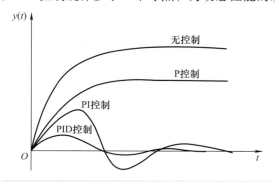

图 6-14　控制系统在不同控制作用下的典型响应

易使过程产生振荡；在增加微分作用以后则可以减小振荡的程度和响应时间。虽然 PID 调节器的控制效果比较理想，但并不意味着在任何情况下都可采用 PID 调节器。至少有一点可以说明，PID 调节器需要整定 3 个参数 δ、T_1 和 T_D，在工程上很难将这 3 个参数都能整定到最佳。如果参数整定不合理，就很难发挥各自的优势，还有可能相互制约，使控制效果适得其反。

6.3.5 控制规律的选择

目前，工业上常用的各种基本控制作用主要有位式、比例、比例积分和比例积分微分等。控制规律的选择必须根据控制系统的特性和工艺要求，还应注意节约投资和操作方便。各种控制作用调节器的特点和适用场合作为选择仪表的依据和原则。

1. 位式控制规律的选择

位式控制规律的特点是，当被控变量偏离设定值时，控制规律输出信号达到最大值或最小值，使调节阀全开或全关。常见的位式控制规律有双位和三位两种。双位控制系统的调节阀只有两个位置，即全开或全关；三位控制系统的调节阀则有三个位置，即全开、中间和全关。采用位式控制要允许被控变量有持续的小幅度波动，但这种等幅振荡使控制动作频繁，一些可动部件如调节阀的阀芯、阀座或磁力起动器的触头磨损较快，容易损坏。

位式控制规律是一种性能简单的调节器，它适用于控制质量要求不高的场合以及对象的容量系数或时间常数较大、纯滞后小、负荷变化不大且不剧烈的场合，例如恒温箱、电阻炉、空调送风等的温度控制及水箱液位、锅炉锅筒水位等双位控制系统。

2. 比例控制规律的选择

比例（P）控制规律按被控变量与设定值的偏差大小和方向，发出与偏差值成比例的输出信号，阀门位置与偏差之间存在对应关系。比例控制规律的主要缺点是控制最终结果存在余差。当负荷变化幅度大时，为了补偿负荷变化，所需的调节阀开度变化必将很大，这就使控制规律有较大的偏差输入，从而产生较大的余差；当系统的纯滞后较大，又不允许将比例度整定得小时，其余差将会很大。对于纯滞后较大、时间常数较小以及放大系数较大的对象采用比例控制规律时，其比例度应整定得大些，这样余差必然也较大。

比例控制规律适用于负荷变化较小、纯滞后不太大、时间常数较大、被控变量允许有余差的系统，例如水箱的液位、气体和蒸汽总管的压力控制等。

3. 比例积分控制规律的选择

比例积分（PI）控制规律的输出不仅与输入的偏差成比例，还与偏差对时间的积分成比例。积分作用使调节过程结束时无余差，但过渡过程的稳定性降低。虽然加大比例度可以提高稳定性，但超调量和振荡周期增大，过渡时间也加长。

比例积分控制规律适用于调节通道纯滞后较小、负荷变化不大、时间常数不太大、被控变量不允许有余差的系统，例如流量、压力以及要求严格的液位控制系统。对于纯滞后和容量滞后都比较大，或者负荷变化特别强烈的对象，由于积分作用的迟缓性质，往往使得控制作用不及时，使过渡时间较长，且超调量也较大，在这种情况下就应考虑增加微分作用。

4. 比例积分微分控制规律的选择

比例积分微分（PID）控制规律的功能是全微分作用使调节器的输出与偏差变化速度成比例，对克服容量滞后有显著效果。在比例的基础上加入微分作用增加系统稳定性，积分作用可消除余差。比例、积分、微分三个作用结合在一起，不仅增强了控制系统抗扰动的能力，而且系统的稳定性也显著提高。

PID 三作用控制规律用于容量滞后较大的对象或负荷变大且不允许有余差的系统，可获得满意的控制质量，例如温度控制系统。但微分作用对大的纯滞后并无效果，因为在纯滞后时间内，控制规律的输入偏差变化速度为零，微分控制部分不起作用。如果对象控制通道纯滞后大且负荷变化也大，而简单控制系统无法满足要求时，就要采用复杂的控制系统来进一步增强抗干扰能力，以满足生产工艺的需要。

控制规律的选择不仅要根据对象特性、负荷变化、主要干扰以及控制要求等具体情况具体分析，同时还要考虑系统的经济性以及系统投入运行方便等因素，所以它是一件比较复杂的工作，需要综合多方面的因素才能得到比较好的解决办法，这里只讨论选择控制规律的一般性原则。

1）当广义过程控制通道时间常数较大或容量滞后较大时，应引入微分控制；当工艺容许有静差时，应选用 PD 控制；当工艺要求无静差时，应选用 PID 控制，如温度、成分、pH 值等控制过程属于此类范畴。

2）当广义过程控制通道时间常数较小、负荷变化不大且工艺要求允许有静差时，应选用 P 控制，如储罐压力、液位等过程。

3）当广义过程控制通道时间常数较小，负荷变化不大，但工艺要求无静差时，应选用 PI 控制，如管道压力和流量的控制过程等。

4）当广义过程控制通道时间常数很大且纯滞后也较大、负荷变化剧烈时，简单控制系统则难以满足工艺要求，应采用其他控制方案。

5）若将广义过程的传递函数表示为 $G_0(s) = \dfrac{K_0 e^{-\tau_0 s}}{T_0 s + 1}$，则可根据 τ_0/T_0 的比值来选择控制规律：①当 $\tau_0/T_0 < 0.2$ 时，可选用 P 或 PI 控制规律；②当 $0.2 \leqslant \tau_0/T_0 \leqslant 1.0$ 时，可选用 PID 控制规律；③当 $\tau_0/T_0 > 1.0$ 时，简单控制系统一般难以满足要求，应采用其他控制方式，如串级控制、前馈 - 反馈复合控制等。

6.3.6 调节器正反作用方式的选择

由于过程控制系统中的执行器（调节阀）有气开与气关两种形式，为了与此相对应，通常把被控过程和调节器也分为正作用与反作用两种类型。当被控过程的输入量增加（或减小）时，过程的输出量（即被控参数）也随之增加（或减小），称为正作用被控过程；反之，则称为反作用被控过程。当反馈到调节器输入端的系统输出增加（或减小）时，调节器的输出也随之增加（或减小），则称为正作用调节器；反之，则称为反作用调节器。与此相适应，正作用被控过程的静态增益 K_0 规定为正值，反作用被控过程的 K_0 规定为负值；正作用调节器的静态增益 K_c 规定为负值，反作用调节器的 K_c 规定为正值；气开式调节阀的静态增益 K_v 规定为正，气关式则为负；测量变送环节的静态增益 K_m 规定为正值。

根据反馈控制的基本原理，对于图 6-5 所示过程控制系统，要使系统能够正常工作，构成系统开环传递函数静态增益的乘积必须为正。由此可得调节器正反作用类型的确定方法为：首先根据生产工艺要求及安全等原则确定调节阀的气开、气关形式，以确定 K_v 的正负；然后根据被控过程特性确定其属于正、反哪一种类型，以确定 K_0 的正负；最后根据系统开环传递函数中各环节静态增益的乘积必须为正这一原则确定调节器 K_c 的正负，进而确定调节器的正反作用类型。

在工程实际中，调节器正反作用的实现并不难。若是电动调节器，可以通过正、反作用选择开关来实现。若是气动调节器，调节换接板即可改变调节器的正反极性。

6.3.7 执行器的选择

执行器是过程控制系统的重要组成部分，其特性好坏直接影响系统的控制质量，其选择问题必须认真对待，不可忽视。

执行器的具体选用可参阅第5章的有关内容。这里仅就一些需要注意的问题再做一些补充说明。

1. 执行器的选型

在过程控制中，使用最多的是气动执行器，其次是电动执行器。究竟选用何种执行器，应根据生产过程的特点、对执行器推力的需求以及被控介质的具体情况（如高温、高压、易燃易爆、剧毒、易结晶、强腐蚀、高黏度等）和保证安全等因素加以确定。

执行器是直接安装在生产设备或流体输送管道上，往往使用环境较差，如被调介质具有高温、高压、腐浊、易燃、易爆等，因此，执行器在这样的条件下能否保持正常准确的工作，将直接影响自动控制系统的安全性和可靠性，所以，执行器的选择是非常重要的。

在建筑设备的供热、空调及燃气工程中，大多是电动或电 - 气复合控制系统，采用的执行器是电动调节阀或气动调节阀，故执行器的选择也就是调节阀的选择。

2. 气动执行器气开、气关的选择

气动执行器分气开、气关两种形式，选择方式首先应根据调节器输出信号为零（或气源中断）时使生产处于安全状态的原则确定；其次，在保证安全的前提下，还应根据是否有利于节能、开车、停车等进行选择。

3. 调节阀的选择

（1）调节阀尺寸的选择　调节阀的尺寸主要指调节阀的开度和口径，它们的选择对系统的正常运行影响很大。若调节阀口径选择过小，当系统受到较大扰动时，调节阀即使运行在全开状态，也会使系统出现暂时失控现象；若口径选择过大，则在运行中阀门会经常处于小开度状态，容易造成流体对阀芯和阀座的频繁冲蚀，甚至使调节阀失灵。因此，调节阀的口径和开度选择应该给予充分重视。在正常工况下，一般要求调节阀开度应处于15% ~ 85%之间，具体应根据实际需要的流通能力的大小进行选择。

（2）调节阀流量特性的选择　调节阀流量特性的选择也很重要。从控制的角度分析，为保证系统在整个工作范围内都具有良好的品质，应使系统总的开环放大倍数在整个工作范围内都保持线性。一般说来，变送器、调节器以及执行机构的静特性可近似为线性的，而被控过程一般都具有非线性特性。为此，常常需要通过选择调节阀的非线性流量特性来补偿被控过程的非线性特性，以达到系统总的放大倍数近似线性的目的。正因为如此，具有对数流量特性的调节阀得到了广泛应用。当然，流量特性的选择还要根据具体过程做具体分析，不可生搬硬套。

调节阀的流量特性直接影响自动控制系统的控制质量和稳定性。常用调节阀的特性有直线、等百分比和快开等类型。快开特性阀一般用于双位控制或程序控制，故调节阀流量特性的选择，实际上是指合理选择直线和等百分比的流量特性。

调节阀流量特性的选择方法，一般有数学分析法和经验法两种。在很多实际问题中，分析计算方法复杂且难以准确，故在工程上多采用经验法。

表6-1是常用控制系统的调节阀工作特性选择表，可供参考。

表 6-1　常用控制系统调节阀工作特性表

控制系统及被控变量	扰动	选择调节阀流量特性
流量控制系统（流量 q ）	压力 p_1 或 p_2	等百分比
	设定值 q	直线
压力控制系统（流量 p_1 ）	压力 p_2	等百分比
	压力 p_3	直线
	设定值 p_1	直线
液位控制系统（流量 L ）	流量 q_i	直线
	设定值 L	等百分比
温度控制系统（流体出口温度 T_2 ）	加热介质温度 T_3 或入口压力 p_1	等百分比
	受热流体的流量 q_1	等百分比
	入口温度 T_1	直线
	设定值 T_2	直线

　　在自动控制系统中，通常测量变送器和调节器等的放大系数是一个常数，而被控对象的放大系数是要随外部条件的变化而变化的。因此，应适当选择调节阀的特性，以调节阀的放大系数的变化来补偿被控对象放大系数的变化，为此，可使系统总的放大系数保持不变，从而可得到较好的控制质量。所以，一个理想的控制系统，调节阀流量特性的选择原则应符合

$$K_4 K_1 = K(常数) \tag{6-49}$$

式中　　K_4——调节阀的放大系数；

　　　　K_1——被控对象的放大系数。

　　由式（6-49）可以看出，当被控对象的系数随外界扰动的增加而变小时，则应采用等百分比特性阀，即可使系统总的合成放大系数不变。同理，当被控对象的系数为线性时，则应采用直线特性阀。

　　在调节阀实际选择时，还应考虑工艺配管情况和负荷变化情况，根据工艺配管状态 S 值，可参考表 6-2 来选择相对应的理想流量特性。

表 6-2　按工艺配管情况选择阀的特性

工艺配管状态	$S = 1.0\sim1.6$		$S = 0.6\sim0.3$		$S < 0.3$
实际工作特性	直线	等百分比	直线	等百分比	不适宜控制
所选流量特性	直线	等百分比	等百分比	等百分比	

注：S 表示阀全开时的压差与系统总压差的比值。

　　在负荷变化幅度大的场合，选等百分比阀较合适；当所选调节阀经常工作在小开度时，也宜选等百分比阀，因为直线阀在小开度时放大系数较大，不便于微调，且易引起振荡。在非常稳定的控制系统中，调节阀开度变化小，阀的特性对控制质量影响甚小，可任意选用。可见，等百分

比特性较直线特性适用范围更广。

（3）调节阀结构形式的选择　调节阀的结构形式有直通单座阀、直通双座阀、角形阀和蝶阀等基本品种，各有其特点，在选用时要考虑被测介质的工艺条件、流量特性及生产流程。

直通单座阀和双座阀应用广泛。当阀前后压差较小，要求泄漏量也较小时，应选直通单座阀；当阀前后压差较大，并允许有较大泄漏量时，应选直通双座阀；当在大口径、大流量、低压差的场合工作时，应选蝶阀，但此时泄漏量较大；在比值控制或旁路控制时，应选三通调节阀；当介质为高压时，应选高压调节阀。

（4）调节阀开闭形式的选择　电动调节阀有电开与电关两种形式，气动调节阀也有气开与气关两种形式。电（气）开式的调节阀是在有信号压力时，阀打开；而电（气）关式的调节阀是在有信号时，阀关闭。调节阀开闭形式的选择主要从生产安全角度考虑。一般在能源中断时，应使调节阀切断进入被控制设备的原料或热能，停止向设备外输出流体。调节阀的开、关形式是由执行机构的正、反作用和阀芯的正、反安装所决定的，可组合成 4 种方式。

（5）调节阀口径的选择　在进行自动控制系统的设计时，缺乏手动操作的资料，通常是按流通能力 C 值来确定阀门口径。

各种流体的阀门 C 值计算实用公式见表 6-3。

表 6-3　C 值计算实用公式

流体		压差条件	计算公式	采用单位
液体			$C = 316 \dfrac{q}{\sqrt{\dfrac{\Delta p}{\rho}}}$ 或 $C = 316 \dfrac{m}{\sqrt{\Delta p}}$ 当液体黏度为 $20 \times 10^{-6} \, m^2/s$ 以上时，须对 C 值进行校正	q ——体积流量 (m^3/h) m ——质量流量 (t/h) Δp ——阀前后压差 (Pa) ρ ——液体密度 (g/cm^3)
气体	一般气体	$p_2 > 0.5 p_1$	$C = 0.26316 q_0 \sqrt{\dfrac{\rho_0 T}{\Delta p(p_1 + p_2)}}$	q_0 ——标准状态 $(0℃, 101325Pa)$ 下气体流量 (m^3/h) ρ_0 ——标准状态 $(0℃, 101325Pa)$ 下气体密度 (kg/m^3) T ——阀前气体绝对温度 (K) Δp ——调节阀前后压差 (Pa) p_1、p_2 ——调节阀前、后压力 (Pa)
		$p_2 \leqslant 0.5 p_1$	$C = 82.423 q_0 \dfrac{\sqrt{\rho_0 T}}{p_1}$	
蒸汽	饱和水蒸气	$p_2 > 0.5 p_1$	$C = 19.576 m_q \sqrt{\dfrac{1}{\Delta p(p_1 + p_2)}}$	m_q ——蒸汽流量 (kg/h) Δp ——阀前后压差 (Pa) p_1、p_2 ——阀前、后压力 (Pa)（绝对压力） ΔT ——水蒸气过热温度（℃）
		$p_2 \leqslant 0.5 p_1$	$C = \dfrac{m_q}{1.4067 \times 10^{-4} p_1}$	
	过热水蒸气	$p_2 > 0.5 p_1$	$C = 19.576 m_q \dfrac{(1 + 0.0013 \Delta T)}{\sqrt{\Delta p(p_1 + p_2)}}$	
		$p_2 \leqslant 0.5 p_1$	$C = \dfrac{m_q (1 + 0.0013 \Delta T)}{1.4067 \times 10^{-4} p_1}$	

通常按常用流量算出相应的流通能力 C_{vc}，再选择调节阀的口径。选用阀门 C 值应使 C_{vc}/C 在 $0.25 \sim 0.8$ 之间，即按常用流量的 C 值乘以 $1.25 \sim 4$。一般以 $C_{vc}/C = 0.25$ 为宜，当工作特性为对数型时可更小些。

【例 6-1】 某热交换站使用一台蒸气加热器，其饱和水蒸气的正常用量是 450kg/h，蒸汽阀前压力为 196.2kPa，阀后设计压力为 29.4kPa，试确定直通双座阀的口径。

【解】 阀前绝对压力 $p_1 = 196.2\text{kPa} + 101.33\text{kPa} = 297.53\text{kPa}$

阀后绝对压力 $p_2 = 29.4\text{kPa} + 101.33\text{kPa} = 130.73\text{kPa}$

因 $p_2/p_1 < 0.5$，超过临界状态，应用表 6-3 中蒸汽 C 的公式

$$C = \frac{m_q}{1.4067 \times 10^{-4} p_1} \quad （\text{式中 } p_1 \text{ 单位为 Pa}）$$

故 $$C_{vc} = \frac{m_q}{1.4067 \times 10^{-4} p_1} = \frac{450}{1.4067 \times 10^{-4} \times 29.753 \times 10^4} = 10.75$$

查气动薄膜调节阀的产品规格表，若选定公称通径 DN40 的直通双座阀，其 $C = 25$，则 C_{vc}/C 在 0.4 附近，可以适用。

6.4 自动控制系统参数的整定及投运

调节器的参数整定也是过程控制系统设计的核心内容之一。它的任务是根据被控过程的特性，确定 PID 调节器的比例度 δ、积分时间 T_I 以及微分时间 T_D 的大小。

在简单过程控制系统中，调节器的参数整定通常以系统瞬态响应的衰减率 $\psi = 0.75 \sim 0.9$（对应衰减比为 4:1 ~ 10:1）为主要指标，以保证系统具有一定的稳定裕量（对于大多数过程控制系统而言，当系统的瞬态响应曲线达到 $\psi = 0.75 \sim 0.9$ 的衰减率时，则接近最佳的过渡过程曲线）。此外，在满足主要指标的条件下，还应尽量满足系统的稳态误差（又称静差、余差）、最大动态偏差（或超调量）和过渡过程时间等其他指标。由于不同的工艺过程对系统控制品质的要求有不同的侧重点，因而也有用系统响应的平方误差积分（ISE）、绝对误差积分（IAE）、时间与绝对误差积分（ITAE）的乘积等，分别取极小值作为指标来整定调节器参数的情况。

调节器参数整定的方法很多，概括起来可以分为三类，即理论计算整定法、工程整定法和自整定法。理论计算整定法主要是依据系统的数学模型，采用控制理论中的根轨迹法、频率特性法、对数频率特性法、扩充频率特性法等，经过理论计算确定调节器参数的数值。这些方法不仅计算烦琐，而且过分依赖数学模型，所得到的计算数据还要通过工程实践进行调整和修改。因此，理论计算整定法除了有理论指导意义外，在工程实践中较少采用。工程整定法则主要依靠工程经验，直接在过程控制系统的实际运行中进行。工程整定方法简单、易于掌握。由于工程整定法是由人根据经验按照一定的计算规则整定的，因而要求操作人员具有丰富的经验并要占用相当长的时间，即使参数调整完毕，由于对象的非线性和系统工作点的变化或对象特性的变化也会使系统偏离最佳工作状态，因而需要多次反复进行。而自整定法则是对一个正在运行中的控制系统特别是设定值改变的控制系统，进行自动整定控制回路中的 PID 参数，因而得到越来越广泛的应用。下面分别介绍调节器参数整定的理论基础、工程整定和自整定方法。

6.4.1 调节器参数整定的理论基础

1. 控制系统的稳定性与衰减指数

在图 6-5 所示的简单控制系统中，在干扰 $F(s)$ 作用下，闭环控制系统的传递函数为

$$\frac{G(s)}{F(s)} = \frac{G_{\mathrm{f}}(s)}{1 + G_{\mathrm{c}}(s)G_{\mathrm{v}}(s)G_0(s)H(s)} = \frac{G_{\mathrm{f}}(s)}{1 + G_{\mathrm{k}}(s)} \tag{6-50}$$

式中　$G_{\mathrm{k}}(s)$——系统的开环传递函数，$G_{\mathrm{k}}(s) = G_{\mathrm{c}}(s)G_{\mathrm{v}}(s)G_0(s)H(s)$。

闭环系统的特征方程为

$$1 + G_{\mathrm{k}}(s) = 0 \tag{6-51}$$

其一般形式为

$$s^n + a_{n-1}s^{n-1} + \cdots + a_1 s + a_0 = 0 \tag{6-52}$$

式中，系数 $a_i(i = 0,1,\cdots,n-1)$ 由广义对象的特性和调节器的整定参数所确定。

当控制方案一旦确定，广义对象的特性也随之确定，此时，系数 a_i 只随调节器的整定参数而变化，特征方程根的值也随调节器的整定参数而变化。因此，调节器参数整定的实质就是选择合适的调节器参数，使其闭环控制系统特征方程的根都能满足稳定性的要求。具体分析如下：如果特征方程有一个实根，即 $s = -\alpha$，其通解 $A\mathrm{e}^{-\alpha t}$ 为非周期变化过程，当 $\alpha > 0$ 时，其幅值越来越小，最终趋于 0；当 $\alpha < 0$ 时，其幅值越来越大，系统不稳定。

如果特征方程有一对共轭复根，即 $s_{1,2} = -\alpha \pm \mathrm{j}\omega$，则通解 $A\mathrm{e}^{-\alpha t}\cos(\omega t + \varphi)$ 为振荡过程，当 $\alpha < 0$ 时，呈发散振荡，系统不稳定；当 $\alpha = 0$ 时，呈等幅振荡，通常也认为系统是不稳定的。

对于稳定的振荡分量 $y(t) = A\mathrm{e}^{-\alpha t}\cos(\omega t + \varphi)(\alpha > 0)$，假定在 $t = t_0$ 时到达第 1 个峰值 $y_{1\mathrm{m}}$，那么经过一个振荡周期 T 后，即在 $t = t_0 + \dfrac{2\pi}{\omega}$ 又到达第 3 个峰值 $y_{3\mathrm{m}}$，如图 6-15 所示。

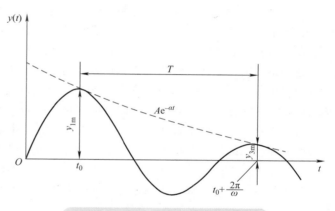

图 6-15　稳定正当分量的衰减过程

由衰减率的定义可知

$$\psi = \frac{y_{1\mathrm{m}} - y_{3\mathrm{m}}}{y_{1\mathrm{m}}} = \frac{A\mathrm{e}^{-\alpha t} - A\mathrm{e}^{-\alpha(t + 2\pi/\omega)}}{A\mathrm{e}^{-\alpha t}} = 1 - \mathrm{e}^{-2\pi\frac{\alpha}{\omega}} = 1 - \mathrm{e}^{-2\pi m} \tag{6-53}$$

式中　m——衰减指数，$m = \alpha / \omega$。

m 与衰减率 ψ 有一一对应关系，其对应关系见表 6-4。

表 6-4　ψ 与 m 的对应关系（$\psi = 1 - \mathrm{e}^{-2\pi m}$）

ψ	0	0.150	0.300	0.450	0.600	0.750	0.900	0.950	…
m	0	0.026	0.057	0.095	0.145	0.221	0.366	0.478	…

由上述分析可知，所谓调节器的参数整定，就是通过选择调节器的参数比例度 δ、积分时间 T_{I} 以及微分时间 T_{D} 的大小，使特征方程所有实根与所有复根的实数部分均为负数，从而保证系统是稳定的；与此同时还要使衰减指数 m 在 $0.221 \sim 0.366$ 之间，以满足衰减率在 $0.75 \sim 0.9$ 的要求。

2. 控制系统的稳定裕量

实际生产过程要求控制系统不仅是稳定的，而且要求有一定的稳定裕量。稳定裕量可以用衰减率 ψ 或衰减指数 m 的大小来表征，对于二阶系统，与阻尼系数 ξ 有一一对应的关系，即

$$\psi = 1 - e^{-2\pi\frac{\xi}{\sqrt{1-\xi^2}}} \tag{6-54}$$

$$m = \frac{\alpha}{\omega} = \frac{\xi}{\sqrt{1-\xi^2}} \tag{6-55}$$

由上述关系可知，为了保证系统的过渡过程具有一定的稳定裕量，就要使闭环系统的特征根具有一定的衰减指数，这同样需要通过对调节器的参数整定来完成。

此外，调节器的参数整定还可以决定系统的快速性，这是因为一对共轭复根所代表的振荡分量的衰减速度取决于复根的实部（ $-\alpha$ ），即 α 越大， $e^{-\alpha t}$ 衰减越快。所以当 α 相同时，其衰减速度也相同，即系统到达稳定状态所需的过渡时间也相同。可以证明，系统过渡过程时间 $t_s \approx 3/\alpha$ 。

最后还要指出的是，系统的最大动态偏差也与衰减指数 m 有关，因此对衰减率的要求不仅要考虑稳定裕量的要求，还应兼顾最大动态偏差的要求。

综上所述，无论是控制系统的稳定性、稳定裕量，还是控制系统的快速性、准确性，均与系统的衰减率或衰减指数有关。所以，调节器参数整定的实质就是通过选择合适的调节器参数，以达到规定的衰减率或衰减指数，从而保证系统的控制质量。

还需指出的是，在进行调节器参数整定与实际操作时，往往是通过输入控制系统干扰设定值进行的。用输入干扰设定值进行调节器参数整定的理论依据是，控制系统在不同的干扰作用下，其闭环系统的特征方程是相同的，即特征根是相同的。因此，用输入干扰设定值进行参数整定所得到的控制质量与其他干扰作用下系统的控制质量基本是一致的，只是不同的干扰作用，所产生的闭环传递函数的分子存在差异，其结果会导致过渡过程的动态分量有所不同，即主要表现在最大动态偏差有所不同。因而在加设定值干扰、整定好参数后，让系统投入运行，当发生其他干扰作用时，观察其动态过程是否满足控制质量要求，若不满足，还要有针对性地改变调节器的某些参数，直至满足质量要求为止。

6.4.2　自动控制系统的工程整定

自动控制系统的过渡过程或者控制质量，与被控对象、干扰形式和大小、控制方案及调节器参数整定有着密切关系。被控对象特性和干扰情况由工艺操作和设备特性所限制，是不能任意改变的，因而在确定控制方案时，应尽量设计合理。自动控制方案确定以后，被控对象各通道的特性已定，自动控制系统的质量就主要取决于工程整定，即调节器参数的整定。

调节器参数的整定，是按照已确定的控制方案，求取使控制质量最好时的调节器参数值，也就是确定最合适的调节器比例度 δ 、积分时间 T_I 和微分时间 T_D 。

自动控制调节器参数的整定方法除理论计算法外主要有工程整定法，常见的工程整定法有临界比例度法、衰减曲线法和响应曲线法。

1. 临界比例度法

临界比例度法（又称稳定边界法）是一种闭环整定方法。由于该方法直接在闭环系统中进行，不需要测试过程的动态特性，其方法简单、使用方便，因而获得了广泛应用。具体整定步骤如下：

1）先将调节器的积分时间 T_I 置于最大（ $T_I = \infty$ ），微分时间 T_D 置零（ $T_D = 0$ ），比例度 δ 置为

较大的数值，使系统投入闭环运行。

2）等系统运行稳定后，对设定值施加一个阶跃变化，并减小 δ，直到系统出现如图6-16所示的等幅振荡（临界振荡）为止。记录下此时的 δ_K（临界比例度）和等幅振荡周期 T_K。

3）根据所记录 δ_K 和 T_K，按表6-5给出的经验公式计算出调节器的 δ、T_I、T_D 参数。

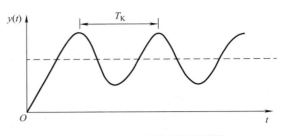

图6-16 系统的临界振荡过程

表6-5 临界比例度法参数计算公式表

控制规律	比例度 δ（%）	积分时间 T_I/min	微分时间 T_D/min
比例	$2\delta_K$		
比例积分	$2.2\delta_K$	$0.85T_K$	
比例微分	$1.8\delta_K$		$0.1T_K$
比例积分微分	$1.7\delta_K$	$0.5T_K$	$0.125T_K$

需要指出的是，采用这种方法整定调节器参数时会受到一定的限制，如有些过程控制系统，像锅炉给水系统和燃烧控制系统等，不允许反复进行振荡试验，就不能应用此法；再如某些时间常数较大的单容过程，当采用比例控制规律时根本不可能出现等幅振荡，此法也就不能应用。

此外，随着过程特性不同，按此法整定的控制器参数不一定都能获得满意的结果。实践表明，对于无自衡特性的过程，按此法整定的调节器参数在实际运行中往往会使系统响应的衰减率偏大（$\psi > 0.75$），而对于有自衡特性的高阶等容过程，按此法确定的调节器参数在实际运行中又大多会使系统衰减率偏小（$\psi > 0.75$）。因此，用此法整定的调节器参数还需要在实际中做一些在线调整。

临界比例度法比较简单方便，容易掌握和判断，适用于一般的控制系统。但是对于临界比例度很小的系统不适用。因为临界比例度很小，则调节器输出的变化一定很大，被控变量容易超出允许范围，影响生产的正常进行。

2. 衰减曲线法

衰减曲线法与临界比例度法相类似，所不同的是无须出现等幅振荡过程，具体方法如下：

1）先置调节器积分时间 $T_I = \infty$，微分时间 $T_D = 0$，比例度 δ 置于较大数值，将系统投入运行。

2）等系统运行稳定后，对设定值做阶跃变化，然后观察系统的响应。若响应振荡衰减太快，则减小比例度；反之，则增大比例度。如此反复，直到出现如图6-17a所示的衰减比为4:1的振荡过程，或者如图6-17b所示的衰减比为10:1的振荡过程时，记录下此时 δ 的值（设为 δ_s）以及 T_s 值（见图6-17a）或者 T_p 值（见图6-17b）。T_s 为衰减振荡周期，T_p 为输出响应的峰值时间。

3）按表6-6中所给的经验公式计算 δ、T_I 及 T_D。

衰减曲线法对多数过程都适用。该方法的最大缺点是较难准确地确定4:1（或10:1）的衰减程度，从而较难得到准确的 δ_s 值和 T_s（或 T_p）值。尤其对于一些干扰比较频繁、过程变化较快的控制系统，如管道、流量等控制系统不宜采用此法。

需要说明的是，临界比例度法与衰减曲线法虽然是工程整定方法，但它们都不是操作经验的简单总结，而是有理论依据的。表6-5和表6-6中的计算公式都是根据自动控制理论，按一定的衰减率对系统进行分析计算、再对大量的实践经验加以总结而成的。

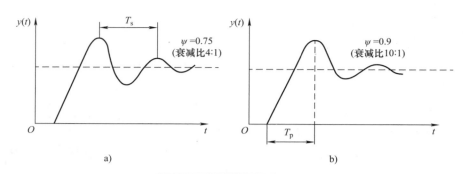

图 6-17　系统衰减振荡曲线

表 6-6　衰减曲线法参数计算公式表

衰减率 ψ	控制规律	整定参数		
		δ	T_I	T_D
0.75 （4:1）	P	δ_s		
	PI	$1.2\delta_s$	$0.5T_s$	
	PID	$0.8\delta_s$	$0.3T_s$	$0.1T_s$
0.90 （10:1）	P	δ_s		
	PI	$1.2\delta_s$	$2T_p$	
	PID	$0.8\delta_s$	$1.2T_p$	$0.4T_p$

采用衰减曲线法必须注意以下几点。

1）所加的干扰幅值不能太大，要根据生产操作要求来定，一般为额定值的 5% 左右，也有例外情况。

2）必须在工艺参数稳定情况下才能施加干扰，否则得不到正确的 δ_s 和 T_s 值。

3）对于反应快的系统，如流量、管道压力和小容量的液位控制等，要在记录曲线上严格得到 4:1 衰减曲线比较困难。一般以被控变量来回波动两次达到稳定，就可以近似地认为达到 4:1 衰减过程了。

衰减曲线法比较简便，适用于一般情况下的各种参数的控制系统。

3. 响应曲线法

响应曲线法（动态特性参数法）是一种开环整定方法，即利用系统广义过程的阶跃响应曲线对调节器参数进行整定。具体做法是：对图 6-18 所示系统，先使系统处于开环状态，再以阶跃信号作为输入信号作用在调节阀 $G_v(s)$ 的输入端，记录下测量变送环节 $G_m(s)$ 的输出响应曲线 $y(t)$。

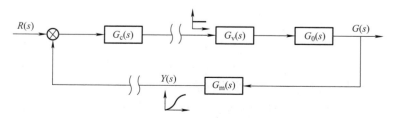

图 6-18　广义过程阶跃响应曲线示意图

根据这个阶跃响应曲线将广义被控过程的传递函数近似表示如下：

1）对于无自衡能力的广义被控过程，传递函数可写为

$$G_0'(s) = \frac{\varepsilon}{s} e^{-\tau s} \tag{6-56}$$

2）对于有自衡能力的广义被控过程，传递函数可写为

$$G_0'(s) = \frac{K_0}{1 + T_0 s} e^{-\tau s} = \frac{1/\rho}{1 + T_0 s} e^{-\tau s} \tag{6-57}$$

假设是单位阶跃响应，式中各参数的意义如图 6-19 所示。

根据阶跃响应曲线求得广义被控过程的传递函数后，即可分别按表 6-7、表 6-6 中的近似经验公式计算调节器的参数。其中表 6-7 对应无自衡过程，表 6-6 对应有自衡过程。

在表 6-7 和表 6-6 中，没有给出 PD 调节器的整定参数。若需要，则可在 P 调节器参数整定的基础上确定 PD 调节器的整定参数，即先按照表 6-7、表 6-6 算出 P 调节器的 δ 值并设为 δ_p，再按以下两式计算 PD 调节器的 δ 值和 T_D 值，即

$$\delta = 0.8\delta_p, \quad T_D = (0.25 \sim 0.3)\tau \tag{6-58}$$

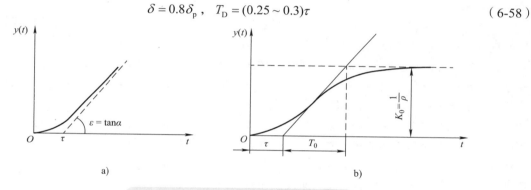

a)   b)

图 6-19 广义过程的单位阶跃响应曲线

a）无自衡能力过程 b）有自衡能力过程

表 6-7 过程无自衡能力时的整定计算公式（$\Psi = 0.75$）

控制规律	$G_c(s)$	δ	T_I	T_D
P	$1/\delta$	$\varepsilon\tau$		
PI	$\left(1 + \dfrac{1}{T_I s}\right)/\delta$	$1.1\varepsilon\tau$	3.3τ	
PID	$\left(1 + \dfrac{1}{T_I s} + T_D s\right)/\delta$	$0.85\varepsilon\tau$	2τ	0.5τ

响应曲线法是由齐格勒（Ziegler）和尼科尔斯（Nichols）于 1942 年首先提出的，之后经过多次改进，总结出较优的整定公式。这些公式均是以衰减率 $\psi = 0.75$ 为其性能指标，其中广为流行的是柯恩（Cheen）- 库恩（Coon）整定公式，具体如下：

1）P 调节器。

$$\frac{1}{\delta} = \frac{1}{K_0}[(\tau/T_0)^{-1} + 0.3333] \tag{6-59}$$

2）PI 调节器。

$$
\begin{cases}
\dfrac{1}{\delta} = \dfrac{1}{K_0}[0.9(\tau/T_0)^{-1} + 0.082] \\[3mm]
\dfrac{T_I}{T_0} = \dfrac{[3.33(\tau/T_0) + 0.3(\tau/T_0)^2]}{1 + 2.2(\tau + T_0)}
\end{cases}
\tag{6-60}
$$

3）PID 调节器。

$$
\begin{cases}
\dfrac{1}{\delta} = \dfrac{1}{K_0}[1.35(\tau/T_0)^{-1} + 0.27] \\[3mm]
\dfrac{T_I}{T_0} = \dfrac{[2.5(\tau/T_0) + 0.5(\tau/T_0)^2]}{1 + 0.6(\tau + T_0)} \\[3mm]
\dfrac{T_D}{T_0} = \dfrac{0.37(\tau/T_0)}{1 + 0.2(\tau/T_0)}
\end{cases}
\tag{6-61}
$$

式中 τ、T_0 和 K_0——广义被控过程传递函数的有关参数。

4. 三种工程整定方法的比较

上面介绍的三种工程整定方法都是通过试验获取某些特征参数，然后再按计算公式算出调节器的整定参数，这是三者的共同点。但是，这三种方法也有各自的特点。

1）响应曲线法是通过系统开环试验得到被控过程的典型特征参数之后，再对调节器参数进行整定的。因此，这种方法的适应性较广，并为调节器参数的最佳整定提供了可能；与其他两种方法相比，所受试验条件的限制也较少，通用性较强。

2）临界比例度法和衰减曲线法都是闭环试验整定方法，它们都是依赖系统在某种运行状况下的特征信息对调节器参数进行整定的，其优点是无须掌握被控过程的数学模型。但是，这两种方法也都有一定的缺点，如临界比例度法对生产工艺过程不能反复做振荡试验，对比例调节是本质稳定的被控系统并不适用；而衰减曲线法在做衰减比较大的试验时，观测数据很难准确地确定，对于过程变化较快的系统也不宜采用。

3）从减少干扰对试验信息的影响考虑，衰减曲线法和临界比例度法都要优于响应曲线法。这是因为闭环试验对干扰有较好的抑制作用，而开环试验对外界干扰的抑制能力很差，因此，从这个意义上讲，衰减曲线法最好，临界比例度法次之，响应曲线法最差。

5. 最佳整定法

随着计算机仿真技术的发展，人们进一步发展了 $\psi = 0.75$ 的最佳整定准则，即分别以 IAE、ISE 和 ITAE 为极小的最优化准则。对于式（6-57）所示的典型过程，通过计算机仿真，得到调节器参数最佳整定的计算公式分别为

$$
\begin{cases}
K_c = \dfrac{A}{K_0}\left(\dfrac{\tau}{T_0}\right)^B \\[4mm]
T_I = \dfrac{T_0}{A}\left(\dfrac{T_0}{\tau}\right)^B \\[4mm]
T_D = AT_0\left(\dfrac{\tau}{T_0}\right)^B
\end{cases}
\tag{6-62}
$$

式中，$K_c = 1/\delta$；A、B 的具体数值可由表 6-8 查得。

表6-8 定值控制系统的最佳整定参数 A、B 的数值

判据	控制规律	调节作用	A	B
IAE	P	P	0.902	−0.985
ISE	P	P	1.411	−0.917
ITAE	P	P	0.904	−1.084
IAE	PI	P	0.984	−0.986
		I	0.608	−0.707
ISE	PI	P	1.305	−0.959
		I	0.492	−0.739
ITAE	PI	P	0.859	−0.977
		I	0.647	−0.680
IAE	PID	P	1.435	−0.921
		I	0.878	−0.749
		D	0.482	1.137
ISE	PID	P	1.495	−0.945
		I	1.101	−0.771
		D	0.560	1.006
ITAE	PID	P	1.357	−0.947
		I	0.842	−0.738
		D	0.318	0.995

以上是对于定值过程控制系统而言。若是随动系统，对应 P、D 作用的计算公式和式（6-62）完全一样（仅仅是 A、B 数值不同），而 I 作用的计算公式则变为

$$T_I = \frac{T_0}{A + B\left(\dfrac{\tau}{T_0}\right)} \qquad (6\text{-}63)$$

随动控制系统 A、B 的数值可由表6-9查得（表中标注 * 号是为了强调该整定参数的计算公式与表6-8中不同）。

表6-9 随动控制系统的最佳整定参数 A、B 的数值

判据	控制规律	调节作用	A	B
IAE	PI	P	0.758	−0.861
		I*	1.02	−0.323
ITAE	PI	P	0.586	−0.916
		I*	1.03	−0.165
IAE	PID	P	1.086	−0.869
		I*	0.740	−0.130
		D	0.348	0.914
ITAE	PID	P	0.965	−0.855
		I*	0.796	−0.147
		D	0.308	0.929

6. 经验法

经验试凑法是实践经验所总结出来的方法，目前应用较多，其具体做法如下：

先用纯比例作用进行凑试，待过渡过程已基本稳定并符合要求后，再加积分作用消除余差，最后加入微分作用以提高控制质量，按此顺序观察过渡过程曲线进行整定工作。

根据不同控制系统的特点，先把 P、I、D 各参数放在基本合适的数值上。这些数值是由大量实践经验总结得来的（按 4:1 衰减），其范围大致见表 6-10。但也有特殊情况超出表列的范围，例如有的温度控制系统积分时间长达 15min 以上，有的流量系统的比例度可到 200% 左右等。

整定调节器参数时，根据经验并参考表 6-10 的数据，先选定一个合适的 δ 值作为起始值，把积分时间置于"∞"，微分时间置于"0"，将系统投入自动。再改变设定值，观察被控变量记录曲线形状。如果衰减比大于 4:1，说明所选 δ 偏大，适当减小 δ 值再看记录曲线，直到呈 4:1 衰减为止。注意，当把调节器比例度改变以后，若无干扰，就看不出衰减振荡曲线，一般都要在稳定以后再改变一下设定值才能看到。

若工艺上不允许反复改变设定值，只有在工艺本身出现较大干扰时再看记录曲线。δ 值调整好后，若要求消除静差，则要引入积分作用。一般积分时间可先取为衰减周期的一半值，并在积分作用引入的同时，将比例度增加 10% ~ 20%，看记录曲线的衰减比和消除静差的情况，若不符合要求，则再适当改变 δ 和 T_I 值，直到记录曲线满足要求。如果是比例积分微分三作用调节器，则可在已调好 δ 和 T_I 的基础上再引入微分作用，而在引入微分作用后，允许把 δ 值缩小一点，把 T_I 值也再缩小一点。微分时间 T_D 也要在表 6-10 给出的范围内凑试，以使过渡过程时间短，超调量小，控制质量满足生产要求。

表 6-10   各控制系统 PID 参数经验数据表

被控变量类型	比例度 δ（%）	积分时间 T_I/min	微分时间 T_D/min	说　　明
流量	40 ~ 100	0.1 ~ 1		对象时间常数小，并有杂散扰动，δ 应大，T_I 较短，不必用微分
压力	30 ~ 70	0.4 ~ 3		对象滞后一般不大，δ 略小，T_I 略大，不用微分
液位	20 ~ 80	1 ~ 5		δ 小，T_I 较大，要求不高时可不用积分，不用微分
温度	20 ~ 60	3 ~ 10	0.5 ~ 3	对象多容量，滞后较大，δ 小，T_I 大，加微分作用

经验凑试法的关键是"看曲线，调参数"。因此，必须弄清楚调节器参数变化对过渡过程曲线的影响关系。一般在整定中，观察到曲线振荡很频繁，须把比例度增大以减小振荡；当曲线最大偏差大且趋于非周期过程时，须把比例度减小。当曲线波动较大时，应增大积分时间；而在曲线偏离设定值后，长时间回不来，则须减小积分时间，以加快消除静差的过程。如果曲线振荡得厉害，则须把微分时间减到最小，或者暂时不加微分作用，以免加剧振荡；在曲线最大偏差大而衰减缓慢时，须增加微分时间，经过反复凑试，一直调到过渡过程振荡两个周期后基本达到稳定。

需要指出的是，无论采用哪一种工程整定方法所得到的调节器参数，都需要在系统的实际运行中，针对实际的过渡过程曲线进行适当的调整与完善。其调整的经验准则是"看曲线，调参数"。

1）比例度 δ 越大，放大系数 K_c 越小，过渡过程越平缓，稳态误差越大；反之，过渡过程振荡越激烈，稳态误差越小；若 δ 过小，则可能导致发散振荡。

2）积分时间 T_I 越大，积分作用越弱，过渡过程越平缓，消除稳态误差越慢；反之，过渡过程振荡越激烈，消除稳态误差越快。

3）微分时间 T_D 越大，微分作用越强，过渡过程趋于稳定，最大偏差越小；但 T_D 过大，则会增加过渡过程的波动程度。

6.4.3 PID 调节器参数的自整定

PID 调节器参数的自整定方法有多种，本节仅介绍基于改进型临界比例度法的迭代自整定方法。

1. 改进型临界比例度法

前已述及，在用临界比例度法整定调节器参数时，对于实际控制系统，要得到真正的等幅振荡并保持一段时间，对有些生产过程（如单容过程）是不可能实现的，而对有些生产过程是不允许的。为解决这一问题，K. J. Astrom 提出了改进型临界比例度法。改进型临界比例度法又称继电器限幅整定法，该方法是用具有继电特性的非线性环节代替比例调节器，使闭环系统自动稳定在等幅振荡状态，其振荡幅度还可由继电特性的特征值进行调节，以便减小对生产过程的影响，从而达到实用化要求。改进型临界比例度法的 PID 参数整定示意图如图 6-20 所示。图中，$G_0(j\omega)$ 为广义被控对象，N 为具有继电特性的非线性环节。当系统处于整定状态时，开关 S 置于位置 2，当系统处于正常工作状态时，开关 S 置于位置 1，进行 PID 控制。

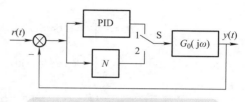

图 6-20　改进型参数整定示意图

改进型临界比例度法整定 PID 参数时的系统框图如图 6-21 所示，由图 6-20、图 6-21 可知，当系统处于整定状态时，为一个典型的非线性系统。为了分析系统产生自激等幅振荡的原理，非线性环节 N 用描述函数表示，即

$$N = \frac{y_1}{x} e^{j\phi} \qquad （6-64）$$

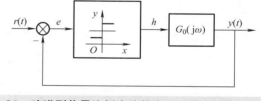

图 6-21　改进型临界比例度法整定 PID 参数时的系统框图

式中　y_1——输出的一次谐波幅值；

　　　x——输入正弦波的幅值；

　　　ϕ——输出的一次谐波相位移。

N 的理想继电特性如图 6-22a 所示，其描述函数可由图 6-22b 求出。

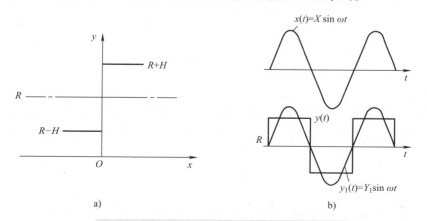

a)　　　　　　　　　　　　　b)

图 6-22　理想继电特性及其正弦输入响应曲线

a）理想继电特性　b）正弦输入响应曲线

将输出 $y(t)$ 展开为傅里叶三角级数，即

$$y(t) = A_0 + \sum_{n=1}^{\infty} A_n \cos(\omega t) + B_n \sin(\omega t) \tag{6-65}$$

式中

$$A_0 = 0$$

$$\begin{aligned} A_1 &= \frac{1}{\pi}\int_0^{2\pi} y(t)\cos(\omega t)\mathrm{d}(\omega t) \\ &= \frac{1}{\pi}\int_0^{2\pi}(R+H)\mathrm{d}\sin(\omega t) + \frac{1}{\pi}\int_\pi^{2\pi}(R-H)\mathrm{d}\sin(\omega t) = 0 \end{aligned} \tag{6-66}$$

$$\begin{aligned} B_1 &= \frac{1}{\pi}\int_0^{2\pi} y(t)\sin(\omega t)\mathrm{d}(\omega t) \\ &= \frac{1}{\pi}\int_0^{\pi}(R+H)(-1)\mathrm{d}\cos(\omega t) + \frac{1}{\pi}\int_\pi^{2\pi}(R-H)(-1)\mathrm{d}\cos(\omega t) \\ &= \frac{2}{\pi}(R+H) - \frac{2}{\pi}(R-H) = \frac{4H}{\pi} \end{aligned} \tag{6-67}$$

设 $y(t)$ 的一次谐波分量为

$$y_1(t) = \frac{4H}{\pi}\sin(\omega t)$$

其描述函数为

$$N = \frac{Y_1}{X}\angle 0^\circ = \frac{4H}{\pi X} \tag{6-68}$$

可见，理想继电特性的描述函数是一个实数，且为 H/X 的函数。由控制理论可知，整定状态的闭环系统产生等幅振荡的条件为

$$1 + NG_0(\mathrm{j}\omega) = 0 \tag{6-69}$$

因而有

$$G_0(\mathrm{j}\omega) = -\frac{1}{N} = -\frac{\pi X}{4H} \tag{6-70}$$

由式（6-70）可知，当 X 从 $0\to\infty$ 时，$-1/N$ 是在幅频特性平面上沿负实轴的一条轨迹，$G_0(\mathrm{j}\omega)$ 和 $-1/N$ 的交点即为临界振荡点，闭环系统在该点有一个稳定的极限环，此时的临界放大系数为

$$K_{\mathrm{K}} = N = \frac{4H}{\pi X} \tag{6-71}$$

因此，只要测出图 6-21 偏差 e 的振幅 X，即可得到 K_{K}，测取 e 的振荡周期即可得到临界振荡周期 T_{K}。由此可得到改进型临界比例度法整定 PID 参数的具体步骤如下：

1）使系统工作在具有继电特性的闭环状态，使之产生自激振荡，并求出临界放大系数 K_{K} 和临界振荡周期 T_{K}。

2）按临界比例度法的计算公式计算 PID 参数 δ、T_I、T_D 的值。

3）将系统切换到 PID 工作状态，将求得的 PID 参数投入运行，并在运行中根据性能要求再对参数 δ、T_I、T_D 进行适当调整，直到满意为止。

2. 迭代自整定算法

在闭环控制系统中，假设调节器按改进型临界比例度法整定的初始参数使系统存在一对共轭复数主导极点，在干扰作用下，输出呈衰减振荡过程，如图 6-23 所示。

由图 6-23 可得

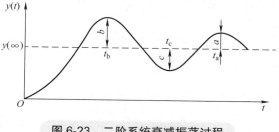

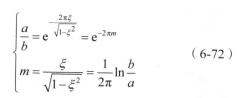

$$\begin{cases} \dfrac{a}{b} = e^{-\frac{2\pi\xi}{\sqrt{1-\xi^2}}} = e^{-2\pi m} \\ m = \dfrac{\xi}{\sqrt{1-\xi^2}} = \dfrac{1}{2\pi}\ln\dfrac{b}{a} \end{cases} \tag{6-72}$$

图 6-23　二阶系统衰减振荡过程

式中　m——衰减指数，是表征过程衰减比的特征参数；

　　　ξ——二阶系统的阻尼系数。

下面给出以衰减指数 m 为自变量的 PID 参数迭代整定方法。

（1）放大系数 K_c 的迭代整定　设 K_K 为调节器的临界放大系数，K_c 为其他任意振荡过程调节器的放大系数。在工程上，K_K/K_c 可以用 m 的幂级数近似，即

$$K_K/K_c \approx \alpha_0 + \alpha_1 m + \alpha_2 m^2 + \cdots \tag{6-73}$$

式中　α_i——待定常数 $(i = 0,1,2,\cdots)$。

为简单起见，只取前两项，即

$$K_K/K_c \approx \alpha_0 + \alpha_1 m \tag{6-74}$$

当 $K_K = K_c$ 时，$\xi = 0$，$m = 0$，$\alpha_0 = 1$。

如果要求过程的衰减比为 4:1 时，则对应的衰减指数记为

$$m_4 = \frac{1}{2\pi}\ln\frac{y_{1m}}{y_{3m}} = \frac{1}{2\pi}\ln 4 = 0.22 \tag{6-75}$$

将式（6-75）代入式（6-74），可得比例调节器按 4:1 衰减比的整定参数 K_c 为

$$K_c = \frac{K_K}{1 + 0.22\alpha_1}$$

对于 PI 调节器，因有

$$K_c = 0.45K_K$$

$$\frac{K_K}{K_c} = 1 + \alpha_1 m_4$$

所以有

$$\alpha_1 = \frac{K_K / K_c - 1}{m_4} = \frac{1/0.45 - 1}{0.22} = 5.5555$$

可得

$$K_c = \frac{K_K}{1 + 5.5555 m_4} \qquad (6\text{-}76)$$

设 K_c 的当前值为 $K_c(n)$，其衰减指数为 $m(n)$，优化值为 $K_c(n+1)$，其对应的期望衰减指数为 m_4，则有

$$\frac{K_c(n+1)}{K_c(n)} = \frac{1 + 5.5555 m(n)}{1 + 5.5555 m_4} \qquad (6\text{-}77)$$

将 m_4 的值代入式（6-77），可得 K_c 的迭代算式为

$$\begin{cases} K_c(n+1) = [0.45 + 2.5 m(n)] K_c(n) \\ m(n) = 0.18 \left[\dfrac{K_K}{K_c(n)} - 1 \right] \end{cases} \qquad (6\text{-}78)$$

式中　n——迭代次数，经过几次迭代可使系统满足期望的衰减指数。

（2）积分时间 T_I 的迭代整定　在 K_c 按 4∶1 衰减比整定好以后，再进一步整定 T_I 的值。对衰减比为 $a/b = 1/4$ 的二阶振荡系统，有 $a/c = c/b = 1/2$，假定：①当 $c/a \le 1.5$ 时，说明过程输出衰减较慢，需要降低积分作用，可使 T_I 增加 10%；②当 $c/a \ge 2.5$ 时，情况相反，则使 T_I 减小 10%；③当 $1.5 < c/a < 2.5$ 时，接近期望的过渡过程，T_I 可保持不变。由上述假定可得 T_I 的迭代整定算法为

$$T_I(n+1) = \frac{2}{\beta} T_I(n) \qquad (6\text{-}79)$$

式中，当 $c/a \le 1.5$ 时，$\beta = 1.8$；当 $c/a \ge 2.5$ 时，$\beta = 2.2$；当 $1.5 < c/a < 2.5$ 时，$\beta = 2$。

（3）微分时间 T_D 的计算　微分时间 T_D 的计算式为

$$T_D(n) = \frac{1}{4} T_I(n) \qquad (6\text{-}80)$$

用同样的方法可推算出衰减比为 10∶1 的 PID 参数迭代整定方法，这里不再赘述。综上所述，基于改进型临界比例度法的迭代整定方法是先用改进型临界比例度整定方法求得临界放大系数并作为初始整定参数，再用迭代整定算法逐渐逼近最佳参数。将上述算法编制成自整定程序模块，其程序框图如图 6-24 所示。

图 6-24 中，F_1、F_2 分别为改进型临界比例度整定算法和迭代算法标志，当 $F_i = 0 (i = 1,2)$ 时，相应算法启动，用当前过程输出值 y_n 与前 n 个采样值 $y_i (i = 1, 2, \cdots, n-1)$ 进行比较判断过程输出 y_n 是否达到稳定，即当 $|y_n - y_i| < \alpha (\alpha = 0.1 \sim 0.5)$ 时，则认为过程输出已进入稳定状态。

在系统起动阶段，调用图 6-24 所示模块整定 PID 参数。当参数整定好后，调节器工作在 PID 状态。每隔一定时间 T，将 F_2 置为 0，若此时 y_n 不在稳定区域，就用迭代算法整定一次 PID 参数，如此往复，即可实现 PID 参数的全部自整定，系统的品质指标达到工艺要求为止。

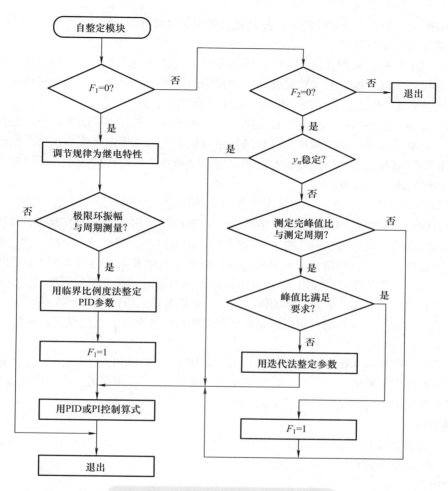

图 6-24 PID 参数自整定模块程序框图

6.4.4 自动控制系统的投运

自动控制系统的投运是控制系统投入生产实现自动控制的最后一步工作。如果组成系统各环节的仪表性能没调整好，未正确地做好投运的各项准备工作，那么再好的控制方案也将无法实现，并且在系统投运成功之后，还需加强维护，以保证系统长期正常地运行。

在自动控制系统投运时，应做好准备工作，检查仪表，确定调节器的作用方向，先手动遥控再自动操作。

1. 投运的准备工作

自动控制系统投运时，准备的工作越充分，事前考虑越全面，则在投运时越主动。准备工作大体上分以下内容：熟悉工艺过程，了解主要工艺流程及主要设备的功能，控制指标和要求，以及各种工艺参数之间的关系；熟悉控制方案，全面掌握设计意图，对测量传感器和调节阀的安装位置、管线走向、被控变量和控制参数的性质等都要心中有数；熟悉自动化仪表的工作原理和结构，掌握调校技术。

2. 自动化仪表检查

自动控制系统由各种电动或气动仪表组成。测量传感器、变送器、调节器、调节阀和其他仪表装置以及电源、气源、管路和线路等，在投运前必须在现场校验一次。

3. 调节器作用方向的确定

自动控制系统是具有被控变量负反馈的闭环系统，也就是说，经过了闭环的控制作用后，使原来偏高的参数要降低，偏低的参数要升高，即控制的作用必须是与干扰的作用相反，才能使被控变量回复到设定值。因此，调节器的作用方向要符合这一要求。

所谓作用方向，就是指输入变化后仪表输出变化的方向。在控制系统中，不仅是调节器，而且被控对象、测量变送器、调节阀都有各自的作用方向。它们如果组合不当，使总的作用方向构成了正反馈，则控制系统不但不能起控制作用，反而会破坏生产过程的稳定，所以在系统投运之前必须注意各环节的作用方向。

对于调节器，当被控变量（即测量变送器送来的信号）增加后，调节器的输出也增加，称为"正方向"作用；如果输出是减小的，则称为"反方向"作用（同一调节器，其被控变量和设定值变化后，输出的作用方向是相反的）。变送器的作用方向一般都是"正"的，因为被控变量增加时，其输出信号也是相应地增加。调节阀的方向取决于是气开阀还是气关阀（注意不要与调节阀的"正"方向、与"反作用"混淆），当调节器输出量增加时，气开阀的开度增大，是"正"方向；而气关阀是"反"方向。被控对象的作用方向，则随具体对象的不同而各不相同。

总的来说，确定调节器作用方向，就是要使调节回路中各个环节总的作用方向为"反"，构成负反馈，动作方向就复合系统要求了。

在一个安装好的控制系统中，被控对象、测量变送器、调节阀的作用方向一般都是确定了的，所以，主要是确定调节器的作用方向。调节器上有"正""反"作用开关，在系统投运前，一定要确定好调节器的作用方向，设置作用开关的正确位置。

4. 手动遥控

准备工作完毕，先投运检测仪表，观察测量指示是否正确，再看被控变量读数变化，用手动遥控调节阀，使被控变量在设定值附近稳定下来。

5. 自动操作

在手动遥控时，待工况稳定后，放置好调节器参数 δ、T_I、T_D 的预定值，由手动切换到自动，实现自动操作，同时观察被控变量记录曲线是否合乎工艺要求。若曲线出现两次波动后就稳定下来（4:1衰减曲线），便认为可以了。若曲线波动太大，则调整调节器的各参数值，直到获得满意的过程曲线为止。

6.5 单回路控制系统设计实例

本节介绍两个单回路过程控制系统的设计实例。通过这两个设计实例，力求全面掌握单回路控制系统的设计方法，并为其他过程控制系统的方案设计提供借鉴。

6.5.1 干燥过程的控制系统设计

1. 工艺要求

乳化物干燥过程示意图如图6-25所示，由于乳化物属于胶体物质，激烈搅拌易固化，也不能用泵抽送，因而采用高位槽的办法。浓缩的乳液由高位槽流经过滤器A或B，滤去凝结块和其他杂质，并从干燥器顶部由喷嘴喷下。由鼓风机将一部分空气送至换热器，用蒸汽进行加热，并与来自鼓风机的另一部分空气混合，经风管送往干燥器，由下而上吹出，以便蒸发掉乳液中的水分，使之成为粉状物，由底部送出进行分离。生产工艺对干燥后的产品质量要求很高，水分含量不能波动太大，因而需要对干燥的温度进行严格控制。试验表明，若温度波动在±2°C以内，则产品质量符合要求。

2. 方案设计与参数整定

（1）被控参数与控制参数的选择

1）被控参数的选择。根据上述生产工艺情况，产品质量（水分含量）与干燥温度密切相关。考虑到一般情况下测量水分的仪表精度较低，故选用间接参数，即干燥的温度为被控参数，水分与温度一一对应。因此，必须将温度控制在一定数值上。

2）控制参数的选择。若知道被控过程的数学模型，控制参数的选择则可根据其选择原则进行。现在不知道过程的数学模型，只能就图6-25所示装置进行分析。由工艺可知，影响干燥器温度的主要因素有乳液流量$f_1(t)$、旁路空气流量$f_2(t)$和加热蒸汽流量$f_3(t)$。选其中任一变量作为控制参数，均可构成温度控制系统。图中，用调节阀1、2、3的位置分别代表三种可供选择的控制方案。其系统框图分别如图6-26~图6-28所示。

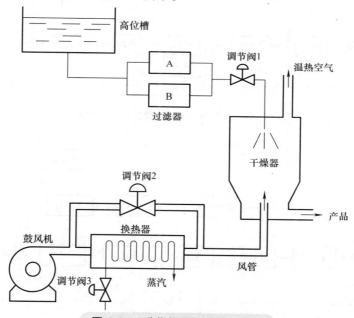

图6-25　乳化物干燥过程示意图

按图6-26所示框图进行分析可知，乳液直接进入干燥器，控制通道的滞后最小，对被控温度的校正作用最灵敏，而且干扰进入系统的位置远离被控量，所以将乳液流量作为控制参数应该是最佳的控制方案；但是，由于乳液流量是生产负荷，工艺要求必须稳定，若作为控制参数，则很难满足工艺要求。所以，将乳液流量作为控制参数的控制方案应尽可能避免。按图6-27所示框图进行分析可知，旁路空气量与热风量混合，经风管进入干燥器，与图6-26所示控制方案相比，控制通道存在一定的纯滞后，对干燥温度校正作用的灵敏度虽然差一些，但可通过缩短传输管道的长度而减小纯滞后时间。按图6-28所示的控制方案分析可知，蒸汽需经过换热器的热交换，才能改变空气温度，由于换热器的时间常数较大，而且该方案的控制通道既存在容量滞后又存在纯滞后，因而对干燥温度校正作用的灵敏度最差。根据以上分析可知，选择旁路空气量作为控制参数的方案比较适宜。

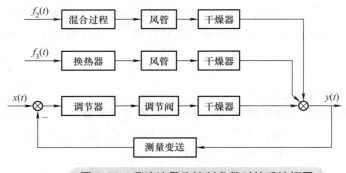

图 6-26　乳液流量为控制参数时的系统框图

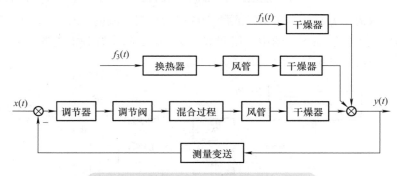

图 6-27　风量为控制参数时的系统框图

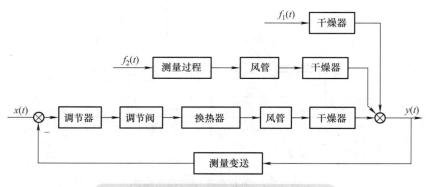

图 6-28　蒸汽量为控制参数时的系统框图

（2）仪表的选择　根据生产工艺及用户要求，宜选用 DDZ-Ⅲ型仪表，具体选择如下：

1）测温元件及变送器的选择。因被控温度在 600℃以下，故选用热电阻温度计。为提高检测精度，应采用三线制接法，并配用温度变送器。

2）调节阀的选择。根据生产工艺安全的原则，宜选用气关式调节阀；根据过程特性与控制要求，宜选用对数流量特性的调节阀；根据被控介质流量的大小及调节阀流通能力与其尺寸的关系，选择调节阀的公称直径和阀芯的直径。

3）调节器的选择。根据过程特性与工艺要求，宜选用 PI 或 PID 控制规律；由于选用调节阀为气关式，故 K_v 为负；当被控过程输入的空气量增加时，干燥器的温度降低，故 K_0 为负；测量变送器的 K_m 通常为正。为使整个系统中各环节静态放大系数的乘积为正，则调节器的 K_c 应为正，故选用反作用调节器。

（3）温度控制原理图及其系统框图　根据上述设计的控制方案，喷雾式干燥设备过程控制系统的原理图与系统框图如图 6-29 所示。

（4）调节器的参数整定　可按 6.4 节中所介绍的任何一种整定方法对调节器的参数进行整定。

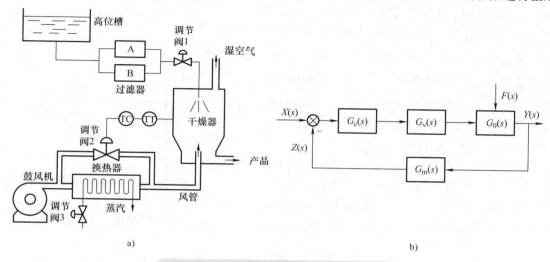

图 6-29　干燥设备温控系统原理图及框图

a）原理图　b）框图

6.5.2　储槽液位过程控制系统的设计

1. 工艺要求

在工业生产中，液位过程控制的应用十分普遍，如进料槽、成品罐、中间缓冲容器、水箱等的液位均有可能需要控制。为了保证生产的正常进行，对于如图 6-30 所示的液体储槽，生产工艺要求储槽内的液位常常需要维持在某个设定值上，或只允许在某一小范围内变化。与此同时，为确保生产过程的安全，还要绝对保证液体不产生溢出。

2. 方案设计与参数整定

（1）被控参数的选择　根据工艺要求，可选择储槽的液位为直接被控参数。这是因为液位测量一般比较方便，而且工艺指标要求并不高，所以直接选取液位作为被控参数是可行的。

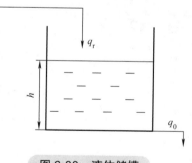

图 6-30　液体储槽

（2）控制参数的选择　从液体储槽的原理和工作过程可知，影响储槽液位的参数有两个：一个是液体的流入量，另一个则是液体的流出量。调节这两个参数均可控制液位，这是因为液体储槽是一个单容过程，无论是流入量还是流出量，它们对被控参数的影响都是一样的，所以这两个参数中的任何一个都可选为控制参数。但是，从保证液体不产生溢出的要求考虑，选择液体的流入量作为控制参数则更为合理。

（3）测控仪表的选择

1）测量元件及变送器的选择。可选用差压式传感器（如膜盒）与 DDZ- Ⅲ型差压式变送器以实现储槽液位的测量和变送。

2）调节阀的选择。为保证不产生液体溢出，根据生产工艺安全原则，宜选用气开式调节阀；由于储槽是单容特性，故选用对数流量特性的调节阀即可满足要求。

3）调节器的选择。若储槽只是为了起缓冲作用而需要控制液位时，则控制精度要求不高，选用简单易行的 P 控制规律即可；若储槽作为计量槽使用时，则需要精确控制液位，即需要消除稳态误差，则可选用 PI 控制规律。对于该过程，当液体流入量增加时，液位输出亦增加，故为正作用过程，K_0 为正；因调节阀选为气开式，K_v 也为正；测量变送环节的 K_m 一般都为正。因此，根据单回路系统的各部分增益乘积应为正的原则，调节器的 K_c 应为正，即为反作用方式的调节器。据此可绘制出液体储槽控制系统的原理图，如图 6-31 所示。

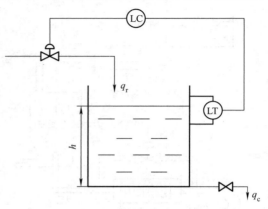

（4）调节器参数整定　这是一个简单的单容过程，根据 6.4 节中所介绍的几种工程整定方法的特点，宜采用响应曲线法进行调节器的参数整定而不宜采用临界比例度法或衰减曲线法进行参数整定。

图 6-31　液体储槽控制系统原理图

第7章

复杂自动控制系统的特性及设计

就控制系统而言，简单控制系统占所有控制系统总数的 80% 以上。但随着科学技术的发展，现代工业装置规模越来越大，复杂程度越来越高，产品的质量要求也越来越严格，相应的系统安全问题、管理与控制一体化问题等也越来越突出。要满足这些控制要求的同时还需解决相应的问题，仅靠简单控制系统是无法实现的，必须引入更为复杂、更为先进的控制系统。目前应用比较广泛运用常规仪表即可实现的复杂控制系统主要有串级、前馈、比值、分程、选择性控制系统等。

7.1 串级控制系统

7.1.1 串级控制的基本概念及组成原理

1. 串级控制的基本概念

什么叫串级控制？它是怎样提出来的？其组成结构怎样？现以化学反应釜的温度控制为例加以说明。图 7-1 所示为化学反应釜单回路温度控制系统。图中，物料自顶部连续进入釜中，经反应后由底部排出。反应产生的热量由夹套中的冷却水带走。

为保证产品质量，需要对反应温度 T_1 进行严格控制。为此，选取冷却水流量作为被控参数。这样，控制通道有三个热容器，即夹套、釜壁和釜。引起温度 T_1 变化的干扰因素有：进料流量、进料入口温度及化

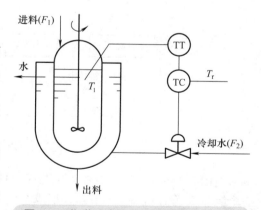

图 7-1 化学反应釜单回路温度控制系统

学成分，用 F_1 表示；冷却水的入口温度和阀前压力，用 F_2 表示。其框图如图 7-2 所示。

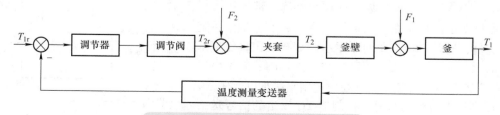

图 7-2 化学反应釜简单控制系统框图

由图 7-2 可见,当干扰 F_1 或 F_2 引起反应温度 T_1 升高时,经反馈后调节器输出产生相应变化,导致调节阀开始动作,从而使冷却水流量增加,但要经过三个容器才能使温度 T_1 下降。这样,从干扰引起反应温度 T_1 升高到调节阀开始动作使温度 T_1 下降,这个过程要经历较长的时间。在这段较长的时间里,反应温度 T_1 因调节不及时而出现了较大的偏差。解决这一问题的办法之一是使调节器能够及时动作。如何才能使调节器及时动作呢?经过分析不难看到,冷却水方面的干扰 F_2 的变化很快会在夹套温度 T_2 上表现出来,如果把 T_2 的变化及时测量出来,并由调节器 T_2C 进行调节,则控制动作可大大提前。但仅仅依靠调节器 T_2C 的调节作用还是不够的,因为控制的最终目标是保持 T_1 不变,而 T_2C 的调节作用只能使 T_2 相对稳定,它不能克服 F_1 干扰对 T_1 的影响,因而不能保证 T_1 满足工艺要求。为解决这一问题,

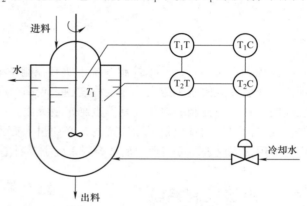

办法之一是适当改变 T_2C 的设定值 T_{2r},从而使 T_1 稳定在所需要的数值上。这个改变 T_{2r} 的工作,将由另一个调节器 T_1C 来完成。它的主要任务就是根据 T_1 与 T_{1r} 的偏差自动改变 T_2C 的设定值 T_{2r}。这种将两个调节器串联在一起工作、各自完成不同任务的系统结构,就称为串级控制结构。反应釜温度串级控制系统示意图如图 7-3 所示。串级控制系统的一般结构框图如图 7-4 所示。

图 7-3　反应釜温度串级控制系统示意图

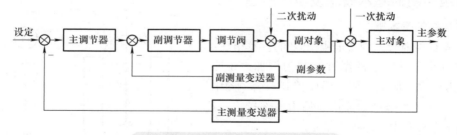

图 7-4　串级控制系统传递函数框图

由图 7-4 可知,串级控制系统与简单控制系统的主要区别是,串级控制系统在结构上增加了一个测量变送器和一个调节器,形成了两个闭合回路,其中一个称为副回路,一个称为主回路。由于副回路的存在,使控制效果得到了显著改善。

2. 串级控制系统组成原理

图 7-5 所示是一个加热炉温度控制系统。被加热原料的出口温度 T 是该控制系统的被控变量,燃料量是该系统的操纵变量,这是一个简单控制系统。如果对出口温度 T 的误差范围要求不高,这个控制方案是可行的。如果出口温度 T 的误差范围要求很小,则简单控制系统难以胜任。

先看该系统的控制通道。控制器 TC 发出的信号送给调节阀,调节阀改变阀门开度,使送入加热炉的燃料流量

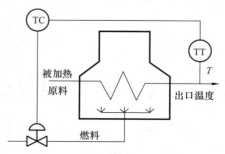

图 7-5　加热炉温度控制系统

改变。随着燃料在炉膛里燃烧，炉膛温度改变，传热给管道，最终使原料温度得到调整，稳定在所希望的温度。由于传热过程的时间常数大，达到 15min 左右，等到出口温度发生偏差后再进行控制，显然经过这个控制通道的控制很不及时，导致偏差在较长的时间内不能被克服，误差太大，不符合工艺要求。如何解决这个问题呢？根据反馈原理，被控变量的任何偏差都是由于种种扰动引起的，如果能把这些扰动抑制住，则被控变量的波动将会减小许多。

在控制系统中，每一个扰动到被控变量之间都是一条扰动通道。对于该加热炉，主要的扰动有燃料压力的波动、燃料热值的波动、原料流量的调整或波动、原料入口温度的波动等。如果对每一个主要扰动都用一个控制系统来克服，则整个系统的主要目标（原料的出口温度）肯定能被控制得很好。但实际上，有些量的控制很不方便，而且，这样做整个控制工程的投资将是很大的。在实践中，人们探索出一种复杂控制系统，不需要增加太多的仪表即可使被控变量达到较高的控制精度，这就是串级控制系统。

从前面分析可知，该系统的主要问题在于传热过程时间常数很大。串级控制的思想是把时间常数较大的被控对象分解为两个时间常数较小的被控对象。如从燃料燃烧到炉膛温度 T_L 的设备可作为第一个被控对象，再到被控变量 T_M 的设备作为第二个对象，也就是在原被控对象中找出一个中间变量——炉膛温度 T_L。它能提前反映扰动的作用，增加对这个中间变量的有效控制，使整个系统的被控变量得到较精确的控制。如此构成的串级控制系统及原理图如图 7-6 和图 7-7 所示。

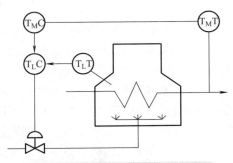

图 7-6　加热炉温度串级控制系统

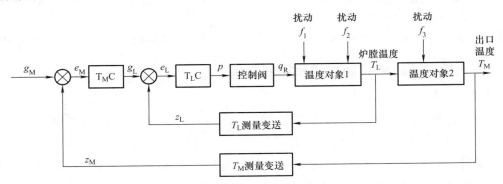

图 7-7　加热炉温度串级控制系统原理图

在该串级控制系统中，扰动 f_1 和 f_2 作用在温度对象 1 上，它们首先影响到 T_L，然后再影响到 T_M。由于 T_L 能被测量并加以控制，因此，它的波动范围比未加以控制前大大减小。

（1）组成原理

1）将原被控对象分解为两个串联的被控对象，如图 7-8 所示。

2）以连接分解后的两个被控对象的中间变量为副被控变量，构成一个简单控制系统，称为副控制系统、副环或副回路。

3）以原对象的输出信号为主被控变量，即分解后的第二个被控对象的输出信号构成一个控制系统，称为主控制系统、主环或主回路。

　　4）主控制系统中调节器的输出信号作为副控制系统调节器的设定值，副控制系统的输出信号作为主被控对象的输入信号，如图7-8所示。

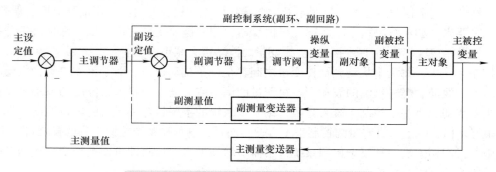

图 7-8　串级控制系统组成原理及术语示意图

（2）串级控制系统术语

　　1）主对象、副对象。主对象、副对象也称主被控对象、副被控对象，如图7-8所示。主对象与副对象是由原被控对象分解而得到的。

　　2）主被控变量、副被控变量。主被控变量是主被控对象的输出信号；副被控变量是副被控对象的输出信号，是原被控对象的某个中间变量，同时也是主被控对象的输入信号。

　　3）主测量值、副测量值。主测量值、副测量值是相应被控变量的测量值。

　　4）主调节器、副调节器。主调节器负责整个系统的控制任务；副调节器负责点画线框中副回路被控对象的控制任务，使副变量符合副设定值的要求。

　　5）主设定值、副设定值。主设定值是主被控变量的期望值，由主调节器内部设定；副设定值是由主调节器的输出信号提供。

　　6）主回路、副回路。主回路为包括副环的整个控制系统；副回路为图7-8中点画线框内部分。

7.1.2　串级控制系统的控制过程及控制效果

1. 串级控制系统的控制过程

　　（1）扰动作用于副对象　若扰动只作用于副对象，即图7-7中的 f_1 或 f_2 为扰动，它可能是燃料油的压力、组分发生变化。如果是压力升高，则在其他因素不变的情况下，进入炉膛内的燃油量增加，炉膛温度 T_L 升高。此后，一方面 T_L 升高，导致 z_L 升高，使 e_L 下降，副调节器输出 p 下降，燃料油流量 q_R 下降，最终使 T_L 回降，从而达到控制的目的。另一方面，炉温 T_L 上升，又直接地导致 T_M 上升，z_M 上升，e_M 下降，使得 g_L 下降。g_L 是副回路的设定值，g_L 下降，副回路进一步抑制了扰动压力的变化所引起的炉膛温度 T_L 的变化。可见，由于副回路的作用，使控制作用变得更快、更强。

　　（2）扰动作用于主对象　如果扰动作用于主对象，如图7-7中的 f_3 所示，它可能是原料的流量波动、入口温度波动等。当原料流量增加时，炉膛温度 T_L 几乎不受影响，但原料出口温度 T_M 下降，使 z_M 下降，e_M 上升，g_L 上升。g_L 是副回路的设定值，g_L 上升，副回路的输出 T_L 一定上升，最终使 T_M 回升，克服扰动。这时，炉膛温度 T_L 值比原来的要高，这是被加热原料油流量增加所需要的，副回路不会把 T_L 调整到原来的 T_L 值，因为副回路的设定值 g_L 已经调高。这些表明扰动作用于主对象时，串级控制也能有效地克服扰动。

综上所述，在串级控制系统中，由于从对象提取出副被控变量并增加一个副回路，整个系统克服扰动的能力更强、作用更及时，控制性能明显提高。

2. 串级控制系统的控制效果

为便于分析，将图 7-4 所示串级控制系统的各环节分别用传递函数代替，形成图 7-9 所示的串级控制系统框图。

串级控制为什么能显著提高控制品质呢？其主要原因是它比单回路控制在结构上多了一个副回路，因而具有如下特点：

（1）能迅速克服进入副回路的干扰 在图 7-9 所示系统中，作用于副回路的干扰 $F_2(s)$ 称为二次干扰，在它的作用下，$F_2(s)$ 与 $Y_2(s)$ 的等效传递函数为

$$G_{02}^*(s) = \frac{Y_2(s)}{F_2(s)} = \frac{G_{02}(s)}{1 + G_{c2}(s)G_v(s)G_{02}(s)G_{m2}(s)} \tag{7-1}$$

由此，图 7-9 可等效为图 7-10 的形式。

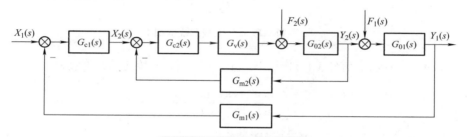

图 7-9 串级控制系统框图

由图 7-10 可见，在给定信号 $X_1(s)$ 的作用下，$X_1(s)$ 与 $Y_1(s)$ 的等效传递函数为

$$\frac{Y_1(s)}{X_1(s)} = \frac{G_{c1}(s)G_{c2}(s)G_v(s)G_{02}^*(s)G_{01}(s)}{1 + G_{c1}(s)G_{c2}(s)G_v(s)G_{02}^*(s)G_{01}(s)G_{m1}(s)} \tag{7-2}$$

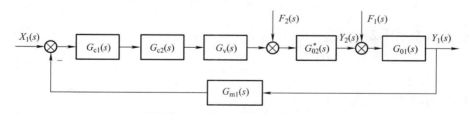

图 7-10 串级控制系统的等效形式

在干扰 $F_2(s)$ 作用下，$F_2(s)$ 与 $Y_1(s)$ 的等效传递函数为

$$\frac{Y_1(s)}{F_2(s)} = \frac{G_{02}^*(s)G_{01}(s)}{1 + G_{c1}(s)G_{c2}(s)G_v(s)G_{02}^*(s)G_{01}(s)G_{m1}(s)} \tag{7-3}$$

由控制理论可知，在给定信号作用下，当 $Y_1(s)$ 与 $X_1(s)$ 的比值越接近于"1"时，系统的控制性能越好；而在干扰作用下，当 $Y_1(s)$ 与 $F_2(s)$ 的比值越接近于"0"时，系统的抗干扰能力越强。在工程上，通常将二者的比值作为衡量控制系统的控制能力和抗干扰能力的综合指标，即比值越

大，系统的控制能力和抗干扰能力越强。对于式（7-2）和式（7-3），则有

$$\frac{Y_1(s)/X_1(s)}{Y_1(s)/F_2(s)} = G_{c1}(s)G_{c2}(s)G_v(s) \tag{7-4}$$

假设 $G_{c1}(s) = K_{c1}$，$G_{c2}(s) = K_{c2}$，$G_v(s) = K_v$，式（7-4）可以写成

$$\frac{Y_1(s)/X_1(s)}{Y_1(s)/F_2(s)} = K_{c1}K_{c2}K_v \tag{7-5}$$

式（7-5）表明，主、副调节器放大系数的乘积越大，抗干扰能力越强，控制质量越好。为便于比较，对图 7-9 所示系统采用单回路控制，其系统框图如图 7-11 所示。

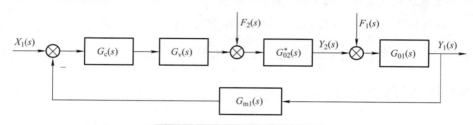

图 7-11　单回路控制系统框图

由图 7-11 可知，在给定信号 $X_1(s)$ 作用下，$X_1(s)$ 与 $Y_1(s)$ 的传递函数等效为

$$\frac{Y_1(s)}{X_1(s)} = \frac{G_c(s)G_v(s)G_{02}(s)G_{01}(s)}{1 + G_c(s)G_v(s)G_{02}(s)G_{01}(s)G_{m1}(s)} \tag{7-6}$$

在干扰 $F_2(s)$ 作用下，$F_2(s)$ 与 $Y_1(s)$ 的传递函数等效为

$$\frac{Y_1(s)}{F_2(s)} = \frac{G_{02}(s)G_{01}(s)}{1 + G_c(s)G_v(s)G_{02}(s)G_{01}(s)G_{m1}(s)} \tag{7-7}$$

单回路控制系统控制性能与抗干扰能力的综合指标为

$$\frac{Y_1(s)/X_1(s)}{Y_1(s)/F_2(s)} = G_c(s)G_v(s) \tag{7-8}$$

假设 $G_c(s) = K_c$，$G_v(s) = K_v$，式（7-8）可以写成

$$\frac{Y_1(s)/X_1(s)}{Y_1(s)/F_2(s)} = K_cK_v \tag{7-9}$$

比较式（7-5）和式（7-9），在一般情况下，有

$$K_{c1}K_{c2} > K_c \tag{7-10}$$

由式（7-10）可知，由于串级控制系统副回路的存在，能迅速克服进入副回路的二次干扰，从而大大减小二次干扰对主参数的影响，使抗干扰能力和控制能力的综合指标比单回路控制系统均有了明显的提高。

（2）能改善控制通道的动态特性，提高工作频率

1）等效时间常数减小，响应速度加快。分析比较图 7-9 和图 7-11 可以发现，串级控制系统中的副回路代替了单回路系统中的一部分过程，若把整个副回路等效为一个被控过程，它的等效传递函数用 $G'_{02}(s)$ 表示，则有

$$G'_{02}(s) = \frac{Y_2(s)}{X_2(s)} = \frac{G_{c2}(s)G_v(s)G_{02}(s)}{1 + G_{c2}(s)G_v(s)G_{02}(s)G_{m2}(s)} = G_{c2}(s)G_v(s)G_{02}^*(s) \tag{7-11}$$

假设副回路中各环节的传递函数分别为

$$G_{02}(s) = \frac{K_{02}}{T_{02}s + 1}, \quad G_{c2}(s) = K_{c2}, \quad G_v(s) = K_v, \quad G_{m2}(s) = K_{m2}$$

式（7-11）变为

$$G'_{02}(s) = \frac{K_{c2}K_vK_{02}/(T_{02}s+1)}{1 + K_{c2}K_vK_{m2}K_{02}/(T_{02}s+1)} = \frac{K_{c2}K_vK_{02}/(1 + K_{c2}K_vK_{m2}K_{02})}{\dfrac{T_{02}}{1 + K_{c2}K_vK_{m2}K_{02}}s + 1} = \frac{K'_{02}}{T'_{02}s + 1} \tag{7-12}$$

式中　K'_{02}，T'_{02}——等效过程的放大系数与时间常数。

比较 $G_{02}(s)$ 和 $G'_{02}(s)$，由于 $1 + K_{c2}K_vK_{m2}K_{02} \gg 1$，因此有

$$T'_{02} \ll T_{02} \tag{7-13}$$

式（7-12）表明，由于副回路的存在，改善了控制通道的动态特性，使等效过程的时间常数缩小为原来的 $1/(1 + K_{c2}K_vK_{m2}K_{02})$，而且副调节器比例增益越大，等效过程的时间常数将越小。通常情况下，副被控过程大多为单容过程或者双容过程，因而副调节器的比例增益可以取得较大，致使等效时间常数可以减小到很小的数值，从而加快了副回路的响应速度。

2）提高了系统的工作频率。串级控制系统的工作频率可以依据闭环系统的特征方程式进行计算。串级控制系统的特征方程式为

$$1 + G_{c1}(s)G'_{02}(s)G_{01}(s)G_{m1}(s) = 0 \tag{7-14}$$

假设 $G_{01}(s) = K_{01}/(T_{01}s+1)$，$G_{c1}(s) = K_{c1}$，$G_{m1}(s) = K_{m1}$，$G'_{02}(s)$ 如式（7-11）所示，则式（7-14）变为

$$1 + K_{c1}K'_{02}K_{01}K_{m1}/(T'_{02}s+1)(T_{01}s+1) = 0$$

经整理后为

$$\begin{cases} s^2 + \dfrac{T_{01} + T'_{02}}{T_{01}T'_{02}}s + \dfrac{1 + K_{c1}K'_{02}K_{01}K_{m1}}{T_{01}T'_{02}} = 0 \\ 2\xi\omega_0 = \dfrac{T_{01} + T'_{02}}{T_{01}T'_{02}} \\ \omega_0^2 = \dfrac{1 + K_{c1}K'_{02}K_{01}K_{m1}}{T_{01}T'_{02}} \end{cases} \tag{7-15}$$

若令式（7-15）可写成如下标准形式，即

$$s^2 + 2\xi\omega_0 s + \omega_0^2 = 0 \tag{7-16}$$

式中　ξ——串级控制系统的阻尼系数；

ω_0——串级控制系统的自然频率。

由反馈控制理论可知，串级控制系统的工作频率为

$$\omega_{串} = \omega_0\sqrt{1 - \xi^2} = \frac{\sqrt{1 - \xi^2}}{2\xi}\frac{T_{01} + T'_{02}}{T_{01}T'_{02}} \tag{7-17}$$

对于同一被控过程，如果采用单回路控制方案，由式（7-6）可得系统的特征方程式为

$$1 + G_c(s)G_v(s)G_{02}(s)G_{01}(s)G_{m1}(s) = 0 \qquad (7\text{-}18)$$

设备环节的传递函数为 $G_{01}(s) = K_{01}/(T_{01}s+1)$ ， $G_{02}(s) = K_{02}/(T_{02}s+1)$ ， $G_c(s) = K_c$ ， $G_v(s) = K_v$ ， $G_{m1}(s) = K_{m1}$ ，式（7-18）变为

$$s^2 + \frac{T_{01}+T_{02}}{T_{01}T_{02}}s + \frac{1 + K_cK_vK_{02}K_{01}K_{m1}}{T_{01}T_{02}} = 0 \qquad (7\text{-}19)$$

若令

$$\begin{cases} 2\xi'\omega_0' = \dfrac{T_{01}+T_{02}}{T_{01}T_{02}} \\[3mm] \omega_0'^2 = \dfrac{1 + K_cK_vK_{01}K_{02}K_{m1}}{T_{01}T_{02}} \end{cases} \qquad (7\text{-}20)$$

式中　　ξ' ——单回路控制系统的阻尼系数；

　　　　ω_0' ——单回路控制系统的自然频率。

可得单回路控制系统的工作频率为

$$\omega_{单} = \omega_0'\sqrt{1-\xi'^2} = \frac{\sqrt{1-\xi'^2}}{2\xi'}\frac{T_{01}+T_{02}}{T_{01}T_{02}} \qquad (7\text{-}21)$$

如果使串级控制系统和单回路控制系统的阻尼系数相同（ $\xi = \xi'$ ），则有

$$\frac{\omega_{串}}{\omega_{单}} = \frac{(T_{01}+T_{02}')/(T_{01}T_{02}')}{(T_{01}+T_{02})/(T_{01}T_{02})} = \frac{1 + T_{01}/T_{02}'}{1 + T_{01}/T_{02}} \qquad (7\text{-}22)$$

因为

$$T_{01}/T_{02}' \gg T_{01}/T_{02}$$

所以有

$$\omega_{串} \gg \omega_{单} \qquad (7\text{-}23)$$

　　研究表明，若将主、副被控过程推广到一般情况，主、副调节器推广到一般的 PID 控制规律时，上述结论依然成立。由此可知，串级控制系统由于副回路的存在，改善了被控过程的动态特性，提高了整个系统的工作频率。进一步研究表明，当主、副被控过程的时间常数 T_{01} 和 T_{02} 比值一定时，副调节器的比例放大系数 K_{c2} 越大，串级控制系统的工作频率就越高；而当副调节器的比例放大系数 K_{c2} 一定时， T_{01} 和 T_{02} 的比值越大，串级控制系统的工作频率也越高。

　　与单回路控制系统相比，串级控制系统工作频率的提高，使系统的振荡周期得以缩短，因而提高了整个系统的控制质量。

　　（3）能适应负荷和操作条件的剧烈变化　众所周知，实际的生产过程往往包含一些非线性因素。对于非线性过程，若采用单回路控制时，在负荷变化不大的情况下，广义被控过程的放大系数通常被认为是近似不变的，此时按一定控制质量指标整定的调节器参数也近似不变。但如果负荷变化过大，由于非线性因素的影响，广义被控过程的放大系数会随负荷的变化而变化，此时若不重新整定调节器参数，则控制质量就难以得到保证。但在串级控制系统中，由于副回路的等效放大系数为

$$K'_{02} = \frac{K_{c2}K_v K_{02}}{1+K_{c2}K_v K_{02}K_{m2}}$$

（7-24）

一般情况下，$K_{c2}K_v K_{02}K_{m2} \gg 1$，因此，当副被控过程中的放大系数 K_{02} 或 K_v 随负荷变化时，K'_{02} 几乎不变，因而无须重新整定调节器的参数；此外，由于副回路是一个随动系统，它的设定值是随主调节器的输出变化而改变的。当负荷或操作条件改变时，主调节器将改变其输出，调整副调节器的设定值，使负荷或操作条件改变时能适应其变化而保持较好的控制性能。从上述分析可知，串级控制系统能自动克服非线性的影响，对负荷和操作条件的变化具有一定的自适应能力。

综上所述，串级控制系统的主要特点如下：

1）对进入副回路的干扰有很强的抑制能力。

2）能改善控制通道的动态特性，提高系统的快速反应能力。

3）对非线性情况下的负荷或操作条件的变化有一定的自适应能力。

7.1.3　串级控制系统的设计

如果把串级控制系统中整个副回路看成一个等效过程，那么串级控制系统与一般单回路控制系统没有什么区别，无须特殊讨论其设计问题。正是因为它多了一个副回路，所以它的设计比一般单回路控制系统的设计要复杂得多。这里涉及的主要问题有：主、副被控变量如何选择？副参数如何选择？主、副回路之间存在什么联系？一个系统中存在两个调节器，应该如何选择各自的控制规律以及如何确定其正反作用等。下面分别加以讨论。

1. 主、副被控变量的选择

主被控变量的选择与简单控制系统相同。副被控变量的选择必须保证它是操纵变量到主被控变量这个控制通道中的一个适当的中间变量。这是串级控制系统设计的关键问题。副被控变量的选择还要考虑以下几个因素：

（1）使主要扰动作用在副对象上　这样副回路能更快更好地克服扰动，副回路的作用才能得以发挥。如在加热炉温度控制系统中，炉膛温度作为副被控变量，就能较好地克服燃料热值等扰动的影响。但如果燃料油压力是主要扰动，则应采用燃料油压力作为副被控变量，可以更及时地克服扰动，如图 7-12 所示。这时副对象仅仅是一段管道，时间常数很小，控制作用很及时。

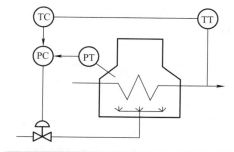

图 7-12　加热炉温度 - 压力串级控制系统

（2）使副对象包含适当多的扰动　这实际上是副被控变量选择的问题。副被控变量越靠近主被控变量，它包含的扰动量越多，但同时通道变长，滞后增加；副被控变量越靠近操纵变量，它包含的扰动越少，通道越短。因此，要选择一个适当位置，使副对象在包含主要扰动的同时，能包含适当多的扰动，从而使副回路的控制作用得到更好的发挥。

（3）主、副对象的时间常数不能太接近　通常，副对象的时间常数小于主对象的时间常数。这是因为如果副对象的时间常数很小，说明副被控变量的位置很靠近主被控变量。两个变量几乎同时变化，失去设置副回路的意义。

如果主、副对象的时间常数基本相等，由于主、副回路是密切相关的，系统可能出现"共振"，使系统控制质量下降，甚至出现不稳定的问题。因此，通常使副对象的时间常数明显小于主对象的时间常数。

2. 副回路的设计与副参数的选择

由串级控制的控制效果分析可知，它的种种特点都是存在副回路的缘故。因而副回路设计的好坏是关系到能否发挥串级控制系统特点的关键所在。从结构上看，副回路是一个单回路。如何从整个被控过程中选取其一部分作为副被控过程组成这个单回路，其关键是如何选择副参数。从控制理论的角度，副参数的选择必须遵循以下几项原则：

（1）副参数要物理可测、副对象的时间常数要小、纯滞后时间应尽可能短　　为了构成副回路，副参数为物理可测是必要条件；为了提高副回路的快速反应能力、缩短调节时间，副被控过程时间常数不能太大，纯滞后时间也应尽可能小。例如，图 7-3 所示的反应釜温度串级控制，选择夹套水温为副参数组成副回路，对冷却水入口温度、调节阀的阀前压力变化等干扰将具有快速抑制能力，因而这种选择是适宜的；又如图 7-6 所示的加热炉温度串级控制，选择炉膛温度为副参数组成副回路，对燃料压力、燃料成分以及烟囱抽力的变化等诸多干扰能够迅速予以克服，其选择也是有效的。总之，为了充分发挥副回路的快速调节作用，选择物理上可测、对干扰作用能迅速做出反应的工艺参数作为副参数是必须遵循的原则之一。

（2）副回路应尽可能多地包含变化频繁、幅度大的干扰　　为了充分发挥串级控制对进入副回路干扰有较强的抑制能力这一特点，在选择副参数时，一定要把尽可能多的干扰包含在副回路中，尤其要将严重影响主参数、变化剧烈而又频繁的干扰包含在副回路中。但需要注意的是，随着副回路包含干扰的增多，其调节通道的惯性滞后必然会增大，会使副回路迅速克服干扰的能力降低，反而不利于提高控制质量。因此，副回路包含的干扰也不能越多越好。图 7-13 所示为炼油厂管式加热炉原油出口温度两种不同的串级控制流程图。方案一是针对燃料油压力为主要干扰而设计的原料油出口温度与燃料油的阀后压力串级控制流程图，如图 7-13a 所示；方案二是针对燃料油的黏度、成分、处理量和燃料油热值为主要干扰而设计的原料油出口温度与炉膛温度串级控制流程图，如图 7-13b 所示。由此可见，即便是同一被控过程，由于主要干扰不同，采用的串级控制方案也会有所不同。但无论什么情况，副参数的选择必须使副回路包含其主要干扰，这是必须遵循的原则之二。

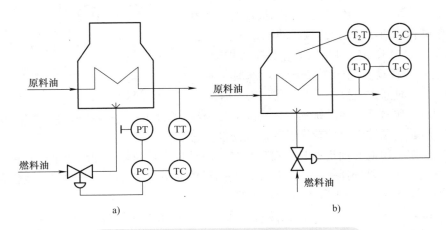

图 7-13　管式加热炉两种串级控制方案流程图

a）方案一　b）方案二

（3）主、副被控过程的时间常数要适当匹配　　当主、副被控过程均用一阶惯性环节来描述且使串级控制系统与单回路控制系统的阻尼系数相同时，可知其工作频率之比为

$$\frac{\omega_{串}}{\omega_{单}}=\frac{1+T_{01}/T'_{02}}{1+T_{01}/T_{02}}=\frac{1+(1+K_{c2}K_{v}K_{02}K_{m2})T_{01}/T_{02}}{1+T_{01}/T_{02}} \tag{7-25}$$

根据式（7-25），假设 $1+K_{c2}K_{v}K_{02}K_{m2}$ 为常量，作出如图 7-14 所示曲线。

由图 7-14 可见，串级控制的工作频率与单回路控制的工作频率之比 $\omega_{串}/\omega_{单}$，在主、副被控过程的时间常数之比 T_{01}/T_{02} 较小时增长较快，而随着 T_{01}/T_{02} 的增加，$\omega_{串}/\omega_{单}$ 的增长速度明显减弱。由副参数的选择原则（1）可知，为了使副回路的调节速度尽可能快，而应使副被控过程的时间常数不能太大。但从图 7-14 可知，如果过分减小副被控过程的惯性时间常数，一方面对进一步提高整个系统的工作频率不利，另一方面，副被控过程的时间常数太小，会使副回路所包含的干扰较少，又不利于确保主被控量的控制质量；相反，当主、副被控过程的时间常数之比较小时，副回路包含的干扰又会增多，其结果导致因副回路反应迟钝而不能及时克服进入副回路的干扰。综上所述，主、副被控过程的时间常数的比值既不能太大也不能太小，应适当匹配，这是必须遵循的原则之三。究竟如何匹配才算适当？由控制理论可知，当主、副回路的工作频率和相互接近时，容易引起系统共振，为此必须使 $\omega_{主}/\omega_{副}>3$；相应地，要求主、副被控过程的时间常数之比 T_{01}/T_{02} 至少应大于 3。所以，为使主、副回路之间的动态联系较小、避免引起系统共振，通常选择 T_{01}/T_{02} 在 3～10 的范围内为宜。

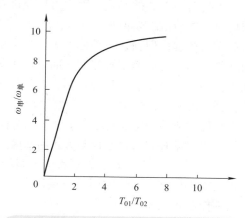

图 7-14　$1+K_{c2}K_{v}K_{02}K_{m2}$ 为常量时的 $\omega_{串}/\omega_{单}$ 与 T_{01}/T_{02} 关系曲线

（4）应综合考虑控制质量和经济性要求　在选择副参数时常会出现较多可供选择的方案，在这种情况下可根据对主参数控制质量的要求及经济性原则综合考虑。图 7-15 所示为相同冷却器构成的两种不同串级控制流程图，它们均以被冷却物料的出口温度作为主被控参数，而可供选择的副参数却有两个。如果以冷剂液位作为副参数，则该方案投资少，适用于对出口温度控制质量要求不高的场合；如果以冷剂蒸发压力作为副参数，则该方案投资多，但副回路比较灵敏，出口温度控制质量比较高。究竟如何选择，需视具体情况而定。

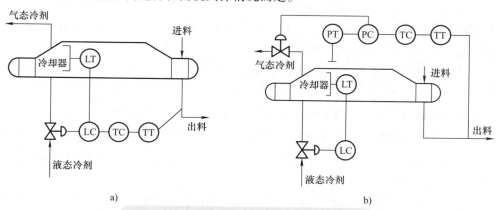

图 7-15　冷却器温度串级控制的两种流程图

a）以冷剂液位为副参数　　b）以冷剂蒸发压力为副参数

3. 调节器控制规律的选择

在串级控制系统中，主、副调节器所起的作用是不同的。主调节器起定值控制作用，副调节器起随动控制作用，这是选择控制规律的基本出发点。

主回路是一个定值控制系统，主调节器控制规律的选择与简单控制系统类似。但采用串级控制系统的主被控变量往往是比较重要的参数，工艺要求较严格，允许波动的范围很小，一般要求无静差。因此，通常都采用比例积分（PI）控制规律，滞后较大时也采用比例积分微分（PID）控制规律。

副回路是一个随动控制系统，副被控变量的控制可以有余差。副被控参数的设置是为了克服主要干扰对主参数的影响，因而可以允许在一定范围内变化，并允许有静差。因此，副调节器采用比例（P）控制规律即可，一般不引入积分控制规律，而且比例度通常取得比较小，这样比例增益大，控制作用强，余差也不大。如果引入积分作用，会使控制作用趋缓，并可能带来积分饱和现象。但当流量为副被控变量时，由于对象的时间常数和时滞都很小，为使副回路在需要时可以单独使用，需要引入积分作用，使得在单独使用时，系统也能稳定工作。这时副调节器采用比例积分（PI）控制规律，比例度取得较大数值且带积分作用。副调节器一般不引入微分控制规律，否则会使调节阀动作过大或过于频繁，对控制不利。

4. 调节器作用方向及作用方式的选择

（1）调节器作用方向的选择   调节器作用方向选择的依据是使系统为负反馈控制系统。副调节器处于副回路中，这时副调节器作用方向的选择与简单控制系统的情况一样，使副回路为一个负反馈控制系统即可。

主控制器处于主回路中，无论副控制器的作用方向是否选择好，主调节器的作用方向都可以单独选择，而与副调节器无关。选择时，把整个副回路简化为一个方框，输入信号是主调节器的输出信号，输出信号就是副被控变量，且副回路方框的输入信号与输出信号之间总是正作用，即输入增加，输出亦增加。经过这样的简化，串级控制系统框图就如图 7-16 所示。

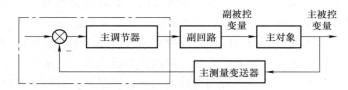

图 7-16   简化的串级控制系统框图

由于副回路的作用方向总是正的，为使主回路是负反馈控制系统，选择主调节器的作用方向亦与简单控制系统时一样，而且更简单些，因为不用选调节阀的正反作用。

例如图 7-12 所示串级系统，从加热炉安全角度考虑，调节阀选气开阀，即如果调节阀上的控制信号（气信号）中断，阀门处于关闭状态，控制信号上升，阀门开大，流量上升，故为正作用方向。副对象的输入信号是燃料流量 q_R，输出信号是阀后燃料压力 p，q_R 上升，p 亦上升，也是正作用方向。主对象的输入信号是阀后燃料压力 p，输出信号是主被控变量，即被加热物料出口温度 T_M，p 上升，T_M 亦上升，主对象作用方向为正。测量变送单元作用方向均为正，标注于图 7-17 中。接下来就可以选择调节器的作用方向了。

首先看主调节器，由于副回路可以简化为一个正作用方向方框，如图 7-17 所示，主对象作用方向为正，主测量变送作用方向亦为正。根据简单控制系统中所介绍的原则，4 个方框所标符号的乘积应为正，故主调节器方框的作用方向应为正。如此，整个回路中所有符号相乘为负，系统是负反馈，选反作用调节器。

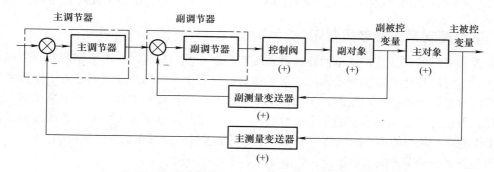

图 7-17 加热炉温度 - 压力串级控制系统框图

副调节器作用方向的选择与简单控制系统一样，这里副调节器方框的作用方向亦应为正，结合调节器比较点的符号"–"，调节器整体应选反作用调节器。如此，整个副回路是负反馈控制系统。

（2）主、副调节器正、反作用方式的选择 串级控制系统中，主、副调节器的正反作用方式选择的方法是：首先根据工艺要求决定调节阀的气开、气关形式，并决定副调节器的正、反作用；然后再依据主、副过程的正、反形式最终确定主调节器的正、反作用方式。

由控制理论的知识可知，要使一个控制系统能够正常稳定运行，必须采用负反馈，即保证系统总的开环放大系数为正。对串级控制系统而言，主、副调节器正、反作用方式的选择结果同样要使整个系统为负反馈，即主回路各环节放大系数的乘积必须为正。各环节放大系数极性的确定与第 6 章单回路控制系统设计中的方法完全相同，这里不再重复。现以图 7-17 所示加热炉温度 - 压力串级控制系统为例，说明主、副调节器正、反作用方式的确定过程。

从生产过程的安全性出发，燃料油调节阀选用气开式（K 为正），这是因为当控制系统一旦出现故障，调节阀必须全关，以便切断进入加热炉的燃料油，确保其设备安全；由工艺可知，当调节阀开度增大，则炉膛温度升高，故 K_{02} 为正；为保证副回路为负反馈，则应为正，即为反作用调节器；当炉膛温度升高，加热炉出口温度也随之升高，故 K_{01} 也为正；为保证主回路为负反馈，则 K_{c1} 应为正，即为反作用调节器。

主、副调节器正、反作用方式选择的各种可能情况见表 7-1。

表 7-1 主、副调节器正、反作用方式选择一览表

序号	K_{01}	K_{02}	K_v	K_{c2}	K_{c1}
1	正	正	正	正	正
2	正	正	负	负	正
3	负	负	正	负	负
4	负	负	负	正	负
5	负	正	正	正	负
6	负	正	负	负	负
7	正	负	正	负	正
8	正	负	负	正	正

当 K_v 为正时，调节阀为气开方式；当 K_v 为负时，调节阀为气关方式。

当 K_{c1} 为正时，调节器为反作用方式；当 K_{c1} 为负时，调节器为正作用方式。

7.1.4 串级控制系统的参数整定

串级控制系统的参数整定比单回路控制系统要复杂一些，这是因为两个调节器同串在一个系统中工作，不可避免地会相互产生影响。系统在运行过程中，主回路和副回路的工作频率是不同的。一般情况是副回路的频率较高，主回路的频率较低。工作频率的高低主要取决于被控过程的动态特性，但也与主、副调节器的整定参数有关。在整定时应尽量加大副调节器的增益以提高副回路的工作频率，从而使主、副回路的工作频率尽可能错开，以减少相互间的影响。

串级控制系统调节器的参数整定，目前采用如下几种方法。

1. 逐步逼近整定法

逐步逼近整定法的步骤如下：

1）在主回路开环、副回路闭环的情况下，先整定副调节器参数，即采用第 6 章中任意一种单回路调节器参数整定方法，求得副调节器的参数，记为 $[G_{c1}(s)]^1$。

2）将副回路等效成一个环节，并将主回路闭环，用相同的整定方法求得主调节器的参数，记为 $[G_{c2}(s)]^1$。

3）按以上两步所得结果，观察系统在 $[G_{c1}(s)]^1$、$[G_{c2}(s)]^1$ 作用下的过渡过程曲线，如已满足工艺要求，则 $[G_{c1}(s)]^1$、$[G_{c2}(s)]^1$ 即为所求的调节器参数；否则，在主回路闭合的情况下，再整定副调节器的参数，记为 $[G_{c2}(s)]^2$，观察系统在 $[G_{c1}(s)]^1$、$[G_{c2}(s)]^2$ 作用下的过渡过程曲线，如此反复进行，直到获得符合控制质量指标的调节器参数为止。该方法适用于主、副过程的时间常数相差不大，主、副回路的动态联系比较密切的情况，整定需要反复进行、逐步逼近，因而费时较多。

2. 两步整定法

当主、副过程时间常数相差较大时，可采用两步整定法。两步整定法的步骤为：

1）在主、副回路闭合的情况下，主调节器为比例调节，其比例度为 $\delta=100\%$；先用 4:1 衰减曲线法整定副调节器的参数，求得副回路在 4:1 衰减过程下的比例度 δ_2 和操作周期 T_2。

2）把副回路等效成一个环节，用相同的整定方法调整主调节器参数，求得主回路在 4:1 衰减过程下的比例度 δ_1 和操作周期 T_1。

3）根据 δ_2、T_2、δ_1、T_1，按第 6 章中的有关经验公式求出主、副调节器的其他参数，如积分时间和微分时间等，然后再按照先副后主、先比例后积分再微分的次序将系统投入运行，并观察过渡过程曲线，必要时再进行适当的调整，直到系统的控制质量指标符合要求为止。

该方法适用于主、副过程的时间常数之比 T_{01}/T_{02} 在 3～10 范围内的系统。由于主、副过程的时间常数相差较大，主、副回路的工作频率和操作周期差异也大，其动态联系小，因此，在副调节器参数整定后，可将副回路等效为主回路的一个环节，直接按单回路控制系统的整定方法整定主调节器的参数，而无须再去考虑主调节器的整定参数对副回路的影响。

3. 一步整定法

采用一步整定法的依据是，在串级控制系统中，副被控变量的要求不高，可以在一定范围内变化。因此，副调节器根据经验取好比例度后，一般不再进行调整，只要主被控变量能整定出满意的过渡过程即可。

副调节器在不同副被控变量情况下的经验比例度见表 7-2。

表 7-2　副调节器比例度经验值

副变量类型	温度	压力	流量	液位
比例度（%）	20 ~ 60	30 ~ 70	40 ~ 80	20 ~ 80

将副调节器设置为纯比例控制规律，比例度为表 7-2 中的经验值，然后整定主回路的主调节器参数，使主被控变量的过渡过程为满意的状况即可。整定主调节器参数的方法与简单控制系统时相同。

一步整定法的思路是：先根据副过程的特性或经验确定副调节器的参数，然后再按单回路控制系统的整定方法一步完成主调节器的参数整定。

理论研究表明，在过程特性不变的条件下，主、副调节器的放大系数在一定范围内可以任意匹配，即在 $0 < K_{c1}K_{c2} \leqslant 0.5$ 的条件下，当主、副过程特性一定时，$K_{c1}K_{c2}$ 为一常数。一步整定法是该理论成果在主、副调节器参数整定中的应用。

一步整定法的具体步骤如下：

1）当控制系统的主、副调节器均在比例作用下，先根据 $K_{c1}K_{c2} \leqslant 0.5$ 的约束条件或由经验确定 K_{c2}，并将其设置在副调节器上。

2）将副回路等效为一个环节，按照单回路控制系统的衰减曲线整定法，整定主调节器的参数。

3）观察控制过程，根据 K_{c1} 与 K_{c2} 在 $K_{c1}K_{c2} \leqslant 0.5$ 的条件下可任意匹配的原则，适当调整主、副调节器的参数，使控制指标满足工艺要求。

在系统投运并稳定后，将主调节器设置为纯比例方式，比例度放在 100%，按 4:1 的衰减比整定副回路，找出相应的副调节器比例度 δ_{2s} 和振荡周期 T_{2s}；然后在副调节器的比例度为 δ_{2s} 的情况下整定主回路，使主被控变量过渡过程的衰减比为 4:1，得到主调节器的比例度 δ_{1s}；最后，按照简单控制系统整定时介绍的衰减曲线法的经验公式，由 δ_{2s}、δ_{1s}、T_{1s}、T_{2s}，查找主调节器的 δ_1、T_1 和 T_D，副调节器的 δ_2 和 T_1。

将上述整定得到的调节器参数设置于调节器中，观察主被控变量的过渡过程，若不满意，再做相应调整。

4. 应用举例

在硝酸生产过程中，氧化炉是主要的生产设备。其中，炉温为被控参数，工艺要求较高，单回路控制不能满足要求，宜采用串级控制。根据工艺情况，可选择氨气流量为副参数，并允许在一定范围内变化。主调节器采用 PI 调节，副调节器则采用 P 调节。由于主、副过程动态联系较小，因而采用两步整定法整定主、副调节器的参数。具体整定步骤如下：

1）将主、副调节器均置于比例作用，主调节器的比例度 δ_1 为 100%，用 4:1 衰减曲线法整定副调节器参数，得 $\delta_{2s} = 32\%$，$T_{2s} = 15s$。

2）将副调节器的比例度置于 32%，用相同的整定方法，将主调节器的比例度由大到小逐渐调节，得主调节器的 $\delta_{1s} = 50\%$，$T_{1s} = 7min$。

3）根据上述求得的参数，运用第 5 章中 4:1 衰减曲线法计算公式，计算出主、副调节器的整定参数如下：

主调节器（温度调节器）的比例度为

$$\delta_1 = 1.2 \times \delta_{1s} = 1.2 \times 50\% = 60\%$$

积分时间为

$$T_1 = 0.5 \times T_{1s} = 3.5 \, \text{min}$$

副调节器（流量调节器）的比例度为

$$\delta_2 = \delta_{2s} = 32\%$$

串级控制系统是所有复杂控制系统中应用最多的一种。当要求被控变量的误差范围很小，简单控制系统不能满足要求时，可考虑采用串级控制系统。

7.1.5　串级控制系统的特点及适用范围

1. 串级控制系统的特点

串级控制系统由于其独特的系统结构，具有能迅速克服进入副回路的二次扰动，对负荷变化的适应性较强，改善过程的动态特性、提高系统控制质量等特点。

（1）分级控制思想　这里是将一个控制通道较长的对象分为两级，把许多扰动在第一级副回路就基本克服掉，剩余的影响及其他各方面扰动的综合影响再由主回路加以克服。这种控制思想在许多非工程、非自然学科领域应用也非常普遍。

（2）串级系统结构组成　与简单控制系统明显不同，串级系统有两个对象，即主、副对象；两个调节器，即主、副调节器；两个测量变送器，即主、副测量变送器；一个执行器。其组成如图 7-17 所示的系统结构。

（3）系统工作方式　副回路工作既是随动又是定值，对于主调节器输出的设定值是不确定的，随时变化的，是随动系统，而对于进入副回路的扰动是定值控制系统。

主回路则工作于定值控制方式，如果把副回路看作为一个整体方块，主回路就相当于一个简单控制系统。

由于主回路工作于定值方式，因此，也可以认为串级控制系统就是定值控制系统。

（4）控制性能　由于引入副回路构成串级控制，与简单控制系统相比，系统对于扰动反应更及时，克服扰动的速度更快，能有效地克服系统滞后，改善控制精度和提高控制质量。

2. 串级控制系统的适用范围

（1）适用于容量滞后较大的过程　当被控过程容量滞后较大时，可以选择一个容量滞后较小的辅助变量组成副回路，使控制通道被控过程的等效时间常数减小，以提高系统的工作频率，从而提高控制质量。因此，对于很多以温度或质量指标为被控参数的过程，其容量滞后往往较大，而生产上对这些参数的控制质量要求又比较高，此时宜采用串级控制系统。

例如，图 7-18 所示工业生产中的加热炉温度串级控制系统，其任务是将被加热物料加热到一定温度，然后传送给下一道工序。为了使加热炉出口温度保持为定值，选取燃料流量为被控参数。但是，由于加热炉的容量滞后较大，干扰因素也较多，单回路控制系统不能满足工艺对加热炉出口温度的要求。为此，可以选择滞后较小的炉膛温度作为副参数，构成加热炉出口温度对炉膛温度的串级控制系统，利用副回路的快速作用，有效地提高控制质量，从而满足工艺要求。

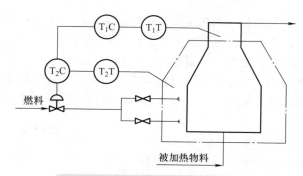

图7-18　加热炉温度串级控制系统

（2）适用于纯滞后较大的过程　当被控过程纯滞后时间较长、单回路控制系统不能满足工艺要求时，可以考虑用串级控制系统来改善控制质量。通常的做法是，在离调节阀较近、纯滞后时间较小的地方选择一个辅助参数作为副参数，构成一个纯滞后较小的副回路，由它实现对主要干扰的控制。现以化纤厂纺丝胶液压力控制为例加以说明。纺丝胶液压力与压力串级控制的流程图如图7-19所示。

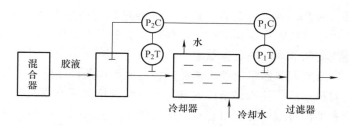

图7-19　纺丝胶液压力与压力串级控制流程图

由图7-19可见，来自混合器的纺丝胶液由计量泵送到冷却器中进行冷却，随后又被送到过滤器以除去杂质。工艺要求过滤前的压力应稳定在250kPa，以保证后面喷头抽丝工序的正常工作。由于纺丝胶液黏度较大，由计量泵到过滤器前的距离较长，即纯滞后时间较长，因此单回路控制系统不能满足工艺要求。为提高控制质量，在靠近计量泵出口的某个地方选择一个测压点作为副参数，构成如图7-19所示的压力与压力串级控制系统。当来自纺丝胶液的黏度发生变化或计量泵前的混合器有污染而引起压力变化时，副参数能及时反应，并通过副回路及时加以克服，从而稳定了过滤前的胶液压力，满足了工艺要求。

（3）适用于干扰变化剧烈、幅度大的过程　由于串级控制系统的副回路对于进入其中的干扰具有较强的克服能力，因而在系统设计时，只要将变化剧烈、幅度大的干扰包括在副回路之中，就可以大大减小干扰对主参数的影响。图7-20所示为某快装锅炉三冲量液位串级控制流程图。在工业生产过程中，用蒸汽的场合很多，蒸汽流量与水压的变化频繁激烈且幅值又大，而快装锅炉的锅筒容量往往又较小，所以锅筒液位是一个很重要的被控参数。为确保控制质量，常以蒸汽流量和水流量的综合作用作

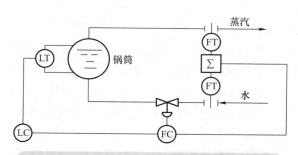

图7-20　快装锅炉三冲量液位串级控制流程图

为副回路的输出反馈值，并同液位一起构成所谓三冲量液位串级控制系统。由于该系统把多冲量与串级控制结合起来，所以它比一般的三冲量控制系统对液位具有更强的控制能力。

（4）适用于参数互相关联的过程 在有些生产过程中，对两个互相关联的参数需要用同一种介质进行控制。在这种情况下，若采用单回路控制系统，则需要装两套装置，即在同一管道上装两个调节阀。这样，既不经济又无法工作。对这样的过程，可以根据互相关联的主次，组成串级控制，以满足工艺要求。

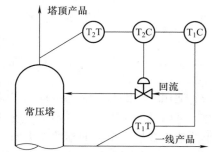

现以图 7-21 所示的炼油厂常压塔塔顶出口温度和一线温度的控制为例加以说明。由炼油工艺可知，进入常压塔的油品通过精馏将各组分分离成塔顶汽油、一线航空煤油等产品，其中塔顶出口温度是保证塔顶产品纯度的重要指标，而一线温度是保证一线产品质量的重要指标，两者均通过塔顶的回流量进行控制。若采用单回路控制系统，显然是困难的。如果采用如图 7-21 所示的串级控制系统，则既可行又能满足工艺要求。

图 7-21 一线温度与塔顶温度串级控制系统

（5）适用于非线性过程 在实际工业生产中，被控过程的特性大多呈现不同程度的非线性。当负荷或操作条件变化而导致工作点移动时，过程特性也会发生变化。此时，若采用单回路控制系统，虽然可以通过改变调节器的整定参数来保证系统的衰减率不变，但是，负荷或操作条件的变化是随时发生的，靠改变调节器整定参数来适应负荷或操作条件变化是不可取的。如果采用串级控制系统，由于它能根据负荷和操作条件的变化，自动调整副调节器的给定值，使系统运行在新的工作点，最终使主被控参数保持相对稳定，从而满足工艺要求。例如，在化学工业中，醋酸生产装置中的乙炔合成反应器，其中温度是生产过程的重要参数，为保证合成气质量，必须对它进行严格控制，其控制系统如图 7-22 所示。

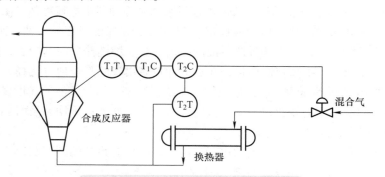

图 7-22 合成反应器温度串级控制系统

由图 7-22 可见，在它的控制通道中，包含了一个换热器和一个合成反应器。由于换热器有明显的非线性，致使整个被控过程非线性特性比较严重。若采用单回路控制系统，当负荷或操作条件变化时，要想保持系统原有衰减率不变，则必须不断改变调节器的整定参数，然而这是不现实的。如果以合成反应器中部温度为主被控参数，以换热器出口温度为副被控参数构成串级控制，由于在副回路中包含了过程特性中非线性特性的主要部分，利用串级控制中副回路对非线性随负荷变化具有自适应能力这一特点，则可以保证控制系统具有较高的控制质量，以满足工艺要求。

最后需要指出的是，串级控制的工业应用范围虽然较广，但是必须根据工业生产的具体情况，充分利用串级控制的优点，才能收到预期的效果，这一点必须充分注意。

7.1.6 串级控制系统投运

实际的串级控制系统设计还要考虑系统是否有"主控"要求等因素。"主控"就是在设计好的串级控制系统中暂时不用副调节器，由主调节器的输出直接控制调节阀。设计中要考虑切换及切换后的"主控"系统为负反馈等问题。

串级控制系统的投运依据所选用的仪表而有所不同。总的来说，在采用DDZ-Ⅲ型仪表和计算机控制时较易进行，在采用DDZ-Ⅱ型仪表时比较麻烦。当前，DDZ-Ⅱ型仪表正趋于淘汰，在许多大型企业中DDZ-Ⅲ型仪表的调节器也已经淘汰，代之以计算机控制系统。

在采用DDZ-Ⅲ型仪表时，投运步骤如下：①将主调节器的设定值设定为内设定方式，副调节器为外设定方式；②在副调节器处于软手动状态下进行遥控操作，使主被控变量逐步在主设定值附近稳定下来；③将副调节器切入自动；④将主调节器切入自动。这样就完成了串级控制系统的整个投运工作。

7.2 前馈控制系统

理想的过程控制要求被控参数在过程特性呈现大滞后（包括容量滞后和纯滞后）和多干扰的情况下，必须持续保持在工艺所要求的数值上。但是，反馈控制永远不能实现这种理想。这是因为，调节器只有在输入被控参数与给定值之差产生后才能发出控制指令。这就是说，系统在控制过程中必然存在偏差，因而不可能得到理想的控制效果。

与反馈控制不同，前馈控制直接按干扰大小进行控制。在理论上，前馈控制能实现理想的控制。

本节讨论前馈控制的特性、典型结构、设计原则及工业应用等问题。

7.2.1 前馈控制的基本概念

前馈控制又称干扰补偿控制。它与反馈控制不同，它是依据引起被控参数变化的干扰大小进行调节的。在这种控制系统中，当干扰刚刚出现而又能测出时，前馈调节器（亦称前馈补偿器）便发出调节信号使被控参数做相应的变化，将调节作用与干扰作用及时抵消于被控参数产生偏差之前。因此，前馈调节对干扰的克服要比反馈调节快。

图 7-23 是换热器物料出口温度的前馈控制流程图。如图所示，加热蒸汽通过换热器中排管的外表面，将热量传递给排管内部流过的被加热液体。热物料的出口温度用蒸汽管路上调节阀开度的大小进行调节。引起出口温度变化的干扰有冷物料的流量、初始温度和蒸汽压力等，其中最主要的干扰是冷物料的流量 q。

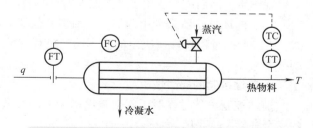

图 7-23　换热器物料出口温度前馈控制流程图

当冷物料的流量 q 发生变化时，热物料的出口温度 T 就会产生偏差。若采用反馈控制（如图中虚线所示），调节器只能等到 T 变化后才能动作，使蒸汽流量调节阀的开度产生变化以改变蒸汽的流量。此后，还要经过换热器的惯性滞后，才能使出口温度做相应变化以体现出调节效果。由此可见，从干扰出现到实现调节需要较长的时间，而较长时间的调节过程必然会导致出口温度产生较大的动态偏差。如果采用前馈控制，可直接根据冷物料流量的变化，通过前馈补偿器（图 7-23 中为 FC）使调节阀（如图中实线所示）产生控制动作，这样即可在出口温度尚未变化时就对流量 q 的变化进行预先的补偿，以便将出口温度的变化消灭在萌芽状态，实现理想控制。前馈控制系统的一般框图如图 7-24 所示。

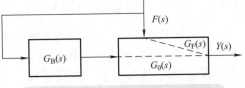

图 7-24　前馈控制系统的一般框图

由图 7-24 可知，干扰作用 $F(s)$ 一方面通过干扰通道的传递函数 $G_F(s)$ 产生干扰作用影响输出量 $Y(s)$；另一方面则又通过前馈补偿器 $G_B(s)$、控制通道传递函数 $G_0(s)$ 产生补偿作用影响输出量 $Y(s)$。当补偿作用和干扰作用对输出量的影响大小相等、方向相反时，被控量就不会随干扰而变化。

由图 7-24 可以得出干扰 $F(s)$ 对输出 $Y(s)$ 的传递函数为

$$\frac{Y(s)}{F(s)} = G_F(s) + G_B(s)G_0(s) \tag{7-26}$$

若适当选择前馈补偿器的传递函数 $G_B(s)$，使 $G_F(s) + G_B(s)G_0(s) = 0$，即可使 $F(s)$ 对 $Y(s)$ 不产生任何影响，从而实现输出 $Y(s)$ 的完全不变性。实现输出 $Y(s)$ 完全不变性的条件为

$$G_B(s) = -\frac{G_F(s)}{G_0(s)} \tag{7-27}$$

7.2.2　前馈控制的特点及局限性

1. 前馈控制的特点

由前文不难得出，前馈控制具有如下一些特点：

（1）前馈控制是一种开环控制　如图 7-23 所示，当测量到冷物料流量变化的信号后，通过前馈补偿器，其输出信号直接控制调节阀的开度，改变加热蒸汽的流量，以控制加热器出口温度，但控制的效果如何却不能得到检验。所以，前馈控制是一种开环控制。

（2）前馈控制比反馈控制及时　这是因为前者是在干扰刚刚出现时，即可通过前馈补偿器产生的补偿作用及时有效地抑制干扰对被控参数的影响，而后者则要等被控参数产生变化后才能产生控制作用，因而前者要比后者控制及时而有效。

（3）前馈补偿器为专用调节器　前馈补偿器的动态特性与常规 PID 的动态特性不同，它是由式（7-27）的过程特性所决定的。不同的过程特性，补偿器的动态特性是不同的，它是一个专用调节器。

2. 前馈控制的局限性

前馈控制虽然是克服干扰对输出影响的一种及时有效的方法，但实际上，它却做不到对干扰的完全补偿，这是因为：

1）前馈控制只能抑制可测干扰对被控参数的影响。对不可测的干扰则无法实现前馈控制。

2）在实际生产过程中，影响被控参数变化的干扰因素是很多的，不可能对每一个干扰设计和应用一套前馈补偿器。

3）前馈补偿器的数学模型是由过程的动特性 $G_F(s)$ 和 $G_0(s)$ 决定的，而 $G_F(s)$ 和 $G_0(s)$ 的精确模型是很难得到的；即使能够精确得到，由其确定的补偿器在物理上有时也是很难实现的。

鉴于以上原因,前馈控制往往不能单独使用。为了获得满意的控制效果,通常是将前馈控制与反馈控制相结合,组成前馈 - 反馈复合控制系统。该复合控制系统一方面利用前馈控制及时有效地减少干扰对被控参数的动态影响;另一方面则利用反馈控制使被控参数稳定在设定值上,从而保证系统有较高的控制质量。

7.2.3 静态补偿与动态补偿

1. 静态补偿

所谓静态补偿,是指前馈补偿器为静态特性,是由干扰通道的静态放大系数和控制通道的静态放大系数的比值所决定,即 $G_B(0) = -G_F(0)/G_0(0) = -K_B$。静态补偿的作用是使被控参数的静态偏差接近或等于零,而不考虑其动态偏差。

静态前馈补偿器的物理实现非常简单,只要用 DDZ- Ⅲ 型仪表中的比例调节器或比值器就能满足使用要求。在实际生产过程中,当干扰通道与控制通道的时间常数相差不大时,采用静态前馈补偿器可以获得比较满意的控制效果。

例如,在图 7-23 所示的换热器前馈控制中,冷物料流量为主要干扰。要实现静态前馈控制,可按稳态时能量平衡关系写出其平衡方程式,即

$$q_0 H_0 = q_f c_p (T_2 - T_1) \tag{7-28}$$

式中 q_0——加热蒸汽的流量;

     H_0——蒸汽汽化热;

     q_f——冷物料的流量;

     c_p——冷物料的比热容;

T_1、T_2——冷、热物料的温度。

由式(7-28)可得

$$T_2 = T_1 + \frac{q_0 H_0}{q_f c_p} \tag{7-29}$$

如果冷物料的温度 T_1 不变,则由式(7-29)可求得控制通道的静态放大系数为

$$K_0 = \frac{\mathrm{d}T_2}{\mathrm{d}q_0} = \frac{H_0}{q_f c_p}$$

而干扰通道的静态放大系数为

$$K_f = \frac{\mathrm{d}T_2}{\mathrm{d}q_f} = -\frac{q_0 H_0}{c_p} q_f^{-2} = -\frac{T_2 - T_1}{q_f}$$

所以有

$$K_B = -\frac{K_f}{K_0} = \frac{c_p(T_2 - T_1)}{H_0} \tag{7-30}$$

式(7-30)就是换热器静态前馈控制方案中前馈补偿器的静态特性。可见,该补偿器用比例

调节器即可实现。

2. 动态前馈补偿器

如上所述，静态前馈补偿器的作用只能保证被控参数的静态偏差接近或等于零，而不能保证被控参数的动态偏差接近或等于零。当需要严格控制动态偏差时，则要采用动态前馈补偿器。

动态前馈补偿器必须根据过程干扰通道和控制通道的动态特性加以确定，即 $G_B(s) = -G_F(s)/G_0(s)$，但是 $G_F(s)$ 和 $G_0(s)$ 的精确模型很难得到，即使能够精确得到，有时在物理上也难以实现。鉴于动态前馈补偿器在实际应用中，经常采用一个带有三个可调参数的"前馈控制器"，其传递函数为

$$G_d(s) = K_d \frac{T_1 s + 1}{T_2 s + 1} \qquad (7\text{-}31)$$

式中　　K_d——静态前馈系数；

　　T_1，T_2——时间常数。

在许多情况下，这样的动态前馈控制器可以起到一定的动态前馈效果，但结构比较复杂，只有当工艺要求控制质量特别高时，才需要采用动态前馈补偿控制方案。

7.2.4　前馈 - 反馈复合控制

图 7-25a 所示为换热器前馈 - 反馈复合控制系统流程图；图 7-25b 所示为前馈 - 反馈复合控制系统框图。

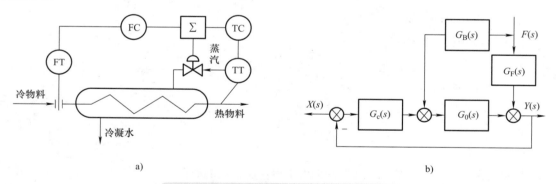

图 7-25　换热器前馈 - 反馈复合控制系统

a）流程图　b）框图

由图 7-25 可见，当冷物料（生产负荷）发生变化时，前馈补偿器及时发出控制指令，补偿冷物料流量变化对换热器出口温度的影响；同时，对于未引入前馈的冷物料的温度、蒸汽压力等干扰对出口温度的影响，则由 PID 反馈控制来克服。前馈补偿作用加反馈控制作用，使得换热器的出口温度稳定在设定值上，获得了比较理想的控制效果。前馈 - 反馈复合控制的作用机理分析如下：

在前馈 - 反馈复合控制系统中，给定输入 $X(s)$ 与干扰输入 $F(s)$ 对系统输出 $Y(s)$ 的共同影响为

$$Y(s) = \frac{G_c(s)G_0(s)}{1 + G_c(s)G_0(s)}X(s) + \frac{G_F(s) + G_B(s)G_0(s)}{1 + G_c(s)G_0(s)}F(s) \qquad (7\text{-}32)$$

如果要实现对干扰 $F(s)$ 的完全补偿，则式（7-32）的第二项应为零，即

$$G_F(s) + G_B(s)G_0(s) = 0 \text{ 或 } G_B(s) = -G_F(s)/G_0(s)$$

可见，前馈-反馈复合控制系统对干扰 $F(s)$ 实现完全补偿的条件与开环前馈控制相同。所不同的是干扰对输出的影响却只有开环前馈控制的 $1/[1+G_c(s)G_0(s)]$。这充分说明，经过前馈补偿后干扰对输出的影响已经大大减弱，再经过反馈控制则又进一步缩小为 $1/[1+G_c(s)G_0(s)]$，这就充分体现了前馈-反馈复合控制的优越性。

此外，由式（7-32）可得复合控制系统的特征方程式为

$$1 + G_c(s)G_0(s) = 0 \tag{7-33}$$

由式（7-33）可知，复合控制系统的特征方程式只与 $G_c(s)$、$G_0(s)$ 有关，而与 $G_B(s)$ 无关。这就表明，加不加前馈补偿器与系统的稳定性无关，系统的稳定性完全由反馈控制回路决定。这一特点给系统设计带来很大方便，即在设计复合控制系统时，可以先根据系统要求的稳定性和过渡过程品质指标设计反馈控制系统，而暂不考虑前馈补偿器的设计。在反馈控制系统设计好后，再根据不变性原理设计前馈补偿器，从而完成最后的设计工作。

7.2.5　引入前馈控制的原则及应用实例

前馈控制是根据扰动作用的大小进行控制的。前馈控制系统主要用于克服控制系统中对象滞后大、由扰动而造成的被控变量偏差消除时间长、系统不易稳定、控制品质差等弱点。因此采用前馈控制系统的条件是：

1）扰动可测但是不可控。

2）变化频繁且变化幅度大的扰动。

3）扰动对被控变量影响显著，反馈控制难以及时克服，且过程对控制精度要求又十分严格的情况。

另外，在静态前馈还是动态前馈的选择上，当控制通道与扰动通道的动态特性相近时，一般采用静态前馈可以获得较好效果；当控制通道的时间常数与扰动通道的时间常数的比值大于 0.7 时，可选择动态前馈控制。

1. 引入前馈控制的原则

1）当系统中存在变化频率高、幅值大、可测而不可控的干扰、反馈控制又难以克服其影响、工艺生产对被控参数的要求又十分严格时，为了改善和提高系统的控制品质，可以考虑引入前馈控制。

2）当过程控制通道的时间常数大于干扰通道的时间常数、反馈控制不及时而导致控制质量较差时，可以考虑引入前馈控制，以提高控制质量。

3）当主要干扰无法用串级控制使其包含于副回路或者副回路滞后过大，串级控制系统克服干扰的能力又较差时，可以考虑引入前馈控制以改善控制性能。

4）由于动态前馈补偿器的投资通常要高于静态前馈补偿器，所以，若静态前馈补偿能够达到工艺要求，则尽可能采用静态前馈补偿而不采用动态前馈补偿。

2. 前馈-反馈复合控制系统的应用实例

前馈-反馈复合控制已广泛应用于石油、化工、电力、核能等各工业生产部门。下面举几个工业应用实例。

（1）蒸发过程的浓度控制　蒸发是借加热作用使溶液浓缩或使溶质析出的物理操作过程。它

在轻工、化工等生产过程中得到广泛的应用，如造纸、制糖、海水淡化、制碱等，都要采用蒸发工艺。在蒸发过程中，对浓度的控制是必需的。下面以葡萄糖生产过程中蒸发器浓度控制为例，介绍前馈 - 反馈控制在蒸发过程中的应用。图 7-26 所示为葡萄糖生产过程中蒸发器浓度控制流程图。

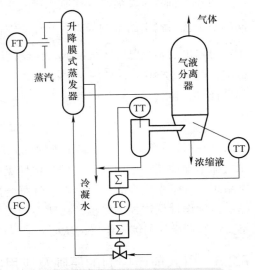

如图 7-26 所示，初蒸浓度为 50% 的葡萄糖液，用泵送入升降膜式蒸发器，经蒸汽加热蒸发至 73% 的葡萄糖液，然后送至下一道工序。由蒸发工艺可知，在给定压力下，溶液的浓度与溶液的沸点和水的沸点之差（即温差）有较好的单值对应关系，故以温差为间接质量指标作为被控参数以反映浓度的高低。

由图 7-26 可见，影响温差（对应为葡萄糖液的浓度）的主要因素有：进料溶液的浓度、温度及流量，加热蒸汽的压力及流量等，其中对温差影响最大的是进料溶液的流量和加热蒸汽的流量。为此，采用以加热蒸汽流量为前馈信号、以温差为反馈信号、进料溶液为控制参数构成的前馈 - 反馈复合控制系统，经实际运行表明，该系统的控制质量能满足工艺要求。

图 7-26   蒸发器浓度控制流程图

（2）锅炉锅筒水位控制   锅炉是火力发电工业中的重要设备。在锅炉的正常运行中，锅筒水位是其重要的工艺指标。当锅筒水位过高时，易使蒸汽带液，这不仅会降低蒸汽的质量和产量，而且还会导致汽轮机叶片的损坏；当水位过低时，轻则影响汽、水平衡，重则会使锅炉烧干而引起爆炸。所以必须严格控制水位在规定的工艺范围内。

锅炉锅筒水位控制的主要任务是使给水量能适应蒸汽量的需要，并保持锅筒水位在规定的工艺范围之内。显然，锅筒水位是被控参数。引起锅筒水位变化的主要因素为蒸汽用量和给水流量。蒸汽用量是负荷，随发电需要而变化，一般为不可控因素；给水流量则可以作为控制参数，以此构成锅炉锅筒水位控制系统。但由于锅炉锅筒在运行过程中常常会出现"虚假水位"，即在燃料量不变的情况下，当蒸汽用量（即负荷）突然增加时，会使锅筒内的压力突然降低，导致水的沸腾加剧，气泡大量增加。由于气泡的体积比同质量水的体积大得多，结果形成了锅筒内水位"升高"的假象。反之，当蒸汽用量突然减少时，由于锅筒内蒸汽压力上升，水的沸腾程度降低，又导致锅筒内水位"下降"的假象。无论上述哪种情况，均会引起锅筒水位控制的误动作而影响控制效果。解决这一问题的有效办法之一是，将蒸汽流量作为前馈信号，锅筒水位作为主被控参数，给水流量作为副被控参数，构成前馈 - 反馈串级控制系统，如图 7-27 所示。

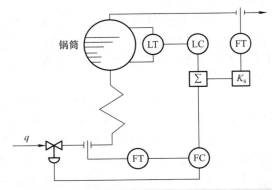

图 7-27   锅炉锅筒水位前馈 - 反馈串级控制系统

该系统不但能通过副回路及时克服给水压力这一很强的干扰，而且还能实现对蒸汽负荷的前馈补偿以克服虚假水位的影响，从而保证了锅炉锅筒水位具有较高的控制质量，满足了工艺要求。

7.3 比值控制系统

在现代工业生产过程中，常常要求两种或两种以上的物料流量成一定比例关系。如果比例失调，则会影响生产的正常进行，影响产品的产量与质量，浪费原材料，造成环境污染，甚至发生生产事故。例如，在工业锅炉的燃烧过程中，需要自动保持燃料量和空气量按一定比例混合后送入炉膛，以确保燃烧的效率；又如，在制药生产过程中，要求将药物和注入剂按规定比例混合，以保证药品的有效成分；再如，在硝酸生产过程中，进入氧化炉的氨气和空气的流量要有合适的比例，否则会产生不必要的浪费。总之，为了实现如上所述的种种要求，需要设计一种特殊的过程控制系统，即比值控制系统。由此可见，所谓比值控制系统，简单地说，就是使一种物料随另一种物料按一定比例变化的控制系统。在比值控制系统中，需要保持比值的两种物料必有一种处于主导地位，这种物料通常被称为主动物料。通常情况下，将生产中主要物料的流量或不可控物料的流量作为主流量，用 q_1 表示，而将随主流量的变化而变化的其他物料流量，称之为从动流量或副流量，用 q_2 表示。比值控制系统就是要实现副流量和主流量成一定的比例关系，即满足 $q_2/q_1 = K$，K 为副流量和主流量的比值。常用的比值控制系统有开环比值控制系统、单闭环比值控制系统、双闭环比值控制系统和变比值控制系统等。

7.3.1 比值控制系统类型

1. 单闭环比值控制系统

图 7-28 所示是一个燃烧过程单闭环比值控制系统，主动量是燃料，从动量是空气。$F_R T$ 测量出主动量并变换为标准信号，乘上比值系数 K 后，作为从动量控制系统中被控变量 F_K 的外设定值。如此，可以保持主动量与从动量之间的比例关系。从系统结构外观上看，似乎单闭环比值控制系统与串级控制系统很相似。但它们的原理图是不同的，功能也是不同的。单闭环比值控制系统的原理图如图 7-29 所示。

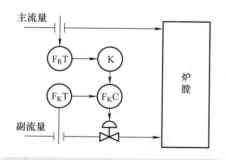

图 7-28　燃烧过程单闭环比值控制系统

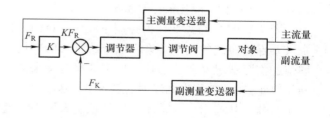

图 7-29　单闭环比值控制系统原理图

从图 7-29 中可以看到，没有主对象、主调节器是单闭环比值控制系统在结构上与串级不同的地方。串级中的副变量是操纵变量到被控变量之间总对象的一个中间变量，而比值中，从动量不会影响主动量，这是两者之间本质上的区别。

从动量控制系统是一个随动控制系统，它的设定值由系统外部的 KF_R 提供，它的任务就是使从动量 F_K 尽可能地保持与 KF_R 相等，随着 F_R 的变化而变化，始终保持 F_R 与 F_K 的比值关系。当系统处于稳态时，比值关系是比较精确的；在动态过程中，比值关系相对不够精确。另外，当主动量处于不变的状态时，从动量控制系统又相当于一个定值控制系统。

总之，单闭环比值控制系统能克服从动量的波动，能随着主动量的变化而变化，使 F_R 与 F_K 保持比值关系。

2. 双闭环比值控制系统

在主动量也需要控制的情况下，增加一个主动量闭环控制系统，单闭环比值控制系统就成为双闭环比值控制系统，如图 7-30 所示。

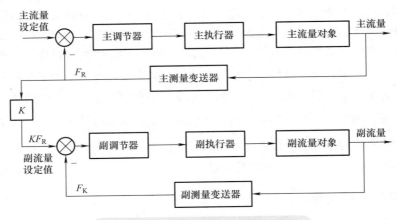

图 7-30　双闭环比值控制系统原理图

由于增加了主动量闭环控制系统，主动量得以稳定，从而使得总流量能保持稳定。

双闭环比值控制系统主要应用于总流量需要经常调整（即工艺负荷的提降）的场合。如果没有这个要求，两个单独的闭环控制系统也能使两个流量保持比例关系，仅仅在动态过程中，比例关系不能保证。

3. 变比值控制系统

如果工艺上要求两种流量的比值依据其他条件可以调整，则可构建变比值控制系统。

图 7-31 是加热炉变比值控制系统，进料的燃料和空气要保持一定的比值关系，以维持正常的燃烧，而燃烧的实际状况又要从加热炉出烟的氧含量来加以判断。因此，由 AT 测出烟气中的氧含量，送给 AC，AC 是调节器，其输出作为单闭环比值控制系统中比值控制器 $F_K C$ 的设定值，画出该系统的原理图如图 7-32 所示。

图 7-32 中，单闭环比值系统采用的是相除方案，双闭环比值系统同样可以构成变比值系统。另外，该系统是一个串级控制系统，是氧含量 - 流量比值串级控制系统。

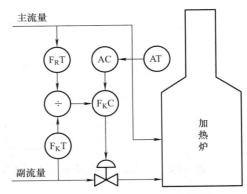

图 7-31　加热炉变比值控制系统

7.3.2　比值控制系统的设计

比值控制系统的设计与单回路控制系统的设计既有相同之处，也有不同之处。这里只讨论它的不同之处。

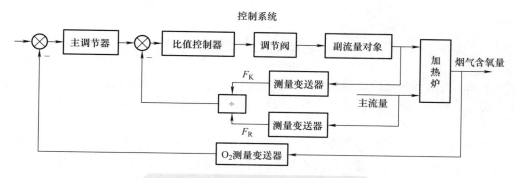

图 7-32　加热炉变比值控制系统原理图

1. 比值器参数 K' 的计算

如上所述，比值控制是解决不同物料流量之间的比例关系问题。工艺要求的比值系数 K，是不同物料之间的体积流量或重量流量之比，而比值器参数 K' 则是仪表的读数，一般情况下它与实际物料流量的比值 K 并不相等。因此，在设计比值控制系统时，必须根据工艺要求的比值系数 K 计算出比值器参数 K'。当使用单元组合仪表时，因输入 - 输出参数均为统一标准信号，所以，比值器参数 K' 必须由实际物料流量的比值系数 K 折算成仪表的标准统一信号。以下分两种情况进行讨论。

（1）流量与检测信号呈非线性关系　当用差压式流量传感器（如孔板）测量流量时，差压与流量的二次方成正比，即

$$q = C\sqrt{\Delta p} \tag{7-34}$$

式中　C——差压式流量传感器的比例系数。

当物料流量从 0 变化到 Δq_{max} 时，差压则从 0 变化到 Δp_{max}。相应地，变送器的输出则由 DC 4mA 变化到 DC 20mA（对 DDZ- Ⅲ 型仪表而言）。此时，任何一个流量值 q_1 或 q_2 所对应的变送器的输出电流信号 I_1 和 I_2 应为

$$\begin{cases} I_1 = \dfrac{q_1^2}{q_{1max}^2} \times 16\text{mA} + 4\text{mA} \\[3mm] I_2 = \dfrac{q_2^2}{q_{2max}^2} \times 16\text{mA} + 4\text{mA} \end{cases} \tag{7-35}$$

式中　q_1——主流量的体积流量或质量流量；

$\quad\quad q_2$——副流量的体积流量或质量流量；

$\quad\quad q_{1max}$——测量 q_1 所用变送器的最大量程；

$\quad\quad q_{2max}$——测量 q_2 所用变送器的最大量程；

I_1、I_2——测量 q_1、q_2 时所用变送器的输出电流（mA）。

由于生产工艺要求 $K = \dfrac{q_2}{q_1}$，则 $K^2 = \dfrac{q_2^2}{q_1^2}$，根据式（7-35），则有

$$K^2 = \frac{q_2^2}{q_1^2} = \frac{q_{2max}^2 (I_2 - 4\text{mA})}{q_{1max}^2 (I_1 - 4\text{mA})} = \frac{q_{2max}^2}{q_{1max}^2} K'$$

由此可得

$$K' = (K\frac{q_{1\max}}{q_{2\max}})^2 = \frac{I_2 - 4\text{mA}}{I_1 - 4\text{mA}} \qquad (7\text{-}36)$$

式（7-36）所示即为比值器的参数，式（7-36）表明，当物料流量的比值 K 一定、流量与其检测信号呈二次方关系时，比值器的参数与物料流量的实际比值和最大值之比的乘积也呈二次方关系。

（2）流量与检测信号呈线性关系　为了使流量与检测信号呈线性关系，在系统设计时，可在差压变送器之后串接一个开方器，比值器参数的计算则与上述不同。设开方器的输出为 I'，I' 与 q 的线性关系为

$$\begin{cases} I_1' = \dfrac{q_1}{q_{1\max}} \times 16\text{mA} + 4\text{mA} \\ I_2' = \dfrac{q_2}{q_{2\max}} \times 16\text{mA} + 4\text{mA} \end{cases} \qquad (7\text{-}37)$$

进而有

$$K = \frac{q_2}{q_1} = \frac{q_{2\max}(I_2' - 4\text{mA})}{q_{1\max}(I_1' - 4\text{mA})} = \frac{q_{2\max}}{q_{1\max}}K'$$

即

$$K' = K\frac{q_{1\max}}{q_{2\max}} = \frac{I_2' - 4\text{mA}}{I_1' - 4\text{mA}} \qquad (7\text{-}38)$$

由式（7-38）可知，当物料流量的比值 K 一定、流量与其测量信号呈线性关系时，比值器的参数与物料流量的实际比值和最大值之比的乘积也呈线性关系。

（3）实例计算

【例 7-1】　已知某比值控制系统，采用孔板和差压变送器测量主、副流量，主流量变送器的最大量程为 $q_{1\max} = 12.5\text{m}^3/\text{h}$，副流量变送器的最大量程为 $q_{2\max} = 20\text{m}^3/\text{h}$，生产工艺要求 $q_2/q_1 = K = 1.4$，试计算：

1）不加开方器时，DDZ-Ⅲ型仪表的比值系数 K'。

2）加开方器后，DDZ-Ⅲ型仪表的比值系数 K'。

【解】　根据题意，当不加开方器时，可采用式（7-36）计算仪表的比值系数 K'，即

$$K' = K^2 q_{1\max}^2 / q_{2\max}^2 = 1.4^2 \times 12.5^2 / 20^2 = 0.766$$

当加开方器时，可采用式（7-38）计算仪表的比值系数 K'，即

$$K' = Kq_{1\max} / q_{2\max} = 1.4 \times 12.5 / 20 = 0.875$$

由实例计算可知，对相同的工艺要求，在计算比值器的参数时，采用开方器与不采用开方器，其结果是不同的。

2. 比值控制系统中的非线性补偿

比值控制系统中的非线性特性是指被控过程的静态放大系数随负荷变化而变化的特性，在设计比值控制系统时必须要加以注意。

（1）测量变送环节的非线性特性 由上述比值器参数的计算可知，流量与测量信号无论是呈线性关系还是呈非线性关系，其比值系数与负荷的大小无关，均保持为常数。但是，当流量与测量信号呈非线性关系时对过程的动态特性却是有影响的。现以图 7-33 所示的比值控制系统为例进行说明。图中，对于从动量 q_2 的节流元件（孔板），其输入 - 输出关系有

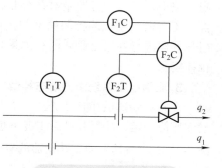

$$\left.\begin{array}{l} \Delta p_2 = kq_2^2 \\ \Delta p_{2\max} = kq_{2\max}^2 \end{array}\right\} \qquad (7-39)$$

图 7-33 比值控制系统

若差压变送器采用 DDZ- Ⅲ 型仪表，它将差压信号线性地转换为电流信号 I_2（单位为 mA），即

$$I_2 = \frac{\Delta p_2}{\Delta p_{2\max}} \times (20 - 4)\text{mA} + 4\text{mA} \qquad (7-40)$$

将式（7-39）代入式（7-40），则可得测量变送环节的输入 - 输出关系为

$$I_2 = \left(\frac{q_2}{q_{2\max}}\right)^2 \times 16\text{mA} + 4\text{mA} \qquad (7-41)$$

可见，测量变送环节是非线性的，其静态放大系数 K_2 为

$$K_2 = \left.\frac{\partial I_2}{\partial q_2}\right|_{q_2 = q_{20}} = \frac{32}{q_{2\max}^2} q_{20} \qquad (7-42)$$

式（7-42）中，q_{20} 是流量 q_2 的静态工作点（即负荷），可见静态放大系数 K_2 与负荷的大小成正比，随负荷的变化而变化，是一个非线性特性。由于这个非线性特性是包含在广义过程中，即便其他环节的放大系数都是线性的，系统总的放大系数也会呈现非线性特性。由此可知，当过程处于小负荷时，经调节器参数的整定，系统运行在正常状态；但当负荷增大时，调节器的整定参数如果不能随之改变，则系统的运行质量就会下降，这就是测量变送环节的非线性特性所带来的不利影响。

（2）非线性补偿 为了克服这一不利影响，通常用开方器进行补偿，即在差压变送器后串联一个开方器，使流量与测量信号之间呈线性关系。

设差压变送器的输出电流信号 I_2 与开方器的输出电流信号 I_2'（单位为 mA）之间的关系为

$$I_2' - 4\text{mA} = \sqrt{I_2 - 4\text{mA}} \qquad (7-43)$$

将式（7-41）代入式（7-43）可得

$$I_2' = \frac{q_2}{q_{2\max}} \times 4\text{mA} + 4\text{mA} \qquad (7-44)$$

此时，测量变送环节和开方器串联后总的静态放大系数 K_2' 为

$$K_2' = \left.\frac{\partial I_2'}{\partial q_2}\right|_{q_2 = q_{20}} = \frac{4}{q_{2\max}} \qquad (7-45)$$

可见，K_2' 是一个常量，它已不再受负荷变化的影响。所以，在采用差压法测量流量的比值控制系统中，引入开方器是对系统非线性特性进行补偿的最简便方法。但是，对于开方器的引入与否，还需根据系统的控制精度与负荷变化情况而定。若控制精度要求较高，负荷变化又较大时，用开方器进行补偿是必要的；如果控制精度要求不高，负荷变化又不大时，则无须采用开方器进行补偿。

3. 比值控制系统中的动态补偿

在某些特殊的生产工艺中，对比值控制的要求非常高，即不仅在静态工况下要求两种物料流量的比值一定，而且在动态工况下也要求两种物料流量的比值一定。为此，需要增加动态补偿器。图 7-34 所示为具有动态补偿器的双闭环比值控制系统框图。图中，$G_z(s)$ 为动态补偿器。

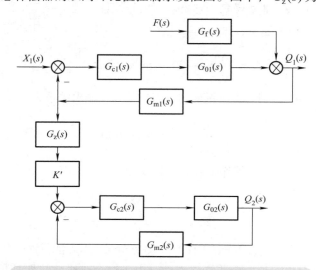

图 7-34　具有动态补偿器的双闭环比值控制系统框图

由图 7-34 可知，干扰 $F(s)$ 对主动流量 $Q_1(s)$ 的传递函数为

$$\frac{Q_1(s)}{F(s)} = \frac{G_f(s)}{1 + G_{c1}(s)G_{01}(s)G_{m1}(s)} \qquad (7\text{-}46)$$

主动流量 $Q_1(s)$ 对从动流量 $Q_2(s)$ 的传递函数为

$$\frac{Q_2(s)}{Q_1(s)} = \frac{G_{m1}(s)G_z(s)K'G_{c2}(s)G_{02}(s)}{1 + G_{c2}(s)G_{02}(s)G_{m2}(s)} \qquad (7\text{-}47)$$

为使主、从流量实现动态比值一定，则要求

$$\frac{Q_2(s)}{Q_1(s)} = K \quad (K \text{ 为常量}) \qquad (7\text{-}48)$$

又因为在加开方器的情况下，有

$$K' = K\frac{q_{1\max}}{q_{2\max}} \qquad (7\text{-}49)$$

将式（7-49）代入式（7-47）可得动态补偿器的传递函数为

$$G_z(s) = \frac{1 + G_{c2}(s)G_{02}(s)G_{m2}(s)}{G_{m1}(s)G_{c2}(s)G_{02}(s)} \frac{q_{2\max}}{q_{1\max}} \qquad (7\text{-}50)$$

在已知式（7-50）右边各环节的传递函数和 $q_{2\max}$、$q_{1\max}$ 的大小后，即可求得动态补偿器的传递函数。在实际应用中，可以用简化了的关系式去逼近式（7-50）。需要注意的是，由于从动流量总要滞后于主动流量，所以动态补偿器一般应具有超前特性。

4. 比值控制系统的实现

为了实现对 $q_2/q_1 = K$（或 $q_2 = Kq_1$）的比值控制，其具体实现方案有两种。一是把两个流量 q_1 与 q_2 测量出来后将其相除，其商作为副调节器的反馈值，此种方案称为相除控制方案，如图7-35所示。二是把流量 q_1 测量出来后乘以比值系数 K，其乘积作为副调节器的设定值，此种方案称为相乘控制方案，如图7-36所示。

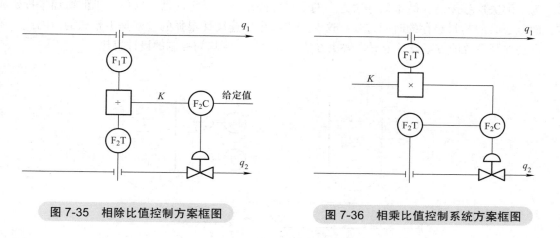

图 7-35　相除比值控制方案框图　　　　　图 7-36　相乘比值控制系统方案框图

在工程上，具体实现比值控制时，通常有比值器、乘法器或除法器等单元仪表可供选用，相当方便。

7.3.3　比值控制系统的参数整定

在比值控制系统中，双闭环比值控制系统的主动量回路可按单回路控制系统进行整定；变比值控制系统因结构上属于串级控制系统，所以主调节器可按串级控制系统的整定方法进行。这样，比值控制系统的参数整定主要是讨论单闭环、双闭环以及变比值控制从动量回路的整定问题。由于这些回路本质上都属于随动系统，要求从动量快速、准确地跟随主动量变化，而且不宜有超调，所以最好整定在振荡与不振荡的临界状态。具体整定步骤可归纳如下：

1）在满足生产工艺流量比的条件下，计算比值器的参数 K'，将比值控制系统投入运行。

2）将积分时间置于最大，并由大到小逐渐调节比例度，使系统响应迅速，处于振荡与不振荡的临界状态。

3）若欲投入积分作用，则先适当增大比例度，再投入积分作用，并逐步减小积分时间，直到系统出现振荡与不振荡或稍有超调为止。

7.4 均匀控制系统

7.4.1 均匀控制的提出及其特点

1. 均匀控制的提出

在连续生产过程中，前一设备的出料往往是后一设备的进料。随着生产的不断强化，前后生产过程的联系也越来越紧密。例如，用精馏方法分离多组分混合物时，往往有几个塔串联在一起运行；又如，在石油裂解气深冷分离的乙烯装置中，也有多个塔串联在一起进行连续生产。为了保证这些相互串联的塔能够正常地连续运行，要求进入后续塔的流量应保持在一定的范围内，这就不可避免地要求前一个塔的液位既不能过高也不能过低。

图 7-37 所示为两个串联的精馏塔各自设置的两个控制系统。图中，A 塔的出料是 B 塔的进料。为了使 A 塔的液位保持稳定，设计了 A 塔液位控制系统；根据 B 塔进料稳定的要求，又设计了 B 塔进料流量控制系统。显然，若按照这两个控制系统的各自要求，两个塔的供求关系是相互矛盾的。为了解决这一矛盾，简单的办法是在两个塔之间增加一个缓冲器。这样做不但增加了投资成本，而且还会使物料储存的时间过长。这对于某些生产连续性很强的过程是不希望的。因此，还需从自动控制系统的方案设计上寻求解决办法，故而提出了均匀控制的设计思想。

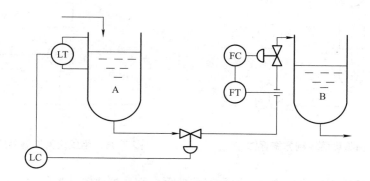

图 7-37 前后精馏塔间不协调的控制方案

均匀控制的设计思想是将液位控制与流量控制统一在一个控制系统中，从系统内部解决两种工艺参数供求之间的矛盾，即使 A 塔的液位在允许的范围内波动的同时，也使流量平稳缓慢地变化。为了实现上述控制思想，可将图 7-37 中的流量控制系统删去，只设置一个液位控制系统。这样可能出现三种情况，如图 7-38 所示。其中，图 7-38a 所示液位控制系统具有较强的控制作用，所以在干扰作用下，为使液位不变，流量需产生较大的变化；图 7-38b 所示液位控制系统，其控制作用相对适中，在干扰作用下，液位在较小的范围内发生一些变化，与此同时，流量也在一定范围内产生了缓慢变化；图 7-38c 所示液位控制系统，其控制作用较小，在干扰作用下，由于流量的调节作用很小（即基本不变），从而导致液位产生大幅度波动。由此可见，三种情况中只有图 7-38b 符合均匀控制的要求。

由上述分析可知，均匀控制的提出是来自生产工艺所要求的特殊控制任务，其控制目的是使前后设备的工艺参数相互协调、统筹兼顾，以确保生产的正常进行。

2. 均匀控制的特点

由图 7-38 可以很容易地得出均匀控制的一些特点。

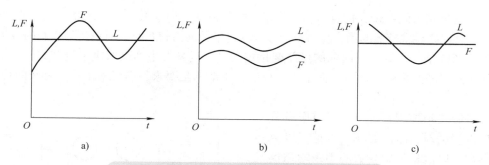

图 7-38　液位控制时前后设备的液位、流量关系

a）K_c 较大　b）K_c 适中　c）K_c 较小

（1）系统结构无特殊性　同样一个单回路液位控制系统，由于控制作用的强弱不同，既可以是图 7-38a 所示的单回路定值控制系统，也可以成为图 7-38b 所示的均匀控制系统。因此，均匀控制是取决于控制目的而不是取决于控制系统的结构。在结构上，它既可以是一个单回路控制系统，也可以是其他结构形式。所以，对于一个已定结构的控制系统，能否实现均匀控制，主要取决于其调节器的参数如何整定。事实上，均匀控制是靠降低控制回路的灵敏度而不是靠结构的变化体现的。

（2）参数均应缓慢地变化　均匀控制的任务是使前后设备物料供求之间相互协调，所以表征物料的所有参数都应缓慢变化。那种试图把两个参数都稳定不变或使其中一个变一个不变的想法都不能实现均匀控制。由此可见，图 7-38a 和图 7-38c 均不符合均匀控制的思想，只有图 7-38b 才是均匀控制。此外，还需注意的是，均匀控制在有些场合无须将两个参数平均分配，而要视前后设备的特性及重要性等因素来确定其主次，有时以液位参数为主，有时则以流量参数为主。

（3）参数变化应限制在允许范围内　在均匀控制系统中，参数的缓慢变化必须被限制在一定的范围内。如在图 7-37 所示的两个串联的精馏塔中，A 塔液位的变化有一个规定的上、下限，过高或过低都可能造成"冲塔"或"抽干"的危险。同样，B 塔的进料流量也不能超过它所能承受的最大负荷和最低处理量，否则精馏过程难以正常进行。

7.4.2　均匀控制系统的设计

均匀控制系统的设计主要包括以下内容。

1. 控制方案的选择

均匀控制通常有多种可供选择的方案，常见的有简单均匀控制系统、串级均匀控制系统等，各自适用于不同的场合和不同的控制要求。

（1）简单均匀控制系统　简单均匀控制系统的结构形式如图 7-39 所示。从系统的结构形式上看，它与单回路液位定值控制系统没有什么区别。但由于它们的控制目的不同，所以对控制的动态过程要求就不同，调

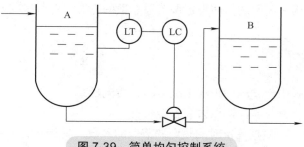

图 7-39　简单均匀控制系统

节器的参数整定也不一样。均匀控制系统在调节器参数整定时，比例作用和积分作用均不能太强，通常需设置较大的比例度（大于 100%）和较长的积分时间，以较弱的控制作用达到均匀控制的目的。

　　简单均匀控制系统的最大优点是结构简单、投运方便、成本低；其不足之处是，它只适用于干扰较小、对控制要求较低的场合。当被控过程的自平衡能力较强时，简单均匀控制的效果较差。

　　值得注意的是，当调节阀两端的压差变化较大时，流量大小不仅取决于调节阀开度的大小，还将受到压差波动的影响。此时，简单均匀控制已不能满足要求，需要采用较为复杂的均匀控制方案。

　　（2）串级均匀控制系统　为了克服调节阀前后压差波动对流量的影响，设计了以液位为主参数、以流量为副参数的串级均匀控制系统，如图 7-40 所示。在结构上，它与一般的液位 - 流量串级控制系统没有什么区别。这里采用串级形式的目的并不是为了提高主参数液位的控制精度，而流量副回路的引入也主要是为了克服调节阀前后压差波动对流量的影响，使流量变化平缓。为了使液位的

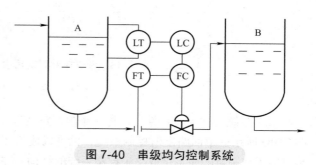

图 7-40　串级均匀控制系统

变化也比较平缓，以达到均匀控制的目的，液位调节器的参数整定与简单均匀控制系统类似，这里不再重复。

　　2. 控制规律的选择

　　简单均匀控制系统的调节器及串级均匀控制系统的主调节器一般采用比例或比例积分控制规律。串级均匀控制的副调节器一般采用比例控制规律。如果为了使副参数变化更加平稳，也可采用比例积分控制规律。在所有的均匀控制系统中，都不应采用微分调节，因为微分作用是加速动态过程的，与均匀控制的目的不符。

　　3. 调节器的参数整定

　　对简单均匀控制系统而言，调节器的参数整定已如前述；对串级均匀控制系统来说，调节器的参数整定通常采用以下两种方法。

　　（1）经验法　所谓经验法，就是先根据经验，按照"先副后主"的原则，把主、副调节器的比例度 δ 调节到某一适当值，然后由大到小进行调节，使系统的过渡过程缓慢地、非周期衰减变化，最后再根据过程的具体情况，给主调节器加上积分作用。需要注意的是，主调节器的积分时间要调得大一些。

　　（2）停留时间法　停留时间法是指被控参数在允许变化的范围内、依据控制介质流过被控过程所需要的时间整定调节器参数的方法。停留时间 t（单位为 min）的计算公式为

$$t = \frac{V}{q} \tag{7-51}$$

式中　q——正常工况下的介质流量；

　　　　V——容器的有效容量。

　　根据停留时间整定调节器的参数，其相互关系见表 7-3。

　　具体整定方法归纳如下：

　　1）副调节器按简单均匀控制系统的方法整定。

　　2）计算停留时间 t，然后根据表 7-3 确定液位调节器的整定参数。

　　3）根据工艺要求，适当调整主、副调节器的参数，直到液位、流量的曲线都符合要求为止。

表 7-3 整定参数与停留时间 t 的关系

停留时间 t /min	< 20	20 ~ 40	> 40
比例度 δ（%）	100 ~ 150	150 ~ 200	200 ~ 250
积分时间 T_i /min	5	10	15

7.5 分程控制系统

7.5.1 分程控制概述

在一般的过程控制系统中，通常是调节器的输出只控制一个调节阀。但在某些工业生产中，根据工艺要求，需将调节器的输出信号分段，去分别控制两个或两个以上的调节阀，以使每个调节阀在调节器输出的某段信号范围内全行程动作，这种控制系统被称为分程控制系统。

例如，间歇式化学反应过程需在规定的温度中进行。每次加料完毕后，为了达到规定的反应温度，需要用蒸汽对其进行加热；反应过程开始后，因放热反应而产生了大量的热，为了保证反应仍在规定的温度下进行，又需要用冷却水取走反应热。为此，需要设计以反应器温度为被控参数、以蒸汽流量和冷却水流量为控制参数的分程控制系统。间歇式化学反应器分程控制系统流程图如图 7-41 所示。

在分程控制系统中，调节器输出信号的分段是通过阀门定位器来实现的。它将调节器的输出信号分成几段，不同区段的信号由相应的阀门定位器将其转换为 0.02~0.1MPa 的压力信号，使每个调节阀都做全行程动作。图 7-42 所示为使用两个调节阀的分程控制系统特性示意图。

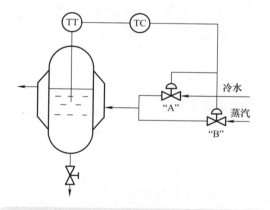

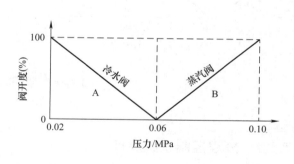

图 7-41 间歇式化学反应器分程控制系统流程图　　图 7-42 使用两个调节阀的分程控制系统特性示意图

根据调节阀的气开、气关形式和分程信号区段不同，分程控制系统有以下两种类型。

1. 调节阀同向动作

图 7-43 所示为调节阀同向动作的分程控制系统示意图，图 7-43a 表示两个调节阀都为气开式，图 7-43b 表示两个调节阀都为气关式。由图 7-43a 可知，当调节器输出信号从 0.02MPa 增大时，阀 A 开始打开，阀 B 处于全关状态；当信号增大到 0.06MPa 时，阀 A 全开，阀 B 开始打开；当信号增大到 0.1MPa 时，阀 B 全开。由图 7-43b 可知，当调节器输出信号从 0.02MPa 增大时，阀 A 由全开状态开始关闭，阀 B 则处于全开状态；当信号达到 0.06MPa 时，阀 A 全关，而阀 B 则由全开状态开始关闭；当信号达到 0.1MPa 时，阀 B 也全关。

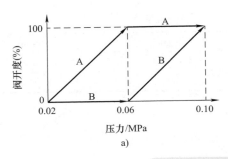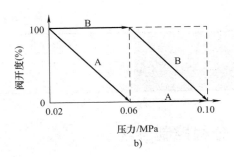

图 7-43   调节阀同向动作示意图

a）两阀同为气开式   b）两阀同为气关式

2. 调节阀异向动作

图 7-44 所示为调节阀异向动作的分程控制系统示意图，图 7-44a 为调节阀 A 选用气开式、调节阀 B 选用气关式，图 7-44b 为调节阀 A 选用气关式、调节阀 B 选用气开式。由图 7-44a 可知，当调节器输出信号大于 0.02MPa 时，阀 A 开始打开，阀 B 处于全开状态；当信号达到 0.06MPa 时，阀 A 全开，阀 B 开始关闭；当信号达到 0.1MPa 时，阀 B 全关。图 7-44b 的调节阀动作情况与图 7-43a 相反。分程控制中调节阀同向或异向动作的选择完全由生产工艺安全与要求决定，具体选择将在系统设计中叙述。

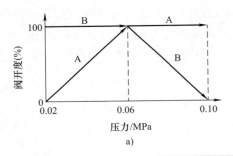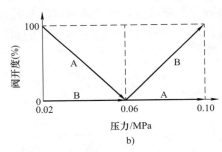

图 7-44   调节阀异向动作示意图

a）阀 A 气开、阀 B 气关   b）阀 A 气关、阀 B 气开

7.5.2   分程控制系统原理

通常在一个控制系统中，一个调节器的输出信号只控制一个执行器或调节阀（以下均以气动执行器为例），其框图如图 7-45a 所示。

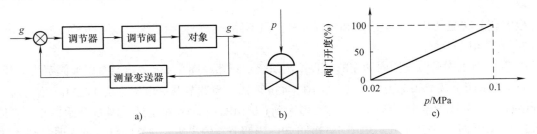

图 7-45   采用一个调节阀的结构与特性示意图

a）系统框图   b）阀门结构图   c）控制阀的特性图

图 7-45b、c 中的阀门为气开阀，即控制信号 p 为最小值即 0.02MPa 时，阀门全关闭；p 为最大值即 0.1MPa 时，阀门全打开。

如果一个调节器的输出信号同时送给两个调节阀，构成如图 7-45a 所示系统，这就是一种分程控制系统。这里两个阀门并联使用，它们都是气开阀，其工作特性如图 7-43a 所示。对于阀门 A，控制信号 $p=0.02$ MPa 时，全关；随着 p 增加，开度增加，当 p 增至 0.06MPa 时，阀门全部打开；p 继续增加，阀门保持全开状态，直至 p 达最大。阀门 B，在控制信号 p 从 0.02MPa 增加到 0.06MPa 之间一直保持全关状态；从 0.06MPa 起，阀门逐步打开；至 0.1MPa 处，阀门全开。可见，两个阀门在控制信号的不同区间从全关到全开，走完整个行程。由于阀门有气开和气关两种特性，两个阀门就有 4 种组合特性，图 7-43a、b 表明两个阀门作用方向相同，图 7-44a、b 表明两个阀门作用方向相异。分程控制可以是两个以上阀门共同控制，一般采用的是两个阀门分程。

7.5.3　分程控制系统的设计

分程控制系统本质上属于单回路控制系统，因此，单回路控制系统的设计原则完全适用于分程控制系统的设计。但是，它与单回路控制系统相比，由于调节器的输出信号要进行分程而且所用调节阀较多，所以在系统设计上也有一些特殊之处。

1. 调节器输出信号的分程

在分程控制中，调节器输出信号究竟需要分成几个区段、每一区段的信号控制哪一个调节阀、每个调节阀又选用什么形式？所有这些都取决于工艺要求。例如，在图 7-46 所示的间歇式化学反应器温度分程控制中，为了设备安全，在系统出现故障时避免反应器温度过高，要求系统无信号时输入热量处于最小的情况，因而蒸汽阀选为气开式，冷水阀选为气关式，温度调节器选为反作用方式。根据节能要求，当温度偏高时，总是先关小蒸汽阀再开大冷水阀。由于温度调节器为反作用，温度增高时调节器的输出信号下降。将两者综合起来即要求在信号下降时先关小蒸汽阀，再开大冷水阀。这就意味着蒸汽阀的分程区间处在高信号区（如 0.06~0.1MPa），冷水阀的分程区间处在低信号区（ 0.02~0.06MPa）。其分程动作关系如图 7-46 所示。

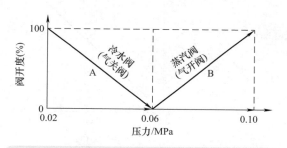

图 7-46　间歇式化学反应器调节阀的动作示意图

该反应器温度分程控制系统的工作过程是：在化学反应开始前，实际温度远低于设定值，具有反作用的调节器输出信号处于高信号区，阀 B 打开并工作，通入蒸汽升温；当温度逐渐升高则调节器输出信号逐渐减小，阀 B 开度也随之减小，直至温度等于设定值，引发化学反应；当化学反应开始后，会产生大量的反应热，实际温度高于反应温度，此时调节器的输出信号继续下降至低信号区，阀 B 关闭，阀 A 打开并工作，通入冷水移走反应热，使反应温度最终稳定在设定值上。

2. 调节阀的选择及注意的问题

（1）调节阀类型的选择　根据工艺要求选择同向工作或异向工作的调节阀。

（2）调节阀流量特性的选择　在分程控制中，若把两个调节阀作为一个调节阀使用并要求分程点处的流量特性平滑时，就需要对调节阀的流量特性进行仔细的选择，选择不好会影响分程点处流量特性的平滑性。例如，当两个增益相差较大的线性阀并联使用时，分程点处出现了流量特性的突变，如图 7-47a 所示。图 7-47b 所示为两个对数阀的并联，其平滑性有所改善。

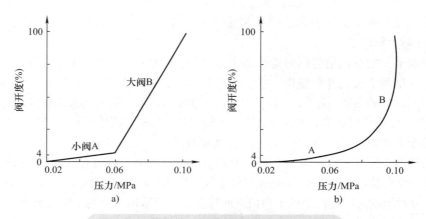

图 7-47 分程控制调节阀并联时的流量特性

a）不同增益线性阀并联　b）不同增益对数阀并联

　　为解决这一问题，可采用如图 7-48 所示的方法：①选择流量特性合适的调节阀，如选用两个流通能力相等的线性阀，使两阀的流量特性衔接成直线，如图 7-48a 所示；②使两个阀在分程点附近有一段重叠的调节器输出信号，这样不等到小阀全开，大阀就已开始启动，从而使两阀特性衔接平滑，如图 7-48b 所示。

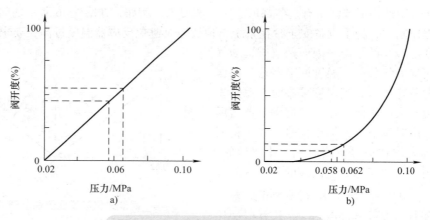

图 7-48 分程点附近重叠的流量特性

a）流通能力相等的线性阀　b）有重叠信号的调节阀

　　（3）调节阀的泄漏量　在分程控制系统中，必须保证在调节阀全关时无泄漏或泄漏量极小。当大阀全关时的泄漏量接近或大于小阀的正常调节量时，小阀就不能发挥其应有的调节作用，甚至不起调节作用。

7.5.4　分程控制系统的应用

1. 用于节能

　　利用分程控制系统中多个调节阀的不同功能，可以减少能量消耗，提高经济效益。例如，在某生产过程中，冷物料通过换热器用热水（工业废水）对其进行加热，当用热水加热不能满足出口温度的要求时，则同时使用蒸汽加热。为达此目的，可设计如图 7-49 所示的温度分程控制系统。

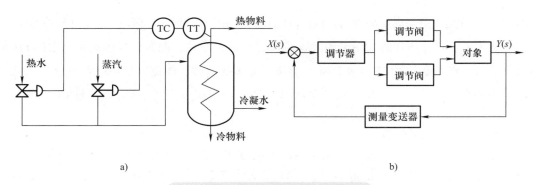

图 7-49 温度分程控制系统流程图

在该控制系统中，蒸汽阀和热水阀均选用气开式，调节器为反作用。在一般情况下，蒸汽阀关闭，热水阀工作；若在此情况下仍不能满足出口温度要求，则调节器输出信号同时使蒸汽阀打开，以满足出口温度的要求。可见，采用分程控制，可节省能源，降低能耗。

2. 用于扩大调节阀的可调范围

由于我国目前统一设计的调节阀可调范围为 30，因而不能满足需要调节阀可调范围大的生产过程。解决这一问题的办法之一是采用分程控制，将流通能力不同、可调范围相同的两个调节阀当一个调节阀使用，扩大其可调节范围，以满足特殊工艺的要求。

例如，某一分程控制系统的两个调节阀，其最小流通能力分别为 $C_{1min} = 0.14$ 和 $C_{2min} = 3.5$，可调范围为 $R_1 = R_2 = 30$。此时，调节阀的最大流通能力分别为 $C_{1max} = 4.2$ 和 $C_{2max} = 105$。若将两个调节阀当成一个调节阀使用，则最小流通能力为 0.14，最大流通能力为 109.2，由此可算出分程控制调节阀的可调范围为

$$R_分 = \frac{C_{1max} + C_{2max}}{C_{1max}} = \frac{109.2}{0.14} = 780$$

由此可见，分程控制中调节阀的可调范围与单个调节阀相比，扩大为 26 倍，从而满足了工艺上的特殊要求。事实上，在实际生产中，开车、停车和正常生产时的负荷变化是很大的，因而对控制的要求差异也较大。对一个简单控制系统而言，在正常负荷时能满足工艺要求，但在异常负荷下则未必能满足。若采用分程控制，把两个调节阀当一个调节阀使用，便可扩大调节阀的可调范围，因而可以满足不同负荷下的工艺要求。

3. 用于两个不同控制介质的生产过程

例如，在工业废液中和过程控制中，由于工业生产中排放的废液来自不同的工序，有时呈酸性，有时呈碱性，因此，需要根据废液的酸碱度，决定加酸或加碱。通常，废液的酸碱度用 pH 值的大小来表示。当 pH 值小于 7 时，废液显酸性；当 pH 值大于 7 时，废液显碱性；等于 7 时，即为中性。工艺要求排放的废液要维持在中性。由于控制介质不同，需要设计分程控制系统。图 7-50 所示为废液中和过程的分程控制系统流程图。

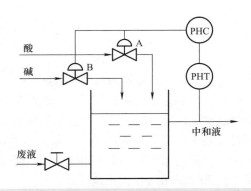

图 7-50 废液中和过程的分程控制系统流程图

图中，pH计是废液氢离子浓度测量仪。pH值越小，pH计的输出电流越大。设pH值等于7时，其输出电流为I_H^*。当pH计的输出电流$I_H > I_H^*$时，废液为酸性，此时分程控制系统中的pH调节器的输出信号使调节阀B打开，调节阀A关闭，加入适量碱，使废液为中性；反之，当$I_H < I_H^*$时，废液为碱性，调节器输出信号使调节阀B关闭、调节阀A工作，加入适量的酸，使废液为中性。

4. 交替使用不同的控制方式

在工业生产中，有时需要交替使用不同的控制方式。如有些油品储藏的顶部需要充填氮气，以隔绝油品与空气中氧气的氧化作用，称为氮封。如图7-51所示，储罐顶部充填氮气，顶部氮气压力p一般为微正压。生产过程中，随着液位的变化，p会产生波动。液位上升，p上升，超过一定数值，储罐会被鼓坏；液位下降，p下降，降至一定数值，储罐会被吸瘪。为了储罐的安全，采用如图7-51所示的分程控制：液位上升时，阀B关闭，阀A打开，将顶部氮气排出至大气中，维持压力p不变；液位下降时，阀A关闭，阀B打开，将氮气补充入储罐顶部，维持储罐顶部压力不变。阀A选气关阀，阀B选气开阀。当控制信号为0.058～0.062MPa时，两个阀均处于关闭状况，即储罐顶部压力p在这个区间波动时，控制系统不采取任何行动，这个区间是安全区间。这样的安全区间可避免阀门频繁转换动作，使系统更加稳定。

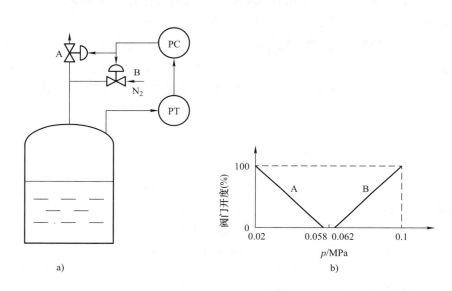

a)

图 7-51　储罐氮封分程控制方案及特性图

a）控制流程图　b）特性示意图

5. 满足生产过程不同阶段的需要

对于放热化学反应过程，在反应的初始阶段，需要对物料加热，使化学反应能够启动；由于是放热反应，反应启动后，容器的热量得以积累，当化学反应放出的热量足以维持化学反应的进行时，就不需要外部的加热，如果放出的热量持续增加，反应器的温度可能增加到危险的程度，因此，又反过来需要冷却反应器，也就是将反应放热及时移走。为了适应这种需要，可构成如图7-52所示的分程控制系统。

在该系统中，选阀A为气关阀，阀B为气开阀，TC为反作用调节器，其原理如图7-53所示。

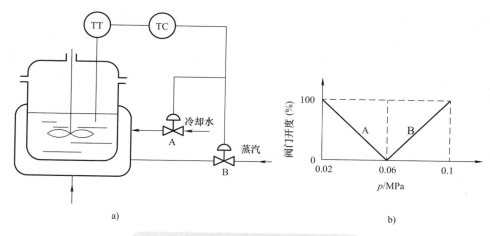

图 7-52　间歇反应器温度分程控制系统

a）控制流程图　b）特性示意图

图 7-53 中，阀 A 是气关阀，对象 1 是冷水为输入信号时的对象。这里，冷水流量 q 增加，反应器温度下降。从控制信号 p 到反应器温度 T 之间是正作用方向，即控制信号 p 上升，冷水流量 q 下降，于是温度 T 上升。阀 B 是气开阀，对象 2 是蒸汽为输入信号时的对象。这里，蒸汽流量 q 增加，反应器温度上升，即从控制信号 p 到反应器温度 T 之间也是正作用方向。因此，控制系统在任何一个阀门工作时都为负反馈。

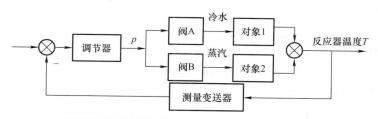

图 7-53　间歇反应器温度分程控制系统原理图

7.6　自动选择性控制系统

7.6.1　自动选择性控制系统原理

通常的自动控制系统都是在生产过程处于正常工况时发挥作用的，若遇到不正常工况，则往往要退出自动控制而切换为手动，待工况基本恢复再投入自动控制状态。

现代工业中，越来越多的生产装置要求控制系统既能在正常工艺状况下发挥控制作用，又能在非正常工况下仍然起到自动控制作用，使生产过程尽快恢复到正常工况，至少也是有助于或有待于工况恢复正常。这种非正常工况时的控制系统属于安全保护措施。安全保护措施有两大类：一是硬保护，二是软保护。

硬保护措施就是联锁保护控制系统。当生产过程工况超出一定范围时，联锁保护系统采取一系列相应的措施，如报警、自动到手动、联锁动作等，使生产过程处于相对安全的状态。但这种硬保护措施经常使生产停车，造成较大的经济损失。于是，人们在实践中探索出许多更为安全经济的软保护措施来减少停车造成的损失。

所谓软保护措施，就是当生产工况超出一定范围时，不是消极地进入联锁保护甚至停车，而是自动地切换到一种新控制系统中，这个新的控制系统取代了原来的控制系统对生产过程进行控制；当工况恢复时，又自动地切换回原来的控制系统中。由于要对工况是否正常进行判断，要在两个控制系统当中选择，因此称为选择性控制系统，有时也称为取代控制或超驰控制。

选择性控制系统在结构上的最大特点是有一个选择器，通常有两个输入信号，一个输出信号，如图 7-54 所示。对于高值选择器（见图 7-54a），输出信号 Y 等于 X_1 和 X_2 中数值较大的那个，如 $X_1 = 5\text{mA}$，$X_2 = 4\text{mA}$，则 $Y = 5\text{mA}$。对于低值选择器（见图 7-54b），输出信号 Y 等于 X_1 和 X_2 中数值较小的那个。

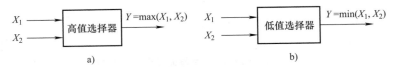

图 7-54　高值选择器和低值选择器

采用高值选择器时，正常工艺情况下参与控制的信号应该比较强，如设为 X_1，则 X_1 应明显大于 X_2，输出 Y 等于 X_1。出现不正常工艺时，X_2 变得大于 X_1，高选器输出 Y 转而等于 X_2；待工艺恢复正常后，X_2 又下降到小于 X_1，Y 又恢复为等于 X_1。这就是选择性控制原理。

7.6.2　系统的类型及工作过程

自动选择性控制系统按选择器所选信号不同有以下几类。

1. 选择调节器的输出信号

对调节器输出信号进行选择的系统框图如图 7-55 所示。系统含有取代调节器和正常调节器，两者的输出信号都作为选择器的输入。在正常生产状况下，选择器选出能适应生产安全状况的正常调节器的输出信号控制调节阀，以实现对正常生产过程的自动控制。当生产工况不正常时，选择器也能选出适应生产安全状况的控制信号，由取代调节器取代正常调节器的工作，实现对非正常工况下的自动控制。一旦生产状况恢复正常，选择器则进行自动切换，重新由正常调节器来控制生产的正常进行。这类系统结构简单，应用比较广泛。

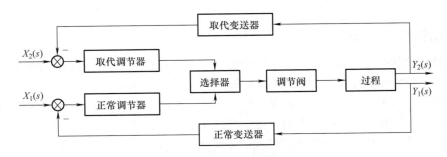

图 7-55　对调节器输出信号进行选择的系统框图

图 7-56 所示为锅炉燃烧过程压力自动选择性控制系统流程图，燃料为天然气。在控制过程中，当天然气压力过高时会发生"脱火"，而压力过低时又会发生"回火"，两者均可造成事故。系统中，P_1C 为正常工况时使用的调节器，P_2C 为压力过高时使用的取代调节器。P_1C、P_2C 都是

反作用调节器，PC 为带下限节点的压力调节器，它与三通电磁阀构成自动联锁硬保护装置，调节阀为气开式。系统在正常运行时，PC 下限节点是断开的，电磁阀失电，低值选择器 LS 选择 P_1C 信号控制调节阀。当蒸汽压力上升时，调节器 P_1C 输出减小（反作用），调节阀关小，天然气流量减小，蒸汽压力下降；反之亦然。由于工艺原因，当天然气压力下降到某一下限值，达到有可能产生"回火"时，PC 下限节点接通，电磁阀得电，于是便切断了低值选择器 LS 至调节阀的通路，并使调节阀的膜头与大气相通，调节阀关闭，实现硬保护。当蒸汽压力下降到某一下限值，导致调节阀的阀后压力增大有可能产生"脱火"时，此时 P_2C 调节器的输出大幅度下降（反作用），并低于 P_1C 调节器的输出值。此时通过低值选择器，选择了 P_2C 的输出信号，使调节阀的开度由 P_2C 控制，导致调节阀的阀后压力下降，从而避免"脱火"事故的发生。当工况恢复正常后，P_1C 调节器的输出又高于 P_2C 调节器的输出，P_2C 自动切除，P_1C 又自动投入运行。

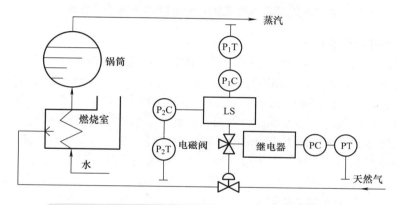

图 7-56　锅炉燃烧过程压力自动选择性控制系统流程图

2. 选择变送器的输出信号

这种系统至少采用两个或两个以上的变送器。变送器的输出信号均送入选择器，选择器选择符合工艺要求的信号反馈至调节器。图 7-57 所示为一化学反应过程峰值温度自动选择性控制系统流程图。图中，反应器内部装有固定触媒层，为了防止反应温度过高而烧坏触媒，在触媒层的不同位置安装了多个温度检测点，其测温信号全部送到高值选择器，由高值选择器选出峰值温度信号并加以控制，以保证触媒层的安全。图 7-58 所示为该自动选择性控制系统框图。

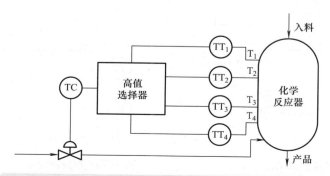

图 7-57　化学反应过程峰值温度自动选择性控制系统流程图

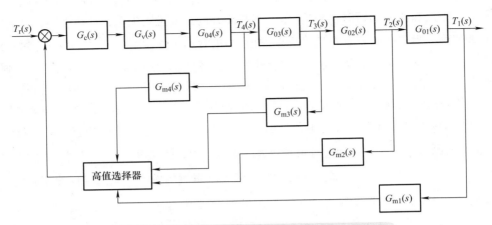

图 7-58　反应器峰值温度自动选择性控制系统框图

3. 开关型选择性控制系统

图 7-59 所示是一个冷却器温度控制系统，作用是使热气的温度下降并稳定在一定的温度上。测量热气出口温度 T，若 T 偏高，则冷却液流量加大，冷却器中的冷却液面升高，载有热气的列管与冷却液的接触面积增大，换热加快，T 下降，达到控制的目的。这是正常工况时的控制作用。

如果扰动很大，热气进口温度很高，液面上升到全部列管均已浸在冷却液中，仍然不能将 T 降下来，控制系统势必要继续加大冷却液的流量。但这时，继续加大冷却液流量不能进一步增加列管与冷却液的换热面积，而且，由于液面很高，冷却液的蒸发空间太小，使换热效率下降。更为严重的问题是，出口气中可能带有液体，即带液现象，这是不允许的。因此，在非正常工况时，无法用图 7-59 所示的简单控制系统解决。

根据选择性控制思想，设计一个开关型选择性控制系统，如图 7-60 所示。该系统比简单控制系统增加了液位变送器和电磁三通阀。正常工况时，三通阀将温度调节器来的控制信号 p 送至气动调节阀的气室，系统与简单控制系统相同。当液位上升到一定位置时，液位变送器的上限节点接通，电磁阀通电，切断控制信号 p 的通路，将大气（即表压为 0）通入气室，阀门关闭。液位回降至一定位置时，液位变送器上的上限节点断开，电磁三通阀失电，系统恢复为简单温度控制系统。

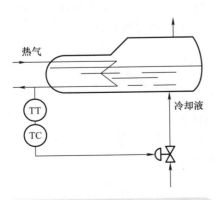

图 7-59　简单冷却器温度控制系统

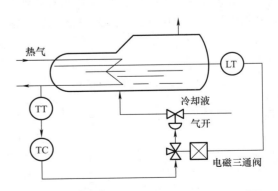

图 7-60　丙烯冷却器开关型选择性控制系统

4. 连续型选择性控制系统

开关型选择性控制系统中的调节阀，在正常工况向非正常工况切换时不是全开就是全关。连续型选择性控制系统则是切换到另一个连续控制系统。图7-61所示是压缩机的连续型选择性控制系统示意图。

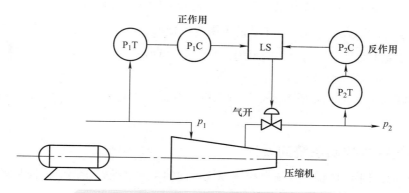

图 7-61　压缩机连续型选择性控制系统示意图

正常工况时，P_2C 的输出信号小于 P_1C 的输出信号，LS 选 P_2C 的输出信号，系统维持压缩机的出口压力 p_2 稳定不变。当压缩机进口压力 p_1 下降至一定程度时，压缩机会产生喘振，这成为主要的问题。由于采用了低值选择器 LS，当 p_1 降至一定数值时，P_1C 的输出信号会低于 P_2C 的输出信号，LS 选择 P_1C 的输出信号为输出，系统切换成为进口压力控制系统，将阀门关小，以维持 p_1 不低于安全限；当进口压力 p_1 回升，P_1C 使阀门开大，p_2 回升，待 p_2 回升到一定程度时，P_2C 的输出变得小于 P_1C 的输出，LS 动作，系统恢复正常。

5. 混合型选择性控制系统

同时使用开关型与连续型选择性控制在一个控制系统中，就是混合型选择控制系统。在锅炉的燃烧系统中，正常情况下，燃料气量根据蒸汽出口压力来调整。但有两种非正常工况可能出现：一是燃料气压力过高，产生"脱火"现象，燃烧室中火焰熄灭，大量未燃烧的燃料气积存在燃烧室内，烟囱冒黑烟，并有爆炸的危险，因此应采取措施，使燃料气压力不致过高；二是燃料气压力也不能过低，太低的燃料气压力有"回火"的危险，导致燃料气储罐燃烧和爆炸，也需要采取措施，使燃料气压力不过低。根据这两种非正常工况的需要，设计成混合型选择性系统，如图7-62所示。

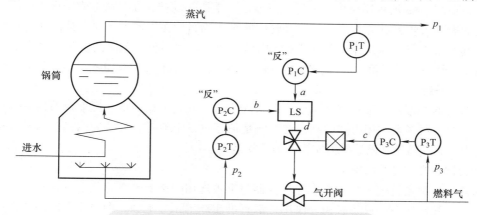

图 7-62　锅炉燃烧系统混合型选择性控制系统

正常工况时，蒸气压力 p_1 上升，a 下降，d 下降，阀门关小，燃料气流量减小，使 p_1 下降，实现控制。

当 p_2 上升至有"脱火"危险时，$b<a$，$d=b$，阀门关小，使 p_2 下降，起防止"脱火"的作用。p_2 降至正常后，系统恢复蒸汽压力控制系统，是连续型选择性控制。

当 p_3 下降至有"回火"危险时，P_3C 的下限节点接通，使三通电磁阀得电，电磁阀动作，气动调节阀膜头气室通大气，气动调节阀关闭，起防止"回火"的作用。p_3 回升后，系统恢复为蒸汽压力控制系统，是开关型选择性控制。

选择器还可以构成其他类型的复杂控制系统，凡是应用选择器的控制系统就是选择性控制系统。

7.6.3　自动选择性控制系统的设计

自动选择性控制系统的设计与简单控制系统设计的不同之处在于调节器控制规律的确定及调节器的参数整定、选择器的选型、防积分饱和等。

1. 控制规律的确定及其参数整定

在自动选择性控制系统中，若采用两个调节器，其中必有一个为正常调节器，另一个为取代调节器。对于正常调节器，由于有较高的控制精度而应选用 PI 或 PID 控制规律；对于取代调节器，由于在正常生产中开环备用，仅在生产将要出现事故时才迅速动作，以防事故发生，故一般选用 P 控制规律即可。

在进行调节器参数整定时，因为两个调节器是分别工作的，故可按单回路控制系统的参数整定方法处理。但是，当备用控制系统投入运行时，取代调节器必须发出较强的调节信号以产生及时的自动保护作用，所以，其比例度应该整定得小一些。如果需要积分作用，则积分作用应该整定得弱一些。

2. 选择器的选型

选择器是自动选择性控制系统中的一个重要环节。选择器有高值选择器与低值选择器两种。前者选择高值信号通过，后者选择低值信号通过。在确定选择器的选型时，先要根据调节阀的选用原则，确定调节阀的气开、气关形式，进而确定调节器的正、反作用方式，最后确定选择器的类型。确定的原则是：如果取代调节器的输出信号为高值时，则选择高值选择器；反之，则选择低值选择器。

例如，在图 7-63 所示系统中，液氨蒸发器是一个换热设备，在工业上应用极其广泛，它利用液氨的汽化需要吸收大量的热来冷却流经管内的被冷物料。在生产上，要求被冷却物料的出口温度稳定，其正常工况的控制方案如图 7-63a 所示。为了防止不正常工况的发生，蒸发器中液氨的液位不得超过某一最高限值。为此，在图 7-63a 的基础上，设计了如图 7-63b 所示的防液位超限自动选择性控制系统。

为使蒸发器的液位不致过高而满溢，调节阀应选气开式。相应地，温度调节器应选正作用方式，而液位调节器选反作用方式。当液位的测量值超过设定值时，调节器的输出信号减小，要求选择器选中。显而易见，该选择器应为低值选择器。

3. 积分饱和及其克服措施

在选择性控制系统中，由于采用了选择器，未被选用的调节器总是处于开环状态。不论哪一个调节器处于开环状态，只要有积分作用，都有可能产生积分饱和，即由于长时间存在偏差而导

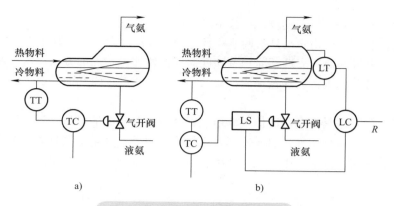

图7-63　液氨蒸发器的控制方案

a）简单温度控制　　b）自动选择性控制

致调节器的输出达到最大或最小。积分饱和会使处于备用状态的调节器启用后不能及时动作而短时丧失控制功能，必须退出饱和后才能正常工作，这会给生产安全带来严重影响。

一般而言，积分饱和产生的必要条件一是调节器具有积分作用，二是调节器输入偏差长期存在。为解决上述问题，通常采用外反馈法、积分切除法、限幅法等措施加以克服。

（1）外反馈法　外反馈法是指调节器处在开环状态下不选用调节器自身的输出作为反馈，而是用其他相应的信号作为反馈以限制其积分作用的方法，图7-64所示为外反馈原理示意图。

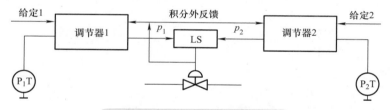

图7-64　积分外反馈原理示意图

在选择性控制系统中，设两台PI调节器的输出分别为p_1、p_2。选择器选中之一后，一方面送至调节阀，同时又反馈到两个调节器的输入端，以实现积分外反馈。

若选择器为低值选择器，设$p_1 < p_2$，调节器1被选中，其输出为

$$p_1 = K_{c1}\left(e_1 + \frac{1}{\tau_{I1}}\int e_1 \mathrm{d}t\right) \tag{7-52}$$

由图7-64可见，积分外反馈信号就是其本身的输出p_1。因此，调节器1仍保持PI控制规律。此时，调节器2处于备用状态，其输出为

$$p_2 = K_{c2}\left(e_2 + \frac{1}{\tau_{I2}}\int e_1 \mathrm{d}t\right) \tag{7-53}$$

式（7-53）积分项的偏差是e_1，并非其本身的偏差e_2，因此不存在对e_2的积累而带来的积分饱和问题。当系统处于稳态时，$e_1 = 0$，调节器2仅有比例作用。所以，处在开环状态的备用调节器不会产生积分饱和。一旦生产过程出现异常，而该调节器的输出又被选中时，其输出反馈到自

身的积分环节，立即产生 PI 调节动作，投入系统运行。

（2）积分切除法　积分切除法是指调节器具有 PI/P 控制规律，即当调节器被选中时具有 PI 控制规律，一旦处于开环状态，立即切除积分功能而仅保留比例功能的方法。这种调节器是一种特殊的调节器。若用计算机进行选择性控制，只要利用计算机的逻辑判断功能，编制出相应的程序即可。

（3）限幅法　限幅法是指利用高值或低值限幅器使调节器的输出信号不超过工作信号的最高值或最低值的方法。至于是用高值限幅器还是用低值限幅器，则要根据具体工艺来决定。调节器处于备用、开环状态时，调节器由于积分作用会使输出逐渐增大，则要用高值限幅器；反之，则用低值限幅器。

第8章

计算机控制系统及通信网络技术

计算机技术、自动控制技术、微电子技术、检测与传感技术、通信与网络技术的高速发展，给计算机控制技术带来了巨大的变革。人们利用这种技术可以完成常规控制技术无法完成的任务，达到常规控制技术无法达到的性能指标。在暖通空调领域，计算机控制技术也得到了飞速的发展，除了在一些简单的控制环节还在使用一些自力式调节阀以外，模拟控制器几乎全部被智能控制器取代，大多数暖通空调的自动控制系统都采用了 DDC 系统和分散控制系统，也有一些控制系统开始采用现场总线控制级系统。如今，没有计算机的暖通空调自动化系统几乎已经看不见。作为现代暖通空调技术人员，学习一些计算机控制技术，并且用计算机控制技术来解决暖通空调系统运行和管理的问题十分必要。本章将对什么是计算机控制系统、计算机控制系统是如何来解决暖通空调领域的问题等方面的内容进行介绍。

8.1 计算机控制系统及通信网络技术概述

8.1.1 计算机控制技术

计算机控制技术是计算机技术和自动控制技术相结合的产物，是实现 BAS 的核心技术之一。计算机以其强大的运算、逻辑判断、信息存储等功能，能够完成基于模型的控制算法，实现最优控制，保证建筑设备运行处于最佳工况，使性能指标参数满足工艺要求，性能价格比高。因此，建筑设备只有采用计算机控制技术，才能实现安全、高效、舒适和便捷的建筑环境。

1. 计算机控制系统的基本原理

计算机控制系统一般由计算机、D/A 转换器、执行器、被控对象、测量变送器和 A/D 转换器组成，是闭环负反馈系统，如图 8-1 所示。

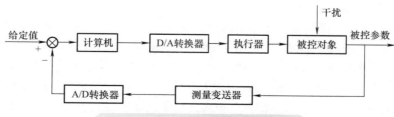

图 8-1 计算机控制系统的基本框图

自动控制的任务是控制某些参数按照指定的规律变化，满足设计要求。计算机控制系统的控制过程如下：

（1）数据采集　对被控参数实时检测并转化成标准信号输入到计算机。

（2）控制　计算机对采集的数据信息进行分析、求偏差并按照已确定的控制算法进行运算，发出相应的控制指令，产生调节作用施加与被控对象。

上述过程循环往复，使得被控参数按照指定的规律变化，满足要求。同时对被控参数的变化范围和设备的运行状态实时监督，一旦发生越限或异常情况，进行声光报警，并迅速采取应急措施做出回应，防止事故的发生或扩大。

2. 计算机控制系统的组成

为了完成上述的实时监控任务，计算机控制系统包括硬件和软件两部分。其组成框图如图 8-2 所示。

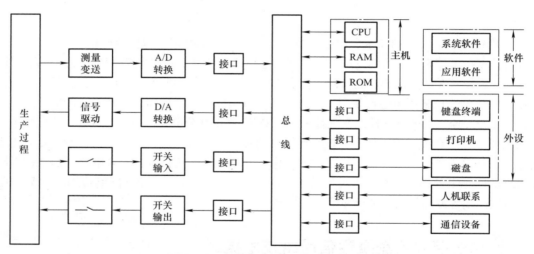

图 8-2　计算机控制系统的组成框图

（1）硬件部分　硬件主要包括主机、外设、过程输入输出通道、人机联系设备等。

1）主机。它是计算机控制系统的核心，对反映生产过程的被控参数进行巡回检测、控制运算、数据处理和报警处理等，并向现场设备发送控制命令。

2）外设。常用的外设有输入设备、输出设备和外存储器。输入设备用来输入程序、数据或操作指令。输出设备（如显示器、打印机、绘图仪等）以字符、曲线、表格、画面等形式反映测控信息和设备运行工况。外存储器（如磁盘驱动器、光盘驱动器等）兼备输入和输出功能，用来存放程序、数据信息等，作为内存的备用存储设备。

3）过程输入输出通道。这包括模拟量输入（AI）通道、数字量输入（DI）通道、模拟量输出（AO）通道、数字量输出（DO）通道。

① 模拟量输入通道。将测量变送器输出的、反映生产过程的被控参数（如温度、压力、流量、物位、湿度等）的标准电流信号 DC 0～10mA 或 DC 4～20mA 转变为二进制数字信号，经接口送与计算机，其组成如图 8-3 所示。I/V（电流/电压）变换器是将测量变送器输出的 DC 0～10mA 或 DC 4～20mA 变换为 DC 0～5V、DC 0～10V 或 DC 1～5V，满足 A/D 转换器的输入量程信号需要。多路开关（Multiplex）将各个输入信号依次地连接到公用放大器或 A/D 转换器上，是用于切换模拟电压信号的重要元件。要求其理想的开路（或导通）电阻为无穷大（或零），而且

切换速度快、噪声低、寿命长和工作可靠，以提高测量精度。

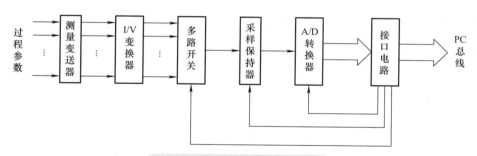

图 8-3　模拟量输入通道的组成

采样保持器按照一定的时间间隔 T（采样时间）把时间和幅值上均连续的模拟电压信号 $y(t)$，转变为在离散时刻 0、T、$2T$、$\cdots$、kT 的离散电压信号 $y^*(t)$，$y^*(t)$ 在时间上是离散的，但在幅值上仍是连续的。采样宽度 τ 表示采样开关的闭合时间。模拟信号的采样过程如图 8-4 所示。由信号的采样过程可知，$y^*(t)$ 仅取在离散时刻 0、T、$2T$、$\cdots$、kT 的信号值而非全部时间上的信号值。为了保证采样后的信号值不失真，采样频率 f^* 需满足香农采样定理的要求，即 $f^* \geq 2f_{max}$（被采样信号频谱的最高频率），这样 $y^*(t)$ 就能唯一地复现 $y(t)$，实际应用中，常取 $f^* \geq (5\sim10)\,f_{max}$。A/D 转换器基于双斜积分式或逐次比较式的转换方式将 $y^*(t)$ 量化成二进制数字信号。主要技术指标有：转换时间、分辨率、线性误差、输入量程等。

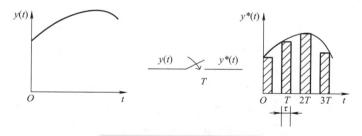

图 8-4　模拟信号的采样过程

② 数字量输入通道。将反映生产过程或设备的、具有二进制逻辑"1"和"0"特征的状态参数信号（如电气开关的闭合 / 断开、指示灯的亮 / 灭、继电器或接触器的吸合 / 释放、电动机的起动 / 停止等）采集并输送给计算机。其对应的二进制逻辑"1"和"0"数字信号均代表生产过程或设备的一个状态，这些状态作为控制的依据。数字量输入通道主要由输入调理电路、输入缓冲器和输入地址译码器等组成，如图 8-5 所示。输入调理电路接收反映生产过程或设备的、具有二进制逻辑"1"和"0"特征的状态参数信号。由于采集状态参数信号时可能存在的瞬间高压、过电流、接触抖动等现象，必须把采集到的状态参数信号进行保护、滤波、隔离和转换等技术措施处理，使其成为计算机能够接收的逻辑信

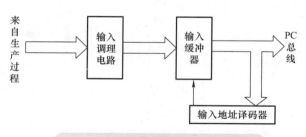

图 8-5　数字量输入通道的组成结构

号。输入调理电路的结构形式如图 8-6 所示。输入缓冲器（数字量输入接口）如三态门 74LS244，如图 8-7 所示。

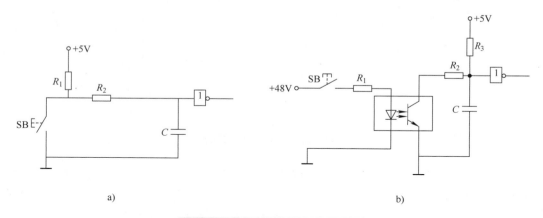

图 8-6　输入调理电路的结构形式

a）小功率输入调理电路　b）大功率输入调理电路

获得状态信息后，经过端口地址译码，得到片选信号 $\overline{CS}$，当执行 IN 指令周期时，产生 $\overline{IOR}$ 信号，则获取的状态信息可通过三态门送到 PC 的数据总线，然后装入 AL 寄存器。设片选端口地址为 port，则可用如下指令来完成读数：

MOV　DX, port

IN　AL, DX

模拟量输入通道和数字量输入通道也可称作计算机控制系统的前向通道。

③ 模拟量输出通道。这是计算机控制系统实现连续控制的关键部分，主要作用是计算机输出的控制指令（数字量形式）转换成模拟电流信号，以便驱动相应的执行器；同时产生调节作用克服各种干扰对被控参数的影响，保证被控参数按照指定的规律变化，满足设计要求。模拟量输出通道主要由接口电路、D/A 转换器、输出保持器和 V/I 转换器等组成，如图 8-8 所示。D/A 转换器的输出电压或电流信号与二进制数和参考电压成比例，电阻解码网络是 D/A 转换器的核心，有 $R\text{-}2R$ 型和权电阻型解码网络。

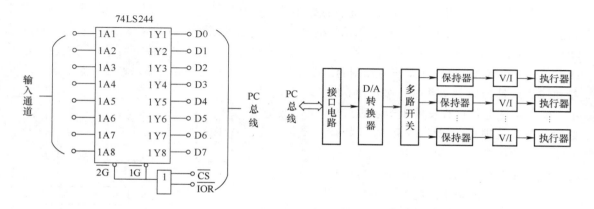

图 8-7　数字量输入接口

图 8-8　模拟量输出通道的组成结构

D/A 转换器的主要技术指标有：

· 分辨率。当输入数字发生单位数码变化时（即 LSB 位产生一次变化时），所对应输出的模拟量（电流或电压）的变化量，即用满量程输出值的 $1/2^n$ 来表示。显然数字量的位数 n 越多，分辨率越高。

· 建立时间。当输入数字信号的变化是满量程时，输出的模拟量信号达到稳定值的 $\pm\dfrac{1}{2^n}$ LSB 范围所需要的时间，单位为 μs。

· 线性误差。与 A/D 转换器的线性误差定义相似。

· 输出量程。电压型一般为 DC 5～10V，或 DC 24～30V，电流型一般为 DC 0～10mA 或 DC 4～20mA。

输出保持器的主要作用是将 D/A 转换器输出的离散模拟量信号变成连续模拟量信号，在新的控制信号到来之前，维持本次控制信号不变。V/I 转换器即电压/电流转换器。对于电压型 D/A 转换器而言，将其电压输出信号转换为 DC 0～10mA 或 DC 4～20mA，控制电动角行程（DKJ）或电动直行程（DKZ）执行器，产生连续调节作用或通过变频器控制电动机的转速。

④ 数字量输出通道。这是计算机控制系统实现断续控制的关键部分，主要由输出寄存器、地址译码器和输出驱动器等组成，如图 8-9 所示。

输出寄存器（数字量输出接口）如 74LS273，对 kT 时刻的计算机输出状态控制信号进行锁存，直至 $(k+1)T$ 时刻输出新的状态控制信号进行刷新并保持，如图 8-10 所示。经过端口地址译码，得到片选信号 $\overline{CS}$，当执行 OUT 指令周期时，产生 $\overline{IOW}$ 信号，设片选端口地址为 port，则可用如下指令来完成控制数据的输出：

MOV　AL，DATA
MOV　DX，port
OUT　DX，AL

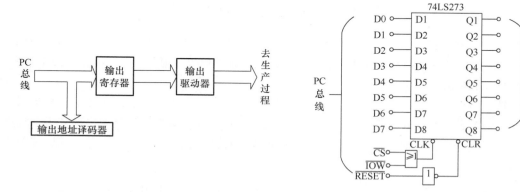

图 8-9　数字量输出通道的组成结构　　　　　图 8-10　数字量输出接口

输出驱动器将计算机输出的表征 "1" 和 "0" 的 TTL 电平控制信号进行功率放大，满足伺服驱动的要求（如控制电动机的起停），如图 8-11 所示。

模拟量输出通道和数字量输出通道也可称作计算机控制系统的后向通道。

4）人机联系设备。操作人员与计算机之间的信息交流是通过人机联系设备（如键盘、显示器、操作面板或操作台等）进行的。人机联系设备具有显示设备的状态、显示操作结果和供操作人员操作的功能。

（2）软件部分　软件部分对于计算机控制系统而言，同样是必不可少的。软件是指能够完成各项功能的计算机程序的总和，分为系统软件和应用软件两大部分。按照使用的语言划分，软件可分为机器语言、汇编语言和高级语言；按其功能划分，可分为系统软件、应用软件和数据库等。系统软件通常是由计算机厂家提供，专门用于使用和管理计算机的程序。对于用户而言，它们仅作为开发应用软件的工具，而且不需要用户

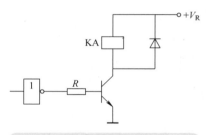

图 8-11　输出驱动器的结构形式

自己设计，如 Windows、Linux 等。应用软件是面向生产过程或其他活动、满足一定功能要求的程序，如数据采样程序、数字滤波程序、A/D 和 D/A 转换程序、PID 控制算法程序、键盘处理程序和显示 / 记录程序等。应用软件大多由用户自己根据实际需要进行研发和使用。

3. 计算机控制系统的分类

计算机控制系统的类型与其所控制的生产对象和工艺要求密切相关，被控对象和工艺性能指标不同，相应的计算机控制系统也不同。以下根据计算机系统的特点分别加以介绍。

（1）操作指导控制系统　操作指导控制系统是指计算机的输出只是对系统的过程参数进行采集、处理，然后输出反映生产过程的数据信息，并不直接用来控制生产对象。操作人员根据这些数据进行必要的操作，其原理图如图 8-12 所示。

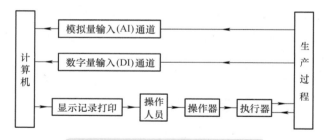

图 8-12　操作指导控制系统原理图

该系统属于开环控制结构，即自动检测 + 人工调节。其特点是结构简单，控制灵活、安全，尤其适用于被控对象的数学模型不明确或试验新的控制系统，但仍需要人工参与操作，效率不高，不能同时控制多个对象。

（2）直接数字控制（DDC）系统　直接数字控制（Direct Digital Control，DDC）系统是用一台计算机对多个参数进行实时数据采集，按照一定的控制算法进行运算，然后输出调节指令到执行机构，直接对生产过程施加连续调节作用，使被控参数按照工艺要求的规律变化。其原理图如图 8-13 所示。

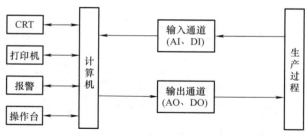

图 8-13　DDC 系统原理图

由于微型计算机的速度快，所以一台计算机可代替多个模拟调节器，这是非常经济的。DDC 系统的另一个优点是灵活性大、可靠性高。因为计算机计算能力强，所以用它可以实现各种复杂的控制规律，如串级控制、前馈控制、自动选择控制以及大滞后控制等。正因如此，DDC 系统得到了广泛的应用。DDC 系统的基本形式如图 8-14 所示。

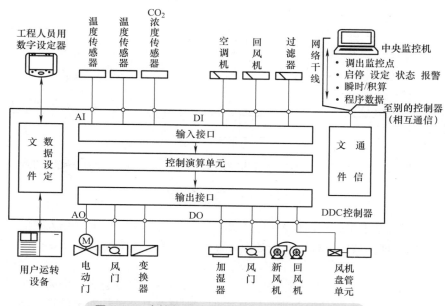

图 8-14　直接数字控制（DDC）系统的基本形式

（3）计算机监控系统　计算机监控（Supervisory Computer Control，SCC）系统采用两级计算机模式。SCC 系统用计算机按照描述生产过程的数学模型和反映生产过程的参数信息，实时计算出最佳设定值送与 DDC 计算机或模拟控制器，由 DDC 计算机或模拟控制器根据实时采集的数据信息，按照一定的控制算法进行运算，然后输出调节指令到执行机构，执行机构对生产过程施加连续调节作用，使被控参数按照工艺要求的规律变化，确保生产工况处于最优状态（如高效率、低能耗、低成本等）。SCC 系统较 DDC 系统更接近生产实际的变化情况，是操作指导系统和 DDC 系统的综合与发展，不但能进行定值调节，而且也能进行顺序控制、最优控制和自适应控制等。

SCC 系统的结构形式有两种。一种是 SCC + DDC 系统，另一种是 SCC + 模拟调节器控制系统。SCC + DDC 系统如图 8-15 所示。

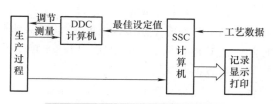

图 8-15　SCC + DDC 系统原理图

（4）分散控制系统（DCS）　分散控制系统（Distributed Control System，DCS）又称集散控制系统，采用分散控制、集中操作、分级管理、综合协调的设计原则，从下到上将系统分为现场控制层、监控层、管理层。DCS 实际上是一种分级递阶结构，如图 8-16 所示，具有高级管理、控制、协调的功能。在同一层次中，各计算机的功能和地位是相同的，分别承担整个控制系统的相应任务，而它们之间的协调主要依赖上一层计算机的管理，部分依靠与同层次中的其他计算机数据通信来实现。由于实现了分散控制，系统的处理能力提高很多，而危险性大大分散，较好地满足了计算机控制系统的实用性、可靠性和整体协调性等要求。根据被控对象的特性和生产工艺的要求，分散控制系统可采用顺序控制、定值控制等控制策略和相应的控制算法。

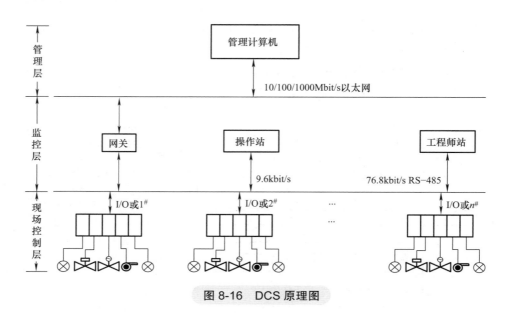

图 8-16　DCS 原理图

分散控制系统的基本组成由面向被控对象的现场 I/O 控制站、面向操作人员的操作员站（中央站）、面向监控管理人员的工程师站（管理计算机）和满足系统通信的计算机网络等几个组成部分。

1）现场 I/O 控制站。基于"分解原理"，将复杂的被控对象分解为 n 个简单子对象分别实施相应的控制。只要 n 个子对象的控制指标满足要求，则整个复杂被控对象的控制指标也就满足工艺的要求。因此，控制系统的复杂程度得以降低；控制方案的确定、控制算法的选择等的实现将更加简便；同时，系统的危险性愈发分散，可靠性得到提高。现场 I/O 控制站的数目 n 根据被控对象的复杂度而定，复杂度越高，n 越大。现场 I/O 控制站又称分站，由微处理器、存储器、I/O 模块、内部总线和通信接口等组成，是承担现场分散控制任务的网络节点。它的主要功能有三项：实时采集表征生产过程的各种参数（如温度、压力、流量、物位、湿度、电流、电压、功率等）和状态信号（如设备的起/停、电气开关的闭/开、触点的吸合/释放、灯的亮/灭等），经数字化处理后，送入存储器储存，从而形成反映生产现场实际工况，而且对所采集到的数据信息进行实时更新的实时映像（动态数据库）。将其采集到的实时数据信息通过通信网络上送至操作员站、工程师站及其他现场 I/O 控制站，以便实现全系统范围内的控制、监督和管理；同时，现场 I/O 控制站还可以接收来自操作员站、工程师站的下传指令，实现对现场 I/O 控制站工艺参数设定值的变更，以及现场工况的人工调控。担任现场的闭环负反馈控制、批量控制、顺序控制等任务。

2）操作员站。操作员站由工业微机、键盘、鼠标器或轨迹球、CRT 和操作控制台组成，是实现人机界面功能的网络节点，起着汇总报表及图形显示的作用，使操作人员及时了解现场工况、各种运行参数的当前值、是否有异常情况发生及其声光报警、联锁保护动作等，也可以通过输入设备（如键盘、鼠标器）对生产过程进行调控，确保安全生产、优质高产、节能降耗。

除了实现人机界面功能外，操作员站还具有历史趋势曲线和运行报表的生成功能。运行报表可分为时报、班报、日报、周报、月报和年报等，并可按用户的需求打印输出。历史趋势曲线主要是了解过去某个时间范围内某些运行参数的变化情况，或根据需要与当前数据的变化情况相对照，以便得到一些概念性的结论，使得操作人员"有的放矢"地进行调控。操作员站停止工作不影响分站功能和设备运转，但会中断局部网络通信控制。

3）工程师站。工程师站主要对 DCS 进行离线的配置、组态、在线的系统监控和维护网络节点的工作。系统工程师通过它可以及时调整系统的配置、参数设定，从而使 DCS 处于最佳的工作状态之下。此外，工程师站对各个现场 I/O 控制站、各个操作员站的运行状态和网络的通信情况等进行实时监控，一旦发现异常，报知系统工程师及时采取相应的措施进行调整或维修，保证 DCS 能够连续、正常运行，不会因此对生产过程造成损失。

4）计算机网络。DCS 的基本结构是计算机网络，面向被控对象的现场 I/O 控制站、面向操作人员的操作员站、面向监控管理人员的工程师站都是连接在这个网络上的三类节点，均包括 CPU 和网络接口等，也都具有自己特定的网络地址（节点号），可以通过网络发送和接收数据信息。网络中的各节点地位平等、资源共享且相互独立，形成信息集中、控制和危险分散、可靠性提高的功能结构。此外，DCS 的网络结构还具有极强的扩充性，能够方便、灵活地满足 DCS 的升级和扩充要求。DCS 的通信网络是一个控制网络，不同于普通的计算机网络，应具有良好的实时性，较高的安全性、可靠性和较强的环境适应性等特殊要求。

计算机网络常用的拓扑结构有星形（Star）、总线型（Bus）、环形（Ring）三种。从信息传送的实时性方面来说，星形网是最好的，但各个节点之间的通信必须经过中央节点进行，存在"瓶颈"问题，使得危险性增大，不符合 DCS 较高的安全性和可靠性的要求。因此，目前应用最广的网络结构是总线型网和环形网。在这两种网络结构中，各个节点地位平等，它们之间的通信均可通过网络直接进行。

实现网络节点之间的通信涉及介质访问控制问题。当前使用最广的技术是载波侦听多路访问/冲突检测（CSMA/CD）方式和令牌（Token）控制方式。CSMA/CD 方式是一种争用方式，网络中的哪个节点争用到传输介质，哪个节点有权进行通信，有一定的随机性，不能满足 DCS 良好的实时性的要求，因此，DCS 中极少采用 CSMA/CD 方式。令牌是一组特定的二进制码，作为有权占有传输介质的标志。令牌在网络节点之间按次序轮流传递，形成循环。某个节点在接到令牌的某时段内有权占有传输介质，进行通信，时段结束转交下一个节点，循环往复，各个节点均可定时占有传输介质，发送信息。令牌控制方式不但可以对各个节点占用传输介质的时段加以确定，而且对各个节点占用传输介质的顺序也可进行设定和调整，因此信息传送的实时性好。所以，目前 DCS 几乎都采用令牌控制方式，有令牌总线方式（Token-bus）、令牌环形方式（Token-ring）两大类，均满足实时性、分散性的要求。

DCS 虽然称为分散控制系统，但其现场测控层并未彻底实现分散。现场 I/O 控制站的控制器与现场自动化仪表（如传感器、执行器）的测控信号联系仍然为 DC 4~20mA 的模拟信号。因此，DCS 是半数字化系统。

（5）现场总线控制系统 现场总线控制系统（Field-bus Control System，FCS）是一种全数字、半双工、串行双向通信系统，用于连接现场智能仪表，全部采用数字信号传输。因此 FCS 是全数字化系统。根据国际电工委员会（IEC）的标准和现场总线基金会（FF）的定义，现场总线（Field-bus）是连接现场智能仪表和自动控制系统的数字式、双向传输、多分支结构的通信网络，即现场总线是控制系统中最低层的通信网络，以串行通信方式取代传统的 DC 4~20mA 模拟信号，能为众多现场智能仪表实现多点连接，支持处于底层的现场智能仪表，利用公共传输介质与上层系统互相交流信息，具备双向数字通信功能。现场总线技术自 20 世纪 80 年代诞生至今，不但满足了工业控制系统向分散化、网络化、智能化发展的要求，而且简化了系统的安装、维护和管理，减少了系统的投资、运行成本和线缆数量，增强了系统的性能，因此成为全球工业自动化技术的热点所在，是近年来迅猛发展的一种工业数据总线。

1）现场总线控制系统的基本组成。FCS 由现场智能节点（能够完成数据信息的采集、运算，执行控制指令和通信等功能的智能仪表）、管理计算机和满足系统通信的计算机网络等组成，如图 8-17 所示。

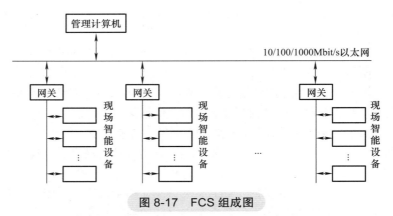

图 8-17　FCS 组成图

由于 FCS 中的现场智能节点共享总线，相比传统控制方式中，现场测量变送器、执行器与调节器之间的点对点连接，不仅减少了线缆数量，而且实现了双向数字通信。FCS 采用总线（Bus）拓扑结构，站点分为主站（上位机、编程器）和从站（测量变送器、执行器）。主站采用 Token-bus 的介质访问控制方式，令牌按逻辑环传递，从站不占有令牌，整体上为主从 / 令牌（Master Slave/Token Passing，MS/TP）的介质访问控制方式。

2）现场总线控制系统的特点。FCS 与 DCS 相比，其优势表现在以下方面：

① 现场通信网络。现场总线将通信线一直延伸到生产现场的生产设备，构成现场智能仪表互连的通信网络，信号传输全数字化，抗干扰力强，精度高，避免了传统的 DC 4～20mA 模拟信号在传输过程中的信号衰减、精度下降、噪声干扰的引入等问题。

② 现场设备互连。由于现场智能节点之间通过一对信号传输线互连，一对信号传输线使得 N 个现场智能节点能够双向传输信号。这种一对 N 的形式使得系统的接线简单，投资 / 安装费用下降，维护简便，增加或减少现场智能节点容易实现，只需将其挂接到信号传输线上或从信号传输线上直接拆除。

③ 互操作性。由于现场总线设备实现了功能模块及其参数的标准化，因此设备间有很好的互操作性。来自不同制造厂家的现场设备可以异构，组成统一的系统。用户可以自由地选择性能价格比最优的、不同品牌的现场设备，将它们集成在一起，实现"即插即用"，克服 DSC 产品互不兼容，方便了用户。

④ 分散的系统结构。FCS 废弃了 DCS 的 I/O 控制站，将其 I/O 单元和控制功能块分散给现场仪表，用户通过选用现场仪表，并对其统一组态，就可以控制回路，从而构成虚拟控制站。每个现场仪表作为一个智能节点，能够完成数据信息的采集、运算，执行控制指令和通信等功能，任何一个节点发生故障仅影响局部而不会危及全局，从而实现了彻底的分散，提高了系统的可靠性、灵活性和自治性。

⑤ 开放式互联网络。现场总线为开放式互联网络，所有的技术和标准均是公开的，面向所有的用户和制造厂家。因此，用户根据需求可以自由地集成不同制造厂家的通信网络，既可以与同类网络互连，也可以与不同网络互连，极大地方便用户共享网络数据库的信息资源。

⑥ 通信线供电。该方式允许现场智能节点直接从通信线（现场总线常用的信号传输线为双绞

线）上摄取能量，节省电源、低功耗、本质安全。

8.1.2　计算机通信网络技术

计算机网络技术应用是实现智能建筑系统集成的关键技术之一，计算机网络是指计算机设备的互联集合体。它使用通信线路和相关设备将功能不同的、相互独立的多个计算机或计算机系统互连起来，基于功能完善的网络软件实现网络资源的共享和信息的传递。

计算机网络由负责信息处理的资源子网和承担信息传递的通信子网组成。其中资源子网向网络提供可以使用的资源（如计算机、工作站、主机、工控机等），通信子网则利用通信媒质（如电缆、光纤、微波、红外线等）传递信息。

1.计算机通信技术

在通信技术中，消息是关于数据、文字、图像和语音等总的称谓。信息是包含在消息中的新内容。信号是指信息的载体与表现形式（如电、光、声音等），是随时间变化的物理量。根据不同的角度，分为连续时间和离散时间信号、模拟信号和数字信号、周期信号和非周期信号。

通信的目的是传递信息。产生和发送信息的设备称为信源，接收信息的设备称为信宿。它们之间的通信线路称作信道。信号在传递过程中可能受到的各种干扰叫噪声。通信系统模型如图8-18所示。

根据数据信息在信道上的传输方向和时间的关系，数据通信（串行传输）可分为单工、半双工、全双工。

图 8-18　通信系统模型

单工（Sinplex）：数据信息在信道上只能在一个方向上传送，信源只能发送，信宿只能接受，如无线电广播和电视广播。

半双工（Half Duplex）：数据信息在信道上能在两个方向上传送，信源和信宿可交替发送和接收数据信息，但不能同时发送和接收，如航空、航海无线通信和对讲机通信。

全双工（Full Duplex）：信源和信宿可同时在信道上双向发送和接收数据信息，但要求信道具备满足双向通信的双倍带宽，如电话通信。

由数学可知，任何周期函数 $g(t)=g(t+nT)$，$n=0$，1，2，$\cdots$（周期为 T）只要满足狄利克雷条件，都可以展开成傅里叶级数，即

$$g(t) = a_0 + \sum_{n=1}^{\infty} a_n \sin(n\omega_0 t) + \sum_{n=1}^{\infty} b_n \cos(n\omega_0 t) = a_0 + \sum_{n=1}^{\infty} A_n \cos(n\omega_0 t - \theta_n) \qquad (8\text{-}1)$$

式中　　　ω_0——基本角频率，$\omega_0 = 2\pi f_0 = \dfrac{2\pi}{T}$，基本频率 $f_0 = \dfrac{1}{T}$；

a_0、a_n、b_n——傅里叶系数，均是与时间无关的常数，$a_0 = \dfrac{1}{T}\int_0^T g(t)\mathrm{d}t$，$a_n = \dfrac{2}{T}\int_0^T g(t)\sin(n\omega_0 t)\mathrm{d}t$，

$\qquad b_n = \dfrac{2}{T}\int_0^T g(t)\cos(n\omega_0 t)\mathrm{d}t$；

A_n——n 次谐波分量的幅值，当 $n=1$ 时，A_1 为一次谐波分量，$n=2$ 时，A_2 为二次谐波

$\qquad$分量，$\cdots$，$A_n = \sqrt{a_n^2 + b_n^2}$；

θ_n——n 次谐波分量的辐角，$\theta_n = \mathrm{arccot}\dfrac{b_n}{a_n}$。

以 $n\omega_0$ 为横坐标，A_n 为纵坐标组成的分布图称作幅值频谱图；以 $n\omega_0$ 为横坐标，θ_n 为纵坐标组成的分布图称作相位频谱图。一般在频谱分析中，所指的频谱图是 A_n-$n\omega_0$ 的幅值频谱图。

例如，周期方波 $g(t) = \begin{cases} A, 0 < t < \dfrac{T}{2} \\ -A, \dfrac{T}{2} < t < T \end{cases}$，在其信号的傅里叶分析式中，$a_0 = 0$，$b_n = 0$，

$$a_n = \frac{2}{T}\int_0^T g(t)\sin(n\omega_0 t)\mathrm{d}t = \frac{2A}{n\pi}\left[1 - \cos(n\pi)\right] = \begin{cases} \dfrac{4A}{n\pi}, n = 1,3,5,\cdots \\ 0, n = 0,2,4,\cdots \end{cases}$$

则 $g(t) = \dfrac{4A}{\pi}\left[\sin(\omega_0 t) + \dfrac{1}{3}\sin(3\omega_0 t) + \dfrac{1}{5}\sin(5\omega_0 t) + \cdots\right]$，频谱如图 8-19 所示。

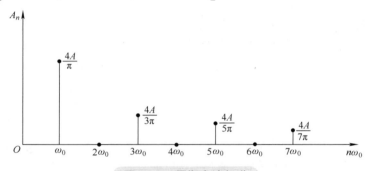

图 8-19　周期方波频谱

分析 A_n-$n\omega_0$ 的幅值频谱图可知，随着 $n\omega_0$ 的增大，$|A_n|$ 逐步减小。当 $n\omega_0 \to \infty$，$|A_n|$ 趋于 0。其能量（90% 以上）主要集中在 0～ω_0 区间，所以将此区间称为周期方波信号的有效频带宽度 ω_B 或 f_B，即周期信号的带宽。周期方波的带宽为 $f_B = \dfrac{1}{T}$，可知周期信号的带宽与信号作用的持续时间成反比。

由于信号是通过信道传输的，信号的带宽 f_B 越大，其要求信道的带宽 f_B' 越大。信号进行传输时，信号的带宽 f_B 与信道的带宽 f_B' 必须匹配，否则会导致信号传输的失真或信道带宽资源的浪费。在通信技术中，将信道每秒所能传输信息量的最大值称作信道容量或最大信息传输速率 C_b。信道容量的计算式有两种情况。

1）无噪声条件下，奈奎斯特公式为

$$C_b = 2B\log_2 L \tag{8-2}$$

式中　C_b——信道的信息传输速率（bit/s）；

　　　B——信道的带宽（Bandwidth）（Hz）；

　　　L——某个时刻数字信号可取的离散值的个数。

2）有噪声干扰作用下，香农计算公式为

$$C_b = B\log_2(1 + S/N) \tag{8-3}$$

式中　S/N——信噪比（Signal Noise Ratio，SNR），一般用 $10\lg\dfrac{S}{N}$ 来表示（dB）；

S——传输信号的功率（W）；

N——噪声功率（W）。

在数字信号传输系统中，有一个与信息传输速率 C_b 密切相关的术语——码元传输速率 C_B，其单位为波特（Baud）。它们的关系为

$$C_b = C_B \log_2 L \tag{8-4}$$

例如，$B = 600$ Baud，$L=4$，则 $C_b = 1200$ bit/s。一般情况下，所传输的数字信号为二进制信号（即 $L = 20$），则 C_b 与 C_B 的数值相等，故 bit/s 和 Baud 可以混用。

2. 计算机网络拓扑结构

计算机网络拓扑结构是指网络中各站点（或节点）和链路相互连接的方法和形式。常用的网络拓扑形式有星形、总线型、环形、树形和星环形等。

（1）星形拓扑　星形拓扑结构如图 8-20 所示。它由中央节点和通过点对点链接到中央节点的各个站点组成，中央节点与各个站点之间存在主从关系，采用集中式控制策略。

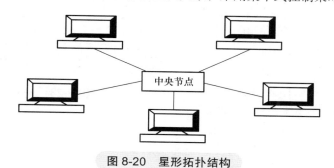

图 8-20　星形拓扑结构

网络中任何一个站点向另一个站点发送数据信息，必须先向中央节点发出申请，由中央节点在两站点之间建立通路，方可进行通信，即先将数据信息发送到中央节点，再由中央节点转发至相应的站点。星形拓扑的优点是网络配置灵活方便，增加、移动或删除站点仅影响星形拓扑中央节点和该站点的链接；单个节点发生故障不会影响全网；网络故障的检测和隔离也容易，只要中央节点工作正常，即可通过它监督链路的工作状态。但是该拓扑形式对中央节点的依赖极大，对其可靠性和冗余度要求高。否则，若中央节点发生故障，则造成全网瘫痪。在网络节点数量相同的情况下，由于网络中的各站点都需要链接到中央节点上，所以使用线缆数量大。

（2）总线型拓扑　总线型拓扑如图 8-21 所示。总线型拓扑采用单根传输媒体作为主干（称为总线），所有的站点均通过相应的输入/输出接口直接链接在总线上，属于多点连接方式。网络中所有的站点平等地共享总线（即对等式），任何站点均可以通过总线发送信息，而且能够被其他所有站点接收；但是，一次仅能够由一个站点发送信息，需要一种传输媒体访

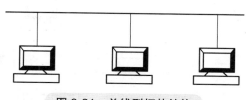

图 8-21　总线型拓扑结构

问控制策略，以便决定下次由哪一个站点发送信息，一般采用分布式控制策略。总线型拓扑的优点是布线简便，所用的线缆长度短；成本低；可靠性高（无中央节点）；增加、移动或删除站点方便。其缺点是故障诊断困难，因为发生网络故障时，需要对总线上所有的站点进行检测。若主干线缆发生故障，则阻断所有信息的传输，并会导致信号反射，产生噪声。为了进一步提高总线型

拓扑的可靠性，可采取增加冗余信道（副干线缆）方式。

（3）环形拓扑 环形拓扑如图 8-22 所示。环形拓扑中的站点之间采用点对点链接，信号在环中由一个站点单向地传输到另一个站点，直到到达目标站点为止。它采用分布式控制策略，每个站点平等地共享环路（对等式），其任务就是接收/转发信息。环形拓扑的信息流具有环形特征。

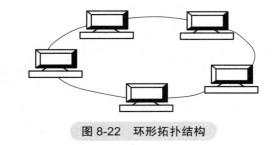

图 8-22　环形拓扑结构

环形拓扑的优点所用的线缆长度短；成本低（与总线形拓扑相似）；因为其信号单向传输，所以适合用光纤作为传输媒体，信号传输速度快，能实时性传输。其缺点是对各站点的可靠性要求高，若任何一个站点发生故障，则导致全网瘫痪；增加、移动或删除站点需要关闭全网方能进行，重新配置网络；由于任何一个站点的故障都可导致全网的瘫痪，需要对所有的站点进行检测，故障诊断困难。

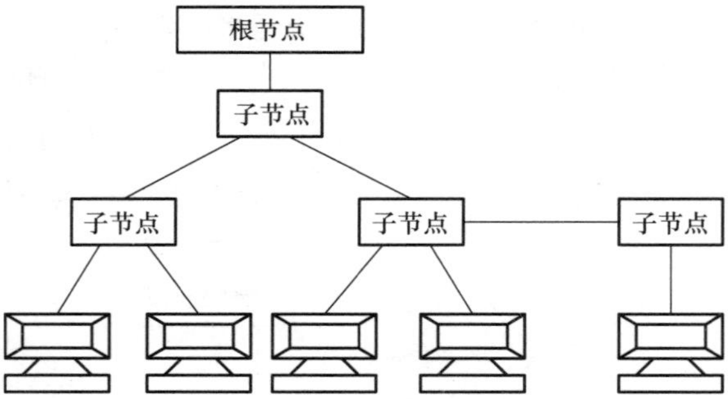

图 8-23　树形拓扑结构

（4）树形拓扑 树形拓扑如图 8-23 所示。树形拓扑是星形拓扑的演变体，其形状酷似一棵倒置的树，顶端有一个根节点，根节点产生若干分支路与其他站点连接，其他站点又延伸出许多子分支路与其他子站点连接，逐级分支、延伸。根节点（中央节点）与各个站点（子节点）之间存在主从关系，采用集中式控制策略。

网络中任何一个站点向另一个站点发送信息时，首先由根节点接收该信息，然后经其广播发送到全网的各个站点。树形拓扑结构的优缺点与星形拓扑的优缺点基本相同，如增加、移动或删除站点方便，易于扩展网；网络故障的诊断和隔离容易；对根节点的依赖性大，对其可靠性要求高，如果根节点发生故障，则会引起全网瘫痪。

（5）星环形拓扑 星环形拓扑如图 8-24 所示，它是将星形拓扑和环形拓扑混合起来的一种拓扑结构。其拓扑配置是由一些连接在环形上的集线器再连接星形结构接到每个用户站，兼备星形和环形拓扑的优点。但它需要智能型集线器，以实现网络故障的自诊断和故障节点的隔离。

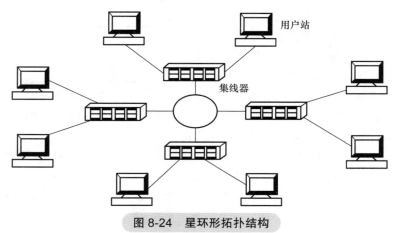

图 8-24　星环形拓扑结构

3. 计算机网络分类

（1）按照距离分类

1）局域网（Local Area Network，LAN）：即在一个适中的地理范围内，通过物理信道，以适中的数据传输速率，使彼此相互独立的数字通信设备实现互连并进行通信的一种数据通信系统。LAN 的覆盖范围一般在几米至几千米。常见的形式有以太网（Ethernet）、令牌环（Token-Ring）、令牌总线（Token-Bus）等。

2）广域网（Wide Area Network，WAN）：它是利用公共远程通信设施，实现用户之间的快速信息交换或者为用户提供远程信息资源的服务。WAN 的覆盖范围通常为几十到几千千米，可跨越城市、跨越地区、跨越国界甚至跨越几个洲，如国际互联网（Internet）。

3）城域网（Metropolitan Area Network，MAN）：城域网的覆盖范围在局域网和广域网之间，一般为 5~50km。

（2）按照传输媒体分类

1）有线网：它使用导向型传输媒体来发送信息。

2）无线网：它使用非导向型传输媒体来进行通信。

（3）按照数据交换方式分类

1）共享型网络：即网络上的计算机必须争得传输媒体的使用权后方能传输信息。当两个用户相互传送数据时，其他用户就不能传送数据，网络运行效能不高。

2）交换型网络：它的每个工作站都独立地占有一定带宽，采用分组交换的数据传输方式，网络运行效能高。

4. 开放系统互连参考模型

基于解决不同网络设备厂家生产的封闭式网络设备难以实现互连；如何确保网络中传输的信息能够被接收方正确地接收；如何使网络设备能够判断何时该发送信息（或不该发送信息）和保持适当的数据信息传输速度；传输媒体如何正确地布置与链接；二进制在传输媒体中如何表示等问题。针对以上问题，国际标准化组织（International Organization for Standardization，ISO）制定了开放系统互连（Open System Interconnection，OSI）参考模型。它提供了一种功能分层框架，共包括 7 层，如图 8-25 所示。

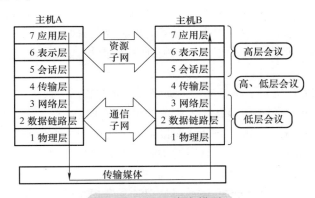

图 8-25　OSI 参考模型

在 OSI 参考模型中，OSI 的第 N 层使用第 $N-1$ 层提供的服务（层间会话的规则及通信功能）和本层（第 N 层）的协议来实现本层（第 N 层）的功能，并向第 $N+1$ 层（上一层）提供服务，各层的内部工作与相邻层无关。

协议（Protocol）是关于信息交换的术语。通信协议是通信双方（信源和信宿）必须共同遵守规则的集合，它由语法、语义和定时三部分组成。其中，语法确定协议元素的格式（即规定通信双方彼此"如何讲"）；语义确定协议元素的类型（即规定通信双方彼此"讲什么"）；定时则规定了信息交换的次序。

在 OSI 参考模型中，各层的数据传输单位分别是比特或位（物理层）、帧（数据链路层）、分组（网络层）、数据报（传输层）、数据包（会话层）、数据包（表示层）和报文（应用层）。OSI 参考模型是一个理念框架，利用它可以较好地理解不同网络设备之间所发生的复杂的信息交互过程，它实际上并不能完成任何工作。实际任务由相应的软、硬件来执行和完成。

OSI 参考模型各层的功能简介如下：

（1）物理层（Physical Layer）　物理层是 OSI 参考模型的第 1 层，向下是物理设备的接口，直接与传输媒体相链接，使比特流通过该接口从信源传递到信宿；向上为数据链路层提供服务（以建立物理链接和数据传输等方式提供服务）。它规定了网络通信设备的机械特性、电气特性和功能特性。机械特性主要指硬件连接的接口，如大小、形状等；电气特性主要指信号的码型、电压电平和电压的变化规则和信号同步等；功能特性包括数据类型、控制方式、目的要求等。它只关注网络的物理连接和信号的准确发送和接收。

（2）数据链路层（Data Link Layer）　数据链路层是 OSI 参考模型的第 2 层，其主要任务是提供一种可靠的、通过传输媒体传输数据的方法。相邻节点之间的数据交换是通过分帧进行的，各帧在发送端按顺序传送，然后通过接收端的校验和应答来保证可靠的数据传输。它具有帧同步、寻址、流量控制和差错控制等功能。

（3）网络层（Network Layer）　OSI 参考模型的第 3 层是网络层，它主要承担把信息从一个网络节点传送到另一个网络节点。若两个网络节点分别处在不同的网络，网络层将决定数据信息通过哪个途径到达目标节点（即路由的选择）。网络层从信源接收报文，将其转化成数据包，负责确定它通过网络的最佳途径，并确保数据包直接发送到信宿。当传送的数据报跨越不同的网络边界时，网络层对通信协议进行转换，使得异构网络能够互联。它具有路由选择、流量控制、定址及寻址等功能。

（4）传输层（Transport Layer）　传输层是 OSI 参考模型的第 4 层，是高层与低层之间进行衔接的接口层，也是通信子网和资源子网的界面。它利用下面 3 层提供的服务向高层提供端到端的可靠传输服务。传输层从会话层取得数据，对其进行必要的分割，再将处理好的数据传输到网络层，而且进行校验以确保所传输的数据能够准确到达目标设备。它具备建立传输连接、数据块排序、差错控制等功能。

OSI 参考模型的前 4 层提供了良好的数据通路和可靠的数据交换手段。

（5）会话层（Session Layer）　OSI 参考模型的第 5 层是会话层。网络设备之间的会话就是基于传输连接基础和通信协议，通过建立会话连接服务来进行的网络设备会话层之间的通信。如同两人之间的对话，应考虑对话的方式、对话的协调、对话同步等问题。它具有会话的建立、使用和释放，数据交换，会话同步等功能。

（6）表示层（Presentation Layer）　表示层是 OSI 参考模型的第 6 层，它负责处理传输数据的格式、语法、语义的问题，由于信源和信宿双方的数据表示不尽相同，所以需要建立数据交换的格式和约定来确保信源和信宿双方能够相互认识。此外，表示层还负责所传送数据的压缩/解压缩、加密/解密等问题。

（7）应用层（Application Layer）　OSI 参考模型的最高层是应用层，它是用户的应用程序和网络的接口。它为用户直接提供各种网络应用服务，如文件传输、电子邮件、远程登录等。应用层负责将一些应用程序经常使用的该层服务、功能以及相关的协议进行标准化，如超文本传送协议（HTTP）、文件传送协议（FTP）、简单邮件传送协议（SMTP）等。

5. TCP/IP

传输控制协议/互联网协议（TCP/IP）是一系列协议集合的总称，TCP/IP 主要用于 Internet（因特网）的数据交换。而智能建筑中智能建筑管理系统（IBMS）、建筑管理系统（BMS）的局域网发展方向是 Intranet（内联网），同样采用了 TCP/IP。由于 TCP/IP 的可靠性和有效性，它已经成为目前广泛应用的网间互联标准。

（1）TCP　TCP 是一种面向连接的协议，能够在各种物理网络上提供可靠的、端到端的数据信息传输，并且可以检测到在传输过程中数据包出现的各种问题，针对出现的问题，及时地提供重传、排序和延迟处理等措施，使得数据传输的可靠性极强。所以，许多流行的应用程序（如 FTP、SMTP 等）均使用 TCP。TCP 有报文分段、数据传输的可靠控制、重传和流量控制等功能。

（2）IP　IP 以数据报的形式传输数据。将数据分为许多的数据报，每个数据报均独立地进行传输，因此导致每个数据报传输的途径不尽相同，可能出现数据报到达目标的时序混乱或重复传送的问题；而且 IP 对数据报的传输途径不跟踪、对数据报不进行排序，所以 IP 是一种不可靠的、无连接的分组数据报协议。IP 将所有的网络视为同等，负责将数据从信源发送到信宿。

（3）TCP/IP　TCP/IP 的体系结构分为四层：物理层/数据链路层（或称网络接口层）、网络层、传输层和应用层。其中，TCP 和 UDP（User Diagram Protocol，用户数据报协议）定义在传输层；物理层/数据链路层的协议由底层网络定义；IP 主要在网络层使用。

1）物理层/数据链路层。该层负责通过物理网络（指点对点的链接线路、局域网、城域网、广域网）传送 IP 数据报，或将接收到的帧转化成 IP 数据报并交给网络层。

2）网络层。该层定义了 IP 数据报的格式，使得 IP 数据报经由任何网络，独立地传向目标。同时，该层还要处理路由选择、流量控制等问题。

3）运输层。该层提供可靠的、端到端的数据传输服务，确保信源传送的数据报能够准确地到达信宿。其中 TCP 是一个面向连接的、可靠的传输协议；UDP 则是一个不可靠的、无连接的协议，主要用于要求传输速率比准确性要求更高的报文。

4）应用层。该层的作用相当于 OSI 参考模型的会话层、表示层和应用层的综合，向用户提供一系列的流行应用程序，如电子邮件、文件传输、远程登录等。它包含了 TCP/IP 中所有的高层协议，如 HTTP、FTP、SMTP、域名系统（DNS）服务等。

建筑设备自动化系统（BAS）自 20 世纪 70 年代诞生至今，得到了广泛应用和迅猛发展。由于楼宇自控设备种类、数量众多，不同的 BAS 设备制造厂家提供具有不同特点的技术产品。为了获得独家控制 BAS 产品售后市场的利润丰厚，BAS 设备制造厂家通过独立研发，各自将自己的产品做成封闭式系统，导致用户在 BAS 设备的选型范围、互换性和灵活组态等方面受到极大地限制，最终造成 BAS 的性能和投资收益的损失。

为了实现不同的 BAS 设备之间的互操作及其系统的互连，达到信息互通、资源共享的目的，需要一种能够被大家广泛接受、共同遵守的工作语言——数据通信协议标准来完成上述内容，它是 BAS 设备具备互操作性和形成开放式系统的必要条件。目前 BAS 广泛应用的通信协议标准有 BACnet 和 LonTalk。

6. BACnet（Building Automation and Control network）通信协议

1995 年用于建筑设备自动化控制网络的 BACnet 通信协议由美国采暖、制冷与空调工程师协会（ASHRAE）公布，同年通过 ANSI 的认证，成为美国国家标准，也得到了世界范围内（如欧洲楼宇自控领域）的承认。BACnet 数据通信协议由一系列与软 / 硬件相关的通信协议组成，主要包括建筑设备自动控制功能及其数据信息的表示方式、五种 LAN 通信协议及它们之间的通信协议。BACnet 标准最大的优点是可以与 LonWorks 等网络进行无缝集成。不过 BACnet 主要为解决不同厂家的楼宇自控系统相互间的通信问题设计，并不太适用于智能传感器、执行器等末端设备。

（1）BACnet 数据通信协议的体系结构　BACnet 是一种开放性的计算机网络，因此必须参考 OSI 参考模型。但 BACnet 没有从网络的最低层重新定义自己的层次，而是选用已成熟的局域网技术，简化 OSI 参考模型，形成包容许多局域网的简单而实用的四级体系结构，即 BACnet 数据通信协议基于 OSI 参考模型，选用成熟应用的 LAN 技术和简化 OSI 参考模型的层次结构，形成包容许多 LAN 的简单、实用的四层体系结构：物理层、数据链路层、网络层和应用层（见表 8-1），达到减少报文长度和通信处理、降低建筑自动化（BA）产品的成本、提高系统性能的目的。其中物理层和数据链路层提供了选项的范围，允许根据需要进行选择；由于 BACnet 网络拓扑的特点，各个 BA 设备之间只需要一条逻辑通路，便不需要最优路由的算法。另外，BACnet 网络由中继器或网桥互联起来，具备单一的局部地址，所以其网络层的功能相对于 OSI 参考模型的网络层而言是简化的（即仅定义一个包含必要寻址和控制信息的网络层头部）；应用层为应用程序提供完成各自功能所需的通信服务，在此基础上，应用程序可以监控暖通空调制冷 HVAC&R 系统和其他楼宇自控系统。

表 8-1　BACnet 数据通信协议的体系结构与 OSI 参考模型比较

BACnet 数据通信协议的体系结构					OSI 参考模型
BACnet 应用层					应用层（7）
BACnet 网络层					网络层（3）
ISO8802-2（IEEE802.2）		MS/TP	PIP	LonTalk 链路层	数据链路层（2）
ISO8802-2（IEEE802.3）	ARCnet	EIA-485	EIA-232	LonTalk 物理层	物理层（1）

（2）BACnet 数据通信协议的对象　为了实现不同厂家 BA 设备之间的相互通信，BACnet 采用"对象"（Object，即具备某种特定功能的数据结构或数据元素的集合）的概念，将不同厂家 BA 设备的功能抽象为网络间可识别的"目标"，使用"对象标识符"对 BA 设备进行描述，提供操作数据信息的方法，形成通信软件，而且并不影响各个 BA 设备厂家的产品内部设计及其组态。BACnet 定义了 18 种标准对象类型，见表 8-2。

表 8-2　BACnet 数据通信协议的对象及其应用实例

对象名称	应用实例
模拟输入（Analog Input）	传感器输入
模拟输出（Analog Output）	控制输出
模拟值（Analog Value）	模拟控制系统参数
数字输入（Binary Input）	开关输入
数字输出（Binary Output）	继电器输出
数字值（Binary Value）	数字控制系统参数
时序表（Calendar）	按照时间执行程序定义的日期列表
命令（Command）	完成特定的操作（如日期设定等）需向多设备的多对象写多值
设备（Device）	其属性表示设备支持的对象和服务

（续）

对象名称	应用实例
事件登记（Event Enrollment）	描述可能处于错误状态的事件或其他设备需要的报警
文件（File）	允许读/写访问设备支持的数据文件
组（Group）	提供在一个读操作下访问多对象的多属性
环（Loop）	提供标准化地访问一个"控制环"
多态输入（Multi-state Input）	表述一个多状态处理程序的状态
多态输出（Multi-state Output）	表述一个多状态处理程序的期望状态
通知类（Notification）	包含一个设备列表
程序（Progran）	允许设备中的一个程序开始、停止、装载以及报告程序的当前状态
时间表（Schedule）	定义一个按周期的操作时间表

对象通过其属性（Properties，即数据结构中信息）向网络中其他的 BA 设备描述对象本身及其当前状态。BACnet 确定了所有对象可能具有的 123 种属性，通过这些属性，某个对象才能被其他 BACnet 设备操控和互通信，通过不同对象的组合，实现 DDC 的不同控制功能。

（3）BACnet 数据通信协议的服务　对象描述了 BA 设备的抽象通信特征，属性是关于对象的进一步阐述和表征。"服务"（Services）就是一个 BACnet 设备可以向其他 BACnet 设备进行申请、获取信息，命令其他 BACnet 设备执行某种操作或通知事件发生的方法。BACnet 定义了 35 种服务功能，将其划分为 6 个类别：报警与事件服务（Alarm and Event Service）、文件访问服务（Files Access Service）、对象访问服务（Object Access Service）、远程设备管理服务（Remote Device Management Service）、虚拟终端服务（Virtual Terminal Service）和网络安全性服务（Network Security Service），实现对 18 种标准对象的访问和管理这些对象发送的信息。

（4）BACnet 的拓扑结构　BACnet 网络是一种局域网（LAN），BACnet 设备通过 LAN 传送符合 BACnet 标准的二进制码信息。尽管 Ethernet（10～100Mbit/s）、ARCnet（0.15～10Mbit/s）、MS/TP（9.6～78.4kbit/s）、LonTalk（4.8～1250kbit/s）和 PTP 的拓扑结构、价格性能不同，但它们均可通过路由器构成 BACnet "互联网"。基于工程实用的灵活性，BACnet 数据通信协议没有严格规定 LAN 互联的拓扑结构。

（5）BACnet 与企业内部网络（Intranet）的互联　BACnet 设备间的通信采用的是 BACnet 数据通信协议，互联网采用的是 IP。BACnet 设备要利用互联网进行通信，必须采用 IP 的方式进行。这就需要附加传输层协议。由于 BACnet 数据通信协议已提供了包的可靠传输、包重组和流量控制等功能，所以采用互联网的基本传输协议——UDP。基于此目的，需要在 BACnet 中引入分组装拆器（Packet Assembler Dissembler，PAD）或服务进行 BACnet/IP 通信。

BACnet 连接到互联网后，可以随时随地通过一个简单的浏览器，方便地进行存取、监控等任务。此外，BACnet 与 Internet/Intranet 实现互联，还可以构造基于 Web 的楼宇住户呼叫中心。在权限许可的条件下，住户可直接操纵或检查暖通空调、电气照明、安全防范、消防减灾等系统的设备，而不必通过物业管理中心；也可通过统一的浏览器，递交故障报告、服务请求等表格到物业管理中心。

（6）BACnet 应用系统的重要特点

1）专门用于楼宇自控网络。BACnet 标准定义了许多楼宇自控系统所特有的特性和功能。

2）完全的开放性。BACnet 标准的开放性不仅体现在对外部系统的开放接入，而且具有良好的可扩充性，不断注入新技术，使楼宇自控系统的发展不受限制。

3）互联特性和扩充性好。BACnet 标准可向其他通信网络扩展，如 BACnet/IP 标准可实现与 Internet 的无缝互联。

4）应用灵活。BACnet 集成系统可以由几个设备节点构成一个小区域的自控系统，也可以由成百上千个设备节点组成较大的自控系统。

5）应用领域不断扩大。BACnet 标准最初是为采暖、通风、空调和制冷控制设备设计的，但该标准同时提供了集成其他楼宇设备的强大功能，如照明、安全和消防等子系统及设备。正是由于 BACnet 标准开放性的架构体系，使楼宇自动化系统和整个建筑智能化系统的系统集成工作变得更易于实现。

6）所有的网络设备都是对等的，但允许某些设备具有更大的权限和责任。

7）网络中的每一个设备均被模型化为一个"对象"，每个对象可用一组属性来加以描述和标识。

8）通信是通过读写特定对象的属性和相互接收执行其他协议的服务实现的，标准定义了一组服务，并提供了在必要时创建附加服务的实现机制。

9）由于 BACnet 标准采用了 ISO 的分层通信结构，所以可以在不同的网络支持中进行访问和通过不同的物理介质去交换数据，即 BACnet 网络可以用多种不同的方案灵活地实现，以满足不同的网络环境、不同的速度和吞吐率的要求。

总之，BACnet 数据通信协议不但为 HVAC&R 设备之间建立了统一的数据通信标准，使得遵守该标准的 HVAC&R 设备能够进行通信，实现互操作，而且也为其他楼宇设备（如给排水、照明、供配电、消防、安防等）及其系统集成提供了基本原则。BACnet 将分散的、具有控制功能的"岛"互联形成一个整体，实现了现存系统的移植，创建了一个开放式的环境，同时也是进行现有技术升级换代的桥梁。

7. LonWorks技术

美国埃施朗（Echelon）公司 1991 年推出了 LON（Local Operating Networks）技术，又称 LonWorks 技术。它得到了众多计算机厂家、系统集成商、仪器仪表及软件公司的大力支持，已经在楼宇自动化、工业自动化、电力系统供配、消防监控、停车场管理等领域获得广泛应用。

（1）LonWorks 组成

1）LonWorks 节点和路由器。LonWorks 节点主要包括 CPU、I/O 处理单元、通信处理器、收发器和电源。

2）LonTalk 协议。

3）LonWorks 收发器。

4）LonWorks 网络和节点开发工具。

（2）LonWorks 技术的优点

1）网络结构灵活、组网方便。它支持多种网络拓扑形式，包括总线型、星形、树形和自由拓扑型等，这样可适应复杂的现场环境，方便现场布线。

2）支持多种传输介质，包括双绞线、同轴电缆、电力线、光纤和无线射频等；两种传输速率：78bit/s 和 1.25Mbit/s，最大传输距离由网络拓扑形式和传输介质决定，一般为 500 ～ 2700m；可接入的节点最多为 32385 个。

3）完善的开发工具。提供完善的系统开发环境，采用开放的 NEURONC 语言，它是 ANSIC 语言的扩展。

4）无主的网络系统。LonWorks 网络中各节点的地位相同，网络管理可设在任一节点处，并可安装多个网络管理器。

5）开发 LonWorks 网络节点的时间较短，也易于维护。LonWorks 采用的 LonTMk 协议固化在 Echelon 公司的 Neuron 芯片中，这样可以节省开发 LonWorks 网络节点的时间，也方便维护。

同其他现场总线一样，LonWorks 也有自身的缺点。首先，LonWorks 的实时性、处理大量数据的能力有些欠缺；其次，由于 LonWorks 依赖于 Echelon 公司的 Neuron 芯片，所以它的完全开放性也受到一些质疑。尽管 LonWorks 存在一些不足，但是 LonWorks 的 FCS 还在楼宇自动化领域获得了广泛的应用。世界上有 2 万多家 OEM 厂商生产 LonWorks 相关产品，其中种类已达 3500 多种。目前世界上已安装有 500 多万个 LonWorks 节点，LonTMk 协议也被接纳为欧洲 CEN TC247、CEN TC205 的一部分。自 1996 年以来，LonWorks 也开始在国内获得大量的应用。

（3）LonTalk LonWorks 技术所使用的通信协议称为 LonTalk。LonTalk 遵循由国际标准化组织（ISO）定义的开放系统互连（OSI）模型，以 ISO 的术语来说，LonTalk 提供了 OSI 参考模型所定义的全部 7 层服务，LonTalk 与 OSI 的 7 层协议比较见表 8-3。LonTalk 支持以不同通信媒体分段的网络，包括双绞线、电力线、无线、红外线、同轴电缆、光纤，甚至是自己定义的通信媒体。

表 8-3 LonTalk 与 OSI 的 7 层协议比较

层级	OSIC 层次		标准服务	LON 提供的服务	处理器
7	应用层		网络应用	标准网络变量类型	应用处理器
6	表示层		数据表示	网络变量，外部帧传送	处理器
5	会话层		远程遥控协助	请求/响应，认证，网络管理	处理器
4	传送层		端对端的可靠传输	应答，非应答，点对点广播，网络管理	处理器
3	网络层		传输分组	地址，路由	处理器
2	链路层	链路层	帧结构	帧结构，数据解码，CRC 错误检查	MAC 处理器
		MAC 子层	媒体访问	P- 预测 CSMA，碰撞规避，优先级，碰撞检测	
1	物理层		电路连接	介质，电器接口	MAC 处理器 XCVA

LonWorks 的拓扑网络结构有三种：主从结构、总线和自由拓扑。

8. Modbus 协议

Modbus 协议最初由 Modicon 公司开发出来，在 1979 年末，该公司成为施耐德自动化（Schneider Automation）部门的一部分，现在 Modbus 已经是全球工业领域最流行的协议。此协议支持传统的 RS232、RS422、RS485 和以太网设备。许多工业设备，包括 PLC、DCS、智能仪表等都在使用 Modbus 协议作为它们之间的通信标准。有了它，不同厂家生产的控制设备可以连成工业网络，进行集中监控。

当在网络上通信时，Modbus 协议决定了每个控制器需要知道它们的设备地址，识别按地址发来的消息，决定要产生何种行动。如果需要回应，控制器将生成应答并使用 Modbus 协议发送给询问方。

Modbus 协议包括 ASCII、RTU、TCP 等，并没有规定物理层。此协议定义了控制器能够认识和使用的消息结构，而不管它们是经过何种网络进行通信的。标准的 Modicon 控制器使用 RS232C 实现串行的 Modbus。Modbus 的 ASCII、RTU 协议规定了消息、数据的结构、命令和应答的方式，数据通信采用主/从（Master/Slave）方式，主机端发出数据请求消息，从机端接收到正确消息后就可以发送数据到主机端以响应请求；主机端也可以直接发消息修改从机端的数据，实现双向读写。

　　Modbus 协议需要对数据进行校验，串行协议中除有奇偶校验外，ASCII 模式采用纵向冗余检验（LRC），RTU 模式采用 16 位循环冗余校验（CRC），但 TCP 模式没有额外规定校验，因为 TCP 是一个面向链接的可靠协议。另外，Modbus 采用主从方式定时收发数据，在实际使用中如果某从机站点断开（如故障或关机），主机端可以诊断出来，而当故障修复后，网络又可自动接通。因此，Modbus 协议的可靠性较好。

　　9. 计算机网络的传输媒体

　　传输媒体就是将发送端（信源）和接收端（信宿）的计算机或其他数字化设备连接起来，实现通信的物理通路。其大致可分为导向型媒体（该种媒体引导信号的传播方向，如双绞线、同轴电缆、光纤等）和非导向媒体（该种媒体一般通过空气传播信号，不为信号引导传播的方向，如地面微波通信、卫星通信等）。

　　（1）双绞线　双绞线（TwistedPair）是一种广泛使用而且价廉的传输媒体。它由两根相互绝缘的、有规则的导线（铜线或镀铜的钢线）按照螺旋状绞合在一起，该种结构能一定程度地减少线对之间的电磁干扰和外部噪声干扰，其中一对线对起到一条通信链路的作用。在实际应用中，通常将许多对双绞线捆扎在一起，封装在能起保护作用的坚韧护套内，构成双绞线电缆。双绞线电缆又分为屏蔽型（STP）和非屏蔽型（UTP）。屏蔽型双绞线电缆采用金属网或金属包皮包裹双绞线，抗干扰力强，数据传输速率高，但价格较贵且需要配置相应的连接器；非屏蔽型双绞线电缆相对直径小，使用方便灵活且价廉，但易受干扰，安全性差。非屏蔽型双绞线电缆如图 8-26 所示。

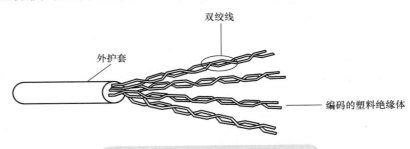

图 8-26　非屏蔽型双绞线电缆的结构

　　双绞线可以用来传输模拟信号和数字信号。对于传输模拟信号，每 5 ~ 6km 就需要使用放大器；对于传输数字信号，每 2 ~ 3km 就需要使用转发器。使用调制解调器（Modem）可实现在模拟信道上传输数字信号。

　　双绞线经常用于建筑物内的局域网中，实现计算机之间的通信，数据传输速率可达到 1000Mbit/s，适于点对点和广播式网络，比同轴电缆、光纤便宜。

　　（2）同轴电缆　同轴电缆（Coaxial Cable）是局域网过去广泛使用的传输媒体，现在应用较少。它由内、外导体组成：内层导体（单股实心线或绞合线，材质一般为铜）位于外层导体的中轴上，被一层绝缘体包裹着；外层导体是金属网或金属包皮，同样被另一层绝缘体包裹着。同轴电缆的最外层是能够起保护作用的塑料外皮。同轴电缆的结构如图 8-27 所示。

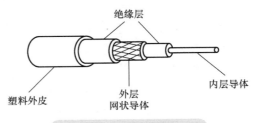

图 8-27　同轴电缆的结构

同轴电缆同样既可传输模拟信号又可传输数字信号。它分为 50Ω 电缆和 75Ω 两类。50Ω 电缆又称基带同轴电缆或细缆（ϕ=5mm），专用于数字信号的传送，数据传输速率可达 10Mbit/s，主要用于以太网，能够支持网段 185m。75Ω 电缆又称宽带同轴电缆或粗缆（ϕ=10mm），可以传送模拟信号和数字信号，能够支持网段 500m。同轴电缆可用于点对点或多点配置，抗干扰性能优于双绞线（对于较高频率而言），成本介于双绞线和光纤之间。

（3）光纤 光纤（Fiber）是一种能够传输光信号的纤细柔软媒体，其最内层的纤芯是一种截面积很小、质地脆、易断裂的光导纤维，直径 ϕ=2～125μm，材质为玻璃或塑料。纤芯的外层裹有一个包层，它由折射率比纤芯小的材料制成。正是由于纤芯与包层之间存在折射率的差异，光信号才得以通过全反射在纤芯中不断地向前传播。在光纤的最外层则是起保护作用的护套，它使得纤芯和包层免受温湿度的变化、弯曲、擦伤等带来的危害。光纤的结构如图 8-28 所示。一般情况下，多根光纤被扎成束并裹以保护层，制成多芯光缆。

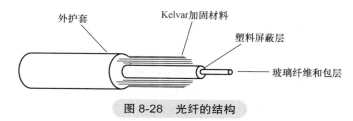

图 8-28 光纤的结构

根据传输模式不同，光纤分为多模（Multimode）光纤和单模（Single mode）光纤。在多模光纤中，存在多条光的传播路径，每条传播路径长度不同，导致同时发送的光线穿越光纤到达终点的时间不一样，一定程度地限制了数据传输速率，造成了还原信号的扭曲。在单模光纤中，由于纤芯半径降低到光的波长数量级，仅存在单条光的传播路径，即一条轴向光线才能通过的传播路径，使得同时发送的光线几乎同时到达终点，传输延时可被忽略，还原后的信号不易出现扭曲。因此，相对多模方式而言，单模方式有较优越的性能，但成本较高。

在光纤传输系统中，还应设置与光纤配套的光源发生器件和信号检测器件。目前最常见的光源发生器件是发光二极管（LED）和注入式激光二极管（ILD）。其中发光二极管是一种施加电流后能发光的固态元件；而注入式激光二极管是一种能通过被激发的量子电子效应，产生窄带超发光束的固态元件。LED 造价低、工作温度范围较宽、使用寿命长、传输距离短和数据传输速率低。而 ILD 则恰恰相反。

安装在接收端的信号检测器件是一种能将光信号转换成电信号的器件，光电二极管（PIN）是当前使用的光检测器件，一般用光的有、无表示"1""0"逻辑信号。

光纤与一般的导向型传输媒体相比，具有很多优点：

1）具有很大的带宽，很高的数据传输速率。

2）光纤信号衰减小，传输距离可达 1000km 以上，中继器的间隔较大。

3）光纤耐辐射，外界的电磁干扰对其无影响，而光束本身又不向外辐射信号，安全性好，适于长距离的信号传输。

此外，尚有地面微波通信、卫星微波通信、红外线传输等。

10. 计算机网络的互连设备

网络进行互联时，一般都要通过一个中间设备（即网络互连设备），而不能简单地直接用电缆进行连接。按照网络互连设备是对 OSI 参考模型的哪一层进行协议和功能的转换，可将其分为转发器、网桥、路由器和网关等。

（1）转发器　转发器（Repeater，包括中继器、集线器）是一种底层设备，作用在物理层。它将网段上的衰减信号进行放大、整形成为标准信号，然后将其转发到其他网段上。转发器形式简单、安装方便、价格低廉。它起到延长电缆的长度，扩展网段距离的作用。通过转发器连接的网络在物理上是同一个网络。但它在网段之间无隔离功能，规模有限（因为它对信号的传输有延迟作用，如以太网中最多连接 4 个转发器）。

（2）网桥　网桥（Bridge）作用在数据链路层。它在相同或不同的局域网之间存储、过滤和转发帧，提供数据链路层上的协议转换。网桥接收一个帧，检查其源地址和目标地址，若它们不在同一个网络段，网桥就将帧转发到另一个网络段。网桥具有互连方便、隔离流量、提高网络的可靠性及性能等功能，但存在不能决定最佳路径、不能完全隔离不必要的流量和错误信息的处理功能不强等缺点。

（3）路由器　路由器（Router）作用在网络层。提供网络层上的协议转换，在不同的网络之间存储、转发分组，用于连接多个逻辑上分开的网络（即单独的网络或一个子网）。它有适用于规模大的复杂网络、路由选择、安全性高、充分隔离不必要的流量和网络能力管理强等优点，但价格高，安装复杂。

（4）网关　网关（Gateway）又称作网间连接器、协议转换器，是针对高层协议（运输层以上）进行协议转换的网络之间的连接器，其通常表现形式为安装在路由器内部的软件。它分为运输层网关和应用层网关。运输层网关在运输层连接两个网络；应用层网关在应用层连接两个网络相应的应用程序。网关可以连接不同协议的网络，既可实现 LAN 互联，又可用于 WAN 互联。

8.2　分散控制系统

分散控制系统（DCS）是以多个微处理器为基础的，利用现代网络技术、现代控制技术、图形显示技术和冗余技术等实现对分散控制对象的调节、监视管理的控制技术。其特点是以分散的控制适应分散的控制对象，以集中的监视和操作达到掌握全局的目的。系统具有较高的稳定性、可靠性和可扩展性。

"分散控制系统"一词，是根据外国公司的产品名称意译而得的。由于产品生产厂家多，系统设计不尽相同，功能和特点不尽相同，所以对产品的命名也各具特色，称呼也不完全相同，常见的有以下 3 类：

1）分散控制系统（Distributed Control System，DCS）。

2）总体分散综合控制系统（Total Distributed Control System，TDCS）。

3）分布式计算机控制系统（Distributed Computer Control System，DCCS）。

8.2.1　分散控制系统的发展与演变

分散控制系统出现之前，暖通空调控制系统经历过手动控制、模拟仪表控制、计算机集中控制等几个发展阶段。

1. 手动控制

早期的暖通空调系统是没有自动控制的，当发现被控参数改变，需要调节时就用人工的方法去调节。如看到室内温度高了，就人为地关小蒸汽加热器进汽阀门；当看到室内温度低了，就开大阀门。这种控制只能适用于对被控参数精度要求不高的情况，是与当时较低的生产水平相适应的。

2. 模拟仪表控制

随着生产水平的提高，对暖通空调系统的精度提出了新的要求，同时电子技术的发展也达到了一定的水平，就出现了用电子器件（晶体管、电阻、电容）搭成的模拟调节器。这种调节器（控制器）与传感器和执行器配合，可以完成对某一控制回路的控制，这就是单回路模拟控制仪表。在此基础上，人们又研究出多回路模拟控制仪表和多种控制规律的模拟控制仪表，这个时期就是模拟仪表控制时期。对于一个暖通空调系统来说，被控参数不止一个，被控设备也不止一个，如既要控制温度又要控制湿度，既要控制加热器又要控制表冷器，同时还要控制加湿器等，用模拟仪表搭成的自动控制系统往往非常庞大而复杂，笨重而不经济。

3. 计算机集中控制

计算机的出现让人们眼前一亮，计算机惊人的计算速度让人们想到让计算机来代替模拟仪表完成复杂的过程控制，于是就出现了早期的计算机控制系统。早期的计算机控制系统是一种集中式控制系统，把几十上百个回路模拟控制器的工作集中到一台计算机上，利用计算机运算速度快的优点，在一台计算机上完成了上百台模拟控制器所要完成的工作，控制系统大大减小了体积，而且提高了响应速度，尝到了计算机控制的好处。但是，人们很快发现了新的问题，首先，一台计算机要完成几十甚至几百个回路的运算，很显然其危险性集中；其次，成百上千台变送器或传感器传来的信号都要连到计算机上，与模拟仪表连接的电缆一样多，显然系统还是过于笨重。一旦计算机坏了，系统就得瘫痪。于是人们又想到，工艺过程作为被控对象的各个部分都有相对独立性，是否可以把一个大系统分成若干个独立的小系统，再把在计算机控制系统中相对独立的部分分配到数台计算机中去，把原来由一台计算机完成的运算任务由几台或几十台计算机（控制器）去完成呢？即所谓"狼群代替老虎"的战术，这就是分散控制最初的想法。这种想法虽好，但是在计算机昂贵的早期，这种想法是难以实现的。

4. 分散控制

20世纪80年代以后微型计算机的出现，特别是微处理器（单片机）的大量使用，给以上想法提供了可能，人们开始用微处理器制作廉价的控制器来代替原来的计算机，除了系统的显示、设定、数据存储、报表打印以及管理通信等比较复杂的任务选用高档一些的计算机（台式机）来完成以外，控制部分全部由若干台带微处理器的控制器来完成。由于微处理器技术的提高，用这种微处理器为主要元件制作的控制器，在性能上完全达到原来控制用计算机的水平，而且体积小、安装方便、经济耐用，这就是分散控制系统的出现和演变过程。

8.2.2　分散控制系统的结构组成

DCS从结构上可以分为三大部分：带I/O接口的控制器、通信网络和人机界面（HMI）。由I/O接口通过端子板直接与生产过程相连，读取传感器测得的信号。I/O接口有几种不同的类型，有模拟量，也有数字量，每一种I/O接口都有相应的端子板；通信网络分为现场通信网络和局域网两部分，现场通信网络负责各个局部控制器与监控计算机之间的联络，局域网负责监控计算机与管理计算机之间的联络，目前，局域网都有与外网（Internet）联络的接口；人机界面（HMI）用于控制系统的显示、设定、打印等功能。

从系统的功能角度上看，分散控制系统是一个多功能分级控制系统的结构体系，分散控制系统按功能可以划分为经营管理、生产管理、过程管理（监督控制）、直接控制4个层次级，其结构如图8-29所示。

分散控制系统也可以认为由分散过程控制级、集中操作监控级和综合信息管理级组成，其原理框图如图 8-30 所示。

图 8-29　分散控制系统结构图

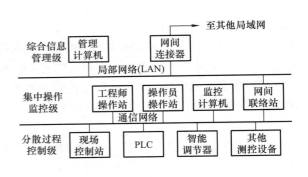

图 8-30　分散控制系统的原理框图

图 8-29 中各级的基本功能如下：

1. 直接控制级

直接与现场各类装置（如变送器、PLC、执行器等）相连，对现场过程进行监测、控制，同时还向上与过程管理级计算机相连，接收过程管理级的管理信息，并向上传递过程实时数据。功能包括数据采集、过程控制、设备检测、系统测试与诊断、实施安全性及冗余措施。

2. 过程管理级

主要包括监控计算机、操作员站、工程师站等，综合监视过程的所有信息，集中显示操作，并对回路进行组态，修改参数及优化等。功能包括综合显示、操作指导、集中操作、自适应控制、优化控制和存档功能。

3. 生产管理级

根据各工艺系统的特点，协调各系统参数的整定，是整个工艺系统的协调者和控制者。功能包括制订生产计划、实施生产调度、协调生产运行；安排设备检修、组织备品备件；收集生产信息、监督生产工况、调整生产策略。

4. 经营管理级

这一级属于中央计算机与办公室自动化连接起来，实现全厂生产自动化和办公室自动化的集中统一，担负全厂的协调管理任务，包括各类经营活动、人事管理等。功能包括工程技术、经济经营管理、人事管理和财务管理等。

应该说明，现代先进的分散控制系统皆可实现上述各层的功能，但对某一具体的应用系统来说，并非全部具有上述 4 层功能。大多数应用系统，目前只配置和发挥到第 1 层和第 2 层中小规模上（目前暖通空调自动控制系统大都如此），少数应用系统使用到第 3 层功能，只在大规模的综合控制系统中才应用到全部 4 层功能。分散控制系统的层次结构是其功能垂直分解的结果，反映出系统功能的纵向分散，意味着不同层次所对应的设备有着不同的功能、不同的任务和不同的控制范围。对于每一层次，又可将其划分成若干个子集，即进行所谓的水平分解。水平分解反映了系统功能的横向分散，意味着某一功能的实现，是由若干个功能子集和子系统自主工作、相互支持、共同完成的。分散控制系统这种金字塔式的分级递阶结构，体现了大系统理论的分解与综合的思想，将分散控制、集中管理有机地统一起来。

8.2.3 分散控制系统的硬件

分散控制系统的硬件包括现场控制设备、人机接口设备和网络通信设备三类。

1. 现场控制设备

在分散控制系统中，现场控制设备（过程控制单元）是最基层（直接控制级）的自动化设备，它接收来自现场的各种检测仪表（如各种传感器和变送器）传送的过程信号，对过程信号进行实时的数据采集、噪声滤除、补偿运算、非线性校正和标度变换等处理，并可按要求进行累积量的计算、上下限报警以及测量值和报警值向通信网络的传输。同时，它也用来接收上层通信网络传来的控制指令，并根据过程控制的要求进行控制运算，输出驱动现场执行机构的各种控制信号，实现对生产过程的数字直接控制，满足生产中连续控制、逻辑控制、顺序控制等的需要。现场控制设备还具有接收各种手动操作信号，实现手动操作的功能。

在分散控制系统的应用中，用于过程控制级的设备有两类：一是分散控制系统自身的"现场控制单元"（现场控制器）；二是可纳入分散系统中应用的其他独立产品——可编程调节器、可编程逻辑控制器（PLC）等。

（1）现场控制单元　现场控制单元是指分散控制系统中与现场关系最密切、最靠近生产现场的控制装置。不同的分散控制系统生产厂家，对自己系统中的过程控制设备取有独特的名称，如基本控制器（Basic Controller）、多功能控制器（Multifunction Controller）、暖通空调控制器和变风量控制器等。

不同厂家的现场控制单元所采用的结构形式大致相同。概括地说，现场控制单元是一个以微处理器为核心的、按功能要求组合的各种电子模件的集合体，并配以机柜和电源等形成的一个相对独立的控制装置。

（2）可编程调节器　这是一种早期的数字调节器，外表类似一般盘装仪表的数字化过程控制装置，是由微处理器、RAM、ROM、模拟量和数字量通道、电源等基本部分组成的一个时间分享的微型调节装置。这种调节器的生产厂家和品种较多，仅就控制回路的能力而言，有单回路、双回路、四回路、八回路等形式，目前用得不是很多。

（3）可编程逻辑控制器（PLC）　可编程逻辑控制器（PLC）也是一种以微处理器为核心、具有存储记忆功能的数字化控制装置。它的最大特点是提供了开关量输入、输出通道，可以通过预先编制好的程序来实现时间顺序控制或逻辑顺序控制，以取代以往复杂的继电器控制装置。目前，各厂家生产的 PLC 均已标准化、模块化、系列化。PLC 中的一个 I/O 模块通常可输入或输出 16 ~ 64 个点。用户可根据需要灵活选配模块，构成不同规模的 PLC。

新型的 PLC 还提供了模拟量输入、输出通道和 PID 等控制算法，可以实现连续过程的控制。PLC 一般设有异步通信接口（RS232 或 RS422），它可以按独立控制站的形式直接与分散控制系统的操作员站（上位机）交换信息。

可编程逻辑控制器以其不断增强的功能和自身的高可靠性，在分散控制系统的过程控制中得到了日益广泛的应用。它的应用可使整个控制系统的功能和结构进一步得到分散，使分散控制系统更具有活力。

2. 现场控制单元（DCS控制站）的结构组成

现场控制单元是面向过程、可独立运行的通用型计算机测控设备。尽管不同厂家生产的现场控制单元在结构尺寸、输入和输出的点数、控制回路数目、采用的微处理器、设计的模件、实现的控制算法等各方面有所不同，但它们均是由机柜、电源、I/O 通道模件、以微处理器为核心的控制模件等部分组成。

（1）机柜 现场控制单元的机柜一般是用金属材料（如钢板）制成的立式柜。柜内装有机架，供安装电源和各种模件之用，电源通常放在最上层或最下层，柜内所配置的各种模件可以横向排列也可以纵向排列，随系统而异。有的柜内装有多层机架，可以安装多个模件。

为保证柜内电子设备具有良好的电磁屏蔽，柜与柜门之间采用电气连接，而且机柜接地，接地电阻小于 40Ω，以保证设备的正常工作和人身安全。

（2）电源 分散控制系统的电源包括交流电源和直流电源两大部分，不论是何种电源，都必须保证其一定的电压等级和稳定性。

1）交流电源稳定措施。每一现场控制单元均采用两路单相交流电源互为备用；采用交流电子调压器，保证电压稳定；供电系统采用正确、合理的接地方式，防止干扰；电源应远离经常开、关的大功率用电设备；对控制过程连续性要求高的单元，应采用一路不间断电源设备（UPS）。

2）直流电源电压等级及形式。不同厂家的现场控制单元内部模件的供电均采用直流电源，但对直流电源的等级要求不一，常见的有 +5V、+12V、-12V、+15V、-15V、+24V，现场控制单元内部必须具备直流稳压电源，以进行电压转换。稳压电源的形式有以下 3 种：集中的直流稳压器；主、从稳压电源；分立的直流稳压电源。

（3）I/O 通道模件 I/O 通道模件是为分散控制系统的各种输入/输出信号提供信息通道的专用接口板，它的基本作用是对现场信号进行采样、转化，并处理成微处理器能接收的标准数字信号，或将微处理器的运算输出转换、还原成模拟量或开关量信号，控制执行机构。因此，I/O 通道模件是联系现场与微处理器的桥梁和纽带。

I/O 通道模件的类型有模拟量输入（AI）模件、模拟量输出（AO）模件、开关量输入（DI）模件、开关量输出（DO）模件、脉冲量输入（PI）模件。

1）模拟量输入（AI）模件。模拟量输入模件接收现场变送器的输出，并转换为计算机可以接收的数字信号，输入模件可以接收的信号类型有以下几类：电流信号（来自各种变送器的 4～20mA 或 0～10mA 电流信号）、毫伏级电压信号（来自热电偶、热电阻或应变传感器，-100～100mV 或 12～80mV 电压信号）、常规直流电压信号（来自各种可输出直流电压的过程设备，0～5V、0～10V、-10～10V 的电压信号）。

AI 通道主要有以下硬件：信号端子板（用来连接输送现场模拟信号的电缆）、信号调理器（对每路模拟输入信号进行滤波、隔离、放大、开路检测等综合处理）、A/D 转换器（接收多路模拟输入及参考输入，由多路切换开关根据 CPU 指令选择输入并将其转换为数字量）。

智能化 AI 模件采用了微处理器，其功能得到扩展，可通过便携式编程器调整其运行软件去适应现场条件，可进行非线性补偿等。

2）模拟量输出（AO）模件。模拟量输出模件将计算机输出的数字信号转换成外部过程控制仪表能接收的模拟信号，用来驱动执行器或为控制器提供给定值或为显示记录仪表提供信号。

输出信号的类型有以下两种：电压信号（DC0/1/2～5V，DC0/2~10V 等）、电流信号（DC4～20mA 或 DC0～10mA 等）。

AO 通道通常有两种结构形式，一种是每路通道都设置独立的 D/A 转换器，为常用形式；另一种是各路信号采用一个共用的 D/A 转换器。

AO 通道的硬件组成包括以下几类：输出端子板（连接现场控制信号电缆与 AO 模件）、输出驱动器（用来实现功率放大）、D/A 转换器（将数字信号转换成模拟信号）、多路切换开关（周期性分时选通各路信号）、数据保持寄存器（保持各路数字信号以便转换）、输出控制器（实现 AO 模件输入信号选择及切换开关控制）。

3）开关量输入（DI）模件。开关量输入（DI）模件的功能是根据监测和控制需要，将生产过程中的各种开关量信号转换为计算机可识别的信号形式。其输入信号的类型一般为电压信号，常见的有：DC5V、DC12V、DC24V、DC48V、DC120V等。

DI模件的硬件组成有以下几类：端子板（连接传送开关量的电缆，接收开关量输入）、保护电路（限制各路输入信号大小，实现过电流、过电压保护）、隔离电路、信号处理器、数字缓冲器、控制器、地址开关与译码器、四D指示器等。

4）开关量输出（DO）模件。开关量输出（DO）模件的功能是将计算机输出的开关量信息转换为能对生产过程进行控制或状态显示的开关量信号，以控制现场设备的状态。其输出信号的类型有电压和电流形式，等级为：DC20V（16mA、10mA）；DC24V（250mA）等。

DO模件的硬件组成有端子板、输出电路、输出寄存器、控制电路、地址开关与地址译码器、LED指示器等。

（4）数字控制器　数字控制器是现场控制单元的核心，是I/O模件的上一级智能化单元。它通过现场控制单元的内部总线与各种I/O模件交换信息，实现现场的数据采集、存储、运算和控制等功能。数字控制器由CPU、存储器（RAM、ROM）、总线、通信接口等组成。现场控制单元的内部结构如图8-31所示。从内部机构看，现场控制单元由中央处理器（CPU）、存储器、输入/输出（I/O）通道、通信接口及其他电路组成。

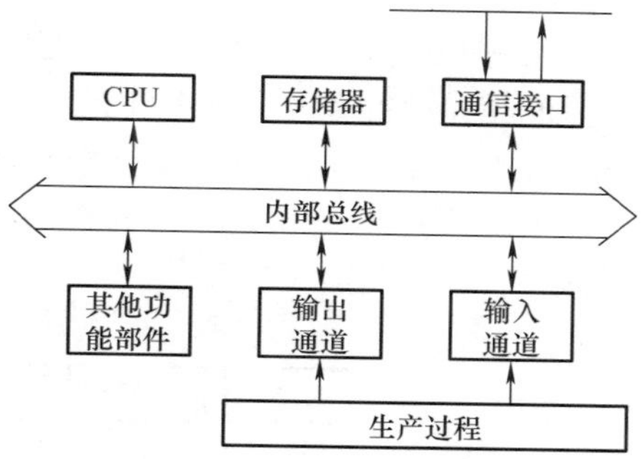

1）CPU：是基本控制器的核心部件，按预定的周期和程序对相应的信息进行运算处理并对控制器内部部件进行操作控制和故障诊断，常采用冗余配置。

2）存储器：有程序存储器和工作存储器两种。

图8-31　现场控制单元的内部结构图

程序存储器（ROM）存放标准算法程序、管理程序、自诊断程序及用户组态方案等。工作存储器（RAM、EPROM）既是基本控制器的数据库又是系统分散数据库的一部分，用于存放现场信号、设定值、中间运算结果等通信接口，主要包括并行数据输入/输出端口、串行数据接收/发送端口、接口控制电路等。

3）输入/输出通道：实现基本控制器与工艺过程之间的接口功能，包括模拟量与开关量输入/输出通道两种。

3. 人机接口设备

人机接口设备是人与系统互通信息、交互作用的设备，在生产过程高度自动化的今天，仍需要运行（操作）人员对生产过程、设备状态进行监视、判断、分析、决策和某些干预，特别是生产过程发生故障时更是如此。运行（操作）人员的决策依赖于生产过程的大量信息，运行人员的干预又是通过控制信息的传递作用于生产过程的，人机接口设备正是承担这种信息相互传递任务的装置。

人机接口设备包括输入设备和输出设备，输入设备用来接收运行（操作）人员的各种操作控制命令；输出设备用来向运行、管理人员提供生产过程和设备状态的有关信息。分散控制系统的人机接口设备一般有两种形式，一种是以CRT为基础的显示操作站，从它的功能上看又可划分为操作员接口站（Operator Interface Station，OIS）、工程师工作站（Engineering Work Station，EWS）等；另一种是具有显示操作的功能仪表。

（1）操作员接口站（OIS）　操作员接口站是一个集中的操作员工作台，它设置在中控室内，是运行（操作）人员与生产过程之间的一个交互窗口。在暖通空调系统的工作过程中，需要监视和收集的信息量很大，要求控制的对象众多。例如，一栋大楼里的空调系统，需要监控的测点信息达 200 ~ 300 点，如果再加上冷热水系统，其测点数目将更多，可达 400 ~ 500 点。为了能使运行（操作）人员方便地了解各种工况下的运行参数，及时掌握设备操作信息和系统故障信息，准确无误地做出操作决策，提供一种现代化的监控工具是十分必要的。为此，分散控制系统产品，普遍设立了以 CRT（或液晶屏）为基础的操作员接口站，它把系统的绝大多数显示和操作内容集中在 CRT 的不同画面和操作键盘上，从而使运行（操作）人员的控制台盘体积、人工监视面大大减少，且对系统的操作也更为方便。

操作员接口站的基本功能包括以下几方面：收集各现场控制单元的过程信息，建立数据库；自动检测和控制整个系统的工作状态；在 CRT 上进行各种显示，如总貌、分组、回路、细目、报警、趋势、报表、系统状态、过程状态、生产状态、模拟流程、特殊数据、历史数据、统计结果等各种参数和画面的显示以及用户自定义显示；进行生产记录、统计报表、操作信息、状态信息、报警信息、历史数据、过程趋势等的制表打印或曲线打印以及 CRT 的屏幕复制；进行在线变量计算、控制方式切换，实现 DDC、逻辑控制和设定值指导控制等；利用在线数据库进行生产效率、能源消耗、设备寿命、成本核算等综合计算，实现生产过程管理；具有磁盘操作、数据库组织、显示格式编辑、程序诊断处理等在线辅助功能。

OIS 在结构上就是一台高档的计算机（服务器），以及外设和操作台等，其组成如图 8-32 所示。

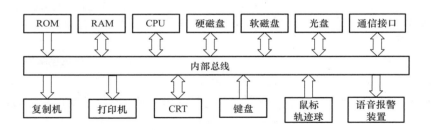

图 8-32 操作员接口站（OIS）的组成

操作员接口站是运行（操作）人员进行生产过程监视和运行操作的设备。其操作台既是固定和保护计算机和各种外设的设施，又是运行（操作）人员工作的台面。因此，操作台的设计既要满足设备固定和保护的要求，又必须为运行（操作）人员提供工作的便利和舒适的条件，其高度和倾斜尺寸应适合于运行（操作）人员的长期工作。其显示设备（CRT 或液晶屏）屏幕的角度应避免控制室照明的反光，以利于运行（操作）人员监视。另一方面，由于该操作台置于中控室中，其外观设计应美观、大方，以保持工作环境的优雅。

图 8-33 示出了两种典型操作台形式，一种为桌式操作台，该操作台呈桌子式样，桌台面上放置显示器、操作键盘、鼠标等，而计算机系统及其电源系统置于桌面下方机柜内；另一种为集成式操作台，该操作台将 CRT 显示器、微处理器系统及其电源系统等集成一体，其整体感强；通常，操作台由金属的骨架和板材制作。

以上的操作台没有考虑放置打印机等外设的位置，这是基于控制室的整体布局和利于操作管理的设计思想，将打印机等有关外设置于专用的台架上，这些外设通过电缆或网线与操作台交换信息。

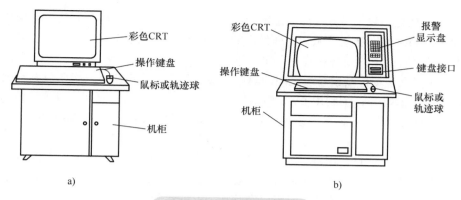

图 8-33　典型操作台形式

a）桌式操作台　b）集成式操作台

（2）工程师工作站（EWS）　在一个自动化系统的设计、安装、调试过程中，系统工程师们要做大量的工作，例如：系统所有组件的选定、组件的安装与接线、系统的构成与组态、系统的检查与试验、故障的分析与处理、文档（如图样、表格、文件等）的编制与修改等。这些工作在以前全靠手工来完成，计算机分散控制系统的出现，在很大程度上简化了控制系统的实现过程，可以以微处理器为基础的通用模件，减少控制系统中的一些专用硬件；通信网络交换信息，减少模件之间的硬接线；功能块组态图或面向问题的语言描述控制系统的连接关系，减少硬件接线图的绘制；以 CRT 为基础的控制操作台，减少监视、记录、报警和操作仪表，简化控制盘面。所有这些都明显地减少了实现控制系统的工作量。尽管如此，一个分散控制系统从现场安装到投入运行，仍有不少工作要做。为了方便工程师们的工作，分散控制系统中设有一种专用设备——工程师工作站（EWS）。

EWS 是一个硬件和软件一体化的设备，是分散控制系统中的一个重要人机接口，是专门用于系统设计、开发、组态、调试、维护和监视的工具，是系统工程师的中心工作站。EWS 的主要功能包括以下方面：

1）系统组态功能。该功能用来确定硬件组态和连接关系，以及控制逻辑和控制算法等。其基本组态任务如下几点：①确定系统中每一个输入、输出点的地址，如确定它们在通信系统中的机柜号、模件号、点号，以便系统准确识别每一个输入、输出点；②建立（或修改）测点的编号及说明字，确定编号及说明字与硬件地址之间的一一对应关系，即标明每一个测点在系统中的唯一身份，以便通过编号及说明字（而不必通过硬件地址）来识别每个测点，从而避免出现数据传输上的混乱；③确定系统中每一个输入测点和某些输出的信号处理方式，如输入信号的零点迁移、量程范围、线性化、量纲变换和函数转换；④对调节机构进行非线性校正输出；⑤利用 EWS 内的组态软件进行系统控制逻辑的在线或离线组态，或利用面向问题的语言和标准软件，开发、管理、修改系统其他工作站的应用软件；⑥选择控制算法，调整控制参数，设置报警限值，定义某些测点的辅助功能（如打印记录、趋势记录、历史数据存储与检索等）；⑦建立系统中各个设备之间的通信联系，实现控制方案中的数据传输、网络通信系统调试，以及将组态或应用软件下载到各个目标站点上去等。

上述组态信息输进系统且进行正确性检查之后，以数据库的形式全部存储到系统设置的大容量存储器中。EWS 的系统组态功能在无须增设其他系统硬件的情况下，工程师可方便地进行分散控制系统的组态，而当系统投运后，还可支持系统的维护。

2）OIS 组态功能。除了对分散控制系统的控制功能进行组态外,工程师还要对操作员接口进行组态,EWS 的 OIS 组态功能正是为此而设立的。OIS 组态功能包括以下 4 类:①选择确定系统运行时操作员接口所使用的设备和装置,如操作、显示、报警、存储等设备;②建立操作员接口与其相关设备(包括现场控制设备)之间的对应关系,如用编号说明字、指明设备和画面、为测点选择合适的工程单位等;③利用 EWS 提供的标准软件,对监视、记录等所需的数据库、CRT 监控图形和显示面进行设计与组态;④组织与形成 OIS 的 CRT 显示画面是 EWS 中的一个重要内容。

3）在线监控功能。EWS 一般具有 OIS 的全部功能。处于在线工作时,作为一个独立的网络节点,能够与网络互换信息。因此,在相关软件的支持下,具有以下功能:①像 OIS 一样,在线监视和了解机组当前的运行情况(量值或状态);②利用存储设备内的数据,在 CRT 上进行趋势在线显示;③按环路、页在线显示应用程序及其当前的参数和状态;④提供在线调整功能,使 EWS 具有及时调整生产过程的能力。

4）文件编制功能。工业过程控制系统的硬件组态图、功能逻辑图的编制,是一项艰巨、复杂、费力费时的工作,在常规控制系统中,这些工作几乎全部由人工完成,但在分散控制系统中,EWS 的设立大大改善了这种局面。一般而言有以下情况:① EWS 具有支持表格数据和图形数据两种格式的文件系统(数据格式是可变的,以满足各种用户的不同要求);② EWS 具有支持工程设计文件建立和修改的文件处理功能;③ EWS 具有 CRT 复制和支持文件编制的硬件设备(如打印机、彩色复印机),可以输出所感兴趣的文档资料。

工程师通过利用 EWS 的文件处理系统、输入和存储的大量组态信息以及硬复制设备,可方便地实现系统众多文件的自动编制和必要的修改功能。

5）故障诊断功能。在分散控制系统中,EWS 是系统调试、查错和故障诊断的重要设备之一。分散控制系统中的大多数装置都是以微处理器为基础的,利用这些装置的"智能化"特点,可以实现以下功能:①自动识别系统中包括电源、模件、传感器、通信设备在内的任何一个设备的故障;②确定某设备的局部故障,以及故障的类型和故障的严重性;③在系统处于启动前检查或在线运行时,能快速处理查错信息。

分散控制系统的故障诊断功能为及时发现系统故障、准确确定故障位置和类型,以便寻找最好的解决方法,迅速排除系统故障,提供了有力的工具。应该指出,此处讨论的故障诊断是指控制系统的故障诊断,并非是过程设备的故障诊断。过程设备的故障诊断现已成为一项相对独立的重要工作,在很大程度上取决于对过程设备的构造、特性和运动规律等的了解,而不取决于分散控制系统本身。

8.2.4　分散控制系统的软件

分散控制系统的硬件是物质基础,而分散控制系统的软件是其灵魂,是人的思维与意识在控制装置中的具体体现,其软件虽各具特点,但也有许多共同之处。

1. 分散控制系统软件的分类

(1) 按功能分　分散控制系统的软件按功能可分为系统软件和应用软件。

1）系统软件。一般由计算机设计人员研制,由厂商提供,与应用对象无关的、面向计算机或面向应用服务的、专门用来管理计算机的、具有通用性的程序,称为系统软件,其中包括以下几方面:①语言处理程序,主要为操作系统、数据库系统、系统诊断程序、连接程序、调试程序等;②应用服务软件,包括各种组态软件、算法库软件、图符库软件、用户操作键定义软件等;③网络通信软件。

2）应用软件。根据用户需要解决的实际问题而编制的有一定针对性的程序，是面向用户、在操作系统下在线运行并直接控制生产过程的程序。应用软件主要有输入/输出程序、数据处理程序、过程控制程序、人机接口程序，以及显示、打印、报警程序等。

（2）按对应硬件分类

1）现场控制软件：对应于现场控制单元。

2）工作站软件：对应于操作员接口站、工程师工作站、观察站、历史站、记录站等。

3）网络通信软件：对应于计算机通信接口、控制设备的通信接口、网络匹配器和通信网络等。

2. 数据结构和实时数据库

（1）数据结构　为了便于数据的查找和修改，计算机必须按照一定的规则来组织数据，使之彼此相关，这种数据间存在的逻辑关系称为数据结构。

（2）实时数据库　数据结构与相关数据信息的集合称为数据库，若数据库中的数据信息为实时信息，则为实时数据库。

（3）现场控制单元的数据结构　各种DCS现场控制单元的实时数据库结构各具特色，一般通用的实时数据库应包括系统中采集点、控制算法结构、计算中间变量点、输出控制点等有关信息，即点索引号、点字符名称、说明信息、报警管理信息、显示用信息、转换用信息、计算用信息。每一点的信息构成一条"记录"，称"点记录"。

3. 过程控制软件

过程控制软件是通过组态方式，在内部标准子程序库和分散数据库的支持下，由相应的组态工具软件生成的。标准子程序库提供功能块和管理程序（操作系统）；分散数据库则提供构成软件所必需的实时动态信息，包括数据信息、状态信息、连接信息等。根据生产过程控制的要求，利用控制算法库提供的控制模块，在工程师工作站生成所需的控制规律，然后将其下装到现场控制单元中。其中，基本控制器的算法又是制造厂家为了满足用户需要，将可能用到的各种算法设计成标准化、模块化的子程序，这些子程序称为标准算法模块或功能块，简称算法。

4. 操作员/工程师站软件

各操作站点的软件是庞大的，一般分散控制系统提供的系统软件由实时多任务操作系统、编程语言及应用服务软件（组态工具）等组成。

（1）实时多任务操作系统　操作系统是裸机与用户之间的界面，是用于计算机系统自身控制和管理的一种程序集合。常见的操作系统有DOS、UNIX、Windows系列，其功能为任务管理、设备管理、存储管理和文件管理。

（2）编程语言　编程语言主要有面向机器的语言、面向问题的语言、面向过程的语言、梯形图逻辑语言等。

1）面向机器的语言。该语言是为特定的或某一类计算机专门设计的编程语言，其中包括以下两类：机器码，又称机器语言，用计算机能直接执行的代码为指令来编程；汇编语言，是一种以助记符为指令的编程语言，其语句与机器码之间有一一对应关系，计算机可将汇编语言翻译成机器码执行。

2）面向问题的语言。该语言是一种专门为解决某一方面问题而设计的独立于计算机的程序语言，接近于人们的习惯语言与数学表达，如FORTRAN语言、BASIC语言、PASCAL语言、C语言等。

3）面向过程的语言。该语言面对生产过程控制的应用需求，运用面向机器或面向问题的研究开发的，可按人们的常规思维和语言方式对生产过程进行直接描述的一种语言。面向过程的语言在分散控制系统中通常被称为"组态软件"。

4）梯形图逻辑语言（Ladder Logic Programming Language，LAD）。这是 PLC 使用得最多的图形编程语言，被称为 PLC 的第一编程语言。梯形图语言沿袭了继电器控制电路的形式，梯形图是在常用的继电器与接触器逻辑控制基础上简化了符号演变而来的，具有形象、直观、实用等特点，电气技术人员容易接受，是目前运用上最多的一种 PLC 编程语言。

8.3　现场总线和工业以太网技术

计算机控制技术应用于暖通空调系统以来，给暖通空调系统带来了革命性的变化，不但提高了系统的控制精度，方便了管理，而且降低了系统的能源消耗。随着电子技术特别是通信技术和网络技术的飞速发展，暖通空调计算机控制系统也得到了快速的发展，一些新技术正在逐步应用，其中现场总线技术和工业以太网技术已经得到了较多的应用，本节对这两种技术做一简要介绍。

8.3.1　现场总线技术

1. 现场总线技术诞生的背景

计算机分散控制系统（DCS）在现场级，仍然广泛使用模拟仪表系统中的传感器、变送器和执行机构。其信号传送一般采用 4 ~ 20mA 的电流信号形式，一个变送器或执行机构需要一对传输线来单向传送一个模拟信号。这种传输方法使用的导线多，现场安装及调试的工作量大，投资高，传输精度和抗干扰能力较低，不便维护。监控室的工作人员无法了解现场仪表的实际情况，不能对其进行参数调整和故障诊断，所以处于最底层的模拟变送器和执行机构成了计算机控制系统中最薄弱的环节，即所谓 DCS 的发展瓶颈。现场总线技术（Fieldbus Control System，FCS）正是在这种情况下应运而生的。

2. 现场总线技术及其特点

（1）什么是现场总线　现场总线技术是在 20 世纪 80 年代后期发展起来的一种先进的现场工业控制技术，它综合了数字通信技术、计算机技术、自动控制技术、网络技术和智能仪表等多种技术手段，从根本上突破了传统的"点对点"式的模拟信号或数字 - 模拟信号控制的局限性，构成一种全分散、全数字化、智能、双向、互联、多变量、多接点的通信与控制系统。现场总线是连接智能现场设备和自动化系统的数字式、双向传输、多分支结构的通信网络，其基础是智能仪表；分散在各个工业现场的智能仪表通过数字现场总线连为一体，并与控制室中的控制器和监视器一起共同构成现场总线控制系统（FCS）。通过遵循一定的国际标准，可以将不同厂商的现场总线产品集成在同一套 FCS 中，具有互换性和互操作性。FCS 把传统 DCS 的控制功能进一步下放到现场智能仪表，由现场智能仪表完成数据采集、数据处理、控制运算和数据输出等功能。现场仪表的数据（包括采集的数据和诊断数据）通过现场总线传到控制室的控制设备上，控制室的控制设备用来监视各个现场仪表的运行状态，保存各智能仪表上传的数据，同时完成少量现场仪表无法完成的高级控制功能。另外，FCS 还可通过网关和上级管理网络相连，以便上级管理者掌握第一手资料，为决策提供依据。

（2）现场总线的特点　现场总线具有以下突出特点：

1）开放性。现场总线控制系统（FCS）采用公开化的通信协议，遵守同一通信标准的不同厂家的设备之间可以互联及实现信息交换。用户可以灵活选用不同厂家的现场总线产品来组成实际的控制系统，以达到最佳的系统集成。

2）互操作性。互操作性是指不同厂家的控制设备不仅可以互相通信，而且可以统一组态，实现统一的控制策略和"即插即用"，不同厂家的性能相同的设备可以互换。

3）灵活的网络拓扑结构。现场总线控制系统可以根据复杂的现场情况组成不同的网络拓扑结构，如树形、星形、总线型和层次化网络结构等。

4）系统结构的高度分散性。现场设备本身属于智能化设备，具有独立自动控制的基本功能，从根本上改变了 DCS 的集中与分散相结合的体系结构，形成了一种全新的分布式控制系统，实现了控制功能的彻底分散，提高了控制系统的可靠性，简化了控制系统的结构。现场总线与上一级网络断开后仍可维持底层设备的独立正常运行，其智能程度大大加强。

5）现场设备的高度智能化。传统的 DCS 使用相对集中的控制站，其控制站由 CPU 单元和输入 / 输出单元等组成。现场总线控制系统则将 DCS 的控制站功能彻底分散到现场控制设备，仅靠现场总线设备就可以实现自动控制的基本功能，如数据采集与补偿、PID 运算和控制、设备自校验和自诊断等功能。系统操作人员可以在控制室实现远程监控，设定或调整现场设备的运行参数，还能借助现场设备的自诊断功能对故障进行定位和诊断。

6）对环境的高度适应性。现场总线是专为工业现场设计的，可以使用双绞线、同轴电缆、光缆、电力线和无线的方式来传送数据，具有很强的抗干扰能力。常用的数据传输线是廉价的双绞线，并允许现场设备利用数据通信线进行供电，还能满足安全防爆要求。

鉴于现场总线的优越性，很多生产厂商将现场总线技术引入 DCS 通信网络系统，图 8-34 所示为引入现场总线的 DCS 体系结构。

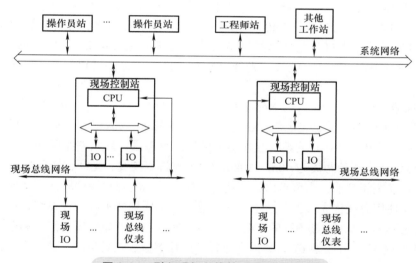

图 8-34 引入现场总线的 DCS 体系结构

近十几年来出现了多种有影响的现场总线，如基金会现场总线（FF）、LonWorks、PROFIBUS、CAN、HART 等，并得到了广泛的应用。下面予以简要介绍。

3. 主要现场总线简介

（1）基金会现场总线（Foundation Field-bus，FF） FF 以 ISO/OSI 开放系统互连参考模型为基础，取其物理层、数据链路层、应用层作为 FF 通信模型的相应层次，并在应用层上增加了用户层。用户层主要针对自动化领域的测控需要，定义了信息存取的统一规则，采用了设备描述语言规定了通用的功能块集。

　　FF 分低速 H1 和高速 H2 两种通信速率。低速的传输速率为 31.25kbit/s，通信距离为 200 ~ 1900m（取决于物理传输介质），每段节点数最多 32 个。高速的传输速率为 1.0Mbit/s 和 2.5Mbit/s，通信距离分别为 750m 和 500m，每段节点数最多 124 个，低速和高速通过网桥（Bridge）互连。FF 支持总线供电，物理传输介质为双绞线、同轴电缆、光纤和无线发射。

　　（2）局部操作网络（Local Operating Network，LonWorks）　LonWorks 是由美国 Echelon 公司在 1991 年推出的实时测控网络，并与摩托罗拉（Motorola）公司和东芝公司共同倡导的现场总线技术。它采用了 OSI 参考模型全部的 7 层协议结构。LonWorks 技术的核心是具备通信和控制功能的 Neuron 芯片。Neuron 芯片实现完整的 LonWorks 的 LonTalk 通信协议。其上集成有 3 个 8 位 CPU。一个 CPU 完成 OSI 模型第一和第二层的功能，称为介质访问处理器；一个 CPU 是应用处理器，运行操作系统与用户代码；还有一个 CPU 为网络处理器，作为前两者的中介，它进行网络变量寻址、更新、路径选择、网络通信管理等。由神经芯片构成的节点之间可以进行对等通信。LonWorks 支持多种物理介质并支持多种拓扑结构，组网方式灵活。其最大优点是完全的开放性、高可靠性和低成本，适合现场 DDC 的互操作。LonWorks 应用范围主要包括楼宇自动化、工业控制等，在组建分布式监控网络方面有较优越的性能。

　　（3）过程现场总线（Process Field Bus，PROFIBUS）　PROFIBUS 是符合德国国家标准 DIN19245 和欧洲标准 EN50179 的现场总线，包括 PROFIBUS-DP、PROFIBUS-FMS、PROFIBUS-PA 三部分。它也只采用了 OSI 参考模型的物理层、数据链路层、应用层。PROFIBUS 支持主从方式、纯主方式、多主多从通信方式。主站对总线具有控制权，主站间通过传递令牌来传递对总线的控制权。取得控制权的主站，可向从站发送、获取信息。PROFIBUS-DP 用于分散外设间的高速数据传输，适合于加工自动化领域。FMS 型适用于纺织、楼宇自动化、可编程控制器、低压开关等。而 PA 型则是用于过程自动化的总线类型。其通信速率为 9.6kbit/s ~ 12Mbit/s，通信距离为 100 ~ 1200m。PROFIBUS 支持双绞线、光纤以及总线供电，最多可以挂接 127 个站点（主站 + 从站）。

　　（4）控制局域网络（Control Area Network，CAN）　CAN 是由德国博世（Bosch）公司推出的，用于汽车内部的测控网络，其总线规范已成为 ISO 11898 标准。CAN 是一种对等式（Peer to Peer）的现场总线，采用了 ISO/OSI 开放系统互连参考模型的物理层、数据链路层和应用层。其通信速率为 5kbit/s ~ 1Mbit/s，通信距离为 40m ~ 10km。CAN 支持双绞线、光纤，最多可挂接 110 个节点。CAN 节点具有自动关闭功能，当节点出错严重时，能自动切断与总线的联系，从而不影响总线的正常工作。CAN 使用总线优先级仲裁技术，按节点类型不同划分不同的优先级，使得优先级高的节点不受影响地发送信息，满足不同的实时要求。CAN 的主要产品应用于汽车制造、公共交通车辆、机器人、液压系统、分散型 I/O，另外在电梯、医疗器械、工具机床、楼宇自动化等场合均有所应用。

　　（5）可寻址远程传感器高速通道（Highway Addressable Remote Transducer，HART）　HART 是由美国罗斯蒙特（Rosement）公司研制的模拟信号 / 数字信号混用的过渡性产品，它在 DC 4 ~ 20mA 的模拟信号上叠加 Bell202 标准的双频信号（1200Hz 和 2200Hz）实现了数字信号通信。可寻址远程传感器高速通道采用 ISO/OSI 开放系统互连参考模型的物理层、数据链路层和应用层，支持总线供电，本质安全。HART 使用双绞线，传输距离一般可达 1500m。

　　（6）计算机集成制造系统（Computer Integration Manufacture System，CIMS）　计算机集成制造系统不但承担着面向过程控制和优化的任务，而且基于获得的生产过程信息，完成整个生产过程的综合管理、指挥调度和经营管理，如图 8-35 所示。

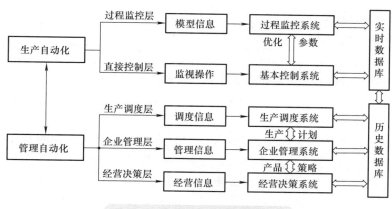

图 8-35　CIMS 控制系统原理图

4. FCS对计算机控制系统的影响

传统的计算机控制系统一般采用 DCS 结构。在 DCS 中，对现场信号需要进行点对点的连接，并且 I/O 端子与 PLC 或自动化仪表一起被放在控制柜中，而不是放在现场，这就需要敷设大量的信号传输电缆，布线复杂，既费料又费时，信号容易衰减并容易被干扰，而且又不便维护。DCS 一般由操作员站、控制站等组成，结构复杂，成本高，且不是开放系统，互操作性差，难以实现数据共享，而基于 PC 的 FCS 则完全克服了这些缺点。

在 FCS 中，借助于现场总线技术，所有的 I/O 模块均放在工业现场，而且所有的信号通过分布式智能 I/O 模块在现场被转换成标准数字信号，只需一根电缆就可把所有的现场子站连接起来，进而把现场信号非常简捷地传送到控制室监控设备上，既降低了成本，又便于安装和维护，同时，数字化的数据传输使系统具有很高的传输速度和很强的抗干扰能力。

（1）FCS 具有开放性　在 FCS 中，软件和硬件都遵从同样的标准，互换性好，更新换代容易。程序设计采用 IEC 61131-3 五种国际标准编程语言，编程和开发工具是完全开放的，同时还可以利用 PC 丰富的软硬件资源。

（2）提高系统的效率　在 FCS 中，一台 PC 可同时完成原来要用两台设备才能完成的 PLC 和 NC/CNC 任务。在多任务的 Windows NT 操作系统下，PC 中的软 PLC 可以同时执行多达十几个 PLC 任务，既提高了效率，又降低了成本，且 PC 上的 PLC 具有在线调试和仿真功能，极大地改善了编程环境。

在 FCS 中，系统的基本结构为：工控机或商用 PC、现场总线主站接口卡、现场总线输入/输出模块、PLC 或 NC/CNC（数控）实时多任务控制软件包、组态软件和应用软件。上位机的主要功能包括系统组态、数据库组态、历史库组态、图形组态、控制算法组态、数据报表组态、实时数据显示、历史数据显示、图形显示、参数列表、数据打印输出、数据输入及参数修改、控制运算调节、报警处理、故障处理、通信控制和人机接口等各个方面，并真正实现控制集中、危险分散、数据共享、完全开放的控制要求。

由前面的讨论可以看出，FCS 的技术关键是智能仪表技术和现场总线技术。智能仪表不仅具有精度高、可自诊断等优点，而且具有控制功能，必将取代传统的 4～20mA 模拟仪表。连接现场智能仪表的现场总线是一种开放式、数字化、多接点的双向传输串行数据通路，它是计算机技术、自动控制技术和通信技术相结合的产物。结合 PC 丰富的软硬件资源，既克服了传统控制系统的缺点，又极大地提高了控制系统的灵活性和效率，形成了一种全新的控制系统，开创了自动控制的新纪元，成为自动控制发展的必然趋势。

8.3.2 工业以太网技术

1. 什么是工业以太网

现场总线自 20 世纪 80 年代发展至今,世界各大公司纷纷投入了大量资金和力量,开发了数百种现场总线,其中开放的现场总线也有数十种。虽然广大仪表和系统开发商以及用户对统一的现场总线的呼声很高,但由于技术和市场经济利益等方面的冲突,市场上的现场总线在长久的争论中至今也无法达成统一。

此外,现场总线在其自身发展的过程中,无一例外地沿用了各大公司的专有技术,导致相互之间不能兼容,同时也无一例外地过多强调了工业控制网络的特殊性,从而忽视了其作为一种通信技术的一般性和共性。因此,尽管迫于市场的压力,这些现场总线协议公开了,但其本质上还是"专有的"。其"开放性"仅是局部的,只是部分技术(主要是协议规范)的公开,对于广大仪表和系统开发商来说,开发和实现技术还是"专有的"。与此相反,以以太网为代表的信息网络通信技术却以其协议简单、完全开放、稳定性和可靠性好而获得了全球的技术支持。在工业控制网络中采用以太网,就可以避免其发展游离于计算机网络技术的发展主流之外,从而使工业控制网络与信息网络技术互相促进,共同发展,并保证技术上的可持续发展,在技术升级方面无需单独的研究投入。

以太网产生于 20 世纪 70 年代。1972 年,罗伯特·梅特卡夫(Robert Metcalfe)和施乐公司帕洛阿尔托研究中心(Xerox PARC)的同事们研制出了世界上第一套实验型的以太网系统,用来实现 Xerox Alto(一种具有图形用户界面的个人工作站)之间的互联,这种实验型的以太网用于 Alto 工作站、服务器以及激光打印机之间的互联,其数据传输速率达到了 2.94Mbit/s。

梅特卡夫发明的这套实验型的网络当时被称为 Alto Aloha 网。1973 年,梅特卡夫将其命名为以太网,并指出这一系统除了支持 Alto 工作站外,还可以支持任何类型的计算机,而且整个网络结构已经超越了 Aloha 系统。他选择"以太"(ether)这一名词作为描述这一网络的特征,物理介质(比如电缆)将比特流传输到各个站点,就像古老的"以太理论"所阐述的那样。

最初的以太网是一种实验型的同轴电缆网,冲突检测采用 CSMA/CD(带冲突检测的载波侦听多路访问)。CSMA/CD 的基本思想是:当一个节点要发送数据时,首先监听信道;如果信道空闲,就发送数据,并继续监听;如果在数据发送过程中监听到了冲突,则立刻停止数据发送,等待一段随机的时间后,重新开始尝试发送数据。

该网络的成功引起了大家的关注。1980 年,三家公司(数字设备公司、英特尔公司、施乐公司)联合研发了 10Mbit/s 以太网 1.0 规范。最初的 IEEE 802.3 即基于该规范,并且与该规范非常相似 802.3 工作组于 1983 年通过了草案,并于 1985 年出版了官方标准 ANSI/IEEE Std 802.3—1985,从此以后,随着技术的发展,该标准进行了大量的补充与更新,当今已成为局域网采用的最通用的通信协议标准。

一般来讲,工业以太网与商用以太网(即 IEEE 802.3 标准)兼容。但在产品设计时,考虑到工业现场的复杂性,在材质的选用、产品的强度和适用性方面的要求要大大超过商用以太网,工业以太网设备和商用以太网设备之间的区别见表 8-4。

通过表 8-4 可以看出,直接采用现有的商用以太网设备用于工业控制现场是远远无法满足要求的。

考虑到现有商用以太网设备的局限性,为了解决在不间断的工业应用领域,在极端条件下网络也能稳定工作的问题,美国 Synergetic 微系统公司和德国赫思曼(Hirchmann)公司专门开发和生产了标准 DIN 导轨,并由冗余电源供电,接插件采用类似 RS485 牢固的 DB9 结构。美国 Woodhead

表 8-4　工业以太网设备和商用以太网设备之间的区别

名称	工业以太网设备	商用以太网设备
元器件	工业级	商用级
接插件	耐腐蚀、防尘、防水，如加固 RJ45、DB9、航空接头等	一般 RJ45
工作电压	DC 24V	AC 220V
电源冗余	双电源	一般没有
安装方式	可采用 DIN 导轨或其他方式固定安装	桌面、机架等
工作温度	−40～85℃，至少应为 −20～70℃	5～40℃
电磁兼容性标准	EN50081-2（工业级 EMC）	EN50081-2（商用级 EMC）
	EN50082-2（工业级 EMC）	EN50082-2（商用级 EMC）
MTBF 值	至少 10 年	3～5 年

Connectivity 公司还专门开发和生产了用于工业现场的加固型连接件（如加固的 RJ45 接头、具有加固的 RJ45 接头的工业以太网交换机、加固型光纤转换器／中继器等），可以用于工业以太网的变送器、执行机构等。以太网在工业控制中得到了越来越广泛的应用，大型工业控制网络中最上层的网络几乎全部采用以太网。

但是，以太网由于采用 CSMA/CD 的介质访问控制机制而具有通信不确定性的特点，并一度成为它应用于工业控制网络中的底层网络的主要障碍。因此，仅仅通过提高以太网设备应用的可靠性和环境适应性仍然没有能够解决通信不确定性和实时性的问题。为此，以太网全面应用于工业控制网络，必须很好地解决通信不确定性和实时性问题。随着以太网技术的进一步发展，智能集线器的使用、100Mbit/s 快速以太网的诞生等，以太网的通信不确定性和实时性问题已经得到了基本解决。

2. 工业以太网的关键技术

传统商业以太网技术应用到工业现场有着许多的不足和缺陷，但是通过许多研究机构和工程技术人员的不懈努力和对关键技术的研究，使得传统以太网技术不断改进，以满足工业控制现场的要求。

这些关键技术包括通信确定性和实时性技术、系统稳定性技术、系统互操作性技术、网络安全技术、总线供电及本质安全与安全防爆技术等。对楼宇自动化来说，最重要的是通信确定性和实时性技术及系统互操作性技术。

（1）通信确定性和实时性技术　传统以太网在工业应用中传输延迟的问题，在对数据传送实时性要求很高的场合是不能容忍的，工业以太网通过以下方式来解决这个问题。

首先，在网络拓扑结构上采用了星形连接代替总线型连接。星形连接用网桥或是路由器等设备将网络分割成多个网段，在每个网段上以一个多口集线器为中心，将若干设备或节点连接起来。这样，挂接在同一网段上的所有设备形成一个冲突域，每个冲突域采用 CSMA/CD 机制来管理网络冲突。这种分段方法可以使每个冲突域的网络负荷减轻，碰撞概率减少。

其次，使用以太网交换技术，使网络冲突域进一步细化。用智能交换设备代替共享式集线器，使交换设备各端口之间可以同时形成多个数据通道，可以避免广播风暴，大大降低网络的信息流量。这样，端口之间信息报文的输入／输出已不再受到 CSMA/CD 介质访问控制机制的约束。总之，在用以太网智能交换设备组成的系统中，每个端口就是一个冲突域，每个冲突域可通过智能交换设备实现隔离。

再次，用全双工通信方式，可以使设备端口间两对双绞线（或两根光纤）上同时接收和发送报文，从而也不再受到 CSMA/CD 的约束。这样，任一通信节点在发送信息报文时不会再发生碰撞，冲突域也就不复存在了。

总之，采用星形网络结构和以太网交换技术后，可以大大减少或是完全避免碰撞，从而使以太网的通信确定性和实时性大大增强。

（2）系统互操作性技术　互操作性是指连接到同一网络上不同厂家的设备之间通过统一的应用层协议进行通信和互用，性能类似的设备可以实现互换。互操作性是决定某一通信技术能否被广大自动化设备制造厂家和用户所接受并进行大面积推广应用的关键。OPC 基金会的 OPC 接口标准目前已得到众多生产厂家的一致支持，应用这一技术将极大地提高工业以太网的互操作性。

OPC（OLE for Process Control）是建立在微软 OLE（Object Linking and Embedding，对象连接与嵌入，即现在的 ActiveX）、COM 与 DCOM 技术的基础上，用于过程控制和制造业自动化中应用软件开发的一组包括接口、方法和属性的标准。OLE/COM 提供了一种软件架构，其基础是可复用的二进制的软件组件。它们之间可以相互通信并共享数据，一个完整的应用软件可以用这些组件适当地组合而成。在此基础上，OPC 为工业自动化系统中的各种不同现场器件之间信息交换提供了一种标准的机制。OPC 采用客户机/服务器结构，作为中心数据源的 OPC 服务器负责向各种客户应用，如 HMI、SCADA（Supervisory Control And Data Acquisition，数据采集与监视控制系统）等提供生产过程现场的数据。这些数据来自 PLC、现场仪表、AC/DC 驱动器电源、监控设备以及其他工业自动化设备。采用 OPC 技术可以使人们在硬件供应商和软件供应商之间明确地分工。软件开发商可以集中精力提供软件的性能和增加新的功能，而不必耗费资源去开发大量支持各种硬件的驱动程序；硬件制造厂家则有积极性去开发自己产品的 OPC 服务器；用户则可获得结构模块化的、可复用的产品（即专业厂商提供的、由各种特定领域专家用 C 或 C++ 编写的软件组件），用户只需要利用 VB、VC、Delphi 或其他语言将这些组件装配起来，就能得到满足自己需要的应用软件，而不必关心从某个具体的硬件获取数据的技术细节。

（3）选择正确的工业以太网　今天的工业控制系统和楼宇自动化系统中，以太网的应用已经和 PLC 一样普及。但是现场工程师对以太网的了解，大多来自他们对传统商业以太网的认识。很多控制系统工程实施时是直接让 IT 部门的技术人员来进行的。但是，IT 工程师对于以太网的了解，往往局限于办公自动化、商业以太网的实施经验，可能导致工业以太网在工业控制系统中实施的简单化和商业化，不能真正理解工业以太网在工业现场的意义，也无法真正利用工业以太网内在的特殊功能，常常造成工业以太网现场实施的不彻底，给整个控制系统留下不稳定因素。

那么选择正确的工业以太网要考虑哪些因素呢？简单来说，要从以太网通信协议、电源、通信速率、工业环境认证、安装方式、外壳对散热的影响、简单通信功能和通信管理功能等来考虑。这些是需要了解的最基本的产品选择因素。如果对工业以太网的网络管理有更高的要求，则需要考虑所选择产品的高级功能，如信号强弱、端口设置、出错报警、串口使用、主干冗余、环网冗余、服务质量、虚拟局域网、简单网络管理协议和端口镜像等其他工业以太网管理交换机中可以提供的功能。

不同的控制系统对网络的管理功能要求不同，自然对管理型交换机的使用也有不同的要求。控制工程师应该根据其系统的设计要求，选择适合自己系统的工业以太网产品。同时，由于工业环境对工业控制网络可靠性能的超高要求，工业以太网的冗余功能应运而生，从快速生成树冗余、环网冗余到主干冗余，都有各自不同的优势和特点，可以根据自己的要求进行选择。

3. 工业以太网应用展望

现阶段对现场总线技术以及工业以太网技术的争论很多，焦点在于哪种更具优势，在未来的自动控制领域谁能取代谁。从本质上看，现场总线技术来源于网络技术，而工业以太网技术则是进入总线概念的以太网。但是从应用前景上来看，工业以太网更具优势。

1）以太网是当今最流行的、应用最广泛的通信网络，具有价格低、多种传输介质可选、速度高、易于组网应用等优点，其运行经验最为丰富，拥有大量的安装维护人员，且它与因特网的连接更为方便。

2）它可以克服现场总线不能与计算机网络技术同步发展的弊端。以太网作为现场总线，特别是高速现场总线框架的主体，可以避免现场总线技术游离于计算机网络技术的发展之外，使现场总线与计算机网络技术能很好地融合，从而形成相互促进的局面。

目前，在楼宇自动化等原先以现场总线为主的领域已有以太网产品的出现，它在局域网和因特网上的成功及其自身技术的不断发展，使这种高速价廉且广泛应用的网络必将为包括楼宇自动化在内工业自动化领域带来新的机遇。

第9章

工业锅炉的自动控制

工业锅炉是使燃料进行燃烧，并最大限度地把燃料所放出的热能传递给水，使之变成具有一定压力和温度的蒸汽（或热水）的热能设备。因此，锅炉的生产任务是根据工业生产、热电联产或集中采暖等负荷的要求，产生具有一定参数（压力和温度）的蒸汽或热水。

为了满足用户及设备负荷的要求和保证锅炉本身运行的安全性和经济性，就必须由人工操作发展为自动化生产，选用各种类型的自动化仪表，组成工业锅炉运行所需的自动化控制系统。

9.1 工业锅炉自动控制系统

9.1.1 工业锅炉自动控制的任务

为了使锅炉能够根据热电联产中的汽轮机、集中供热及其他用汽设备的负荷需要，在安全、经济的条件下供给品质指标合格（压力、温度等）的蒸汽，其主要的控制任务有：①保持锅筒中的水位在规定范围内；②使锅炉生产的蒸汽量满足负荷的需要；③保持蒸汽压力和温度在一定范围内；④保持良好的燃烧经济性；⑤保持炉膛负压在一定范围内。

工业锅炉是一个复杂的被控对象，扰动来源较多，完成上述控制任务主要需控制 4 个被控变量，即蒸汽压力 p、锅筒水位 L、过剩空气系数 α 和炉膛负压 p_f。为了完成这些控制任务，可以采用的被控参数有燃料量 M_m、送风量 M_f、引风量 M_y、给水量 M_a。锅炉的这些被控变量是相互关联的，这给自动控制带来很多不便，例如当锅炉的负荷变化时，所有的被控变量都会发生变化，又当改变任一个调节量时，也会影响到其他几个被控变量。因此，理想的自动控制应是多回路控制系统。这样当锅炉受到某一扰动时，同时协调地改变其调节量，以使所有的被控变量都具有一定的调节精度。

9.1.2 工业锅炉的自动化系统

工业锅炉的自动化系统主要包括自动检测、程序控制、自动保护和自动控制 4 个方面。

1. 自动检测

自动检测系统可自动检测反映锅炉运行情况的热工参数和设备状态，如给水流量、蒸汽流量、炉膛负压、蒸汽压力、排烟温度和锅炉水位等。

2. 程序控制

程序控制系统可使锅炉的起动、停止以及正常运行等一系列操作自动化，程序是根据操作顺序和条件编制的，如燃气锅炉是按先起动鼓风机，再起动点火油泵和主油阀的顺序进行。

3. 自动保护

自动保护系统可防止设备在起停过程中由于操作顺序错误而造成事故。在自动保护系统控制下，在上一步操作未完成前，不能进行下一步操作，或者在锅炉运行时，当某些辅机发生故障时，另一些相关设备必须立即动作或停止运行，以免事故进一步扩大。自动保护系统可根据锅炉及辅机的运行状态对工业锅炉运行时的实际蒸发量和变动负荷速度予以限制，如对各种调节阀、调节挡板最大和最小开度的限制等。

当工业锅炉的蒸汽压力、锅炉水位出现危险工况或炉膛熄火（多指燃气、燃油和煤粉锅炉）时，相应的自动保护装置都应能快速投入，还可对锅炉各辅机工况进行显示（指示灯或仪表），并在危险工况时立即自动发出声光报警。

4. 自动控制

自动控制系统能够使锅炉的一些被控变量自动地适应运行条件的变化，将锅炉保持在所要求的工况下运行。

为了实现上述控制任务，一般工业锅炉划分成几个相对独立的控制区域，每个控制区域有相应的被控变量和调节量，这样，各个区域就构成各自的控制系统。在中小型工业锅炉中，通常只运行这些相对独立的控制系统，就能满足用户的一般要求。常用的自动控制系统有给水自动控制系统和燃烧过程自动控制系统。

9.2　工业锅炉给水自动控制的任务及特性

9.2.1　工业锅炉给水控制的任务

工业锅炉的锅筒水位是正常运行的主要指标之一，是确保安全生产和提供优质蒸汽的重要因素。

给水自动控制的任务就是使给水流量适应锅炉的蒸发量，以维持锅筒中水位在允许波动范围内，并且保持给水流量稳定。

1. 维持锅筒水位在允许的波动范围以内

锅筒水位的稳定程度反映了给水流量和蒸汽流量之间的物质平衡关系。锅炉在运行时的正常水位一般规定在锅筒中心线以下 $100 \sim 200mm$ 处，允许波动范围为 $\pm 75mm$。水位过高，锅筒的汽空间小，破坏了汽水分离装置的正常工作，使蒸汽带炉水过多；水位过低，则会破坏锅炉水循环或烧干锅造成重大事故。因此为了保证锅炉安全运行，必须将锅筒水位维持在一定范围内。

2. 保持给水流量稳定

给水流量的剧烈波动会影响省煤器和给水管道的安全运行，因此在负荷不变时，给水流量不应出现忽大、忽小的剧烈波动。在给水控制过程中，如果片面地为了保持水位的稳定而使调节阀大幅度地开或大幅度地关，并且动作频繁，就使给水流量变化过于剧烈造成不安全，所以在整定控制系统时必须两方面兼顾，既不能片面追求水位的绝对不变，又不能要求给水流量的绝对稳定。

9.2.2　给水被控对象的动态特性

给水自动控制以锅筒中的水位作为被控变量，而以给水调节阀作为调节机构来改变给水量，从而保持锅筒水位在允许的波动范围以内。锅炉作为给水被控对象，其结构如图 9-1 所示。

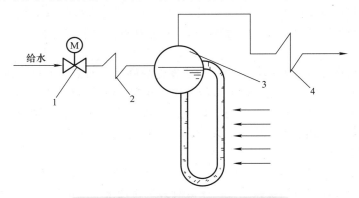

图 9-1 锅炉给水被控对象结构示意图

1—给水调节阀 2—省煤器 3—锅筒 4—过热器

给水被控对象的动态特性是指锅筒水位的变化与引起水位变化的各种因素之间的动态关系。

锅筒水位是锅筒中储水量和水面下汽泡容积的综合反映，所以水位不仅受锅筒储水量变化的影响，而且还受汽水混合物中汽泡容积变化的影响。从水位反映储水量来看，给水对象是一个无自平衡能力的对象，由于储水量的变化是由给水流量和蒸汽流量变化引起的，而水位变化后既不能影响给水流量，又不能影响蒸发量，所以说水位被控对象是没有自平衡能力的。

影响锅筒水位变化的原因很多，其中主要有锅炉蒸汽流量 M_q、给水流量 M_a、炉膛热负荷（燃料量 M_m）、锅筒压力 p 和省煤器的形式等，它们对水位的影响各不相同。给水流量 M_a 和蒸汽流量 M_q 是给水自动控制中影响锅筒水位 L 的两种主要扰动。给水流量来自控制侧的扰动，称为内扰；蒸汽流量来自负荷侧的扰动，称为外扰。

1. 锅炉蒸汽流量扰动下对象的动态特性

在蒸汽流量扰动下，锅筒水位的阶跃响应曲线如图 9-2 所示。

在蒸汽流量突然增加 ΔM_q，即做阶跃扰动时（图 9-2a，假定炉膛内的发热量能及时增加），锅炉的蒸发量大于给水流量，从物质不平衡的角度来看，锅筒的储水量（水位）应该等速下降，因为锅筒水位没有自平衡能力，所以它的阶跃响应曲线如图 9-2b 中的 L_1 曲线所示。

但是，当锅炉蒸发量增加时，在汽水循环回路中的蒸发强度也将会成比例地增大，使汽水混合物中汽泡的容积增大，从而使整个汽水混合物的体积增大。另外，由于炉膛内的发热量并不能及时增加，这就迫使锅筒压力不断下降，相应地降低了饱和温度，又促使蒸发速度

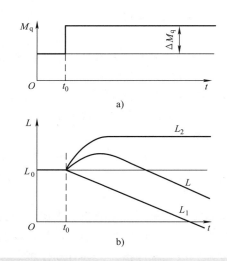

图 9-2 蒸汽流量扰动下锅筒水位的阶跃响应曲线

加快，同时使汽泡膨胀，加大了汽水混合物的总体积。这两个因素都导致锅筒水位的上升，如图 9-2b 中的 L_2 曲线所示。这种现象称为"虚假水位"现象。

实际的锅筒水位阶跃响应曲线 L 应该是 L_1 和 L_2 两条曲线的合成与 L_0 的差,即 $L = L_1 + L_2 - L_0$,如图 9-2b 中的曲线 L 所示。

由上面所述可知,在蒸汽流量扰动下,锅筒水位变化的动态特性具有特殊的形式,即当蒸汽流量突然增加时,虽然锅炉的给水流量小于蒸汽流量,但在一开始锅筒水位不仅不会下降,反而迅速上升;当汽泡的容积与负荷相适应而达到稳定后,则水位主要反映物质平衡关系而开始下降,这种"虚假水位"的变化是很快的,它可能使水位变化 30 ~ 40mm。因此,它的存在将对给水的自动控制带来一定的困难。

当锅炉的负荷突然减小时,锅筒水位变化的情况相反,锅筒水位先下降后上升。

2. 锅炉给水流量扰动下对象的动态特性

在给水量扰动下,锅筒水位的阶跃响应曲线如图 9-3 所示。

当给水量突然增加 ΔM_s 时,锅炉蒸发量并没有改变(图 9-3a),给水量大于蒸发量,锅筒中的水位将等速上升,如图 9-3b 中曲线 L_1 所示。但由于给水量的突然增加,而炉膛内的发热量并未增加,温度较低的给水从原有的饱和汽水中吸取了一部分热量,因此,锅炉水循环系统中的蒸汽汽泡容积将会相应减少,从而使锅筒水位有所下降,如图 9-3b 中曲线 L_2 所示。当锅筒水面下的汽泡容积的变化过程渐趋平衡时,水位将要反映锅筒中储水量的增加而逐渐上升。因此,在给水流量的扰动下,锅筒水位的实际变化曲线为图 9-3b 中的曲线 L。

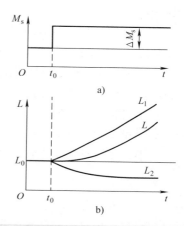

图 9-3 给水量扰动下锅筒水位的阶跃响应曲线

综上所述,当给水量突然增加或减少时,锅筒中的水位在开始时有一段迟延,暂时不会升高或下降,然后才反映出物质数量的不平衡,使锅筒水位等速上升或下降。应该指出,蒸发量 M_q、燃料量 M_m 和给水量 M_a 在锅炉实际运行中都可能发生变化。蒸发量和燃料量的变化是控制系统的外扰,它们只影响水位的波动幅度,而给水量是由调节机构所改变的调节量,它是在控制系统的内部,它的变化称为内扰。因此,锅筒水位对于给水扰动的动态特性表明给水量对水位控制过程最为重要。

9.3 工业锅炉给水自动控制系统

工业锅炉给水自动控制系统原则上可从影响被控对象动态特性的给水流量、蒸汽流量和炉膛热负荷等主要因素中,选择一个因素作为调节手段(即被控参数),将被控变量通过调节器和执行器构成一个闭合回路,组成给水自动控制系统。对锅炉给水自动控制系统来说,蒸汽量及炉膛热负荷都是由外界负荷所决定的,它必须随时满足外界负荷的需要。因此,只有给水量可作为给水自动控制的调节手段(被控参数)。

常用的给水自动控制系统有以水位为唯一调节信号的单参数控制系统;以水位为主要调节信号,又以蒸汽流量作为补充信号的双参数控制系统,又称为双参数给水控制系统;仍以水位为主要调节信号,又以蒸汽流量和给水流量作为补充信号的三参数控制系统,称为三参数给水控制系统。

9.3.1　单参数给水自动控制系统

单参数给水自动控制如图 9-4 所示。它是锅筒给水自动控制中最简单、最基本的一种形式。它以水位为唯一的控制信号，即调节器只根据水位变化去改变给水调节阀的开启度。这种控制系统由锅筒、水位变送器 LT、调节器 LC 和给水调节阀组成。当锅筒水位发生变化时，水位变送器发出信号并输入调节器，调节器将水位信号与设定值相比较得出偏差信号，经过运算放大后输出控制信号，然后通过执行机构带动给水调节阀，对给水量进行自动控制，来保持锅筒水位在允许的波动范围内。

中小型锅炉的锅筒相对负荷的容量较大，水位受扰动后的反应速度较慢，"虚假水位"现象不很严重，对锅筒水位控制的要求不高，采用比例积分控制规律，可以实现无差控制，使水位的波动幅度减小，从而满足锅炉运行的要求。

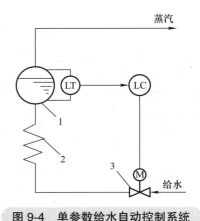

图 9-4　单参数给水自动控制系统

1—锅筒　2—省煤器　3—调节阀

单参数给水自动控制系统，在锅炉负荷变化幅度与速率很大时，受锅炉"虚假水位"的影响，势必会使控制质量下降。例如蒸汽负荷增加时，水位一开始先上升，调节器只根据水位作为控制信号，就去关小调节阀而减少给水量 M_s，这个动作对锅炉流量平衡是错误的，它在控制过程一开始就扩大了蒸汽流量 M_q 与给水量 M_s 的差值，使水位和给水量的波动幅度增大。又例如由于给水总管压力改变等原因所造成的给水量 M_s 变动时，调节器要等到水位改变后才开始动作，而在调节器动作后又要经过一段滞后时间才能对水位发生影响，因此，水位不可避免地会发生较大的波动变化。由于单参数控制系统存在这些缺点，对于"虚假水位"现象严重及水位反应速度快的锅炉不宜使用，为了改善控制品质，满足运行要求，需采用双参数给水自动控制系统。

9.3.2　双参数给水自动控制系统

在单参数给水控制的基础上，引入蒸汽流量作为前馈信号，构成如图 9-5 所示的双参数给水自动控制系统。

双参数给水自动控制系统由锅筒水位变送器 LT、蒸汽流量变送器 F_qT、调节器 LC 和执行器组成。这种系统中的调节器接收锅筒水位和蒸汽流量两个信号，蒸汽流量信号是为了克服蒸汽流量扰动对"虚假水位"影响而引入的补偿信号。

这种系统在运行中，当蒸汽量突然减小时，按蒸汽流量信号应该关小给水调节阀，而此时"虚假水位"信号却要开大给水调节阀，这两个信号在调节器中是互相制约的，这导致调节器暂时基本上不会动作，只有当给水流量 M_s 与蒸汽流量 M_q 的不平衡引起水位上升时，调节器才发出信号，相应地减小给水流量。由于蒸汽流量信号的超前作用，可以克服"虚假水位"引起的调节器误动作，使控制过程比较平稳。

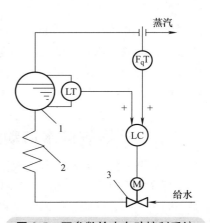

图 9-5　双参数给水自动控制系统

1—锅筒　2—省煤器　3—调节阀

当给水母管压力或锅筒压力波动时，会引起给水调节阀前后压差的变化，使给水量在调节阀开度没有改变的情况下也发生变化，因此，经过一段延迟时间后，锅筒水位也发生变化，这个变化过程是比较缓慢的。当水位变化后，调节器才接收水位信号，再改变给水调节阀的开度以恢复原来的给水流量。在这个控制过程中，锅筒水位将有较大的动态偏差。

由此可见，双参数单回路给水自动控制系统，由于有蒸汽流量信号的超前作用，可以克服"虚假水位"引起的调节器误动作，改善了在蒸汽流量扰动下的控制品质。但是，这种系统仍不能迅速消除给水流量扰动的影响。

9.3.3 三参数给水自动控制系统

三参数给水自动控制系统由锅筒水位变送器 LT、蒸汽流量变送器 F_qT、给水流量变送器 F_sT、调节器 LC 和给水调节阀组成，如图 9-6 所示。

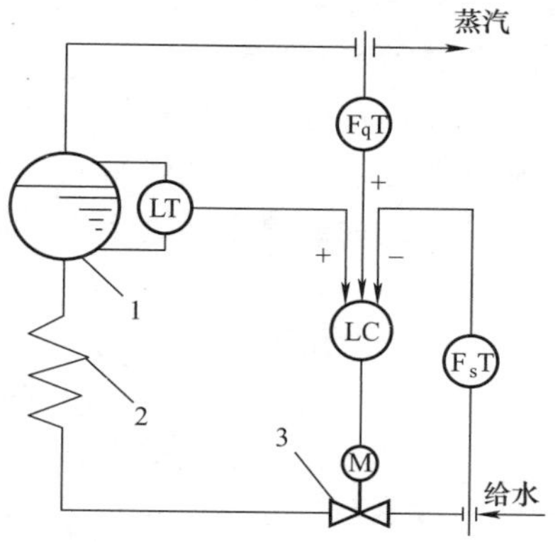

在这种控制系统中，调节器接收锅筒水位 L、蒸汽流量 M_q 和给水流量 M_s 三个信号，进入调节器的信号极性标以"+"的表示信号增大时，调节器应使调节阀关小，因此，水位信号的极性"+"。因为水位信号的增大是锅筒水位下降的反映，此时调节器应开大给水调节阀。同样，蒸汽流量信号的极性也是"+"，而给水流量信号的极性则为"−"。调节器的内部设定信号即水位定值信号，它与水位信号相平衡，所以水位定值信号的极性应为"−"。

图 9-6　给水三参数自动调节系统图
1—锅筒　2—省煤器　3—调节阀

在这种控制系统中，锅筒水位信号是主信号，也是校正信号。因为任何扰动引起的锅筒水位变化，都会使调节器动作，而改变给水调节阀的开度，使锅筒水位恢复到设定值。因此，被控变量水位信号构成的回路能消除各种内、外扰动对水位的影响，保证锅筒水位在工艺要求所允许的波动范围内。蒸汽流量信号为前馈信号，当蒸汽流量突然增大时，"虚假水位"现象要使调节器发出关小调节阀的信号，与此同时，外扰信号——蒸汽流量 M_q 作为前馈信号加到调节器，使调节器发出开大给水调节阀信号，这两个信号相互制约，减少或抵消了"虚假水位"的影响，从而改善了控制品质。

给水流量信号是反馈信号，它能及时反映给水流量的变化。因为当给水调节阀的开度改变或由于内扰使给水流量变化时，给水流量信号反应很快，迟延很小（1～3s），在被控变量水位还未来得及变化的情况下，调节器即可消除内扰而使控制过程稳定。因此，给水流量信号局部反馈形成的内回路能迅速消除给水侧的扰动，稳定给水流量。例如给水流量减少，则调节器立即根据给水流量减少的信号开大给水调节阀，使给水流量维持不变，使锅筒水位很少受到影响。此外给水流量信号也是调节器动作后的反馈信号，它使调节器及早知道控制的效果。

这种控制系统对三个信号的静态配合有严格的要求，蒸汽流量信号和给水流量信号的大小应当正确选择，通常取两者相等，这样在控制结束后这两个信号恰好抵消，被控变量水位必然等于设定值。在三参数给水自动控制系统中，由于引入了蒸汽流量与给水流量的控制信号，控制系统动作及时，所以它有较强的抗干扰能力，在较大的扰动时也能有效地控制水位的变化，从而显著地改善了控制系统的控制品质。

对于现代大、中型锅炉来说，对象控制通道的迟延和飞升速度都比较大，"虚假水位"现象也比较严重，工艺上对控制质量的要求又比较高，因此，普遍采用具有蒸汽流量前馈信号及给水流量反馈信号和锅筒水位主信号的三参数给水自动控制系统。

9.4 锅炉燃烧过程自动控制的任务及特性

锅炉燃烧过程自动控制系统一般由相互关联的汽压控制系统、送风控制系统和引风控制系统所组成。引风控制系统又称为炉膛负压控制系统。

9.4.1 锅炉燃烧过程自动控制的任务

锅炉燃烧过程自动控制的基本任务是使燃料燃烧所产生的热量适应蒸汽负荷的需要，同时还要保证燃烧的经济性和锅炉的安全运行。

1. 维持汽压恒定

汽压恒定标志着燃料燃烧释放的热量与蒸汽带走的热量相适应，当外界负荷改变时，必须相应地改变送入炉膛的燃料量，才能维持汽压恒定，满足外界负荷的需要。如果是采暖热水锅炉维持锅筒内的热水温度不变，那么完成这项控制任务的控制系统称为汽压控制系统或热负荷控制系统。

2. 保证燃烧过程的经济性

当燃料量改变时，必须相应地控制送风量，使进入炉膛的空气量与燃料量相适合，以维持最佳的过剩空气系数，保证燃烧过程有较高的经济性。

图 9-7 为过剩空气损失和不完全燃烧损失示意图。由图 9-7 可知，如果能够恰当地保持燃料量与空气量的比值，就能达到最小的热量损失和最大的燃烧效率。反之，如果比值不当，空气不足，必然导致燃料的不完全燃烧。当大部分燃料燃烧不完全时，热量损失是直线上升；如果空气过多，就会使大量的热量损失在烟气之中，也使燃烧效率降低。完成这项任务的控制系统称为送风自动控制系统。

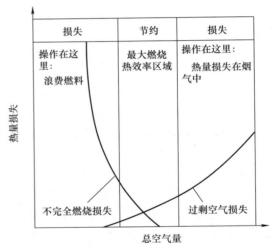

图 9-7 过剩空气损失和不完全燃烧损失示意图

3. 维持炉膛负压不变

一般锅炉均维持负压燃烧，使炉膛上部负压维持在 19.62 ~ 39.24Pa。如果负压过小，燃烧情况一旦不稳，就会向炉外冒烟，影响设备和运行人员的安全；反之，如果炉膛负压过大，就会有大量冷空气漏入炉膛，不仅降低了炉膛温度，又会增加引风机的负荷与排烟热损失，因此炉膛负压稳定，可保证锅炉安全和经济运行。当燃料量或送风量改变时，必须相应地控制引风量，才能维持炉膛负压不变，确保锅炉的安全和经济运行。完成这项控制任务的控制系统是引风自动控制系统或炉膛负压自动控制系统。

在锅炉燃烧的自动控制过程中，这三项控制任务是互相牵连而不可分割的，因此它们共同组成多参数的燃烧过程自动控制系统。在负荷稳定时，它使燃料量、送风量和引风量各自保持不变，并能及时消除自发性的内扰；而在负荷变动时，可使燃料量、送风量和引风量按适当的比例改变，既适应负荷的需要，又维持汽压、过剩空气系数和炉膛负压的变化不超过允许范围。

9.4.2 燃烧过程被控对象的动态特性

在工业锅炉中，由燃料的化学能变为蒸汽热能的生产过程如图 9-8 所示。

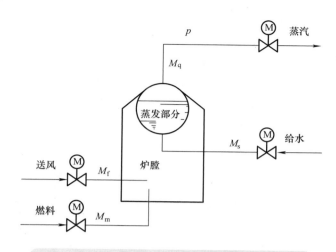

图 9-8 工业锅炉汽压被控对象的燃烧过程示意图

实际上锅炉汽压被控对象就是整个燃烧过程,引起锅炉汽压变化的原因有很多,例如燃料量、送风量、给水量和蒸汽流量的变化等,其中主要受燃料量的扰动(内扰)和蒸汽流量的扰动(外扰)的影响。

锅炉在正常运行时,若进入炉膛的燃料量发生改变,则炉膛发热量立即改变,几乎没有迟延和惯性,即为比例环节。蒸发部分可以看作是一个储热量的容积,反映储热量多少的主要参数是锅筒压力 p。当炉膛发热量 q_m 和蒸汽流量 M_q 所带走的热量 q_q 不相等时,锅筒压力 p 就要发生变化,其关系式为

$$q_m - q_q = C_t \frac{dp}{dt} \tag{9-1}$$

式中　　q_m——锅炉炉膛发热量;

q_q——蒸汽所带的热量;

C_t——锅炉蒸发部分的容量系数;

dp/dt——锅炉锅筒压力对时间的变化率。

1. 燃料量扰动时汽压变化的动态特性

工业锅炉在燃料量发生扰动时,汽压变化的动态特性和用汽设备的用汽条件有关。

用汽量不变时的汽压响应曲线如图 9-9 所示。在燃料量发生阶跃扰动时,炉膛的发热量相应地发生变化,此时要保证用汽量不变,就需要不断地调整用汽设备的进汽调节阀。当燃料量增加时,炉膛发热量也就增加,由于用汽量不变,锅炉汽压的变化开始有迟延,然后直线上升。汽压的变化速率与增加的燃料量有关,因此在用汽量保持不变的条件下,汽压对象是一个无自平衡能力的被控对象。

如果用汽设备的调节阀开度不变,则随着汽压 p 的升高,蒸汽量也将增加,这时蒸汽压力成指数规律变化,它的响应曲线如图 9-10 所示。从图 9-10 中可知,当燃料量增加,使锅筒压力 p 升高时,虽然调节阀的开度不变,但蒸汽流量也会相应增加,也自发地限制了锅筒压力 p 的继续增加。当蒸汽流量增大所带走的热量等于燃料量增加的热量时,汽压又在新的数值上稳定下来,系统达到新的平衡。这说明在这种情况下的汽压被控对象在流出侧有自平衡能力。

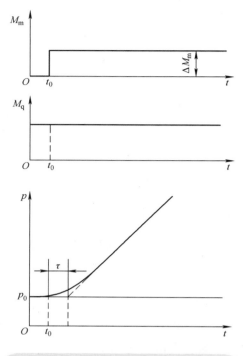

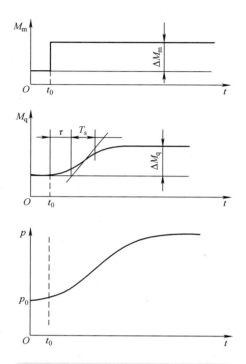

图 9-9　蒸汽流量不变时在燃料量阶跃扰动
作用下蒸汽压力的响应曲线

图 9-10　蒸汽调节阀开度不变时在燃料量
阶跃扰动作用下蒸汽压力的响应曲线

2. 蒸汽流量扰动时蒸汽压力变化的动态特性

蒸汽流量改变对蒸汽压力的扰动称为外扰。外扰有两种情况，一种是负荷设备的蒸汽阀门开度改变，另一种是负荷设备用汽量的突然增加（或减少）。

如果负荷设备的蒸汽调节阀开度 V_q 突然改变，锅炉汽压的响应曲线如图 9-11 所示。当调节阀突然开大时，从锅筒中流向负荷设备的蒸汽流量立即增加 ΔM_q，而燃料量没有增加，锅筒蒸汽压力逐渐下降，则流出的蒸汽量也逐渐减少，最后蒸汽流量 M_q 只能恢复原值。在燃料量不变的平衡状态下，锅炉供应的蒸汽量也不会改变。至于阀门开度 V_q 增大后，短时间增加的蒸汽量是依靠锅炉蒸发部分储热量减少（压力降低）而放出的，这说明汽压对象在负荷设备调节阀阶跃扰动下具有自平衡能力。

如果负荷设备蒸汽用量突然增加，锅筒蒸汽压力的响应曲线如图 9-12 所示。由图 9-12 看出，锅筒压力随蒸汽流量的增加而下降。如果蒸气流量继续保持增大后的数值，由于燃料量没有增加，热量不能平衡，所以汽压将一直下降，直至改变燃料量使其产生的热量与蒸汽流量相平衡时，才能恢复和保持锅炉的汽压，因此被控对象无自平衡能力。

在锅炉运行中，炉膛负压和过剩空气系数的控制都是用风机挡板作为调节机构。当挡板开度改变后，炉膛负压和过剩空气系数均变化较快，因此可以认为其动态特性属于比例环节，较易控制，但燃烧的经济性无法直接测量，可采用间接方法来判断。

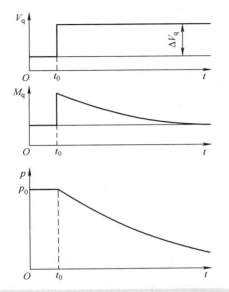

图 9-11 负荷设备蒸汽调节阀开度阶跃变化时
锅炉汽压的响应曲线

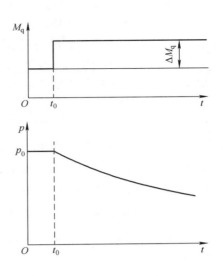

图 9-12 蒸汽流量阶跃变化时锅筒汽压的
响应曲线

9.5 锅炉燃烧过程自动控制系统

9.5.1 采用风煤比值信号的燃烧过程自动控制系统

采用"燃料 - 空气"比值的燃烧自动控制系统原理图如图 9-13 所示,这是最简单的燃烧自动控制系统。

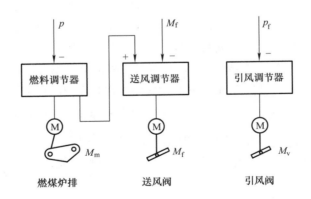

图 9-13 采用"燃料 - 空气"比值的燃烧过程自动控制系统原理图

这种控制系统中的燃料调节器执行控制蒸汽压力的任务,送风调节器执行燃烧经济性控制的任务,而引风调节器(即炉膛负压调节器)执行炉膛负压的控制任务。

在采用"燃料 - 空气"比值信号的燃烧过程自动控制系统中,蒸汽压力信号输入燃料调节器后直接带动给煤调节机构控制给煤量,同时发送出与调节燃料的执行机构的位置(代表给煤量的多少）成比例的信号，与送风量信号一起输入送风调节器控制送风量。炉膛负压信号输入引风（炉膛负压）调节器，然后控制引风量，维持炉膛负压恒定。

这种自动控制系统最简单，能实现燃烧过程的自动控制，但在燃料发生扰动的影响时，不能消除这种内部扰动，燃料与空气的比例也不能保证，使系统稳定性受到一定程度的影响，而当燃料侧经常发生扰动时（数量、质量等），很难自动地保持正常工作。

9.5.2 采用热量信号的燃烧过程自动控制系统

锅炉热量信号 q_m 是指炉膛的发热量，这个信号不能直接从炉膛中测出，而是通过测量蒸汽流量 M_q 和锅筒压力的变化速度 dp/dt，按式（9-1）计算得到，dp/dt 信号是将蒸汽压力信号 p 送入微分器而取得的。采用热量信号的燃烧过程自动控制系统如图 9-14 所示。为了取得锅筒压力变化速度 dp/dt，采用微分器，微分器输出的信号就是锅筒压力变化速度。蒸汽流量 M_q 与锅筒压力变化速度通过加法器组合起来成为热量信号，送入燃料调节器。

当锅炉发生燃料内扰时，锅筒压力立即随之变化，其变化速度是一个超前和加强作用的信号，使燃料调节器及时调整炉排转速，改变给煤量，迅速克服燃料内扰，进而使锅筒压力稳定。同时，送风量调节器亦随之动作，使送风量与燃料量相匹配。

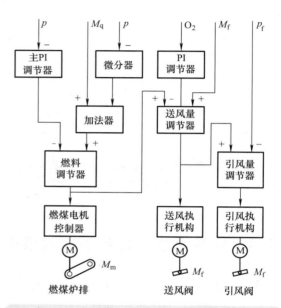

图 9-14　采用热量信号的燃烧过程自动控制系统

当蒸汽负荷变化时，主 PI 调节器接收蒸汽压力信号 p，输入燃料调节器，及时控制燃煤量以适应负荷的变化。同时，燃料调节器将负荷变化的信号输入送风量调节器，以保持适当的空气与燃料的比例。由于送风量调节器与引风调节器之间有动态补偿信号，此时引风量调节器也同时动作，这样就保证了燃烧控制系统的协调动作，以保持正确的空气燃料比例和适合的炉膛负压。送风量调节器又接收烟气中含氧量信号 O_2，作为维持空气燃料比值的校正信号。同时，送风量调节器还接收起反馈作用的送风量信号 M_f，及时反映送风量的变化，以提高控制的稳定性。引风量调节器还接收炉膛负压信号 p_f，作为静态时对炉膛负压的校正作用。

采用热量信号的燃烧控制系统能及时地消除内扰，同时也能适应蒸汽负荷的外扰，故应用广泛。

9.5.3 采用氧量信号的燃烧过程自动控制系统

在锅炉燃烧过程运行中，直接采用过剩空气系数 α 是比较正确反映燃烧经济性的一个指标，因此，测量烟气中的成分可以更正确地表示燃烧的经济性。目前常用氧化锆氧量计直接测量烟气中的含氧量，并采用这个信号组成燃烧过程的自动控制系统。

采用氧量信号的燃烧过程自动控制系统如图 9-15 所示。

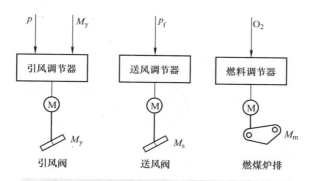

图 9-15　采用氧量信号的燃烧过程自动控制系统

在这种控制系统中，当负荷变化时，蒸汽压力 p 改变，发出增或减负荷的信号，并和引风量 M_y 信号同时输入引风调节器中，去改变引风量；而在引风量改变后，炉膛负压 p_f 会变化。根据这一信号，经送风调节器去改变送风量，以维持炉膛负压恒定。送风量的改变，使烟气中含氧量也发生改变。测出烟气中的含氧量以后，通过燃料调节器改变燃料量，以维持烟气中合适的含氧量，适应负荷的变化。这样反复动作，使引风量、送风量和燃料量的控制协调运行，保持燃烧的经济性。

9.6　锅炉的自动控制

工业锅炉的蒸发量较大，而锅筒体积又比较小，锅筒的时间常数也较小，由于蒸汽的消耗量波动幅度很大，锅筒中的"虚假水位"现象就比较严重。如果采用单参数水位控制系统，就无法保证锅炉的安全运行，而需要蒸汽流量作为前馈调节参数加到水位控制系统中，来控制给水流量，使水位控制平稳。

9.6.1　锅炉锅筒三参数水位自动控制系统

锅炉锅筒三参数水位控制系统由水位变送器、蒸汽流量变送器、给水流量变送器、开方器、调节器及给水调节阀等仪表组成，图 9-16 为 20t/h 工业锅炉的三参数水位与燃烧自动控制系统的原理图。在稳定状态下，三个参数信号相加后的输出信号应等于调节器的设定值，它在数值上相当于锅筒水位设定值，此时调节阀开度处于适当位置；当负荷蒸汽量突然增大时，蒸汽流量负信号增大，由于蒸汽量和给水量的不平衡，使蒸汽流量的负信号与给水流量的正信号通过调节器相加后信号减小，所以调节器发出信号去开大给水调节阀。与此同时，出现"虚假水位"现象，锅筒水位变送器的输出正信号增大，这样进入调节器的两个量符号相反，相加后抵消一部分，从而避免了由于"虚假水位"信号而产生的错调现象。待锅筒压力恢复正常时，汽泡减少，假象过去，水位开始下降，水位变送器输出开始减小，此时，水位信号与蒸汽流量信号变化方向相反，因此，相加后信号仍为减小，调节器发出开大阀门信号，这意味着要求增加给水量，以适应新的负荷需要并补充水量的不足，控制过程进行到水位重新稳定在设定值，给水量和蒸汽量达到新的平衡为止。当蒸汽负荷不变而给水量因本身压力波动而变化时，调节器也要发出相应的信号，去调整阀门的开度，直到给水恢复至所需要的数值为止。总之，由于引入了辅助参数，不但可以抵消"虚假水位"的影响，而且还有"超前调节"的作用，使给水阀一开始就向正确方向移动，因而大大减少了液位的波动幅度，缩短了过渡过程时间，提高了控制质量。

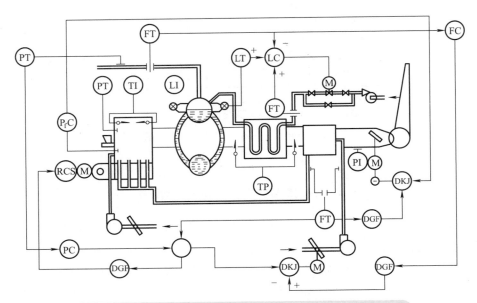

图 9-16 工业锅炉的三参数水位与燃烧自动控制系统原理图

9.6.2 燃烧过程自动控制系统

锅炉燃烧过程自动控制系统包括送风量、燃料量、引风量三个控制部分，其原理如图 9-17 所示，使用蒸汽流量 M_q 作为前馈信号与经过锅炉空气预热器前后的送风压差信号作为反馈信号共同控制送风量，在蒸汽流量 M_q 已经变化而蒸汽压力 p 尚未明显变化时，调节器输出相应的信号驱动送风调节阀，达到送风量超前调节。当蒸汽压力变化与设定值间产生偏差时，通过主调节器 DTL_2 按比例积分控制方式，又通过副调节器 DTL_3，控制送风调节阀门的开启度，控制送风量，此为串级控制。当送风量改变时，空气预热器前后风压差信号 Δp_f 作为反馈信号，通过变送器及开方器 DJK 输入调节器 DTL_3 及时控制送风调节阀门，维持送风量不变。同时，根据空气预热器前后风压差变化信号按比例地控制燃煤量，空气预热器前后风压差信号 Δp_f 通过分流器 DGF_2 去驱动炉排滑差电动机的控制器 RCS，控制炉排转动速度，以改变给煤量，实现风煤比例控制，使给煤量跟随送风量变化而按比例增减，以保证合理的风煤比，进而使锅炉正常燃烧。这样的控制系统可满足蒸汽负荷波动较大的用户。

工业锅炉在正常工作时要求炉膛负压维持在 20 ～ 40Pa。炉膛负压调节系统以炉膛负压 p_f 作为主控信号，输入引风调节器 DTL_4，

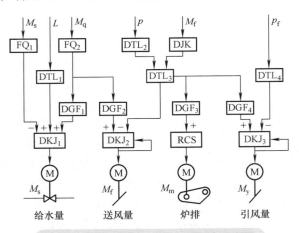

图 9-17 燃煤锅炉自动控制系统原理图

M_q—蒸汽流量　L—锅筒水位　M_s—给水量　M_f—经空气预热器的送风量　M_m—燃煤量　p_f—炉膛负压　p—蒸汽压力　DTL—调节器　DJK—开方器　M_y—引风量　DGF—分流器　DKJ—角行程执行机构　RCS—滑差电动机控制器　FQ—流量计算器

经空气预热器的送风量 p_f 作为前馈信号,与调节器 DTL_4 的输出信号一起输入角行程电动执行机构 DKJ_3,按比例控制方式改变引风机风量调节阀的开启度来控制引风量,实现炉膛负压的自动控制任务。

9.6.3 热工参数的集中检测

在锅炉生产过程中,需要随时了解有关测试点的热工参数(温度、压力、流量、水位)。对锅炉水位应有单独仪表连续指示锅炉水位,并应装设报警装置。对于温度测量,因测点多,故采用多点转换开关和指示仪表进行选择测量,烟气温度使用热电阻温度计进行测量。炉膛温度用测高温的热电偶和配用二次仪表进行测量。另外,各自动控制系统均应设置能进行手动的遥控选择开关,以便在自动调节仪表失灵或初次投运时,进行手动操作。

9.7 锅炉的监控

锅炉是实现将"一次能源"(即从自然界中开发出来未经动力转换的能源,如煤、石油、天然气等),经过燃烧转化成"二次能源",并且把工质(水或其他流体)加热到一定参数的工业设备。为了确保锅炉能够安全、经济地运行,实现节能降耗,减轻操作人员的劳动强度,提高管理水平,必须对锅炉及其辅助设备进行监控,合理调节其运行工况。

9.7.1 锅炉监控内容简介

为了保证锅炉能够满足集中供热、热电联产和其他生产工艺用热的热负荷需求,产生品质合格的热媒(热水或蒸汽),需要设置锅炉及其辅机的自动化系统。其监控内容如下:

1. 自动检测、显示、记录

自动检测、显示、记录锅炉的水位,热媒的温度、压力、流量、给水流量,炉膛负压和排烟温度等运行参数。

2. 起动/停止和运行台数的控制

按照预先编制的程序,对锅炉及其辅机进行起停控制,并且根据锅炉产生热媒的温度、压力、流量,计算出实际热负荷的大小,相应地调整锅炉的运行台数,达到既满足用户对用热量的需求,又实现经济、节能运行的目的。

3. 自动控制

当锅炉在运行过程中受到干扰的影响,其参数偏离工艺要求的设定值时,自动化系统及时产生调节作用克服干扰的影响,使其参数重新回到工艺要求的设定值,实现安全、经济运行的目的。其内容主要包括给水自动控制、燃烧自动控制等。

4. 自动保护

当锅炉及其辅助设备的运行工况发生异常或关键运行参数越限时,立即发出声光报警信号,同时采取联锁保护措施进行处理,避免事故(如损坏设备和危及人身安全)的发生或扩大。其主要内容包括高、低水位的自动保护,超温、超压的自动保护,熄火、灭火的自动保护等。

(1)蒸汽压力超压自动保护 由于蒸汽压力超过规定值时,会影响锅炉和其他用热设备的安全运行。所以,当蒸汽压力超限时,超压的自动保护系统自动停止相应的燃烧设备,减少或停止供给燃料。同时,开启安全阀,释放压力,确保锅炉设备和操作人员的安全。

(2)蒸汽超温自动保护 蒸汽温度过高会损坏过热器,影响相关用热设备的安全运行。当蒸汽温度超限时，超温自动保护系统应采取事故喷水和停止相应燃烧设备的处理措施。

（3）低油压自动保护　对于燃油锅炉而言，油压过低会导致雾化质量恶化而降低燃烧效率，甚至可能造成炉膛爆炸等事故。所以，当油压超限时，系统自动切断油路，停止锅炉的运行。

（4）高、低油温自动保护　对于燃油锅炉而言，油温高有利于雾化，但油温过高，超过燃油的闪点时，可引起燃油自燃，酿成事故；油温过低将导致燃油的黏度增大，影响雾化质量和降低燃烧效率。因此，当燃油温度超限时，应停止锅炉的运行。

（5）低气压自动保护　对于燃气锅炉而言，燃气压力过低会影响燃气的供应量和燃烧工况，可能造成回火。所以，当燃气压力超限时，应停止锅炉的运行。

（6）风压高、低自动保护　风压过高，会增加排烟损失；风压过低，空气量不足，影响正常地燃烧。所以，当风压超限时，系统应投入相应的自动保护。

（7）锅筒水位高、低自动保护　水位过高或过低会导致锅炉的水循环不畅，造成"干烧"等事故。所以，当水位超限时，应声光报警，并及时停止锅炉的运行。

（8）上下限控制及其越限声光报警装置　为了保证燃油与燃气锅炉的安全运行，必须设置燃油/燃气压力上下限控制及其越限声光报警装置、熄火自动保护装置和灭火自动保护装置。其中，燃油/燃气压力上下限控制及其越限声光报警装置用于实时检测供给锅炉燃烧所需燃料压力的大小，避免发生事故。熄火自动保护装置用于检测燃烧火焰的存在情况。当火焰持续存在时，允许燃料的持续供给；当火焰熄灭时，应及时声光报警并自动切断燃料的供给，防止发生炉膛爆炸事故。

（9）电动机过载自动保护　对于辅助设备（如循环水泵、补水泵、送风机、引风机等）在运行过程中，如果电动机过载，会使电动机线圈温度过高导致烧毁设备，引发火灾。所以，当运行电动机过载时，采用电动机主电路中的热继电器进行联锁保护，及时切断电源，使辅助设备停车。

（10）灭火自动保护　火灾探测器平时巡检锅炉房区域的火警信息（如烟、温度、光等），送至火灾报警控制器与设定值进行比较、判断。当确认发生火灾时，马上发出声光火警信号。灭火保护装置根据火灾报警控制系统的命令，自动起动喷淋/喷气消防设备进行灭火，保护设备和人员的安全。

9.7.2　锅炉燃烧系统的自动监控

按照锅炉所使用的燃料或能源种类，锅炉分为燃煤锅炉、燃气锅炉、燃油锅炉和电锅炉等类型。由于它们的燃烧过程和工作机理不同，如燃油锅炉与燃气锅炉是将燃料随空气喷入炉室内混合后进行燃烧（即室燃烧）；燃煤锅炉是将燃料层铺在炉排上与送风混合后进行燃烧（即分层燃烧）；电锅炉则是通过电加热元件，消耗电能，将工质进行加热。所以锅炉燃烧系统的监控功能和过程也不同。锅炉燃烧过程自动控制的基本任务包括维持气压恒定、保证经济燃烧和保持炉膛负压不变等。

1. 燃油锅炉与燃气锅炉燃烧系统的监控

为了保证燃油锅炉与燃气锅炉的安全运行，必须设置燃油/燃气压力上下限控制及其越限声光报警装置、熄火自动保护装置和灭火自动保护装置。另外，为了保证燃油锅炉与燃气锅炉的经济运行，还需要设置空气/燃料比的自动控制系统，并实时检测炉温、炉压、排烟温度和热媒参数等。

燃油锅炉与燃气锅炉的燃烧控制常采用比值控制。比值控制是将两种或两种以上的物料按一定的比例混合后参加化学反应。比值控制一般可以分为单闭环比值控制系统、双闭环比值控制系统、变比值控制系统及依据某一变量而调整的固定比值控制系统。图 9-18 为单闭环比值控制系统。物料 A 的流量 FT101（q_A）为不可控变量。当它改变时，就由控制器 FC 控制执行器

V，改变物料 B 的流量 FT102（q_B），使物料 B 随物料 A 的流量变化而变化。K 为比值器，g 为控制器的给定值。由于给定值 g 随流量 FT101 变化而变化，因此为随动控制系统。控制器规律可以采用比例或者比例积分规律。图 9-19 所示为燃气加热炉炉温控制系统原理图。为了维持炉温 T 为一定值，在加热炉负载变化时，应相应改变燃气流量 FT101。为了充分利用燃气，要使进入炉膛的燃气流量和空气流量有一个固定比值（空燃比），要用比值器 K 将燃气流量和空气流量的两个流量按比值 g 的关系联系起来。温度控制器 TC101 输出作为燃气流量控制器 FC101 的给定值，当炉温低于（或高于）给定值时，炉温控制器 TC101 的输出重新设定燃气流量控制器 FC101 的给定值，其偏差按照一定规律增加（或减小）燃气流量；比值控制器根据燃气流量的大小重新设定空气流量控制器 FC102 的给定值，其偏差按照一定规律增加（或减小）空气流量，最后使 $t = t_g$。燃油与燃气锅炉燃烧系统的 DDC 监控原理如图 9-20 所示。

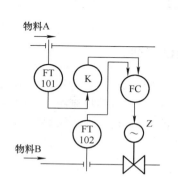

图 9-18　单闭环比值控制系统

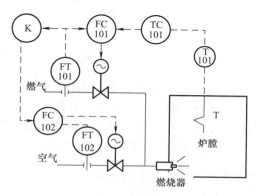

图 9-19　燃气加热炉炉温控制系统原理图

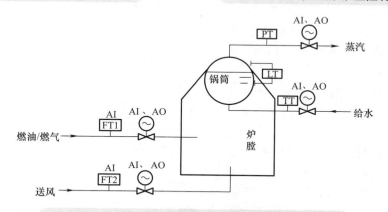

图 9-20　燃油与燃气锅炉燃烧系统的 DDC 监控原理图

TT—温度变送器　PT—压力变送器　FT—流量变送器　LT—液位变送器　—电动调节阀

2. 燃煤锅炉燃烧系统的监控

燃煤锅炉燃烧系统的监控任务主要是为保证产热与外界负荷相匹配。因此，需要控制风煤比、炉膛压力和监测烟气中的含氧量，实现最佳燃烧工况。为保证安全燃烧，设置蒸汽超压、超温自动保护装置和熄火自动保护装置。此外，还需要实时检测供水温度，排烟温度，炉膛出口、省煤器及空气预热器出口的温度，炉压，一次/二次风的压力，省煤器、空气预热器、除尘器出口烟气压力等。燃煤锅炉燃烧系统的监控原理图如图 9-21 所示。

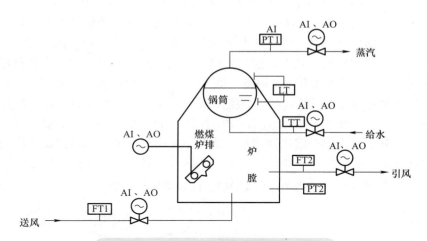

图 9-21　燃煤锅炉燃烧系统的监控原理图

燃煤锅炉的燃烧控制常采用风煤比值控制。通过实时检测蒸汽压力、送风量、引风量、炉膛压力，送入计算机，经过相应控制规律（如 PID）的运算，产生相应的控制指令，改变送风电动调节阀的开度和控制制送煤设备的速度或位置（控制送煤量），达到合理的风煤比，实现经济燃烧。同时，根据炉压信号，控制引风量，维持炉膛负压不变。

9.7.3　电锅炉系统的监控

电锅炉则是通过电加热元件（如耐热镍铬铁），消耗电能，将工质水加热，输出品质合格的热媒。它分为电热水锅炉和电热蒸汽锅炉。电热水锅炉的监控原理图如图 9-22 所示。

电锅炉监控系统实时检测输出热媒的温度、压力、流量，计算出实际供热量。按照实际热负荷的大小，调控电热锅炉的运行功率或运行台数，实现节能控制。熔丝型保护元件和交流接触器可在电锅炉发生过载时，自动切断三相电源，起到安全保护作用。当电锅炉输出的热媒有超温或超压现象发生时，自动打开安全阀进行泄压，及时补入冷水进行降温。当回水压力低于设定值时，补水泵起动对系统进行补水，保证循环水不致中断。同时，设置水流开关对循环水泵的运行状态进行监测；采用电能变送器对锅炉的用电量进行计量，实现经济核算；使用热继电器对循环水泵、补水泵进行过载报警保护。

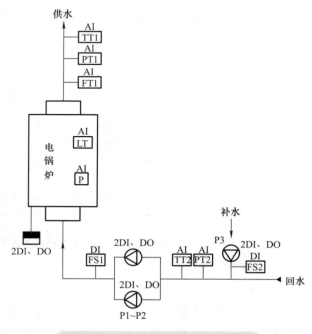

图 9-22　电热水锅炉的监控原理图

图 9-23 为电锅炉的 DDC 监测与控制原理图。

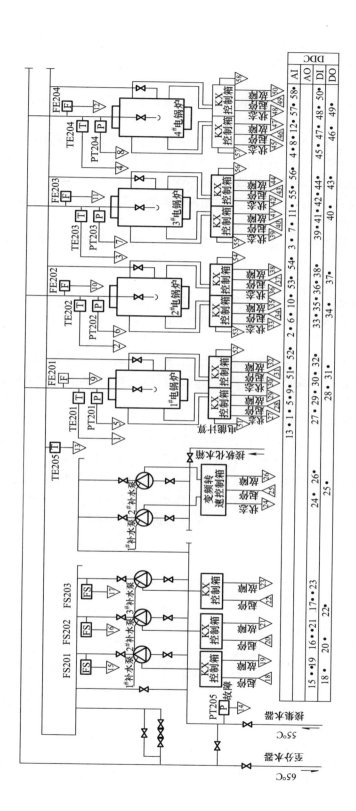

图例 Ⓣ 温度传感器 Ⓟ⊸ 压力变送器 ⒻⓈ 水流开关 KX 控制箱 Ⓕ— 流量传感器

图 9-23 电锅炉 DDC 监控原理图

1. 锅炉运行参数的监测

1）锅炉出口、入口热水温度：TE201～TE204。

2）锅炉出口热水压力：PT201～PT204。

3）锅炉出口热水流量：FE201～FE204。

4）锅炉回水干管压力：PT205，在 DDC 和中央操作站（COS）显示，并为补水泵提供控制信号。

5）锅炉用电计量：采用电流、电压传感器计量锅炉用电量，用于锅炉房成本核算。

6）单台锅炉的热量计算：根据 TE201～TE204 及 TE205 铂电阻，FE201～FE204 电磁流量计的测量值直接计算单台炉的发热量，可用于考核锅炉的热效率。

7）水泵的状态显示及故障报警：采用水流开关监测给水泵的工作状态；水泵的故障报警信号取自主电路热继电器的辅助触点。

8）电锅炉的工作状态与故障报警：电锅炉的状态信号取的是主接触器的辅助触点，故障信号取的是加热器断线信号。

2. 锅炉的控制

（1）锅炉补水泵的自动控制　采用 PT205 压力变送器测量锅炉回水压力。当回水压低于设定值时，DDC 自动起动补水泵进行补水。当回水压力上升到限定值时，补水泵自动停止。当工作泵出现故障时，备用泵自动投入。

（2）锅炉供水系统的节能控制　锅炉在冬季供暖时，根据分水器，以及集水器的供、回水和回水干管的流量测量值，实时计算空调房间所需热负荷，按实际热负荷自动起停电锅炉和给水泵的台数。

3. 锅炉的联锁控制锅炉的安全保护

（1）起停顺序控制　起动顺序控制：给水泵→电锅炉；停车顺序控制：电锅炉→给水泵。

（2）锅炉的安全保护　当由于某种原因造成循环水泵停止或循环水量减小，以及锅炉内水温过高，出现汽化现象时，DDC 接收到水温超高的信号后，立即启动事故处理程序：恢复水的循环，停止锅炉运行，起动排空阀，排出炉内蒸汽，降低炉内压力，防止事故发生，同时响铃报警，通知运行管理人员，必要时还可通过手动补入冷水、排除热水进行锅炉降温。

第10章

供热系统的自动控制

　　集中供热系统是指以热水或蒸汽作为热媒，集中向一个具有多种热用户（如供暖、通风、热水供应及生产工艺等设备）的较大区域供应热能的系统。其中生活用热水及生产工艺用热属于常年热负荷，它们的变化与气候条件关系不大，在全年中的变化较小。供暖通风及空调系统的热负荷属于季节性热负荷，它与室外温度、湿度、风向、风速和太阳辐射强度等气候条件密切相关，其中起决定作用的是室外温度。这类热负荷在全年中变化较大，所以，集中供热系统的自动控制主要是集中供暖的自动控制。它要求更加严格，对系统运行的经济性、安全性和可靠性的要求也越高。这就要求集中供热系统配置自动化设备进行自动控制，以满足热用户及热设备对热能供应和节约能源的要求。

10.1　集中供暖自动控制的任务及方式

　　集中供暖系统在运行中应根据室外空气温度的变化采用不同的方式进行控制，以使系统的工作既有效又经济，又能更好地满足工业生产和人民生活的需要。

10.1.1　集中供暖的自动控制任务

　　集中供暖系统热负荷的计算是以建筑物耗热量为依据的，而热量的计算又是以稳定传热概念为基础的。也就是说，建筑物各外围护结构（如外墙、屋面等）任何一点的温度及外围护结构内、外空气温度都是不变的。实际上，外围护结构层内外各点温度并非常数，而室内外空气温度昼夜之间也在不断地变化，所以必须根据这些变化对供暖暖系统进行相应的自动控制，以调节采暖房间内散热器的散热量。这样既保持室内所要求的温度，又可避免室内过热而造成热量的浪费，使热能得到合理利用。

10.1.2　集中供暖系统的自动控制方式

　　集中供暖系统的供热和放热的基本热平衡式分别为

$$q_r = M_s c_s (T_g - T_h) \tag{10-1}$$

$$q_r = FK\left(\frac{T_g + T_h}{2} - T_n\right) \tag{10-2}$$

由式（10-1）可得

$$T_g = T_h + \frac{q_r}{M_s c_s} \qquad (10\text{-}3)$$

将式（10-3）代入式（10-2）得

$$q_r = \frac{T_g - T_n}{\dfrac{1}{FK} + \dfrac{1}{2M_s c_s}} \qquad (10\text{-}4)$$

式中　q_r——散热器的散热量（W）；

　　M_s——通过散热器的热水流量（kg/s）；

　　c_s——水的比热容 [J /（kg·℃）] ；

T_g，T_h——散热器进水、回水温度（℃）；

　　T_n——散热器处被加热介质即房间空气温度（℃）；

　　F——散热器的散热表面积（m²）；

　　K——散热器的传热系数 [W/（m²·℃）] 。

从式（10-4）可看出，散热器进口水温 T_g 及通过散热器的热水流量 M_s 都可以作为调节热量的变量，另外放热持续时间也可作为调节变量。

在集中供暖系统中，通过改变供水温度来实现供热量的控制，这就是所谓质调节；用改变热水流量的办法来实现供热量的控制，就是所谓量调节；用控制放热时间的多少实现热量的控制，则称为间歇供热调节。这就是集中供暖系统的三种自动控制方式。

供热量的控制根据实施控制的地点可分为单独的个别调节、局部调节和中央集中调节。单独的个别调节是指直接在用热设备、机组处进行的调节；局部调节是指在供暖系统的局部管段或入口装置处进行的调节；中央集中调节则专指在热源处进行的热量调节。

中央集中调节一般总是根据某些对供热工况起决定性影响的共同因素，例如根据室外温度来对热量的供应进行整体的粗略调节；局部调节则根据供暖局部系统的用热特点对中央集中调节进行必要的补充；单独的个别调节则根据用热设备使用对象的特点做进一步具体的补充调节。

间歇供热的调节方式一般只是在采暖期室外气温较高的短暂时间内，用作局部调节或单独的个别调节，以补充中央集中式调节之不足。

究竟选用哪种调节方式，不仅要考虑建筑物的用途和结构特性，同时还要考虑建筑物对供暖提出的卫生要求以及供暖系统运行的经济性。另外，热媒的种类也会影响控制方式的选择。

10.2　供暖系统的自动控制方法

10.2.1　热水供暖系统的自动控制方法

热水供暖系统的自动控制可以采用质调节，也可以采用量调节或质量调节。个别情况下也可以采用间歇调节。

1. 热水供暖系统的质调节

集中热水供暖系统最常用的控制方式是质调节，特别是机械循环系统几乎都采用这种控制方式。质调节是在水泵送入系统中的循环水量不变条件下，随着室外空气温度的变化，改变送入供暖系统的热水温度。

热水供暖质调节的供水温度

$$T_g = T_N + \alpha\left(T_P - T_n + \frac{T_G - T_H}{2}\right) \tag{10-5}$$

其中

$$\alpha = \frac{T_n - T_w}{T_N - T_W} \tag{10-6}$$

供暖系统的回水温度

$$T_h = T_g - \alpha(T_G - T_H) \tag{10-7}$$

式中　T_W——室外空气供暖计算温度（℃）；

　　　T_N——室内空气供暖计算温度（℃）；

　　　T_n——室内空气温度（℃）；

　　　T_w——室外实际空气温度（℃）；

　T_G、T_H——供暖系统设计供水、回水温度（℃）；

　　　T_P——散热器中的供水和回水的平均温度（℃）；

　T_g、T_h——室外空气温度为 T_w 时，应送入系统的供水温度和回水温度（℃）。

根据上述公式计算出供暖系统所在地区不同室外空气温度下的供、回水温度，并将其绘制成运行曲线图或编制成表。在集中供暖期间，供暖锅炉房的运行管理人员可以按曲线图或表中的指示调节供水温度。按前述公式计算后绘制的某地供暖系统运行曲线如图 10-1 所示。利用运行曲线图，可以查出任何一个室外空气温度下的供水温度，对集中供热系统进行供热量的自动控制。

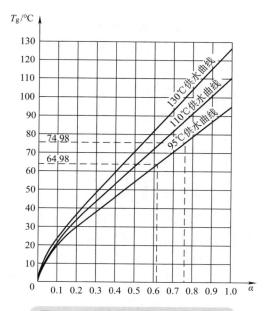

图 10-1　热水供暖系统运行曲线图

2. 热水供暖系统的量调节

对于单纯生产工艺热负荷的供热系统，或者生产和生活供暖负荷共用的供热系统，由于生产工艺不允许其供水温度有较大的波动，因此系统的供热量只能依靠量调节来适应负荷的变化。量调节的优点主要在于能节约热网水泵运行电能，缺点是容易引起系统的水力失调。

集中量调节需要改变送入系统中的循环水量，而要改变循环水量，必须改变循环水泵的转速。室外空气温度变化时要不断地改变电动机转速以适应循环水量的变化，循环水泵可使用无级变速的电动机或变频调速器。水泵的转速应根据负荷变动情况进行自动控制。

3. 热水供暖系统的间歇调节

间歇调节是量调节的特殊形式，也是热水供暖系统的一种控制方式。间歇调节是时而开泵、时而停泵的定期地向供暖系统供热。停泵时系统中的水停止循环，热水逐渐放出热量并降低温度。热水冷却到了一定程度，室内空气温度下降到允许最低温度时重新开泵，系统中的水又开始循环，经过锅炉加热到一定温度后，继续向系统供热。采用这种控制方式必须掌握好送水温度并考虑到建筑物的热惰性。

10.2.2　蒸汽供暖系统的自动控制方法

蒸汽供暖系统一般都是采用质量调节或间歇调节。若供暖系统连续运行，则以采用质量调节方式为宜；若供暖系统定期运行，则优选间歇供热方式调节。

1. 蒸汽供暖系统的质量调节

随着室外空气温度的变化，散热器的散热量可以通过改变进入散热器的蒸汽量实现调节。但是，要改变送入散热器的蒸汽量，必须相应地改变供暖锅炉内的蒸汽压力，这就是蒸汽供暖系统质量调节的主要方法。

连续运行的蒸汽供暖系统的蒸汽压力与室外温度变化的关系为

$$p_x = \alpha^2 p_w \qquad\qquad (10\text{-}8)$$

式中　α——热量比例变化系数；

　　　p_w——规定的室外供暖计算温度时蒸汽初压力（kPa）；

　　　p_x——室外温度为 T_w 时应送入供暖系统的蒸汽压力（kPa）。

利用式（10-8）可以绘制出在各种不同的蒸汽初压力和室外空气不同温度下的锅炉内蒸汽压力的曲线图，如图 10-2 所示。当室外空气温度变化时，可在计算出 α 后，在曲线图上查出锅炉房应保持的蒸汽压力 p_x 值。

低压供暖系统只有当室外空气温度高于0℃时，才用降低蒸汽压力的办法进行集中调节；而室外空气低于0℃时，低压蒸汽供暖系统采用间歇调节会更安全些。

2. 蒸汽供暖系统的间歇调节

间歇调节是蒸汽供暖系统常用的一种控制方式。如果室外空气温度高，蒸汽供暖系统采用定时送汽，送汽后锅炉开始压火，到第二次再送汽时扬火。室外空气温度接近供暖计算温度后，锅炉应当连续升火，不停地向供暖系统中连续送汽。

间歇调节会引起室内温度的急剧波动，造

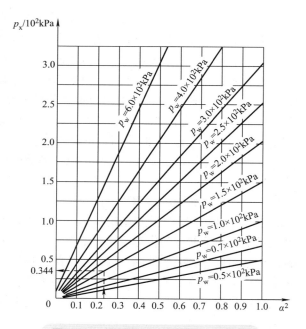

图 10-2　供暖锅炉蒸汽初压力曲线图

成在室内生活和工作的人们不舒适的感觉。为了保证停止送汽后室内温度在一定的时间内不致下降得太低，一般都在送汽期间给系统中送入过量的蒸汽，结果形成送汽时室内温度过热，建筑物耗热量增加和浪费燃料。

10.3　液体输送设备的控制

在工艺生产过程中，用于输送液体和提高液体压头的机械设备称为泵。

在工艺生产过程中，要求平稳生产，往往希望流体的输送量保持为定值。这时如果系统中有显著的扰动，或对流量的平稳有严格要求的，就需要采用流量定值控制系统。在另一些过程中，若要求各种物料保持合适的比例，保证物料平衡，就需要采用比值控制系统。此外，有时要求物料的流量与其他变量保持一定的函数关系，就采用以流量控制系统为副回路的串级控制系统。

流量控制系统的主要扰动是压力和阻力的变化，特别是同一台泵分送几支并联管道的场合，调节阀上游压力的变动更为显著，有时必须采用适当的稳压措施。至于阻力的变化，例如管道积垢的效应等，往往是比较迟缓的。

10.3.1　离心泵的控制

1. 离心泵的特性

离心泵是使用最广的液体输送机械。泵的压头 H 和流量 M 及转速 n 间的关系，称为泵的特性，大体如图 10-3 所示，亦可由下列经验公式来表达：

$$H = k_1 n^2 - k_2 M^2 \qquad (10\text{-}9)$$

式中　k_1，k_2 ——比例系数。

当离心泵装在管路系统时，实际的排出量与压头需要与管路特性结合起来考虑。

管路特性就是管路系统中流体的流量和管路系统阻力的相互关系，如图 10-4 所示。

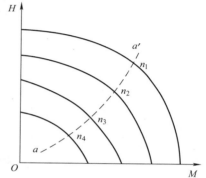

图 10-3　离心泵的特性曲线

aa'—相应于最高效率的工作点轨迹，

$n_1 > n_2 > n_3 > n_4$

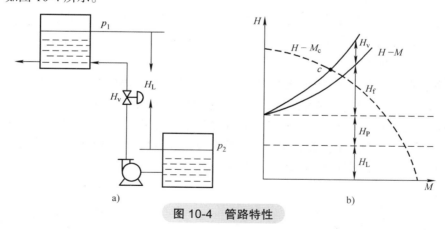

图 10-4　管路特性

图 10-4a 中，H_L 表示液体提升一定高度所需的压头，即升扬高度，这项是恒定的；图 10-4b 中，H_P 表示克服管路两端静压差的压头，即 $(p_2 - p_1)/\gamma$ 这项也是比较平稳的；H_f 表示克服管路摩擦损耗的压头，这项与流量的二次方几乎成比例；H_v 是调节阀两端的压头，在阀门的开启度一定时，也与流量的二次方值成比例。同时，H_v 还取决于阀门的开启度。

设

$$H = H_L + H_P + H_f + H_v \qquad (10\text{-}10)$$

则 H 和流量 M 的关系称为管路特性, 如图 10-4b 所示。

当系统达到平稳状态时, 泵的压头 H 必然等于 H_L, 这是建立平衡的条件。从特性曲线上看, 工作点 c 必然是泵的特性曲线与管路特性曲线的交点。

2. 离心泵的控制方案

工作点 c 的流量应符合预定要求, 它可以通过以下方案来控制。

（1）改变调节阀开启度, 直接节流 改变调节阀的开启度, 即改变了管路阻力特性, 图 10-5a 表明了工作点变动情况, 图 10-5b 所示的直接节流的控制方案得到广泛的应用。

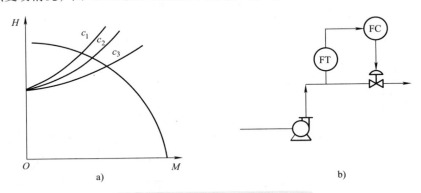

图 10-5 直接节流的控制流量方案

这种方案的优点是简便易行, 缺点是在流量小的情况下, 总的机械效率较低, 因此这种方案不宜使用在排出量低于正常值 30% 的场合。

（2）改变泵的转速 泵的转速发生改变, 就改变了其特性曲线形状, 图 10-6 表明了工作点的变动情况, 泵的排出量随着转速的增加而增加。

改变泵的转速以控制流量的方法有: 用电动机作原动机时, 采用电动调速装置; 用汽轮机作原动机时, 可控制导向叶片角度或蒸汽流量, 采用变频调速器; 也可利用在原动机与泵之间的联轴变速器, 设法改变转速比。

采用这种控制方案时, 在液体输送管线上不需装设调节阀, 因此不存在 H_v 项的阻力损耗, 机械效率相对较高, 在大功率的重要泵装置中, 有逐渐扩大采用的趋势, 但其所需设备费用亦高一些。

（3）通过旁路控制 旁路阀控制方案如图 10-7 所示, 可用改变旁路阀开启度的方法, 来控制实际排出量。这种方案颇简单, 而且调节阀口径较小。但亦不难看出, 对被旁路的液体来说, 由泵供给的能量完全消耗于调节阀, 因此总的机械效率较低。

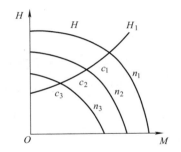

图 10-6 改变泵的转速以控制流量

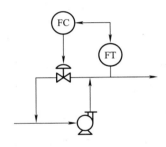

图 10-7 采用旁路以控制流量

10.3.2 容积式泵的控制

容积式泵有两类：一类是往复泵，包括活塞式、柱塞式等；另一类是直接位移旋转式，包括椭圆齿轮式、螺杆式等。

1. 容积式泵的特性

容积式泵的共同特点是泵的运动部件与机壳之间的空隙很小，液体不能在缝隙中流动，因此泵的排出量与管路系统无关。往复泵只取决于单位时间内的往复次数及冲程的大小，而旋转泵仅取决于转速。它们的流量特性大体如图 10-8 所示。

既然它们的排出量与压头 H 的关系很小，因此不能在出口管线上用节流的方法控制流量，一旦将出口阀关死，将产生泵损、机毁的危险。

2. 容积式泵的控制方案

（1）改变原动机的转速　此法与离心泵的调转速相同。

（2）改变往复泵的冲程　在多数情况下，这种控制冲程方法机构复杂，且有一定难度，只有在一些计量泵等特殊往复泵上才考虑采用。

（3）通过旁路控制　其方案与离心泵相同，是最简单易行的控制方式。

（4）利用旁路阀控制　利用旁路阀控制来稳定压力，再利用节流阀来控制流量，如图 10-9 所示。压力控制器可选用自力式压力控制器。这种方案由于压力和流量两个控制系统之间相互关联，动态上有交互影响，为此有必要把它们的振荡周期错开，压力控制系统应该慢一些，最好整定成非周期的控制过程。

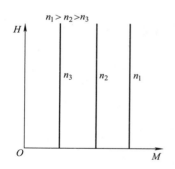

图 10-8　往复泵和旋转泵的特性曲线

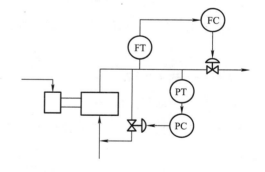

图 10-9　往复泵和旋转泵出口压力和流量控制

10.4　换热设备的自动控制

用以实现冷热介质热交换的设备称为换热设备，其种类较多，在供热与空调及燃气工程中，常用的换热设备有换热器、蒸汽加热器等。为了保证被加热的流体出口温度满足供热的要求，必须采用自动控制对其传热量进行调节。

10.4.1 换热器的自动控制

1. 换热器的传热特性

换热器是利用热流体放热从而加热冷流体的热设备。换热器的换热原理如图 10-10 所示。

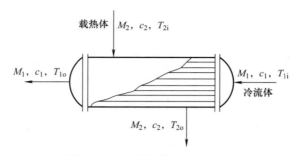

图 10-10　换热器的换热原理图

在传热过程中根据热平衡关系，冷流体吸收的热量等于热流体放出的热量，即

$$q_r = M_1 c_1 (T_{1o} - T_{1i}) = M_2 c_2 (T_{2i} - T_{2o}) \tag{10-11}$$

式中　q_r——传热速率（kW）；

　　　M_1——冷流体的流量（kg/s）；

　　　c_1——冷流体的比热容 [kJ/（kg·℃）]；

T_{1i}、T_{1o}——冷流体的进、出口温度（℃）；

　　　M_2——热流体的流量（kg/s）；

　　　c_2——热流体的比热容 [kJ/（kg·℃）]；

T_{2i}、T_{2o}——热流体的进口温度、出口温度（℃）。

在换热器的流量及入口温度确定以后，出口的温度与传热速率有关，可写为

$$q_r = K F_m \Delta T_m \tag{10-12}$$

式中　K——传热系数 [W/（m²·℃）]；

　　　F_m——传热面积（m²）；

　　　ΔT_m——平均传热温差，在逆流单程条件下的算术平均值为

$$\Delta T_m = \frac{(T_{2o} - T_{1i}) + (T_{2i} - T_{1o})}{2}$$

由式（10-11）可得换热器的冷流体出口温度为

$$T_{1o} = T_{1i} + \frac{M_2 c_2}{M_1 c_1} (T_{2i} - T_{2o}) \tag{10-13}$$

式（10-13）是换热器静态特性的基本规律，由此看出，可以通过改变流体的流量或平均温差的方法控制冷流体出口温度。

2. 换热器的常用自动控制方案

最常用的控制方案是把载热体作为调节参数。如果载热体的压力较平稳，则可以采用简单的自动控制系统，如图 10-11 所示。

当载热体利用冷流体回收热量时，它的总流量不易调节，可以将载热体分流一部分，以调节

冷流体的出口温度 T_{1o} ，一般采用三通阀进行分流。若将三通阀装在换热器入口处，则用分流阀，如图 10-12 所示。分流阀的优点是没有温度应力，缺点是流通能力较小。若将三通阀装在出口处，则用合流阀，如图 10-13 所示。合流阀的优点是流通能力较大，但在高温差时，管子的热膨胀会使三通阀承受较大的应力而变形，造成连接处的泄漏或损坏。

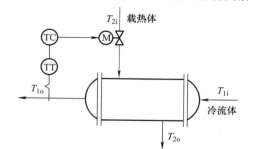

图 10-11　简单的换热器自动调节系统

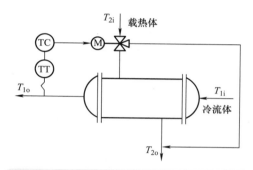

图 10-12　换热器用分流阀的自动调节系统

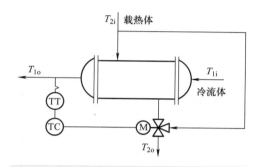

图 10-13　换热器用合流阀的自动调节系统

10.4.2　蒸汽加热器的自动控制

蒸汽加热器是利用蒸汽冷凝放热的一种加热器。在蒸汽加热器内，蒸汽冷凝，由气态变为液态，放出热量，传给冷流体。

1. 蒸汽加热器的传热特性

蒸汽加热器的换热原理如图 10-14 所示。

在传热过程中，冷流体获得的热量

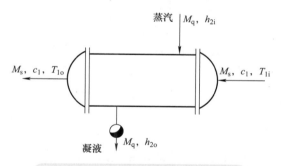

图 10-14　蒸汽加热器的换热原理图

$$q_r = M_s c_1 (T_{1o} - T_{1i}) \tag{10-14}$$

式中　q_r——传热速率（W）；

M_s——冷流体的流量（kg/s）；

c_1——冷流体的比热容 [J/（kg·℃）]；

T_{1o}——冷流体的出口温度（℃）；

T_{1i}——冷流体的进口温度（℃）。

因为载热体蒸汽由汽变液发生相变，放出潜热。如果它在进口处的热焓为 h_{2i} ，出口处的热焓为 h_{2o} ，则载热体放出的热量为

$$q_r = M_q(h_{2i} - h_{2o}) \tag{10-15}$$

式中　　q_r——热量（W）；

　　　　M_q——蒸汽流量（kg/s）；

　　　　h_{2i}——蒸汽进口处的热焓（J/kg）；

　　　　h_{2o}——蒸汽出口处的热焓（J/kg）。

如果进入加热器时是饱和状态的蒸汽，排出时是同温度下的凝结液，那么 Δh 就近似等于它的汽化热 r，而在热焓的变化中，汽化热热量要比显热量大得多。在100℃时，水的比热容为 1.07×10^3 J/(kg·℃)，蒸汽的比热容为 0.45×10^3 J/(kg·℃)，而汽化热为 539.4×10^3 J/kg。根据式（10-14）与式（10-15）可得

$$M_q r = M_s c_1 (T_{1o} - T_{1i}) \tag{10-16}$$

传热量

$$q_r = K F_m \Delta T_m \tag{10-17}$$

上两式中　　M_q——蒸汽流量（kg/s）；

　　　　　　r——蒸汽的汽化热（J/kg）；

　　　　　　K——加热器的传热系数 [W/(m²·℃)]；

　　　　　　F_m——加热器的换热面积（m²）；

　　　　　　ΔT_m——平均温差（℃）；

　　　　　　q_r——加热器的传热量（W）。

当传热面积有余量时，蒸汽凝结后继续过冷。由于凝结传热的传热系数要比单相过冷时的对流传热系数大得多，因此凝结放出的热量也比单相过冷时放出的热量大得多。

蒸汽加热器的被控变量是冷流体的出口温度 T_{1o}，常用的控制方法有两种：一是将调节阀装在蒸汽入口管线上，改变进入加热器的蒸汽流量；二是将调节阀装在凝结液出口管线上，改变冷凝的有效面积。

蒸汽加热器的对象特性比较复杂，利用响应曲线法可得到如图 10-15 的特性曲线，其中图 10-15a 为调节通道，图 10-15b 为干扰通道。为了处理问题方便，一般按一阶非周期环节加纯滞后环节处理。

2. 蒸汽加热器的自动控制方案

调节蒸汽流量是一种最常用的调节方案，如图 10-16 所示。如果由于干扰作用的影响，使加热器的冷流体出口温度 T_{1o} 低于设定值，则调节器根据偏差而动作，控制调节阀开大，加热的蒸汽流量 M_2 增加，调节阀阀后压力也增加。由于饱和蒸汽的温度和压力是一一对应的，所以 T_{2i} 会增加，使传热平均温差增大，导致传热量增加，从而使 T_{1o} 上升，并恢复到设定值。

调节蒸汽流量的过程中，加热器传热面积不变，传热系数 K 也基本维持不变，因此传热量的改变主要通过改变传热平均温差来实现的。一般来说，这种控制比较灵敏。

如果阀前蒸汽压力有波动，且变化较频繁，将影响控制品质。当满足不了工艺要求时，则可对总管压力进行控制来稳压。通常采用出口温度对阀后压力的串级自动控制系统（见图 10-17），或者采用出口温度对蒸汽流量的串级自动控制系统（见图 10-18）。

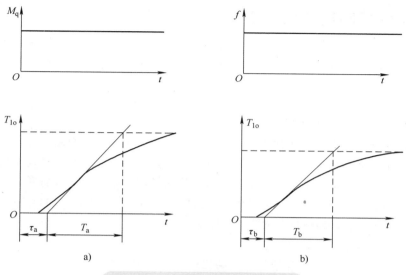

图 10-15 蒸汽加热器的响应曲线

a) 调节通道 b) 干扰通道

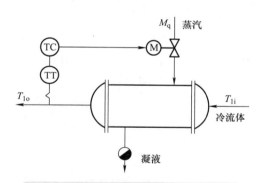

图 10-16 蒸汽加热器的常用自动控制

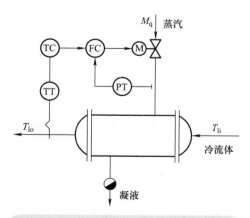

图 10-17 出口温度对阀后压力的串级自动
控制系统

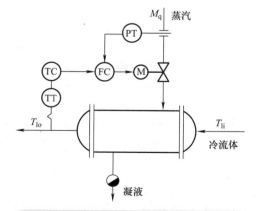

图 10-18 出口温度对蒸汽流量的串级自动
控制系统

10.5　集中供热的自动化系统

集中供热系统是为了满足热用户的用热需要，节约热能并合理地利用热能，为此应设置自动检测与控制系统。集中供热系统的自动检测与控制应根据热源、热交换站及热力入口的装置等采用不同的自动化系统。

10.5.1　集中热交换站的自动化系统

以区域锅炉房作为热源的城市集中供热系统，区域锅炉房内一般都装置大容量、高效率的蒸汽锅炉或热水锅炉，向城市各类用户供应生产和生活用热。工矿企业的大多数工艺设备是以蒸汽作为供热介质，为此，一般采取在锅炉房内装置蒸汽锅炉向厂区供应蒸汽的形式。当供暖、通风等季节性热负荷由热水系统供热时，可在锅炉房内装置蒸汽 - 水加热器来加热热水网路的循环水，或同时装置热水锅炉，直接加热热水网路的循环水。

1. 蒸汽锅炉房内设置集中热交换站

在蒸汽锅炉房内设置集中热交换站的自动化系统如图 10-19 所示。蒸汽锅炉产生的蒸汽，先进入分汽缸，然后向生产工艺和热水用户供热。一部分蒸汽由蒸汽管送出蒸汽，作为工艺用热；另一部分蒸汽通过减压器后，进入汽水加热器将网路回水加热，供应供暖、通风用热设备的所需热量。蒸汽网路及加热器的凝结水，分别由凝水管道送回凝结水箱。

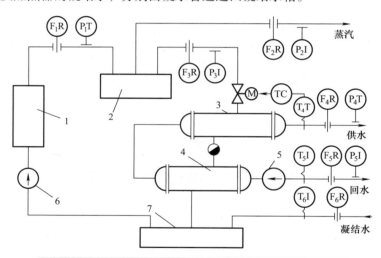

图 10-19　蒸汽锅炉房内设置集中热交换站自动化系统图

1—锅炉　2—分汽缸　3—蒸汽 - 水交换器　4—二次换热器　5—热网循环水泵　6—给水泵　7—凝结水箱

集中热交换站的自动化系统包括：输入的蒸汽压力 p_1 和流量 M_1 的自动检测；工艺用蒸汽的压力 p_2 和流量 M_2 的自动检测；加热器用蒸汽的压力 p_3 和流量 M_3 的自动检测；采暖供水的温度 T_4 和流量 M_4 的自动检测；采暖回水的温度 T_5 和流量 M_5 的自动检测；凝结水温度 T_6 和流量 M_6 的自动检测等部分。

集中热交换站的自动化系统可对锅炉蒸汽、工艺用汽的压力及流量，供暖热水的供水及回水的压力、温度和流量进行自动检测，在控制室集中显示，并调节进入加热器的蒸汽量对热水的供水温度进行自动控制，以满足供暖、空调及通风用热的要求，同时对蒸汽、热水的用量进行计量，从而实现科学化的管理。

2.热水锅炉房内设置集中热交换站

在热力站内设置混水泵，抽引供暖网路的回水与外网的供水混合后，再送往各热用户。供水通过过滤器后，进入水 - 加热器，被加热后的热水经热水管路送出。

热水锅炉房内设置的集中热交换站自动化系统应设置必要的检测、自动调节与计量装置。在一次网的供水管路及回水管路上安装压力、温度和流量检测与记录仪表，可检测供水量、回水量，同时计量漏水量。在二次侧生活热水管路上安装压力、温度及流量的检测仪表；在二次侧供暖热水管路上安装温度、压力流量的检测仪表及计量供暖系统供热量的仪表，如图 10-20 所示。

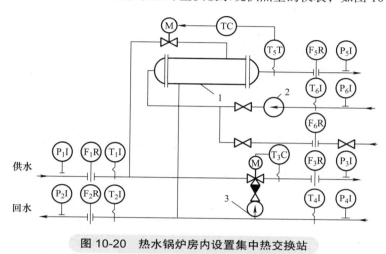

图 10-20　热水锅炉房内设置集中热交换站

1—换热器　2—循环水泵　3—回水泵

10.5.2　集中供热的热力站自动化系统

集中供热系统的热力站是城市供热网路向热用户供热的连接场所，它具有调节送往热用户的热媒参数以及实现能量转换和计量的作用。根据热力站的位置可分为局部热力点、集中热力站和区域性热力站，相应地有局部热力点自动化系统、集中热力站自动化系统和区域性热力站自动化系统。

1.局部热力点自动化系统

局部热力点自动化系统如图 10-21 所示。它设置在单幢建筑用户的地沟热力入口或该用户的地下室或底层处。局部热力点的自动化系统设置了供水压力与温度的检测、系统回水压力与温度的检测、供暖系统的热量计量等，另外自动化系统能够根据室外温度调节供暖系统循环水流量，从而控制供暖供热量，维持室内温度基本恒定。

在供水管上装二次水泵进行混合的直接连接入口装置自动化系统，如图 10-22 所示。

这种直接连接的入口装置形式一般用于入口供水管压力不够的情况。由于装有减压阀和流量调节阀，因此可使供暖系统免受外网压力的影响，又可使温度调节阀前后的压差保持稳定，改善

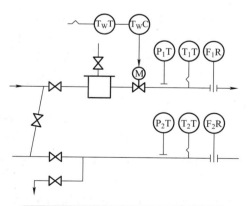

图 10-21　局部热力点自动化系统图

其控制性能。溢流阀是防止在减压阀失效的情况下用户系统压力增高并超过其允许的界限。供暖系统的供水温度是依靠安装在回水管上的调节阀调节流量来实现的。自动化系统的热量计 QR 用来计量供热量。

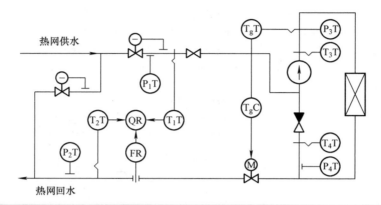

图 10-22　供水管上装二次水泵进行混合的直接连接入口装置自动化系统框图

间接连接式入口装置自动化系统如图 10-23 所示。

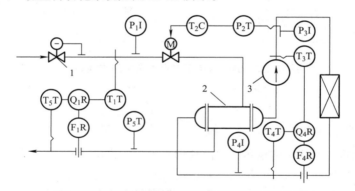

图 10-23　间接连接式入口装置自动化系统图

1—压力调节器　2—换热器　3—水泵

该自动化系统包括热网供水和回水的压力、温度的检测及供热量的检测与记录，供暖系统的供水与回水的温度、压力的检测和供暖系统供水温度的自动控制系统。当供水温度高于设定值时，调节器通过调节阀将流经加热器的介质流量减小，同样，当供水温度较低时，开大流经加热器的介质流量，从而实现供水温度的自动控制。

2. 集中热力站自动化系统

集中热力站是供热网路向一个街区或多幢建筑物分配、调节与计量热能的场所。

在热力站内设置混合水泵，将供暖网路的回水与外网的供水混合后，再送往各热用户。供水通过过滤器后，进入水 - 水加热器，被加热后的热水经热水管送出。

集中热力站的自动化系统设置了必要的检测、自动调节与计量装置。在外网的供水管路及回水管路上安装了压力、温度和流量检测与记录仪表，可检测供水量、回水量，并能计量漏水量。在生活热水管路上安装了压力、温度及流量的检测仪表；在采暖热水管路上安装温度、压力流量的检测仪表及计量采暖系统供热量的仪表，如图 10-24 所示。

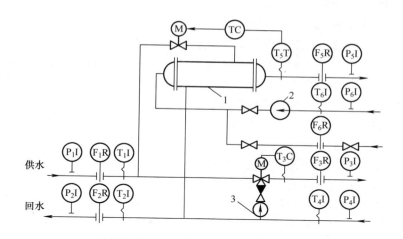

图 10-24 集中热力站自动化系统图

1—换热器　2—循环水泵　3—回水泵

3.区域性热力站自动化系统

区域性热力站是指在城市大型供热网路干线与分支干线连接点处的热力装置。区域性热力站自动化系统如图 10-25 所示，图中供热干线由双热源从不同方向进行供热，在正常运行时，关闭双段阀门及分支干线同一侧的截断阀门可进行供热。当一侧的热源或主干线发生事故时，可切换至由另一侧热源供热。区域性热力站内的混水泵抽引分支干线中的回水，可以较大幅度地调节分支干线的供水温度，而不受热源规定水温调节曲线的制约。温度调节器根据分支干线的供水温度控制混水泵的抽引水量，从而实现供水温度的自动控制。

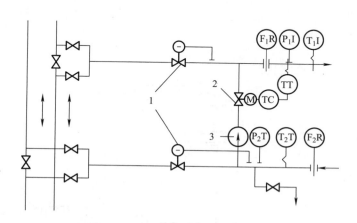

图 10-25 区域性热力站自动化系统图

1—压力调节器　2—调节阀　3—混水泵

在热力站的分支管路上，还应设置分支供水温度、压力和流量的检测仪表，在分支回水管上也应设置压力、温度和流量的检测仪表，进行自动检测和计量。

10.6 供热系统的监控

供热系统是通过热媒（如热水或蒸汽）向具有多种热负荷形式需求的用户提供热能的系统。由于供热系统在实际运行期间，其热负荷的大小受到气候条件的影响，并非一成不变。其中生产工艺用热和生活用热与气候条件的关系不大，其变化较小，属于常年热负荷。供热通风空调系统的热负荷与气候条件（如室外温度、湿度、风速、风向及太阳辐射强度等）密切相关，尤其是室外温度起着决定性作用，变化较大，属于季节性热负荷。

因此，对于供热系统不但要求设计正确，而且需要设置相应的控制系统，使得供热系统在整个实际运行期间，能够按照室外气象条件的变化，实时调节供热系统的热负荷（尤其是季节性热负荷）大小。这样既确保供热系统输出的热负荷与用户需求的热负荷匹配、室温达标，提高供热质量，又实现供热系统的经济运行、节能降耗。供热监控系统的任务是对整个供热系统的运行热工参数、设备的工作状态等进行监控，监控重点在于向供热、空调、通风系统供应热能的供热系统，监控对象主要包括热源、热力站、热力管网等。其中热源部分主要由锅炉和换热器组成，锅炉及其相关设备的监控内容见 9.7 节，这里不再赘述。本章主要介绍换热器和供热管网的监控。

10.6.1 换热器的监控

换热器的作用是将一次蒸汽或高温水的热量交换给二次网的低温水，供供暖空调、生活用。热水通过水泵送到分水器，由分水器分配给供暖空调与生活系统，供暖空调的回水通过集水器集中后，进入换热器加热后循环使用。热交换站计算机监控系统的主要任务是保证系统的安全性，对运行参数进行测量和统计，根据要求调整运行工况。

1. 蒸汽-水换热器的监控

对于利用大型集中锅炉房或热电厂作为热源，通过换热站向小区供热的系统来说，换热站的作用就同供暖锅炉房一样，只是用换热器代替了锅炉来输出热量。图 10-26 为蒸汽 - 水换热器的监控原理图。热交换站的监控对象为换热器、供热循环水泵、分水器和集水器。蒸汽 - 水换热器的监控功能包括换热器一次侧、二次侧热媒（蒸汽和循环热水）的温度、流量、压力的实时检测及二次侧出水温度的自动控制。

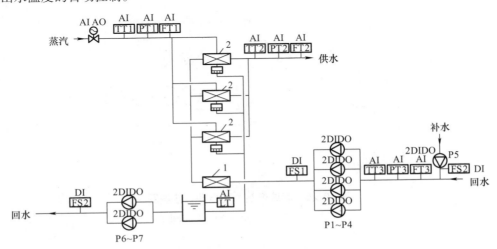

图 10-26 蒸汽 - 水换热器的监控原理图

TT—温度变送器　PT—压力变送器　FT—流量变送器

1—热水换热器　2—蒸汽换热器

监测内容有：

1）换热器的蒸汽温度 TT1、流量 FT1 及压力 PT1。

2）供水温度 TT2、流量 FT2 及压力 PT2。

3）空调供暖回水温度 TT3、流量 FT3 及压力 PT3。

4）凝结水箱的水位监测 LT。

控制内容如下：

（1）供水温度的自动控制　根据装设在热水出水管处的温度传感器 TT2 检测的温度值与设定值之偏差，以比例积分控制规律自动调节蒸汽侧电动阀的开度。蒸汽电动阀实际上是控制进入换热器的蒸汽压力，从而决定了冷凝温度，也就确定了供热量。

（2）换热器与循环水泵的台数控制　通过实时检测循环热水流量和供／回水的温度，确定实际的供热量，用户侧的供热量 Q 为

$$Q = q_m c_p (t_g - t_h) \tag{10-18}$$

式中　Q——供热量（W）；

q_m——热水质量流量（kg/s）；

c_p——比定压热容 [J/（kg·℃）]；

t_g、t_h——用户侧供、回水温度（℃）。

根据室外温度（前24h）的平均值，利用供热系统的运行曲线图，得到以下指标：

1）实际运行所要求的供水温度。

2）循环热水流量值。

3）蒸汽换热器以及循环水泵运行台数。

4）供水温度的设定值。供水温度 t_g 的设定值可由调整后测出的循环水量 q_m、要求的热量 Q 及实测回水温度 t_h 确定，其公式为

$$t_g = t_h + Q / (c_p q_m) \tag{10-19}$$

随着供水温度 t_g 的改变，回水温度 t_h 也会缓慢变化，从而使要求的供水温度同时相应地改变，以保证供热量与需热量设定值一致。蒸汽计量可以通过测量蒸汽温度 t_q（TT1）、压力 p_q（PT1）和流量 FT1 实现，流量计可以选用涡街流量计，它测出的流量为体积流量，通过 t_q 和 p_q 由水蒸气性质表可查出相应状态下水蒸气的比体积 ν，从而由体积流量换算出质量流量。为了能由 t_q 和 p_q 查出比体积，要求水蒸气为过热蒸汽。为此将减压调节阀移至测量元件的前面，这样即使输送来的蒸汽为饱和蒸汽，经调节阀等焓减压后，也可成为过热蒸汽。

（3）补水泵的控制　实时检测回水压力 PT3 的大小，自动控制补水泵的起停，及时对热水循环系统进行补水。

（4）水泵运行状态显示及故障报警　采用流量开关 FS1、FS2、FS3 分别作为热水水泵、凝结循环水泵与补水泵的运行状态显示，水泵停止时电动阀自动关闭。采用泵的主电路热继电器辅助触点作为故障报警信号，当水泵有故障时，自动起动备用泵。

蒸汽 - 水换热器传热量的控制方法如下：

如果一次侧蒸汽的压力较平稳，则一般以供水温度 TT2 作为被控参数，蒸汽流量 FT1 作为操

作量，可采用简单控制系统对换热器的传热量进行控制，如图 10-27 所示。自动控制系统实时检测换热器的出水温度，送至温控器与工艺设定值进行比较，将偏差进行比例积分控制运算，输出控制指令给蒸汽流量调节阀，自动地改变阀门的开度，即改变进入换热器的蒸汽流量，以改变换热器的加热量，控制出水温度，满足工艺设定值的要求。

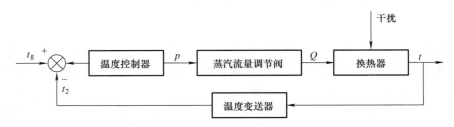

图 10-27　蒸汽 - 水换热器的简单控制系统原理图

如果一次侧蒸汽的压力波动较大，将影响简单控制系统的控制品质，满足不了供热工艺对供水温度设定值的要求。因此，需设置供水温度 - 蒸汽压力串级控制系统，如图 10-28 所示。供水温度 - 蒸汽压力串级控制系统因为增加了副回路调节（蒸汽流量调节回路），能够及时克服蒸汽压力波动等因素对控制系统的影响，具有一定的自适应特性，具备了超前调节的功能。主回路温度控制器的定值调节作用与副回路流量控制器的随动调节作用相互配合、协调工作，克服内、外干扰，动态地适应被控对象特性、负荷及操作条件的变化，较好地解决供水温度简单控制系统控制品质下降的问题，确保了串级控制系统在新的工作状态点上、新的负荷和操作条件下，仍然具有较好的控制性能，满足供热工艺的要求。

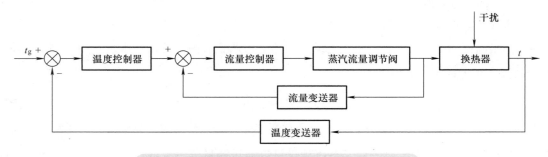

图 10-28　蒸汽 - 水换热器的串级控制系统原理图

2. 水-水换热器的监控

图 10-29 为水 - 水换热器的监控原理图。热交换站的监控对象为换热器、供热水泵、分水器和集水器。

（1）主要检测内容　一次热媒侧供、回水温度 t_1（T1）、t_5（T5）；二次热水流量 q_{m2}（F1）、热水供水温度 t_2（T2）、回水温度 t_3（T3）；供回水压差（PdT）；供热水泵工作、故障及手 / 自动状态。

（2）控制内容

1）根据装设在热水出水管处的温度传感器 T3 检测的温度值与设定值之偏差，以比例积分控制方式自动调节一次热媒侧电动阀的开度 V1。

2）PdT 测量供回水压差，控制其旁通阀的开度 V13，以维持压差设定值。

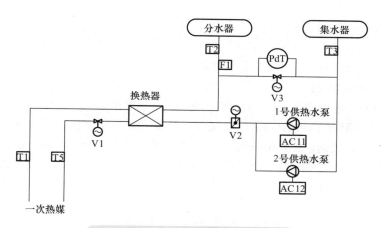

图 10-29　水 - 水换热器监控原理图

3）根据二次侧供水温度、回水温度和流量（F1），计算用户侧实际耗量。根据室外温度（前24h）的平均值，利用供热系统的运行曲线图，得到实际运行所要求供水温度的大小，计算出循环热水流量的多少，并进行供水温度的再设定。由于高温水温差大、流量小，如果将流量计装在高温侧可降低成本。二次侧的循环水流量计算公式为

$$q_{m2} = q_{m1} \frac{t_1 - t_5}{t_2 - t_3} \qquad (10\text{-}20)$$

4）供热泵停止运行，一次热媒电动调节阀关闭。

5）根据排定的工作序表，按时起停设备。

水 - 水换热器 DDC 计算机监控图如图 10-30 所示，表 10-1 为 DDC 外部线路表。测量高温水侧供回水压力可了解高温侧水网的压力分布状况，以指导高温侧水网的调节。在实际工程中，高

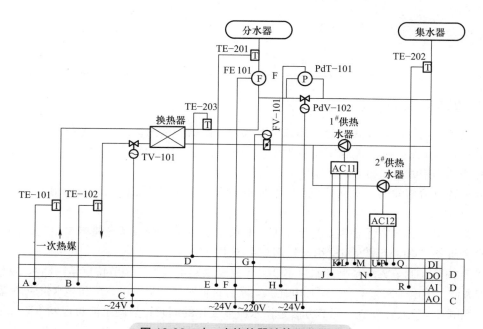

图 10-30　水 - 水换热器计算机监控图

温水网侧的主要问题是水力失调，由于各支路通过干管彼此相连，一个热力站的调整往往会导致邻近热力站流量的变化。另外，高温水侧管网总的循环水量也很难与各换热站所要求的流量变化相匹配，于是往往造成室外温度降低时各换热站都将高温侧水阀 TV-101 开大，试图增大流量，结果距热源近的换热站流量得到满足，而距热源远的换热站流量反而减少，造成系统严重的区域失调。解决这种问题的方法就是采用全网的集中控制，由管理整个高温水网的中央控制管理计算机统一指定各热力站调节阀 TV-101 的阀位或流量，各换热站的域控制单元（DCU）则仅是接收通过通信网送来的关于调整阀门 TV-101 的命令，并按此命令进行相应的调整。高温水侧管网的集中控制调节将在 10.6.2 节中详细介绍。电动蝶阀 FV-101 可控制水路的通断，当多台换热器并联工作时，电动蝶阀还起着台数控制作用。

表 10-1　DDC 外部线路表

代号	用途	状态	导线数量	代号	用途	状态	导线数量
A	一次热媒侧供水温度	AI	2	J	1 号供热水泵 起停控制信号	DI	2
B	一次热媒侧回水温度	AI	2	K	1 号供热水泵 工作状态信号	DI	2
C	一次热媒电动调节阀	AO	4	L	1 号供热水泵 故障状态制信号	DI	2
D	换热器供水温度	AI	2	M	1 号供热水泵 手/自动转换信号	DI	2
E	热水供水温度	AI	2	N	2 号供热水泵 起停控制信号	DI	2
F	换热器供水 流量信号	AI	2	O	2 号供热水泵 工作状态信号	DI	2
G	换热器电动蝶阀	DI、DO	5	P	2 号供热水泵 故障状态制信号	DI	2
H	换热器供回水 压差信号	AO	2	Q	2 号供热水泵 手/自动转换信号	DI	2
I	换热器供水旁路 电动调节阀	AO	4	R	热水回水温度	AI	2

10.6.2　供热管网的集中控制

集中供热管网可以分成两部分：热源至各热力站间的一次网，热力站至各用户的二次网。后者的控制调节已在前面讨论，本节讨论热源至各热力站间的一次网的监控管理。

1. 按供热面积收费体制下热网和热源的调节方法

热源至各热力站间的一次网调节，其热网调节方案在现有的按面积收费体制下，调节方法分为以下几种：

（1）量调节　调节方法是供水温度不变，只改变水流量。调节特点是减少电耗，但由于室外温度的改变而改变热网流量，将会引起热用户系统水力失调。

（2）质调节　调节方法是循环水量不变，仅改变供回水温度。调节特点是网路水力稳定性好，运行管理方便。但由于水量不变，增加电耗；当水温过低时，对暖风机系统和热水供应系统均不利。

（3）阶式质-量综合调节　调节方法是供水温度变化的同时，热网水流量也发生阶段变化（介于质调与量调之间）。该方法具有量调节与质调节两种方法的特点可以满足最佳工况要求。

（4）间歇调节　调节方法是不改变热网水流量和供水温度，而改变每天的供热时数来调节供热量。调节特点是建筑物（用户）应有较好的蓄热能力。

从技术角度看，热网运行做到正常供热，需保证以下两点：

（1）流量分配均匀　在初调节时把整个热网的水流量分配调整到用户所要求的设计流量，即流量按供热面积分配均匀即可。

（2）保证合适的供水温度　对于一次网，由热源处根据室外温度的高低来控制热源出口的供水温度；对于二次网，只要热力站设计及初调节合理，在一次网供水温度调节适当的情况下即可保证二次网的合适供水温度。

按供热面积收费体制下热网和热源的调节方案，用户不能自主地调节自己的供热量，因此在正常供热的情况下，热源的总供热量仅仅和室外温度有关。热源调节主动权在供热公司，它可以主动地调节、控制热网的流量和供水温度，即供热量，其调节的原则就是流量按供热面积均匀分配，控制手段是根据室外温度控制好供水温度，其总供热量是可以预先知道并且由其控制。控制算法可以采用 PI 算法，也可以采用预测控制或者智能控制方法。

2. 热计量体制下的调节方法

随着我国供热与用热制度改革和国民用热观念的改变，热量由福利转变为商品，归用户自行调控、使用，并且按照实际用热量进行收费（类同于水电的计量收费），已成为我国供热/用热的发展趋势。同时，为了实现建筑节能的目标和用热量的合理收费，调动供热/用热两方面的积极性，促进供热事业的发展，要求采用依据热量计量收费这一新的收费体制。

（1）热量计量下用户的调节方法和特点　每一户都安装热量计和温控阀，用户将根据自己的需求调节温控阀来控制室内温度。例如夜间的客厅、无人居住的房间均可以调低温度，以减少供热量、降低供热费用，从而调动了用户节能的积极性。这种调节本质上是通过调节散热器的流量大小来调节散热器的供热量多少，从而控制室温。当用户需要调节室温时开大或关小温控阀，这时通过该用户散热器的热水流量就要发生变化。当众多用户调节自己的流量后，整个热网的流量和供热量也将随之变化，而这个流量和供热量的变化是供热公司和热源处无法控制和预知的。也就是说，调节的主动权掌握在分散的众多用户手中，而供热公司和热源处变为被动的适从者。

（2）依据热量计量收费后热网调节方案　热网调节的原则是在保证充分供应的基础上尽量降低运行成本。为保证充分供应，就要保证在任何时候用户都有足够的资用压头。为此可以采用以下两种控制方法：

1）供水定压力控制。把热网供水管路上的某一点选作压力控制点，在运行时使该点的压力保持不变（该点并不是热网的恒压点）。例如，当用户调节导致热网流量增大后，压力控制点的压力必然下降，这时调高热网循环水泵的转速，使该点的压力又恢复到原来的设定值，从而保持压力控制点的压力不变。

2）供回水定压差控制。把供热网某一处管路上的供回水压差作为压差控制点，保持该点的供回水压差始终保持不变。例如，当用户调节导致热网流量增大后，压差控制点的压差必然下降，调高热网循环水泵的转速，使该点的压差恢复到原来的设定值，从而保持压差控制点的压差不变。

无论哪种控制方法，都要做到以下两点：

1）正确选择控制点的位置和设定值。控制点位置及设定值大小的选择主要是考虑降低运行能耗和保证热网调节性能的综合效果。在设定值大小相同的条件下，控制点位置离热网循环泵出口越近，滞后越小，调节能力越强，但越不利于节约运行费用；离热网循环泵出口越远，情况正好相反。在控制点位置确定的条件下，控制点的压力（压差）设定值取得越大，越能保证用户在任何工况下都有足够的资用压头，但运行能耗及费用也就越大；反之，若取值过低，运行能耗及费用虽然较低，但有可能在某些工况下保证不了用户的要求。

2）供水温度的调节方法、供水温度和控制点的设定值根据具体工程而定。

3. 直连网的调节

（1）供水压力控制　供水采用定压力控制的方法，即将供水管路上的某一点选作压力控制点，在运行时保证该点的压力不变。例如，当用户调节导致热网流量增大后，压力控制点的压力必然下降。这时调高热网循环水泵转速，使该点的压力又恢复到原来的设定值，从而保持压力控制点的压力不变。该方法的关键点是选择压力控制点及设定值。定压点压力由定压装置控制，不是由循环水泵转速调节。

供水压力控制方法有资用压头相同和资用压头不相同两种情况。

1）各个用户所要求的资用压头相同（图 10-31）。其特点是为保证在任何时候都能满足所有用户的调节要求，把压力控制点确定在最远用户 n 的供水入口处。该用户供水入口处的压力设定值 p_n 为

$$p_n = p_0 + \Delta p_r + \Delta p_y \tag{10-21}$$

式中　p_0——热源恒压点的压力值，设恒压点在循环泵的入口；

　　　Δp_r——设计工况下，从用户 n 到热源恒压点的回水干管压降；

　　　Δp_y——用户的资用压头。

2）各用户所要求的资用压头不相同，此时压力控制点的选择比较复杂。原则上应根据式（10-21）计算出所有用户的 p_n，然后选其中具有最大 p_n 的用户供水入口处为压力控制点。图 10-32 所示为在设计工况下的水压图，用户 2 要求资用压头最大，用户 3 最小。应选最远用户 4 的入口压力为控制压力点（p_n 最大）。但在实际情况中，比较难以确定哪一个用户的 p_n 最大。从设计数据中可以知道各用户的设计流量、热网管径及长度，从而算出各用户的 p_n，但由于热网施工安装、阀门开度大小等实际因素的影响，管路的实际阻力系数并不等于设计值，因最大 p_n 并非实际上最大。一般来讲，如果最远用户所要求的资用压头最大，则把最远用户供水入口处作为压力控制点；否则可以把压力控制点设置在主干管上离循环泵出口约 2/3 处附近的用户供水入口处，其设定值大小为设计工况下该点的供水压力值，这是一种经验性质的确定方法。

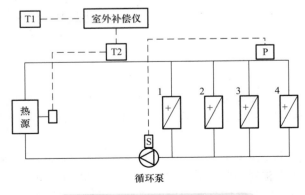

图 10-31　直连网压力控制原理图

T1—室外温度传感器　T2—供水温度传感器

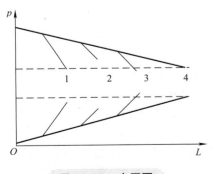

图 10-32　水压图

p—压力　L—距离

（2）压差控制方法　压差控制方法的原理如图 10-33 所示。如同供水压力控制点的原理一样，当各个用户所要求的资用压头相同时，压差控制点可以选在最远用户处；当各用户所要求的资用压头不相同时，压差控制点选在要求资用压头最大的用户处，其压差设定值为所要求的最大资用压头，如图 10-32 中的用户 2 资用压头最大，则取用户 2 作为压差控制点，其资用压头即为压差设定值。

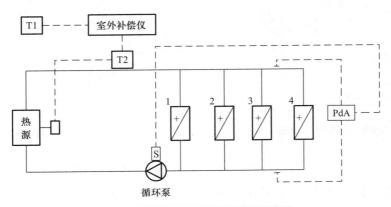

图 10-33　直连网压差控制原理图

（3）热源供水温度　热量计量供热条件下，热源供水温度的调节方案是热源的供水温度仍随室外温度变化而变化，相当于原来的质调节。例如，当室外温度升高时，控制热源的加热量以降低供水温度。当室外温度较高时，如果热网的供水温度较低，就满足不了生活热水用户对热水的要求。因此应保证热网的供水温度不低于 60℃。

（4）热源总流量的调节　热源总流量的控制系统也就是供水压力控制（或压差控制）系统。热源处循环泵的总流量用变频控制，根据压力控制点的压力变化而控制变频泵的转速。假如调小用户 1、2 的流量，导致压力控制点（例如 P）的供水压力升高，该压力值的升高反馈给循环泵，使泵的转速降低，一直降到压力控制点的压力值到设定值为止，这样，就可以保证压力控制点的供水压力值不变。

4. 间连网的调节

间连网不同于直连网，其一次网和二次网的调节方案不同。

（1）二次网的调节　压力控制和压差控制的原理相似，这里仅以压力控制为例进行说明。把间连网的换热站看成一个热源，这样间连网的每一个二次网就相当于一个独立的直连网，如图 10-34 所示，则二次网的调节中关于控制点位置及设定值大小的选取也就与直连网相同。两者的差别在于换热站二次网供水温度控制。设换热站的换热面积不变，当换热站所带的其中一个用户调节流量后，换热器的二次侧流量发生变化，但换热器的一次侧流量、供水温度并没有发生变化，这样，若换热器没有温度调节手段，换热器的二次侧供水温度就要随之发生变化。当二次网的供水温度发生变化后，对没有进行调节的用户，虽然其散热器流量没有变化，但室内温度也要发生变化，这是不希望发生的。因此二次网供水温度只能与室外温度有关，而不应当随用户调节流量而有所改变。这样，换热站二次网的供水温度由该站的一次网调节阀 V1 控制，调节该站一次网阀门 V1 使二次网的供水温度保持在所需值，如图 10-35 所示。

（2）一次网的调节　把换热站看作一次网的一个用户，由上述二次网供水温度的调节要求可知，一次网调节阀 V1 的调节，使一次网也成为变流量运行而不是定流量运行。这样一次网的调节、热源的调节方案完全与直连网相同。需要特别指出，间连网的一次、二次网在水力工况上是相互独立的，因此需要分别在一次、二次网上设置控制点和变频泵，以便分别进行调节控制。

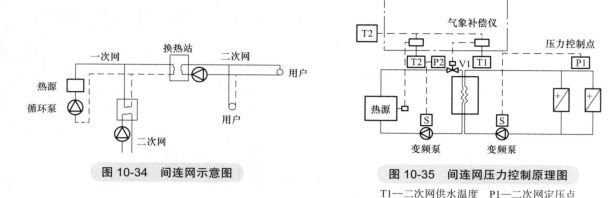

图 10-34　间连网示意图

图 10-35　间连网压力控制原理图

T1—二次网供水温度　P1—二次网定压点
P2——次网定压点　T2——次网供水温度

图 10-36 为间连网的现场控制器控制功能图，它由三个控制系统组成。监控内容如下：

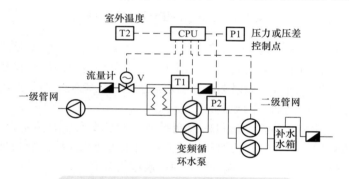

图 10-36　间连网现场控制器控制功能图

1）供水温度的控制。根据室外温度设定二次管网侧的供水温度，通过调节一次管网侧的流量来控制。室外温度传感器将室外温度转变成电信号，通过模拟量输入（AI）通道输入现场控制器，根据预先设置好的算法算出二次管网侧的供水温度 t_1，并将控制信号通过模拟量输出（AO）通道传送给一级管网侧的流量调节阀 V，调整其开度，从而达到控制二级管网供水温度的目的。

2）二次管网的流量控制。二次管网侧的循环水泵采用变频水泵。在二级管网侧选一压力或压差控制点，在此点装一压力或压差传感器，此传感器将压力或压差数值 p_1 转变为电信号，通过模拟量输入（AI）通道输入现场控制器，再根据此数值与设定值的偏差及转速公式算出转速，并通过模拟量输出（AO）通道控制变频水泵的转速。

3）系统定压控制。由于系统循环水是变流量，补水水泵也宜采用变频泵，补水水泵的定压点设置在循环水泵的入口处，由压力传感器测得的数值 p_2 传送给现场控制器，将其与设定值比较，根据偏差及转速公式，缓慢改变补水水泵转速，使定压点的数值恢复到设定值，保证系统的稳定运行。

5. 混连网的调节

混连网压力控制原理如图 10-37 所示。

（1）控制点的位置及设定值　间连网的一次、二次网水力工况相互独立、互不干扰，但混连网的一次、二次网水力工况并不相互独立，因此混连网的压力控制点位置和控制压力值的选取不能像间连网那样在一次、二次网分别设置，而应该只设置一套压力控制点和控制值。此时可以不考虑混连网中的混连站而与直连网一样设置一套压力控制点和控制值。

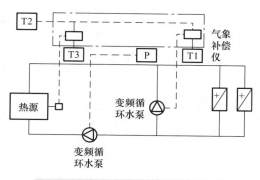

图10-37　混连网压力控制原理图

（2）混连站出水温度及其流量的调节　混连站出水温度与混水比有关，当某一用户调节其流量后，混连站的出水温度 t_1 即发生变化，为保证出水温度仅与室外温度有关而不随用户的调节而变化，此时调节混水泵的转速，使出水温度达到要求。总之，混连网的压力控制点 P 的压力值由热源处变频循环泵的转速所控制，而混连站的出水温度由变频混水泵的转速调整。

10.6.3 集中供热检测与控制系统的通信

通信是整个供热监测与控制系统联络的枢纽，各个换热站、热源、管道监控点和给水泵站通过通信系统形成一个统一的整体。为了实现运行数据的集中监测、控制、调度，必须监测连接所有监控点的通信网络。

由于供热网在城市中分布面广，控制系统一定会涉及城域网数据通信的问题。要实现城域网通信，常用的方法有以下几种：

1. 专线通信

专线通信即在敷设供热管道时，同时敷设专用通信线路（光纤或普通双绞线），既可用于专线数据通信，又可用于内部电话。

（1）电流环通信　该通信方式采用普通双绞线作为通信介质，利用线路中电流的有无传递信息，由于电流环路中传输的是通断信号，因而其抗干扰能力比较强；该通信方式在 10km 以内的速率为 300~1200bit/s。图10-38所示为电流环通信系统原理图。

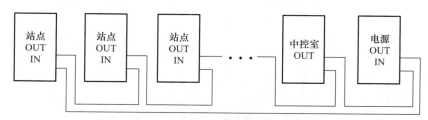

图10-38　电流环通信系统原理图

（2）光纤局域网　该种通信方式对于新建项目较为适用，在一次管网敷设期间，沿主干线布好光纤，建立企业自己的通信网络，利用光纤可直接进行基带式数据通信，可以达到高速、实时的控制效果。这种通信方式传输稳定、抗干扰能力极强，适合高速网络和骨干网，基本上没有运行费用，但初投资较高，具体根据主干网结构和距离分析。

2. 间接通信

利用现有电信网络、有线电视传输网和供电网进行通信。

图 10-39 所示为公共电信间接通信系统原理图，不同间接通信方式的特点比较列在表 10-2 中。

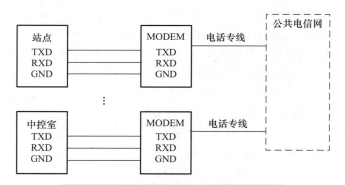

图 10-39　公共电信间接通信系统原理图

表 10-2　不同间接通信方式的特点比较

序号	间接通信方式	特点
1	普通市话系统	采用电话网，因市话是在物理线路上通过模拟信号传数据的，故涉及电话拨号，巡检一次约半个小时或更长，使检测周期过长
2	X.25 分组数据网	各站通过 MODEM 与中央站实现通信。MODEM 数据是经 PAD（X.3、X.28、X.29）转换为 K.25 协议接口，然后由 X.25 网再经同样过程与上位机的 MODEM 通信。当采用异步通信（SVC）时，用轮教轮询方式完成数据通信。该通信方式涉及呼叫冲突问题，速度可能受影响，但在通信信息量不大，且上网用户不太多时，这种影响很小；当采用同步通信（PVC）时，用户租用的是永久性虚拟电路，则不需呼叫即可进行通信，信号传输速率几乎可达到 K.25 的选定速度
3	ISDN（综合业务数据网）通信	连接成网方便，只要在主机和各站装 PXB（2B+D）盒经 MODEM 就可实现通信。如租用专用带宽，则不需拨号，传输速度快。因利用高层网络协议，容错能力强，出错率低
4	DDN 通信	点对点数据专线通信，不需呼叫建立过程，通信速度快、可靠。其速率为 64kbit/s~2Mbit/s。但是此种通信月租费用过高，至少 1000 元 / 月
5	ADSL	ADSL 是这两年电信运营商推广力度最大的一种通信解决方案，主要面向个人或企业用户实现高速上网的要求。它的特点是能在现有的普通电话线上提供下行 8Mbit/s 和上行 1Mbit/s 的通信速率，其通信传输距离为 3~5km。其优势在于可以不需要重新布线，充分利用现有电话网络，只需在线路两端加装 ADSL 设备就可为用户提供高速宽带接入服务。完全可满足供热管网实时在线监控系统要求。对于众多的热力站来说，每个热力站申请一条 ADSL，监控中心必须申请一条固定 IP 地址的 ADSL（以利于数据的网上发布及远程浏览）。运行、开通费用需同当地电信部门联系
6	利用有线电视网进行通信	目前的有线电视节目传输所占用的带宽一般在 50~550MHz 范围内，其余的频带资源都没有利用，因此可以利用有线电视网络传输供热管网监控系统的数据及信息
7	电力线载波通信	低压电力线载波是指在国家规定的低压（380/220V）载波频率范围内进行载波通信。电力线既作为能量传输的介质，又作为载波通信的介质

3. 无线通信

应用于热网监控系统的无线通信的方式有短波和通用分组无线业务（General Packet Radio Service，GPRS）。

无线电短波通信需要考虑的重要问题是电磁波频率的范围（频谱）是相当有限的，使用一个受管制的频率必须向无线电委员会（简称无委会）申请许可，如果使用未经管制的频率，则功率必须在 1W 以下。

GPRS 无线传输是一种新的移动数据通信方式，最大的特点是方便，没有线路的烦扰，并且时时在线。此种通信方式作为重点介绍。

GPRS 是在现有 GSM 系统上发展出来的一种新的承载业务，目的是为 GSM 用户提供分组形式的数据业务。GPRS 采用与 GSM 同样的无线调制标准、同样的频带、同样的突发结构、同样的跳频规则以及同样的 TDMA 帧结构，这种新的分组数据信道与当前的电路交换的语音业务信道极其相似。因此，现有的基站子系统（BSS）从一开始就可提供全面的 GPRS 覆盖。GPRS 允许用户在端到端分组转移模式下发送和接收数据，而不需要利用电路交换模式的网络资源。从而提供了一种高效、低成本的无线分组数据业务，特别适用于间断的、突发性的和频繁的、少量的数据传输，也适用于偶尔的大量数据传输。GPRS 理论带宽可达 171.2kbit/s，实际应用带宽为 10~70kbit/s，在此信道上提供 TCP/IP 连接，可以用于 Internet 连接、数据传输等应用。

GPRS 是一种新的移动数据通信业务，在移动用户和数据网络之间提供一种连接，给移动用户提供高速无线 IP。GPRS 采用分组交换技术，每个用户可同时占用多个无线信道，同一无线信道又可以由多个用户共享，资源被有效地利用，数据传输速率高达 160kbit/s。使用 GPRS 技术实现数据分组发送和接收，用户永远在线且按流量计费，迅速降低了服务成本。图 10-40 所示为 GPRS 监控通信系统原理图。GPRS 与有线数据通信方式的比较见表 10-3。

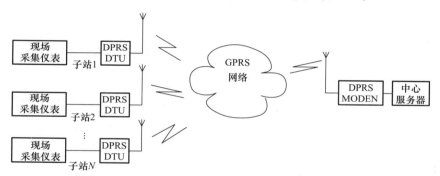

图 10-40　GPRS 监控通信系统原理图

表 10-3　GPRS 与有线数据通信方式的比较

传输方式	GPRS	有线拨号方式	有线专线方式	光纤	无线数传电台
覆盖范围	全国	全国	区域	区域	不大于 20km
建设费用	一般	较低	较高	极高	高
施工难度	较低	一般	较高	极高	高
施工周期	较短	一般	较长	很长	长
计费方式	流量计费	时间—次数	租赁	租赁	占频费
运行费用	较低	高	较高	极高	一般
通信速率	较高	一般	较高	极高	1.2kbit/s
误码率	较低	高	较低	低	高
可靠性	较高	一般	较高	较高	低
实时性	较高	极低	较高	较高	较高
维护成本	较低	一般	较高	较高	较高
应用场合	分散、实时数据传输	对实时性要求不高的场合	较大数据实时传输	较大数据实时传输	分散

说明：①与光纤和有线专线相比，GPRS 网络的建设费用、运行费用和维护费用都很低，并

且几乎近于免维护,因为 GPRS 网络的维护完全由中国移动来完成,企业不需支付任何费用,完全享受中国移动技术进步带来的效率。②在分散数据采集中,要求对各采集子站实时检测,有线拨号是做不到的。对多个子站轮回召测,周期太长,没有实时性可比。③与各种无线数据传输的手段相比,GPRS 网络覆盖范围大、维护成本低。超短波无线通信受通信体制和传输方式的制约,传输距离受限制;在开阔地 20W 的电台有效通信距离约为 20km,如果在城市,则通信距离大大缩短。④使用超短波通信电台,不仅要向当地申请频点,而且每年要向无线电管理委员会缴纳一定的占频费;超短波通信的维护量相当大,建设要求苛刻,不仅要考虑周围建筑的影响,而且避雷措施不当容易引起电台和连接设备的损坏。

第11章

空气调节系统的自动控制

空气调节（简称空调）是使室内的空气温度、相对湿度、空气流动速度和洁净度等参数保持在一定范围内，以满足生产工艺和生活条件的要求。空气调节在国民经济的许多工业部门得到了极为广泛的应用，并且随着科学技术的发展，空调技术也得到了不断地改进和提高。

空调系统由若干空气处理设备组成，这些设备的工作容量是按负荷计算确定的。在实际运行中，负荷的变化会引起被控变量的变化，为了使被控变量自动地保持在一定范围内，必须采用自动化系统。

空调自动控制的任务是当被控变量偏离设定值时，依据偏差自动地控制设备的实际输出量，使被控变量保持在一定范围内，以满足空气调节的要求。空气调节自动化是现代自动控制的一部分，应根据气候条件、工艺要求和空气处理过程采用不同的空调方案与自动控制系统。

在设计空调自动控制系统时，必须认真研究空调处理过程的特性、规律及要求，配置相应的自动化设备，使自动控制系统经济实用、运行可靠和操作简便。

11.1 空调房间温度自动控制的方法

空调房间温度自动控制是通过接通或断开电加热器和增加或减少加热器的容量而改变送风温度来实现的。

通过改变送风温度来实现空调温度控制，常用的方法有：控制加热空气的电加热器、空气加热器（介质为热水或蒸汽）的加热量或改变一、二次回风比等。室温控制方式有位式、恒速、比例、比例积分、比例积分微分以及带补偿控制等。设计时应根据允许的室温波动范围的要求和被控制的调节机构及设备形式，选配测温传感器、温度调节器及执行器的组合形式。

11.1.1 控制电加热器的功率

通过控制电加热器的功率来控制室温的系统有位式控制和 PID 控制。位式控制原理如图 11-1a 所示，框图如图 11-1b 所示，PID 控制原理如图 11-2a 所示，框图如图 11-2b 所示。

1. 室温位式控制方案

图 11-1 是室温位式控制方案，由室内测温传感器 T_n、位式温度调节器 T_nS 及电接触器 JS 组成。当室温偏离设定值时，调节器 T_nS 输出通、断指令的电信号，使电接触器闭合或断开，以控

制电加热器开或停，改变送风温度，达到控制室温的目的。由于室温位式控制只能使电加热器处于全开或全停的状态，故加热处于断续工作状态，室温波动幅度偏大，影响控制精度。因此，室温位式控制多用于一般精度的空调系统，其控制室温精度通常大于±0.5℃。

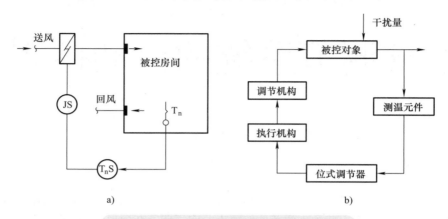

图 11-1　控制电加热器功率的室温位式控制

a）原理图　b）框图

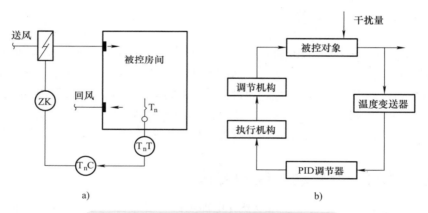

图 11-2　控制电加热器功率的室温 PID 控制

a）原理图　b）框图

2. 室温PID控制方案

图 11-2 是室温 PID 控制方案，由室内测温传感器 T_n、温度变送器 T_nT、PID 温度调节器 T_nC 及晶闸管电压调整器 ZK 组成，可实现室温 PID 控制。由于电加热器是在连续变电压下工作，送风温度波动幅度比较小，室温的波动值也较小，因此，该方案适用于允许温度波动范围较小的空调系统。

11.1.2　控制空气加热器的热交换能力

1. 控制进入空气加热器热媒流量的室温控制系统

控制进入空气加热器热媒流量的室温控制系统原理如图 11-3 所示，它是由室内测温传感器 T_n、温度调节器 T_nC、通断仪 ZJ 及直通或三通调节阀组成。

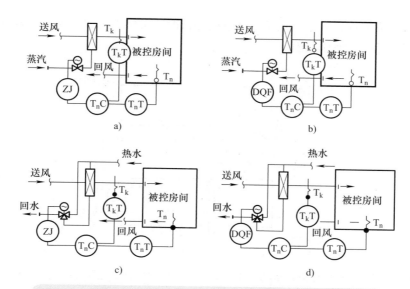

图 11-3　控制进入空气加热器热媒流量的室温控制系统原理图
a）电动式（蒸汽）　b）电 - 气动式（蒸汽）　c）电动式（热水）　d）电 - 气动式（热水）

当空调室温偏离设定值时，调节器输出偏差指令信号，控制调节阀开大或关小，改变进入空气换热器的蒸汽量或热水量，从而改变送风温度达到控制室温的目的。为提高室温控制质量，在送风道上可增设送风温度补偿测温传感器 T_k，或在新风道上增设新风温度补偿测温传感器 T_w。

2. 控制进入空气加热器热水温度的室温控制方案

该室温控制方案的组成与图 11-3c、d 控制方案相同，所不同的是采用控制三通阀来改变进入空气加热器的水温，从而改变热交换能力，达到控制室温的目的。

控制空气加热器热交换能力来达到控制室温的方案，用于一般精度的空调系统，其控制室温允许波动范围为：对于蒸汽热媒，取 ±1℃；对于热水热媒，取 ±5℃。

11.1.3　控制新风、回风以及一、二次回风比

1. 控制新风、回风混合比的室温控制系统

控制新风、回风混合比的室温控制系统，其原理如图 11-4 所示。

在定露点或变露点控制的淋水式集中空调中，过渡季节采用控制新风、回风混合比可控制室温，其空气处理过程如图 11-5 所示，即室外空气状态点 W 和室内空气状态点 N 混合至 H_1 或 H_1' 点，绝热加温至 S 点（无露点控制时）或 L 点，旁通混合至 S 点（变露点控制时），或由 H_1' 点喷蒸汽加湿至 S 点。可以看出，只要改变 H_1 或 H_1' 点的位置，即改变新风、回风混合比，就能够改变送风状态点 S，即改变送风空气温度，以达到控制室温的目的。

2. 控制一、二次回风比的室温控制系统

控制一、二次回风比的室温控制系统，其原理如图 11-4 所示。它一般用于夏季空调室温控制。该室温控制方案只适用于室内余热量比较大而余湿量较小时，采用控制一、二次回风比来控制室温时有较好的效果，其空气处理过程如图 11-6 所示。当室内温度偏离设定值时，可以改变一、二次回风混合比来改变送风状态点 S，达到控制室温的目的。当室内温度偏高时，可以通过减少二次回风量来降低送风温度，此时处理风量增大。由于在夏季新风量不变（最小新风比），增大处理

风量实际上就是增大一次回风量。相反，当室温偏低时，可增大二次回风量，减少一次回风量，提高送风温度，使室温上升到设定值。

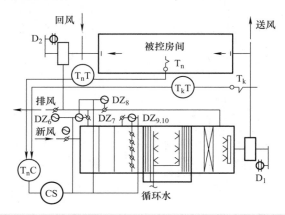

图 11-4　控制新风、回风混合比及一、二次回风比的室温控制系统原理

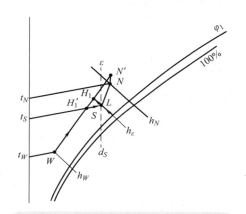

图 11-5　控制新风、回风混合比的空气处理过程焓湿图（h-d 图）

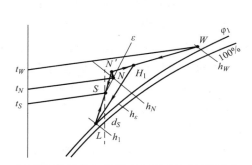

图 11-6　控制一、二次回风比的空气处理过程焓湿图（h-d 图）

3. 控制旁通风和直通风的风量比的室温控制系统

控制旁通风和直通风的风量比，其控制原理也如图 11-4 所示。

调节旁通风与直通风的风量比的控制系统一般用于过渡季节的全新风处理区，且 $d_W < d_S$ 时（d_W 和 d_S 分别表示 W 点和 S 点对应的含湿量）。其空气处理过程如图 11-7 所示，即室外新风状态点 W，经喷淋冷却加湿至送风状态 S 点（变露点控制时）或 L 点（定露点控制时），旁路混合至 S 点，只要改变 S 点位置，就能达到控制室温的目的。

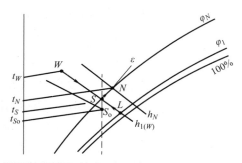

图 11-7　调节旁通风与直通风的风量比的空气处理过程焓湿图（h-d 图）

11.2 房间空气相对湿度自动控制的方法

在空调系统中，为维持室内空气相对湿度恒定或稳定在某一设定范围内，通常采用定露点间接控制法及变露点直接控制法。

11.2.1 定露点间接控制法

当空调房间的余湿量不变或变化幅度较小时，对于具有喷淋室或喷淋表冷器式空气处理环节的空调系统，可采用保持喷淋室后或喷淋表冷器后露点温度恒定的方法，使室内空气相对湿度稳定在某一范围内。这种控制室内空气相对湿度的方法称为定露点间接控制法。自动控制空气相对湿度的控制露点温度，是由设计时给定的。由于定露点不能反映室内余湿量的变化或相对湿度的变化，因此室内空气相对湿度的偏差较大。定露点间接控制法一般适用于室内余湿量变化幅度较小及空气相对湿度允许波动范围较大的场合，此方法可使室内相对湿度允许波动范围控制在 ±5%。

1. 全新风直流喷淋式空调系统的定露点控制系统

全新风直流喷淋式空调系统的定露点控制系统的工作原理如图 11-8 所示，该控制系统由设置在喷淋室后的露点传感器 T_1（露点温度）、露点温度调节器 T_1C、调节喷淋水温用的电动三通调节阀 DZ_2 或调节一次空气加热器水量（或蒸汽量）用的电动三通（或直通）调节阀 DZ_4 等组成。露点温度一般控制在 $8 \sim 11℃$。在控制过程中，当控制点的空气露点温度偏离设定值时，在夏季通过调节三通调节阀 DZ_2，控制喷淋水温。即当露点温度 T_1 偏高时，开大三通调节阀的冷冻水通路，降低喷水温度；反之，关小冷冻水通路，提高喷淋水温度，从而使喷淋室后的露点温度恒定。在冬季通过调节三通调节阀或直通调节阀 DZ_4 来控制一次空气加热器的水量（或水温）来改变加热量，同时喷循环水，使露点温度恒定。

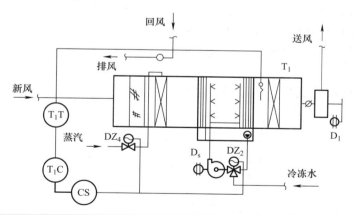

图 11-8　全新风直流喷淋式空调系统的定露点控制系统的工作原理图

2. 具有一、二次回风的喷淋室式空调系统定露点控制系统

具有一、二次回风的喷淋室式空调系统定露点控制系统的工作原理如图 11-9 所示，该系统由测温传感器 T_1（露点温度）、温度调节器 T_1C、控制喷淋水温用的电动三通调节阀 DZ_2，以及控制新风、一次及二次回风量用的电动控制风阀 DZ_5、DZ_6、DZ_7 等组成。在自动控制系统的控制过程中，当露点温度偏离设定值时，夏季（或过渡季全新风处理过程）调节电动三通调节阀 DZ_2 开

启度，控制喷淋水温，使喷淋室后的露点温度恒定；冬季或过渡季控制新风、回风混合比，同时喷循环水，使露点温度恒定。

3. 喷淋表冷器式集中空调系统定露点控制系统

喷淋表冷器式集中空调系统定露点控制系统的工作原理如图 11-10 所示，该系统由测温传感器 T_1、温度调节器 T_1C、控制进入空气表面冷却器的冷水（夏季）或热水（冬季）水量的电动三通调节阀 DZ_2，以及控制新风、排风及一次回风风量的电动调节阀 DZ_5、DZ_6、DZ_7 等组成。自动控制系统在控制过程中，当喷淋表冷器后露点温度 T_1 偏离设定值时，测温传感器将露点温度偏差信号发送给温度调节器 T_1C，经调节器运算和放大后输出指令信号，在夏季或冬季控制电动三通调节阀 DZ_2，改变进入表面换热器的冷水（夏季）或热水（冬季）的水量（或水温），在过渡季调节电动控制风阀 DZ_5、DZ_6、DZ_7，改变新风、回风混合比，同时喷循环水，使喷淋表冷器后的露点温度恒定，达到控制室内空气相对湿度的目的。

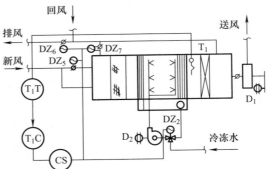

图 11-9　具有一、二次回风的喷淋室式空调系统定露点控制系统的工作原理图

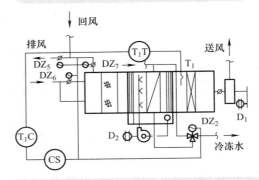

图 11-10　喷淋表冷器式集中空调系统定露点控制系统的工作原理图

11.2.2　变露点直接控制法

直接控制室内空气相对湿度的方法较多，变露点直接控制法就是控制室内空气相对湿度的方法。该方法是用直接装在室内工作区、回风口或回风道中的湿度传感器来测量和控制空调系统中相应的执行控制机构，达到控制室内空气相对湿度的目的。

具有一、二次回风喷淋式集中空调系统室内空气相对湿度控制系统，其原理如图 11-11 所示。

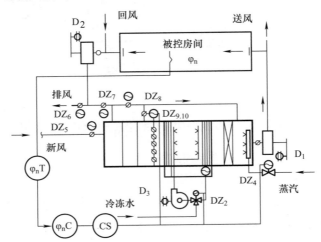

图 11-11　具有一、二次回风喷淋式集中空调系统室内空气相对湿度控制系统原理图

由图 11-11 可知，直接控制室内空气相对湿度的自动控制系统，由测湿传感器 φ_n、湿度调节器 $\varphi_n C$、选择器 CS 及执行控制机构组成。当室内空气湿度偏离设定值时，其偏差信号输入湿度调节器 $\varphi_n C$，经运算放大后将指令信号传输给执行控制机构，使执行控制机构动作，调整相应机构的参数。这里采用控制喷淋三通调节阀 DZ_2 来改变喷淋水温或水量，改变进入水冷式表冷器的水量，从而改变水冷式表冷器的冷却能力；控制蒸喷加湿直通调节阀 DZ_4 来改变蒸喷加湿量；控制新风、回风控制风门 $DZ_5 \sim DZ_8$ 改变新风、回风混合比；控制旁通风、直通风控制风阀 DZ_9、DZ_{10} 改变风量混合比；控制电磁阀改变直接蒸发式表冷器的冷却面积，改变表冷器的冷却能力等，从而达到直接控制空调房间内空气相对湿度。

11.3　集中空调冷热源与空调水系统监控

集中空调冷热源系统一般以冷冻机、热泵、热水机组为主，并配以多种水泵、冷却塔、换热器、膨胀水箱、阀门等。冷热源系统既是暖通空调系统的心脏，也是耗能大户，因此是系统的监控重点。冷热源的监测与控制包括冷水机组、锅炉主机及各辅助系统的监测控制。监测与控制系统的主要任务是：基本参数的测量、设备的正常起停与保护、基本的能量调节、冷热源及水系统的全面调节保护与联动控制。

11.3.1　冷水机组的自动控制

在集中空调系统中，目前常用的制冷方式主要有压缩式制冷和吸收式制冷两种方式。自动控制的任务就是实时控制主要设备的输出量，使其与负荷变化相匹配，以保证被控制参数（如温度、湿度、压力、流量等）达到给定值，同时保证制冷系统安全运行、参数超限保护及报警、参数记录、故障显示诊断等。

调节单台机组的出力，对于不同机型的机组，其调节方法不同：离心机可调节入口导叶；往复机可采用多缸卸载或制冷剂旁通形式；螺杆机可调节滑阀位置；吸收式可调节蒸汽、热水或气体的混合比等；对于有变频器的冷机可调节其频率。单台冷冻机的监控与能量调节由冷冻机供应商配置的人工智能控制系统完成。

1. 冷水机组的监控内容与监控方式

单台机组的控制任务一般由安装在主机上的单元控制器完成，有些单元控制器同时还完成一部分辅助系统的监控，还有些冷冻机的供应商同时提供冷冻站的集中控制器，对几台冷冻机及其辅助系统实行统一的监测控制和能量调节。制冷装置控制系统是制冷装置的组成部分，它为更好地完成冷媒循环的制冷工艺系统服务。

（1）冷水机组的主要监控内容

1）对制冷工艺参数（压力、温度、流量等）进行自动检测。参数检测是实现控制的依据。

2）自动控制某些工艺参数，使之恒定或者按一定规律变化。对一台自动控制的制冷装置，首先期望的是维持被冷却对象在指定的恒温状态。因此，还涉及其他一系列相关参数（如蒸发压力、冷凝压力、供液量、压缩机排汽量等）的调节。

3）根据编制的工艺流程和规定的操作程序，对机器设备执行一定的顺序控制或程序控制，例如压缩机、风机、水泵、液压泵等的起动与停车，冷凝器和冷却水系统的自动控制，蒸发器除霜控制等。

4）实现自动保护，保证制冷设备的安全运行。在装置工作异常、参数达到警戒值时，使装置故障性停机或执行保护性操作，并发出报警信号，以确保人机安全。

随着使用技术和功能、容量等参数的不同，实现自动控制所采用的控制规律和控制元件也不尽相同。一般小型制冷装置系统简单、温控精度要求不高，采用较少的、简单便宜的自控元件、双位控制或比例控制便可以实现自动运行。对于复杂的大型空调的制冷装置，其机器设备多，工艺流程复杂、控制点多，运行中各设备、各参数的相互影响更要仔细考虑，所以自动控制的监控难度相对较大，所需自控元件较多，所采用的控制规律由单一的双位控制、PID 控制改为智能控制。

（2）BAS 对冷水机组的监控方式　随着计算机技术的发展，目前许多冷源设备自控通常都配有十分完善的计算机监控系统，能实现对机组各部位的状态参数的监测，实现故障报警、制冷量的自动调节及机组的安全保护，并且大多数设备都留有与外界信息交换的接口。接口形式有两种，一种为通信接口（如 RS232/RS485），另一种为干触点接口。通过 RS232/RS485 接口，可以通过通信实现 BAS 与主机的完全通信，而干触点接口只能接收外部的起停控制、向外输出报警信号等，功能相对简单。对于自身已具有控制系统的制冷设备，BAS 实现对其监控的方式有三种：

1）不与冷水机组的控制器通信，而是在冷冻水、冷却水管路安装水温传感器、流量变送器，当计算机分析出需要开/关主机或改变出口水温设定值时，就以某种方式显示出来，通知值班人员进行相应的操作。此外，主机在配电箱中通过交流接触器辅助触点、热继电器触点等方式取得这些主机的工作状态参数，这种监测不能深入到主机内部，检测信号是不完整的。特别是报警信号只能检测到电动机的过载、断相等，对压缩机吸排气的压力、润滑油压力和油温等都无法检测。冷站内的相关设备（风机、水泵、电动蝶阀等）的联动控制由 BAS 承担。

2）采用主机制造厂家提供的冷冻站管理系统。这类管理系统能够把冷冻站内的设备全部监控管理起来，实现机组的起停控制、故障检测报警、参数监视、能量调节与安全保护等，另外还可实现机组的群控。采用这种方式可提高控制系统的可靠性和简便性，但还不能使空调水系统控制与冷冻站控制之间实现系统整体的理想优化控制与调节。

3）设法使主机的控制单元与 BAS 通信。有三种途径：①控制系统厂商提供专门的异型机接口装置，用图 11-12 所示的方式使控制单元与系统连接，通过修改其中的软件，就可以实现两种通信协议间的转换。②DCU 现场控制机带有下挂的接口（如 RS232 或 RS485），可以外接控制单元（图 11-13）。根据控制单元的通信协议装入相应的通信处理及数据变换程序，实现与冷源主机通信。③采用控制系统与冷水机组统一的通信标准，如 BACnet，实现互联 BAS 与冷源主机之间的通信。这样可以实现整体的优化控制与调节。

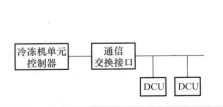

图 11-12　通过通信交换接口实现异性机连接

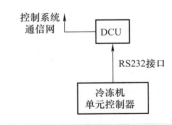

图 11-13　由现场控制机实现异性机间通信

BAS 通过通信协议取得必要信息后，仍然要完成冷冻站内相应设备的联动控制。

2. 活塞式制冷机组的自动控制与安全保护

制冷机组的自动控制系统主要包括能量控制系统、蒸发器温度的自动控制、冷凝器压力（或冷凝温度）的自动控制和安全保护系统。这些监控任务由制冷机组自带的智能控制器完成。

（1）蒸发器和冷凝器的自动控制　空调用制冷装置温度自动控制示意图如图11-14所示。

1）蒸发器温度（或蒸发压力）的自动控制。空调负荷是经常变化的，因此要求制冷装置的制冷量也要相应的变化，而制冷量的变化，就是循环的制冷剂流量的变化，所以需要对蒸发器的供液量进行调节，实现对载冷剂即被冷却介质的温度控制。图11-14中，供液量自动控制设备是热力膨胀阀TV1、TV2。热力膨胀阀安装在蒸发器入口（进气）管上，感温包安装在蒸发器出口管上，在感温包中，充注有制冷剂的液体或其他液体、气体。热力膨胀阀是利用蒸发器出口处的制冷剂蒸气过热度的变化来调节供液量，实现蒸发器温度控制的。

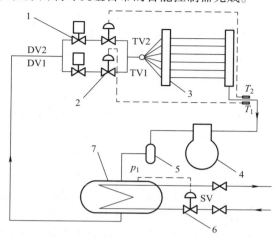

图 11-14　空调用制冷装置温度自动控制示意图
1—电磁阀　2—热力膨胀阀　3—蒸发器　4—压缩机
5—分油器　6—水量调节阀　7—冷凝器

当进入蒸发器的供液量小于蒸发器热负荷的需要时，则蒸发器出口处蒸气的过热度 T_1 和 T_2 增大，蒸发器进口处的膨胀阀内膜片上方的压力大于下方的压力，这样就迫使膜片向下鼓出，通过顶杆压缩弹簧，并把阀针顶开，使 TV1 和 TV2 的阀孔开大，对蒸发器的供液量也就随之增大，使载冷剂温度下降。反之亦然。

2）冷凝器温度的自动控制。冷凝压力偏高，压缩机排气温度会上升，压缩比增大，制冷量减小，功耗增大，同时还容易导致设备产生事故；冷凝压力偏低，膨胀阀前后压力差太小，供液动力不足，膨胀阀制冷量减小，使制冷装置失调。为保证制冷系统的正常工作，必须对冷凝压力进行控制。

目前国内外对水冷式冷凝器冷凝压力的控制方法有两种：一种是用冷凝压力发出信号，另一种是用冷凝温度间接发出信号，具体执行均是通过控制冷却水量来完成的。

水冷式冷凝器冷凝压力通常用冷却水量调节阀来调节。冷却水量调节阀是一种直接作用式调节阀，冷却水量调节阀 SV 安装在冷凝器的冷却水进水管上，它的压力式温包安装在压缩机的排气端或冷凝器的制冷剂入口端，以感受冷凝压力 p_1 的变化，如图11-14所示。

制冷装置的负荷增大或冷却水的进水温度升高，将使冷凝温度升高，当压缩机的排气压力或冷凝压力也升高时，调节阀的波纹管受压缩，通过调节杆使阀门 SV 的开启度自动开大，较多的冷却水进入冷凝器中，使冷凝压力降低。冷凝压力越高，阀门 SV 的开启度就越大，冷却水的流量也就会越大。当制冷装置的负荷减小或者冷却水的进水温度降低，冷凝温度低于设定值时，排气压力或冷凝压力也较低，调节阀的波纹管伸长，在弹簧的作用下，使阀门 SV 的开启度关小，则冷却水量减少。因此，当制冷装置的负荷变化，或者冷却水的进水温度变化时，便要随时调节冷却水的流量，以保持冷凝温度（压力）大致恒定，当压缩机停止运转时，冷却水量调节阀 SV 会自动关闭，以免浪费冷却水。

风冷式冷凝器冷凝压力控制方法主要有两种：一种是从制冷剂侧改变制冷剂流经冷凝器的流量，另一种是从空气侧改变冷凝器的空气流量。

（2）活塞式制冷压缩机的能量调节　能量调节系统的目的是使机组的制冷量实时与外界所需

要的冷负荷相匹配。由于外界所需要的冷负荷不可能一直恒定，因此就要求机组的制冷量也要做出相应的改变。制冷系统的压缩机能量通常应与蒸发器的负荷相匹配，或是说根据蒸发器的负荷进行控制。压缩机能量的自动控制方法有双位控制（通常只有一机一蒸发器一冷凝器）、分级控制、旁通能量调节和压缩机变速能量调节。

1）双位控制。对压缩机进行起停控制的双位控制方法是最简单的控制方法，适用于小型压缩机。由小型压缩机所组成的制冷机，通常只有一机一蒸发器一冷凝器，因此，在对压缩机进行起停控制的同时，也对蒸发器、冷凝器等设备进行相应的控制，实质上就是对制冷机整机进行控制。这时，制冷压缩机直接根据被冷却物或空间的温度进行起停控制。为避免压缩机频繁起动，这种控制方法不宜用在负荷变化频繁的场合，控制精度稍低，一般为 ±（1～2）℃。

2）分级控制。在多台压缩机或用多缸压缩机的制冷系统中，可控制压缩机的运行台数或气缸数进行能量控制。它将被控制变量如制冷压缩机的吸气压力（或冷冻水出口温度等）分为若干级，每级配置一个压力继电器（或温度继电器），并设定为各自不同的给定值，以便分别控制各台压缩机或各个气缸的起停，实现制冷装置的能量自动控制。

3）旁通能量调节。旁通能量调节是将制冷系统高压侧气体旁通到低压侧的一种能量调节方式。它主要应用于压缩机无变容能力的制冷装置，有多种旁通能量的实施方式。

4）压缩机变速能量调节。压缩机制冷量及消耗功率与转速成比例。从循环的角度分析，利用变转速的方法进行能量调节有很好的经济性。压缩机的驱动机主要是感应式电动机。感应式电动机改变转速的方法虽有多种，但用于拖动压缩机，从电动机的转速 - 转矩特性考虑，适宜的方法是采用变频调速。

（3）活塞式制冷压缩机的安全保护 为了保证制冷装置的安全运行，在制冷系统中常装有一些自动保护器件，如各种压力保护器等。当有关被控值达到规定的极限值时，压缩机能自动停止运转。制冷系统常采用的自动保护包括排气与吸气压力自动保护、润滑油压自动保护、断水保护等。活塞式制冷装置自动保护系统如图 11-15 所示。

1）排气与吸气压力自动保护。制冷装置在运行过程中，有时会出现排气压力过高。例如当冷凝器断水或供水严重不足，起动压缩机时排气管路的阀门未打开，制冷剂充灌量过多，系统中不凝性气体过多等，都会造成排气压力急剧上升，甚至会发生事故。为此，在制冷设备中除了设置安全阀外，还使用高低压控制器 PS 来控制排气压力。当排气压力超过设

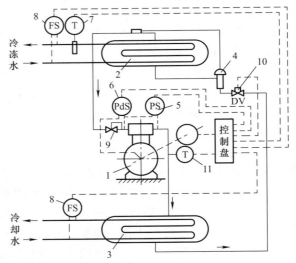

图 11-15 活塞式制冷装置自动保护系统
1—压缩机 2—蒸发器 3—冷凝器 4—膨胀阀
5—高低压控制器 6—油压控制器 7—温度控制器
8—水流控制器 9—吸气压力调节器
10—电磁阀 11—排气温度传感器

定值时，高低压控制器立即切断压缩机电动机的电源，使压缩机停车，起高压保护作用。

制冷装置在运行中，蒸发压力也不应过低，因为随着蒸发压力的降低，蒸发温度就会降低，使制冷装置在不必要的低温下工作，这不仅会浪费电能，有时也会使液体载冷剂冻结。所以，压缩机的吸气压力也必须加以限制，使其保持在一定值以上工作。控制吸气压力也可以采用高低压

控制器 PS，如图 11-15 所示。当吸气压力降低到一定数值时，控制器切断电路，压缩机停止转动；当吸气压力回升到一定数值时，控制器使电路接通，压缩机投入运行。压缩机排气压力升高到一定数值时，也切断电路，压缩机停转，而排气压力下降到这一定值时，又使压缩机起动运行。

高压及低压的断开压力值可通过高压或低压调节盘进行设定。

2）润滑油压自动保护。在制冷压缩机运转过程中，它的运动部件会摩擦发热。为了防止部件发热变形而发生事故，必须不断供给一定压力的润滑油，使运动部件得到润滑和冷却。若供油压力因某种原因而降低时，则会使压缩机得不到足够的润滑油，压缩机就会发生故障。为了保证压缩机的安全运行，必须对供油压力进行控制。当油压减小到设定值时，就切断压缩机的电源，使其停止运转，这就是润滑油压自动保护。

压缩机上的油压表并不反映真正的供油压力，而只是指示液压泵出口处的压力。真正的供油压力，应该是液压泵出口压力与曲轴箱压力（即低压）之差。因此，油压控制器 PdS 是一个压差控制器，用它可实现制冷装置润滑油压的自动保护。

3）断水保护。在制冷装置运行过程中，有时会由于水泵发生故障或其他方面的原因而造成断水。对于水冷式压缩机和水冷式冷凝器，在高压控制器保护失灵的情况下，断水将会造成严重的事故。为了保证压缩机的安全，在压缩机水套出水口及冷凝器出水口，都应装设断水保护装置，一旦断水，会自动切断电动机电源并发出声光报警信号，以防事故发生。

断水保护装置是由测量冷凝器进、出口水的电阻的两个电极，配以晶体管控制电路的水流控制器 FS 及继电器所组成，如图 11-15 所示。当出水口有水时，水流控制器 FS 就使继电器不动作，压缩机转动；而当出水口无水时，则使继电器动作，使压缩机停止运转，并发出报警的声光信号。同样在冷冻水管路上也设置了断水保护的水流控制器 FS，如图 11-15 所示，实现冷冻水的断水自动保护。

4）冷冻水防冻结自动保护。在制冷装置运行中，蒸发器中冷冻水温度过低，容易发生冻结，影响压缩机的正常运行，因此设置了冷冻水防冻结自动保护系统。

防冻结自动保护系统是在蒸发器出口端安装了温度控制器 T，如图 11-15 所示。当冷冻水出口处温度降至设定值时，温度控制器 T 使中间继电器断开，压缩机也就停止运转；在压缩机停转后，若蒸发器冷冻水温度回升到某一温度，温度控制器 T 使中间继电器接通，冷冻水泵和冷却水泵就重新起动，而压缩机也恢复运转。

5）油温保护。油温过高也可能使摩擦部件如轴瓦等遭到破坏。在压缩机运转过程中，有时尽管油压差完全正常，也有可能发生轴瓦因油温过高而烧坏的事故。根据规定，当周围环境温度为 40℃ 时，曲轴箱中的油温不得超过 70℃，因此温度控制器可调在 60℃ 左右，温包应放在曲轴箱的冷冻油中（图中未表示）。

6）电动机保护。保护电动机安全运转的有过电流继电器、热保护器和保护电动机绕组温度过高时用的热敏电阻等，这些保护装置和元件的选择使用可根据电动机技术要求进行。

7）排气温度保护。压缩机排气温度过高会使润滑条件恶化，使润滑油碳化，影响压缩机寿命，因此在压缩机排气腔内或排气管上设置温度继电器或温度传感器。当压缩机排气温度过高时，指令压缩机停机，当温度降低后，再恢复压缩机的运行。

此外，热力膨胀阀前的给液管上装有电磁阀 DV，如图 11-15 所示。它的电路与制冷压缩机的电路联锁。制冷压缩机起动时，必须等压缩机运转后，电磁阀 DV 的线圈才通电，开启阀门向蒸发器供液。反之停机时，首先切断电磁阀 DV 线圈的电路，关闭阀门，停止向蒸发器供液后，再切断制冷压缩机的电源。这样，就可以自动地保证制冷压缩机起动和停机的操作。

（4）计算机顺序控制　目前新型的空调用活塞式冷水机组在家用中央空调和集中空调系统中应用比较广泛，而先进控制方法的采用大大提高了机组运行的效率和控制精度。下面以某风冷热泵冷水机组为例说明其控制模式。

1）制冷流程控制模式。在刚开机进入制冷模式，水温大于设定温度时，计算机检测系统会将低压压力控制器短接 2min，防止压缩机刚起动时吸气压力瞬间低压，低于设定值而引起机组保护。制冷流程控制模式如图 11-16 所示。

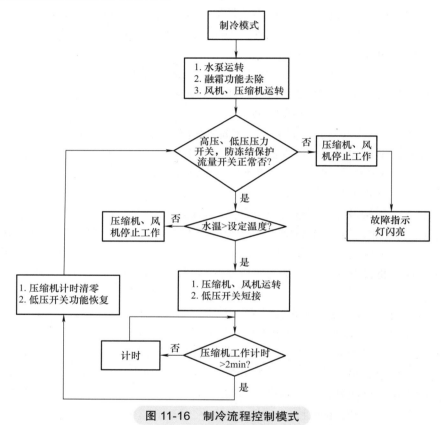

图 11-16　制冷流程控制模式

2）制热流程控制模式。在机组处于停机的情况下，计算机控制系统自动检测水温，当水温小于 2℃时，为防止管路系统冻结，使水泵工作水系统处于循环状态；当水温小于 1℃时，压缩机制热运行，使水温升到 8℃，机组进入停机状态。制热流程控制模式如图 11-17 所示。

3. 螺杆式制冷压缩机能量调节与安全保护系统

（1）能量调节系统　螺杆式制冷压缩机虽然从运动形式上属于回转式，但气体压缩原理与往复活塞式一样，均属于容积式压缩机。以上所列举的各种能量调节方法也适用于螺杆式制冷机的制冷系统。只是在用机器本身卸载机构进行能量调节的方法中，螺杆式制冷压缩机与多缸活塞式制冷机有不同的特点，后者只能通过若干个气缸卸载获得指定的分级位式能量调节；而螺杆式制冷压缩机可以利用卸载装置的滑阀获得 10% ~ 100% 范围的无级能量调节。

螺杆式制冷压缩机的能量调节主要采用压缩机卸载的方法，热气旁通调节方式作为辅助调节手段。调节对象的时间常数较小，反应速度较快，因此调节系统可选用较简单的恒速积分调节（三位 PI）。这种调节系统结构简单且不需要在螺杆式制冷压缩机卸载装置的滑阀的行程上取反馈信号。压缩机卸载装置主要由滑阀组成，滑阀调节如图 11-18 所示。

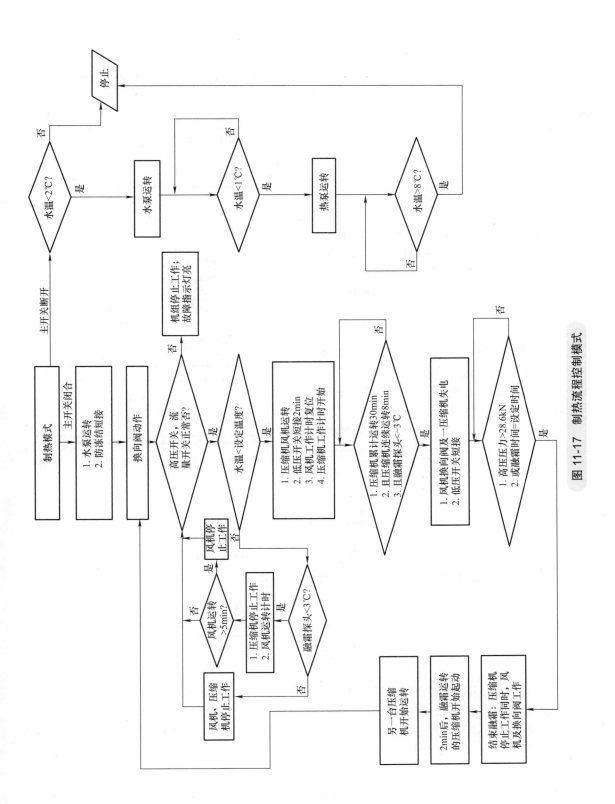

图 11-17　制热流程控制模式

滑阀被安装在压缩机缸体的底部，通过滑阀杆与液压缸活塞相连。由于液压缸两端的油压变化，使得活塞在液压缸中移动时，可以带动滑阀移动。移动的滑阀改变了转子在起始压缩时的位置，从而减小了压缩腔的有效长度，也就减小了压缩腔的有效体积，达到了控制制冷剂流量，进而控制有效制冷量的目的。由于滑阀可停留在压缩机的任何位置，因此该调节可实现平滑的无级能量调节，同时吸气压力也不发生变化。滑阀两端的油压由两个电磁阀控制，即图 11-18 中的加载电磁阀和卸载电磁阀。电磁阀受微机发出的加载和卸载信号控制。压缩机卸载时，卸载电磁阀开启，加载电磁阀关闭，高压油进入液压缸，推动活塞，使滑阀向排气方向移动，滑阀的开口使压缩气体回到吸气端，减小了压缩机的输气量。压缩机加载时，卸载电磁阀关闭，加载电磁阀开启，油从液压缸排向机体内吸气区域，高低压压差产生的力将滑阀向吸气端推动，从而使压缩机的输气量增大。

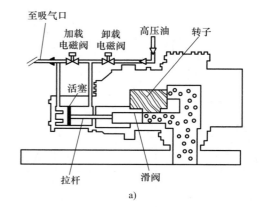

温度传感器、微处理器、加载与卸载电磁阀、滑阀共同组成了对冷水温度进行控制的闭环系统。能量控制原理如图 11-19 所示。压缩机滑阀所处的位置，可以根据冷水进、出水温度调节。

由于冷水的进水温度受外界负荷影响较大，机组控制反应迅速，但稳定性差；采用冷水的出水温度控制，滞后大，但稳定性好。

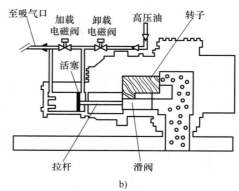

图 11-18　螺杆式制冷压缩机滑阀调节

a）滑阀卸载位置　b）滑阀全负荷位置

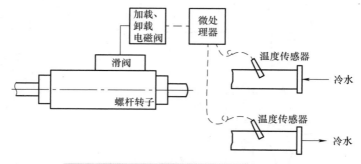

图 11-19　螺杆式制冷压缩机能量控制原理

螺杆式制冷压缩机自动控制在电路设计时，做到机器停车时，能量调节装置处在最小能量位置上，满足制冷压缩机轻载起动的要求。当能量调节装置采用手动操作时，应注意开机前要让能量调节装置处在最小能量位置上。另外，螺杆式制冷压缩机的开机程序要求在主机开机前，需先接通油路系统，向主机喷油，保证制冷压缩机在良好的润滑条件下工作。

（2）安全保护系统　机组设有一套完整的安全保护装置，计算机监控所有的安全控制输入，一旦发现异常，立即做出反应，必要时会关机或减小滑阀的开启度，保护机组不致发生事故而受到损坏。当机组发生故障并关机后，会在计算机的显示屏上显示故障内容，同时在控制中心面板上进行声光报警，这些报警会记录在计算机的存储器中，用户可在报警历史表中查找到该次故障信息。螺杆式制冷压缩机组通常控制保护以下几个方面。

1）蒸发器冷冻水进、出水温度控制。通过温度传感器检测蒸发器冷冻水进、出水温度，送入计算机监控系统并与设定值比较，按一定的控制规律控制压缩机的冷量大小。当水温低于一定值时，压缩机停机。

2）冷凝器冷却水进出水温度控制。通过温度传感器检测冷凝器冷却水进、出水温度，当温度降低时，计算机控制系统发出指令，使水流调节阀调整水的流量，使水温和冷凝压力保持基本不变。当温度过高时，会使冷凝压力升高，当达到一定值时，机组会自动停机保护。

3）蒸发器蒸发温度控制。通过温度传感器检测蒸发器制冷剂的蒸发温度，温度过低时会实施冷量优先控制。当低于设定极限时，会使蒸发器冻结，此时机组将进行停机保护。

4）冷凝器冷凝温度控制。通过温度传感器检测冷凝温度，当冷凝温度过高时，实施冷量优先控制，超过一定值时压缩机停机保护。

5）压缩机排气温度控制。通过温度传感器检测压缩机的排气温度，当压缩机的排气温度过高时，表明冷凝压力高于设定值，进行压缩机停机保护。

6）油压压差控制。使用油压压差控制器检测压缩机吸气压力和油压，使压差在规定的范围内，当压缩机油压过高或过低时，会引起压缩机润滑不良。当油压过高，超过一定范围时，说明油过滤器或油路可能堵塞。油压过低和油位过低均会引起压缩机供油不足。螺杆式制冷压缩机实行保护控制的油压差不是液压泵排出压力和曲轴箱压力之差，而是油泵排出压力与制冷压缩机排气压力之差，一般要求控制油泵排出压力高于制冷压缩机排气压力 0.2~0.3MPa，以保证能够向螺杆式制冷压缩机腔内喷油。润滑油过滤器油压差控制器压差调定值为 0.1MPa，超过此控制值则说明过滤器需清洗更换了。螺杆式制冷压缩机对油温的要求比较严格，这主要是考虑润滑油的黏度。油的黏度偏高会增加搅动功率损失，油的黏度偏低时又会使密封效果变差。所以一般要求喷油的温度为 40℃，当油温超过 65℃时，控制油温的温度控制器动作，停止制冷压缩机的工作。使用氨工质的制冷压缩机的油温值一般为 25~55℃，使用氟利昂工质的制冷压缩机的油温值一般为 25~45℃。由于氟利昂有与润滑油互溶的特性，使用氟利昂工质的制冷压缩机的控制温度应比使用氨工质的低些。

7）高压压力（排气压力）控制。使用高压压力开关，当排气压力超过设定值时，压力开关断开，实现压缩机停机保护。

8）低压压力（吸气压力）控制。使用低压压力开关，当吸气压力低于设定值时，压力开关断开，实现压缩机停机保护。

9）冷水流量控制。使用流量开关或压差开关连同水泵联锁来感应系统的水流。为保护冷水机组，在冷冻水回路和冷却水回路中，将流量开关的电路与水泵的起动接触器串联联锁。若系统水流太小或突然停止，流量开关能使压缩机停止或防止其运行。

（3）计算机控制系统　计算机控制系统主要由 CPU、存储器、显示屏、A/D 及 D/A 转换、温度传感器、压力传感器和继电器等部件组成。通过这些部件的协调工作，计算机控制系统可以完成机组的温度、压力等参数的数据检测，进行机组的故障检测与诊断，执行机组的能量调节功能与机组的安全保护功能，运行机组的正常开机、正常与非正常关机程序。另外，计算机控制系统还具有存储功能，可供用户及维修人员查询机组运行的历史数据及机组以往的运行情况，同时机组还具有远程通信及监视功能、机组群控功能。

　　为使机组安全、可靠、正常地运行，螺杆式压缩机组的计算机控制系统根据自身的特点，建立了机组的开机、停机与再循环程序。

　　1）开机程序控制。机组开机后，计算机要执行一系列的开机检查，检查机组各安全保护系统及报警系统，确定机组各参数是否都在限定的范围内。若检验通过，则依次完成冷水泵开启、冷却水泵开启、冷冻水流量与冷却水流量检验等一系列程序，直至压缩机起动，机组进入正常的运行状态。

　　各种机组的开机程序基本相同，但在具体控制和检测上有其各自特点，下面是某螺杆式冷水机组的开机程序。

　　① 按下机组控制箱上的自动（AUTO）按钮。此时，计算机控制系统将接通指令触点来起动冷冻水泵，检查重置程序并测试所有输入点，包括冷冻水流闭锁点输入，检查电子膨胀阀动作情况以测定其电子部分及机械部分是否完好。如果这时发现故障，文本显示器将会显示诊断结果。如果没有发现任何故障，起动前的检测程序就会完成，并且将会显示机组操作的模式。

　　② 计算机控制系统将会开始监测冷冻水出水温度，如果此温度高于设定温度加上起动温差，则执行机组起动程序。首先，起动冷却水泵，并且激励卸载触点的线圈，关闭油槽内的油加热器并且打开油路中的主电磁阀。接着，计算机控制系统将会验证冷却水水流是否建立，并且继续建立冷冻水流。在此过程中，不同的操作模式将会显示当前的起动状态。

　　③ 计算机控制系统进入压缩机的起动程序。如果配备的起动器是丫-△起动形式的，并且计算机控制系统的目录项目内有接触测试一项，则在规定的计时范围内激励构成丫-△起动的接触器，以测试其触点的接触性能。否则，计算机控制系统将执行接触器的起动程序。对于丫-△起动，起动接触器将被激励并在计算机控制系统目录项目规定的时间迟延后闭合，转换动作，以提供给电动机绕组一个全电压，并且此时压缩机加速至全速。

　　对于全压的直接起动器，起动器计算机控制系统将简单地将压缩机接触器激励闭合，以加速电动机至全速。

　　④ 压缩机起动后，计算机控制系统根据冷冻水出水温度来调节滑阀。同时，计算机控制系统将会计算出压缩机出口过热度以持续保持一个准确的数值。根据冷冻水在蒸发器内的降低温度，调节电子膨胀阀，使水温符合要求。

　　当冷冻要求已被满足，即冷冻水出水温度与设定温度的温度差等于指令停机的温度差时，压缩机就会进入"运行-不加载循环"，卸载的电磁阀被打开以控制滑阀到卸载的位置，电子膨胀阀将处于全开启状态。冷却水泵的接触器将保持闭合，到这个运行卸载循环结束。在"运行-卸载循环"完成后，电动机的接触器将会失电，油路主电磁线圈将会关闭，并且油槽加热器将被起动。冷冻水泵的接触器保持动作以使计算机控制系统能继续监测冷冻水系统的水温，以便再一次开始制冷循环。

　　2）停机程序控制。机组接到手动关机命令后，按顺序，首先关闭压缩机，随后根据压缩机用电动机电流的衰减情况关闭冷水泵，最后延时关闭冷却水泵。如果关机过程中出现某些异常，则关机程序将被改变。如果关机时冷却水进水温度大于某一温度，则计算机控制系统将会另外决定主机停机后，何时关闭冷却水泵。

　　机组停机程序能够保证机组的正常停机。压缩机在低负荷工况运行时，可能会使机组循环关机。这是由于压缩机的最低制冷量可能会大于外界所需的热负荷，当压缩机运行时，冷水温度持续下降，最终导致关机。当冷水温度回升后，再重新开机。这种循环称为再循环，完成这个功能的程序称为再循环程序。当机组处于再循环程序运行时，冷水泵将继续运行。

除手动关机外，系统还设有安全关机，即故障关机，它的关机程序与手动关机程序基本相同，所不同的是计算机屏幕将显示关机的原因，同时报警指示灯连续闪亮。安全关机必须按复位按钮才能解除报警信号。

（4）机组的群控与远程通信。冷水机组的计算机控制屏通过 RS485 接口把信息传送到冷水机的通信接口，多个通信接口的 RS485 串联，把信息送到中心控制器。中心控制器可以集中监控冷源系统中的所有设备，包括：监测冷水机运行状态和故障；远程设定冷水机的冷冻水出水温度和满负荷电流；遥控冷水机的监控冷水泵、冷却水泵、冷却塔的状态、故障和起停；监测冷源系统冷水供 / 回水的温度、流量和压差，并可调整供、回水压差，监测冷却水总供水和回水的温度，监控各分支冷水、冷却水路的电动蝶阀等。

4. 离心式制冷压缩机能量调节与安全保护系统

（1）离心式制冷机组能量自动控制　离心式制冷机组制冷量的调节有多种方法，最常使用的是通过调节可转动的进口导叶片来实现能量调节。下面介绍主要的几种控制方法和调节原理。

1）进口导叶调节。进口导叶调节是指通过调节压缩机可调导叶的开度大小来调节制冷量。通常可调导叶安装在压缩机进口处，通过调节导叶的开启度来调节进入压缩机的蒸汽量。图 11-20 为单级离心式制冷压缩机示意图。

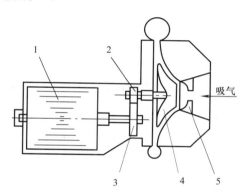

图 11-20　单级离心式制冷压缩机示意图

1—电动机　2—增速齿轮　3—主动齿轮　4—叶轮　5—导叶调节阀

进口导叶开启的自动控制是用热电阻检测蒸发器冷媒出水温度，将测得的温度信号送入温度指示控制仪，控制仪将此信号与设定值进行比较，将其偏差转换成电信号输出，再由时间继电器或脉冲开关将电信号转换为脉冲开关信号，通过交流接触器，指示拖动导流器的电动执行机构——电动机旋转，使导流器能根据蒸发器冷媒水温度的变化而自动调节开度，使恒定蒸发器的出水温度维持在设定值。

进口导叶开启的自动调节控制流程如图 11-21 所示。通常要求温度控制调节仪控制分为几个阶段，并把导叶开度调节范围分为 0 ~ 30%、30% ~ 40%、40% ~ 100%。起动制冷压缩机，待电动机运行稳定后，导叶需自动连续开大至开度的 30%，随后再由热电阻检测信号控制。当热负荷较大，开度至 40% 时，若还不能匹配，即还需开大导叶开度时，则要求采取自动断续开大（受脉冲间歇信号控制）。这种调节方式是根据离心式制冷压缩机的具体特点而安排的，因为离心式制冷压缩机在流量减少到一定程度时，就会发生喘振现象，刚起动连续开大导叶到 30% 左右，就是为了跳过易喘振区。在刚开机时，温度设定值与蒸发器冷媒实际出水温度有较大的温度差，并且冷媒水温度的下降是逐步的，温度下降速度要比进口导叶的开启速度迟缓得多，若进口导叶打开速度太快，会造成制冷压缩在大流量、小压比区运行，容易产生与喘振相似的堵塞现象。因此，在进口导叶达到一定开度（40%）后需采用脉冲信号做间歇调节。

2）变转速调节。对于离心式制冷压缩机而言，如果原动机采用蒸汽或燃气轮机，或在电动机驱动时采用变频机组、晶闸管变频器来变速，以及用定速电动机加装液力联轴节达到变速，则变速调节的经济性最高，它可以使制冷量在 50%~100% 范围内进行无级调节。当转速变化时，制冷压缩机的进口流量与转速成正比。而且随制冷压缩机工作转速的下降，其对应转速下的制冷压缩机喘振点向小流量方向移动，因此，在较小制冷量时，制冷压缩机仍有较好的工作状况。

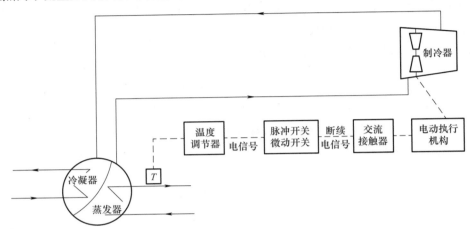

图 11-21   进口导叶开启的自动调节控制流程

3）进气节流调节。离心式制冷压缩机的进气节流调节是在进气管道上装设调节阀，利用阀的节流作用来改变流量和进口压力，使制冷压缩机的特性改变。这种调节方法在固定转速下的大型氨工质离心式制冷压缩机上用得较多，而且常用于使用过程中制冷量变化不大的场合。其缺点是经济性差，冷量的调节范围只能在 60%~100% 之间。

（2）离心式制冷压缩机的安全保护

1）压力保护。离心式制冷压缩机的压力保护主要有润滑油油压差过低保护、高压保护和冷媒回收装置小压缩机出口压力过高保护。各种压力保护自动控制的基本控制方法与活塞式制冷压缩机装置的压力保护自动控制相类似。所不同的是，离心式制冷压缩机油压差一般设定值为 0.08MPa。由于离心机组在真空状态下，容易产生不凝性气体，一旦机组中出现不凝性气体，就会影响机组的性能。因此，机组设置了冷媒回收装置。冷媒回收装置主要用来排除冷凝器中的不凝性气体，通过微压差传感器的间接检测，测量冷凝器中不凝性气体的含量，控制抽气回收装置的起停，保证机组运行性能。冷媒回收装置小压缩机出口压力过高时，通过保护器的动作可以停止小压缩机的运行，保护小压缩机。

2）温度保护。离心式制冷压缩机的温度保护主要有轴承温度过高保护、蒸发温度过低保护等。各种温度保护自动控制方法也与活塞式制冷压缩机温度保护的方法相类似，所不同的是，对不同的轴承保护温度控制要求是不同的。对于滑动轴承，温度超过 80℃ 时停车；对于滚动轴承，温度超过 90℃ 时停车。离心式制冷压缩机一般和壳管式蒸发器配套用于空调制冷，故一般应设蒸发温度过低保护。

3）其他保护。离心式制冷压缩机的其他保护主要有电动机保护和防喘振保护。电动机保护包括失电压、绕组过温升和过电流保护。离心式制冷压缩机比较有特点的保护是防喘振保护，其保护方法是在离心式制冷压缩机蒸发器进出水管间装设有旁通电磁阀，当制冷负荷减小，制冷循环量减小到某一极小值以下时，旁通电磁阀动作，防止喘振发生。冷凝压力升高也会造成高压缩比引起喘振。对这类喘振的发生，冷凝压力的控制就可以起防止作用了。

与螺杆式机组相同，离心式机组也设置了计算机监控系统，完成机组的监控任务与远程通信。

5. 直燃式冷热水机组的能量调节与安全保护系统

（1）直燃式冷热水机组能量自动控制　直燃式机组的制冷量（或制热量）是否与外界冷负荷（或热负荷）相匹配，首先体现在机组冷（热）出水温度的变化上。因此，能量调节系统就是以稳定机组冷（热）出水温度为目的，通过对驱动热源、溶液循环量的检测和调节，保证机组运行的经济性和稳定性。由于机组热源的供热量将会使发生器中冷剂的发生量发生变化，使制冷量（或制热量）也会发生相应的变化，因此机组制冷量调节系统就是通过对热源供热量调节，保证冷水温度维持在设定点上。

直燃型机组制冷量自动控制原理如图 11-22 所示。被测量的冷水温度与设定的冷水温度相比较，根据它们的偏差与偏差积累，按一定的控制规律控制进入燃烧器中的燃料和空气的量，尽量减少被测冷水温度与设定冷水温度的偏差。控制器所采用的控制规律，通常为比例积分规律。该控制规律既具有反应速度快，又具有消除静态偏差的优点，能够获得很高的控制精度。

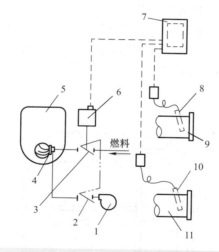

图 11-22　直燃型机组制冷量自动控制原理

1—燃烧器风机　2—空气流量调节阀　3—燃气流量调节阀　4—燃烧器　5—高压发生器　6—调节电动机
7—计算机控制系统　8、10—温度传感器　9—冷/热水出口连接管　11—冷/热水进口连接管

直燃式制冷机组热源的控制按照加热燃料的不同分为燃气燃料的控制与燃油燃料的控制。其控制方式有以下两种：

1）设置两只以上的喷嘴，根据外界负荷变更喷嘴数量，进行分级调节。

2）利用调节机构来改变进入喷嘴的燃料量。

前者控制方式较为简单，为有级控制，热效率较低；后者虽控制设备较复杂，但能无级控制，具有明显的节能效果。

燃气燃料的控制包括空气量的控制与燃气量的控制。一般在燃气管路和空气管路上均设有流量调节阀，两者通过连杆保证同步运动。当外界负荷发生改变时，由控制电动机带动风门和燃气阀门进行调节，使机组的输出负荷做出相应的改变。

燃油量的调节方法分非回油式与回油式两种。非回油式的油量调节范围很小，一般采用开关控制或设置多个喷嘴。回油式调节范围比较大，多余的油料可以通过油量调节阀回流，从而保证在燃油压力不大的情况下，根据负荷来调节燃烧的油量。无论是何种调节方法，油量调节的同时必须对空气量进行调节。

随着发生器获取热量多少的变化，发生器中溶液的液位也会随之变化，特别是双效机组更为明显。因此，发生器中要有液位保护和液位控制，以保持稳定的液位。这种调节方法调节迅速，但它通常要和溶液循环量的调节配合，共同完成制冷量的调节，以保证稀溶液循环量随着发生器获取热量多少的变化而变化，保证机组在低负荷运行时仍然具有较高的热力系数。

（2）溶液循环量调节　溶液循环量调节与机组的能量调节密切相关，当外界所需要的热负荷增大时，溶液的循环量也应增大，反之，溶液的循环量也会下降。溶液循环量调节主要有以下两种方法：

1）发生器液位控制。通过安装在高压发生器中的电极式液位计检测溶液液位的变化，通过溶液调节器或变频器控制溶液泵转速来实现对溶液循环量的控制，使低液位时溶液循环量增大，高液位时溶液的循环量减少或溶液泵停止。在中间液位（正常液位）时，由安装于高压发生器中的压力传感器，检测高压发生器中的压力变化信号，或温度传感器检测高压发生器中溶液出口的温度变化信号，通过比例调节，改变进入高压发生器的溶液量。

2）稀溶液循环量控制。通过安装在蒸发器冷水管道上的温度传感器，检测蒸发器冷水温度，调节进入蒸发器的溶液循环量，使机组的输出负荷发生改变，保持冷水温度在设定的范围内，送往发生器的稀溶液循环量共有 4 种控制方法，图 11-23 所示为蒸汽型溴化锂吸收式机组循环量控制方法。

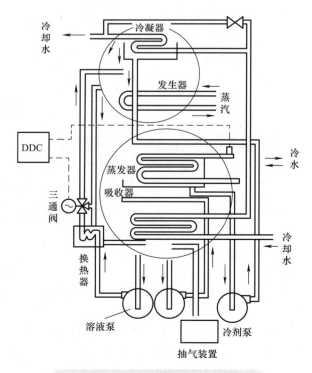

图 11-23　稀溶液循环量控制示意图

二通阀控制：一般与加热蒸汽量控制组合使用，放气范围基本保持不变。随着负荷的降低，单位传热面积（传热面积过冷量）增大，蒸发温度上升而冷凝温度下降，因而热力系数上升，蒸汽单耗减少。但溶液循环量不能过分减少，过分减少会出现高温侧的结晶与腐蚀。

三通阀控制：在稀溶液管上设三通调节阀，旁通一部分稀溶液到发生器出来的浓溶液管中，以减少进入发生器的稀溶液流量。不必与加热蒸汽量控制组合使用，与二通阀一样具有热力系数高、蒸汽单耗小等优点。但控制器结构较复杂，目前很少采用。

变频器控制：变频控制是目前常用的方法，就是根据冷媒水的出水温度，调节溶液泵的转速达到调节循环溶液循环量的目的。其优点是流量调节比较有效、节能且能延长溶液泵的寿命；其缺点是当变频器频率调小到一定程度时，会使溶液泵的扬程小于高压发生器压力，影响机组的正常运行，因而频率调节的幅度受到一定的限制。

经济阀控制：经济阀只有开、闭两位式，结构较为简单，它安装在高压发生器稀溶液进口管道上，通过其开闭调节进入高压发生器的稀溶液循环量，经济阀控制一般与加热蒸汽量控制组合使用，负荷大于 50% 时采用蒸汽压力调节法，低于 50% 时打开经济阀。

溶液循环量调节具有很好的经济性，但因调节阀安装在溶液管道上，因此对机组的真空度有一定的影响。

（3）直燃式冷热水机组的保护装置　溴化锂吸收式制冷机的安全保护装置一般有防冻装置、防晶装置、防止水污染装置、屏蔽泵保护装置、防止高压发生器过压保护装置、防止机内过压保护装置和防止蒸发温度过高保护装置等。对于直燃式冷热水机组，还具有下面一些特殊的保护装置。

1）安全点火装置。直燃式冷热水机组的燃烧系统分为主燃烧系统和点火燃烧系统。主燃烧系统是机组的加热源，由主燃烧器、主稳压器和燃料箱等组成，供机组在制冷或制热时使用；点火燃烧系统由点火燃烧器、点火稳压器和点火电磁阀等构成，其作用是辅助主燃烧器点火。点火燃烧器内设有电打火装置，起动时，点火燃烧器投入工作，经火焰检测器确定正常后，延时打开主燃料阀，使主燃烧系统进行正常燃烧，一旦主燃烧器正常工作，点火燃烧器即自动熄灭。如果点火燃烧器点火失败，受火焰检测器控制的主燃烧器将不会被打开，防止燃料大量溢出，发生泄漏或爆炸事故。

2）燃料压力保护装置。机组工作时，需要保持燃料压力相对稳定。燃料压力的波动会使正常燃烧受到影响，严重时甚至会产生回火或熄火等故障。因此，在燃气（油）系统中安装燃气（油）压力控制器，一旦燃气（油）压力的波动超过设定范围，压力控制器立即工作，发出报警信号，同时切断燃料供应，使机组转入稀释状态。

3）熄火安全装置。当燃气式机组熄火或点火失败时，炉膛中往往留有一定量的燃气。这部分气体应及时排出机外，否则再次点火时有产生燃气爆炸的危险，从而引发事故。一般应用延时继电器等控制元件，使风机在熄火后继续工作，将炉膛内的燃气吹扫干净。

4）排气高温继电器。当排气温度超过 300℃ 以上时，机组自动停止运行。

5）空气压力开关。当空气压力低于 490Pa 时，机组自动停止运行。

6）燃烧器风扇过电流保护装置。设置热继电器、熔断器等保护装置，防止燃烧器风扇故障。若过载保护器动作，机组将自动停止运行。

直燃式冷热水机组的计算机监控系统具有检测功能、预报功能、记忆功能、控制功能与远程通信功能。

图 11-24 为直燃式冷热水机组程序起动流程图。图 11-25 为直燃式冷热水机组程序故障诊断流程图。图 11-26 为直燃式冷热水机组程序停机流程图。图 11-27 为计算机群控系统。

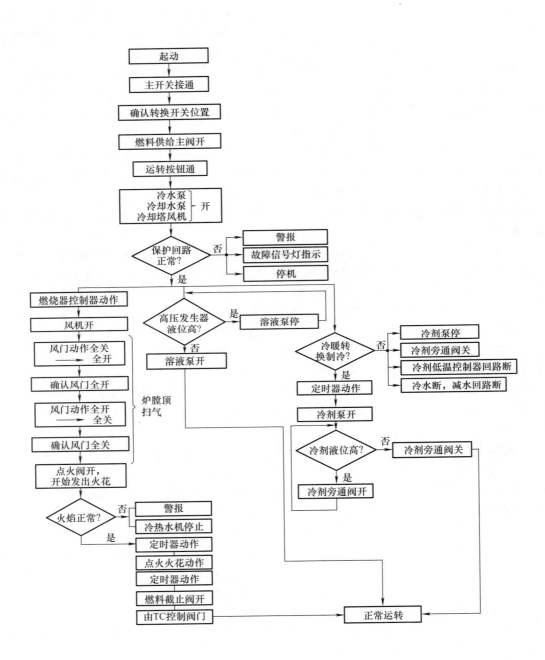

图 11-24 直燃式冷热水机组程序起动流程图

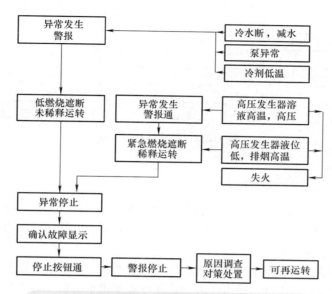

图 11-25 直燃式冷热水机组程序故障诊断流程图

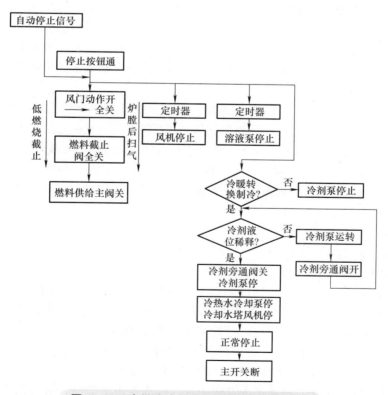

图 11-26 直燃式冷热水机组程序停机流程图

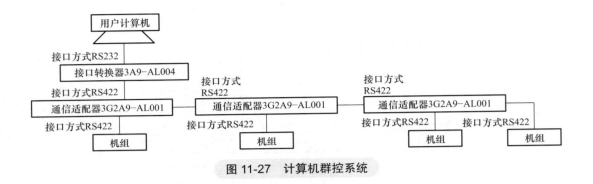

图 11-27　计算机群控系统

11.3.2　冷冻站系统的监测与控制

冷冻站监控系统的作用是通过对冷水机组、冷却水泵、冷却水塔、冷水循环泵台数的控制，在满足室内舒适度或工艺温湿度等参数的条件下，有效地、大幅度地降低冷源设备的能量消耗。

1. 冷冻站的监控内容

监测冷冻水供水温度，冷媒水一次回水、二次回水温度，以了解冷媒水的工作温度是否在合理范围之内；监测冷媒水一次供、回水压力；监测冷媒水供水流量，与冷冻水供、回水温差相结合，可计算出冷量，以此作为能源消耗计量的依据；监测冷却水供、回水温度，以了解冷却水的工作温度是否在合理范围之内；监测冷媒水一级循环泵、冷冻水二级循环泵、冷却水循环泵及冷却塔风机的运行和故障状态；监测补水泵的运行和故障状态，补水泵的起停控制可根据冷媒水供水压力的范围来决定，当供水压力超过警戒压力时，关闭补水泵，当供水压力过小时，起动补水泵；监测补水箱的高液位、低液位和溢流液位，在水箱液位高于高液位和低于低液位时，起动报警；监测膨胀水箱的高液位、低液位，在水箱液位高于高液位和低于低液位时，关闭或起动补水泵；设备之间的联锁保护。

群控功能：①一级泵系统。根据冷媒水供、回水温度与流量，计算出空调系统的实际负荷，将计算结果与实际制冷量比较，若实际制冷量与空调系统的实际负荷之差大于（或小于）一台冷水机组的供冷量，则发出停止（或起动）一台冷水机组的运行的提示（或自动控制）。一级泵、冷却水泵和冷却塔与冷水机组一一对应，随冷水机组的起动和关闭而起动和关闭。②二级泵系统。初级泵的控制同一级泵系统，二级泵系统则根据用户的负荷情况来调整二级泵的起动台数以达到调整负荷的目的。

2. 机电设备的顺序控制

在空调冷冻水系统的起动或停止的过程中，冷水机组应与相应的冷冻水泵、冷却水泵和冷却塔等进行电气联锁。图 11-28 为冷水机组与辅助设备的联锁示意图。如图 11-28 所示，只有当所有的附属设备及附件都正常运行工作之后，冷水机组才能起动；而停车时的顺序则相反，应是冷水机组优先停车。单台冷水机组顺序控制步骤如图 11-29 所示。如果仅用时间继电器延时来构成控制程序，一旦冷却塔风机误起动，会直接引起制冷机的误动作。因此，在冷媒水、冷却水出水口总管上装设水流开关，当水泵起动，水流速度达到一定值后，输出节点闭合，并将其接入制冷机的控制电路中，作为冷水机组起动控制的一个外部保护联锁条件。

当有多台冷水机组并联，并且在水管路中泵与冷水机组不是一一对应连接时，则冷水机组冷媒水和冷却水接管上还应设有电动蝶阀，以使冷水机组与水泵运行能一一对应进行。此时，机电设备的开机顺序控制为：冷却塔风机→冷却水蝶阀→冷却水泵→冷媒水蝶阀→冷媒水泵→制冷机起动；停机过程与开机相反。各动作之间仍需要考虑延时。如果设置了水流开关，其控制作用同上。

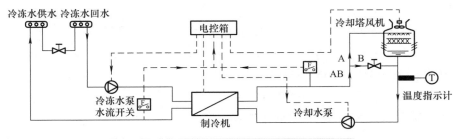

图 11-28　冷水机组与辅助设备的联锁示意图

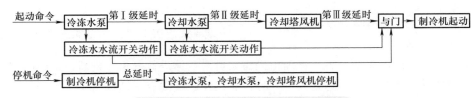

图 11-29　单台冷水机组顺序控制步骤

　　根据《工业建筑供暖通风与空气调节设计规范》（GB 50019—2015），为了保证流经冷水机组蒸发器的水量恒定，并随冷水机组的运行台数的增减，向用户提供适应负荷变化的空气调节冷水流量，要求一级泵设置的台数和流量与冷水机组"相对应"。考虑到如模块式冷水机组拥有多套蒸发器制冷系统的特殊情况，不再按原规范强调"一对一"，可根据模块组装成的冷水机组情况，灵活配备循环水泵台数，且流量应与冷水机组相对应。

　　3. 空调闭式冷媒水系统的监控

　　空调闭式冷媒水系统由冷媒水循环泵、通过管道系统所连接的冷冻机蒸发器及用户所使用的各种冷水设备（如空调机和风机盘管）组成。空调闭式冷媒水监测与控制系统的核心任务是：保证冷冻机蒸发器通过足够的水量以使蒸发器正常工作，防止冻坏；向冷媒水用户提供足够的水量以满足使用要求；在满足使用要求的前提下尽可能减少循环水泵电耗。

　　空调水系统按水系统的循环水量是否变化分为定流量系统和变流量系统。定流量系统的末端采用三通阀调节，依据室内温度信号或送风温度信号，控制三通调节阀旁通流量，以维持室内温度或送风温度恒定。但水泵大部分时间在满负荷下工作，耗能严重。而变流量系统中，用户末端盘管采用二通阀调节，依据室内温度信号或送风温度信号，控制二通阀门的开度，改变用户（负荷侧）的水流量，以维持室内温度或送风温度恒定。根据循环泵的设置，空调闭式冷媒水系统又可以分为单级泵与复式泵形式。

　　（1）一级泵冷冻水系统的监控

　　1）压差控制。当空调机组、风机盘管都采用电动两通阀的空调水系统时，用户侧属于变流量系统，冷源侧需要定流量运行。因此，在供、回水管之间需加一旁通阀。当负荷流量发生变化时，供、回水干管间压差将发生变化，通过压差信号调节旁通阀开度，故改变旁通水量，一方面恒定压差，使压力工况稳定，另一方面也保证了冷源侧的定水量运行。图 11-30 为一级泵压差控制原理图。控制元件由压差传感器、压差控制器 PdA 和旁通电动两通阀（简称"旁通阀"）V 组成。在系统处于设计状况下，所有的设备满负荷运行，压差旁通阀开度为零，压差传感器两端接口处的压差为控制器的设定值 Δp_0；当末端负荷变小时后，末端的两通阀关小，供、回水压差 Δp 将会
提高而超过设定值，在压差控制器的作用下，旁通阀将自动打开，它的开度加大将使总供、回水压差减小直至达到 Δp_0 时，才停止继续开大。若冷水的旁通量超过了单台冷水循环泵流量时，则自动关闭一台冷水循环泵。对应的冷水机组、冷却泵及冷却塔也停止运行。压差传感器的两端接管应尽可能地靠近旁通阀两端并应设于水系统中压力较稳定的地点，以减少水流量的波动，提高控制的精确性。

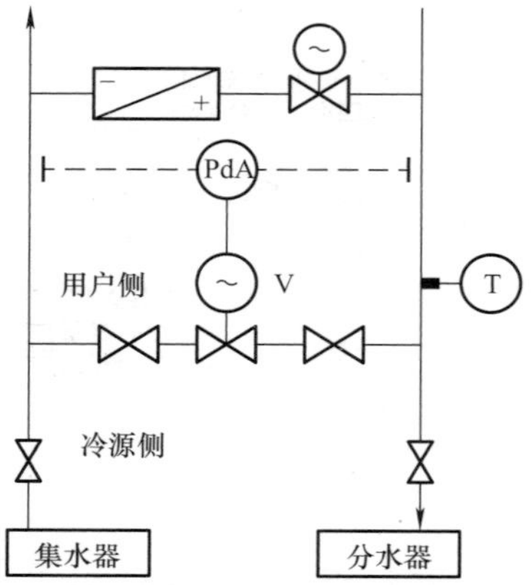

2）冷冻机的台数控制。对于多台机组，其控制方法主要有操作指导控制、压差控制、恒定供回水压差的流量旁通控制、回水温度控制与冷量控制。

① 操作指导控制。这种控制方式根据实测冷负荷，一方面显示、记录实际冷负荷，另一方面由操作人员对数据进行分析、判断，实施冷冻机运行台数控制及相应联动设备的控制。这是一种开环控制结构，其优点是结构简单、控制灵活，特别适合对于冷负荷变化规律尚不清楚和对大型冷机的起停要求严格的场合；其缺点是人工操作，控制过程慢、实时性差，节能效果受到限制。

② 压差控制。一级泵压差旁通流量控制如图 11-31 所示。旁通阀的流量为一台冷水机组的流量，其限位开关用于指示 10%～90% 的开度。低负荷时起动一台冷水机组，其相应的水泵同时运行，旁通阀在某一调节位置。负荷增加时，调节旁通阀趋向关的位置，当达到一定负荷时，限位开关闭合，自动起动第二台水泵和相应的冷水机组（或发出报警信号，提示操作人员起动冷水机组和水泵）；负荷继续增加，则进一步起动第三台冷水机组。当负荷减小时，以相反的方向进行。

③ 恒定供回水压差的流量旁通控制。该控制法是在旁通管上再增设流量计，以旁通流量控制冷水机组和水泵的起停。例如，某冷冻站安装有三台机组，当由满负荷降至 66.6% 负荷时，停掉一组冷水机组和水泵；当由满负荷降至 33.3%，停掉两组冷水机组和水泵负荷。一级泵旁通流量控制如图 11-31 所示。图中，ΔF 为流量传感器，C 为控制器。

图 11-30　一级泵压差控制原理图

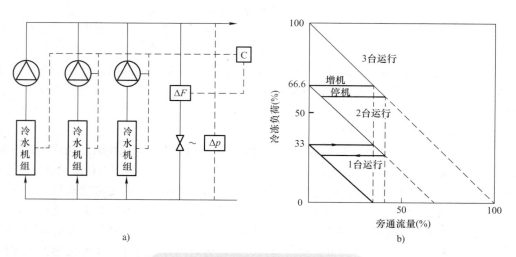

a)　　　　　　　　　　　　b)

图 11-31　一级泵压差旁通流量控制

④ 回水温度控制。冷水机组的制冷量为

$$Q = q_m c(t_2 - t_1) \quad\quad (11\text{-}1)$$

式中　Q——制冷量（kW）；

　　　　q_m——回水流量（kg/s）；

　　　　c——水的比热容，$c = 4.1868\text{kJ/(kg·K)}$；

　　t_1，t_2——冷冻水供、回水温度（℃）。

通常冷水机组的出水温度设定为 7℃，在定流量系统中，不同的回水温度实际上反映了空调系统中不同的需冷量。一级泵温度控制法如图 11-32 所示。它的控制原理是将回水温度传感器信号送至温度控制器，控制器根据回水温度信号控制冷水机组及冷冻水泵的起停。

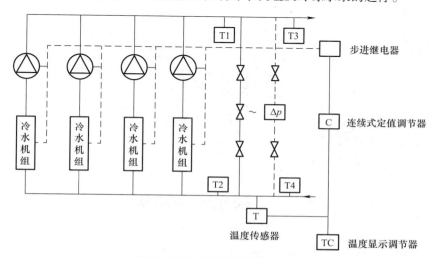

图 11-32　一级泵温度控制法

尽管从理论上来说，回水温度可反映空调需冷量，但由于目前较好的水温传感器的精度大约在 0.4℃，而冷冻水设计的回水温度大多为 12℃，因此，回水温度控制的方式在控制精度上受到了温度传感器的约束，不可能很高。特别是只利用了回水温度，而没有考虑回水流量，故该方法没有跟踪实际空调负荷，但造价低。为了防止冷水机组起停过于频繁，采用此方式时，一般不能用自动起停机组，而应采用自动监测与人工手动起停的方式。

⑤ 冷量控制。冷量控制的原理是通过测量用户侧的供回水温度及冷冻水流量，按式（11-2）计算实际所需冷量，由此决定冷水机组的运行台数。采用这种控制方式，各传感器的设置位置是非常重要的。设置位置应保证回水流量传感器测量的是用户侧来的总水流量，不包括旁通流量；回水温度传感器应该是测量用户侧来的总回水温度，不应是回水与旁通水的混合温度。该方法是工程中常用的一种方法。

当空调系统用户侧水系统是变流量系统，而冷源侧是定流量系统时，常见的冷站供、回干管的连接方式及测量组建系统如图 11-33 所示，有以下四种方案：

方案一：如图 11-33a 所示，在分水器与集水器之间连接压差旁通管，由分水器引出一根供水管（如果冷站设在地下室，则到楼上再行分支）。由用户侧回来的回水管接到集水器上。这种连接方法可以用一个流量变送器测量用户回水流量，且较容易满足流量变送器直管段的要求，可从安装条件保证测量精度和稳定性，可测性好。同时，由于旁通管连接到集水器与分水器之间，对稳定地调节供回水压差有利。

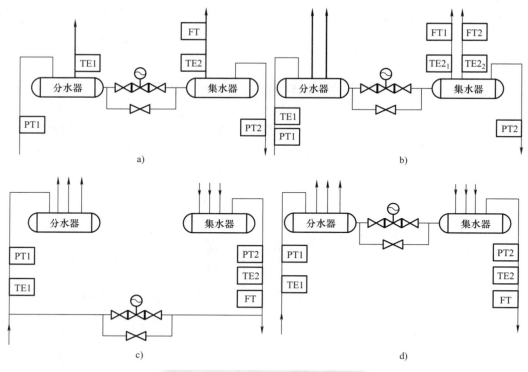

图 11-33　冷量测量系统的组建方案

a）方案一　b）方案二　c）方案三　d）方案四

方案二：如图 11-33b 所示，方案二与方案一不同的是在集水器安装两根回水管，故需采用两个回水流量变送器和两个回水温度传感器，则冷负荷 Q 为

$$Q = q_{\mathrm{m}}c(t_2 - t_1) \tag{11-2}$$

式中　q_{m}——总回水流量，$q_{\mathrm{m}} = q_1 + q_2$；

t_2——回水当量温度，$t_2 = \dfrac{q_2 t_{21} + q_1 t_{22}}{q_1 + q_2}$，其中，$q_1$、$q_2$ 为回水管 1、2 对应的流量，分别由流量变送器 FT1、FT2 测量，t_{21}、t_{22} 为回水管的 1、2 对应的回水温度，分别由温度变送器 TE1、TE2 测量。

方案三：如图 11-33c 所示，方案三的特点是压差旁通管连接在供、回水干管上。按这种连接方法，无论集水器连接多少根回水管，均可采用一台流量变送器和一个回水温度传感器测量，减少了硬件投资。但其压差调节的稳定性不如方案一和方案二好。

方案四：如图 11-33d 所示，方案四的回水流量计和回水温度传感器安装错误，TE2、FT 测量的是混水温度和混水流量，而不是用户的回水温度和回水流量。

在设计、施工中，一方面要求传感器的准确性与传感器的安装位置，另一方面还必须保证变送器的特殊安装条件。例如，流量变送器 FT 要求在其安装位置的前、后（按水流方向）有一定长度的直管段要求，一般要求前 10DN、后 5DN（DN 为安装管直径），这是为了消除管道中流动的涡流，改善流速场的分布，提高测量精度和测量的稳定性。为了延长流量变送器的使用寿命，要求流量变送器安装在回水管路上，而避免安装在供水管上。在各种流量变送器中，电磁流量系无阻流元件，阻力损失小、流场影响小，精度高，直管段要求低，是常用的一种流量变送器。

（2）二级泵冷媒水系统的监控　二级泵冷媒水系统监控的内容包括设备联锁、冷水机组台数控制和次级泵控制等。从二级泵系统的设计原理及控制要求来看，要保证其良好的节能效果，必须设置相应的自动控制系统才能实现。这也就是说，所有的控制都应是在自动检测各种运行参数的基础上进行的。

二级泵冷媒水系统中，冷水机组、初级冷冻水泵、冷却泵、冷却塔及有关电动阀的电气联锁起停程序与一级泵系统完全相同。

1）冷水机组台数控制。图11-34所示为二级泵系统。初级泵克服蒸发器及周围管件的阻力，至旁通管A、B间的压差几乎为0，这样即使有旁通管，当用户流量与通过蒸发器的流量一致时，旁通管内亦无流量。次级泵用于克服用户支路及相应管道阻力。初级泵随冷水机组联锁起停，次级泵则根据用户侧需水量进行台数起停控制。当次级泵组总供水量与初级泵组总供水量有差异时，相差的部分从平衡管AB中流过（可以从A流向B，也可以从B流向A），这样就可解决冷水机组与用户侧水量控制不同步的问题。用户侧供水量的调节通过次级泵的运行台数及压差旁通阀V1来控制（压差旁通阀控制方式与一级泵系统相同）。因此，V1阀的最大旁通量为一台次级泵的流量。在二级泵系统中，一般基于冷量控制原理控制冷冻机台数，传感器的设置原则同一级泵。

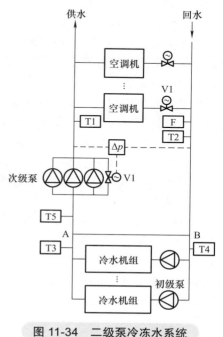

图11-34　二级泵冷冻水系统

同样，也可以根据供、回水温度控制冷水机组台数。用户侧流量与冷冻机蒸发流量的关系可通过温度 t_2、t_3、t_4 和 t_5 确定。

当 $t_3 = t_5$，$t_2 > t_4$ 时，通过蒸发器的流量 q_{m0} 大于用户侧流量 q_m，由于冷水机组的制冷量等于用户侧空调负荷，即

$$q_{m0}(t_4 - t_3) = q_m(t_2 - t_3)$$

则可以得出用户侧的总流量 q_m 与通过蒸发器水量 q_{m0} 的比值为

$$\frac{q_m}{q_{m0}} = \frac{t_4 - t_3}{t_2 - t_3} \tag{11-3}$$

当 $t_3 < t_5$，$t_2 = t_4$ 时，用户侧流量大于蒸发器侧流量，两者之比为

$$\frac{q_m}{q_{m0}} = \frac{t_2 - t_3}{t_2 - t_5} \tag{11-4}$$

由此，可以通过这些温度的关系确定用户侧负荷情况，从而确定冷冻机的运行台数。

2）次级泵控制。次级泵控制可分为台数控制、变速控制和联合控制3种。

① 台数控制。次级泵台数控制时，次级泵全部为定速泵，同时还应对压差进行控制，因此设有压差旁通电动阀。应注意，压差旁通阀旁通的水量是次级泵组总供水量与用户侧需水量的差值；

而连通管 AB 的水量是初级泵组与次级泵组供水量的差值，这两者是不一样的。

压差控制旁通阀的情况与一级泵系统相类似。压差控制是当系统需水量小于次级泵组运行的总水量时，为了保证次级泵的工作点基本不变，稳定用户环路，应在次级泵环路中设旁通电动阀，通过压差控制旁通水量。当旁通阀全开，而供、回水压差继续升高时，则应停止一台次级泵运行。当系统需水量大于运行的次级泵组总水量时，反映出的结果是旁通阀全关且压差继续下降，这时应增加一台次级泵。因此，压差控制次级泵台数时，转换边界条件如下：压差旁通阀全开，压差仍超过设定值时，则停一台泵；压差旁通阀全关，压差仍低于设定值时，则起动一台泵。

由于压差的波动较大，测量精度有限（5%～10%），很显然，采用压差控制次级泵时，精度受到一定的限制，且由于必须了解两个以上的条件参数（旁通阀的开、闭情况及压差值），因而使控制变得较为复杂。

既然用户侧必须设有流量传感器 F，因此比较此流量测定值与每台次级泵设计流量即可方便地得出需要运行的次级泵台数。由于流量测量的精度较高，因此这一控制是更为精确的方法。此时旁通阀仍然需要，但它只是作为输水量旁通用，并不参与次级泵台数控制。

② 变速控制。变速控制是针对次级泵为全变速泵而设置的，其被控参数既可是次级泵出口压力，又可是供、回水管的压差。通过测量被控参数并与给定值相比较，改变水泵电动机频率，控制水泵转速。

③ 联合控制。联合控制是针对定-变速泵系统而设的，空调水系统采用一台变速泵与多台定速泵组合，其被控参数既可是压差也可以是压力。这种控制方式，既要控制变速泵转速，又要控制定速泵的运行台数，因此相对来说此方式比上述两种更为复杂。同时，从控制和节能要求来看，任何时候变速泵都应保持运行状态，且其参数会随着定速泵台数起停时发生较大的变化。

在变速过程中，如果无控制手段，在用户侧，供、回水压差的变化将破坏水路系统的水力平衡，甚至使得用户的电动阀不能正常工作。因此，变速泵控制时，不能采用流量为被控参数而必须用压力或压力差。

还可以根据用户侧最不利末端供回水压差来调整加压泵起动台数或通过变频器改变其转速。实际上冷冻水管网若分成许多支路，很难判断哪个是最不利支路。尤其当部分用户停止运行，系统流量分配在很大范围内变化时，实际最不利末端也会从一条支路变为另一条支路。这时可以将几个有可能是最不利末端的支路末端均安装压差传感器，实际运行时根据其最小者确定加压泵的工作方式。

无论是变速控制还是台数控制，在系统初投入时，都应先手动起动一台次级泵（若有变速泵，则应先起动变速泵），同时监控系统供电并自动投入工作状态。当实测冷量大于单台冷水机组的最小冷量要求时，则联锁起动一台冷水机组及相关设备。

4. 冷却水系统的监测控制

冷却水系统是通过冷却塔和冷却水泵及管道系统向制冷机提供冷却水，它的监控系统的作用是：保证冷却塔风机、冷却水泵安全运行；确保制冷机冷凝器侧有足够的冷却水通过；根据室外气候情况及冷负荷，调整冷却水运行工况，使冷却水温度在要求的设定温度范围内。

图 11-35 为装有 4 台冷却塔（F1～F4）、2 台冷却水循环泵（P1、P2）的冷却水系统及其监测控制点。冷却水泵根据冷冻机起动台数决定它们的运行台数。冷凝器入口处两个电动蝶阀仅进行通断控制，在冷冻机停止时关闭，以防止冷却水短路，减少正在运行的冷凝器中的冷却水量。

冷却塔与冷水机组通常是电气联锁，但这一联锁并非要求冷却塔风机必须随冷水机组同时进行，而只是要求冷却塔的控制系统投入工作。冷却塔风机的起停台数根据冷冻机起动台数、室外温湿度、冷却水温度、冷却水泵起动台数来确定。一旦进入冷凝器的冷却进水温度 T5 不能保证时，则自动起动冷却塔风机。因此，冷却回水温度是整个冷却水系统最主要的测量参数。冷却塔的控制实际上是利用冷却回水温度来控制相应的风机（风机做台数控制或变速控制），不受冷水机组运行状态限制（如室外湿球温度较低时，虽然冷水机组运行，但也可能仅靠水从塔流出后的自然冷却即可满足水温要求），它是一个独立回路。

由冷凝器出口水温测点 T6、T7 测得的温度可确定这两台冷凝器的工作状况。当某台冷凝器由于内部堵塞或管道系统误操作造成冷却水流量过小时，会使相应的冷凝器出口水温异常升高，从而及时发现故障。水流开关 F1、F2 也可以指示无水状态，但当水量仅是偏小，并没有完全关断时，不能给出指示，还可以在冷却水系统中安装流量计测量冷却水的瞬时流量，用它测量冷却水循环量，尽管能及时发现由于某种原因使冷却水循环突然减少的现象，便于分析系统故障，但所付出的代价可能太高。实际上如果测出冷冻水侧流量及温差，得到瞬时制冷量，再测出冷凝器侧供回水温差，也能估算出通过冷凝器的冷却水量，其精度足以用来判断各种故障。

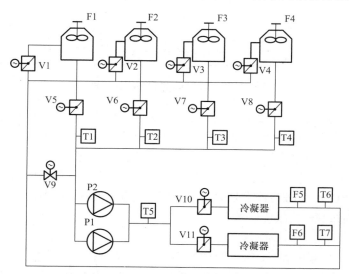

图 11-35　冷却水系统及其监测控制点

接于各冷却塔进水管上的电动蝶阀 V1～V4 用于当冷却塔停止运行时切断水路，以防短路，同时可适当调整进入各冷却塔的水量，使其分配均匀，以保证各冷却塔都能得到最大使用。由于此阀门的主要功能是开通和关断，对调节要求并不很高，因此选用一般的电动蝶阀可以减小体积，降低成本。为避免部分冷却塔工作时接水盘溢水，应在冷却塔进、出水管上同时安装电动蝶阀 V1～V8。

混水电动阀是另一种对冷却水温度进行调节的装置。当夜间或春秋季室外气温低，冷却水温度低于冷冻机要求的最低温度时，为了防止冷凝压力过低，适当打开混水阀，使一部分从冷凝器出来的水与从冷却塔回来的水混合，调整进入冷凝器的水温。当能够通过起停冷却塔台数、改变冷却塔风机转速等措施调整冷却水温度时，应尽量优先采用这些措施。用混水阀调整只能是最终的补救措施。

5. 冷冻站监控系统

图 11-36 为冷冻站监控系统（DDC）原理图。该冷冻站系统由两台冷水机组、两台冷却塔、三台冷却水泵和三台冷冻水泵组成。监测与控制内容如下：

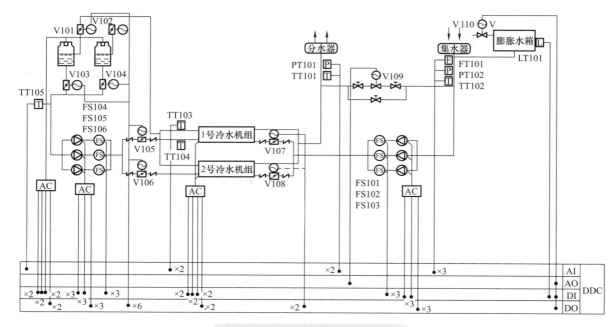

图 11-36 冷冻站监控系统原理图

（1）监测内容 冷却水供、回温度；冷冻水、冷却水供回水管水流开关信号；冷冻水供、回水压差信号及回水流量信号；冷水机组正常运行、故障及远程/本地转换状态；冷却水泵、冷冻水泵、冷却塔风机工作、故障及手/自动状态。以上内容能在 DDC 上显示。

DDC 将冷却水泵、冷冻水泵、冷却塔风机电机主电路上交流接触器的辅助触点作为开关量输入（DI 信号），输出 DDC 监控冷冻水泵的运行状态；主电路上热继电器的辅助触点信号（1 路 DI 信号）作为冷冻水泵过载停机报警信号。

（2）联锁及保护

1）根据排定的工作程序表，DDC 按时起停机组。顺序控制如前所述。

2）通过 DDC 对各设备运行时间的积累，实现同组设备的均衡运行。当其中某台设备出现故障时，备用设备会自动投入运行，同时提示检修。

3）DDC 对冷却水泵、冷冻水泵、冷却塔风机的起停控制时间应与冷水机组的要求一致。

4）水泵起动后，水流开关检测水流状态，发生断水故障，自动停机。

5）设置时间延时和冷量控制上、下限范围，防止机组频繁起动。

（3）控制

1）测量冷冻水系统供、回水温度及回水流量，计算空调实际冷负荷，根据冷负荷确定冷水机组起停台数，以达到最佳节能效果。

2）根据冷却水回水温度，决定冷却塔风机的运行台数，自动起停冷却塔风机，并通过控制其旁路电动调节阀的开度，调节流入冷却塔的水量。

3）测量冷水系统供、回水总管的压差，控制其旁通阀开度，以维持压差平衡。

6.冷源侧变流量运行

以上讨论的空调冷冻水系统冷源侧与冷却水均为定流量运行，能耗大，运行费用高。现在一些冷水机组厂家已经允许蒸发器与冷凝器流量在一定范围内变化。例如，某些冷水流量可以在 50%～120% 范围内变化，冷却水流量可以在 20%～120% 范围内变化。这为空调冷冻水系统冷源侧与冷却水应用变流量节能新技术创造了条件。调节水系统变流量运行的控制模式主要有温差控制法和压差控制法两种。

1）温差控制法控制原理如图 11-37 所示，温差控制法是指保持供水温度为 7℃，供回水温差 Δt 为 5℃。当负荷下降时，若流量保持不变，则回水温度下降，Δt 相应变小，要保持 Δt 不变，可通过温差控制器 TC、变频器 SC 来降低水泵转速、减少水流量，降低水泵能耗。

2）压差控制法是指在供、回水总管间设压差控制器，在运行过程中不管负荷如何变化，供、回水总管间压差保持不变，末端装置的流量完全由电动二通阀控制。但压差控制法的节能效果不如温差控制法。

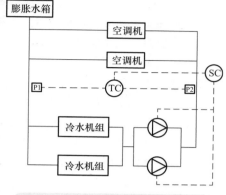

图 11-37 温差控制法控制原理图

11.3.3 空调热水系统控制原理

空调热水系统控制原理如图 11-38 所示。

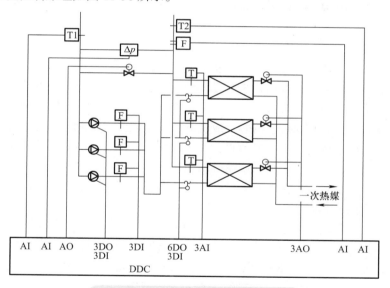

图 11-38 空调热水系统控制原理图

1. 起停控制

1）根据室内外条件，由中央计算机键盘起动或现场手动起动第一台换热器组成的热水系统（包括相应的设备）。

2）联锁顺序：起动时先起动热水泵，再开启换热器电动蝶阀。

2. 水温控制

根据各台换热器二次水出水温度，控制一次热媒侧电动调节阀。

3. 台数控制

根据热水供、回水温度及流量，计算用户侧的实际耗热量，自动起停及决定换热器和热水泵的运行台数。

4. 压差控制

根据设计要求或调试结果所得到的热水供、回水总管压差，控制电动旁通阀开度。

5. 显示及报警

1）热水泵运行状态显示，故障报警。

2）换热器电动蝶阀状态显示，故障报警。

3）换热器一次热媒电动调节阀的阀位显示。

4）电动旁通阀阀位显示。

5）热水供、回水压差显示，高限报警。

6）换热器二次水出水温度显示，高、低限报警。

7）热水总供、回水温度和流量的显示及记录。

8）瞬时热量及累积热量显示及记录。

9）设备运行小时数显示及记录。

6. 参数再设定

各换热器二次水出水温度及供、回水压差等，均可在中央计算机及现场进行再设定。

11.4 中央空调系统的自动控制

11.4.1 中央空调系统自动控制概述

中央空调系统的空气处理方案和处理设备的容量是在室外空气处于冬、夏季设计参数以及室内负荷为最不利时确定的。尽管空调系统在投入使用前已经过调试，在当时特定的室外参数和室内负荷条件下满足了预定的设计要求，但是，从全年来看，室外空气参数在绝大多数时间内是处于冬、夏季设计参数之间的，而且室内热（冷）湿负荷也是经常变化的。在这种情况下，如果空调系统的运行不做相应的调节，室内参数将会发生变化或波动，这样就不能满足设计要求，而且浪费了空调冷量和热量。因此，中央空调系统的运行必须根据室外气象条件和室内热湿负荷变化及时进行调节，才能在全年（不保证时间除外）内，既能满足室内温湿度要求，又能达到经济运行的目的。中央空调系统的运行调节方法有两种：一是依靠管理人员手动控制；二是由计算机自动控制。前一种方法需要较多的运行管理人员，调节质量依赖于管理人员的专业水平、经验和责任心，但在实际的运行中，由于空调负荷不断变化，系统设备多而分散，运行操作频繁而复杂、设备维护的不确定性很多，运行管理效果不佳。而自动控制可以实现空调系统按预定最佳方案运行，保证室内环境达到设计要求，并使系统运行安全、可靠。因此，对于系统复杂、控制精度要求高的空调系统，采用自动控制是非常必要的。

空调自动控制的任务就是当室内温湿度偏离设定值时，根据偏差自动地控制各种空调设备的实际输出量，使室内温湿度保持在一定范围内，以满足空调的要求。在设计空调自动控制系统时，首先应对空气处理过程的特性、规律进行认真的研究，并根据各种气候条件、工艺要求和空气处理过程来选用不同的空调控制方案，配置相应的自动化装置，只有这样才能实现自动控制系统的经济效益与价值。本章正是从以上角度出发，分别对新风系统、全空气定风量系统、风机盘管系统、变风量系统及 VRV 空调系统（变制冷剂流量系统）的自动控制进行详细论述，从而使读者对中央空调系统的控制有一个全面、深入、具体的认识。

1. 中央空调系统自动控制的目的

（1）创造适宜的生活与工作环境　通过空调自动控制系统，对室内温度、相对湿度、空气流速及清洁度等加以控制，为人们创造良好、舒适的生活与工作环境，从而大大提高人们的生活质量和工作效率。对工艺性空调而言，可提供生产工艺所需要的空气的温度、湿度、清洁度的条件，从而保证产品的质量。

（2）节约能源　空调系统能耗通常占整个建筑能耗的 35%，甚至高达 45% 以上，因此对空调系统进行节能控制具有极大的潜力和巨大的经济效益，一个进行了综合节能控制的空调系统可节能 30% 以上。空调系统的节能控制包括空气、水输送系统节能控制、空调处理过程的节能控制及运行时间控制等多个方面。

（3）保证空调系统安全、可靠运行　通过自动控制系统对空调系统各设备的运行进行监测，可以及时发现系统故障，自动关闭相关设备并报警，通知人们进行事故处理，从而保证了系统的安全、可靠运行。

2. 中央空调系统的控制特点

从控制角度分析，空调系统的被控对象（空调房间）具有以下特点：

（1）干扰因素众多　影响房间温湿度的干扰因素很多，例如，通过窗进入室内的太阳辐射，它随季节变化，同时受气象条件影响；室外空气温度通过围护结构对室内空气温度的影响；通过门、窗、缝隙等侵入室内的室外空气；引入室内的新风状态对房间空气状态的影响；由于室内人员的变动，照明、电器设备、工艺设备的开停所产生的余热余湿变化。

（2）运行的多工况性　中央空调系统对空气的处理过程具有很强的季节性。一年中，至少要分为冬季、过渡季和夏季。同时由于空调运行的多样性，使运行管理和自动控制设备趋于复杂。

（3）温、湿度相关性（耦合）　空气状态的两个主要参数——温度和湿度，并不是完全独立的两个变量。当相对湿度发生变化时，若通过开启加热器或表冷器进行加湿或减湿，则将引起室温波动；而当室温变化时，室内空气的饱和水蒸气分压力会变化，在绝对含湿量不变的情况下，室内空气的相对湿度就会发生变化（温度升高，相对湿度减少；温度降低，相对湿度增加）。这种参数之间相互关联的性质称为耦合。显然，在对温、湿度都有要求的空调系统中，进行自动控制时应充分注意这一特性。

3. 中央空调系统自动控制的内容

（1）空气处理过程控制　依据室内温湿度实测值与设定值偏差，用比例（P）、比例积分（PI）或比例积分微分（PID）算法控制空调系统，自动调节加热、冷却、加湿、除湿、空调系统风量等调节装置，以满足空调要求。

（2）设备间歇运行　通过空调动力设备的间歇运行来减少设备开启时间，从而减少能耗。

（3）焓差控制　按新、回风的焓值大小，充分、合理地利用新风能量及回收回风能量，控制新风量，调节新风阀门、回风阀门和排风阀门的开度。

（4）设定值的再设控制　根据新风温度，重新设定给定值，通过在夏季减少室内外温差，冬季提高室内温度设定值，来提高人们的舒适性，同时节约能量消耗。

（5）夜间（值班）运行　在下班时间，降低室内空调要求，使设备低负荷运行，节约能耗。

（6）通风预冷、净化　夏秋季在清晨时，通过程序起动空气处理机（或新风机），利用室外凉爽空气对室内全面换气预冷，既节约新风能耗又提高了室内空气品质。

（7）最佳开关机时间控制　在人员进入前，为使房间温湿度达到适宜值而稍微提前启动空调系统，以保证开始使用时，房间温、湿度恰好达到要求，减少不必要的能量消耗；在人员离开之前的适当时刻关机，既能使房间维持舒适的水平，又能尽早地关闭设备以节约能量。

（8）工况切换控制　把室外空气状态分成若干空调工况区，自动控制空调系统在各工况区的转换。

（9）特别时间计划　为特殊日期（诸如节假日）提供日期和时间安排计划。

（10）设备运行监测　监视空调机组各设备的运行状态，发现故障执行应急程序，保护设备并报警。

上述控制功能对于某一具体工程来说，一般并不一定全部采用，可依据工程的实际需要及投资额度等因素来选定。

11.4.2　中央空调系统的运行调节

中央空调系统的空气处理方案和空气处理设备的容量是按照冬、夏季室外空气处于设计参数、室内负荷在最不利条件下时进行选择的。但实际上，在全年的大部分时间里，室外空气参数是在冬、夏季设计参数间做季节性变化的，同时室内负荷也经常发生变化和波动。如果空调系统不做相应调节，则在室外空气参数及室内负荷变化的情况下，就不能满足设计要求，而且浪费了空调的冷量和热量。因此，必须对空调系统的运行进行调节，才能在全年内既满足室内温、湿度要求，又达到经济运行的目的。这种运行调节通常是靠自动控制设备来完成的，为了达到以上控制目标，首先就要对空调系统的运行调节进行分析研究，从而为系统的自动控制提供依据。

1. 中央空调系统运行调节的原则

1）保持系统内各房间的温、湿度等参数在要求的范围内。

2）力求系统运行经济。

3）使系统的控制、调节环节少，调节方法简单可靠，从而简化自动控制系统，减少一次投资并便于系统维护。

2. 中央空调系统的全年运行调节

室外空气状态的变化可以引起送风状态的变化和建筑外围护结构传热量的变化。这两种变化均会影响空调房间的空气状态。那么当室外空气状态变化时，为保证室内温湿度要求，如何对空调系统进行调节呢？下面就以采用蒸汽加湿的冷水表面冷却器的一次回风空调系统为例，说明空调系统的全年运行调节方法。对于使用喷水室的空调系统由于现在实际应用较少，故在这里不做叙述，若有需要可参阅中国建筑工业出版社出版的《空气调节》（第三版）中"一次回风空调系统全年运行调节"的相关内容。

由于蒸汽加湿接近于等温过程，加热和干式冷却（在冷水水温较高或冷水量较少时，一般为干式冷却）为等湿过程，所以其分区调节应以室外新风温度和含湿量大小划分。划分的原则是在保证室内温湿度要求的前提下，使运行经济、调节方便。同时，还应考虑室外空气参数在某个区域内出现的频率，如果频率很低，则可将该区域合并到其他邻区，以减少空调系统的调节环节。每一个空调分区均应使空气处理按最经济的运行方式进行，在相邻的空调分区之间都能自动切换。图 11-39 为一次回风系统的全年运行分区，各区的处理方法见表 11-1。图 11-39 中的 N'、N 分别为冬、夏室内设计状态点，P 点是延长线 $N'S'$ 上的一点，且线段 $N'S'$ 与 $N'P$ 之比等于最小新风比。

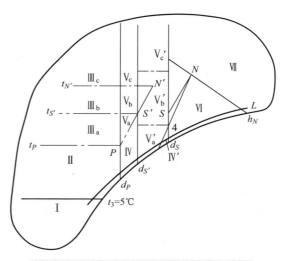

图 11-39　一次回风系统的全年运行分区

点 4 是二次加热后的参数点，点 4 至点 S 为风机和风管温升。

1）Ⅰ、Ⅱ区属冬季寒冷季节，这时应将新风阀开到最小，采用最小新风比。由于 $t_W < 5℃$，故需要用一次加热器对新风进行预热，将其加热到 5℃。随着 t_W 的升高，当室外新风温度等于 5℃ 时，一次加热关闭，转入Ⅱ区。Ⅰ、Ⅱ区的区别就是Ⅰ区有预热，Ⅱ区不用预热。两个区均是在室外新风和室内空气混合再热以后用等温加湿的方法将其处理到送风状态点 S' 的。

2）当室外空气状态到达Ⅲ区（Ⅲ$_a$、Ⅲ$_b$、Ⅲ$_c$）时，若仍按最小新风比混合新风，由于 $t_W > t_P$，则混合点的温度必然高于送风温度 $t_{S'}$，如果要维持送风状态，就要起动制冷设备，用低温水将混合空气等湿处理到等温线上，这显然是不经济的。对于Ⅲ$_a$区，如果改变新回风混合比（开大新风阀，关小回风阀），可使混合状态点仍然落在 $t_{S'}$ 线上，然后再用喷蒸汽等方法将混合后的空气等温加湿到 S' 点送入室内。显然，此方法不但符合卫生要求，而且由于充分利用新风冷量，推迟了起动制冷设备的时间，从而达到节约能量的目的。当 $t_W > t_{S'}$ 时，转入Ⅲ$_b$。这时，如果利用室内回风将会使混合点的温度值高于送风状态点，显然是不合理的，所以为了节省冷量，应全部关掉回风，采用 100% 新风。而且从这一阶段开始要起动冷源，冷水供水温度通过控制表冷器冷水阀的开度进行调节，但要保证表冷器在干工况下工作。当 $t_W > t_N$ 时，转入Ⅲ$_c$区。由于此时室外空气温度已经高于室内温度，若继续使用全新风，将增加冷量的消耗，因此用回风更经济，可采用最小新风比，将新风阀关到最小，回风阀开到最大，同时使用表冷器进行干式冷却。

3）在Ⅳ区和Ⅴ区均采用改变新回风混合比的方法调节混合空气的含湿量使之到达 $d_{S'}$ 等湿线上，Ⅳ区用二次加热将混合后的空气等湿加热到送风状态点 S'，Ⅴ$_a$、Ⅴ$_b$、Ⅴ$_c$ 区的处理方法分别同Ⅲ$_a$、Ⅲ$_b$、Ⅲ$_c$区。当室外空气含湿量 d_W 大于送风含湿量 $d_{S'}$ 时，室内参数整定值改为夏季整定值，所出现的Ⅳ$'$ 区和Ⅴ$'$ 区按Ⅳ和Ⅴ区的处理方法处理。

4）当 $d_W > d_S$、$h_W < h_N$ 时为Ⅵ区；$d_W > d_S$、$h_W > h_N$ 时为Ⅶ区。在Ⅵ区采用全新风最经济，用表冷器将室外新风处理到"机器露点 L"（即 d_S 等湿线与 90% 相对湿度线交点），再用二次加热将其等湿加热到送风状态点 S'。Ⅶ区和Ⅵ区的不同之处为：采用最小新风比更经济，因此，采用最小新风比，用表冷器将混合后的空气处理到"露点"，再二次加热到 S' 点送入室内。

在室外相对湿度较大的地区（例如我国南方），Ⅲ$_c$、Ⅴ$_c$ 区的参数每年出现次数很少，可以不用Ⅲ$_c$、Ⅴ$_c$ 区的调节方法，Ⅲ$_c$、Ⅴ$_c$ 区亦采用Ⅲ$_b$、Ⅴ$_b$ 区的调节方法。采用此法时，其冬季加湿量应按Ⅲ$_c$ 区的不利参数全新风的情形进行加湿计算。

综上所述，按以上分区的一次回风空调系统的全年运行调节可以归纳为表 11-1。

总之，在进行空调系统的全年分区及运行方案设计时，应把当地可能出现的室外空气变化范围全部编入各个分区中，同时要保证各区都有与之相对应的最佳运行工况，以达到既满足温湿度要求又能最大限度节约能量的目的。

3. 空调系统在室内负荷变化时的运行调节

室内热湿负荷随时都可能发生变化。例如，由于室内外温差和太阳辐射强度的改变，而使通过围护结构的传热量发生变化；人体、照明以及室内设备的散热量和散湿量也会随着生产过程和人员的出入而变化。因此，不但要根据室外空气状态的变化情况，而且还要根据室内热湿负荷变化的情况，对空调系统进行相应的调节来适应室内负荷的这种变化，以保证室内的温、湿度处在给定的允许波动范围内。当室内热湿负荷变化时，对于最常见的一次回风系统其运行调节方法一般有以下两种情形。

表 11-1　一次回风空调系统的全年运行调节

分区	室内参数范围		房间相对湿度的控制	房间温度的控制	各空调对象的工作状态						转换方法
	含湿量	温度			一次加热	二次加热	加湿	新风	回风	表冷器	
I	$d_W \leqslant d_P$	$t_W > 5℃$	加湿	二次加热	加热到5℃	$t_{N'}$升高，加热量减少	$\varphi_{N'}$升高，加湿量减少	最小	最大	停	一次加热器全关后转到Ⅱ区
Ⅱ		$t_P > t_W \geqslant 5℃$	加湿	二次加热	停	$t_{N'}$升高，加热量减少	$\varphi_{N'}$升高，加湿量减少	最小	最大	停	一次加热后 < 5℃转到Ⅰ区；二次加热停止后转Ⅲ$_a$区；加湿停止后转Ⅳ区
Ⅲ$_a$、Ⅴ$_a$	$d_W > d_{S'}$	$t_{S'} < t_W \geqslant t_P$ 且位于S'P线以左	加湿	新、回风比例	停	停	$\varphi_{N'}$升高，加湿量减少	$t_{N'}$升高，新风量增大	$t_{N'}$升高，回风量减少	停	新风阀关到最小后转到Ⅱ区；新风全开转到Ⅲ$_b$区；$t_W > t_{N'}$转到Ⅲ$_c$区；停止加湿时转入Ⅳ区
Ⅲ$_b$、Ⅴ$_b$	$d_W \leqslant d_{S'}$	$t_{N'} \geqslant t_W > t_S$ 且位于S'P线以左	加湿	冷却	停	停	$\varphi_{N'}$升高，加湿量减少	全开	全关	$t_{N'}$升高，表冷器水阀开大	表冷器关闭后转入Ⅲ$_a$、Ⅴ$_a$区；加湿停止后转入Ⅳ区；$t_W > t_{N'}$转到Ⅲ$_c$区
Ⅲ$_c$	$d_W \leqslant d_P$	$t_W \geqslant t_{N'}$	加湿	冷却	停	停	$\varphi_{N'}$升高，加湿量减少	最小	最大	$t_{N'}$升高，表冷器水阀开大	加湿停止后转入Ⅴ$_c$区；$t_W < t_{N'}$转入Ⅲ$_b$区
Ⅴ$_c$	$d_P < d_W \leqslant d_{S'}$	$t_W \geqslant t_{N'}$	新、回风混合比	冷却	停	停	$\varphi_{N'}$升高，加湿量减少	$\varphi_{N'}$升高，新风量增加	$t_{N'}$升高，回风量减少	$t_{N'}$升高，表冷器水阀开大	加湿停止后转入Ⅶ区；$t_W < t_{N'}$转入Ⅴ$_b$区；新风量最小时转入Ⅲ$_c$区
Ⅳ	$d_P < d_W \leqslant d_{S'}$	位于S'P线以下	新、回风混合比	二次加热	停	$t_{N'}$升高，加热量减少	停	$\varphi_{N'}$升高，新风量减少	$\varphi_{N'}$升高，回风量减少	停	新风阀全开时转入Ⅵ区；新风阀最小时转入Ⅱ区；二次加热停止后转入Ⅲ$_b$、Ⅴ$_b$区
Ⅵ	$d_W > d_S$	$h_W \leqslant h_N$	冷却	二次加热	停	$t_{N'}$升高，加热量减少	停	全开	全关	$\varphi_{N'}$升高，表冷器水阀开大	按 $h_W \leqslant h_N$ 或 $h_W > h_N$ 两区相互转换；表冷器停转入Ⅳ区
Ⅶ	$d_W > d_S$	$h_W \leqslant h_N$	冷却	二次加热	停	$t_{N'}$升高，加热量减少	停	最小	最大	$\varphi_{N'}$升高，表冷器水阀开大	二次加热停止转入Ⅲ$_b$、Ⅴ$_b$区

注：1. $t_N(t_{N'})$、$\varphi_N(\varphi_{N'})$ 为房间温度和相对湿度的设定值；

　　2. 当室外空气含湿量 $d_W > d_{S'}$ 时，t_N、φ_N 采用夏季设定值。

（1）室内余热量变化，余湿量几乎不变　这种情况发生在室内热负荷随室内工艺条件或室外气象条件不同而变化，而室内产湿量却比较稳定时。图 11-40 为一次回风系统的夏季空气处理工况（为简单起见，以下分析均不考虑风机和管道的温升，并以最大的送风温差送风）。在设计工况时，空气从机器露点 L 送入室内，并沿室内 ε 线到达 N 点。由于在进行空调设计时，是按房间的最大（冷/热）负荷计算的。因此，在夏季当室外空气偏离了设计状态，即室外气温下降时，由于围护结构的得热量减少，室内显热冷负荷也相应减少，热湿比 ε 将逐渐变小（图中从 $\varepsilon \to \varepsilon'$），亦即在夏季 ε 是从大到小变化的；而冬季则是从小到大变化。

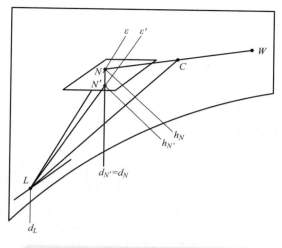

图 11-40　一次回风系统的夏季处理过程

若空调系统送风量 G 和室内产湿量 W 不变，且仍以原送风状态点 L 送风，则

$$d_{N'} - d_L = 1000W / G = d_N - d_L$$

由于 d_L、W、G 均未变化，所以虽然 Q 和 ε 有变化，d_N 却不会变化，新的状态点必然仍在 d_N 线上。因此，过 L 点作 ε' 线与 d_N 线相交，就可以很容易确定出新的室内状态点 N'。这时 $h_{N'} = h_L + \dfrac{Q'}{G}$，由于 $Q' < Q$，所以 $h_{N'} < h_N$，故 N' 点低于 N 点。若 N' 点仍在室内温湿度允许范围内，则不必进行调节。如果室内显热负荷减少得很多，使 N' 点落在 N 点允许波动范围之外，或者室内调节精度要求很高，允许的波动范围很小，则可以用定露点调节再热量的办法，使送风状态点由 L 变为 O，再沿 ε' 线将风送入室内，使室内状态点 N 保持不变或在给定的温湿度允许范围内（N''），如图 11-41 所示。

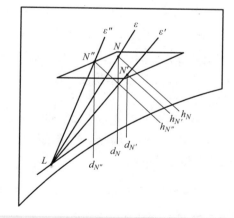

图 11-41　室内余热、余湿变化时室内状态点

综上所述，要维持室内空气参数的恒定，调节的关键在于控制机器露点温度的恒定。保持机器露点温度恒定的方法是：在夏季，调节冷冻水与表冷器回水混合比，控制表冷器的进水温度，以此来恒定露点温度；在冬季，则改变新风与回风的比例，改变一次加热量来恒定露点温度。

（2）室内余热量和余湿量都变化　室内余热量和余湿量的变化，都会使室内热湿比 ε 发生变化。而根据余热量 Q 和余湿量 W 减少程度的不同，ε 可能减小（$\varepsilon' < \varepsilon$），也可能增大（$\varepsilon'' > \varepsilon$）。如果送风状态不变，则送风参数将沿着 ε'、ε'' 线方向而变化，最后得室内状态点 N' 和 N''，偏离了原来的状态点 N，如图 11-41 所示。

在设计工况下：$d_N - d_L = 1000W / G$，$h_N - h_L = Q / G$。而当 $\varepsilon' < \varepsilon$ 时，有 $d_{N'} - d_L = 1000W' / G'$，

$h_{N'} - h_L = Q' / G$。

因为 $W' < W$，$Q' < Q$，所以 $d_N - d_L > d_{N'} - d_L$，$h_N - h_L > h_{N'} - h_L$，得 $d_{N'} < d_N$，$h_{N'} < h_N$。

同理，当 $\varepsilon'' > \varepsilon$ 时，也可以证明 $d_{N''} < d_N$，$h_{N''} < h_N$。

对此，可有以下几种运行调节方法：

1）调节再热量。当热湿负荷变化不大，或室内调节精度要求不高时，若 N' 和 N'' 点仍然在允许范围内，则不必进行调节；但当 N'、N'' 点落在了允许精度范围之外时，可用定露点调再热量的办法，将送风点由 L 变为 O，再沿 ε' 或 ε'' 线送风到达 N' 或 N'' 点（图 11-42 中 $L \to O \to N'$ 和 $L \to O \to N''$）；当室内精度要求特别高，而湿负荷又变化比较大时，则可用变露点调节再热量的办法，将露点由 L 变为 L' 或 L''，然后再热，使送风点变至 O' 或 O''，再沿 ε' 或 ε'' 线送风到达 N 点（图 11-42 中 $L' \to O' \to N$ 和 $L'' \to O'' \to N$）。

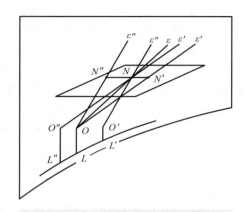

图 11-42　定露点和变露点调节再热量

2）变露点调节预热器加热量。冬季，当新风比不变时，可调节预热器加热量，将新、回风混合点 C 的空气由原来加热到 M 点变为 M' 点，即加热到新机器露点 L' 的等 $h_{L'}$ 线上，然后等温加湿到与等 $d_{L'}$ 线相交的 E 点。

3）变露点调新、回风混合比。在不需要预热（室外空气温度比较高）时，可调节新、回风混合比，使混合点的位置由原来的 C 变为位于过新机器露点 L' 的等 $h_{L'}$ 线上，然后等温加湿到与等 $d_{L'}$ 线相交的 E 点。

4）调节表冷器的进水温度。在空气处理过程中，可调节表冷器进水温度，将空气处理到所要求的新露点状态。

利用调节再热量补充室内减少的显热，这种调节方法虽然能保持室内参数达到规定值，但由于冷、热量相互抵消，因此必然造成能源上的浪费。所以在以舒适性空调为主的场合，应尽量不使用调节再热量的方法。

11.4.3　集中恒温空调系统的自动控制

恒温空调系统是指对温度控制精确度要求较高，而对湿度控制精确度要求较低的空调系统。对于高精确度恒温的空调系统，对自控系统必须采取相应的措施，例如采用灵敏度和精确度都较高的小量程测量变送器和 PID 三作用电动调节器等，并设置精加热器的控制系统。

定露点控制的喷淋式集中空调系统一般用于室内余湿量变化较小，并对其室内空气相对湿度要求不严格的场合。

1. 露点控制的喷淋式一次回风空调系统的自动控制

（1）定露点的一次回风空调系统的自动控制原理　定露点的一次回风空调系统的全年空气处理过程的焓湿图如图 11-43 所示，其自动控制原理如图 11-44 所示。

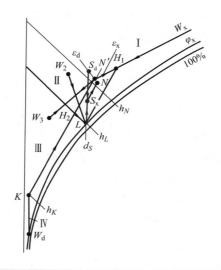

图 11-43　定露点的一次回风空调系统的全年空气处理过程焓湿图

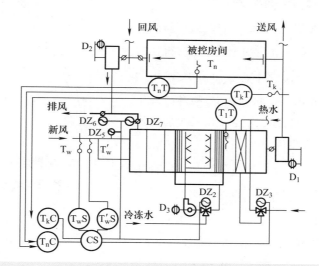

图 11-44　定露点一次回风喷淋式集中空调系统自动控制原理

定露点一次回风空调系统全年控制工况由 i_N、i_L 及 i_K 所分隔,划分成以下四个区域。

1)Ⅰ区。室外新风 W_x 与回风 N 先按最小新风比 m_{min} 混合至 H_1,经喷淋室喷淋冷却干燥至 L,再经二次空气加热器(或电加热器)加热至送风状态 S_d 送入室内。

2)Ⅱ区。先将全部新风 W_2 喷淋冷却干燥(或冷却加湿)到 L,再经二次加热器加热到送风状态 S_x,送入室内。

3)Ⅲ区。室外新风 W_3 与回风 N 先按某一比例混合至 H_2,经绝热喷淋加湿至 L,再经二次加热至送风状态 S_d,送入室内。

4)Ⅳ区。室外新风 W_d 先经一次加热器加热到 K,经一次混合至 H_2,再经绝热喷淋加湿到 L,再经二次加热至送风状态 S_d,送入室内。

（2）定露点的一次回风空调系统的自动控制系统组成　定露点一次回风空调系统的自动控制由室温控制及室内空气相对湿度控制两部分组成。

室温控制系统由设置在被控房间内的测温传感器 T_n 或 T_k 及温度调节器 T_nC 通过选择器 CS，分别控制空气加热器三通（或直通）调节阀 DZ_3，达到控制室温或送风温度 T_k 的目的。

室内空气相对温度的控制系统由设置在喷淋室后的测温传感器 T_l（露点温度），温度调节器 T_lC，通过选择器 CS，分别控制喷淋水温三通调节阀 DZ_2，新风、排风及一次回风控制风门 DZ_5、DZ_6、DZ_7 等执行控制机构，控制露点温度 T_l，达到稳定室内空气相对湿度的目的。

2. 定露点控制的一、二次回风空调系统的自动控制

（1）定露点一、二次回风空调的自动控制原理　定露点一、二次回风空调系统的全年空气处理过程的焓湿图如图 11-45 所示，其自动控制系统原理如图 11-46 所示。

定露点一、二次回风空调系统全年工况和一次回风空调系统一样，划分成以下四个区域。

1）Ⅰ区。室外新风 W_x 与回风 N' 先按最小新风比 m_{min} 混合至 H_1，经喷淋室喷淋冷却干燥至 L，再二次混合和次空气加热器加热至送风状态 S_x，送入室内。

2）Ⅱ区。先全开新风门，将新风 W_2 喷淋冷却干燥（或冷却加湿）至 L，再经二次混合和二次加热器加热至送风状态 S_x，送入室内。

3）Ⅲ区。室外新风 W_3 与一次回风按某一混合比混合至 H_2，经绝热喷淋加湿至 L，再经二次加热至送风状态点 S_d，送入室内。

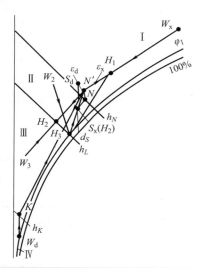

图 11-45　定露点一、二次回风空调系统全年空气处理过程焓湿图

4）Ⅳ区。室外新风 W_d 先经一次加热器加热至 K，经一次混合至 H_3，再经绝热喷淋加湿至 L，再经二次加热器加热至送风状态 S_d，送入室内。

（2）定露点一、二次回风空调的自动控制组成　定露点一、二次回风空调系统的自动控制由室温控制、送风温度控制及室内空气相对湿度控制三部分所组成。

室温控制由设置在被控房间内的测温传感器 T_n 及温度调节器 T_nC 和晶闸管电压调整器 ZK，控制送风支管路上的电加热器，实现对房间高精确度的温度控制。对于一般恒温要求的空调系统，即当室内温度允许波动范围值 $\Delta T_n \geq 1.0$ 时，可以不设精加热器（电加热器）。

送风温度控制由设置在送风干管内的测温传感器 T_k 及温度调节器 T_kC，通过选择器 CS，分别控制二次加热器水温三通调节阀 DZ_3、二次回风阀门 DZ_8 及一次回风阀门 DZ_7。

室内空气相对湿度的控制由设置在喷淋室后的测温传感器 T_l（露点温度）、温度调节器 T_lC，通过选择器 CS，分别控制喷淋水温三通调节阀 DZ_2，新风、排风及一次回风控制风 DZ_5、DZ_6、DZ_7 等执行控制机构，维持喷淋室后露点温度恒定，达到控制室内空气相对湿度的目的。

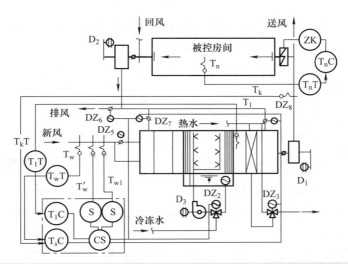

图 11-46 定露点一、二次回风控制的喷淋式集中空调系统原理图

11.4.4 集中恒温恒湿空调系统的自动控制

所谓恒温恒湿空调系统是指对房间温度、空气相对湿度控制精确度都有一定要求的系统。它有高精度和一般恒温恒湿空调系统之分。

1. 变露点喷淋式恒温恒湿空调系统的自动控制

（1）露点喷淋式恒温恒湿空调的控制工况　变露点喷淋式恒温恒湿空调系统全年控制工况分为以下七个区域，各控制工况下空气处理过程焓湿图，如图 11-47 所示。

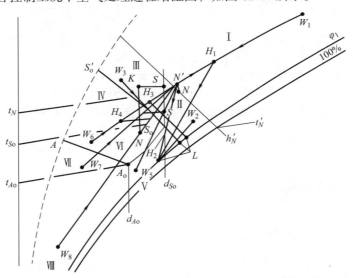

图 11-47 变露点喷淋式恒温恒湿空调系统全年控制工况的空气处理过程焓湿图

1）Ⅰ区。室外新风 W_1 与室内回风 N 先按最小新风比 m_{min} 混合至 H_1，经喷淋冷却干燥（或冷却加湿）到 L，再经二次加热器加热至送风状态 S，送入室内。

2）Ⅱ区。室外新风 W_2 先经喷淋冷却干燥至 L，经二次混合至 H_2，再经二次加热器加热至送风状态 S，送入室内。

3）Ⅲ区。室外新风 W_3 先经喷淋冷却加湿至 L，再与旁通风 W_3（室外新风）混合至送风状态 S，送入室内。

4）Ⅳ区。室外新风 W_4 与室内回风 N 先经一次混合至 H_4 或 H_5（设蒸喷加湿时），经绝热喷淋加湿至 L，再与旁通风混合至送风状态 S 或由蒸喷加湿至送风状态 S，送入室内。

5）Ⅴ区。室外新风 W_5 与室内回风 N 先一次混合 S，送入室内。

6）Ⅵ区。室外新风 W_6 与室内回风 N' 先按最小新风比 m_{min} 混合至 H_4，经二次加热器加热至 K，再经蒸喷加湿至送风状态 S，送入室内。或者室外新风 W_7 先经一次加热至 K，再与室内回风 N 按最小新风比混合至 H_4，经绝热喷淋加湿至 L，再与旁路风 W_7 混合至送风状态 S，送入室内。

7）Ⅶ区。室外新风 W_8 与室内回风 N' 先一次混合至 N，再经蒸喷加湿至送风状态 S，送入室内。

（2）变露点喷淋式恒温恒湿空调的自动控制原理　变露点喷淋式恒温恒湿集中空调系统的自动控制原理如图 11-48 所示。

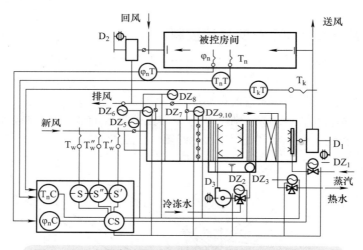

图 11-48　变露点的喷淋式恒温恒湿空调系统自控原理图

变露点喷淋式恒温恒湿空调系统的自动控制由室温控制和室内空气相对湿度控制两部分所组成。

室温控制是由设置在室内的测温传感器 T_n 和温度调节器 T_nC，通过选择器 CS，分别控制一、二次回风控制风门 DZ_7、DZ_8，直通控制风门 DZ_9、DZ_{10}，二次加热三通调节阀 DZ_3 及电加热晶闸管电压调整器 ZK（对于高精度空调，即 $\Delta T_n \leqslant \pm 0.5℃$）。

室内空气相对湿度的控制是由设置在室内的测湿传感器 φ_n、湿度控制器 φ_nC，通过选择器 CS，分别控制喷淋水温三通调节阀 DZ_2，新风、排风及一次回风调节风门 DZ_5、DZ_6、DZ_7，蒸喷加湿直通调节阀 DZ_4。

2. 变露点水冷式表冷器恒温恒湿空调系统的自动控制

（1）水冷式表冷器恒温恒湿空调的控制工况　水冷式表冷器恒温恒湿空调系统全年控制工况划分为以下八个区域，各控制工况空气处理过程 I-d 图如图 11-49 所示。

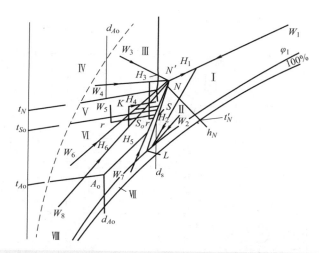

图 11-49 水冷式表冷器恒温恒湿空调系统全年控制工况的空气处理过程 I-d 图

1）I区。室外新风 W_1 与室内回风 N 先按最小新风比 m_{min} 一次混合至 H_1，经水冷式表冷器冷却干燥处理至 L，再与室内回风二次混合至送风状态点 S，或经二次混合至 H_2 后，再经二次加热器加热至送风状态点 S，送至室内。

2）II区。室外新风 W_2 先经水冷式表冷器冷却干燥处理到 L，经二次混合至 H_2 后，再经二次加热器加热至送风状态点 S，送至室内。

3）III区。室外新风 W_3 与室内回风 N 先一次混合，再经水冷式表冷器冷却至送风状态点 S（或冷却至 L 再与旁通风 W_3 混合至 S 点），送至室内。

4）IV区。室外新风 W_4 与室内回风 N 先按最小新风比 m_{min} 一次混合至 H_3，经水冷式表冷器冷却至 r，再经蒸喷加湿至送风状态点 S，送至室内。

5）V区。室外新风 W_5 先经水冷式表冷器冷却至 r，再经蒸喷加湿至送风状态点 S，送至室内。为了简化转换条件，此区也可合到 III、IV 区。

6）VI区。室外新风 W_6 与室内回风 N 先经一次混合至 H_4，再经蒸喷加湿至送风状态点 S，送至室内。

7）VII区。室外新风 W_7 与室内回风 N 先经一次混合至 H_5，再经二次加热器加热至送风状态点 S，送至室内。

8）VIII区。室外新风 W_8 与室内回风 N 先按最小新风比 m_{min} 一次混合至 H_6，经二次加热器加热至 K，再经蒸喷加湿至送风状态点 S，送至室内。

（2）水冷式表冷器恒温恒湿空调自动控制原理　水冷式表冷器恒温恒湿空调系统的自动控制原理如图 11-50 所示。

水冷式表冷器恒温恒湿空调系统的自动控制由室温控制及室内空气相对湿度的控制所组成。

室温控制由设置在被调房间内的测温传感器 T_n，温度调节器 T_nC，选择器 CS 及二次加热器三通（或直通）调节阀 DZ_2，一、二次回风控制风门 DZ_6、DZ_7 等组成，对于高精度空调，即室内空气温度允许范围 $\Delta T_n \pm 0.5℃$ 时，还需设置电加热器。

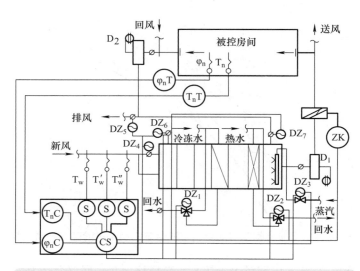

图 11-50 水冷式表冷器恒温恒湿空调系统的自动控制原理图

室内空气相对湿度的控制由设置在被调房间测湿变送器 $\varphi_n T$，湿度调节器 $\varphi_n C$，选择器 CS 及表冷器三通调节阀 DZ_1，新风、排风、回风控制风门 DZ_4、DZ_5、DZ_6，蒸喷加湿直通调节阀 DZ_3（也可设电加湿器和晶闸管电压调整器 ZK）等组成。

为了提高空调系统的控制精度，可在送风管道上设置测温传感器 T_s，作为室温控制时的送风温度补偿。

11.4.5 全空气定风量系统监控

本节讨论的是新回风混合的定风量空调系统的控制调节，主要讲述夏季采用露点送风的空调系统和用于恒温恒湿控制的再热式空调系统的自动控制。与上一节的新风系统控制相比，带回风的空调系统控制的不同点有：控制调节对象是房间内的温度、湿度，而不是送风参数；被控房间温湿度要求全年处于舒适区范围内，在夏季也要考虑湿度控制；要控制新回风混合的比例，尽量利用新风进行调节，实现系统节能运行。

1. 露点送风（舒适性）空调系统控制

露点送风空调系统是指将空气冷却处理到接近饱和的状态点（机器露点），不经再加热而直接送入室内的空调系统，这种系统只能保证室内的温度在一定范围内，而难于同时保证室内的相对湿度，因此仅用于对温湿度要求不高的舒适性空调系统，而对于室内温湿度有严格要求的场所，则不能采用。

（1）系统控制方案 图 11-51 即为露点送风空调系统控制原理图，与上一节的新风系统相比，由于有回风回到空调机组，系统控制更加复杂，其主要的控制目标为：保证空调房间的温、湿度全年处于舒适区范围内；保证空调房间的空气品质（满足人员健康要求及房间的新风需求）；实现系统节能运行。依据控制调节目标，确定系统的控制方案。

1）监测功能。

① 检查风机电动机的工作状态，确定是处于"开"还是"关"。

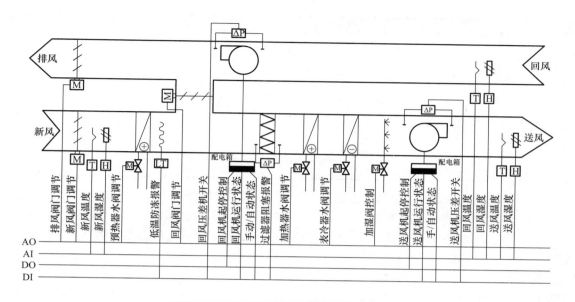

图 11-51　露点送风空调系统控制原理图

② 测量新风温湿度，以了解室外气候状况，进行室外温度补偿。

③ 测量送风温湿度参数，以了解机组处理空气的终（送风）状态。

④ 测量过滤器两侧压差，以及时检测过滤器是否需要清洗或更换。

⑤ 检测手 / 自动转换状态。

2）控制功能。

① 起 / 停风机。

② 依据温湿度偏差，调节预热器、表冷器、加热器水阀开度。

③ 调节加湿阀，控制加湿量。

④ 室外温度补偿控制。

⑤ 季节自动切换。

3）防冻保护功能。冬季运行时，检测预热器盘管出口空气温度，当温度过低时，能自动停止风机，关闭新风及排风阀门，同时发出声光报警。当故障排除后，重新起动风机，打开新风和排风阀，恢复机组的正常工作。

4）设备起 / 停联锁。为保护机组，各设备起动顺序为：开水阀→开送风机→开回风机→开风阀；各设备停止顺序为：关回风机→关送风机→关风阀→开水阀（开度 100%，有利于盘管内存水与水系统间的对流）。各设备起停的时间间隔以设备平稳运行或关闭完全为准。

5）节能运行。

① 控制新回风比例，充分利用新风调节室内温湿度，使系统节能运行。

② 节假日设定或按时间表控制。

（2）系统的监控点表与硬件配置

1）监控点表。表 11-2 为露点送风空调系统的监控点表，表中的各监控点位置可参见图 11-51。

表 11-2　露点送风空调系统的监控点表

AI	AO	DI	DO
回风温度	表冷器水阀调节	过滤器压差开关	送风机起停控制
回风湿度	加热器水阀调节	低温防冻开关	回风机起停控制
送风温度	加湿器阀门调节	送风机运行状态	
送风湿度	预热器水阀调节	送风机手动/自动状态	
新风温度	新风阀调节	送风机压差开关	
新风湿度	回风阀调节	回风机运行状态	
室内湿度	排风阀调节	回风机手动/自动状态	
室内温度		回风机压差开关	

2）硬件配置。根据表 11-2 选择传感器、阀门及执行器等硬件。

温湿度传感器：与新风系统相比，需要增加被控房间或被控区域内温湿度传感器。如果被控房间较大，或是由几个房间构成一个区域作为调控对象，则可安装几组温湿度测点，以这些测点温湿度的平均值或其中重要位置的温湿度作为控制调节参照值。回风的温、湿度参数是供确定空气处理方案时参考的。由于回风管存在较大的惯性，且有些系统还采用走廊回风等方式，这都使得回风空气状态不完全等同于室内空气状态，因此不宜直接用回风参数作为被控房间的空气参数（除非系统直接从室内引回风至机组）。其他温湿度测点位置可按图 11-51 所示就近安装在机组内。

调节风阀及角执行器：为了调节新回风比，对新风、排风、混风 3 个风阀都要进行单独的连续调节，因此要选择调节式风阀及风阀执行器（角执行器）。

水阀及执行器：水阀应为连续可调的电动调节阀。

加湿阀：根据加湿器选择适当的加湿阀。

压差开关：压差开关监视过滤器两侧压差和风机运行状态。

低温防冻报警：在紧靠预热盘管的下风向一侧（即图 11-51 中所示位置）安装低温防冻开关，并设定当检测风温度低于 5℃ 时，停止风机，关闭风阀，同时发出报警信号。

风机运行状态：同新风系统。

如果经费允许，系统还可以选用其他的一些监控设备，例如，风速开关、压差传感器、CO/CO_2/VOC 传感器等。

风速开关：在风机出口风管上安装风速开关，可以确认风机是否工作正常。当风机电动机由于某种故障停止而风机开启的反馈信号仍指示风机开通时，如果风速开关指示出风速过低，则可以判断风机出现故障。

压差传感器：压差传感器可直接测出压差，并输出连续信号（AI），可用于测量风量，但价格昂贵。

CO/CO_2/VOC 传感器：监测室内 CO、CO_2 及挥发性有机化合物浓度，为新风量控制提供依据。CO 和 CO_2 传感器应谨慎采用。CO 传感器应用于地下车库的排风系统，用于驱动通风机动作。由于 CO 传感器长期处于污染环境中，其敏感元件受汽车尾气的毒害，因此有效寿命通常在两年左右，当灵敏度下降到一定程度后便不能正确指示污染物浓度。若在停车库的通风系统中采用 CO 传感器，应以日程表启停控制方式作为必要的补充手段，且在确定空调控制方案时避免系统对这类传感器的过度依赖。在室内采用 CO_2 传感器也有类似的问题。美国暖通空调工程师协会（ASHARE）研究表明，随着人均建筑面积的增大，在类似办公室这样的场合，人工合成材料正在取代 CO_2 成为首要污染物。在允许吸烟的场所，烟气应是首要污染物。除非证明采用后确能产生很好的节能效益（如人员密度波动很大的商场、展厅），一般不应大量采用 CO_2 传感器作为调节新风量的主要依据，否则在传感器性能劣化后，对空调系统的影响将是长期的，且很难发现问题症结所在。

（3）系统的控制策略与算法　对于舒适性空调，并非要求室内空气状态恒定于一点，而是允许在较大范围内浮动，例如温度为 20～28℃，相对湿度在 40%～70%，均满足舒适性要求。这样，当室外状态偏低时，室内可以靠近区域的下限；当室外状态偏高时，室内可以靠近区域的上限；当室外处于区域附近时，则尽可能多用新风，使室内状态随外界空气状态变化。这样既可最大限度地节能，又可提高室内空气品质和舒适程度。但若室内温湿度要求全年固定设定值，则显然要消耗更多的能量。国外研究表明，夏季室温设定值从 26℃ 提高到 28℃，冷负荷可减少 21%～23%，露点温度设定值从 10℃ 提高到 12℃，除湿负荷可减少 17%；冬季室温从 22℃ 降到 20℃，热负荷可减少 26%～31%，露点温度设定值从 10℃ 降低到 8℃，加湿负荷可减少 5%。因此，对于室内温湿度设定值不需要全年固定不变的大部分工业空调及几乎全部的舒适性空调，可以采用变设定值控制或按设定区控制。

1）温度的设定。我国《民用建筑供暖通风与空气调节设计规范》（GB 50736—2012，以下简称《规范》）规定夏季室内设定温度为 24～28℃；冬季为 18～24℃。《规范》中只是规定了室内温度的变化范围，但实际上，人们生活既有室内活动也有室外活动，对人体舒适感既要考虑室内条件，也要兼顾室内外温差对人体舒适的影响。因此在以室内温度为主确定设定值的同时应进行室外温度补偿，图 11-52 表示了室内温度随室外温度进行补偿的曲线。

由图 11-52 所示曲线，可得室外温度补偿的计算式：

$$
\begin{cases}
t_{set} = -\dfrac{1}{10}t_{out} + 19, & t_{out} < 10℃ \\
t_{set} = 18℃, & 10℃ \leqslant t_{out} < 20℃ \\
t_{set} = \dfrac{5}{8}t_{out} + 5.5, & 20℃ \leqslant t_{out} < 36℃ \\
t_{set} = 28℃, & t_{out} \geqslant 36℃
\end{cases}
$$

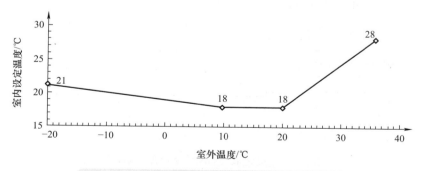

图 11-52　室内温度随室外温度进行补偿的曲线

2）湿度的设定。ASHRAE 推荐的范围是：夏季不超过 70%，冬季不低于 30%。对于舒适性空调来说，由于人体对湿度不像温度那么敏感，因此湿度不必考虑室外参数的补偿。

（4）新风量的确定　系统新风量一般需要满足以下三项要求，取三者中最大值作为系统的最小新风量。

1）ASHRAE 标准 62.1—2007 规定，每个工作人员的最小新风量为 10～30m³/（h·人）。

2）送入空调区域的新风量要稍大于同一空调区域所有排风量与渗透出风量之和，以保持空调区域一定数值的正压（5～10Pa），提供从围护结构缝隙，特别是从电梯门及楼梯间门缝隙中渗出的风量。根据 ASHRAE 手册中的资料，按照建筑漏风程度，应保证每小时换气次数为 0.15～0.4。

3）冲淡建筑材料、家具散发的有害气体所需的新风量一般不超过保持一定正压所需新风。但新建建筑或发现有害气体（如氡气）时，则必须严格检查测定，必要时设置专用的送风和排风系统，降低室内有害气体浓度。在主要是因为人体散发有害气体的空调区域，应按照 CO_2 浓度控制新风量，空调房间内 CO_2 浓度应小于 0.1%。

对于露点送风系统，在冷却去湿工况下无法同时对温度和湿度进行严格控制，因此采用的控制方案是优先对温度进行控制，适当兼顾对湿度的控制。这里以表冷器采用变水量调节（进表冷器的冷冻水温度保持不变），加湿器为干蒸汽加湿器（等温加湿）的露点送风系统为例讲述各设备的控制方法。

通常各设备是根据房间温湿度与设定值之间的偏差按照比例积分微分（PID）算法来控制的。首先采集房间温、湿度测量值，并与温湿度设定值进行比较判断，当 $t > t_{set}$ 时，则需要降温，以 $t - t_{set}$ 为偏差，采用表冷器温度调节的 PID 算式计算表冷器水阀开度；当 $\varphi > \varphi_{set}$ 时，则需要除湿（表冷器为湿工况，要求冷冻水供水温度低于被处理空气的露点温度），以 $\varphi - \varphi_{set}$ 为偏差，采用表冷器湿度调节的 PID 算式计算表冷器水阀开度；当 $t > t_{set}$ 且 $\varphi > \varphi_{set}$ 时，则分别用表冷器温度调节和湿度调节的两套 PID 算式，计算出各自的依据温度偏差和湿度偏差的阀门开度值，以较大者作为控制表冷器水阀的输出值。当 $t < t_{set}$ 时，则需要加热，以 $t_{set} - t$ 为偏差，采用加热器调节的 PID 算式计算加热器水阀开度并输出；当 $\varphi < \varphi_{set}$ 时，需要加湿，以 $\varphi_{set} - \varphi$ 为偏差，采用加湿器调节的 PID 算式计算加湿阀的开度。其中的 t 为实测的房间温度，t_{set} 为房间温度的设定值，φ 为实测的房间相对湿度，φ_{set} 为房间相对湿度的设定值。这里要注意的是各设备温、湿度的 PID 控制参数（K_P、T_I、T_D）是不同的，各参数值的确定请参考自动控制原理的有关内容。在实际应用中，可以根据实际需要采用许多改进的 PID 算法，例如带死区的 PID 控制、积分分离的 PID 控制等。图 11-53 给出了采用温湿度选择控制的空调系统控制框图。

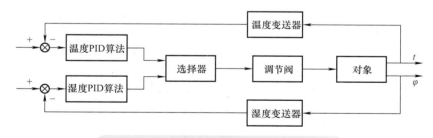

图 11-53 空调系统的温湿度选择控制框图

（5）全年运行工况切换控制 工况切换与空调运行的全年分区有关。图 11-54 给出了露点送风空调系统按照定露点控制的全年运行空调分区情况，图中共分 I、II、III、IV、V 五个区域，N_1、N_2 分别为冬、夏室内设定状态点，近似菱形的区域（N）为室内状态允许波动范围，t_4 为采用最小新风量时对应的温度。表 11-3 给出了各区的运行调节方案与切换条件，表中的 h_0 为室外空气焓值，h_N 为室内空气焓值。

第 I 区为制冷工况区，在该区域新风阀处于最小新风量位置，通过调节表冷器水阀开度控制室内温湿度。

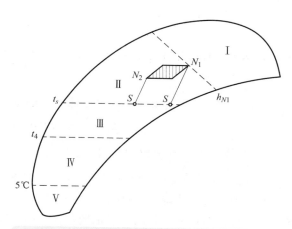

图 11-54　露点送风空调系统全年空调工况分区

表 11-3　各区的运行调节方案与切换条件

工况区	切换条件	空气处理过程	室内温度调节	室内湿度调节	新风量
I	$h_0 > h_{N1}$		调节表冷器的水流量		最小新风量
II	$h_0 \leqslant h_{N1}$，$t_0 > t_s$（t_s 为露点送风温度）		调节表冷器的水流量	新回风混合比	全新风或大于最小新风量
III	$t_4 < t_0 \leqslant t_s$（当加热器水阀完全关闭时进入该区域）		调节新回风的混合比	调节喷蒸汽量	大于最小新风量
IV	$5℃ < t_0 \leqslant t_4$（当新风阀调解到最小新风量时进入该区域）		调节加热器的热水流量	调节喷蒸汽量	最小新风量
V	$t_0 \leqslant 5℃$		调节预热器及二次加热器的热水流量	调节喷蒸汽量	最小新风量

第 II 区仍然为制冷工况区，由于室外空气焓值小于室内空气焓值，因此该区内可以考虑利用

室外新风进行降温除湿，新风阀、回风阀和排风阀依据室内外湿度偏差进行控制，可采用 PI 控制算法，其中新风阀、排风阀应同向同步调节，回风阀按相反方向调节。新风与排风阀的开度 K_r 可计算为

$$K_r(k) = K_r(k-1) + K\left[\frac{T_0}{T_1}e_d(k) + e_d(k) - e_d(k-1)\right] \tag{11-5}$$

式中　　$e_d(k)$，$e_d(k-1)$——第 k 次和第 $k-1$ 次采样时的湿度偏差，即 $d_{set} - d$（新风湿度大于房间空气湿度）或 $-(d_{set} - d)$（新风湿度小于房间空气湿度）；

$K_r(k)$，$K_r(k-1)$——第 k 次和第 $k-1$ 次输出的阀门开度值。

回风阀的开度为 $1-K_r$。该区表冷器仍需要进行控制以维持室内温度在舒适区内。

第Ⅲ区为过渡季，室外空气温度进一步降低，这时可以关闭表冷器，通过调节新、回风阀门控制房间的温度，各风阀的开度控制与第Ⅱ区相同，只是偏差为室内温度与设定值的偏差。室内湿度通过控制喷蒸汽量来保证。

第Ⅳ区为加热工况区，当新风阀关到最小新风量时进入该区，需要开加热器，通过调节二次加热器水阀来保证室内温度，调节加湿阀控制室内湿度。

第Ⅴ区为冬季寒冷季节，需要起动新风预热器，采用最小新风量，预热器将新风预热到 5℃ 后，与回风混合，再经二次加热器及加湿器处理后送入室内。预热器可依据新风温度与 5℃ 的偏差进行 PID 调节。

工程中常采用的另一种工况转换方法是依据室外空气温度来进行系统工况的转换。控制过程分为夏季、春秋、冬季三个标准工况，当室外温度高于 28℃ 时，系统工作于夏季工况（制冷状态），将新风阀开为室内送风量的 30%，回风阀开为室内送风量的 70%，系统通过检测室内温、湿度参数，控制表冷和加湿调节阀来调节空调系统的送风参数，系统在保证室内清洁度的情况下，充分利用室内回风，以减少系统的能耗。当室外温度在 16~28℃ 之间时，系统工作于春秋工况，将新风阀开到室内送风量的 70%，回风阀开为室内送风量的 30%，充分利用新风以提高室内清洁度，当新风湿度偏低时，为不增加加湿负荷，可以采用如上面第Ⅱ区的方法控制新、回风阀的开度，以充分利用回风；当室外温度低于 16℃ 时，系统工作于冬季工况（制热状态），将新风阀开为室内送风量的 30%，回风阀开为室内送风量的 70%，系统通过检测回风温、湿度参数，控制加热和加湿调节阀来调节空调系统的送风参数，以保证空调房间处于设定的温湿度。系统的排风可以通过室内 CO_2 浓度控制的，当室内 CO_2 浓度升高时，增加空调房间的排风量，反之，减少空调房间的排风量。同时可充分利用季节因素，在夏季时，充分利用晚上温度较低的空气进行房间换气，在冬季时，充分利用中午温度较高的空气进行房间换气，以降低系统正常工作时间的新风量，提高系统的节能效率。

需要做出补充说明的是，图 11-54 中Ⅴ区在新风阀后及新回风混合前设置了预热器，这是因为在寒冷地区室外温度很低，新风预热负荷很大，所以有必要将新风预热到某一温度（如 5℃）后，再与回风混合，进行加热和加湿。这样既能满足实际的加热需要，又能防止新回风混合点可能落入雾区而使空气中水汽凝结析出。对于那些冬季室外气温较高且新回风混合不会发生水汽凝结的地区，则可以不设置新风预热器，但要在紧靠混风后的加热器盘管的下风向侧安装防冻开关。

2.再热空调系统（工艺性空调）的控制

对于舒适性空调一般不提空调精度要求，而工艺性空调则对温湿度基数和空调精度都有特殊要求。以冷冻水作冷却介质的定风量全空气系统的恒温恒湿空调都采用如图 11-55 所示的再热式空调系统。由图 11-55 可以看出，与露点送风空调系统相比，再热式空调系统在加湿器后增设了再热器，可以通过调整再热器的加热量来保证送风温差，其优点是：调节性能好，可实现对温、湿度较严格的控制；送风温差较小，送风量大，房间温度的均匀性和稳定性较好；空气冷却处理所达到的露点较高，制冷系统的性能系数较高。缺点是冷热量相互抵消，能耗较高。

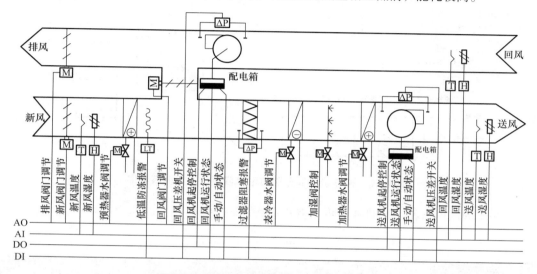

图 11-55 再热式空调系统的控制原理图

（1）系统控制方案 由于再热式空调系统的被控对象一般对温湿度的控制精度有严格要求，因此控制调节方案与露点送风系统有很大的不同，以下是恒温恒湿的再热空调系统的控制方案。

1）监测功能。

① 检查各风机运行状态。

② 测量室内及新风温湿度参数，以计算送风参数整定值，作为控制机组空气处理过程依据。

③ 测量送风温湿度参数，以计算送风温湿度偏差，用于控制各空气处理设备。

④ 测量过滤器两侧压差，以及时检测过滤器是否需要清洗或更换。

⑤ 检测手动 / 自动转换状态。

2）控制功能。

① 起 / 停风机。

② 系统采用串级调节，即系统采用主、副两个控制回路，主回路根据室内温度变化来调整送风温湿度设定值，作为副回路调节的给定值，副回路根据送风温湿度实测值与给定值偏差来控制各电动阀门的动作。

③ 季节自动切换。

3）防冻保护功能。冬季运行时，检测预热器盘管出口的空气温度，当温度过低时，能自动停止风机，关闭新风及排风阀门，同时发出声光报警。当故障排除后，重新起动风机，打开新风和排风阀，恢复机组的正常工作。

4）设备起 / 停联锁。为保护机组，各设备起动顺序为：开水阀→开送风机→开回风机→开风阀；各设备停止顺序为：关回风机→关送风机→关风阀→开水阀（开度100%，有利于盘管内存水与水系统间的对流）。各设备起停的时间间隔以设备平稳运行或关闭完全为准。

以上控制方案适用于被控房间或区域的温湿度要求相同且负荷变化相似的场合，对于被控各房间或区域有不同温度要求或负荷变化不同的场合，则需要每个房间或区域根据各自温湿度要求或负荷变化自行调节送风温度，再热器也相应布置在各房间、区域的送风支管道处（图11-56），而不是图11-55所示的将再加热盘管放于机组内。

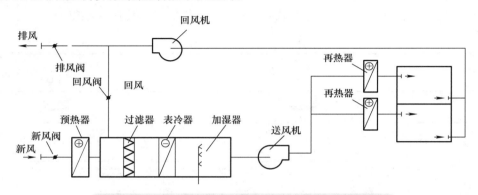

图 11-56　再热器分散布置的定风量再热式空调系统图

（2）系统的监控点表　表11-4为再热空调系统的监控点表。

表 11-4　再热空调系统的监控点表

AI	AO	DI	DO
新风温度	预热器水阀调节	过滤器阻塞报警	送风机起停控制
新风温度	表冷器水阀调节	低温防冻报警	回风机起停控制
送风温度	再热器水阀调节	送风机运行状态	
送风温度	加湿阀调节	送风机压差开关	
室内温度	新风阀调节	送内机的手动/自动转换	
室内湿度	回风阀调节	回风机运行状态	
	排风阀调节	回风机压差开关	
		回风机手动/自动转换	

（3）系统的控制策略与算法

由于被控房间一般有较大的热惯性，同时冷却盘管、加热盘管也有一定的热惰性，如果直接根据室内温度对各设备的电动调节阀进行调节，则滞后较大，延迟时间较长，这样会使系统超调量加大，室温波动大，若系统还有较长的送风管道，这种情形会更加严重。因此，在空调的高精度调节中，常采用串级调节来改善控制品质。图11-57为串级控制系统框图。可以看出，系统由两个反馈控制环组成：一个控制环在里侧，称为副环或副回路；另一个环在外面，称主环或主控制回路。

① 室内温度的串级调节。根据测得的室内温度与设定值的偏差，由主调节器计算出送风温度设定值，作为副调节器的给定值，再由副调节器依据实测的送风温度控制各电动调节阀的动作，实现对送风温度的控制。同时副调节器也负责对新、回风阀及排风阀进行控制及系统的工况转换。

② 室内湿度的调节。为了避免相对湿度与温度控制的耦合问题，通常是将空气相对湿度通过计算转化为空气的绝对湿度，计算公式如下：

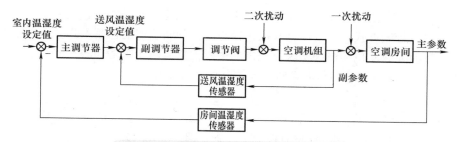

图 11-57 采用串级控制的空调系统框图

$$\begin{cases} p_{q,b} = e\left(\dfrac{c_1}{T} + c_2 + c_3 T + c_4 T^2 + c_5 T^3 + c_6 \ln T \right) \\ d = 0.622 \dfrac{\varphi p_{q,b}}{B - \varphi p_{q,b}} \end{cases} \tag{11-6}$$

式中　　d——空气的含湿量 [kg/kg（干空气）]；

φ——空气的相对湿度（%）；

B——当地的大气压力（Pa）；

T——空气的热力学温度（K），$T = 273.15 + t$，t 为空气的温度（℃）；

$p_{q,b}$——温度为 t℃时的饱和湿空气的水蒸气压力（Pa）。

$c_1 = -5800.2206$，$c_2 = 1.3914993$，$c_3 = -0.04860239$，$c_4 = 0.41764768 \times 10^{-4}$，$c_5 = -0.14452093 \times 10^{-7}$，$c_6 = 6.5459673$。

这样依据式（11-6）便可对温湿度分别进行控制了。

（4）季节切换控制　为了保证再热式空调系统对温湿度的精确控制，同时使运行经济、调节方便，需要对系统的全年运行进行更细致的分区。可以采用图 11-54 的分区方法，具体的各区处理方法及切换条件可以参考表 11-3 的内容。但对于全年要求温、湿度设定值固定不变的系统则不能采用表 11-3 的分区方法，而应依据 11.4.2 节的有关分区原则重新进行分区设计。

11.5　新风空调系统自动控制

空调系统的监测与控制方案是根据其功能要求来确定的。对于新风系统，其功能是：①为室内人员提供符合健康要求的新风；②将室内空气中各种污染物控制在规定浓度以下（有关室内空气品质的安全指标及新风量标准请参阅有关国家标准或手册）。

11.5.1　新风空调系统自动控制方法

控制系统的目标就是控制新风机组将一定量的新风处理到符合要求的送风状态。对于一般的舒适性空调来说，新风机组以温度控制为主，送风湿度可以允许在较大范围内波动（30%~70%），一般只是在冬季进行加湿量的控制。

空调系统的新风比应设计成可调的，其变化范围应按具体工程与空调性质确定。对于舒适性空调，变化范围应为 0%~100%。新风比的调节宜通过对回风风阀和排风风阀的联动控制来实现。新风风阀一般可不予控制，但其流通截面积应满足 100% 新风通过的需要；同时，应使新风管段的阻力小于全新风时系统总阻力的 15%。

新风量的控制：一般可根据新风干球温度来调节新风比；有条件时，宜采用按新风与回风焓值比较的变新风量控制方式，或采用具有焓比较与能量判断功能的控制方式。但根据干球温度调节新风比时，按照显热变化的原则实现最经济的风阀控制，由于未考虑潜热的影响，所以很难达到控制的优化。空调系统停止运行时，新风风阀应能自动关闭。

1. 二管制新风空调系统自动控制

新风系统的二管制自动控制装置仅设有 C、MV_1、T 和 ST。控制器 C 根据送风温度传感器 T 自动控制电动水阀 MV_1 的水量。在定流量水系统中 MV_1 采用电动三通阀。风机起动器与控制器联锁。当风机不运转时，控制器停止工作，这时电动阀门 MV_1 自动恢复到关闭状态，二管制新风空调系统的自动控制如图 11-58 所示。

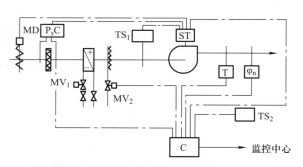

图 11-58　二管制新风空调系统的自动控制

C—主控制器　T—温度传感器　MV_1—电动二通阀或三通阀
φ_n—湿度传感器　MV_2—电动二通阀　P_sC—压差控制器
TS_1—低温限制器　ST—风机起动器　TS_2—季节转换器
MD—电动风阀

季节转换器 TS_2 可以设在控制器上进行手动转换，也可采用自动季节转换。自动季节转换根据产品的不同也有多种形式。图 11-58 所示的季节转换器 TS_2 是根据被安装在供水干管上的温度传感器信号来控制的。由于夏季和冬季供水温度相差很大，因此采用这两个温度信号来控制转换是很方便的，但这仅适用于二管制的供水系统。也有的控制器则是根据室外气温的变化来实现季节转换，有的则可根据中心监控计算机的指令来实现季节转换。

电动风阀 MD 的作用，主要是为了防止表面加热器的损坏。当冬季风机停止运行时，所有的电动风阀和水阀也都关闭，加热器中的水不流动时容易被冻裂。当风阀关闭时，可防止由于自然对流而形成的寒冷空气的进入，以便保护加热器。只有当风机起动时，该风阀才被打开。

低温限制器 TS_1 的作用也是为了保护空气加热器。当风机被起动时，若加热器的电动进水阀有故障或供水系统有故障，会使进风温度急骤下降，这时 TS_1 可马上将风机和电动风阀 MD 关闭。TS_1 的另一作用是也可防止过低温度的新风送入服务区域。

当对送风湿度有一定要求时，可在送风管上设置 φ_n 湿度传感器，通过控制器来控制蒸汽加湿器的进汽电动阀。

当过滤网长期使用后，阻力必然增大。当前后压差达到设定值时，压差控制器 P_sC 会自动切断风机并报警（如果有较好的管理工作水平，压差控制器 P_sC 也可以不用）。

四管制新风系统比二管制新风系统的控制增设了一套表冷器和电动阀，其控制作用与二管制系统基本相同。

2. 带有能量回收的新风空调机组自动控制

一般采用的带能量回收的新风机组，有固定式和旋转式两种全热换热器的形式。图 11-59 所示为旋转式的全热换热器自控形式。

（1）夏季能量回收式新风机组的自动控制　夏季室外新风经过过滤器和全热换热器后进入空调机组，由送风温度控制电动二通冷水阀 MV_2 的进水量。这时电动风阀 MD_2 和 MD_3 打开，而

MD_1 和 MD_4 关闭，由控制器 C 控制风机 ST_1、ST_3 和全热换热器 ST_4 的运转，同时风机 ST_2 关闭。

（2）冬季能量回收式新风机组的自动控制　冬季的室外新风经过过滤器和全热换热器后进入空调机组，各风机、电动风阀和全热换热器的运转状况同夏季。但这时由送风温度和湿度信号来控制电动热水二通阀 MV_1 的进水量和电动二通蒸汽阀 MV_3 的进汽量。

（3）过渡季能量回收式新风机组的自动控制　由室外温度传感器来决定过渡季节的运转状况。当室外气温在预先设定的上、下限温度内，即进入过渡季节的运转状况。这时风机 ST_1 和 ST_2 运转，风机 ST_3 和全热换热器 ST_4 停止运行。而风阀 MD_1 和 MD_4 全开，风阀 MD_2 和 MD_3 全部关闭。同时，所有的电动水阀和蒸汽阀都进入关闭状态。

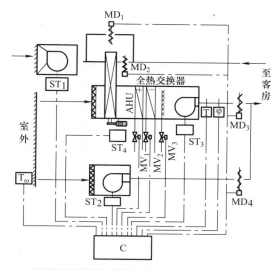

图 11-59　旋转式全热换热器自控形式

当主风机 ST_3 或 ST_2 的风机起动后，排风机 ST_1 才能开启。而风机 ST_3 或 ST_2 只能起动一台。当主风机 ST_3 停止运行时，所有的电动水阀和电动蒸汽阀自动关闭，并且风阀 MD_2 和 MD_3 关闭。当风机 ST_2 关闭时，风阀 MD_1 和 MD_4 关闭。

空调系统中的各个设备容量根据空调房间内可能出现的最大热、湿负荷来选择。但在空调的实际运行中，由于房间受到内部和外部各种条件的干扰而使室内热湿负荷不断地发生变化，因此自动控制系统就要能指挥控制系统的有关执行机构改变其相对位置，从而使实际输出量发生改变，以适应空调负荷的变化，满足生产和生活对空气参数（温度、湿度、压力及洁净度等）的要求。

11.5.2　新风机组监控系统

新风机组是半集中式空调系统中用来集中处理新风的空气处理装置。新风在机组内进行过滤及热湿处理，然后利用风机通过管道送往各个房间。新风机组由新风阀、过滤器、空气冷却器/空气加热器、送风机等组成，有的新风机组还设有加湿装置。

按被控参数分类，新风机组的控制方法主要有送风温度控制、室内温度控制、送风温度与室内温度的联合控制、CO_2 浓度控制。如果新风机组要考虑承担室内负荷（直流式机组），则还要控制室内温度（或室内相对湿度）。

1. 送风温度控制

送风温度控制的被控量为新风出口温度。送风温度控制适用于该新风机组是以满足室内卫生要求而不是负担室内负荷来使用的情况。因此，在整个控制时间内，被处理的新风出口温度以保持恒定值为原则。由于冬、夏季对室内要求不同，因此冬、夏季新风出口风温应有不同的要求。也就是说，新风机组为送风温度控制时，全年有两个操作量——冬季操作量和夏季操作量，因此必须考虑控制器冬、夏季工况的转换问题。

送风温度控制时，通常是夏季控制空气冷却器水量，冬季控制空气加热器水量或蒸汽加热器的蒸汽流量。为了管理方便，温度传感器一般设于该机组所在机房内的送风管上，控制器一般设于机组所在的机房内。图 11-60 是带有加湿设备的新风机组模拟仪表控制系统原理示意图。温度控制系统由温度传感器 TE、空气冷却器 / 空气加热器、空气冷却器 / 空气加热器的执行器 TV-101 和新风阀门 TV-102 组成。湿度控制系统由湿度传感器 HE、加湿器电动调节阀 HV-101、加湿器等组成。温度传感器 TE 将送风温度信号送至控制器 TC-1，与设定值比较，根据比较结果按已定的控制规律输出相应的电压信号，通过转换开关 TS-1 按冬 / 夏季工况控制电动调节阀门 TV-101 的动作，改变冷、热水量，维持送风温度恒定。在冬季工况，湿度传感器 HE 通过湿度控制器 HC-1 控制加湿阀 HV-101，改变蒸汽量来维持送风湿度恒定。送风温度控制系统与送风湿度控制系统一般采用单回路控制系统，控制器一般采用 PI 控制器。压差开关 PdS 测量过滤网两侧的压差，通过压差超限报警器 PdA 发出声光报警信号，通知管理人员更换过滤器或进行清洗。新风阀门通过电动风阀执行机构 TV-102 与风机联锁，当风机起动后，阀门自动打开；当风机停止运转时，阀门自动关闭。TS 为防冻开关，当冬季加热器后风温等于或低于某一设定值时，TS 的常闭触点断开，使风机停转，新风阀门自动关闭，防止空气冷却器冻裂。当防冻开关恢复正常时，应重新起动风机，打开新风阀，恢复机组工作。

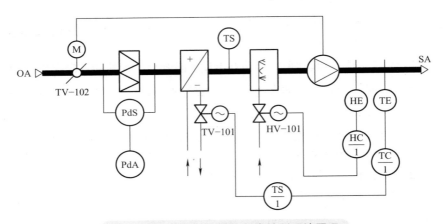

图 11-60　新风机组模拟仪表控制系统原理

图 11-61 是新风机组 DDC 系统流程图，新风机组 DDC 系统可以实现如下监测与控制功能。

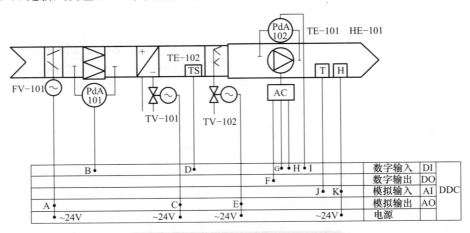

图 11-61　新风机组 DDC 系统流程图

（1）监测功能

1）风机的状态显示、故障报警。送风机的工作状态是采用压差开关 PdA 监测的，风机起动，风道内产生风压，送风机的送风管压差增大，压差开关闭合，空调机组开始执行顺序起动程序；当其两侧压差低于其设定值时，故障报警并停机。风机事故报警（过载信号）采用过电流继电器常开触点作为 DI 信号，接到 DDC 系统。

2）测量风机出口空气温湿度参数，以了解机组是否将新风处理到要求的状态。选用具有 DC 4～20mA 和 DC 0～10V 信号输出的温、湿度变送器，接在 DDC 系统的 AI 通道上，或者将数字温、湿度传感器接至 DI 输入通道上。为准确地了解新风机组工作状况，温度传感器的测温精度应小于 ±0.5℃，湿度传感器测量相对湿度精度应小于 ±0.5%。

3）测量新风过滤器两侧压差，以了解过滤器是否需要更换。用压差开关即可监视新风过滤器两侧压差。当过滤器阻力增大时，压差开关吸合，从而产生"通"的开关信号，通过 DI 通道接入 DDC 系统。压差开关吸合时所对应的压差可以根据过滤器阻力的情况预先设定。这种压差开关的成本远低于可以直接测出压差的压差传感器，并且比压差传感器更可靠耐用。因此，在这种情况下，一般不选择昂贵的可连续输出的压差传感器。

4）检查新风阀状况，以确定其是否打开。

（2）控制功能

1）根据要求起/停风机。

2）自动控制空气-水换热器水侧调节阀，以使风机出口空气温度达到设定值。控制原理同模拟控制仪表系统，所不同的是 DDC 取代了模拟控制器。水阀应在控制器输出 AO 信号控制下，连续调节电动调节阀，以控制风温；也可以采用两个 DO 通道控制，一路控制电动执行器正转，开大阀门，另一路控制电动执行器反转，关小阀门。为了解准确的阀位位置，还通过一路 AI 通道测量阀门的阀位反馈信号。用 DDC 系统控制电动阀门时，对阀位有一定的控制精度要求，有的调节阀定位精度为 2.5%，有的为 1%。

3）自动控制蒸汽加湿器调节阀，使冬季风机出口空气相对湿度达到设定值。

4）利用 AO 信号控制新风电动风阀，也可以用 DO 信号控制新风电动风阀。

（3）联锁及保护功能

1）在冬季，当某种原因造成热水温度降低或热水停止供应时，为了防止机组内温度过低，冻裂空气-水换热器，应由防冻开关 TS 发出信号通过 DDC 系统自动关闭风机，同时关闭新风阀门。打开热水阀，当热水恢复供应时，应能重新起动风机，打开新风阀，恢复机组的正常工作。

2）风机停机，风阀、电动调节阀同时关闭；风机起动，电动风阀、电动调节阀同时打开。

DDC 系统控制器通过其内备的通信模块，可使 DDC 系统进入同层网络，与其他 DDC 系统控制器进行通信，共享数据信息；也可以进入分布式系统，构成分站，完成分站监控任务，同时与中央站通信。因此，DDC 系统还具有集中管理功能。

（4）集中管理功能

1）显示新风机组起/停状况，送风温、湿度，风阀、水阀状态。

2）通过中央控制管理机起/停新风机组，修改送风参数的设定值。

3）当过滤器两侧的压差过大、冬季热水中断、风机电动机过载或其他原因停机时，还可以通过中央控制管理机管理报警。

4）自动/远动控制。风机的起/停及各个阀门的调节均可由现场控制机与中央控制管理机操作。

2. 室内温度控制

对于一些直流式系统，新风不仅要使环境满足卫生标准，而且还要承担全部室内负荷。由于室内负荷是变化的，这时采用控制送风温度的方式必然不能满足室内要求（有可能过热或过冷），因此必须对使用地点的温度进行控制。由此可知，这时必须把温度传感器设于被控房间的典型区域内。由于直流式系统通常设有排风系统，因此温度传感器设于排风管道并考虑一定的修正也是一种可行的办法。

3. 送风温度与室内温度的联合控制

除直流式系统外，新风机组通常是与风机盘管一起使用的。在一些工程中，由于考虑种种原因（风机盘管的除湿能力限制等），新风机组在设计时承担了部分室内负荷，这种做法对于所设计的状态，新风机组按送风温度控制是不存在问题的。但当室外气候变化而使得室内达到热平衡时（过渡季的某些时间），如果继续控制送风温度，必然造成房间过冷（供冷水工况时）或过热（供热水工况时），这时应采用室内温度控制。因此，在这种情况下，从全年运行而言，应采用送风温度与室内温度的联合控制方式。

4. CO_2 浓度控制

通常新风机组的最大风量是按满足卫生要求而设计的（考虑承担室内负荷的直流式系统除外），这时房间人数按满员考虑。在实际使用过程中，房间人数并非总是满员的，当人员数量不多时，可以减少新风量，以节省能源。这种方法特别适合于某些采用新风机组加风机盘管系统的办公建筑物中间歇使用的小型会议室等场所。为了保证基本的室内空气品质，通常采用测量室内 CO_2 浓度的方法来衡量，如图 11-62 所示。各房间均设 CO_2 浓度控制器，控制其新风支管上的电动风阀的开度；同时，为了防止系统内静压过高，在总送风管上设置静压控制器控制风机转速。因此，这样做不但使新风冷负荷减少，而且风机能耗也将下降。

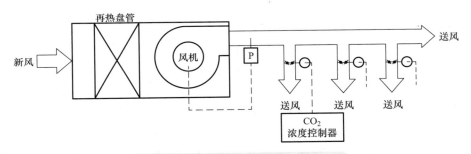

图 11-62 CO_2 浓度控制器控制新风量

5. 根据焓值控制新风量

新风负荷一般占空调负荷的 30% ~ 50%，充分、合理地回收回风能量和利用新风是有效的节能方法。焓值控制系统就是根据新风、回风焓值的比较来控制新风量与回风量，达到节能的目的。新风负荷 Q_w 可以计算为

$$Q_w = (h_w - h_r)q_V = \Delta h q_V \tag{11-7}$$

式中　　h_w——新风焓值（kJ/kg）；

q_V——新风量（kg/h）；

h_r——回风焓值（kJ/kg）。

图 11-63 为利用焓差控制新风量的示意图，对新风利用可分为五区。

A 区：制冷工况，并且 $\Delta h > 0$（新风焓 > 回风焓），故应采取最小新风量，减少制冷机负荷。在此工况下，应根据室内空气 CO_2 浓度控制最低新风量或给定最小新风量，以保证卫生条件的要求。

B 区：制冷工况，并且 $\Delta h < 0$，显然应采取最大新风量，充分利用自然冷源，以减轻制冷机负荷。

B 区与 C 区的交界线：在此线上新风带入的冷量恰与室内负荷相等，制冷机负荷为零，停止运行。

C 区：制冷工况，因室外新风焓进一步降低，此时可利用一部分回风与新风相混合，即可达到要求的送风状态。此时可不起动制冷机，完全依靠自然冷源来维持制冷工况。图中 $minOA$ 线是利用最小新风量与回风混合可达到要求的送风温度。

D 区：即 $minOA$ 线以下，由于受最小新风量限制，空调系统进入采暖工况。该区使用最小新风量，从而减少热源负荷。

E 区：采暖工况，并且 $\Delta h > 0$。当然，这种情况出现的概率小。若遇此情况，应尽量采用新风。

图 11-64 所示为焓值自动控制原理图。因空气焓值是空气干球温度和相对湿度的函数，故焓值控制器 HC-3 的输入信号有新、回风的干球温度和相对湿度信号，即回风温度传感器 TE-102 与湿度变送器 HE-102，新风温度传感器 TE-101 与湿度变送器 HE-101，均接在 HC-3 输入端上，HC-3 根据新、回风温、湿度计算焓值，并比较新、回风焓

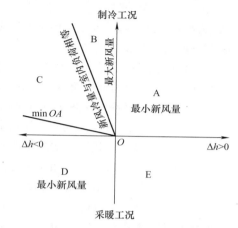

图 11-63 利用焓差控制新风量

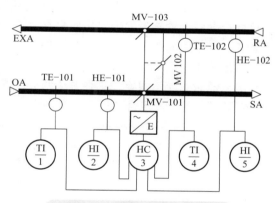

图 11-64 焓值自动控制原理图

值，输出 0 ~ 10V（PI）信号控制执行机构，再通过机械联动装置使新、回、排风门按比例开启。图 11-65 为焓控制器输出与阀位的关系。图 11-66 为焓值自动控制系统框图。应说明以下几点：

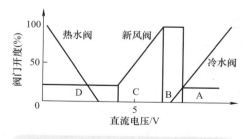

图 11-65 焓控制器输出与阀位的关系

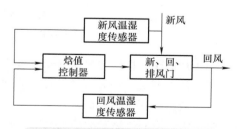

图 11-66 焓值自动控制系统框图

1）焓值控制器实质上是焓比较器。

2）焓值控制器与阀门定位器配合，用一个控制器控制三个风门，实现分程控制。

3）温、湿度传感器可以直接采用焓值传感器。

4）如果处于 B 区，$\Delta h < 0$，新风阀处于最大开度，室温仍高于给定值，系统处于失调状态。为此应设置室内温度控制系统，控制冷盘管的冷水阀门开度，随着冷负荷的减少，冷水阀门逐渐关小，当冷水阀门全关时，进入 C 区工况，按比例调节新、回风比例，以维持室内温度。

5）热水阀与冷水阀开度由室内温度控制器控制。

6. 硬件配置

根据监控点表选择合适的传感器、阀门及执行器，并配置具有相应输入输出通道的现场控制器（控制器的输入输出通道应留有一定的裕度）。各种传感器、阀门及执行器的选择已在前述章节中详细说明，这里仅就各类硬件的使用做补充说明。

（1）温、湿度传感器　为准确地了解新风机组的工作状况，温度传感器的测温精度应小于 ±0.5℃，湿度传感器测量相对湿度的精度应小于 ±0.5%。温、湿度的信号可以是 4～20mA 电流信号或 0～10V 电压信号，具体应依据控制器 AI 通道的信号要求选择。

（2）风阀及执行器　由于新风阀不用来调节风量，仅在冬季停机时为防止盘管冻结关闭用，因此可选择通断式风阀及执行器。为了解风阀实际的状态，此时还可以将风阀执行器中的全开限位开关和全关限位开关通过两个 DI 通道接入控制器。

（3）水阀及执行器　水阀应为连续可调的电动调节阀，以控制盘管水流量或进水水温。安装方式有如图 11-67 所示的 3 种。图 11-67a 是使用直通调节阀调节进入盘管的水量（供水温度不变），但这样会导致干管流量发生变化，为避免同一水系统的相互干扰，必须在供水管路上加装恒压控制装置，使系统复杂化；图 11-67b 是改变流入盘管的水流量，而保持进水水温不变，这种控制方法被广泛采用；图 11-67c 是通过调节与回水混合的比例改变进水水温，由于出口装有水泵，则能保持流入盘管水流量恒定，这种方法调节性能好，但每台盘管要增加一台水泵，投资较大，一般用于需要精确控制的场合。

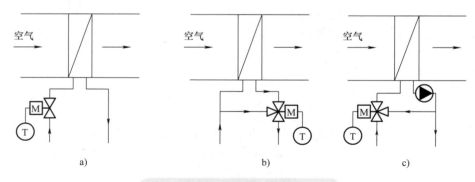

图 11-67　电动调节阀的安装形式

a）二通调节阀控制　b）定水温，变流量控制　c）定流量，变水温控制

（4）加湿阀　根据加湿器选择适当的加湿阀，有调节型和通断型两种。

（5）压差开关　压差开关可监视新风过滤器两侧的压差和风机运行状态。当过滤器阻力增大到设定值或风机正常运转时，压差开关吸合，从而产生"通"的开关信号。过滤器压差开关要根据机组中所采用的过滤器类型来选用。根据国家标准《空气过滤器》（GB/T 14295—2008）及《高效空气过滤器》（GB/T 13554—2008）对各类过滤器初阻力的规定，可以确定各类过滤器的终阻力（一般为初阻力的两倍），见表 11-5。根据表 11-5 选择合适量程的压差开关。风机故障报警是通过风机压差开关与风机运行状态两个反馈信号共同完成的，即当二者的反馈信号不一致时（说明风机没有正常起停），则由控制器发出报警信号。

表 11-5　各类过滤器阻力

过滤器	粗效	中效	亚高效	高效（99.9%）
初阻力 /Pa	≤ 50	≤ 80	≤ 120	≤ 190
终阻力 /Pa	100	160	240	380

（6）低温防冻报警　对于防冻保护应进行具体分析。冬季水盘管冻裂有 3 种情况：①热水循环泵停，热水不流动，继续开风机，使盘管冻结；②热源停止（如使用蒸汽 - 水换热器产生热水，蒸汽停供）水温降低，继续开风机使盘管冻结；③无热水供应，新风机停止，但新风阀未关闭，使盘管冻结。对于前两种情况，可在紧靠加热盘管的下风向一侧（即图 11-67 所示位置）安装低温防冻开关，并设定当检测送风温度低于 5℃时，全开热水阀，停止风机，关闭风阀，同时发出报警信号；而对于第三种情况，则不能通过温度来判断，只能设定为关风机时必须关风阀。这里应该指出的是，这种保护判断程序不论在系统处于自动还是手动状态时，都应有效。

（7）风机运行状态　信号采自风机配电箱中，控制风机电动机起停的交流接触器的辅助触点（开关逻辑与主触点相同）。

11.5.3　新风系统的控制算法

1. 送风参数的控制

上面控制方案中提到通过水阀、加湿阀来控制送风参数，那么具体怎样控制呢？我们在前面的章节中已经学习了自动控制原理，经过对上述的系统进行分析可以知道，系统实际上可以分为两个控制过程，即送风的温度控制和湿度控制。对于这两个参数的控制可以采用两套控制器（即温度控制器和湿度控制器）分别进行控制，也可以用一个控制器对系统进行集中控制。

（1）送风温度的控制　依据安装在送风管道上的温度传感器信号，并通过一定的控制算法来控制加热器水阀或表冷器水阀的动作。可采用 PI 控制算法，离散化的 PI 控制的增量型算式为

$$U(k) = U(k-1) + K_P \left\{ \frac{T_0}{T_I} e(k) + [e(k) - e(k-1)] \right\} \tag{11-8}$$

式中　　　T_0——采样周期（s）；

　　　　　T_I——积分时间（s）；

　　　　　K_P——比例系数；

　　　　　$U(k)$——输出的阀门开度；

$e(k)$、$e(k-1)$——第 k 次、第 $k-1$ 次采样的送风温度与设定值的偏差（℃），具体取值为：$e(k) = t_{set} - t_s$（冬季），$e(k) = t_s - t_{set}$（夏季），t_s 为测量的送风温度，t_{set} 为送风温度的设定值。

比例系数 K_P、积分时间 T_I 及采样周期 T_0 需要经过现场的调试后确定，它们的整定方法可以参见自动控制原理的有关内容。

（2）送风湿度的控制　依据送风湿度与设定值的偏差来控制加湿阀的动作，夏季一般不进行湿度控制。可以采用式（11-8）的 PI 调节算法，但要特别注意的是，湿度控制与温度控制所采用的 PI 控制参数是不同的。

2. 工况切换控制

若系统设有温度控制和湿度控制两套控制器，则可以在恒温控制器上安装供冷 / 供热运行模

式的转换开关，手动进行季节切换。这里讲述的是依据室外新风温度进行自动切换。控制切换条件如下：

（1）当新风送风口高度低于 5m 时

$t_{out} \geq t_{set}$，采用夏季调节算法；

$15℃ \leq t_{out} < t_{set}$，新风不经处理直接送入室内；

$t_{out} < 15℃$，采用冬季调节算法。

（2）当新风送风口高度大于或等于 5m 时

$t_{out} \geq t_{set}$，采用夏季调节算法；

$10℃ \leq t_{out} < t_{set}$，新风不经处理直接送入室内；

$t_{out} < 10℃$，采用冬季调节算法。

3. 新风系统的控制程序

图 11-68 为新风系统的控制主程序流程图。

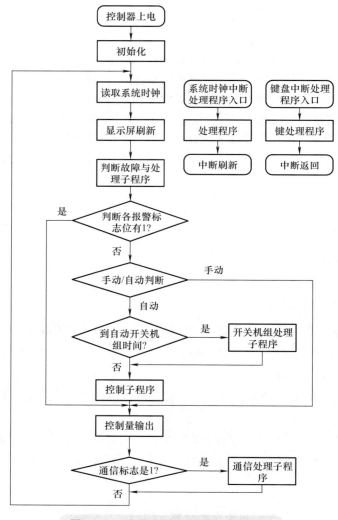

图 11-68　新风系统控制主程序流程图

11.6 风机盘管空调系统自动控制

11.6.1 风机盘管系统简介

风机盘管系统是空气-水空调系统的一种形式，通常与新风系统联合使用构成所谓的风机盘管加新风系统，是目前应用广泛的一种空调方式。系统的特点是房间的冷热负荷及湿负荷由风机盘管与新风系统共同承担。风机盘管机组通常由换热盘管（换热器）和风机组成，其结构如图 11-69 所示。

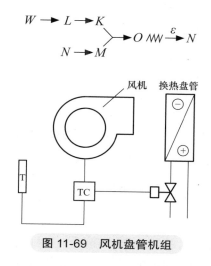

图 11-69 风机盘管机组

依据风机盘管机组与新风系统负担室内负荷的不同，风机盘管中的空气处理过程分为以下两种：

1）新风被处理到室内空气焓值，不承担室内负荷，其风机盘管的处理过程如图 11-70 所示。

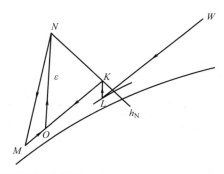

图 11-70 新风不承担室内负荷的空气处理过程

即风机盘管将室内空气从 N 点处理到 M 点，再与新风机组的送风（K 状态的空气）混合后送入室内，实际上由于风机盘管和新风机组的送风口是各自独立出风的，因此这一过程是在送入室内后完成的，所以为了使新风与风机盘管出风较好地混合，应使新风送风口紧靠风机盘管的出风口。

2）新风处理后的焓值低于室内焓值，承担室内负荷，其风机盘管的空气处理过程如图 11-71 所示。

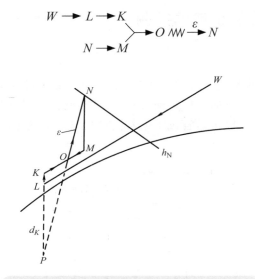

图 11-71 新风承担室内负荷的空气处理过程

由于新风系统需要较低温度的冷冻水，而风机盘管却需要较高温度的冷冻水，故这种处理形式水系统较复杂，同时盘管的制冷除湿能力也降低了，因此采用较少。

11.6.2 风机盘管系统的运行调节

风机盘管系统的运行调节分两大部分：设在房间内的风机盘管机组的调节和新风系统的调节。新风系统的运行调节已在 11.5 节中详细讲述，这里仅讨论风机盘管机组的调节。

1. 风机盘管的水系统调节

风机盘管水系统主要采用水量调节。目前风机盘管常用的水量调节方法有两种：一是在冷冻水管路上设置电动二通阀（见图 11-72a），恒温控制器根据室内空气温度调节阀门的启闭；二是在冷冻水管路上设置电动三通阀（见图 11-72b、c），恒温控制器根据室内空气温度控制电动三通阀的启闭，使冷冻水全部通过风机盘管或全部旁通流入回水管。

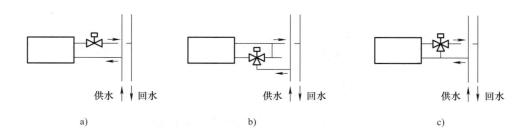

图 11-72 风机盘管的水阀安装形式

a）二通阀调节 b）三通阀调节（供水） c）三通阀调节（回水）

2. 风机盘管的风系统调节

风机盘管通常都设有三档风速调节开关（高、中、低三档），用户可根据需要手动选择三速开关的档位。风机盘管恒温控制器一般与三速开关组合在一起，并设有供冷 / 供热转换开关，可以同时进行风量和水量调节。近年来还研制出了依据室温变化直接控制风机三档风速或风机无级变速的恒温控制器，可实现冷热量的无级调节。

11.6.3 风机盘管空调系统自动控制方法

1. 定流量水系统

风机盘管定流量水系统自控方式较简单易行，但节能效果不如变流量自控方式好。

2. 变流量水系统

风机盘管机组的水系统宜采用直通电动调节阀进行变流量调节，房间温度控制器一般可选用简单的双位调节型式，有条件时，可选用有比例调节连续输出功能的电子温度控制器。当风机盘管机组、新风机组、组合式空调机组等采用变流量调节时，应对循环水泵相应地采取变转速或变台数的自动控制措施。

单式泵变流量的水系统控制，应结合水泵特性、系统大小等因素综合考虑，一般宜遵循以下原则：

（1）系统规模较大，水泵的特性曲线为陡降型时

1）在系统的总供、回水管之间设旁通管，并装一个受压差控制器控制的直通电动调节阀，以限制系统压力的升高。

2）在供水总出口处(旁通管之后)的管段上设置一总调节阀(直通电动调节阀)，以恒定供水压力。

3）在系统中环路的末端设三通电动调节阀，保证系统在调节过程中能通过足够的水量。

水泵特性曲线为陡降型时，旁通调节的主要作用是限制系统压力的升高，所以调节阀的动作应受水泵进出口处的压差控制。

（2）系统规模较大，水泵特性曲线为平坦型时

1）在系统的总供、回水管之间设旁通管，并装一个受压差控制器控制的直通电动调节阀。

2）供水总出口管上可不装总调节阀。

3）环路末端可不装三通电动调节阀。

水泵特性曲线为平坦型时，旁通调节的主要作用是确保通过冷水机组的水量恒定，所以调节阀的动作应受冷水机组进出口处的压差控制。

（3）数台水泵并联运行时 宜选择具有陡降型特性曲线的水泵。

11.6.4 风机盘管的定流量水系统自动控制

定流量系统常使用二管制而不采用四管制。其风机盘管机组的控制通常采用两种方式。

1. 三速开关手控的二管制定流量水系统

采用二管制水系统时，表面冷却器中的水是常通的。水量依靠阀门的一次性调整，而室内温度的高低是由手动选择风机的三档转速来实现的，如图 11-73 所示。

2. 温控器加三速开关的二管制定流量水系统

采用这种控制的水系统时，表面冷却器中的水是常通的，水量依靠阀门一次性调整。室内温度控制器控制风机起停，而手动三档开关调节风机的转速。冬、夏季采用手动转换，如图 11-74 所示。

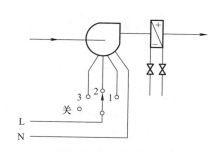

图 11-73 手控式三速风机

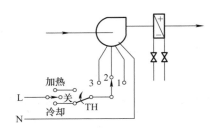

图 11-74　温控器自控风机起停，手控风机转速式

11.6.5　风机盘管的变流量水系统自动控制

变流量系统有二管制、四管制两种水系统，通常采用两种控制方式。

1. 温控器加三速开关的二管制变流量水系统

这种控制可用手动三档开关选择风机的转速；手动季节转换开关；风机和水路阀门联锁；由室内温度控制电动二通阀的启闭。当二通阀断电后，能自动切断水路，如图 11-75 所示。

2. 温控器加三速开关的四管制变流量水系统

这种控制可用手动三档开关选择风机转速，将风机和水路阀门联锁；由室温控制器控制冷、热水电动二通阀的启闭。当二通阀断电后，能自动切断水路，如图 11-76 所示。

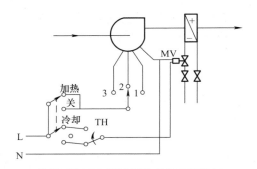

图 11-75　手控三速开关与季节转换，
风机和水路阀门联锁式

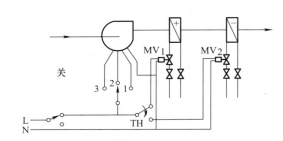

图 11-76　手控三速开关，风机和水阀联锁，
温控器控制冷（热）水电动二通阀启动式

风机盘管的变流量水系统自控除上述两种方式外，随着功能要求的不同和制造厂家研制的新产品的不同，还有其他控制方式可供选用。

11.7　变风量空调的自动控制

变风量（VAV）空调自动控制系统是一种节能型全空气系统，节电率可以达到 50%。图 11-77 为一单风道变风量空调自动控制系统示意图。它包含变风量空调机组、送回风管道、空调房间、变风量末端装置、回风机等部分。变风量空调自动控制系统主要是通过末端装置以室内温度的波动为被控制量来控制房间送风量，满足房间热湿负荷的变化和新风量要求，它的好坏直接影响房间的空气品质。变风量末端的控制方式有模糊控制、DDC 等。近年来 DDC 系统通过精确的数字控制技术使得末端设备具有较好的节能性。

变风量末端装置主要有以下控制功能：测量控制区域温度，通过末端温度控制器设定末端送风量值；测量送风量，通过末端风量控制器控制末端送风阀门开度；控制加热装置的三通阀或控

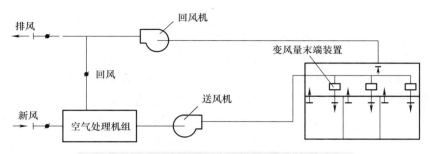

图 11-77　单风道变风量空调自动控制系统示意图

制加热器的加热量；控制末端风机起停（并联型末端）；再设空调机组送风参数（送风温度、送风量或者送风静压值）；上传数据到中央控制管理计算机系统或从中央控制管理计算机系统下载控制设定参数。

11.7.1　变风量空调系统自动控制的方法

在国外，变风量末端装置已经发展了 20 多年，拥有不同的类型和规格。变风量末端装置（VAV Terminal Unit）又常被称作 VAV Box，根据不同的因素考虑，有不同的分类方法。

按照是否补偿系统送风压力变化分类，有压力相关型（Pressure Dependent）和压力无关型（Pressure Independent）。压力无关型变风量末端装置的送风量仅与室内负荷有关，与系统送风压力无关，可以较快地补偿送风压力的变化。按有无风机分类，有基本型和风机动力型（FPB-fan Powered Box），FPB 又分为串联风机型和并联风机型两种。按单、双风道分类，有单风道型和双风道型。

其他的分类方法在此不赘述。现介绍常用的单风道基本型和风机动力型两种变风量末端装置。

1. 单风道基本型变风量末端装置

单风道基本型变风量末端装置由进风管、风量采样器、风阀和箱体等部分组成。它为压力无关型末端装置。在进风管中，设有一个十字形毕托管，其功能是测量风管内的全压和静压，根据两者之差，求出动压后可得到风速，进而可求出末端装置的送风量。在变风量末端装置右侧的小箱内为末端装置控制器及 AC 220V/24V 变压器，末端装置内的毕托管与控制器内的压差变送器用两根塑料采样管直接连接。它的安装方式简便、紧凑。图 11-78a、b 分为单风道基本型变风量末端装置的控制原理示意图及控制特性图，图 11-78a 中，TC 为末端装置的温度控制器，FC 为末端装置风量控制器，V 为末端装置的风阀执行器。变风量末端装置的运行与变风量系统的形式有关。

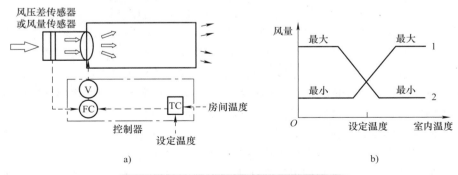

a)　　　　　　　　　　　　　　　　　　　　b)

图 11-78　单风道基本型变风量末端装置

a）控制原理示意图　　b）控制特性

对于夏季送冷风、冬季送热风的单风道基本型变风量末端装置，其控制特性如图 11-78b 所示，在夏季，按曲线 1 运行，在冬季，按曲线 2 运行。

图 11-79 为变风量末端装置串级控制原理框图。温控器 TC 的输出为此时房间所需的送风量（风量设定值），送给风量控制器 FC，FC 根据风量的实测值与设定值之差去控制风阀 V 的开度，使送入房间的冷（热）量与室内的负荷相匹配。串级控制系统与单回路控制系统相比，结构上增加了一个副控制回路，其特点是可改善对象特性，抗干扰能力强，从而提高了系统的控制质量。在图 11-79 中，当室内负荷没有变化时，送风量 F 不应变化（因送风温度固定），但此时若系统送风压力由于其他区域送风量发生变化而升高，即有扰动量 $f_2(t)$，它会使此房间的变风量末端装置的送风量增大，但由于风量设定值 F_g 没有变化，副调节器会将风阀关小，以维持原有的送风量，此即为送风量与送风压力无关的含义。显然，这一调节过程减小了送风压力变化对室内温度的影响，提高了室内的空气品质。$f_1(t)$ 为作用在房间的干扰信号。

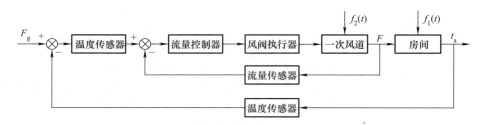

图 11-79　变风量末端装置串级控制原理框图

如果变风量末端装置内没有风量检测装置，则无副调节回路对送风压力变化的调节作用，变风量末端装置的送风量将与系统送风压力有关，故称此类变风量末端装置为压力相关型，其控制为单回路控制系统。在上述相同的条件下，系统送风压力升高将导致送入室内的冷风量增大，使室内温度降低后，再由控制器去调节风阀，减少送风量，因此室温的调节过程长，温度波动幅度大，调节品质显然不如前者。

2. 风机动力型变风量末端装置

风机动力型变风量末端装置是在基本型变风量末端装置中加设风机的产物。根据风机与来自空气处理设备的一次风的关系，分为串联式风机动力型变风量末端装置（Series Fan VAV Terminal Unit）和并联式风机动力型变风量末端装置（Parallel Fan VAV Terminal Unit）两种类型。

（1）串联式　风机动力型变风量末端装置是在基本型变风量末端装置中加设风机的产物。末端风机通过连续运转来克服末端阻力，满足送风量和气流组织的需要。一次风经过末端装置内的调节风阀后，与吊顶内回风（也称为二次风）混合经风机送入室内。其控制原理及控制特性如图 11-80 所示。在此末端装置中，一次风和二次风的风量都根据控制器的指令按比例地变化，两者的总风量保持恒定。通过改变送风温度来调节室内温度，并且通过直接数字控制技术同时控制风量和加热设备加热量，以保证控制达到最优操作。例如，在冬季工况，当房间温度高于设定值时，控制器控制风阀时，一、二次风量的调节则相反，通过调节风量满足不了要求时，同时投入再加热器，提高送风温度，以满足室内负荷的要求。再循环风机的运行与变风量空调机组同步。它的特点是可以同时实现外区供暖内区供冷的大型建筑；串联式末端带有风机，末端风机连续定风量运转，只是靠改变一次空气和回风混合比来满足室内要求。当一次风处于最小送风量时，室内仍具有很好的气流组织形式。所以串联式末端常与传统散流器风口配合，用于低温送风系统。

与低温相结合的 VAV 空调系统可降低送风量、设备容量和管道尺寸等，从而进一步节电降耗。但在低温送风系统中，应注意在末端箱体内加绝热内衬，以防当低温空气流过时使金属外表面出现结露现象。

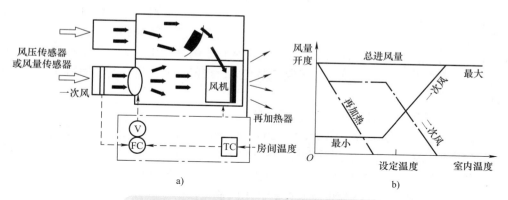

图 11-80　串联式风机动力型变风量末端装置

a）控制原理示意图　b）控制特性（带再加热）

（2）并联式　并联式风机动力型变风量末端装置如图 11-81 所示。并联式与串联式基本相同，但来自于吊顶诱导的二次空气（室内回风）先经过风机后再与经空调机组处理的一次空气相混合，然后送入空调房间，即只有二次风经过末端风机。末端风机为间断式运行方式，随着房间的负荷变化来起停风机。一次风根据供冷需求运行，再循环风机则是根据供热需求运行。当房间需要热负荷时，一次风为最小设定送风量，送入房间的总风量为最大风量的 50% ~ 67%；当房间需要冷负荷时，增加一次风来满足房间冷量。当达到最大值时，控制器输出信号停止末端风机运行，即用一次风来满足房间冷量。并联式末端装置能同时实现外区供暖、内区供冷的情况，且送风量减小也可能影响室内气流组织，并联式末端虽然也带有风机，但风机动力小而且风机间断运行，在风机不运行期间，可能不会保证良好的室内气流组织，且有可能会出现冷气流直接下沉现象。所以与串联式相比，间断式运行的并联末端不宜用于低温送风系统，但由于只有二次风经过风机，因此风机处理风量小、噪声小、能耗低。

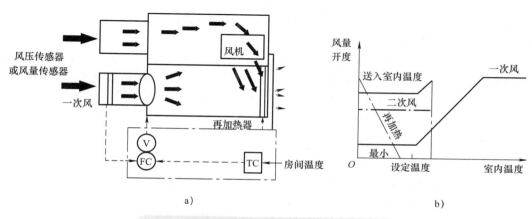

图 11-81　并联式风机动力型变风量末端装置

a）控制原理示意图　b）控制特性（带再加热）

3. 变风量空调机组控制

变风量空调系统不仅要对 VAV 末端装置进行控制，还要对空调机组进行控制。空调机组的控制内容包括：总送风量控制；送风温、湿度的控制；回风量控制；新风量 / 排风量控制。因此，VAV 空调系统带来新的控制问题为：由于各房间风量变化，空调机的总风量将随之变化，如何控制送风机转速使之与变化的风量相适应，以保证系统的静压满足系统要求，这是变风量空调系统十分重要的控制环节；如何调整回风机转速使之与变化了的风量相适应，从而不使各房间内压力出现大的变化；如何确定空气处理室送风温、湿度的设定值；如何调整新、回风阀，使各房间有足够的新风。

（1）送风机的控制

1）定静压变温度（Constant Pressure Variable Temperature，CPT）法，也称为定静压法。定静压变温度控制原理如图 11-82 所示。系统主要控制原理为：在保证系统风管上某一点（或几点平均，常在离风机约 2/3 处）静压一定的前提下，室内要求风量由 VAV 所带风阀调节；系统送风量由风管上某一点（或几点平均）静压与该点所设定静压的偏差按已定的控制规律控制变频器，通过变频器调节风机转速来确定。同时还可以根据送风温度控制器改变送风温度来满足室内环境舒适性的要求。

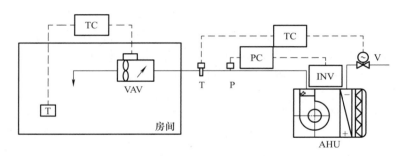

图 11-82　定静压变温度控制原理

TC—温度控制器　PC—静压控制器　INV—变频器　T—温度传感器　V—执行器　AHU—空气处理机组

该方法由于系统送风量由某点静压值来控制，不可避免会使风机转速过高，达不到最佳节能效果；同时当 VAV 所带风阀开度过小时，气流通过的噪声加大，影响室内环境。再者，当管网较复杂时，静压点位置及数量很难确定，往往凭经验，科学性差，且节能效果不好。

2）变静压法（最小静压法）。变静压法是 20 世纪 90 年代末开发并普及推广的，控制原理如图 11-83 所示。它的控制思想是尽量使 VAV 风阀处于全开（80% ~ 90%）状态，把系统静压降至最低，因而能最大限度地降低风机转速，以达到节能目的。控制原理是根据变风量末端风阀的开度，阶段性地改变风管中压力测点的静压设定值，在适应流量要求的同时，控制送风机的转速，尽量使静压保持允许的最低值，以最大限度节省风机能量。从图 11-83 还可看出，根据变风量末端风阀的开度，一方面设定空调机的送风温度，另一方面静压设定值也由阀位信号决定，每个末端均向静压设定控制器发出阀位信号。以下面三种情况为例：

① 变风量末端装置的风阀是全部处于中间状态→系统静压过高（系统提供的风量大于每个末端装置需要的风量）→调节并降低风机转速。

② 变风量末端装置的风阀全部处于全开状态，且风量传感器检测的实际风量等于温控器设定值→系统静压适合。

③ 变风量末端装置的风阀全部处于全开状态，且风量传感器检测的实际风量低于温控器设定

值→系统静压偏低→调节并提高风机转速。

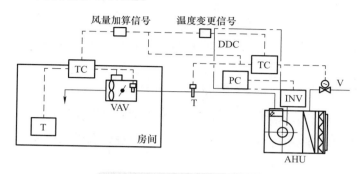

图 11-83　变静压控制原理图

由图 11-83 可以看出，空调机组的静压控制系统与送风温度控制系统均为串级控制系统。变静压法与定静压法比较，节能效果明显，控制精度高，房间的温湿度效果更好。但增加了空调机组的风量与温度设定值的再设问题，使控制更加复杂，调试更加麻烦。而且，风阀开度信号的反馈对风机转速的调节有一个滞后的过程，房间负荷变化后要达到房间设定值有一段小幅波动过程。

3）总风量控制法。以一个典型的变风量控制系统为例，末端装置为压力无关型（Pressure Independent），控制原理如图 11-84 所示。

T 反映了各房间的温度状况，是控制系统最

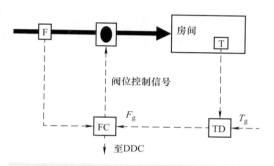

图 11-84　压力无关型变风量末端控制原理图

终要实现的目的；T_g 为房间的温度要求；F 为末端所测的流量；F_g 为由温度 PID 控制器根据房间温度偏差设定的一个合理的房间要求风量，反映了该末端所带房间目前要求的送风量。所有末端设定风量之和显然是系统当前要求的总风量。根据风机相似定律，在空调系统阻力系数不发生变化时，总风量和风机转速是一个正比的关系。总风量控制法的控制原理是依据总风量 G 和风机转速 n 的关系，其公式为

$$\frac{G_1}{G_2} = \lambda \frac{n_1}{n_2} \tag{11-9}$$

根据这一正比关系，在设计工况下，有一个设计风量和设计风机转速，那么在运行过程中有一要求的运行风量自然可以对应一要求的风机转速。虽然设计工况和实际运行工况下系统阻力有所变化，但可以近似表示为

$$\frac{G_{设计}}{n_{设计}} = \frac{G_{运行}}{n_{运行}} \tag{11-10}$$

如果所有末端带的区域要求的风量都是按同一比例变化的，显然这一关系式就足以用来控制风机转速了。但事实上，在运行时几乎是不可能出现这种情况的。考虑到各末端风量要求的不均衡性，适当地增加一个安全系数就可简单地实现风机的变频控制。这个安全系数应该能反映出末端风量要求的均衡性。首先给每个末端定义一个相对设定风量的概念，即

$$R_i = \frac{G_{g,i}}{G_{d,i}} \tag{11-11}$$

式中　$G_{g,i}$——第 i 个末端的非设计工况下的设定风量，由房间温度 PID 控制器输出的控制信号设
　　　　　定；

　　　　$G_{d,i}$——第 i 个末端的设计工况下的风量。

　　显然，由于各个末端要求风量的差异而使各末端的相对设定风量 R_i 不一致，这种不一致的程
度可以用误差理论中的均方差概念来反映。首先利用误差理论来消除相对风量 R_i 的不一致。各个
末端的相对设定风量 R_i 的平均值 $\bar{R}$ 为

$$\bar{R} = \frac{\sum\limits_{i=1}^{n} R_i}{n} \tag{11-12}$$

式中　n——变风量系统中末端的总个数。

　　均方差 σ 为

$$\sigma = \sqrt{\frac{\sum\limits_{i=1}^{n}(R_i - \bar{R})^2}{n(n-1)}}$$

有了上述基本概念之后，可以得出风机转速 N_g 的控制关系式为

$$N_g = \frac{\sum\limits_{i=1}^{n} G_{g,i}}{\sum\limits_{i=1}^{n} G_{d,i}} N_d(1+\sigma K) \tag{11-13}$$

式中　N_d——设计工况下风机设计转速；

　　　　K——自适应的整定参数，默认值为 1.0，参数 K 是一个保留数，可在系统初调时确定，
　　　　　也可以通过优化某一项性能指标，如最大阀位偏差进行自适应整定，目的是使各个
　　　　　末端在达到设定流量的情况下，彼此的阀位偏差最小；

　　$(1+\sigma K)$——安全系数。

　　总风量控制法可以避免压力控制环节，能很好地降低控制系统调试难度、提高控制系统稳定
性和可靠性。它的节能效果介于变静压控制和定静压控制之间，并更接近于变静压控制，亦可避
免大量风阀关小所引起的噪声。因此，不管从控制系统稳定性，还是从节能角度上来说，总风量
控制都具有很大的优势，完全可以成为取代各种静压控制方式的有效的风机调节手段。

　　（2）回风机的控制　控制回风机的目的是使回风量与送风量相匹配，保证房间不会出现太大
的负压或正压。由于不可能直接测量每个房间的室内压力，因此不能直接依据室内压力对回风机
进行控制。由于送风机要维持送风道中的静压，其工作点随转速变化而变化，因此送风量并非与
转速成正比，而回风道中如果没有可随时调整的风阀，回风量基本上与回风机转速成正比。对于
变静压控制或总风量控制，由于风道内静压不是恒定而是随风量变化，各末端装置的风阀开度范
围基本不变，风道的阻力特性变化不大，送风机的工作点变化不大，因此送风机风量近似与转速

成正比，于是回风机转速可与送风机同步，这与风道内维持额定正压不同。因此也不能简单地使回风机与送风机同步地改变转速。实际工程中可行的方法有以下两种：同时测量总送风量和总回风量，调整回风机转速使总回风量略低于总送风量，即可维持各房间稍有正压；测量总送风量和总回风道接近回风机入口静压处静压，此静压与总风量的二次方成正比，由测出的总送风量即可计算出回风机入口静压设定值，调整回风机转速，使回风机入口静压达到该设定值，即可保证各房间内的静压。

（3）送风参数的确定　对于定风量系统，总的送风参数可以根据实测房间温湿度状况确定。对于变风量系统，由于每个房间的风量都根据实测温度调节，因此房间内的温度高低并不能说明送风温度偏高还是偏低。只有将各房间温度、风量及风阀位置全测出来进行分析，才能确定送风温度需调高或降低，这必须靠与各房间变风量末端装置的通信来实现。对于各变风量末端装置间无通信功能的控制系统，送风参数很难根据反馈来修正，只能根据设计计算或总结运行经验，根据建筑物使用特点、室内发热量变化情况及室外温度确定送风温度设定值。例如，根据一般房间内温湿度要求计算出绝对湿度 d，取 $d = (0.5 \sim 1)\,\mathrm{g/kg}$ 作为送风绝对湿度的设定值。这样确定的送风温、湿度设定值一般总是偏于保守，即夏天偏低，冬天偏高，从而使经过变风量末端装置调节风量后，各房间温度都能满足要求。但有时各变风量末端装置都关得很小，增加了噪声。此外还减少了过渡期利用新风直接送风降温的时间，多消耗了冷量。

（4）新风量的控制　当新风阀、排风阀、混风阀处于最小新风位置时，降低风机转速，使总风量减小，新风入口处的压力就会升高，从而使吸入的新风百分比不变，但绝对量减少。对于舒适性空调，这使各房间新风量的绝对量减少，空气质量变差。为避免这一点，在空气处理室的结构上可采取许多措施。就控制系统来说，可在送风机转速降低时适当开大新风阀和排风阀，转速增加时，再将它们适当关小。更好的办法是，在新风管道上安装风速传感器，调节新风阀和排风阀，使新风量在任何情况下都不低于要求值。

根据以上的讨论，当各个变风量末端控制器均为 DDC，空气处理室的现场控制机可以与各变风量末端控制器通信时，可以充分利用计算机的计算分析能力，尽可能少使用各种压力、风量与风速传感器，通过计算机使各变风量末端装置相互协调。此时的控制策略取决于是采用"压力无关"型变风量末端装置，还是采用简单的电动风阀装置。当使用"压力无关"型变风量末端装置时，控制方法有以下两种：

1）空调处理室的现场控制机可得到各变风量末端装置风量实测值、风量设定值、对应的房间温度和房间温度设定值，有些控制器还可得到阀位信息。由各变风量末端装置实测的风量之和即可确定送风机转速。只要使转速与总风量成正比，房间内基本上可保证正常的压力范围。

2）最适合的送风参数亦可由各变风量末端装置的风量设定值确定：当各变风量末端装置的风量设定值都低于各自的最大风量，说明送风温差过大，应提高送风温度（夏季）或降低送风温度（冬季），以减小送风温差。若有的装置风量设定值等于或高于其最大风量，则说明送风温差偏小，应降低送风温度（夏季）或提高送风温度（冬季）。这种控制的结果是系统内应至少有一个变风量末端装置的风量设定值高于 90% 的最大风量。

11.7.2　变风量空调系统自动控制的监控

掌握了各房间风量的实测值，还可以更准确地保证各房间的新风量。每个房间都有事先定义的最小新风量要求（根据人员数量），由各房间实测风量与该房间额定最小新风量之比确定。新风阀、排风阀的开度近似于新风比，因此可简单地根据这种计算出的最小新风比检查和调整新风阀、排风阀。为使新风量更准确，也可以在新风管道上测量新风量，再用计算出的实测总风量乘以最小新风比作为最小新风量的设定值。当各个变风量末端控制器均为 DDC，空气处理室的现场控制机可以与各末端控制器通信时，这种用房间控制信息反馈来确定送风参数的方法比没有通信时的前馈方法要可靠、节能。

图 11-85 为二管制变风量（VAV）DDC 系统控制原理图。表 11-6 为 VAV 的 DDC 系统外部线路表。二管制变风量（VAV）DDC 系统控制可以实现以下监控内容。

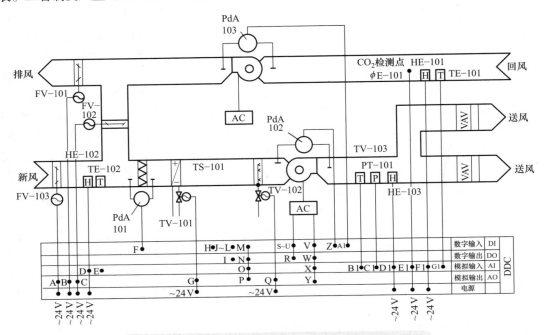

图 11-85　二管制变风量（VAV）DDC 系统控制原理图

表 11-6　VAV 的 DDC 系统外部线路表

代号	用途	数量	代号	用途	数量
A、B、C	电动调节阀	4	J、S	工作状态	2
D、DI、FI	新风、回风、送风湿度	4	K、T	故障状态信号	2
E、BI、GI	新风、回风、送风温度	2	L、U	手动/自动转换信号	2
F	过滤器堵塞信号	2	Z、AI	风机压差检测信号	2
G	防冻开关信号	2	Q	电动蒸汽阀	4
H	电动调节阀	4	EI	CO_2 浓度	4
I、R	风机起停控制信号	2			

1. 监测内容

新风、回风、送风温度；CO_2 浓度、风管静压、过滤器堵塞信号、防冻信号和变频器频率；风机和变频器的工作、故障状态；风机起停、手动/自动状态。

2. 控制原理及方法

1）变风量末端设备控制。控制器根据房间内温度传感器检测的温度值与设定值之差来修正风量的设定值，风阀根据实测的风量与所设定的风量值之差进行调整，以维持房间温度不变。

2）送风机的控制。根据风道静压的变化，DDC 系统通过变频器随时调整风机转速。当送风机的转速降至设定的最小转速时，根据回风温度调节加热／冷却器电动阀的开度。湿度是通过调节蒸汽加湿器电动阀的开度来保证其设定值。

3）根据 CO_2 浓度，调节新风和回风的混合比例。

4）按照排定的工作程序表，DDC 系统按时起停机组。

3. 联锁及保护风机起停

风阀、电动调节阀联动开闭；风机运行后，其两侧压差低于设定值时，故障报警并停机；过滤器两侧的压差过高而超过设定值时，自动报警；盘管出口处设置的防冻开关，在温度低于设定值时，报警并开大热水阀。

11.8 VRV 空调系统的控制

11.8.1 VRV 空调系统的介绍

VRV 空调系统全称为 Variable Refrigerant Volume 系统，即变制冷剂流量系统（图 11-86）。这种系统在结构上类似于分体式空调机组，采用一台室外机对应一组室内机（一般可达 16 台）。控制上采用压缩机变频技术，按室内机开启的数量控制室外机内的涡旋式压缩机转速，进行制冷剂流量的控制。VRV 空调系统与全空气系统、全水系统、空气 - 水系统相比，更能满足用户个性化的使用要求，设备占用的建筑空间比较小，而且更节能。正是由于这些特点，其更适合那些需经常独立加班使用的办公楼建筑工程项目。

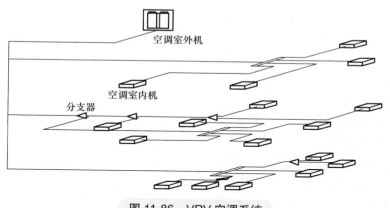

图 11-86　VRV 空调系统

11.8.2 VRV 空调系统的控制方式

1. VRV 空调系统的常规控制

此控制方式相对简单，每一台室外机对应若干台室内机（通常最大约为 16 台），各组 VRV 空调系统均独立运行。就地遥控器设置可按工程实际情况，采用一个遥控器对应一台室内机，或一个遥控器对应若干台室内机，是一种比较经济实用的控制方式。

尽管这种控制方式有其优点，但也有不足之处，该控制方式均为末端就地控制，无集中监控管理环节，在实际使用过程中，室内机的温度值设定、开机时间、开机数量等随意性比较大，其使用上的灵活性、方便性常常是以牺牲能耗为代价，从纯节能角度讲效果并不明显。而且这种控制方式与建筑物内的其他弱电系统无功能关联，尤其在智能化建筑设计中，不利于弱电系统功能的综合集成。

2. VRV空调系统的集中控制

集中控制为目前 VRV 空调系统普遍采用的控制方式。图 11-87 所示为配置了集中控制管理 BMS 的 VRV 空调系统，与常规控制相比较，增加了集中监控设备，可以通过中央计算机对室内各组 VRV 空调系统进行监控管理，并实现以下功能：

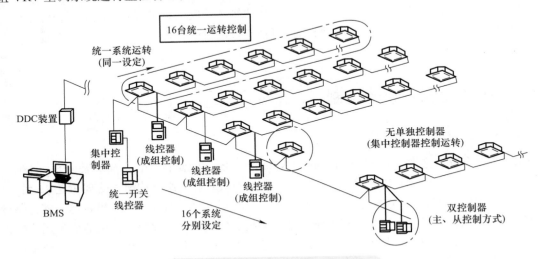

图 11-87　VRV 空调系统的集中控制

1）室温监视。

2）温控器状态监视。

3）压缩机运转状态监视。

4）室内风扇运转状态。

5）空调机异常信息。

6）ON/OFF 控制和监视。

7）温度设定和监视。

8）空调机模式设定和监视（制冷 / 制热 / 风扇 / 自动）。

9）遥控器模式设定和监视。

10）滤网信号监视和复位。

11）风向设定和监视。

12）额定风量设定和监视。

13）强迫温控器关机设定和监视。

14）能效设定和设定状态监视。

15）集中 / 分散控制器操作拒绝和监视。

16）系统强迫关闭设定和监视。

对图 11-87 中所示的控制方案，可以根据用户的使用规模、投资能力、管理要求进行组合配置。由于集中控制方式是建立在建筑物一体化智能控制管理平台上，可以与其他弱电系统实现联动控制功能，因此其优越性就更明显。如利用电子考勤及电子门锁系统实施 VRV 空调系统的起停联动，便可以达到有效节能的目的，同时可以利用火灾报警信号，实施 VRV 空调系统的相应联动功能，满足消防要求。

11.9 通风与防排烟系统的自动控制

通风和防火排烟是暖通空调系统的重要组成部分，在平时担负着排除室内污染物，改善室内空气环境的作用，在火灾和事故时担负着救助生命的作用。通风和防排烟系统在关键时刻是否能立刻发挥作用，不只在于系统设计的好坏，还在于其自动控制系统作用发挥得如何，本节对通风和防排烟系统的自动控制做简要的介绍。

11.9.1 一般通风系统的自动控制

一般通风系统是指民用建筑中除了防火排烟控制之外的通风系统，如建筑物室内通风换气、厨房通风、地下室通风、汽车库通风、桑拿浴室通风等。

1. 一般通风系统的作用

一般通风系统的作用主要是排除室内空气中的污染物，用室外较干净的空气置换室内被污染的或质量较差的空气，达到改善室内空气环境，提高工作和生活条件的目的。

2. 一般通风系统的组成

一般通风系统按是否使用机械装置可分为自然通风和机械通风两类；按被处理的污染物颗粒大小可以把通风分为通风和除尘两类；按通风规模可以分为局部排风和全面通风；按被通风的对象可以分为厨房通风、人防地下室通风、车库通风、桑拿浴室通风等。

（1）自然通风 自然通风是利用自然能源而不依靠空调设备来维持适宜的室内环境的一种方式。自然通风主要是利用室内外温度差所造成的热压或室外风力所造成的风压来实现通风换气的。它是一种可以管理的，有组织的全面通风方式，并且可用来冲淡工作区有害物的浓度。

自然通风可以提供大量的室外新鲜空气，提高室内舒适程度，减少建筑物冷负荷。在许多居住建筑和非居住建筑（如工业厂房、体育场馆等）中得到广泛的应用。自然通风的设备主要是进风装置和排风装置，进风装置主要是各类窗户，排风装置在工业厂房常采用天窗和不带动力的屋顶通风器，靠室内外热压推动通风器旋转达到通风效果。

（2）局部排风 局部排风是利用在粉尘或污染物发生处设置侧吸罩、伞形罩、通风柜等排风装置，就地把污染物排出的通风方法。局部排风装置需要动力，故需要消耗一定的能量。

（3）全面通风 散发热、湿及有害气体的房间，当发生源分散或不固定而无法采用局部排风，或者设置局部排风仍难以达到卫生要求时，应采用或辅以全面通风。全面通风包括自然进风、自然排风，自然进风、机械排风，机械进风、自然排风，机械进风、机械排风几种方式。

（4）人防地下室通风 人防地下室的通风应考虑平战结合，确保战时及平时所需的工作、生活条件。平时通风可考虑自然通风、机械通风及空气调节。战时通风设防护通风系统，防护通风系统包括进风系统和排风系统，其功能包括清洁通风、滤毒通风和隔绝通风。

（5）厨房通风 公共建筑的厨房一般设机械送排风系统，产生油烟的设备设有带机械排烟和油烟过滤器的排气罩，并对油烟进行过滤处理。

（6）车库通风 当车库设有开敞的车辆出、入口时，可采用机械排风、自然进风的通风方式。当不具备自然进风条件时，应同时设机械进、排风系统。

机械进、排风系统的进风量应小于排风量，一般为排风量的80%～85%。汽车库机械通风的排风量可按体积换气次数或每辆车所需排风量进行计算。

当采用接风管的机械进、排风系统时，应注意气流分布的均匀，减少通风死角。通风机宜采用多台并联或采用变频风机，以达到通风量可调节的目的。当车库层高较低，不易布置风管时，为了防止气流不畅，杜绝死角，也可采用诱导式通风系统。

3. 一般通风系统的自动控制方法

一般通风系统通常采用手动控制的方法就可以满足要求，有条件时可以在室内适当地点设置有害气体浓度传感器或者其他污染物传感器来控制通风机的运行。一个用数字控制器控制的简单的通风机监控系统如图 11-88 所示。

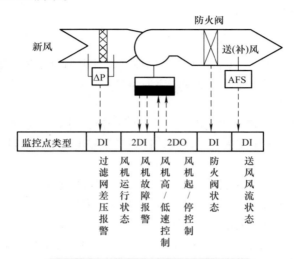

图 11-88 简单的通风机监控系统图

11.9.2 防排烟系统的自动控制

1. 建筑火灾烟气控制的必要性

建筑火灾烟气是造成人员伤亡的主要原因，因为烟气中的有害成分或缺氧使人直接中毒或窒息死亡；烟气的遮光作用又使人逃生困难而被困于火灾区。日本相关的统计表明，1968 ~ 1975 年间火灾死亡 10667 人，其中因中毒和窒息死亡的 5208 人，占 48.8%，火烧致死的 4936 人，占 46.3%。在烧死的人中多数也因 CO 中毒晕倒后被烧致死的。烟气不仅造成人员伤亡，也给消防队员扑救带来困难。因此，火灾发生时及时对烟气进行控制，并在建筑物内创造无烟（或烟气含量极低）的水平和垂直的疏散通道或安全区，以保证建筑物内人员安全疏散或临时避难和消防人员及时到达火灾区扑救是非常必要的。在高层建筑中，疏散通道的距离长，人员逃生更困难，烟气对人生命威胁更大，因此在高层建筑物中烟气的控制更为重要。

2. 火灾烟气控制原则

烟气控制的主要目的是在建筑物内创造无烟或烟气含量极低的疏散通道或安全区。烟气控制的实质是控制烟气合理流动，也就是使烟气不流向疏散通道、安全区和非着火区，而向室外流动。主要方法有：隔断或阻挡、疏导排烟、加压防烟。

（1）隔断或阻挡 墙、楼板、门等都具有隔断烟气传播的作用。为了防止火势蔓延和烟气传播，对建筑内部间隔进行划分，规定建筑中必须划分防火分区和防烟分区。所谓防火分区是指用防火墙、楼板、防火门或防火卷帘等分隔的区域，可以将火灾限制在一定的局部区域内，不使火势蔓延。所谓防烟分区是指在设置排烟措施的过道、房间中，用隔墙或其他措施（可以阻挡和限制烟气流动的物体，如顶棚下凸不小于 500mm 的梁、挡烟垂壁和吹吸式空气幕等）分隔的区域。

（2）疏导排烟 利用自然或机械作用力，将烟气排到室外。利用自然作用力的排烟称为自然排烟，利用机械（风机）作用力的排烟称为机械排烟。排烟的部位有两类：着火区和疏散通道。着火区排烟的目的是将火灾发生的烟气（包括空气受热膨胀的体积）排到室外，降低着火区的压力，不使烟气流向非着火区，以利于着火区的人员疏散及救火人员的扑救。对于疏散通道的排烟是为了排除可能侵入的烟气，以保证疏散通道无烟或少烟，以利于人员安全疏散及救火人员通行。

（3）加压防烟　加压防烟是用风机把一定量的室外空气送入某一房间或通道内，使这个房间或通道内一定压力或门洞处有一定流速，以避免烟气侵入。图 11-89 是加压防烟两种情况，其中图 11-89a 是当门关闭时，房间内保持一定正压值，空气从门缝或其他缝隙处流出，防止了烟气的侵入；图 11-89b 是当门开启时，送入加压区的空气以一定风速从门洞流出，阻止烟气流入。当流速较低时，烟气可能从上部流入室内。由上述分析可以看到，为了阻止烟气流入被加压的房间，必须达到在门开启时，门洞有一定向外的风速；在门关闭时，房间内有一定正压值。

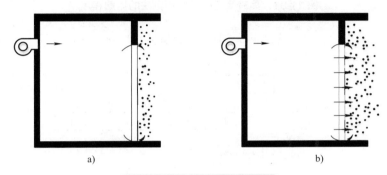

图 11-89　加压防烟示意图

a）门关闭时　b）门开启时

3. 机械防排烟及通风空调系统火灾控制程序

当发生火灾时，包括排烟风机、加压风机、挡烟垂壁等在内的防排烟装置要立即动作，同时要对正在运行的通风空调系统发出停止工作命令，还要向消防控制室发出火灾报警信号，还要接受消防控制室的命令，让有关设备协调一致的动作。这一系列的动作都是按事先安排好的一定程序自动进行的，机械防排烟及通风空调系统火灾控制程序是保证火灾控制系统能否有效工作和减少火灾造成的人员财产损失的重要组成部分。下面给出不设消防控制室和设置消防控制室两种情况下的机械防排烟和通风空调系统防火控制程序。

（1）不设消防控制室的机械防排烟和通风空调系统防火控制程序

1）只考虑排烟口和排烟风机联锁，靠手动开启的基本排烟控制程序如图 11-90 所示。

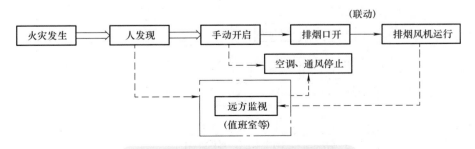

图 11-90　手动开启的基本排烟控制程序

2）利用烟感器联动挡烟垂壁、排烟口及排烟机起动，并有信号到值班室，遥控空调、通风机停止，其控制程序如图 11-91 所示。

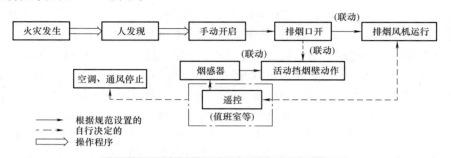

图 11-91　具有烟感器和联动方法的排烟程序

3）火灾报警器动作后，风管内的防火阀在 70℃ 易熔片熔化后关闭，切断火源，空调、通风机停止，其控制程序如图 11-92 所示。

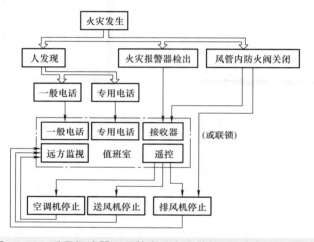

图 11-92　采用烟感器且风管内设有易熔片防火阀的控制程序

4）火灾报警器通过控制电路，关闭风管内防火阀，并在值班室遥控空调、通风机等停止运行，该控制程序如图 11-93 所示。

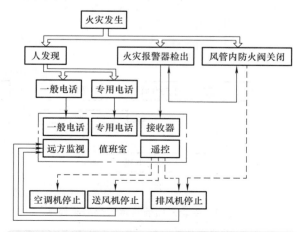

图 11-93　采用烟（温）感器直接控制防火阀的程序

注意：风管内设防火阀时，也可由火灾报警器控制电路关闭防烟防火阀，在值班室遥控空调、通风机等停止运行。

（2）设有消防控制室的机械防排烟和通风空调系统防火控制程序

1）发生火灾时，火灾报警器动作，房间排烟口、排烟机、通风及空调系统的通风机均由消防控制室集中控制，其控制程序如图 11-94 所示。

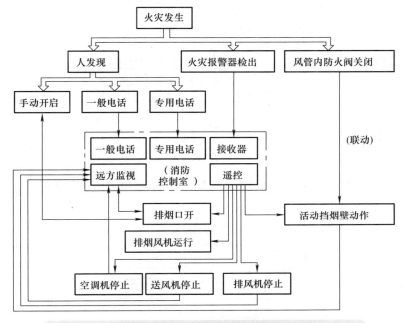

图 11-94　设有消防控制室的房间机械排烟控制程序（一）

2）发生火灾时，火灾报警器动作后，消防控制室遥控房间排烟口开启，由排烟口微动开关输出电信号，联动排烟风机、通风及空调风机停开，其控制程序如图 11-95 所示。

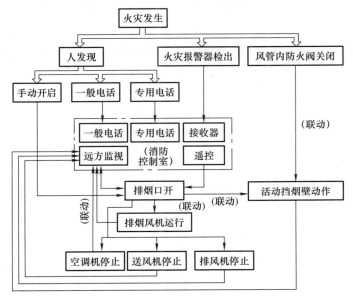

图 11-95　设有消防控制室的房间机械排烟控制程序（二）

3）防烟楼梯间前室和消防电梯前室机械排烟控制程序如图 11-96 所示。

4）防烟楼梯间前室、消防电梯前室和合用前室的加压送风控制程序如图 11-97 所示。

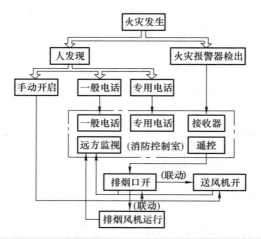

图 11-96　防烟楼梯间前室和消防电梯前室机械排烟控制程序

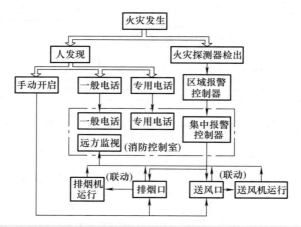

图 11-97　防烟楼梯间前室、消防电梯前室和合用前室的加压送风控制程序

附　录

附录 A　铂铑₃₀-铂铑₆热电偶分度表

分度号：B　　　　　　　　　　　　　　　　　　　　　　　（冷端温度为0℃）

t_{90}/℃	电动势 $E/\mu V$（间隔为10℃）									
	0	10	20	30	40	50	60	70	80	90
0	0	−2	−3	−2	0	2	6	11	17	25
100	33	43	53	65	78	92	107	123	141	159
200	178	199	220	243	267	291	317	344	372	401
300	431	462	494	527	561	596	632	669	707	746
400	787	828	870	913	957	1002	1048	1095	1143	1192
500	1242	1293	1344	1397	1451	1505	1561	1617	1675	1733
600	1792	1852	1913	1975	2037	2101	2165	2230	2296	2363
700	2431	2499	2569	2639	2710	2782	2854	2928	3002	3078
800	3154	3230	3308	3386	3466	3546	3626	3708	3790	3873
900	3957	4041	4127	4213	4299	4387	4475	4564	4653	4743
1000	4834	4926	5018	5111	5205	5299	5394	5489	5585	5682
1100	5780	5878	5976	6075	6175	6276	6377	6478	6580	6683
1200	6786	6890	6995	7100	7205	7311	7417	7524	7632	7740
1300	7848	7957	8066	8176	8286	8397	8508	8620	8731	8844
1400	8956	9069	9182	9296	9410	9524	9639	9753	9868	9984
1500	10099	10215	10331	10447	10563	10679	10796	10913	11029	11146
1600	11263	11380	11497	11614	11731	11848	11965	12082	12199	12316
1700	12433	12549	12666	12782	12898	13014	13130	13246	13361	13476
1800	13591	13706	13820							

附录 B　铂铑 $_{10}$- 铂热电偶分度表

分度号：S

（冷端温度为 0℃）

t_{90}/℃	电动势 $E/\mu V$（间隔为 10℃）									
	0	10	20	30	40	50	60	70	80	90
0	0	55	113	173	235	299	365	433	502	573
100	646	720	795	872	950	1029	1110	1191	1273	1357
200	1441	1526	1612	1698	1786	1874	1962	2052	2141	2232
300	2323	2415	2507	2599	2692	2786	2880	2974	3069	3164
400	3259	3355	3451	3548	3645	3742	3840	3938	4036	4134
500	4233	4332	4432	4532	4632	4732	4833	4934	5035	5137
600	5239	5341	5443	5546	5649	5753	5857	5961	6065	6170
700	6275	6381	6486	6593	6699	6806	6913	7020	7128	7236
800	7345	7454	7563	7673	7783	7893	8003	8114	8226	8337
900	8449	8562	8674	8787	8900	9014	9128	9242	9357	9472
1000	9587	9703	9819	9935	10051	10168	10285	10403	10520	10638
1100	10757	10875	10994	11113	11232	11351	11471	11590	11710	11830
1200	11951	12071	12191	12312	12433	12554	12675	12796	12917	13038
1300	13159	13280	13402	13523	13644	13766	13887	14009	14130	14251
1400	14373	14494	14615	14736	14857	14978	15099	15220	15341	15461
1500	15582	15702	15822	15942	16062	16182	16301	16420	16539	16658
1600	16777	16895	17013	17131	17249	17366	17483	17600	17717	17832
1700	17947	18174	18285	18395	18503	18609				

附录 C　镍铬 - 镍硅热电偶分度表

分度号：K

（冷端温度为 0℃）

t_{90}/℃	电动势 $E/\mu V$（间隔为 10℃）									
	0	−10	−20	−30	−40	−50	−60	−70	−80	−90
0	0	−392	−778	−1156	−1527	−1889	−2243	−2587	−2920	−3243

t_{90}/℃	电动势 $E/\mu V$（间隔为 10℃）									
	0	10	20	30	40	50	60	70	80	90
0	0	397	798	1203	1612	2023	2436	2851	3267	3682
100	4096	4509	4920	5328	5735	6138	6540	6941	7340	7739
200	8138	8539	8940	9343	9747	10153	10561	10971	11382	11795
300	12209	12624	13040	13457	13874	14293	14713	15133	15554	15975
400	16397	16820	17243	17667	18091	18516	18941	19366	19792	20218
500	20644	21071	21497	21924	22350	22776	23203	23629	24055	24480
600	24905	25330	25755	26179	26602	27025	27447	27869	28289	28710
700	29129	29548	29965	30382	30798	31213	31628	32041	32453	32865
800	33275	33685	34093	34501	34908	35313	35718	36121	36524	36925
900	37326	37725	38124	38522	38918	39314	39708	40101	40494	40885
1000	41276	41665	42053	42440	42826	43211	43595	43978	44359	44740
1100	45119	45497	45873	46249	46623	46995	47367	47737	48105	48473
1200	48838	49202	49565	49926	50286	50644	51000	51355	51708	52060
1300	52410									

附录 D　铜 - 康铜热电偶分度表

分度号：T　　　　　　　　　　　　　　　　　　　　　　　　　　　（冷端温度为 0℃）

$t_{90}/℃$	电动势 $E/\mu V$（间隔为 10℃）									
	0	−10	−20	−30	−40	−50	−60	−70	−80	−90
0	0	−383	−757	−1121	−1475	−1819	−2153	−2476	−2788	−3089
−100	−3379	−3657	−3923	−4177	−4419	−4648	−4865	−5070	−5261	−5439

$t_{90}/℃$	电动势 $E/\mu V$（间隔为 10℃）									
	0	10	20	30	40	50	60	70	80	90
0	0	391	790	1196	1612	2036	2468	2909	3358	3814
100	4279	4750	5228	5714	6206	6704	7209	7720	8237	8759

附录 E　分度号为 Pt 100 的工业铂热电阻分度表

$R(0℃) = 100.00\ \Omega$　　　　　　　　　　　　　　　　　　　　　　　　　单位：Ω

$t/℃$	0	−10	−20	−30	−40	−50	−60	−70	−80	−90
−200	18.52	—	—	—	—					
−100	60.26	56.19	52.11	48.00	43.88	39.72	35.54	31.34	27.10	22.83
0	100.00	96.09	92.16	88.22	84.27	80.31	76.33	72.33	68.33	64.30

$t/℃$	0	10	20	30	40	50	60	70	80	90
0	100.00	103.90	107.79	111.67	115.54	119.40	123.24	127.08	130.90	134.71
100	138.51	142.29	146.07	149.83	153.58	157.33	161.05	164.77	168.48	172.17
200	175.86	179.53	183.19	186.84	190.47	194.10	197.71	201.31	204.90	208.48
300	212.05	215.61	219.15	222.68	226.21	229.72	233.21	236.70	240.18	243.64
400	247.09	250.53	253.96	257.38	260.78	264.18	267.56	270.93	274.29	277.64
500	280.98	284.30	287.62	290.92	294.21	297.49	300.75	304.01	307.25	310.49
600	313.71	316.92	320.12	323.30	326.48	329.64	332.79	335.93	339.06	342.18
700	345.28	348.38	351.46	354.53	357.59	360.64	363.67	366.70	369.71	372.71
800	375.70	378.68	381.65	384.60	387.55	390.48	—	—	—	—

附录 F　分度号为 Cu100 的铜热电阻分度表

$R(0℃) = 100.00\ \Omega$　　　　　　　　　　　　　　　　　　　　　　　　　单位：Ω

$t/℃$	0	−10	−20	−30	−40	−50	−60	−70	−80	−90
0	100.00	95.71	91.41	87.11	82.80	78.48				

$t/℃$	0	10	20	30	40	50	60	70	80	90
0	100.00	104.29	108.57	112.85	117.13	121.41	125.68	129.96	134.24	138.52
100	142.80	147.08	151.37	155.67	159.96	164.27				

附录 G　分度号为 Cu50 的铜热电阻分度表

$R(0℃) = 50.000 Ω$ 　　　　　　　　　　　　　　　　　　单位：Ω

$t/℃$	0	−10	−20	−30	−40	−50	−60	−70	−80	−90
0	50.000	47.854	45.706	43.555	41.400	39.242				
$t/℃$	0	10	20	30	40	50	60	70	80	90
0	50.000	52.144	54.285	56.426	58.565	60.704	62.842	64.981	67.120	69.259
100	71.400	73.542	75.686	77.833	79.982	82.134				

参 考 文 献

[1] 孟庆明.自动控制原理 [M].2 版.北京：高等教育出版社，2008.

[2] 刘耀浩.建筑环境与设备控制技术 [M].天津：天津大学出版社，2006.

[3] 刘自放，刘春蕾.热工检测与自动控制 [M].北京：中国电力出版社，2007.

[4] 陈刚.建筑环境测量 [M].北京：机械工业出版社，2007.

[5] 梁春生，智勇等.中央空调变流量控制节能技术 [M].北京：电子工业出版社，2005.

[6] 刘耀浩.建筑环境与设备的自动化 [M].天津：天津大学出版社，2000.

[7] 李玉云.建筑设备自动化 [M].北京：机械工业出版社，2006.

[8] 安大伟.暖通空调系统自动化 [M].北京：中国建筑工业出版社，2009.

[9] 江亿，姜子炎.建筑设备自动化 [M].北京：中国建筑工业出版社，2007.

[10] 卿晓霞.建筑设备自动化 [M].重庆：重庆大学出版社，2002.

[11] 张智贤，沈永良.自动化仪表与过程控制 [M].北京：中国电力出版社，2009.

[12] 费业泰.误差理论与数据处理 [M].7 版.北京：机械工业出版社，2019.

[13] 李炎锋.建筑设备自动控制原理 [M].2 版.北京：机械工业出版社，2019.

[14] 方修睦.建筑环境测试技术 [M].3 版.北京：中国建筑工业出版社，2016.

[15] 刘耀浩.空调与供热的自动化 [M].天津：天津大学出版社，1993.

[16] 杨延西，潘永湘，赵跃.过程控制与自动化仪表 [M].3 版.北京：机械工业出版社，2017.

[17] 贺平，孙刚，吴华新，等.供热工程 [M].5 版.北京：中国建筑工业出版社，2021.

[18] 赵荣义，范存养，薛殿华，等.空气调节 [M].4 版.北京：中国建筑工业出版社，2009.

[19] 石文星，田长青，王宝龙.空气调节用制冷技术 [M].5 版.北京：中国建筑工业出版社，2016.

[20] 奚士光，吴味隆，蒋君衍.锅炉及锅炉房设备 [M].3 版.北京：中国建筑工业出版社，1995.

[21] 同济大学.锅炉与锅炉房工艺 [M].北京：中国建筑工业出版社，2011.

[22] 刘吉川，于剑宇，褚得海，等.汽包水位测量新技术 [J].中国电力，2006，39（3）：102-104.

[23] 侯子良.锅炉汽包水位测量系统 [M].北京：中国电力出版社，2005.

[24] 程启明，汪明媚，王映斐，等.火电厂锅炉汽包水位测量技术发展与现状 [J].电站系统工程，2010，26（2）：5-8.

[25] 石兆玉，杨同球.供热系统运行调节与控制 [M].北京：中国建筑工业出版社，2018.

[26] 航天工业部第七设计研究院.工业锅炉房设计手册 [M].2 版.北京：中国建筑工业出版社，1986.

[27] 李向东，于晓明.分户热计量采暖系统设计与安装 [M].北京：中国建筑工业出版社，2004.

[28] 卜一德.地板采暖与分户热计量技术 [M].2 版.北京：中国建筑工业出版社，2007.

[29] 周光华，李显.热网运行调度检修规程与节能计量技术实用手册 [M].北京：北京科大电子出版社，2005.

[30] 严兆大.热能与动力工程测试技术 [M].2 版.西安：西安交通大学出版社，2006.

[31] 马最良，姚杨.民用建筑空调设计 [M].3 版.北京：化学工业出版社，2015.

[32] 丁镇生.传感器及传感器技术应用 [M].北京：电子工业出版社，1998.

[33] 陆耀庆.实用供热空调设计手册 [M].2 版.北京：中国建筑工业出版社，2008.